U0344116

"十四五"时期国家重点出版物出版专项规划项目
有色金属理论与技术前沿丛书

高性能铝钪合金

Advanced Al-Sc Alloys

潘清林 尹志民 聂东红 刘竝 邓英 著
Pan Qinglin, Yin Zhimin, Nie Donghong, Liu Bing, Deng Ying

中南大学出版社 ·长沙
www.csupress.com.cn

内容简介

/

Introduction

　　本书深入探讨了微量钪在铝合金中的物理冶金行为、存在形态和作用机制，详细阐述了作者团队在高性能铝钪合金（耐蚀可焊 Al-Mg-Sc 合金、高强可焊 Al-Zn-Mg-Sc 合金、高强耐损伤 Al-Mg-Si-Sc 合金、高强低密度 Al-Cu-Li-Sc 合金、高导电耐热 Al-RE-Sc 合金）的微观组织、力学性能、腐蚀行为、焊接特性和超塑性及其影响机制等方面的研究取得的重要成果，并概括介绍了铝钪合金的国内外研究概况、主要特性、应用和发展前景。

　　本书适合从事铝合金材料研发、生产和应用的科研和技术人员阅读，同时可作为相关专业师生的参考书。

前言

Foreword

钪(Sc)的原子序数为 21，在元素周期表中位于第四周期第Ⅲ副族，与 La 系稀土元素同族，并且与 Ti 和 V 等过渡金属同周期。因此，钪在铝合金中兼具过渡金属的细化晶粒和抑制再结晶以及稀土元素的净化熔体和细化变质的双重作用。钪是迄今为止所发现的对优化铝合金性能最为有效的微合金化元素。

铝钪合金(含钪铝合金)是指含有微量 Sc(w_{Sc}<0.4%) 的 Al-Mg-Sc、Al-Zn-Mg-Sc、Al-Zn-Cu-Mg-Sc、Al-Cu-Li-Sc 和 Al-Mg-Li-Sc 等变形铝合金。与不含钪的同类合金相比，其具有强度高、塑韧性好、优良的抗蚀性和可焊性、天然的超塑性等特性，是新一代高性能铝合金结构材料。其研究最早始于 1965 年，苏联及现在的俄罗斯都对铝钪合金进行了大量的研发，已研发出五大系列 20 余个牌号的铝钪合金，目前已在航天、航空、舰船和核能等领域获得应用。随后，美国、日本和西欧等发达国家和地区对铝钪合金也做了不少的研究工作，并取得了新进展。我国在铝钪合金的研发和生产方面，自 20 世纪 90 年代初以来相继进行过大量深入的工作，积累了丰富经验和技术优势，在实验室、中试和生产条件下已制备出高性能铝钪合金材料并得到某些应用。

本书深入探讨了微量钪在铝合金中的物理冶金行为、存在形态和作用机制，详细阐述了作者团队在高性能铝钪合金(耐蚀可焊 Al-Mg-Sc 合金、高强可焊 Al-Zn-Mg-Sc 合金、高强耐损伤 Al-Mg-Si-Sc 合金、高强低密度 Al-Cu-Li-Sc 合金、高导电耐热 Al-RE-Sc 合金)的微观组织、力学性能、腐蚀行为、焊接特性和超塑性及其影响机制等方面的研究取得的重要成果，并概括介绍了铝钪合金的国内外研究概况、主要特性、应用和发展前景。在内容组织和结构安排上，力求理论联系实际，突出研究成果对高性能铝合金的制备生产和开发应用的指导作用。

全书共分8章，第1章和第3章由中南大学尹志民教授编写，第2章、第6章、第8章由中南大学潘清林教授编写，第4章由湖南东方钪业股份有限公司聂东红总经理编写，第5章由中南大学刘竝副教授编写，第7章由中南大学邓英副教授编写。在编写本书的过程中，课题组的王维斋、孙雨乔、李梦佳、李波、梁文杰、李文斌、彭卓玮博士和潘德聪、刘亦晨、黄星、王迎、孙雪、向浩、陈婧、罗玉红、林耿硕士提供了大量详实的实验研究结果，其研究工作同时得到了国家863计划、国家973计划、国家自然科学基金等项目的资助，合金材料的制备得到了中铝东北轻合金有限责任公司、湖南东方钪业股份有限公司和广东和胜工业铝材股份有限公司等企业的大力支持。此外，本书还参考了大量的相关文献资料，作者在此一并表示诚挚的谢意！

由于时间仓促，加之作者水平有限，书中有不妥之处在所难免，恳请大家批评指正。

作　者

2023 年 5 月

目录
Contents

第1章　钪在铝合金中的物理冶金行为

铝钪合金(含钪铝合金)是指含有微量 Sc($w_{Sc}<0.4\%$)的 Al-Mg-Sc、Al-Zn-Mg-(Cu)-Sc、Al-Mg-Si-Sc、Al-Cu-Li-Sc 等变形铝合金。与不含钪的同类合金相比,其强度高、塑韧性好,抗蚀性和可焊性优良,是继铝锂合金之后的新一代高性能铝合金。

1.1　钪的基本性质

1.1.1　物理性质

钪(Sc)的原子序数为 21,在元素周期表中位于第四周期第Ⅲ副族,与 La 系稀土元素同族,并且与 Ti 和 V 等过渡金属同周期。因此,钪在铝合金中兼具过渡金属的细化晶粒和抑制再结晶以及稀土元素的净化熔体和细化变质的双重作用。钪的外层电子结构为 $3d^{1}4s^{2}$,和稀土金属 La 的外层电子结构 $5d^{1}6s^{2}$ 相似,因此,在很多文献中将钪归类为稀土元素或稀土金属[1-3]。钪在自然界中只有一种稳定的同位素 ^{45}Sc,人工放射性同位素有 11 种[4]。钪在不同的压力和温度下,可表现出不同的晶型。在室温至 1335 ℃下,钪(α-Sc)为六方密集,$a=3.308\times10^{-10}$ m,$c=5.2653\times10^{-10}$ m;当温度达到 1335 ℃至熔点时,钪(β-Sc)为体心立方,$a=4.53\times10^{-10}$ m。极微量杂质可使 α-Sc→β-Sc 的转变温度从 1335 ℃增加到(1373 ± 10)℃[1, 5]。钪的主要物理性质如表 1-1 所示。

表 1-1　钪的主要物理性质

相对原子质量	密度(20 ℃,电弧熔融)	金属半径($CN=12$)	熔点	电阻率(25 ℃)	熔化热	热膨胀系数(400 ℃时的平均值)	转化热(纯度为99.7%时)	电阻率系数(0~25 ℃)/℃
44.9559	3.0 g/cm³	1.6406 nm	1541 ℃	(60~66)μΩ·cm	14.15 kJ/mol	11.4×10⁻⁶℃⁻¹	418.24 J/mol	0.00282

原子半径	原子体积	有效离子半径($CN=6$)	沸点	热导率(47 ℃)	蒸发热和升华热	比热容(0 ℃)	导热系数	德拜温度
0.16406 nm	15.041 cm³/mol	0.745 nm	2831 ℃	0.252 J/(cm·s·℃)	330.12~340.2 kJ/mol	25.24 J/(mol·℃)	0.157 W/(cm·K)	304.5 K

1.1.2 化学性质

钪是化学性质非常活泼的金属,易与空气中的氧、二氧化碳、水等化合。钪的化学性质与铝、钇、镧系元素相似,氧化态为+3。当温度低于200 ℃时,表面上的 Sc_2O_3 膜可阻止钪继续氧化;一旦温度高于200 ℃,Sc_2O_3 膜会被破坏,钪会剧烈氧化,特别是在温度高于250 ℃后[3,6]。室温时易与卤素反应,只有在42 ℃以上才与氮、磷、砷等气体或蒸气反应,在高温下才与碳、硅、硼、氢反应。钪离子在水溶液中都是+3价,但不是以简单的 Sc^{3+} 离子形式存在,而是形成稳定的络离子;在过氯酸溶液中,Sc^{3+} 离子形成了水合离子 $[Sc(H_2O)_6OH]^{3+}$。钪与所有无机酸都发生反应,但与铬酸盐反应缓慢。钪与2.8 mol/L氢氧化钠溶液几乎不起反应,碱度增加则溶解更加缓慢。钪加热时可以分解水,同铝一样具有两性性质。钪盐易被水解,其溶液呈弱酸性。用醋酸钠溶液中和钪盐溶液则使钪部分沉淀,加硫代硫酸钠煮沸则完全沉淀。以碱中和时,在pH=4.9开始产生白色胶状 $Sc(OH)_3$ 沉淀,至pH=5.45沉淀完全,而在pH>8.5时,$Sc(OH)_3$ 又部分溶解形成钪酸根 $[ScO_3]^{3-}$,钪离子在溶液中均为无色[6]。钪与其他金属能形成合金和金属间化合物,如钪与铼可形成高熔点化合物 Sc_5Re_{24},其熔点高达2575 ℃,仅比ScN的熔点(2600 ℃)低;钪与铜可形成低熔点(875 ℃)共晶体;钪能与镁、钇、锆、镧、钆等形成固溶体;钪与Ⅶ族元素(锰及其同类)及其右边的元素(稀有气体除外)都可以形成化合物。钪的主要化学性质如表1-2所示。

表1-2 钪的主要化学性质

元素	标准电位 /V	电负性	主要氧化数	表面张力 /($N \cdot m^{-1}$)	常见化合价	电子亲和势 /($kJ \cdot mol^{-1}$)	氧化电位 (298 K)/V	第一电离势 /($kJ \cdot mol^{-1}$)
钪	-2.03	1.36	3	954×10^{-3}	+3	-18.1	2.08	633

1.1.3 力学性质

金属钪质地柔软,银白色。高纯度金属钪具有良好的可加工性,但含有氧和其他非金属杂质元素的钪加工困难。电弧熔炼Sc的布氏硬度为75~80(500 kg载荷,压头直径10 mm);纯度99.0%的Sc抗压强度为392 MPa,抗拉强度为314~422 MPa;23 ℃时杨氏弹性模量 $E=5.5$ GPa,剪切模量 $G=29$ GPa,泊松比 $\mu=0.31$[1-3]。室温时Sc为六方晶格,滑移系少,纯度为99.0%的Sc在冷压力加工下会迅速硬化,必须再结晶退火后方可继续加工。在815 ℃以上时Sc有良好的塑性,纯度为99.4%~99.6%的蒸馏Sc在室温时的轧制率可达90%,可以生产直径为 0.4 mm 的线材与 0.08 mm 的箔材。另外，Sc 的可切削加工性能良好。金属钪的强度、伸长率和面缩率如表 1-3 所示[4]。

表 1-3　钪的强度、伸长率和面缩率

性能	温度/℃	极限强度/×10⁸ MPa	屈服强度/×10⁸ MPa	伸长率/%	面缩率/%	备注
拉伸性能	25	1.36~1.58	1.35	1.0	1.5	铸态
	25	2.56	1.74	5.0	8.0	22%冷加工+退火
	426	2.22	1.73	4.0	7.6	
	871	0.12	—	0.5	1.7	
压缩性能	25	5.54~5.77	2.64~4.36	6.1~15.6	—	铸态

1.2　Al-Sc 二元合金相图与相结构

1.2.1　Al-Sc 二元合金相图

钪自 1876 年发现后的 100 多年间一直未受到重视，直至 20 世纪 60 年代苏联学者 Haymk И 等才拉开了 Al-Sc 合金研究的序幕，并在 1965 年公布了首个 Al-Sc 二元合金相图。其后，Murray 于 1998 年公布了近年来被国际材料界公认的 Al-Sc 二元合金相图，如图 1-1 所示[7-10]。在 Al-Sc 二元合金相图中的富铝端有一个共晶反应：L→Al+Al₃Sc，如图 1-2 所示[8]，共晶转变温度为 655 ℃，仅比铝的熔点低 5 ℃。与铝平衡的相为 Al₃Sc，它是在 1427 ℃ 由 Al₂Sc 通过包晶反应形成的。铝和钪可形成四种化合物，分别为 L1₂ 型面心立方结构的 Al₃Sc（Cu₃Au）、C₁₅ 型体心立方结构的 Al₂Sc（Cu₂Mg）、B₂ 型立方结构的 AlSc（CsCl）和六方结构的 AlSc₂。根据热力学计算评估，Al₂Sc、AlSc 和 AlSc₂ 为稳定相，Al₃Sc 为亚稳相。铝在钪中能够显著溶解，但钪在铝中的溶解度很低，655 ℃时钪在铝中的最大溶解度为 0.35%（质量分数，全文同），共晶点处成分为 0.55%；当温度降低时，钪在铝中的溶解度急剧下降。亚共晶合金的凝固温度范围很窄，只有几度，液相线相对于相图横轴的斜率很小。共晶转变温度下，钪在铝中的溶解度相对较高。当钪含量增加时，过共晶合金的液相线温度急剧增加。

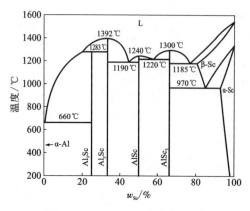

图 1-1　Al-Sc 二元合金相图[8]

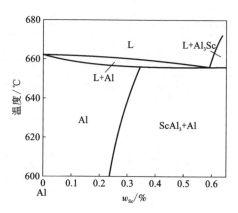

图 1-2　Al-Sc 二元合金相图富铝端[8]

1.2.2　Al₃Sc 相的结构与性质

Al₃Sc 相为 L1₂ 型结构,面心立方晶格,空间群为 Pm3m,单位晶胞中有 4 个原子,点阵常数 $a=(0.4106\pm0.007)$ nm[9-10],熔化温度高达 1320 ℃,硬度 HV 为 255。Al₃Sc 作为 Al 合金中的析出相时,与 Al 基体有很低的晶格错配度(1.3%),其析出增强了二元合金的强度[11];另外,稳定的 Al₃Sc 具有所有过渡金属化合物中最小的密度(3.03 mg/m³),在结构材料中具有很好的应用前景。在 Al 熔体中形成的初生 Al₃Sc 粒子可成为 Al 晶粒的非均匀形核核心,有效地细化合金的晶粒。次生 Al₃Sc 相可钉扎位错和晶界,强烈抑制合金的再结晶,是铝合金中重要的析出强化相。

高英俊等[12]用经验电子理论(EET)研究了铝镁钪合金系统,当 Sc 含量较高时,在铝基体中容易形成许多区域较大的 Al-Sc 晶胞偏聚区,成为富 Sc 的聚集区。因 Al-Mg-Sc 固溶体温度降低而成为 Sc 的过饱和固溶体,在基体中析出了大量细小的 Al₃Sc。对 L1₂ 型 Al₃Sc 晶粒的价电子结构计算结果表明,Sc 原子处于杂化第 3 态,Al 原子处于杂化第 5 态,Al-Sc 键的共价电子数为 0.263 个时具有最强的共价键。在一定的温度范围内,Al₃Sc 的生成熵与生成焓几乎是常数[13],用 Gibbs 公式可以计算出 Al₃Sc 的生成能,即 $\Delta G_{form}=\Delta H_{form}-T\Delta S_{form}$。Cacciamani 等[14-15]用 CALPHAD 的方法计算了 Al-Sc 体系的热力学性质,Asta 等[16-17]用第一原理计算了 Al₃Sc 的形成焓与生成熵。Asta 等[16]用混合赝势基(mixed-basis pseudopotential)方法计算了 Al₃Sc(L1₂)的生成焓,Ozolins 等[17]用第一原则线性响应理论[18]计算了振动熵。Lu 等[13]用平均场势方法计算了离子晶格振动对 Al₃Sc Gibbs 形成能的影响。根据 Al₃Sc 与 Al₃(Sc₀.₇₅X₀.₂₅)(X 指 Ti、Y、Zr 或 Hf)

的热膨胀系数可确定含钪铝合金的晶格错配度，从而控制晶粒长大程度与提高蠕变强度，因此，Harada 等[19]研究了二元 Al_3Sc 相和三元 $Al_3(Sc_{0.75}X_{0.25})$ 相的热膨胀系数。路贵民[20]以 MIEDEMMA 二元合金生成热模型为基础，结合热力学基本关系式及元素的基本性质，计算了 1773 K 时 Al-Sc 合金中 Sc 的活度及部分热力学函数，结果表明：在整个温度范围内，混合焓、过剩自由能与过剩熵的值均为负数，混合焓的最小值为-1615 kJ/mol，过剩自由能的最小值为-1410 kJ/mol，过剩熵的绝对值接近 0。在此温度下，Sc 可以在全浓度范围内与铝互溶。

1.2.3　初生 Al_3Sc 相的特性

微量 Sc 在铝合金中主要以初生 Al_3Sc 相和次生 Al_3Sc 相两种形态存在。关于初生 Al_3Sc 相的形貌最早公开报道是俄罗斯科学家 Brodova 等[21]的研究。他们发现熔体的温度和冷却速率对初生 Al_3Sc 相的形貌有明显的影响。在 Al-1.2%(原子分数)Sc 合金中，当熔体过热温度 $\Delta T < 350\ ℃$、冷却速率$<10^5$ K/s 时，Al_3Sc 相的形貌为立方体，析出相的尺寸在 1～2 μm；当熔体过热温度 $\Delta T = 350\ ℃$、冷却速率为 10 K/s 时，Al_3Sc 相的形貌为枝晶状，析出相的数量密度下降。Norman 等[22]系统研究了亚共晶 Al-0.2Sc 合金和过共晶 Al-0.7Sc 合金中 Al_3Sc 相的形貌和结构特征。其设计的冷却模具如图 1-3 所示，后续的一些研究参照了该设计，用以控制浇铸时的冷却速率，并对冷却速率分别为 100 K/s 和 1000 K/s 时过共晶 Al-0.7Sc 合金中 Al_3Sc 相的形貌和结构进行表征，使用透射电镜对初生 Al_3Sc 相的内部结构进行了系统的研究(见图 1-4)，发现观察到的所有初生 Al_3Sc

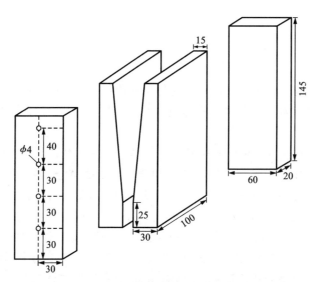

图 1-3　楔形铜模示意图(mm) [22]

相全部是 L1₂ 型结构。研究人员通过研究不同钪含量合金的晶粒尺寸，解释了钪对铝合金的细化机理。在快速冷却时，过共晶合金中的初生 Al₃Sc 相粒子优先于 α-Al 从熔体中析出，弥散分布在熔体中。粒子形貌为具有多个小面的细小颗粒，是 α-Al 理想的形核核心。由于形核率的提高，合金的晶粒被明显细化；在亚共晶合金中，初生 Al₃Sc 相不会优先析出，也就无法成为有效的形核核心，因此失去了对晶粒的细化效果。研究结果明确了钪对铝合金晶粒细化的条件是钪的含量必须超过共晶点成分。

(a) 明场像　　　　　　(b) 暗场像　　　　　　(c) 选区衍射

图 1-4　L1₂ 型初生 Al₃Sc 相的结构[22]

在发现了冷却速率对初生 Al₃Sc 相的形貌和结构有影响后，Hyde 等[23]利用不同的冷却介质和楔形冷却模具精确控制冷却速率(1~1000 K/s)，研究了在该冷却速率区间内 Al-0.7Sc 合金中初生 Al₃Sc 相的形貌变化过程。他们发现冷却速率为 1 K/s 时，初生 Al₃Sc 相的形貌主要是轮廓明晰的立方体状的小粒子，尺寸约为 5 μm，在一些立方体粒子的中心可以观察到孔洞；当冷却速率升高到 100 K/s 时，初生 Al₃Sc 相虽然保持了立方体的形貌，但在立方体的表面出现了很多胞状亚结构，并且发现亚结构有向外延伸的趋势；当冷却速率升高到 1000 K/s 时，初生 Al₃Sc 相表面的胞状亚结构向外延伸成纤维状，初生粒子的尺寸下降为 1 μm，且一些初生粒子之间的排布接近于共格结构。初生 Al₃Sc 相粒子的扫描电镜形貌如图 1-5 所示。

Liu 等[24-25]在用改进的熔盐电解法制备 Al-Sc 中间合金的研究中发现在中间合金的制备过程中，钪离子的浓度和冷却速率对初生 Al₃Sc 相的形貌均有影响。在使用熔盐电解法制备 Al-2.0Sc 合金的过程中，越靠近熔盐界面的区域，钪离子的含量越高。在该区域内，初生 Al₃Sc 相逐渐成为形核并生长成不同形貌的粒子，越靠近熔盐界面，初生相的数量密度越大。当冷却速率为 100 K/s 时，初生粒子的形貌主要为立方体和星形；当冷却速率为 30 K/s 时，初生相形貌出现枝晶化倾向；当冷却速率为 0.5 K/s 时，初生相形貌完全为树状枝晶。初生 Al₃Sc 相的形貌变化示意图如图 1-6 所示。

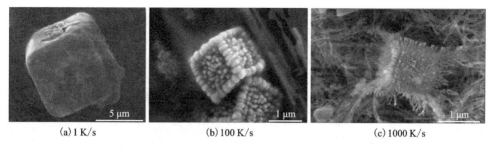

图 1-5　不同冷却速率下初生 Al_3Sc 相的扫描电镜形貌[23]

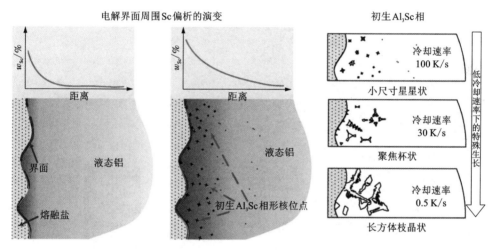

图 1-6　电解处理后初生 Al_3Sc 相的生长示意图[24]

Jiang[26]将 Al-2.0%Sc 合金在 1283 K 下完全熔化并保温 2 h 后，采用不同的冷却速率进行浇铸。在低冷却速率(1 K/s)时，初生 Al_3Sc 相为常见的立方体或规则的块状形貌；在中冷却速率(约 400 K/s)时，初生 Al_3Sc 相的形貌为漏斗状或有层次的规则粒子(见图 1-7)；在高冷却速率(约 1000 K/s)时，发现了具有共晶组织的带有尖角的正方形初生 Al_3Sc 相(见图 1-8)。该研究阐述了中冷却速率和高冷却速率下初生相的结构和演变过程，发现各种形貌的初生 Al_3Sc 相全部是 $L1_2$ 型结构。初生相形貌出现差异的原因是在不同的冷却速率下，不同方向上的析出动力不同，原子的优先密排面和迁移方向共同决定了初生相的最终形貌。

在工业生产中，一般钪和锆都是以中间合金的方式添加到铝合金中，因此，一些研究人员开始对 Al-Sc-Zr 过共晶合金展开研究，发现了含钪和锆的初生相。

图 1-7   中速冷却速率下初生 Al_3Sc 相的扫描电镜形貌[26]

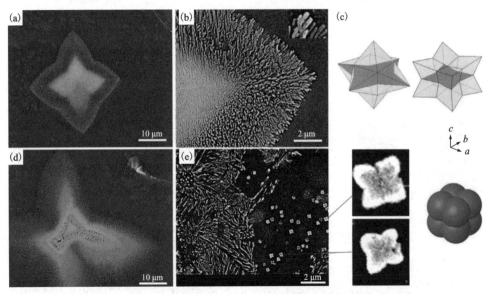

图 1-8   高冷却速率下初生 Al_3Sc 相的扫描电镜形貌[26]

Song 等[27]发现初生 $Al_3(Sc, Zr)$ 相是具有多层结构的正方形粒子,他们把这种多层结构描述为轮圈状(rim)。他们还发现钪和锆在 $Al_3(Sc, Zr)$ 相的各部分都存在,并且两者的含量从轮圈向中心部分的方向逐渐升高;在轮圈部分,铝的含量骤然减少,但从相的整体分析来看,铝的含量由外到内有轻微减少的趋势。Xu 等[28]研究发现,在 Al-1.0Sc-1.0Zr 合金中,当冷却速率约为 600 K/s 时,初生 $Al_3(Sc, Zr)$ 相形貌为立方体状;当冷却速率约为 100 K/s 时,初生 $Al_3(Sc, Zr)$ 相的形貌为十字状;冷却速率约为 1 K/s 时,初生 $Al_3(Sc, Zr)$ 相的形貌为枝晶状或鱼骨状(见图 1-9)。Zhou 等[29-30]在扫描电镜中发现正方形的初生 Al_3(Sc,Zr)相的内部存在多层结构,并且注意到其内部结构和枝晶状相似。Li 等[31]也发现了类似的结构,而且发现由外到内有五层结构,并且每一层的元素含量都不同。中心部分为中空,向外的第二层为富铝层,第三层为富钪和锆层,第四层为富铝层,第五层为富钪和锆层。Liu 等[32]在 Al-8.82Zn-2.08Mg-0.80Cu-0.31Sc-0.30Zr 合金的铸态样品中发现了多层的初生 Al_3(Sc,Zr)相,研究认为多种元素的添加降低了共晶点的成分,因此,初生 Al_3(Sc,Zr)相在凝固过程中形成并析出。

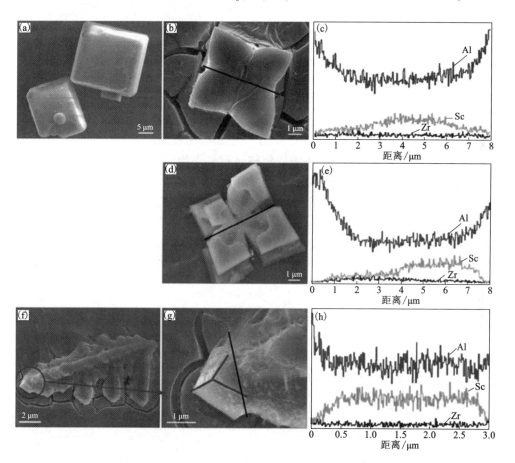

(a~c)600 K/s; (d, e)100 K/s; (f~h)1 K/s。

图 1-9　不同冷却速率下初生相粒子的扫描电镜图像和元素分析[28]

Hyde 等[23]在样品制备的过程中发现有硬质颗粒从样品中脱落。对初生 Al_3Sc 相的中心部分的元素成分进行解析发现,初生相中心部分为含钪的氧化物和杂质(见图 1-10)。因此,推测初生 Al_3Sc 相为异质形核。在熔体中,存在未完

全被氯化或氟化的 Sc_2O_3 细小颗粒夹杂在熔体中形成表面不规则的微小质点，Al_3Sc 相在其表面形核所需能量比均匀形核低[33]。Li 等[34]利用实验和模拟计算证明了杂质相的存在更有利于初生 Al_3Sc 和 $Al_3(Sc，Zr)$ 相的非均匀形核。

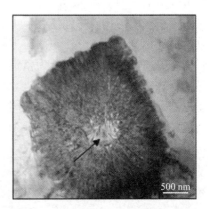

图 1-10　初生 Al_3Sc 相粒子中心部分含钪氧化物和夹杂的透射电镜图像[23]

在一般的 Al-Sc 合金中，由于 Sc 含量很少，因此只有 Al_3Sc 相形成。虽然相对于 Al_2Sc、$AlSc$、$AlSc_2$ 三种金属间化合物，Al_3Sc 为亚稳结构，但根据热力学计算，它不具有转变为其他晶体结构的条件。因此，$L1_2$ 型结构为 Al_3Sc 的稳定结构[35]。Hyde 等[23]根据晶体学理论分析，认为具有 $L1_2$ 型面心立方结构的初生相生长成为枝晶形貌的行为与冷却速率有关。当冷却速率很低时，熔体中的形核过程是不均匀的，初生相粒子不稳定，会向外扩展以寻找低能级的位置聚集。在面心晶体的生长过程中，棱角处为粒子的优先形核位置。初生相粒子在形核后先形成正方形。随后，在生长过程中，粒子优先向棱角的方向扩展，但由于冷却速率比较低，过冷度小，导致析出动力不足，使粒子不能够及时地向面心的位置转移，从而导致在棱角处的粒子只能继续向外扩展，进而形成了具有小面结构的复杂枝晶组织，其生长示意图如图 1-11 所示。

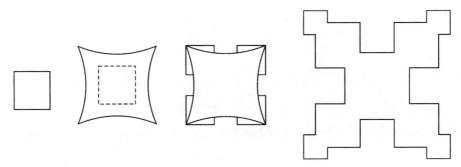

图 1-11　具有小面结构的枝晶生长示意图[23]

Hyde 等[23]认为过冷度和界面附近的过冷区域对相的形貌有直接影响。他们研究认为面心有孔洞和台阶状的初生 Al_3Sc 相以及具有小面结构的枝晶形貌的初生 Al_3Sc 相都符合晶体学的经典生长理论。面心出现孔洞是因为冷却速率低时析出动力不足，粒子没有足够的动力向面心迁移，所以形成了凹洞。但在快速冷却条件下，面心立方结构中的粒子也存在优先迁移方向，即表面能最低的面。研究结果表明，初生相会优先向<111>方向生长，伸出 8 条手臂，即一次枝晶臂；再向<110>方向生长，形成二次枝晶；最后再向<100>方向生长，形成三次枝晶。由于生长速率最快的面会先消失，因此，{111}面最先消失变成尖角，{110}面变成棱边，{100}面生长速率最慢而得以保留。在快速冷却条件下，初生相表面的胞状亚结构和纤维状结构是研究枝晶的生长过程的重要依据。Liu 等[24]认为初生 Al_3Sc 相的生长与 Sc^{3+} 的浓度有关。粗大且分布严重不均匀的枝晶只在铸锭的底部被发现过，这是由于底部区域是更靠近熔盐界面的位置，该区域内 Sc^{3+} 的浓度高于中心部分。初生相的生长方向则是沿着冷却方向，即温度梯度下降的方向。因此，在低速冷却条件下，粗大枝晶的分布全部是由电解设备的底部向着中间延伸。在初生相的生长过程中，由于过冷区域足够宽，因此在一次枝晶臂的基础上生长出了二次枝晶臂，固液界面继续被向前推动，部分三次枝晶也会生长出来。星形的初生相是在快速冷却的过程中形成的，而且只分布在中心区域。研究认为快速冷却条件下，足够的过冷度虽然能够促进初生相的形核过程，但是由于冷却速率过快，固液界面来不及被向前推动就已经停止，初生相内部的热量无法被及时地传递出去。因此，热量传递行为在熔体凝固后会继续发生，即热量由初生相的内部向外传递。<111>方向为能级最低方向，因此热量优先向该方向扩散，这就导致了粒子向该方向聚集并将固液界面向前推移，最后初生相的形貌为细小的星形。分析表明溶质原子聚集并形核是 Al_3Sc 相生长的必要前提，但 Al_3Sc 相的最终形貌主要由凝固过程中的冷却速率控制。根据 Jiang[26] 的研究，在过共晶 Al-2.0%Sc 合金中，当冷却速率约为 1 K/s 时，{100}面为界面能最低面，因此初生相的形貌趋近于立方体结构。当冷却速率约为 400 K/s 时，初生相的生长分为两个阶段：首先，<111>方向为表面能最低的方向，初生 Al_3Sc 粒子先沿着<111>的 8 个方向伸展出高度对称的 8 个"脊柱"，尖端呈抛物面状；然后，在冷却过程中，由于过冷度降低，初生 Al_3Sc 粒子以这 8 个方向为基础，向侧面生长成有尖角的枝晶，如图 1-12 所示。因此初生 Al_3Sc 相的最终形貌为等轴枝晶。当冷却速率约为 1000 K/s 时，初生 Al_3Sc 相的最初生长和中速冷却条件下的粒子相同，优先沿着<111>的 8 个方向生长；但在随后的生长过程中，由于冷却速率太快，各向异性张力不足以束缚枝晶的前端部分的界面，因此，原本枝晶中尖锐伸展的部分出现了迅速层叠，枝晶臂的轮廓变得弯曲，初生相的截面形貌变为海藻状；在随后的生长中，这种趋势进一步加剧，导致了原本实心的枝晶臂部分发生开裂，海藻状的部分进一步变成了破碎状的海藻（生长示意图见图 1-13）。但由于受到各向异性表面张力的控制，初生相的生长方向仍旧保持着规律性，因此在<111>方向上的对称结构仍旧存在，向外扩展的枝晶亚结构则逐渐将空间填满；最终，初生相的内部生长成为复杂的海藻状形貌。

图 1-12　中速冷却条件下等轴枝晶状初生 Al_3Sc 相的生长示意图[26]

图 1-13　快速冷却条件下海藻状初生 Al_3Sc 相的生长示意图[26]

在制备含钪和锆的铝合金时，通常是以 Al-Sc 和 Al-Zr 中间合金的方式将两种元素添加到铝合金中，因此，对于初生 $Al_3(Sc, Zr)$ 相的形核过程的研究更多的是关于 Al_3Sc 和 Al_3Zr 粒子形核后在熔体中的行为。Kinetic Monte Carlo（KMC）的模拟计算模型兼顾了经典形核理论（Classical Nucleation Theory，CNT）和团簇动力学（Cluster Dynamics，CD），根据模拟计算推测，Al_3Sc 和 Al_3Zr 在形核后就存在交互作用，即在形核并析出过程的开始，基体中的 Sc 和 Zr 原子就已经开始结合形成团簇[36]。Clouet 等[37]利用 KMC 模型和 CNT 模型模拟了 Al_3Sc 相和 Al_3Zr 相的形核过程，模拟结果认为在铝合金的组织中，Al_3Sc 和 Al_3Zr 的团簇会优先结合形成复合相。

对初生 $Al_3(Sc, Zr)$ 相生长机制的研究基本围绕着初生相的结构特点展开，但对于初生 $Al_3(Sc, Zr)$ 相形核后的初期行为始终存在争议。Xu 等[28]发现初生 $Al_3(Sc, Zr)$ 相的结构存在内外层，外层锆含量要比内层的高，而且冷却速率越高，初生 $Al_3(Sc, Zr)$ 相外层中锆的含量越低。通过计算不同冷却条件下的吉布斯自由能并分析发现，由于吉布斯自由能不同，钪和锆在基体中的扩散速率不同，导致初生相中钪和锆的含量发生了变化。研究认为在初生相生长的初期，由于钪的扩散速率远大于锆，所以，Al_3Sc 粒子先聚集形成内部核心，再围绕 Al_3Sc 聚集，最后形成了外层锆浓度高于内层的结构，其生长示意图如图 1-14 所示。

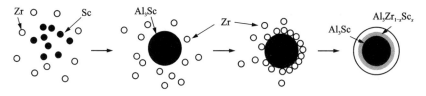

图 1-14　Al-Sc-Zr 中间合金中单个粒子的形成过程[28]

　　一些学者[38-39]则认为初生 $Al_3(Sc, Zr)$ 相的生长中先发生包晶反应。因为根据相图和凝固模拟结果可知，Al_3Zr 会优先于 Al_3Sc 析出。熔体中的钪原子围绕 Al_3Zr 粒子形核，最终形成外层富钪、内层富锆的结构。而且从计算相图得知，Al-Zr 二元合金的包晶反应温度高于 Al-Sc 二元合金的共晶反应温度。因此，这些学者认为初生 $Al_3(Sc, Zr)$ 相先发生包晶反应，形成以 Al_3Zr 为核心的复合结构。外层钪原子的聚集行为使钪浓度逐渐上升到共晶点成分，继而在降温过程中发生 $L \rightarrow Al_3Sc+\alpha-Al$ 共晶反应，由此导致最后初生 $Al_3(Sc, Zr)$ 相呈现出多层的结构。支持先发生共晶反应的学者[27, 31, 40]的主要依据：在熔体中钪和锆原子会优先结合，虽然在铝基体中钪的扩散速率远高于锆，但在熔体中两者的扩散速率接近。当钪的含量高于共晶点成分时，会优先发生 $L \rightarrow Al_3Sc+\alpha-Al$ 共晶反应。锆原子由于被钪原子吸引，同时从熔体中析出并取代了一部分钪原子，形成钪、锆复合结构，成为初生相的内部第一层结构；而 $\alpha-Al$ 随后在其表面形核，形成第二层结构；第二层结构形成后，由于钪原子被向外推移，因此又会达到共晶成分，再次发生共晶反应。这个过程反复发生，最后就形成了多层的复杂结构，各层结构中元素成分呈现规律性变化。

1.2.4　次生 Al_3Sc 相的特性

　　次生 Al_3Sc 和 $Al_3(Sc, Zr)$ 相通常指的是在热处理或热加工过程中，钪从过饱和固溶体中脱溶析出形成的沉淀相。在脱溶过程中，由于固溶体的浓度和点阵常数发生连续性变化，因此，这类次生相也被称为连续析出相。次生 Al_3Sc 相的微观形貌为多面的球状，其透射电镜的明场像通常为豆瓣状（见图 1-15）[41]。以第一性原理计算为基础，对不同位向的界面能进行计算，算出次生 Al_3Sc 粒子应该具有 6 个 {100} 面、12 个 {110} 面和 8 个 {111} 面，同时通过衍射分析发现其晶体结构为 Ll_2 面心立方[42]。次生 Al_3Sc 相结构的对称性高于其他同类型的金属间化合物，受各向同性特点的影响，其析出相更倾向于形成各向等大的形貌[43]。有少数次生 Al_3Sc 相在特定条件下出现了非球状形貌，但其晶体结构未发生改变。比如：在 Al-0.06Sc 合金高温退火的组织中观察到了花状的次生相[42]；在

Al-0.25Sc 和 Al-1.0Mg-0.27Sc 合金组织中观察到了立方体状的次生相[42, 44]。

次生 $Al_3(Sc, Zr)$ 相的形貌以及晶体结构都与次生 Al_3Sc 相相同，很多研究认为次生 $Al_3(Sc, Zr)$ 相的形成过程是先形成 Al_3Sc 核心，Zr 原子再在其表面形核，最终形成核壳结构[45-46]。对于次生 $Al_3(Sc, Zr)$ 相的研究大多围绕核壳结构展开。由于 3DAP 的信号收集率过低，因此，一般采用综合 TEM 观察和模拟计算结果，再配合 3DAP 分析结果的方式对次生 $Al_3(Sc, Zr)$ 相的复合结构进行研究。Clouet 等[47] 利用 HRTEM 对 $Al_3(Sc, Zr)$ 相界面处的原子排布进行观察（见图 1-16），发现析出相外层区域的衬度有变化。结合计算模拟和 3DAP 的分析结果，认为这个约 2 nm 宽的区域是 Sc 和 Zr 的复合区域。

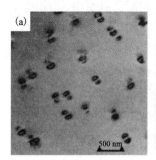
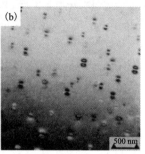

图 1-15　次生 Al_3Sc 相的明场像[41]

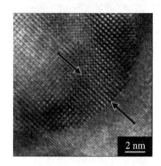

图 1-16　$Al_3(Sc, Zr)$ 粒子的
高分辨图像[47]

Booth-Morrison 等[48] 利用 3DAP 解析了 Al-0.06Zr-0.06Sc（原子分数）和 Al-0.06Zr-0.04Sc-0.02Er（原子分数）合金中析出相的结构（见图 1-17）。发现 $Al_3(Sc, Zr)$ 粒子核壳结构的外壳上 Zr 的含量明显高于内部，形成的是单一的核壳结构，但 $Al_3(Sc, Zr, Er)$ 相的核壳结构则是由核心富 Er、中层富 Sc、最外层富 Zr 组成的多层核壳结构。研究认为，核壳结构的形成与元素在铝基体中的扩散速率有关，扩散速率最低的元素富集在核壳结构的外壳部分。根据第一性原理的计算结果，Zr 的稳定性高于 Sc[49]。几乎所有的具有核壳结构的析出相粒子的热稳定性都比单一结构的析出相好，主要原因是核壳结构的存在抑制了相的粗化，在对 $Al_3(Sc, Er)$ 相、$Al_3(Li, Sc, Zr)$ 相、$Al_3(Sc, Yb, Zr)$ 相和 $Al_3(Sc, Zr, Hf)$ 相进行研究后，都得到了相似的结果[50-53]。Lefebvre 等[54] 利用原子探针层析技术（APT）在非等温退火下的不同时间点对 Al-0.09Sc-0.045Zr（原子分数）和 Al-0.09Sc-0.025Zr（原子分数）两种合金进行取样分析，发现在 523 K 时，Sc 原子就已经开始扩散，但 Zr 原子是弥散分布在基体中的；在 563 K 时，$L1_2$ 结构的 Al_3Sc 相开始大量地均匀形核；在 623 K 以下时，Al_3Sc 相的形核和生长受 Sc 原子的扩

散行为控制；在 623 K 以上时，Zr 原子开始在 α-Al 中和 Al₃Sc 相附近出现明显的聚集行为；在 748 K 退火 15 h 后，测得 Al₃(Sc，Zr) 相的结构为内部以 L1₂ 结构的 Al₃Sc 为核心，外壳则由 Al₃(Zr₀.₄Sc₀.₆) 的成分组成。根据 Clouet 等[37]的模拟结果，在 24 ms 时，Al₃Sc 就已经开始形核，远比 Al₃Zr 要早。很多学者都支持 Al₃Sc 先形核的理论。Knipling 等[55]研究了 Al-0.1Sc-0.1Zr(原子分数)合金在等温退火过程中析出相的演化过程，发现 Zr 的聚集趋势与退火温度有关，且 Zr 的富集过程会使合金的抗拉强度和硬度上升。

Sc 溶解在 α-Al 中形成的过饱和固溶体为亚稳状态，当

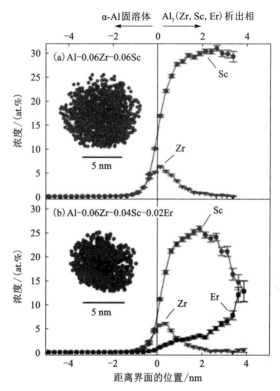

图 1-17　Al₃(Sc，Zr) 和 Al₃(Sc，Zr，Er) 的 3DAP 解析结果[48]

输入能量足够大时，过饱和固溶体会发生脱溶分解。Sc 在 α-Al 中的溶解度随温度降低而急剧下降，Al₃Sc 和 α-Al 的晶格常数非常接近，错配度仅为 1.3%[4, 56-57]。因此，一般认为次生 Al₃Sc 相在铝基体中容易发生均匀形核。Robson 等[58]对 Al-0.25Sc 合金进行反复的热处理，基于 N-model framework of Kampmann and Wagner(KWN)模型对形核行为进行预测，发现了次生 Al₃Sc 相从均匀形核到非均匀形核的转变现象。影响 Al₃(Sc，Zr) 相形核和析出的因素与 Al₃Sc 相的基本相同[59]。Marquis 等[60]发现在 Al-Sc 二元合金中，Al₃Sc 相的析出速率和粗化速率与 Sc 含量有关。Sc 含量越高，析出动力越大，析出速率越高，但析出相的平均半径反而越小。析出相的半径与退火时间 $t^{1/3}$ 成正比，而且符合 Lifshitz Slyozov Wagner(LSW)理论的粗化模型。Novotny 等[41]研究了 Al-0.2Sc 合金在 350 ℃退火过程中析出相的析出行为，发现合金中 Al₃Sc 相的粗化速率也符合 LSW 理论。Watanabe[61]和 Marquis 等[60]发现在合金中，添加 Mg 能够促进次生 Al₃Sc 相的析出行为，原因是 Mg 的添加降低了析出相与铝基体间的界面能。他们

发现析出相的粗化率符合 KV(Kuehmann and Voorhees)模型。Marquis 等[60]发现 Al-2.2Mg-0.12Sc(原子分数)合金在 300~400 ℃退火过程中, Al_3Sc 相的粗化行为和界面自由能有关, 析出动力学和粗化率符合 KV 模型。Buranova 等[62]发现 Al-Mg-Sc-Zr 合金在低于 300 ℃时大变形后, $Al_3(Sc, Zr)$ 相析出并抑制了再结晶, $Al_3(Sc, Zr)$ 相与基体始终保持共格关系。Iwamura 等[63]发现 Al_3Sc 相在从共格向不共格转变的过程中, 其衍射衬度会发生变化。共格状态下, 析出相的中心部分无畸变, 此时析出相粒子在 TEM 明场像中呈现为豆瓣状形貌。在 Al_3Sc 相逐渐粗化到失去共格状态的过程中, 晶格畸变导致了衍射衬度的变化, 因此, 在 TEM 明场像中, 析出相的中心部分出现缺陷衬度, 从而导致了析出相的中心部分出现不规则的条纹(见图 1-18)。Novotny 等[41]和 Marquis 等[60]对含钪铝合金的硬度出现先上升再下降的现象展开研究, 发现硬度的变化的转折点通常对应着 Al_3Sc 相的共格与不共格关系的转变点。杜刚等[64-66]在多种 Al-Mg-Sc 系合金中也发现了类似的现象。Xu 等[67-68]不仅研究了 Al-Mg-Sc 合金中 Al_3Sc 相的析出和粗化行为, 而且对 Al_3Sc 相对合金的强化机制进行了定量化分析, 发现 Al-Mg-Sc 合金经退火后, Mg 含量不同, 合金的硬度变化不同, Al_3Sc 相的析出和粗化行为对合金的硬度有明显的影响。通过统计析出相的半径并计算屈服强度增量, 分析强化机制, 发现当 Al_3Sc 相的平均半径尺寸小于 (2.3 ± 0.6) nm 时, 主要由切过机制控制, 即存在强化机制转变的临界尺寸。

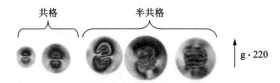

图 1-18　析出粒子由共格到半共格状态的对比[63]

关于铝合金中含钪相不连续析出行为的研究极少, 一般认为不连续析出相对合金的组织和性能是不利的, 通常只是观察到这类相的存在, 但未深入研究其形成机制[69-71]。对其结构和热处理过程中的行为等相关研究则几乎没有。Lohar 等[72]在 Al-0.3Sc-0.15Zr 的铸态组织中发现了很密集的非连续析出相, 其在晶界附近呈现出有取向的分布(见图 1-19)。Nhon 等[73]利用 3DAP 对 Al-4.5Mg-0.28Sc(原子分数)的铸态组织进行分析, 发现了长条状的含钪的析出相。

Norman 等[22]在 Al-0.7Sc 的铸态组织中观察到了呈扇形分布的条状的 Al_3Sc 析出相, 这类析出相的长度通常超过 200 nm, 但与基体仍保持共格关系。很多学者认为不连续析出相的形成原因是过饱和固溶体在晶界处分解, 晶界被形成的析出相向前推, 因此留下了条状的析出相, 析出相的排布方向是晶界被推动的方

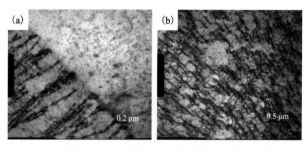

图 1-19　含钪的不连续析出相[72]

向[74-75]。在 Al-Li、Al-Hf、Al-Zr 体系中，不连续析出相是亚稳态，亚稳相在某些条件下会发生相变，从而转化为其他平衡相，这种转变受到晶界附近的平衡相的抑制[76-77]。但在 Al-Sc 合金中，这种转变就不会发生，因为 Al₃Sc 只有 L1₂ 一种结构，而且是稳定结构。在目前的研究中，尚未发现 $Al_3(Sc, Zr)$ 的不连续析出相。因为锆在铝基体中对钪的扩散有抑制作用，很多学者认为在含钪相析出过程的开始，钪和锆就已经在逐渐结合，所以不连续析出相难以形成。Al_3Zr 相虽然有多种晶体类型，存在由 L1₂ 亚稳相向 DO_{23} 稳定相的转变，但是 Al_3Zr 的不连续析出相的形成条件很苛刻，通常需要在大于 500 ℃ 且退火 120 h 的条件下才能获得[78-81]。因此，$Al_3(Sc, Zr)$ 的不连续析出相在理论上极难形成。

综上，国内外对 Al_3Sc 相的形貌、结构和性质做了大量研究并取得了显著进展，但有关 Al_3Sc 的形成与析出行为的研究尚存在一些突出问题：（1）Al-Sc 中间合金对铝合金的晶粒细化效果不同，该现象可能与初生 Al_3Sc 相的特征有关，但熔铸条件对初生相形貌的影响和初生相的生长机制均不明确；（2）含钪铝合金在退火过程中会产生析出硬化现象，这与次生 $Al_3Sc/Al_3(Sc, Zr)$ 相的连续析出行为有关，但次生相对合金定量强化机制以及粗化行为不明晰；（3）某些研究表明，当钪含量超过共晶点成分时，组织中会出现罕见的含钪不连续析出相，但关于 Al_3Sc 的不连续析出相的形态、形成条件、演变规律以及晶体学特征的研究均不深入。因此作者团队针对上述问题，深入研究并揭示了微量 Sc 在铝合金中的存在形态与作用机制，其研究结果详见第 2 章。

1.3 钪与铝合金中合金元素的相互作用

1.3.1 钪与铝合金中主合金元素的相互作用

工业铝合金中的主要合金元素有 Mg、Zn、Cu、Si、Li 等，其中 Mg、Zn 和 Li 与 Sc 不形成化合物[82]，故在以这些元素为主要合金组分的铝合金中加 Sc 是有益的。但是，关于在以 Cu、Si 为主要合金组分的变形铝合金中加 Sc 的合理性问题，尚需做深入的研究。

铜：Cu 与 Sc 能形成 W(AlCuSc) 相[82]，关于 W 相的成分和晶体结构目前存在不同看法。对于 $Al_{3~8}Cu_{2~4}Sc$，$ThMn_{12}$ 型结构，$a=0.863$ nm，$c=0.510$ nm；对于 $Al_{5.4~8}Cu_{4~6.6}Sc$ 型结构，$a=0.855$ nm，$c=0.505$ nm；对于 $Al_{5~8}Cu_{4~7}Sc$ 型结构，空间群 J4/mmm。该相在铝熔体结晶时形成，在随后的工艺加热时不溶解。所以，进入 W 相中的 Sc 和 Cu 不会参与合金强化，并且它本身会降低合金的强度。此外，W 相质点还会增加合金组织内过剩相的体积百分数，从而使合金的塑性、冲击韧性和断裂韧性下降。

硅：Si 不仅能与 Sc 形成 $V(AlSi_2Sc_2)$ 相[82]，而且还会改变铝钪合金固溶体的分解特性，即由连续分解变为不连续分解。不连续分解的产物粗大，在合金单位体积内，其分解密度明显降低。因此，Si 的存在会减小 Sc 在 Al 中过饱和固溶体分解时的强化效应，并会急剧降低铝钪合金半成品的再结晶温度。

铁：杂质 Fe 与 Sc 不形成化合物，不改变 Sc 在 Al 中固溶体的分解特性，其本身不减小钪对铝合金组织和性能的影响。但是，如同其他工业铝合金一样，铝钪合金中 Fe 的含量应加以限制，可按一般的不含 Sc 的工业铝合金规范来控制。

1.3.2 钪与过渡金属的相互作用

铝合金中通常添加 Zr、Ti、Mn、Cr、V 等过渡金属，不同的过渡金属与 Sc 的相互作用以及对铝合金组织性能的影响各异。文献[82]总结了俄罗斯轻合金研究院的研究结果，具体情况如下。

锆：大量实验表明，Sc 应该与 Zr 同时加入铝合金内。这是因为 Zr 能较多（达 50%）地溶于 Al_3Sc 相中，并形成 $Al_3(Sc,Zr)$ 相，该相因其晶格类型、点阵参数与 Al_3Sc 相差别甚小，不仅保持了 Al_3Sc 的全部有益作用，而且在高温加热下聚集倾向比 Al_3Sc 相小得多。因此，加入钪的同时加入 Zr，一方面可提高铝合金的性能，另一方面还可减小昂贵 Sc 的加入量（Zr 的价格要比 Sc 便宜得多）。加 Zr 的作用，在铝合金中钪含量较小时则更为显著，此时，Zr 不仅起稳定剂作用，而且还起到强化剂作用；增加原始固溶体过饱和度时相应地增加其分解产物的弥散度,强化效应可增加为之前的 2 倍多。同时,实验表明,具有 Zr 溶解量最大的 Al$_3$(Sc,Zr)相质点具有最小的聚集倾向,当分析性能最佳的合金成分时,发现其 Al$_3$(Sc,Zr)相内有 50% 的 Sc 原子被 Zr 原子置换。因此,在工业铝合金中 Sc 和 Zr 的质量分数之比应接近 1:1。但是,实践表明,在高合金化和中合金化的铝合金中,特别是在浇铸大铸锭时,Zr 含量超过 0.15% 时会形成粗大的初生金属间化合物 Al$_3$Zr。所以,用 Zr 合金化的铝钪合金中 Zr 含量取 0.10%~0.15%。Sc 质量分数理论上应与之相同,但考虑到像合金组分那样,并非全部可能潜在的 Sc 都被利用上了,因此 Sc 含量应该提高到 0.15%~0.3%。

Al-Sc-Zr 三元相图的富铝角截面图如图 1-20 所示[5],Al$_3$Sc、Al$_3$Zr 和 α(Al)处于平衡状态。其中,Al$_3$Sc 是在 1320 ℃ 通过包晶反应形成的,可溶解的 Zr 达到 w_{Zr} = 35%,即相当于化合物 Al$_3$Sc$_{0.6}$Zr$_{0.4}$ 中所需的 Zr;Al$_3$Zr 的熔点达 1577 ℃,为 DO$_{23}$ 型正方结构,晶格常数 a = 0.4006 nm、c = 1.727~1.732 nm,可溶解 Sc 的最大量为 w_{Sc} = 5%,即相当于化合物 Al$_3$Zr$_{0.8}$Sc$_{0.2}$ 中所需的 Sc。以上的这些相参与反应 L+Al$_3$Zr→α(Al)+Al$_3$Sc,659 ℃。Zr 和 Sc 在固态 α(Al)中的固溶度:550 ℃ 时为 w_{Zr} = 0.06%、w_{Sc} = 0.03%,600 ℃ 时为 w_{Zr} = 0.09%、w_{Sc} = 0.06%。实践证明,只要 w_{Sc+Zr}<0.45%,并调配 w_{Zr} 与 w_{Sc} 的比例,即调好合金凝固时初生相 Al$_3$Sc[w_{Zr}:w_{Sc}<1]或 Al$_3$Zr[w_{Zr}:w_{Sc}>1]的量,就可以获得好的晶粒细化作用。

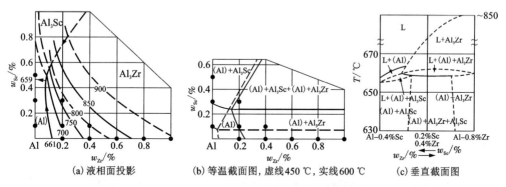

(a) 液相面投影　　(b) 等温截面图,虚线 450 ℃,实线 600 ℃　　(c) 垂直截面图

图 1-20　Al-Sc-Zr 三元相图的富铝角截面图[5]

锰:Mn 与 Sc 不发生反应,不形成金属间化合物。在铝钪合金中加 Mn,像在其他工业铝合金中一样,能提高强度和改善合金的抗腐蚀稳定性。不过,用大量的 Mn 来合金化会降低 Sc 的溶解度和减少金属间化合物的形成,故不宜大量添加,一般用量为 0.2%~0.5%。另外,在需要获得高超塑性、高导热性等的某些情况下,Mn 的含量也要加以控制。

铬：在铝钪合金中加 Cr，会略为减弱 Sc 的强化效果和抗再结晶效果；另外，在 Al-Zn-Mg-Sc 系合金中加 Cr 还会降低其塑性、加强分层腐蚀倾向和影响可焊性。

钒：在铝钪合金中加 V，会减小过饱和固溶体分解时的强化效应，并降低与加 Sc 有关的抗再结晶效应。不过，合金内存在 Zr 时，可以中和 V 的不利作用。

铪：在 Al-0.2Sc 合金内加 0.15%Hf，加强了过饱和固溶体分解时的强化效应和稍微提高了该合金的再结晶温度。所以，在铝钪合金中加 Hf 是有益的。但是，为了达到明显的效果，Hf 的加入量应该比实验的加入量大些。

钛：Ti 同 Zr 一样，能溶解于 Al_3Sc 相内，置换出 Sc 原子，但它在 Al_3Sc 相内的溶解度相当小。Ti 的加入，与 Zr 一样会增强 Sc 的变质效应，并从其出现变质作用开始，减少 Sc 的临界浓度。但是，在含 Sc 的过饱和固溶体分解时，加 Ti 会恶化合金的强度、加速软化过程。不过，铝合金中 Zr 的存在可以充分中和 Ti 的不良作用，故在铝钪合金中可以加 Ti，作为和 Zr 一起的综合变质剂，其加入量可为 0.02%~0.06%。

1.3.3　铝钪合金中钪含量范围的选择

研发铝钪合金的一个重要问题就是如何选择 Sc 的含量。据文献[82]介绍，Sc 含量的选择应遵循以下原则：在相当于铝合金铸锭连续铸造的结晶条件下，要使大部分 Sc 处于过饱和的固溶体内，在随后的工艺加热条件下，含 Sc 的固溶体分解并形成最大弥散度的次生 Al_3Sc 相质点，从而保证显著地提高再结晶温度和强化合金；另外，少部分的 Sc 应该在结晶时以初生 Al_3Sc 相析出，对铸锭或焊缝内的铸造晶粒组织起细化变质作用。

分析 Al-Sc 二元合金平衡相图（见图 1-1）[8]，Sc 与 Al 形成有限溶解度的共晶型平衡图，Sc 的最大平衡溶解度为 0.35%。但是，在相当于连续铸造铸锭结晶的冷却速率下，Sc 在 Al 内会形成反常的过饱和固溶体（达 0.6%Sc），因此，Sc 在 0.6%左右时，Al-Sc 二元合金连续铸造获得的变形半成品有望达到或接近最大强化效果（见表 1-4）。从表 1-4 可知，随着 Sc 含量从 0 增加到 0.6%，强度明显提高，但提高幅度先增加后减小。因此，在 Sc 含量大于 0.6%的情况下，其强度的进一步提高是不大可能的。另外，当 Sc 含量增加到 0.6%时，只有在严格规定均匀化、塑性加工和热处理的温度和时间的条件下，确保 Sc 在 Al 中过饱和固溶体的最佳分解程度时才有可能提高强度。这是因为铝合金中 Sc 含量越高，所形成的过饱和固溶体越不稳定，分解速度越快，并且分解产物次生 Al_3Sc 质点聚集倾向越大，聚集速度越快，从而会降低合金的性能。所以，在选择 Sc 的最佳含量时，必须考虑以下因素：(1)在复杂合金中，Sc 在 Al 中的极限溶解度会减少；(2)Sc 在 Al 中的固溶体是不稳定的；(3)Al_3Sc 质点有聚集倾向。此外，还要注意到铸锭和半成品在实际生产条件下长时间的高温加热,可能会使 Sc 在 Al 中的过饱和固溶体完全分解和分解产物发生聚集的情况。鉴于这些原因,在工业用铝合金中添加较高浓度的 Sc 并不是最理想的,而在大多数商用铝合金中 Sc 的合理添加范围为 $0.05\% \sim 0.25\%$。

表 1-4　不同 Sc 质量分数 Al-Sc 二元合金性能的比较

$w_{Sc}/\%$	抗拉强度 R_m/MPa	屈服强度 $R_{p0.2}/MPa$	伸长率 $A_{50}/\%$
0	90	70	41.3
0.1	100	80	39.3
0.2	180	160	17.8
0.3	240	220	15.3
0.4	270	255	16.0
0.6	300	285	14.8

1.4　微量钪在铝合金中的物理冶金作用

1.4.1　细化晶粒

Sc 对铝合金的晶粒细化作用主要是由于 Al_3Sc 与 Al 具有高匹配性,在稀土元素中 Sc 的 d 电子云最不完整,最符合晶粒细化剂的要求。合金凝固过程中所形成的细小 Al_3Sc 质点,其晶体结构和点阵常数都与 Al 基体相似,符合作为非均质形核核心的尺寸结构条件,即满足"点阵匹配原则",能够较好地润湿基体晶粒,减小两者的接触角,从而使 Al_3Sc 相质点与基体晶粒所接触的结晶面具有较小的表面张力,有利于非均质形核,达到细化晶粒的目的。换句话说,Al_3Sc 粒子起到"晶种"的作用,可细化合金的晶粒[8]。

Sc 是铝合金中最强有力的晶粒细化剂,它的细化作用比其他任何元素的都强,比铝合金常用的晶粒细化剂 Ti、B、Zr 的作用都强得多(见图 1-21)[1]。

汤振齐等[83]使用 Sc 对 6066 铝合金进行改性,发现随着 Sc 含量由 0 提高至 0.2%,合金铸锭平均晶粒尺寸由 45 μm 降低至 20 μm,组织均匀性也随之提高。若将 Sc 与 Ti 共同添加入铝合金中,两者共同达到的晶粒细化效果要强于分别单独添加的。Sc 与 Ti 复合添加,能够在凝固过程中率先形成具有"核/壳"结构的 $Al_3(Sc, Ti)$ 金属间化合物,该化合物以 Al_3Sc 为核心,外层主要为 Al_3Ti。在

Al$_3$Sc 核心上外延生长的 Al$_3$Ti 不再是非 FCC 的 DO$_{22}$ 结构，而是保持其亚稳的 L1$_2$ 结构，且外层 Al$_3$Ti 与 α-Al 的错配度更低，能够为合金熔体的凝固提供更加便利的界面条件。Sc 对铝合金强烈的晶粒细化作用，还可改善铝合金铸态组织。Li 等[84]研究发现，随着 Sc 含量的增加，Al-Zn-Mg-Mn 合金中不仅铸态晶粒随之细化，而且组织也由枝晶逐渐转变为等轴晶组织。Zhemchuzhnikova 等[85]研究发现，含 Sc 的 Al-Mg-Mn-Zr 铝合金半连续铸锭为均匀的等轴晶组织，平均晶粒尺寸为 22 μm 。

曼彻斯特大学的 Norman 等[86]研究了含钪铝合金的凝固行为，在 Al-Sc 二元合金中发现，Sc 的添加量大于 0.55% 时，在凝固过程中形成初生 Al$_3$Sc 相，铝合金铸态晶粒尺寸显著细化，如图 1-22 所示。晶粒细化只发生在过共晶成分的合金中，并且显示出大于常规铝合金变质剂所能达到的细化效果。添加 Sc 的合金晶粒细化伴随着枝晶生长形态的变化，从粗大的树枝晶转变为细小的等轴晶粒。

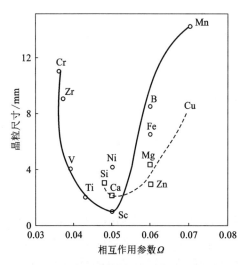

图 1-21　Al 的晶粒大小与晶粒细化剂反应参数的关系

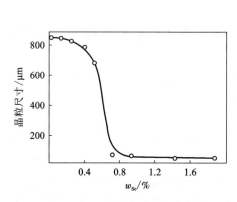

图 1-22　不同 Sc 含量的 Al-Sc 二元合金的晶粒尺寸

1.4.2　抑制再结晶和提高热稳定性

在铝合金中添加微量的 Sc 具有抑制再结晶及提高再结晶温度作用。一方面，在热处理过程中析出大量弥散分布的纳米级球状 Al$_3$Sc 沉淀物，对位错与晶界具有强烈的钉扎作用，使得位错与晶界在常规再结晶温度下难以迁移，抑制再结晶。另一方面，Sc 元素在 α-Al 基体中的扩散系数相对 Cu、Zn、Mg 等主要合金元素而言较低，不易回溶，即便沉淀物长大，其对位错与晶界仍具有钉扎作用，阻碍再结晶晶粒的形核与长大。

　　Davydov 等[87]研究分析了铝合金中添加 Sc 的原理，并同其他传统合金的作用效果进行了对比。从图 1-23 可以看出，与传统的 Mn、Cr、Zr 等元素相比，Sc 是抑制变形铝合金再结晶的最有效的元素。这主要是因为 Sc 的添加显著提高了铝合金的再结晶温度，使铝合金保持变形组织，从而提高合金的强度。而 Sc 能够有效抑制再结晶的主要原因是从过饱和固溶体中分解出了高密度的 Al_3Sc 弥散粒子，这些纳米级的弥散析出粒子在晶体结构和晶格常数上与基体 Al 晶体点阵极为相似，并与基体保持共格关系，从而达到抑制再结晶的效果。反之，当 Al_3Sc 粒子与基体的共格关系丧失后，很容易迅速长大粗化，粒子的密度降低，间距增大，抑制再结晶的效果也将随之降低乃至消失。

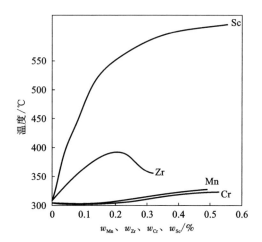

图 1-23　冷轧二元 Al-TE(过渡金属)合金再结晶温度与过渡元素含量的关系

　　研究表明：添加微量 Sc 对 Al 及其合金的再结晶温度有着很大的影响。99.9% 的纯铝冷加工后再结晶起始温度 230 ℃，添加 0.33% Sc 以后，合金的再结晶温度为 450 ℃；在含 5%~25% Mg 的铝合金中加入 0.3% Sc，再结晶起始温度从 245 ℃ 提高到 450 ℃；在 Al-1% Mn 合金中加入 0.33% Sc，再结晶温度由 385 ℃ 提高到 470 ℃；7075 合金添加 Sc 以后再结晶温度也有显著提高。Sc 能提高纯铝及铝合金的再结晶温度，意味着 Al-Sc 合金经热处理后能保持多边化状态，具有极细的亚晶粒和高的热稳定性。从经济观点出发，铝钪合金应尽可能在较低温度中进行短时间的均匀化和挤压，以避免 Al_3Sc 质点粗化。张迎晖等[88]对一种含 0.246% Sc 的工业纯铝冷轧 70% 后进行再结晶研究，测定材料在各种温度下保温 1 h、水淬后的硬度及电导率。参照 X 射线衍射结果，他们发现该材料的再结晶起始温度为 380 ℃，终了温度为 450 ℃。TEM 研究表明，其再结晶过程为亚晶聚合形核机制，弥散分布的 Al_3Sc 相对位错的钉扎作用是使材料再结晶温度提高的原因。Jia 等[89]研究 Al-Zr-Sc 三元合金再结晶行为，合金经 90% 的冷加工变形及 200~600 ℃ 范围内不同温度保温 30 min 的退火处理，结果表明，板材的再结晶温度由不含 Sc 合金的 250 ℃ 提高至含 0.15% Sc 合金的 600 ℃。这是因为合金中形成了大量细小的 $Al_3(Sc, Zr)$ 相颗粒，该颗粒热稳定性高，进一步提高了铝合金的再结晶温度。Jones 等[90]研究发现，含 0.25%Sc 的 Al-Sc 二元合金经塑性变形后在热处理过程中沉淀析出先于再结晶进行，析出的 Al₃Sc 颗粒对再结晶起到强烈的抑制作用，使得温度高于 500 ℃时合金再结晶过程方能进行。Li 等[84]研究含 Sc 的 Al-Zn-Mg-Mn-Zr 合金，发现其在 470 ℃固溶处理温度下仍未发生完全再结晶，且随 Sc 含量由 0.12%增加至 0.24%，合金从局部再结晶转变为完全抑制再结晶，保持了完全的冷轧加工态组织。表 1-5 列出了 Sc 对 Al-6.5Mg 合金再结晶温度的影响[91]。从表中可以看出，不加 Sc 的 Al-Mg 合金挤压后即已完全再结晶，但加入 0.2%~0.5%Sc 的合金直到 400 ℃也不出现再结晶组织，加入 Sc 的合金板材再结晶温度与挤压棒材一样也能显著提高。

表 1-5　Sc 对 Al-6.5Mg 合金再结晶温度(T_p)的影响

类型	w_{Sc}/%	再结晶温度/℃
挤压棒材	0	
	0.20	350
	0.32	400
	0.50	400
板材	0	200
	0.20	350
	0.32	450
	0.50	400

Sc 还能显著提高铝合金的热稳定性，使合金能在其再结晶温度下使用而保持强度不受损失，即提高合金的耐热性。例如，Al-0.8%Sc 合金在 380 ℃条件下保温 500 h，硬度没有降低；350 ℃条件下保温 70 h，弥散质点的平均尺寸只有 5 nm；450 ℃条件下保温 111 h，质点才长大到 50 nm[90]。另外，对于 Al-5.5%Zn-2.0%Mg 合金，Sc 含量从 0 增至 0.6%，冷轧板材的再结晶温度就从 280 ℃提高到 590 ℃[91]。可见，加入 Sc 及增加其含量将促使铝合金非再结晶组织的热稳定性迅速提高。Sc 在 α-Al 中的扩散系数相对较低，析出的纳米级 Al₃Sc 颗粒在高温下稳定性较高。Watanabe 等[92]研究发现，Sc 含量 0.28%的 Al-Sc 二元合金在 450 ℃下时效 50 h，Al₃Sc 析出物平均尺寸约为 100 nm，与基体保持半共格关系。Al₃Sc 颗粒在高温下稳定性较高。Marquis 等[93]研究发现，在 w_{Sc} 为 0.1%~0.3% 的 Al-Sc 二元合金中，直到 400 ℃左右 Al₃Sc 析出颗粒才长大，与基体失去完全的共格关系。

1.4.3　析出强化

由于 Al_3Sc 粒子与 α-Al 之间具有相同空间结构及较小错配度，故其从过饱和 α-Al 固溶体中的沉淀析出不必依赖于高能量的空位、位错、晶界等缺陷位置，可同时在晶内与晶界上均匀沉淀析出。此外，Al_3Sc 析出颗粒可在较大尺寸范围内与 α-Al 基体保持共格关系，加之均匀弥散的分布，含 Sc 铝合金可表现出强烈的沉淀强化效果。Seidman 等[94]研究发现，Sc 含量为 0.1%~0.3% 的 Al-Sc 二元合金在 275~350 ℃ 时效可析出大量与基体共格的球状 Al_3Sc 颗粒，尺寸为 1.4~9.6 nm，在基体上均匀弥散分布，导致合金强度由纯铝的 20 MPa 提升至 140~200 MPa。由于合金内析出的 Al_3Sc 粒子不仅能产生沉淀强化，还能钉扎位错与晶界，合金强度在添加 Sc、Zr 后将会大幅提升。Filatov 等[95]研究表明，Al-Mg 系合金抗拉强度在添加了微量 Sc 和 Zr 之后提升了 100 MPa 左右。

1.5　微量钪对铝合金性能的改善作用

1.5.1　提高铝合金的强塑性

据资料[91]报道，向铝及其合金中添加 0.4% 的 Sc 时，每添加 0.1%Sc，其强度可提高约 50 MPa，强化作用大大超过了目前工业铝合金用的传统合金元素 Mg、Cu、Zn、Si、Mn、Cr 等。表 1-6 列出了铝钪合金与几种工业铝合金的拉伸性能的比较[91]。由表 1-6 可知：无论是与 Al-Mg 系合金、Al-Zn-Mg 系合金相比，还是与 Al-Zn-Mg-Cu 系等合金相比，铝钪合金的拉伸强度比同类合金分别高出 116~123 MPa、204 MPa 和 101~123 MPa，伸长率也比同类合金高。在所有微量元素中，Sc 是最为有效的合金元素。铝合金在添加微量 Sc 后，其强度能得到明显的提升。

表 1-6　铝钪合金的拉伸性能与几种工业铝合金的比较

合金及其状态	主要成分/%	R_m/MPa	$R_{p0.2}$/MPa	A_{50}/%
5456-H112	5.1Mg, 0.75Mn, 0.13Cr	307	138.7	12
LF$_6$-M	6.3Mg, 0.65Mn, 0.06Ti	311	157	15
Al-Mg-Sc(热挤)	6.5Mg, 0.4Sc	480	260	15
7005-T651	4.7Mn, 1.4Mg, 0.5Mn, Cr, Ti, Zr	347.8	281.2	7
Al-Zn-Mg-Mn-Sc	4.8Zn, 2.4Mg, 0.37Mn, 0.28Sc	552	500	12.0

续表1-6

合金及其状态	主要成分/%	R_m/MPa	$R_{p0.2}$/MPa	A_{50}/%
7050-T736	6.2Zn, 2.2Mg, 2.4Cu, 0.11Zr	≥496	≥437	≥6
2091-T651	2.0Li, 2.22Cu, 1.5Mg, 0.07Zr	480	430	12
8090-T6	2.5Li, 1.22Cu, 0.5Mg, 0.12Zr	502	445	6

1.5.2 改善铝合金的耐蚀性

添加微量 Sc 能改善铝合金的耐剥落腐蚀、晶间腐蚀性能以及减少应力腐蚀开裂倾向[96]。Sc 元素能改善铝合金耐腐蚀性能的原因如下：(1) Al_3Sc 电极电位与 α-Al 基体相近，两者之间的电位差较小，提高了铝合金的电化学稳定性；(2) Sc 元素能强烈地细化铝合金晶粒，提高晶界体积分数，将晶界上某些脆性沉淀物由连续分布转变为间断分布，抑制裂纹沿晶界扩展，减少合金应力腐蚀开裂及环境断裂倾向；(3) Al_3Sc 可改变晶界析出物的化学成分，提高某些沉淀物的化学惰性；(4) 铝合金的应力腐蚀开裂及环境断裂往往沿再结晶晶粒发展，所以抑制再结晶也可减少应力腐蚀开裂及环境断裂倾向；(5) Sc 元素能够降低铝合金时效处理后出现的"晶间无沉淀析出带"(PFZ) 宽度，甚至将其消除。PFZ 的电位较负，在介质中率先受到腐蚀，PFZ 越宽，合金耐晶间腐蚀性能越差。Sc 元素有稳定空位和降低溶质原子扩散的能力，能缩小甚至消除 PFZ，提高铝合金的耐晶间腐蚀性能。Li 等[97]研究了含 Sc 与 Zr 的 Al-Zn-Mg 合金，通过浸泡腐蚀试验、交流阻抗及透射电镜 TEM 等手段研究发现，含 Sc 与 Zr 的合金耐剥落腐蚀性能提高，应力腐蚀开裂倾向减少。Sc 与 Zr 元素的加入，一方面细化晶粒，提高晶界体积分数，可打破晶界上沉淀析出物的连续分布状态；另一方面，则是消除 PFZ，提高了耐腐蚀性能。Argade 等[98]研究了 Al-4Mg-0.08Sc-0.008Zr 合金，该合金经搅拌摩擦和退火处理后获得了低于 1 μm 的晶粒，将该合金在 3.5%NaCl 溶液中浸泡及进行电化学测试，发现该合金不仅拥有较高的极化电阻，而且随着浸泡时间延长，极化电阻也随之提高；此外，峰时效的合金具有最正的钝化膜击穿电位。Al-Mg 合金本身耐腐蚀性能好，添加 Sc 与 Zr 元素后，因基体上析出了 Al_3Sc 或 $Al_3(Sc，Zr)$ 颗粒而具有了沉淀强化作用，其强度也随之提高，Al_3Sc 及 $Al_3(Sc，Zr)$ 颗粒与 α-Al 基体的电极电位较为接近，且在整个基体上均匀弥散分布，这些颗粒与基体形成微腐蚀电偶对的倾向不大，故这类合金兼具优异的力学性能及耐腐蚀性能。

1.5.3 提高铝合金的可焊性和接头强度

Sc 元素对铝合金焊接性能的提高有几方面原因：(1)细化焊缝区晶粒可提高

其强度,Sc 元素可强烈细化铝合金焊缝区晶粒,甚至将枝晶转变为等轴晶组织,消除晶间低熔点共晶物连续的分布形式,提高焊缝区强度及耐腐蚀性能;(2)Sc 元素具有强烈沉淀强化作用,可在焊后冷却以及热处理过程中析出,进一步提高焊缝的强度;(3)含 Sc 铝合金存在大量较稳定的 Al_3Sc、$Al_3(Sc, Zr)$ 等颗粒,能抑制热影响区的再结晶,减弱热影响区的软化。

Kishore 等[99]研究 Sc 对 AA2319 焊丝焊接 AA2219 铝合金,发现添加 Sc 元素后焊缝由粗大柱状晶转变为细小等轴晶组织,且晶间连续分布的共晶组织也得到改善,焊缝强度、韧性及伸长率均得到提升。Norman 等[100]研究发现,在 2000 系和 7000 系铝合金中添加 Sc、Zr 元素之后,其力学性能明显提升,且焊接件开裂趋势明显降低。铝合金整体的焊接性能较差,尤以 7000 系铝合金为甚。

Sc 可以使焊接裂缝形成的倾向性降低,提高铝合金的可焊性。在对 6061 合金做帕特奇焊接试验(Patch Weldability Test)时,常规 6061 合金的裂缝总长为 32~43 mm,而含 Sc 6061 合金则观察不到裂缝[101]。Sc 不仅可改善铝合金的可焊性,也可使焊缝强度得到大幅度提高。表 1-7 列举了几种 Al-Zn-Mg 系合金挤压带材(400 ℃均匀化 24 h,之后挤压成 3×100 mm 带材,合金带材经 450 ℃固溶 30 min 水淬后再经 2%拉伸矫直)焊接接头(焊后 120 ℃×48 h 时效)的性能[8]。可以看出,含 Sc 合金 2#的焊接接头强度最高(515 MPa),沿基体断裂,焊接热处理后焊接强度系数高达 0.97~1.0,含 Mn 和 Sc 的合金 3#接头强度为 471 MPa,焊接热处理后强度系数为 0.85~0.87,而不含 Sc 的铝合金的焊接强度系数一般达不到 0.8。

表 1-7　Sc 对 Al-Zn-Mg 合金焊接接头性能的影响

合金编号	合金	焊接接头性能	
		抗拉强度/MPa	断裂位置
1#	Al-4.94Zn-2.42Mg	410	焊缝
2#	Al-4.78Zn-2.15Mg-0.38Sc	515	基体
3#	Al-4.78Zn-2.36Mg-0.37Mn-0.38Sc	471	焊缝

一般地,合金焊缝多为粗大柱状晶或枝晶组织,晶间往往存在连续的脆性低熔点共晶物,导致焊缝强度较低,甚至不足母材 50%,裂纹倾向较大,耐腐蚀性能低,等等。此外,熔化焊接过程伴随巨大热量的输入,可使合金焊缝两侧母材中的沉淀析出颗粒长大,甚至发生再结晶,从而失去强化效果,导致母材软化。通常的焊接过程近似熔池熔炼过程,母材与焊接材料在高温电弧作用下,在焊缝区域内经重熔、熔合与凝固,整个过程持续时间短、输入热量大,对焊缝及周边

母材均有较大的影响，是一个复杂的冶金过程。不论是在铝合金母材或是焊接材料中添加 Sc 元素，均能提高铝合金的焊接性能。

1.5.4 天然的超塑性

由于 Al-Sc 合金晶粒组织极细、流变应力低及显微组织有高稳定性等特点，可以预见 Al-Sc 系合金必然具有良好的天然超塑性（SPF）。Ralph 等[102]研究了 Al-Mg-Sc 合金的超塑性，在 0.01 s^{-1} 的应变速率下，获得了伸长率大于1000%的优异超塑性。Al-Mg-Sc 合金既有优良的超塑性能，又不像其他超塑合金那样变形温度高、速度低，需要复杂而苛刻的超塑预处理工艺，使超塑成形很困难，不易实现工业生产和应用。因此，采用铝钪合金超塑成形的一些特殊部件在航天航空工业上有非常好的应用前景。Lee 等[103]研究了 Sc 和 Zr 对 Al-Mg 合金超塑性的影响，在应变率为 10^{-2} s 时，Al-3Mg-0.2Sc-0.12Zr 合金在 500 ℃ 条件下伸长率达到1680%。该合金能够获得高的超塑性的主要原因是添加了 Sc 和 Zr 元素，合金中析出了大量弥散的 Al_3(Sc，Zr)沉淀相，经过等径角挤压（ECAP）的大塑性变形后，使得合金具有超塑性的晶粒组织（晶粒尺寸在 1～3 μm）、低的流变应力及高的显微组织稳定性等特点，从而使合金获得良好的超塑性。Duan 等[104]研究了 Sc 和 Zr 对 Al-Zn-Mg 合金的组织稳定性和超塑性的影响。常规的 Al-Zn-Mg 合金细晶组织在超塑性变形过程中稳定性差，晶粒长大明显（>10 μm），没有超塑性；添加 Sc 和 Zr 元素的 Al-Zn-Mg-0.25Sc-0.10Zr 合金在 450～550 ℃ 具有优良的超塑性，伸长率为 500% 以上，高应变率范围为 $5×10^{-3}$～$5×10^{-2}$ s^{-1} 时，最大伸长率达到1523%。合金的超塑性可归因于高温拉伸过程中发生了小角度晶界转变成大角度晶界的动态再结晶，Al_3(Sc，Zr)粒子的存在有效地阻碍了超塑性变形过程中晶粒的生长。

参考文献

[1] 杜传慧，苑飞，王祝堂.Al-Sc 合金[J].轻合金加工技术，2013，41(8)：11-21，40.

[2] 周民，甘培原，邓鸿华，等.含钪微合金化铝合金研究现状及发展趋势[J].中国材料进展，2018，37(2)：154-160.

[3] 吕子剑，翟秀静.钪冶金[M].北京：化学工业出版社，2005.

[4] 尹志民，潘清林，姜锋，等.钪和含钪合金[M].长沙：中南大学出版社，2007.

[5] 王祝堂.铝-钪合金的性能与应用[J].轻合金加工技术，2012(3)：4-14.

[6] 朱凯，王祝堂.钪的研究进展及其在铝合金中的应用[J].轻合金加工技术，2021，49(2)：1-10.

[7] Murray J L. The Al-Sc(aluminum-scandium) system[J].Journal of Phase Equilibria，1998，19(4)：380-384.

[8] 陶辉锦, 李绍唐, 刘记立, 等. Sc 在铝合金中的微合金化作用机理[J]. 粉末冶金材料科学与工程, 2008, 13(5): 249-259.

[9] 林肇琦. 新一代铝合金——铝钪合金的发展概况[J]. 材料导报, 1992(3): 10-16.

[10] 林肇琦, 马宏声, 赵刚. 铝—钪合金的发展概况(一)[J]. 轻金属, 1992(1): 54-58.

[11] Seidman D N, Marquis E A, Dunand D C. Precipitation strengthening at ambient and elevated temperatures of heat treatable Al(Sc) alloys [J]. Acta Mater, 2002, 50(16): 4021-4035.

[12] 高英俊, 钟夏平, 刘慧, 等. 微量 Sc 和 Zr 对 Al-Mg 合金晶粒细化作用的电子结构分析[J]. 广西科学, 2003, 10(1): 32-35.

[13] Lu X, Wang Y. Calculation of the vibrational contribution to the Gibbs energy of formation for Al_3Sc[J]. Calphad, 2002, 26(4): 555-561.

[14] Cacciamani G, Riani P, Borzone G, et al. Thermodynamic measurements and assessment of the Al-Sc system[J]. Intermetallics, 1999, 7(1): 101-108.

[15] 姜锋. Al-Mg-Sc 中间合金制备及其应用研究[D]. 长沙: 中南大学, 2002.

[16] Asta M, Foiles S M, Quong A A. First-principles calculations of bulk and interfacial thermodynamic properties for fcc based Al-Sc alloys[J]. Phys Rev B, 1998, 57(18): 11265-11275.

[17] Ozolins V, Asta M. Large vibrational effects upon calculated phase boundaries in Al-Sc[J]. Phys Rev Lett, 2001, 86(3): 448-451.

[18] Baroni S, Giannozzi P, Testa A A. Green's-function approach to linear response in solids[J]. Phys Rev Lett, 1987, 58(18): 1861-1864.

[19] Harada Y, Dunand D C. Thermal expansion of Al_3Sc and $Al_3(Sc_{0.75}X_{0.25})$ [J]. Scripta Materialia, 2003, 48(2): 219-222.

[20] 路贵民. Al-Sc 合金热力学性质的研究[J]. 有色金属, 1999, 51(2): 76-78.

[21] Brodova I G, Bashlikov D V, Polents I V. Influence of heat time melt treatment on the structure and the properties of rapidly solidified aluminum alloys with transition metals[C]. Materials Science Forum, 1998: 269-272, 589-594.

[22] Norman A F, Prangnell P B, Mcewen R S. The solidification behaviour of dilute aluminium-scandium alloys[J]. Acta Materialia, 1998, 46(16): 5715-5732.

[23] Hyde K B, Norman A F, Prangnell P B. The effect of cooling rate on the morphology of primary Al_3Sc intermetallic particles in Al-Sc alloys[J]. Acta Materialia, 2001, 49(8): 1327-1337.

[24] Liu X, Xue J, Guo Z, et al. Segregation behaviors of Sc and unique primary Al_3Sc in Al-Sc alloys prepared by molten salt electrolysis[J]. Journal of Materials Science & Technology, 2019, 35(7): 1422-1431.

[25] Liu X, Guo Z, Xue J, et al. Effects of synergetic ultrasound on the Sc yield and primary Al_3Sc in the Al-Sc alloy prepared by the molten salts electrolysis[J]. Ultrasonics Sonochemistry, 2018, 52: 33-40.

[26] Jiang A. Dendritic and seaweed growth of proeutectic scandium tri-aluminide in hypereutectic Al-Sc undercooled melt[J]. Acta Materialia, 2020, 200: 56-65.

[27] Song M, He Y. Investigation of primary Al$_3$(Sc, Zr) particles in Al—Sc—Zr alloys[J]. Journal of Materials Science & Technology, 2010, 27(1): 431-433.

[28] Xu C, Du R, Wang X, et al. Effect of cooling rate on morphology of primary particles in Al—Sc—Zr master alloy [J]. Transactions of Nonferrous Metals Society of China, 2014, 24 (7): 2420-2426.

[29] Zhou S, Zhang Z, Li M, et al. Correlative characterization of primary particles formed in as—cast Al—Mg alloy containing a high level of Sc[J]. Materials Characterization, 2016, 188: 85-91.

[30] Zhou S, Zhang Z, Li M, et al. Formation of the eutecticum with multilayer structure during solidification in as—cast Al—Mg alloy containing a high level of Sc[J]. Materials Letters, 2016, 164: 19-22.

[31] Li Y, Du X, Fu J, et al. Modification mechanism and growth process of Al$_3$(Sc, Zr) particles in as—cast Al-Si-Mg-Cu-Zr-Sc Alloy[J]. Archives of Foundry Engineering, 2018, 18: 51-56.

[32] Liu T, He C, Li G, et al. Microstructural evolution in Al—Zn—Mg—Cu—Sc—Zr alloys during short—time homogenization[J]. Journal of Minerals, Metallurgy & Materials, 2015, 22(5): 516-523.

[33] Hyde K B, Norman A F, Prangnell P B. The growth morphology and nucleation mechanism of primary Ll$_2$ Al$_3$Sc particles in Al—Sc Alloys[J]. Materials Science Forum, 2000, 331-337: 1013-1018.

[34] Li J H, Oberdorfer B, Wurster S, et al. Impurity effects on the nucleation and growth of primary Al$_3$(Sc, Zr) phase in Al alloys[J]. Journal of Materials Science & Technology, 2014, 49(17): 5961-5977.

[35] Asta M, Ozolins V. Structural, vibrational, and thermodynamic properties of Al—Sc alloys and intermetallic compounds[J]. Physical Review B, 2001, 64(9): 094104.

[36] Clouet E, Nastar M, Barbu A, et al. An atomic and mesoscopic study of precipitation kinetics in Al—Zr—Sc alloys[J]. Advanced Engineering Materials, 2006, 8(12): 1228-1231.

[37] Clouet E, Nastar M, Sigli C. Nucleation of Al$_3$Zr and Al$_3$Sc in aluminum alloys: from kinetic monte carlo simulations to classical theory[J]. Physical Review B, 2004, 69(6): 064109.

[38] Yin Z, Pan Q, Zhang Y, et al. Effect of minor Sc and Zr on the microstructure and mechanical properties of Al—Mg based alloys[J]. Materials Science & Engineering A, 2000, 280(1): 151-155.

[39] Li J H, Wiessner M, Albu M, et al. Correlative characterization of primary Al$_3$(Sc, Zr) phase in an Al—Zn—Mg based alloy[J]. Materials Characterization, 2015, 102: 62-67.

[40] Zhou S, Zhang Z, Li M, et al. Effect of Sc on microstructure and mechanical properties of as—cast Al—Mg alloys[J]. Materials & Design, 2015, 90: 1077-1084.

[41] Novotny G M, Ardell A J. Precipitation of Al$_3$Sc in binary Al—Sc alloys[J]. Materials Science & Engineering A, 2001, 318: 144-154.

[42] Luo Y, Pan Q, Sun Y, et al. Hardening behavior of Al-0.25Sc and Al-0.25Sc-0.12Zr alloys during isothermal annealing[J]. Journal of Alloys and Compounds, 2019, 818: 152922.

[43] Ye Y, Li P, He L. Valence electron structure analysis of morphologies of Al_3Ti and Al_3Sc in aluminum alloys[J]. Intermetallics, 2010, 18(2): 292-297.

[44] Watanabe C, Watanabe D, Tanii R, et al. Coarsening of cuboidal Al_3Sc precipitates in an Al-Mg-Sc alloy[J]. Philosophical Magazine Letters, 2010, 90(2): 103-111.

[45] Tolley A, Radmilovicu V. Segregation in $Al_3(Sc, Zr)$ precipitates in Al-Sc-Zr alloys[J]. Scripta Materialia, 2005, 52(7): 621-625.

[46] Forbord B, Lefebvre W, Danoix F, et al. Three dimensional atom probe investigation on the formation of $Al_3(Sc, Zr)$ dispersoids in aluminium alloys[J]. Scripta Materialia, 2004, 51(4): 333-337.

[47] Clouet E, Laé L, Picier T, et al. Complex precipitation pathways in multi-component alloys [J]. Nature Materials, 2012, 5(6): 482-488.

[48] Booth-Morrison C, Dunand D C, Seidman D N. Coarsening resistance at 400 ℃ of precipitation strengthened Al-Zr-Sc-Er alloys[J]. Acta Materialia, 2011, 59(18): 7029-7042.

[49] Qian Y, Xue J, Wang Z, et al. Mechanical properties evaluation of Zr addition in Ll_2-$Al_3(Sc_{1-x}Zr_x)$ using first-principles calculation [J]. Journal of Minerals, Metallurgy & Materials, 2016, 68(5): 1293-1300.

[50] Radmilovic V, Tolley A, Marquis E A, et al. Monodisperse $Al_3(LiScZr)$ core/shell precipitates in Al alloys[J]. Scripta Materialia, 2008, 58(7): 529-532.

[51] Dalen M, Gyger T, Dunand D C, et al. Effects of Yb and Zr microalloying additions on the microstructure and mechanical properties of dilute Al-Sc alloys[J]. Acta Materialia, 2011, 59 (20): 7615-7626.

[52] Hallem H, Lefebvre W, Forbord B, et al. The formation of $Al_3(Sc_xZr_yHf_{(1-x-y)})$ dispersoids in aluminium alloys[J]. Materials Science & Engineering A, 2006, 421: 154-160.

[53] Karnesky R A, Dunand D C, Seidman D N. Evolution of nanoscale precipitates in Al microalloyed with Sc and Er[J]. Acta Materialia, 2009, 57(14): 4022-4031.

[54] Lefebvre W, Danoix F, Hallem H, et al. Precipitation kinetic of $Al_3(Sc, Zr)$ dispersoids in aluminium[J]. Journal of Alloys and Compounds, 2009, 470: 107-110.

[55] Knipling K E, Karnesky R A, Lee C P, et al. Precipitation evolution in Al-0.1Sc, Al-0.1Zr and Al-0.1Sc-0.1Zr (at. %) alloys during isochronal aging[J]. Acta Materialia, 2010, 58 (15): 5184-5195.

[56] Kramer L S, Tack W T, Fernandes M T. Scandium in aluminum alloys[J]. Advanced Materials Processes, 1997, 152: 23-24.

[57] Elagin V I, Zakharov V V, Rostova T D. Some features of decomposition for the solid solution of scandium in aluminum[J]. 1983, 25(7): 546-549.

[58] Robson J D, Jones M J, Prangnell P B. Extension of the N-model to predict competing homogeneous and heterogeneous precipitation in Al-Sc alloys[J]. Acta Materialia, 2003, 51 (5): 1453-1468.

[59] Vlach M, Stulíková I, Smola B, et al. Phase transformations in isochronally annealed mould-

cast and cold-rolled Al-Sc-Zr based alloy[J]. Journal of Alloys and Compounds, 2010, 492: 143-148.

[60] Marquis E A, Seidman D N. Coarsening kinetics of nanoscale Al₃Sc precipitates in an Al-Mg-Sc alloy[J]. Acta Materialia, 2005, 53(15): 4259-4268.

[61] Watanabe D. Coarsening kinetics of Al₃Sc precipitates in an Al-Mg-Sc alloy aged at 573 K[J]. Materials Transactions, 2007, 48(6): 1571-1574.

[62] Buranova Y, Kulitskiy V, Peterlechner M, et al. Al₃(Sc, Zr)-based precipitates in Al-Mg alloy: Effect of severe deformation[J]. Acta Materialia, 2017, 124: 210-224.

[63] Iwamura S, Miura Y. Loss in coherency and coarsening behavior of Al₃Sc precipitates[J]. Acta Materialia, 2004, 52(3): 591-600.

[64] 杜刚, 杨文, 闫德胜, 等. 铸态 Al-Mg-Sc-Zr 合金退火过程中的硬化行为[J]. 金属学报, 2011, 47(3): 311-316.

[65] 杜刚, 杨文, 闫德胜, 等. Al-Mg-Sc-Zr 合金中初生相的析出行为[J]. 中国有色金属学报, 2010, 20(6): 1083-1087.

[66] 杨文, 闫德胜, 戎利建, 等. Sc 含量对 Al-Mg-Sc-Zr 合金铸态组织及时效强化的影响[J]. 稀有金属材料与工程, 2013, 42(12): 2530-2535.

[67] Xu P, Jiang F, Tong M, et al. Precipitation characteristics and morphological transitions of Al₃Sc precipitates[J]. Journal of Alloys and Compounds, 2019, 790: 509-516.

[68] Xu P, Jiang F, Tang Z, et al. Coarsening of Al₃Sc precipitates in Al-Mg-Sc alloys[J]. Journal of Alloys and Compounds, 2019, 781: 209-215.

[69] 任玉平, 丁桦, 郝士明. Al-Zn-Cu 系合金不连续析出组织变形后的结构与性能[J]. 稀有金属材料与工程, 2005, 34(5): 721-725.

[70] 王大鹏, 郝士明, 董丹阳, 等. Al-Zn 对称成分失稳分解合金的不连续析出转变[J]. 东北大学学报: 自然科学版, 2003, 24(5): 467-470.

[71] 李春福, 李国俊, 陈复民. 关于合金中的不连续析出[J]. 材料科学与工程, 1988, 2: 14-19, 13.

[72] Lohar A K, Mondal B N, Panigrahi S C. Influence of cooling rate on the microstructure and ageing behavior of as-cast Al-Sc-Zr alloy[J]. Journal of Materials Processing Technology, 2010, 210(15): 2135-2141.

[73] Nhon Q V, Dunand D C, Seidman D N. Atom probe tomographic study of a friction stir processed Al-Mg-Sc alloy[J]. Acta Materialia, 2012, 60(20): 7078-7089.

[74] Nes E, Billdal H. The mechanism of discontinuous precipitation of the metastable Al₃Zr phase from an Al-Zr solid solution[J]. Acta Metallurgica, 1977, 25(9): 1039-1046.

[75] Nes E, Billdal H. Non-equilibrium solidification of hyperperitetic Al-Zr alloys[J]. Acta Metallurgica, 1977, 25(9): 1031-1037.

[76] Norman A F, Taskiropoulos P. Rapid solidification of Al-Hf alloys: Solidification microstructures and decomposition of solid solutions[J]. International Journal of Rapid Solidification, 1991, 6: 185-213.

[77] Adkins N, Norman A F, Tsakiropoulos P. Specimen preparation for TEM studies of rapidly solidified powders[J]. International Journal of Rapid Solidification, 1991, 6: 77.

[78] Tsivoulas D, Robson J D. Heterogeneous Zr solute segregation and Al₃Zr dispersoid distributions in Al-Cu-Li alloys[J]. Acta Materialia, 2015, 93: 73-86.

[79] Lei L, Zhang Y, Esling C, et al. Crystallographic features of the primary Al₃Zr phase in as-cast Al-1.36 wt% Zr alloy[J]. Journal of Crystal Growth, 2011, 316(1): 172-176.

[80] Wang F, Eskin D, Connolley T, et al. Influence of ultrasonic treatment on formation of primary Al₃Zr in Al-0.4Zr alloy[J]. Transactions of Nonferrous Metals Society of China, 2017, 27(5): 977-985.

[81] Guan T, Zhang Z, Bai Y, et al. The influence of inter-cooling and electromagnetic stirring above liquidus on the formation of primary Al₃Zr and grain refinement in an Al-0.2%Zr alloy[J]. Materials, 2018, 12(1): 22.

[82] Yelagin V I, Zakharov Y Y. 用钪合金化的铝合金[J]. 谢燮揆, 译. 轻金属, 1993(3): 54-59.

[83] 汤振齐, 刘宁, 苏宇, 等. 钪对 6066 铝合金组织和性能的影响及其时效工艺研究[J]. 热处理, 2016, 31(1): 7-10.

[84] Li B, Pan Q, Shi Y, et al. Microstructural evolution of Al-Zn-Mg-Zr alloy with trace amount of Sc during homogenization treatment[J]. Transactions of Nonferrous Metals Society of China, 2013, 23(12): 3568-3574.

[85] Zhemchuzhnikova D, Mogucheva A, Kaibyshev R. Mechanical properties and fracture behavior of an Al-Mg-Sc-Zr alloy at ambient and subzero temperatures[J]. Materials Science and Engineering A, 2013, 565: 132-141.

[86] Norman A F, Prangnell P B, McEwen R S. The solidification behaviour of dilute aluminium-scandium alloys[J]. Acta Materialia, 1998, 46(16): 5715-5732.

[87] Davydov V G, Rostova T D, Zakharov V V, et al. Scientific principles of making an alloying addition of scandium to aluminium alloys[J]. Materials Science and Engineering A, 2000, 280(1): 30-36.

[88] 张迎晖, 孝云祯, 马宏声. 微量元素 Sc 对工业纯铝再结晶的影响[J]. 中国有色金属学报, 1998, 8(1): 85-88.

[89] Jia Z, Røyset J, Solberg J K, et al. Formation of precipitates and recrystallization resistance in Al-Sc-Zr alloys[J]. Transactions of Nonferrous Metals Society of China, 2012, 22: 1866-1871.

[90] Jones M J, Humphreys F J. Interaction of recrystallization and precipitation: The effect of Al₃Sc on the recrystallization behaviour of deformed aluminium[J]. Acta Materialia, 2003, 51(8): 2149-2159.

[91] 林肇琦, 马宏声, 赵刚. 铝-钪合金的发展概况(二)[J]. 轻金属, 1992(2): 53-60.

[92] Watanabe C, Kondo T, Monzen R. Coarsening of Al₃Sc precipitates in an Al-0.28 wt pct Sc alloy[J]. Metallurgical and Materials Transactions A, 2004, 35(9): 3003-3008.

[93] Marquis E A, Seidman D N. Nanoscale structural evolution of Al₃Sc precipitates in Al(Sc)

alloys[J]. Acta Materialia, 2001, 49(11): 1909-1919.

[94] Seidman D N, Marquis E A, Dunand D C. Precipitation strengthening at ambient and elevated temperatures of heat-treatable Al(Sc) alloys[J]. Acta Materialia, 2002, 50: 4021-4035.

[95] Filatov Y A, Yelagin V I, Zakharov V V. New Al-Mg-Sc alloys[J]. Materials Science and Engineering A, 2000, 280(1): 97-101.

[96] Cavanaugh M K, Birbilis N, Buchheit R G, et al. Investigating localized corrosion susceptibility arising from Sc containing intermetallic Al_3Sc in high strength Al-alloys[J]. Scripta Materialia, 2007, 56(11): 995-998.

[97] Li B, Pan Q, Zhang Z, et al. Research on intercrystalline corrosion, exfoliation corrosion, and stress corrosion cracking of Al-Zn-Mg-Sc-Zr alloy[J]. Materials & Corrosion, 2013, 64(7): 592-598.

[98] Argade G R, Kumar N, Mishra R S. Stress corrosion cracking susceptibility of ultrafine grained Al-Mg-Sc alloy[J]. Materials Science and Engineering A, 2013, 565: 80-89.

[99] Kishore B N, Mahesh K T, Pan D, et al. High-temperature mechanical properties investigation of Al-6.5%Cu gas tungsten arc welds made with scandium modified 2319 filler[J]. Int J Adv Manuf Technol, 2013, 65(9): 1757-1767.

[100] Norman A F, Hyde K, Costello F, et al. Examination of the effect of Sc on 2000 and 7000 series aluminium alloy castings: for improvements in fusion welding[J]. Materials Science and Engineering A, 2003, 354: 188-198.

[101] 王祝堂, 张燕, 江斌. 钪-铝合金的新型微量合金元素[J]. 轻合金加工技术, 2000, 28(1): 31-32.

[102] Ralph R, Sawtell, Craig L Jensen. Mechanical properties and microstructures of Al-Mg-Sc Alloys[J]. Metallurgical Transactions A, 1990, 21A: 421-430.

[103] Lee S, Utsunomiya A, Akamatsu H, et al. Influence of scandium and zirconium on grain stability and superplastic ductilities in ultrafine-grained Al-Mg alloys[J]. Acta Materialia, 2002, 50(3): 553-564.

[104] Duan Y, Xu G, Zhou L, et al. Achieving high superplasticity of a traditional thermal-mechanical processed non-superplastic Al-Zn-Mg alloy sheet by low Sc additions[J]. Journal of Alloys and Compounds, 2015, 638: 364-373.

第 2 章　微量 Sc 在铝合金中的存在形态与作用机制研究

2.1　Al-2.2Sc 合金中初生 Al$_3$Sc 相的形貌和生长机制

在铝合金中添加微量的 Sc 能够显著地细化晶粒。主要的细化机理是在凝固过程中，细小的 Al$_3$Sc 相优先从熔体中析出，弥散分布在熔体中。Al$_3$Sc 和 Al 的晶体结构及晶格常数都非常接近，而且 Al$_3$Sc 相为具有小面的多面结构，因此 L1$_2$ 型 Al$_3$Sc 粒子是 α-Al 理想的异质形核核心，能细化合金晶粒，改善铝合金性能[1]。

在传统的铸锭冶金中，Sc 通常是以 Al-Sc 中间合金的方式加入铝合金中。在工业生产中，不同批次的 Al-Sc 中间合金对铝合金的细化效果不同。经研究发现，这可能与中间合金中初生 Al$_3$Sc 相的形貌、尺寸、分布有关。在熔铸过程中，Al-Sc 中间合金中的初生 Al$_3$Sc 相不会发生相变，而且晶体类型也不会发生变化。那么影响最终合金细化效果的因素就可能是 Al-Sc 中间合金中初生 Al$_3$Sc 相的形貌。

研究初生 Al$_3$Sc 相对铝合金晶粒细化作用的影响，关键是必须探明初生 Al$_3$Sc 相的形貌和演变过程。关于 Al-Sc 中间合金中初生 Al$_3$Sc 相的研究比较匮乏，俄罗斯的学者注意到了初生相的形貌多样化的问题，但展开的研究大多都围绕着冷却速率对初生相的形貌影响，对其形成机理没有阐述[2]。随后，其他关于熔铸条件对初生相的生长过程以及最终形貌的影响研究没有形成完整的体系。一些关于初生 Al$_3$Sc 相形态的研究报道重点关注于 Al-Sc 中间合金的工业生产问题，如熔铸设备的改进和工艺参数等[3]。

本研究采用不同的熔铸条件(熔炼温度、保温时间、冷却速率)对采用熔盐电解法制备的 Al-2.2Sc 中间合金进行重熔，获得了具有代表性的不同形貌的初生 Al$_3$Sc 相(熔铸条件见表 2-1)；利用 XRD 初步测定初生 Al$_3$Sc 相的晶体结构类型，利用 SEM、TEM 对初生 Al$_3$Sc 相的形貌、内部结构、晶体学特征和界面进行测试，分析析出相的晶体结构、位向关系、相和基体之间的界面结构特点等；通过研究不同形貌初生 Al$_3$Sc 相和熔铸条件之间的关系、初生相的晶体学特征，结合金属学理论分析初生相的生长机制和演变过程；使用具有不同形貌初生 Al$_3$Sc 相的

Al-2.2Sc 中间合金制备 Al-7.0Zn-3.0Mg-0.3Cu-0.15Sc-0.12Zr 合金, 研究不同种类的 Al-2.2Sc 中间合金对其晶粒细化效果的影响。

表 2-1　Al-2.2Sc 中间合金的熔铸条件

合金样品	熔炼温度/℃	保温时间	冷却方式	冷却速率/(K·s⁻¹)
样品 Ⅰ	760±5	15 min	水冷	$100 \sim 500$
样品 Ⅱ	820±5	72 h	空冷	$30 \sim 70$
样品 Ⅲ	860±5	72 h	炉冷	$0.02 \sim 0.05$

2.1.1　不同熔铸条件制备的 Al-2.2Sc 中间合金的金相组织

根据相关文献和实验结果发现, 初生 Al_3Sc 相的形貌受熔炼温度、保温时间和冷却速率的影响。在用不同熔铸条件制备的中间合金中, 初生相的形貌呈现出多样性。为了得到具有代表性形貌的初生 Al_3Sc 相, 选取了用三种实验条件制备的 Al-2.2Sc 中间合金作为研究对象。在这三种条件下, 析出相具有比较明显的形貌特征或某种形貌的析出相大量出现。

图 2-1 为不同熔铸条件下 Al-2.2Sc 中间合金的铸态组织。图 2-1(a)是在条件 Ⅰ 下制备的中间合金的金相组织(样品 Ⅰ)。析出相的形貌呈多样性, 大多为小块状和四角星形状, 尺寸大多为 5~20 μm。除了小块状的初生粒子外, 还能观察到少量的箭头状和十字状的粒子, 这类形貌的粒子尺寸大多为 40~60 μm。在极少的样品中, 会出现鱼骨状的枝晶粒子, 这些枝晶的长度通常为 100 μm 左右, 最长不超过 300 μm。样品 Ⅰ 中的初生相在晶内和晶界均有析出, 分布没有明显的特异性。

条件 Ⅱ 是将原材料中间合金在 820 ℃ 下进行重熔, 并且保温 72 h 后, 再采用空冷(冷却速率为 30~70 K/s)的方式获得铸锭, 其金相组织如图 2-1(b)所示。在该条件下, 初生相的分布明显不均匀, 即初生相在铸锭中的某些部分偏聚, 其他部分的数量密度很小。析出相主要呈十字状, 尺寸为 100~300 μm。经观察发现, 很多十字状粒子的中心部分为空心。

条件 Ⅲ 是将原材料中间合金在 860 ℃ 下重熔, 保温 72 h 后在炉中缓慢冷却, 冷却速率为 0.02~0.05 K/s。在该条件下, 析出相的形貌[见图 2-1(c)]主要为长条状的枝晶。析出相不仅严重偏聚, 而且尺寸非常大, 最小的枝晶长度接近 500 μm, 部分枝晶的长度甚至超过了 1000 μm。

通过金相观察发现: 降低冷却速率和延长保温时间能够促进初生 Al_3Sc 相生长, 并且使初生相形貌的多样化程度降低。

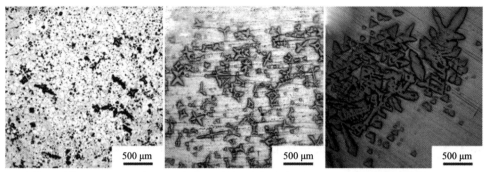

(a) 条件 I , 熔炼温度为 760 ℃ , 保温　(b) 条件 II , 熔炼温度为 820 ℃ , 保温　(c) 条件 III , 熔炼温度为 860 ℃ , 保温
15 min , 冷却速率为 100～500 K/s　　72 h , 冷却速率为 30～70 K/s　　72 h , 冷却速率为 0.02～0.05 K/s

图 2-1　不同熔铸条件下 Al-2.2Sc 中间合金的铸态组织

2.1.2　不同熔铸条件制备的 Al-2.2Sc 中间合金的物相分析

通过金相观察发现, 在不同熔铸条件下初生相的形貌有明显差异。另外, 在制备过程中可能存在未被完全还原的 Sc_2O_3 和其他杂质, 其可能影响实验结果和分析。因此, 利用 X 射线衍射分析技术对析出相进行初步的物相分析, 其结果如图 2-2

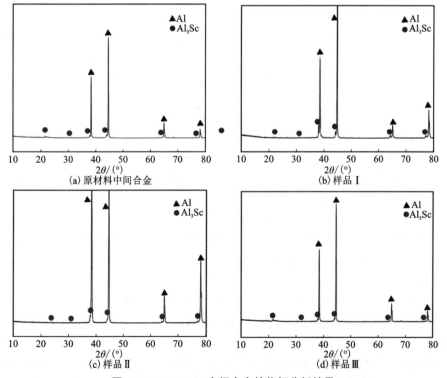

图 2-2　Al-2.2Sc 中间合金的物相分析结果

所示。根据 XRD 结果分析，不同熔铸条件下制备的 Al-2.2Sc 中间合金中的析出相全部为 Al_3Sc 相，未被完全还原的 Sc_2O_3 和其他杂质没有被检测到，即杂质的含量极低或不存在。这说明在金相观察中看到的各种形貌的析出相全部为初生 Al_3Sc 相。经检索 PDF 卡片发现，Al_3Sc 相只有 $L1_2$ 型结构，对应的 XRD 检测结果也只有这一种结构，初步认为不同形貌的初生 Al_3Sc 相全部为 $L1_2$ 型面心立方结构。

2.1.3　Al-2.2Sc 中间合金中初生 Al_3Sc 相的微观形貌

1. 样品 I 中初生 Al_3Sc 相的形貌

先使用强酸和强碱反复深度腐蚀样品 I，使样品中的初生 Al_3Sc 相暴露出来，再采用扫描电镜对其进行观察，其形貌如图 2-3 所示。最常见的是立方体状[见图 2-3(a)]和每个面心都带有小坑的立方体状的[见图 2-3(b)]初生 Al_3Sc 相，立方体的边长为 5~10 μm。图 2-3(c)中的接近于三角形的初生相是带有小坑的立方状粒子的一个截面，在三角形的每个边上都有一个小的凹陷。在金相观察中，也经常观察到这类带有尖角的相。图 2-3(d)所展示的是一种变形立方体结构的初生相，可以看作立方体的每个角都向外伸展了一部分。金相中的截面呈现出四角星形的形貌。这种形貌的初生相在铸锭的中心部分比较多，其尺寸通常为 10~20 μm。图 2-3(e)中立方体析出相的每个面上都有凹坑，而且凹坑呈现出规则的台阶状。研究认为台阶状形貌的出现是析出相在向外长大或粗化的重要行为特点[4]。在析出相向外长大或粗化的过程中，原子通常由相的中心部分向外扩散，并在特定的位向上聚集，这导致相的中心部分逐渐空心化。晶体生长一般遵循生长速度最快的面优先消失的原则。在立方晶系中，原子优先向[111]和[011]方向聚集，因此，立方体形貌的相在长大时由于原子迁移和聚集，在面心位置先出现了凹坑，体心位置的原子密度下降，进而出现了析出相逐渐"空心"的现象[5]。图 2-3(e)中空心的、体心部位具有台阶状形貌的初生相的形成过程与上述的析出相演变过程相同。这类初生相的尺寸比通常的立方体形貌的初生相[见图 2-3(a)]的尺寸稍大，为 20~40 μm。

图 2-3(f)中的初生相的形貌是一个开裂的立方体，立方体的面心不仅有台阶状凹坑，而且立方体的所有棱边和面都有规则的"裂痕"。一个完整的立方体被等分为 8 个小立方体，很明显，这种结构不是偶然形成的。通过观察分析，初步认为这种形貌的初生相是图 2-3(e)中的初生相长大后的一种形态，其尺寸比一般的立方体形貌的初生相大，一般为 50~80 μm。但在条件 I 中，这种形貌的初生相数量比普通的立方体初生相明显少。在铸锭中，这种形貌的初生相无规则地掺杂在各种形貌的初生相中，整体观察中没有发现其存在明显的分布特点。除了以上几种比较常见的初生 Al_3Sc 相外，还观察到一些有枝晶倾向的粒子。图 2-3(g)

和图 2-3(h)是一种类似于花状的初生相。这种初生相有 8 条"手臂",每条"手臂"都拥有类似于三棱锥的结构[图 2-3(h)],非常像植物中三棱箭叶片的形貌,"叶片"之间的夹角接近 120°,每片"叶子"上都有对称的纹路。根据枝晶的生长特点分析,如果这种手臂状的结构是一次枝晶,那么"手臂"上的叶子状的结构应该是以"手臂"为基础的二次枝晶。图 2-3(g)是断裂开的花状的初生相,从断开的部分发现其"手臂"伸展方向和长度都呈现出明显的对称性。这类花状结构的初生 Al₃Sc 相虽然比较少见,但尺寸都很接近,通常其修正直径为 20~40 μm。水冷样品中偶尔能观察到鱼骨状的枝晶,图 2-3(i)为一个完整的枝晶。经观察发现,完整的枝晶由多个"手臂"构成,每个"手臂"都由多个"三棱锥"堆砌而成。因此,金相中观察到的鱼骨状相实际是一个完全伸展开的枝晶的"手臂",每条"手臂"的形貌都很接近,但其延伸的角度和长度则不完全相同。通过扫描电镜观察,在水冷条件下,Al-Sc 中间合金中初生 Al₃Sc 相的形貌呈多样化,立方体形貌的初生相分布均匀,没有明显的分布特点或聚集趋势。

图 2-3　样品 I 中初生 Al₃Sc 相的 SEM 形貌

2. 样品Ⅱ中初生 Al₃Sc 相的形貌

在样品Ⅱ的铸锭中选取不同的部分进行观察，发现初生 Al₃Sc 相出现了明显的偏聚行为。图 2-4(a)中直线以下部分为初生相的偏聚区域，在直线以上的区域几乎没有轮廓明显的尺寸很大的初生相。为了更准确地对初生相进行形貌观察和尺寸测量，采用背散射电子图像(BSE)分析，如图 2-4(b)所示。在该条件下，最具有代表性的初生相形貌为十字形、蝴蝶状和开裂的立方体。这些初生相中大部分的修正直径为 100~300 μm，少数相的修正直径超过 300 μm。图 2-4(c)为十字形初生相，在相的四个方位上有明显的"箭头"结构。这种十字形的初生相中，有些具有高度对称的几何结构，有些则不完全对称。其中，不对称的初生相像是受到某种力的作用，导致被"拉长"了。因此，从初生相的形貌特点分析，这些形貌的相应该属于同一类型。图 2-4(d)为蝴蝶状的初生相，这种相向四个方向伸展，非常像四叶草的四片叶子。在样品Ⅰ中，这种形貌的初生相比较常见，尺寸一般不超过 50 μm，且"四片叶子"的对称度比较高。但在样品Ⅱ中，这种类型的相的修正直径超过了 100 μm，且在相的中心位置有一个明显的"空穴"结构。这种大尺寸蝴蝶状初生相的对称度降低，析出相明显在朝着某一个方向延伸。仔细观察蝴蝶状初生相的边缘位置，发现存在一种类似于"边框"的结构，相的边缘出现了分层形貌，整个初生相都被包裹在这种结构中，图 2-4(f)中边缘部分放大后的形貌如图 2-4(g)所示。相的边缘呈现出明显的"两层"结构，该结构像是两道边界，在两道边界的中间部分存在一种絮状结构，其形貌明显与边界不同。这是一种很明显的界面行为，而界面通常与相的析出和长大行为有关。除了典型的十字形初生相，在偏聚区域中还存在大量的如图 2-4(e)所示的初生相。这种初生相很像是长了角，并且具有中空结构的四边形形状。在四边形的每个顶角处向外长出了尖角，四边形每个边的中间部分都是断开的，相的整体由四个类似于"三叶草"形貌的部分构成。这类初生相的形貌呈现出完美的几何对称结构。单独的"三叶草"形貌的相很常见，在图 2-4(b)中可以看到很多。这种"三叶草"结构不是单独形成的，它是一个完整相的一个部分或者是相的某一个方向上的截面，由于截面的角度不同，所以观察到的形貌存在一定的差异。

对比样品Ⅱ中所有初生相的形貌发现，其共同点是相的中心位置都存在着一个"空穴"结构。初生相的相界面处的形貌不同，十字形和"三叶草"形貌的初生相的相界面很锐利，并具有多边形几何结构，如十字形初生相的每个角都像是一个接近于三角形或正方形的"箭头"。这类相和基体间的界限很明晰，具有平直的形态。而蝴蝶状初生相的相界面看起来更"模糊"，初生相的轮廓更加平滑，没有棱边，相的边缘没有平直形态。

将样品Ⅰ和样品Ⅱ的初生相形貌进行对比，发现样品Ⅱ中初生相的尺寸比样品Ⅰ的大，但初生相的几何形貌变化不大，即空冷条件下的初生相像是水冷条件

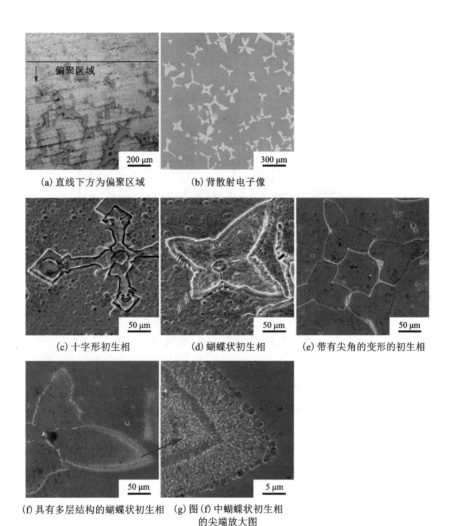

图 2-4　样品 Ⅱ 中初生 Al_3Sc 相的 SEM 形貌

下初生相的放大版和变形版。

3. 样品 Ⅲ 中初生 Al_3Sc 相的形貌

Al-Sc 中间合金在 860 ℃重熔、经 72 h 保温、炉冷后的合金中的初生 Al_3Sc 相的形貌如图 2-5 所示,图 2-5(a) 和 (b) 分别为二次电子像和背散射电子像。初生相不仅在铸锭中出现了明显的偏聚,且大多沉积在铸锭的底部和外围部分。初生相多数为条状枝晶,尺寸粗大且分布没有明显的取向性。条状枝晶的宽度大多为 100 μm,修正长度一般为 500~1000 μm。少数初生相为铺展开的树状枝晶,尺寸粗大，整体的尺寸超过了 1000 μm。条状和树状的枝晶形貌和尺寸与对掺法中的初生 Al₃Sc 粒子相似。在 Al-Sc 中间合金生产初期，对掺法是将纯铝和纯钪在 1600 ℃ 左右直接熔化，形成熔融态，再将熔体直接冷却，该方法中 Sc 的质量分数一般不低于 10%。为了使 Al 原子和 Sc 原子充分地接触并形成金属键，需要在高温条件下进行保温，这就导致了 Al₃Sc 粒子在熔体中大量聚集。在降温过程中，冷却速率直接影响析出动力。这一系列的条件导致了大量条状枝晶的产生。

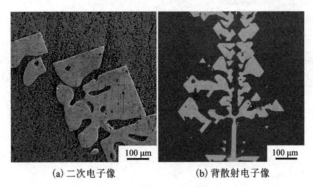

(a) 二次电子像　　　　　　(b) 背散射电子像

图 2-5　样品Ⅲ中初生 Al₃Sc 相的 SEM 形貌

通过分析 Al-Sc 二元相图可知，Al-2.2Sc 合金在 860 ℃ 长时间保温后，熔体温度已经接近了完全熔融温度，Al 原子和 Sc 原子之间的金属键逐渐被破坏并进行重组。样品Ⅲ的这种情况与对掺法中的保温过程几乎相同，因此，在样品Ⅲ中出现了和对掺法中形貌非常相似的条状枝晶。样品Ⅲ中初生相的形貌特征合理解释了在很多实验中的一个普遍现象，即 Al-Sc 中间合金在重熔后，枝晶状的初生 Al₃Sc 相数量增多。这是因为重熔温度过高，少量的 Al 原子和 Sc 原子之间的金属键发生重组，与此同时，熔体中 Al₃Sc 粒子分布不均匀，局部浓度过高。在冷却过程中，即使是采用快速冷却，也会导致初生相的枝晶化。

2.1.4　不同形貌初生 Al₃Sc 相的晶体学特征

通过 XRD 分析发现不同形貌的初生 Al₃Sc 相均为 L1₂ 型结构，通过金相和扫描电镜观察发现很多初生 Al₃Sc 相都具有规则对称的几何形貌。一些学者对初生 Al₃Sc 相的晶体学特征进行了研究，获得了初生相中立方体形貌相的原子密排面、原子的迁移方向等信息。比如，水冷状态下立方体状的初生 Al₃Sc 相的取向信息已经很明确，立方体的角为 <111> 方向，棱边为 <011> 方向。采用 EBSD 对不同熔铸条件制备的 Al-2.2Sc 中间合金进行测试分析。初生 Al₃Sc 相不仅具有 L1₂ 面心立方结构，其晶格常数为 0.4103 nm，这与 Al 的晶体结构以及晶格常数非常接近，错配度仅为 1.3%。因此，直接扫描 Al 基体，不仅可以直接获得初生相的取向信息，而且还可以很直观地对比不同形貌初生 Al₃Sc 相和 Al 基体之间的取向差。采用不同熔铸条件制备的 Al-2.2Sc 中间合金中的初生相形貌不同，但初生相同 Al 基体之间没有特异性的位向关系。在 Al-Sc 中间合金中，初生 Al₃Sc 相在凝固过程中形成，并不作为 α-Al 的形核核心。因此，初生 Al₃Sc 相一般与 Al 基体的取向不同。

采用水冷(样品 Ⅰ)和空冷(样品 Ⅱ)制备的 Al-Sc 中间合金中的初生 Al₃Sc 相，不同的截面对应着不同的二维形貌，而不同形貌相的取向有着明显的规律性。观察图 2-6(b)~(d)发现：蝴蝶状和十字形以及带有尖角的正方形形貌的初生 Al₃Sc 相都趋近于<001>方向；小三角形形貌的初生相趋近于<111>方向；具有两个相对的三角形形貌的初生相趋近于<101>方向；具有两个 Y 形形貌的初生相取向则介于<101>和<111>方向之间。在样品Ⅲ中，Al-Sc 中间合金中初生 Al₃Sc 相主要为粗大的条状枝晶，未得到有特征性取向信息的 EBSD 解析结果。

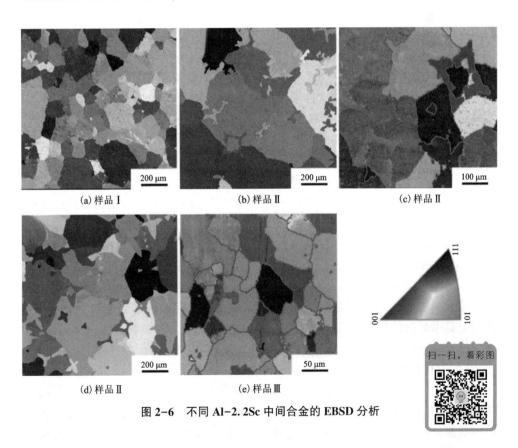

图 2-6　不同 Al-2.2Sc 中间合金的 EBSD 分析

2.1.5 不同形貌的初生 Al₃Sc 相模型

根据金相和扫描电镜观察到的初生 Al_3Sc 相的各种形貌,结合 EBSD 的分析结果,建立了理想状态下的初生 Al_3Sc 相模型,如图 2-7 所示。图 2-7(a)为最常见的标准立方体状的初生 Al_3Sc 粒子,图 2-7(b)为对应的相模型。立方体的六个面为[001]方向,具有小面的角为[111]方向,棱边为[101]方向。图 2-7(c)为具有小凹坑的立方体状的初生 Al_3Sc 相,图 2-7(d)为其模型。该模型和立方体模型相似,区别是仅在每个面的面心部分有一个小凹坑。图 2-7(e)和(f)则是这种具有凹坑的立方体状的初生相的一个截面。这种三角形形貌的初生相在水冷条件下制备的 Al-Sc 中间合金中非常常见。如果是平行于(111)的截面,那么就会得到接近正三角形形貌的相;如果截面的角度发生变化,那么相应的截面会从正三角形变化为非等边三角形,EBSD 中的取向也会发生相应的变化,通常介于[111]和[101]之间。图 2-7(g)为具有台阶形貌的立方体状的面心初生 Al_3Sc 相,图 2-7(h)为与其对应的相模型,图 2-7(i)为沿着[001]方向初生相的结构示意图。其中,绿色为粒子的实体部分,灰色为台阶结构。在扫描电镜观察中发现了很多不完整的立方体,证实了相的内部为接近空心结构的推测。

通过观察和分析,图 2-7(j)和(l)应该是同一种类型的初生相的不同阶段。图 2-7(j)为开裂的立方体,这种形态的初生相是枝晶化的开端。枝晶化过程的本质是原子向某几个方向聚集和迁移,并在某些面上密排。图 2-7(l)中这种十字形的立体结构可能是开裂的立方体中的原子团簇发生迁移,立方体的(001)面逐渐消失,立方体的八个部分逐渐裂开并向外延伸后的结果。基于以上推测,建立了如图 2-7(k)所示的模型,将模型调整方向到[001],也就是俯视图,得到了如图 2-7(m)中的模型。从该方向观察,模型的截面形貌恰好与金相和扫描电镜中观察到的十字形和变形开裂的立方体形貌相似。实际观察到的初生相的几何结构不完全对称,这可能和凝固时的析出行为有关。温度和冷却速率直接影响析出动力,而在凝固过程中,无论是快速冷却还是慢冷却都会存在冷却方向、熔体内局部能量差异等现象,即各向异性会影响结晶的方向性。比如,很多枝晶都是沿着冷却方向扩展。因此,推测各种具有不完全对称几何结构形貌的初生 Al_3Sc 相都可能是由最初的理想模型的形貌演化而来。图 2-7(k)中模型在[001]方向观察到的形貌不仅和金相及扫描电镜观察到的初生相的二维形貌非常接近,且在 EBSD 的分析结果中,发现这种形貌的初生相的取向大多趋近于[001]方向。

图 2-7(n)是样品 I 中最为常见的带有尖角的立方体,在样品 II 中,发现了这种初生相的变形形貌。图 2-7(o)是该形貌初生相的模型。对该初生相做各方向的截面:如果是平行于[001]方向的截面,就会得到在金相中最常见的四角星形貌的初生相;如果是平行于(011)面,截面位于体心附近,就会得到类似于蝴蝶

状的二维形貌；如果是平行于(011)面，截面靠近初生粒子的边缘，则会得到两个相对小的三角形的形貌。两个相对小三角形形貌的相在 EBSD 的分析中显示很多都趋近[101]方向。这说明根据推测建立的模型和实际的分析结果是吻合的。图 2-7(q)是基于图 2-7(p)中初生 Al₃Sc 相的形貌推测出的三维模型。分析认为这种模型来源于图 2-7(k)中的模型，即初生相在[111]和[011]方向上继续向外生长。该类初生相平行于(001)的截面，在不同位置的截面形貌如图 2-7(q)中的蓝色部分，蓝色部分的形貌与金相和扫描电镜中观察到的由四个部分组成的初生相形貌一致。将截面小角度倾斜或移动截面的位置，就会得到变形的四个尖角状的截面。经 EBSD 分析，这种开裂立方体的面都趋近于[001]方向。如果截面平行于(111)面，且截面位置在粒子的端点位置附近，其截面的形貌则是趋近于字母 Y 的形状；如果截面平行于(101)面，且截面位置处于粒子的棱边附近，则得到的截面形貌是两个相对的 Y 的形状。在 EBSD 的分析中，这种 Y 形相的取向趋近于[001]和[101]方向，一些不完整的由两个相对着的 Y 组成的相的取向则是更接近[121]方向。

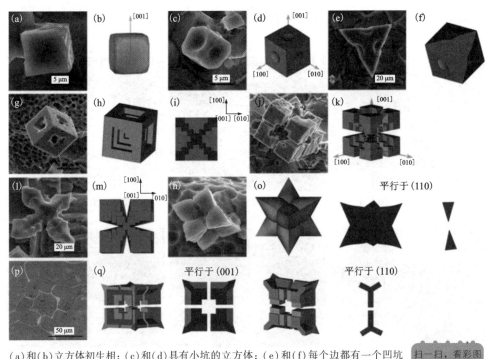

（a）和（b）立方体初生相；（c）和（d）具有小坑的立方体；（e）和（f）每个边都有一个凹坑的三角形形貌的初生相，三角形为立方体的一个截面；（g）和（i）台阶状结构；（j）和（m）变形开裂的立方体模型；（n）具有 8 个尖角的立方体；（o）蝴蝶状或三角形形貌为具有 8 个尖角立方体沿着（101）面的截面；（p）在尖角处有箭头的变形立方体；（q）平行于（001）和（110）面的截面形貌。

图 2-7　不同形貌的初生 Al₃Sc 相的模型

2.1.6 初生 Al₃Sc 相的界面特征

在扫描电镜观察中，样品 I 中的初生 Al₃Sc 相的边缘呈现出明显不同的形貌特征。图 2-3(e)中初生相的边缘明显和 Al 基体间的界限更明显；而图 2-3(f)中初生相的边缘不仅较为模糊，而且放大观察后发现相边缘的内部为分层结构，夹层中间还具有类似纤维的形貌。基于以上发现，先对这两种形貌的初生相进行 EDS 面扫描，根据面扫能谱结果，再利用聚焦离子束技术(FIB)对界面位置进行精确切割，研究其界面的微观特征。

1. 初生 Al₃Sc 相的元素分布

图 2-8 为两种典型形貌的初生 Al₃Sc 相的 EDS 分析结果。蝴蝶状的初生相的边缘部分，Al 元素和 Sc 元素的分布明显不均匀[见图 2-8(b)和(c)]。在相边缘部分出现了一个明显的过渡区域，该区域恰好是在 SEM 观察中具有纤维形貌的部分。越靠近相界面，Al 元素的浓度越高，Sc 元素的浓度也随之下降。带有尖角的变形开裂正方体的初生 Al₃Sc 相与 Al 基体的界面中，没有发现类似蝴蝶状初生相的过渡区域，相界面附近的轮廓很清晰[见图 2-8(e)和(f)]。

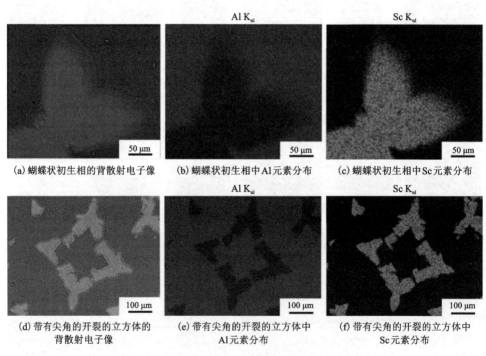

(a) 蝴蝶状初生相的背散射电子像　(b) 蝴蝶状初生相中Al元素分布　(c) 蝴蝶状初生相中Sc元素分布

(d) 带有尖角的开裂的立方体的
背散射电子像
(e) 带有尖角的开裂的立方体中
Al元素分布
(f) 带有尖角的开裂的立方体中
Sc元素分布

图 2-8　样品 II 中初生 Al₃Sc 相的 EDS 分析结果

2. 初生 Al$_3$Sc 相界面的形貌和结构

图 2-9(a) 为 FIB 的切样位置。将切出的样品置于透射电镜中观察，发现初生相中靠近相界面的区域为明显的纤维状结构，如图 2-9(b) 所示；该区域的选区衍射花样如图 2-9(d) 所示，其晶体结构为典型的 Ll$_2$ 面心立方结构。切换到 HRTEM 模式，观察相界面附近，Al$_3$Sc 相和 Al 基体的界面没有明确的界限，原子面排列一致，相与基体呈现出共格关系。转换为 STEM 模式后，选区内相形貌如图 2-9(e) 所示。初生相的区域微观形貌依旧是纤维状。对该区域进行面扫能谱分析的结果如图 2-9(f)~(h) 所示。Sc 元素明显集中分布在纤维中，而 Al 元素则是弥散分布于区域内。选取类似形貌的不同区域进行元素分析，发现 Al 元素和 Sc 元素的比例全部超过了 8∶1(%)。观察到的相不是一个单一的 Al$_3$Sc 相，这种纤维结构是一种典型的共晶组织，形成于凝固过程中。这类共晶组织的形貌与组织中两种相的体积分数有关，一般具有纤维状形貌的组织中某一种相的体积分数远低于 28%。如果两种相的体积分数接近，则会形成片层状的共晶结构[6]。纤维状的共晶组织通常不止一层，凝固过程中冷却速度较低时，共晶反应会反复发生[7]。

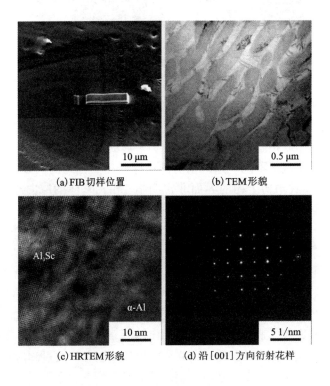

(a) FIB 切样位置　　　　　(b) TEM 形貌

(c) HRTEM 形貌　　　　　(d) 沿 [001] 方向衍射花样

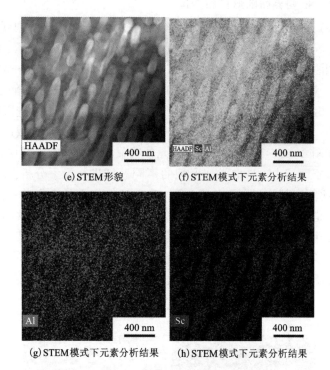

(e) STEM形貌 　　　　　(f) STEM模式下元素分析结果

(g) STEM模式下元素分析结果　　(h) STEM模式下元素分析结果

图 2-9　样品Ⅱ中蝴蝶状初生相的界面特征

对带有尖角的、开裂的立方体状初生相的界面研究采用相同的方式，FIB 取样位置选取在突出的尖角处，如图 2-10(a)所示。TEM 形貌如图 2-10(b)所示，Al 基体和初生 Al₃Sc 相之间的界面清晰平直，形貌上接近于晶界或亚晶界，同蝴蝶状初生相的界面截然不同。选区衍射的花样如图 2-10(e)所示，是典型的 L1₂结构。HRTEM 模式中初生相的界面非常明晰，相和基体的取向相同，但相界附近有部分原子面的排列存在畸变，相的一侧呈现出半共格的关系[图 2-10(d)]。STEM 模式下图像衬度更为明显。初生相界面的微观形貌观察结果和 STEM 模式下的结果一致，界面处未发现共晶组织。

在样品Ⅱ中，这两种典型形貌的初生 Al₃Sc 相的界面有着显著差异。蝴蝶状初生相的界面附近发现了大量的纤维状共晶组织，而开裂的立方体状的初生相界面则没有这种结构。两种初生相都来自铸态样品，并未经过热处理，因此不存在凝固后原子扩散导致的形貌变化。初生相形貌发展只发生在凝固过程中，因此，蝴蝶状和开裂的立方体状的初生 Al₃Sc 相的生长机制和形成过程应该是不同的。

(a) FIB 切样位置	(b) TEM 形貌	(c) HRTEM 形貌
(d) 沿[001]方向的衍射花样	(e) 初生相界面的STEM形貌	(f) 初生相界面的STEM形貌

图 2-10　样品 II 中具有尖角的开裂立方体形貌的初生相的界面特征

3. 熔铸条件与初生 Al_3Sc 相形貌的关系

很多学者很早就提出冷却速率是影响析出动力的主要因素, 冷却速率决定了初生 Al_3Sc 相的生长趋势。冷却速率越慢, 初生 Al_3Sc 相越倾向于发展为枝晶, 其本质是通过影响热量的传输, 从而影响初生相的最终形貌。

在本研究中, 在晶核未被破坏的温度下长时间保温主要是影响了初生 Al_3Sc 相的尺寸。熔炼温度和保温时间是为熔体中 Al_3Sc 粒子的质量传输提供条件, 其本质是通过影响晶体生长过程中的质量传输来影响初生相最终的尺寸。只有熔体中 Al_3Sc 粒子的大量聚集, 才会最终使枝晶的生长更完整。

综合分析, 当熔炼温度低于 Al_3Sc 形核温度时, 对熔体中 Al_3Sc 粒子的聚集起到促进作用; 当熔炼温度高于 Al_3Sc 形核温度时, 则是彻底破坏了 Al_3Sc 相的原有晶核。

根据研究结果, 构建了 Al-2.2Sc 中间合金的熔炼温度、冷却速率和保温时间与初生 Al_3Sc 相形貌之间的关系, 如图 2-11 所示。

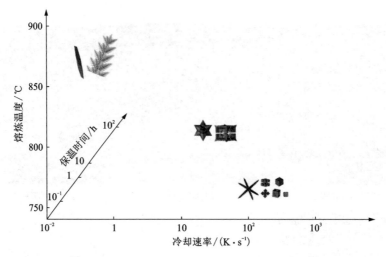

图 2-11　熔铸条件与 Al-2.2Sc 中间合金中初生 Al_3Sc 相形貌的关系

2.1.7　Al-2.2Sc 中间合金对 Al-Zn-Mg 合金晶粒细化效果的影响

在工业生产中,偶尔会出现不同批次的钪铝合金的性能有较大差异的情况。经过研究发现,这些铝钪合金的铸态组织存在差异。组织差异的具体情况不完全相同,但由此导致的性能差异是不可避免的。这种中间合金对纯铝及铝合金的细化行为差异的现象在 Al-Ti-B、Al-P、Al-Si 中间合金中也存在,并且已经得到了系统的研究[8]。一些学者把这种因中间合金差异而导致工业合金的组织性能存在差异的现象称为中间合金的组织遗传效应。由于通常导致的是某个具体的合金性能波动,因此其也被称为某中间合金对某合金的组织遗传效应。但组织遗传效应学说始终存在争议,支持者认为是某些相在熔化后,其悬浮胶状颗粒在熔体中保留了有序结构,而且在熔铸过程中未被破坏,因此对合金组织产生了"遗传性"影响;反对者则认为,遗传性现象不存在明显的规律性,且认为一些细化效果出现差异现象是由于中间合金中初生相粒子未完全熔化。但无论是哪种观点,都可以确认一些中间合金对铝合金组织的细化效果存在差异性。

在关于铝钪合金的研究中,Al-Sc 中间合金对铝合金组织细化效果存在差异的机理研究尚属空白。Hyde 等[9]发现不同种类的 Al-Sc 中间合金对纯铝的晶粒细化效果不同,但具体的机理不清楚。因此,探究不同 Al-2.2Sc 中间合金对铝合金的细化效果及其对性能的影响是必要的。

1. 合金的晶粒组织

将前述的三种不同熔铸条件下制备的 Al-2.2Sc 中间合金作为原材料,制备 Al-7.0Zn-3.0Mg-0.3Cu-0.15Sc-0.12Zr 合金,分别命名为样品Ⅳ、样品Ⅴ、样品Ⅵ。在熔铸过程中，将三种中间合金优先于其他中间合金加入合金熔体中，保温后经充分搅拌，确保所有的中间合金都全部溶解。合金组织如图 2-12 所示，其中图 2-12(a) ~ (c)分别为样品Ⅳ、样品Ⅴ、样品Ⅵ的铸态金相组织，图 2-12(d) ~ (f)为对应的 EBSD 分析结果。

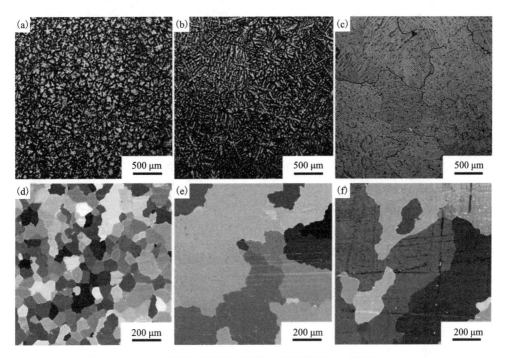

(a) ~ (c)分别为样品Ⅳ、样品Ⅴ、样品Ⅵ的铸态金相组织；
(d) ~ (f)分别为铸态样品Ⅳ、样品Ⅴ、样品Ⅵ的 EBSD 分析结果。

图 2-12 Al-7.0Zn-3.0Mg-0.3Cu-0.15Sc-0.12Zr 合金的铸态微观组织

样品Ⅳ的铸态金相组织为细小的等轴晶，样品Ⅴ和样品Ⅵ为非等轴晶。很显然，不同种类的 Al-2.2Sc 中间合金对合金的细化效果不同。仔细观察铸态金相组织，未发现没有溶解的初生 Al_3Sc 相。在工业生产中，经常会出现中间合金中的初生 Al_3Sc 相没有完全溶解而导致合金的晶粒细化效果不稳定的现象。通过观察金相和扫描电镜结果，确认初生 Al_3Sc 相已完全溶解。

在扫描电镜中，对不同区域的晶粒进行统计分析，根据 EBSD 的统计结果，样品Ⅳ、样品Ⅴ、样品Ⅵ的平均晶粒尺寸分别为 54.3 μm、181.8 μm、202.5 μm。

2. 合金的拉伸断口形貌

从三个铸锭样品的中间部位切割出拉伸试样样品，对其进行拉伸测试，其抗拉强度分别为 380 MPa、331 MPa 和 181 MPa。其断口形貌如图 2-13 所示。在样品Ⅳ和样品Ⅴ中可以观察到许多小韧窝和少量的二次裂纹，各种特征形态在断口上分布较均匀；在样品Ⅵ中，基本上看不到韧窝，可观察到沿晶脆断特征。

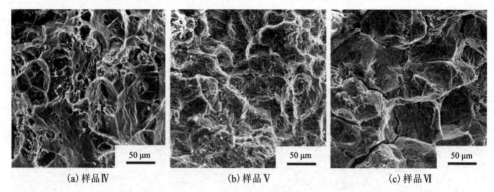

(a) 样品Ⅳ   (b) 样品Ⅴ   (c) 样品Ⅵ

图2-13   Al-7.0Zn-3.0Mg-0.3Cu-0.15Sc-0.12Zr 合金的拉伸断口 SEM 形貌

3. 合金细化效果不同的原因

在制备 Al-7.0Zn-3.0Mg-0.3Cu-0.15Sc-0.12Zr 合金时，使用了三种具有不同形貌的初生 Al_3Sc 相的 Al-2.2Sc 中间合金，结果表明其晶粒细化效果、铸态合金的强度都出现了明显差异。

根据中间合金的组织遗传理论，"遗传因子"是一种类似于组元富集的悬浮胶状粒子。一旦过热到液相线温度以上，这种胶状的悬浮粒子就会遭到不可逆的破坏[8]。在铝合金生产中，熔铸温度通常不会超过 760 ℃，Al-2.2Sc 中间合金重熔后，其中的初生 Al_3Sc 相的结构信息不会被破坏。在熔铸过程中，中间合金中初生相的结构信息未被破坏，所以 Al-Sc 中间合金对铝合金的细化效果的差异就可能存在。

Al-7.0Zn-3.0Mg-0.3Cu-0.15Sc-0.12Zr 合金的冷却路径如图2-14所示，可以发现在冷却的过程中，Al_3Sc 的晶体结构始终没有发生改变，除 Zr 外，没有其他含 Sc 相的产生。在现有的关于中间合金细化效果差异的研究中，一般会从以下几个方面去揭示机理：①晶体学结构；②初生相在熔体中与其他元素发生反应；③初生相的溶解动力学。初生相的晶体结构不同，经常会导致细化效果的不同。Al_3Sc 的晶体结构一直未发生改变，因此基本可以断定 Al-Sc 合金的组织遗传效应与晶体结构无关。Sc 在合金组织中以 $Al_3(Sc,Zr)$ 复合相的形式存在，当 Sc 添加过量时，才可能出现 W 相。对比 Al-Ti-B、Al-Ti-C 的组织遗传效应的研究结果，在熔铸过程中，如果延长保温时间，这两者的组织遗传效应就会弱化甚至消失。这是因为初生相粒子被完全熔化，晶核被破坏，或是有序结构被破坏，所以遗传信息也就消失了。在研究中，保温时间延长但细化效果的差异仍旧存在。基于上述分析，能够影响 Al₃Sc 对合金细化效果的因素就只剩下初生相的溶解动力。其实这个现象很早就被注意到，在过去的生产中，Al-Sc 中间合金是采用对掺法直接生产的，这种方法得到的就是样品Ⅲ的初生相，为粗大枝晶，对铝合金的细化效果最差。后来，才逐渐出现了电解法、熔盐法、氟盐法等。通过不断地改进工艺，中间合金中的初生相变得越来越细小，其细化效果也越来越好。

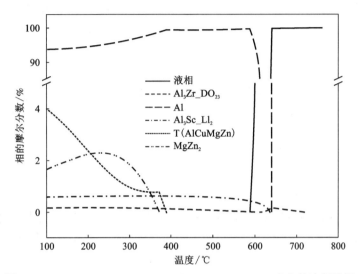

图 2-14　Al-7.0Zn-3.0Mg-0.3Cu-0.15Sc-0.12Zr 合金的冷却路径

在过去的一些研究中，存在初生相未被完全熔化的现象，这也会导致中间合金对合金的细化效果下降[10]。在本研究中，为了保证熔体中的初生相全部被充分熔化，不仅延长了保温时间，而且充分搅拌熔体，但中间合金对 Al-Zn-Mg 合金的细化效果仍存在差异。由此推测细化效果存在差异的原因与 Sc 的分散性有关。

一般在设计铝钪合金时，都会为了避免 Sc"中毒"而尽量降低 Sc 的含量，但在生产中偶尔还是会出现 W 相，Sc 含量又低于理论值的情况。也就是说，有时 Sc 含量没有达到形成 W 相的成分点但依旧会形成。这可能与 Al₃Sc 相在熔体中的分散情况有关，因为如果一些粗大的 Al₃Sc 相溶解速度慢时，虽然完全溶解，但仍保持着悬浮胶粒的状态。在凝固过程中，这些悬浮胶粒就可能造成局部的 Sc 浓度过高，也就是 Sc 在熔体中的不均匀分布。

2.1.8　影响初生 Al₃Sc 相形貌的主要因素

关于初生 Al₃Sc 相晶体结构的研究最早可以追溯到苏联时期。其晶体结构研究的原型为 AuCu₃，是典型的 L1₂ 型结构[1]。在本章研究中，经 XRD 及 TEM 的确认，未发现有其他结构。在 Al-Sc 中间合金中初生 Al_3Sc 相形貌通常为高度对称的几何结构，如立方体状、十字形等，这显然和面心立方结构有关。

从晶体结构方面考虑，晶体生长的最终形貌由原子在某些位向上的生长速率决定。生长速率最快的面先消失，生长速率最慢的面被保留。通常生长速率最慢的面为密排面，会成为最终的晶体形貌面。Al_3Sc 相的生长模型不仅需要考虑经典的晶体生长理论，还要考虑周期链键理论[11-12]。Al_3Sc 晶体在 {111} 面生长速率最快，因此该面最先消失；{001} 面的生长速率最慢，最后晶体为接近立方体状的形貌。通过对晶体结构的分析，解释了初生 Al_3Sc 相的很多具有对称性结构的形成原因。

研究表明，初生 Al_3Sc 相的形貌有多种，而影响其形貌多样化的因素即影响晶体生长的另一个重要原因就是晶体生长过程中的条件，如熔炼温度、保温时间、冷却速率等。其本质是在晶体生长过程中热量和质量的变化。这两者的变化导致了析出动力和生长速率的差异，影响了初生相的最终形貌。

根据晶体结构和熔铸条件两类影响因素对 Al-2.2Sc 中间合金中各种形貌的初生 Al_3Sc 相进行分析讨论。熔盐电解法是目前工业生产 Al-Sc 中间合金所广泛使用的方式，通过该方法获得的 Al-Sc 中间合金中 Sc 的质量分数一般为 2%~2.2%。在该条件下，初生 Al_3Sc 相的形貌呈现多样性，其中立方体状和星状的初生相最多。

在面心带有凹坑的立方体中，有些具有台阶结构，这是典型的晶体生长的特征，通过尺寸也可以证明，因为通常小立方体状的初生粒子只有 5 μm 左右，但具有台阶结构的立方体状的初生粒子通常为 5~20 μm。出现凹坑或台阶状是因为 {111} 面的生长速率最高，其次是 {011} 面，最低的是 {001} 面。原子的迁移过程造成了 {001} 面的中心位置的原子密度下降，因此，在立方体状的面心和体心部分形成了凹坑和空心结构。

通过研究已证实，金相中的星形或小十字形的初生相实际是带有尖角的立方体。Hyde 等[9]发现这种形貌的初生粒子在冷却速率相对低一些的区域更容易出现。在 100~600 K/s 的冷却条件下，这种带角的粒子更倾向于分布在 100 K/s 的区域，但其分布并不均匀。Al_3Sc 粒子优先于 α-Al 从熔体中析出，但两者的液相线温度差只有 5 ℃。根据热力学计算和析出动力学的研究分析，当冷却速率下降时，凝固的时间延长，给予了初生相向外生长的机会。因此，在降低冷却速率后，初生相的尺寸会增加。但在凝固过程中，由于冷却速率很高，熔体中的热量分布并不均匀，Al_3Sc 相中的热量高于周围熔体，热传递行为会导致热量发生变化，从而影响了析出动力。初生相在 [111] 方向的生长速率最高，尖角由此形成。尖角的形成是在快速冷却过程中的结晶行为，优先于共晶反应。快速冷却条件下，铸态组织中相的形貌被瞬间"定格"，因此相的形貌轮廓一般都很锐利，原子来不及发生转移或者扩散。

　　Hyde 等[9]发现冷却速率对面心立方晶体的生长趋势有影响，并对生长模型进行了预测。他们认为冷却速率越低，初生相越容易枝晶化。枝晶的形成过程受各位向上的能量的影响，原子优先向低能级的方向聚集。因此，枝晶的生长方向优先为<111>方向，即一次枝晶，像八条手臂向外延伸；随后为二次枝晶，在一次枝晶的基础上向<110>方向延伸；最后才是在<001>方向上生长。在这个过程中，二次枝晶是围绕一次枝晶生长的，生长出的枝晶之间形成了一个接近 60° 的转角，其生长模型如图 2-15 所示。这就是在 Al-Sc 中间合金中花瓣状初生相的形成原因。图 2-3(h)中花瓣状初生相的每一条"手臂"由三个小叶片组成，相邻叶片的夹角接近 60°。如果把花瓣状初生相看作一个未生长完全的枝晶，那么图 2-3(i)中的初生相则是一个完整的枝晶结构，其断裂下来的一次枝晶在金相中就是鱼骨状。这类枝晶在快速冷却条件下很少见，制约其形成的另外一个影响因素是局部的 Sc 原子浓度。晶体生长过程就是原子聚集和排列的过程，没有足够的原子就无法生长。影响晶体最终形貌的因素除了热量还有质量，即局部的原子浓度。

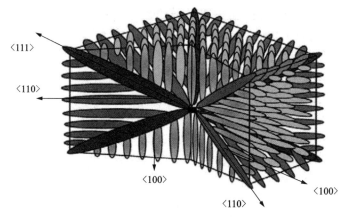

图 2-15　在高速(约 1000 K/s)和中速(约 100 K/s)冷却速率下铸锭中枝晶的生长示意图[9]

　　综合分析已有文献[10-12]中冷却速率对初生 Al₃Sc 相形貌的影响，有些研究人员发现快速冷却易得到立方体形貌的初生相，而有些研究则认为是慢冷更易得到，看似冲突，实质是两者研究的过共晶 Al-Sc 合金中的 Sc 含量不同。影响初生 Al₃Sc 相形貌的因素不仅要考虑热量传递，还应注意质量传递。Liu 等[13]通过改进 Al-Sc 合金的熔炼设备，对冷却速率、电解液的界面等条件进行控制，研究了 Sc 浓度和熔盐界面距离的关系、冷却速率和初生相形貌的对应关系。他们发现 Sc 的偏聚程度越高，冷却速率越低，越靠近熔盐界面的位置，枝晶形貌的初生 Al₃Sc 相就越多。

在本研究中,在使用水冷方法制备的样品 I 中发现了很多变形的、开裂的立方体形貌的初生相,如图 2-3(f) 和 (g) 所示。这类形貌的初生相的修正直径已超过了 20 μm,粒子显然是在生长,其原子总量一定大于小立方体状初生相。因此,局部的 Sc 浓度一定是高于熔体其他部分的。

在很多实验中,发现延长保温时间也会促使初生相的尺寸增加。这类方法的本质是在提高局部 Sc 浓度,是让 Sc 原子在熔体中先聚集再析出的过程。条件 II 是将熔体保温 72 h 后再空冷,目的是让 Sc 原子在熔体中有足够的时间聚集,从而提高局部的 Sc 浓度。温度控制在 820 ℃,是由于根据 Al-Sc 二元相图分析,当 Sc 质量分数为 2.0% 左右时,过共晶合金液相线的理论温度为 825 ℃ 左右,即低于该温度时,Al 和 Sc 之间的金属键不会被破坏,Al$_3$Sc 的晶核不会被破坏。在该条件下,即使局部 Sc 浓度上升,也只是 Al$_3$Sc 粒子的聚集行为,并不会引发除 Al$_3$Sc 相以外的含 Sc 相的形成。

在样品 II 中,蝴蝶状和开裂的立方体状的两种初生 Al$_3$Sc 相可以看作图 2-3(d) 和图 2-3(f) 中析出相的放大版。长时间的保温使熔体中的 Sc 原子充分地聚集,局部 Al$_3$Sc 的浓度不断上升。最后,熔体在空冷(30~70 K/s)条件下浇铸,给予了熔体中原子发生迁移和扩散的时间。蝴蝶状初生相的基础几何形貌与图 2-3(d) 中的粒子相似,虽然出现了不对称、空心、相边缘轮廓变得模糊等现象,但其整体的几何结构未发生改变。带有尖角的开裂的立方体状初生相像是图 2-3(f) 中的粒子进一步向枝晶发展的结果。粒子在 <111> 和 <110> 方向上优先生长,向外扩展延伸,体心部分的孔洞越来越大。TEM 的衍射分析结果显示相的晶体结构始终未发生变化,也没有其他含 Sc 的相产生。

根据已有的研究结果可知,Al-Sc 中间合金中初生 Al$_3$Sc 相的形核多为异质形核,异质形核所需要克服的能垒要比均质形核小。因此在 Al-Sc 中间合金的实际生产中,一般初生相优先于异质形核。在样品 II 中,初生相的形貌仅是发生长大和粗化。因此,推测在 820 ℃ 长时间保温的条件下,初生 Al$_3$Sc 相的晶核没有被破坏,熔体中的 Al$_3$Sc 粒子是围绕着已有的晶核进行聚集生长。通过 Al-Sc 二元相图也可以发现,在该温度范围内,Al 和 Sc 之间的金属键一直未被破坏。

结合样品 II 的实验结果分析,两种形貌的初生相的形成不是偶然现象,两种初生相的生长过程应该不同。根据文献和已有的研究成果[1],Al$_3$Sc 的晶核在铝热还原过程中就已经逐渐形成;在靠近熔盐界面附近位置,Al 原子和 Sc 原子聚集并发生异质形核。形核后的初生 Al$_3$Sc 相在凝固过程中析出并长大。快速冷却条件下,不同形貌的初生相被完好地保存了下来,初生相的形貌呈现多样化。因此,推测影响初生相形貌的根源在形核过程中就已经确立。不同的晶核在长大过程中原子的排列方式不同,导致初生相的最终形貌不同。在晶核不被破坏的前提下,后续的冷却速率、保温时间只是影响了初生相长大的速率和尺寸。在 Liu

等[3]改进的 Al-Sc 中间合金的熔炼装置中发现了相似现象,发现在靠近熔盐界面附近位置的初生 Al₃Sc 相一旦形核,无论后续的熔炼条件如何改变,初生相的初始几何结构都未发生变化。星形的初生相粒子形核后,在冷却速率为 100 K/s 时被观察到,但是尺寸很小。在冷却速率降低到 30 K/s 时,该形貌的粒子明显地长成了十字形,但实际上,其几何结构仍旧是以星形形貌为基础。这种星形形貌的形成是在初生相的生长过程中,原子优先向 {111} 面迁移的结果。

在样品Ⅲ中,初生相的演化猜想被进一步证实。该条件下的初生相几乎大部分都是条状或者树状的枝晶,其尺寸很粗大,有些甚至肉眼可见,径向长度超过了 1 mm。根据 Al-Sc 相图分析,Al 和 Sc 之间的金属键已经被破坏,长时间的保温使熔体中的 Al 和 Sc 聚集并重新结合,炉冷条件(0.02~0.05 K/s)给予了枝晶足够的生长时间。对掺法中的初生相形貌与样品Ⅲ中的初生相形貌几乎是相同的。为了进一步证实猜想,把采用水冷条件制备的 Al-Sc 中间合金直接加热到 1200~1500 ℃再采用炉冷方法,得到的几乎全部都是与样品Ⅲ中初生相相同形貌的枝晶,原样品Ⅰ中形貌呈多样化的初生相全部消失。这说明在温度超过液相线后,初生相的晶核被破坏,在冷却过程中,Al₃Sc 粒子又重新形核。初生相原有的几何形貌在这个过程中全部被破坏。由此证实了猜想,即影响初生相基础形貌的根源在形核过程中。

2.1.9 初生 Al₃Sc 相的生长机制

通过实验分析,已知鱼骨状的初生相实际为枝晶的一条"手臂",枝晶断裂后呈现出了鱼骨状,局部放大如图 2-16(c)所示。变形开裂的立方体源于带有凹坑的立方体。从图 2-16(a)中一系列变形开裂的立方体中能观察到立方体的剖面形貌,立方体的中间为空心,带有台阶结构。该立方体两侧的形貌为开裂的立方体,其内部结构与图 2-7(k)中的模型相一致。

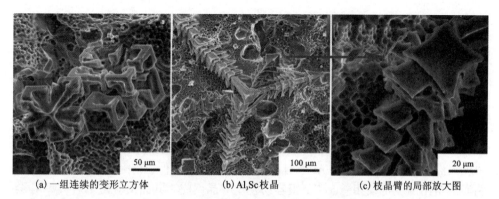

(a)一组连续的变形立方体   (b)Al₃Sc枝晶   (c)枝晶臂的局部放大图

图 2-16 初生 Al₃Sc 相的局部 SEM 形貌

　　根据界面研究结果，变形开裂的立方体形貌初生 Al_3Sc 相的界面附近未发现共晶组织。因此，推测该类初生相的生长机制遵循周期链键理论，其生长方式主要是通过 Al_3Sc 在不同方向上的聚集和迁移行为，各个面的生长速率差异决定了初生相的最终形貌。

　　已知具有台阶结构的初生 Al_3Sc 相源于小立方体形貌的初生相，该类型具有枝晶形貌的初生 Al_3Sc 相的生长过程如下：首先，小立方体状的初生 Al_3Sc 粒子优先向[111]和[110]方向生长，形成具有台阶结构、体心部分逐渐减小的立方体；随后，带有凹坑的立方体分裂为 8 个高度对称的部分，并继续优先向[111]方向延伸生长，立方体逐渐开裂；然后，开裂的立方体继续生长，立方体的每个顶点的位置优先向外延伸，其次是在[110]方向向外延伸，立方体的内部完全呈现出中空形貌，且体心的部分随着原子迁移而逐渐缩小；最后，一次枝晶臂完全形成后，在其基础上逐渐形成二次枝晶。其生长过程示意图如图 2-17 所示。

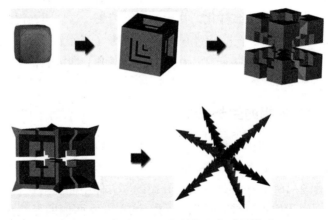

图 2-17　初生 Al_3Sc 相的枝晶化过程模型

　　界面研究发现，蝴蝶状初生 Al_3Sc 相的界面附近有明显的纤维状共晶组织。这类形貌的共晶组织并不是第一次被发现，最早是在对 Al-Ni 合金的研究中发现的。随后，Brodova 等[2]在快速冷却条件下制备的 Al-Sc 合金研究中发现了类似的多层的立方体状初生相粒子。在 Al-Sc-Zr 合金[14]的研究中也发现了类似的现象，其形成的机理是反复的共晶反应。Zhou 等[15]对这种生长机制做出了详细的研究，发现多层状结构是一个反复的共晶反应，该反应发生在初生 Al_3Sc 相形核后，异质形核消耗了熔体中局部的 Sc，造成 Sc 原子浓度的突然下降，Al 原子的浓度突然上升。Al_3Sc 和 α-Al 本身的晶体结构极其相似，错配度仅为 1.3%，且两者的析出温度也仅相差 5 ℃，很容易发生共晶反应。共晶反应发生后，α-Al 会围绕着中心部分的初生 Al_3Sc 相形核，这就导致组织中其他 Sc 原子被共晶组织向外推，Sc 浓度在四周的区域上升。当 Sc 浓度再次接近共晶成分点时，就再一次发生了共晶反应，这一过程导致了初生相的微观形貌呈现为多层结构。多层结构实质是以初生 Al$_3$Sc 粒子为中心，向外发展为共晶组织，然后再变为 Al$_3$Sc 的一个循环。

在本研究中，虽然初生 Al$_3$Sc 相的尺寸较多，但其基本结构没有发生本质的变化，因此，认为蝴蝶状初生相的生长机制也同样是反复的共晶反应，其生长机制示意图如图 2-18 所示。

深色的部分为 Al$_3$Sc 或 Sc，浅色的部分为共晶组织。

图 2-18　蝴蝶状初生 Al$_3$Sc 相的生长机制示意图

共晶组织的形貌通常为片层状和纤维状，影响这两种形貌的因素主要是共晶反应中两相所占的体积分数。通常情况下，熔体中，由于 Al$_3$Sc 相的体积分数太小，无法触发共晶反应；但当 Sc 的浓度上升，延长保温时间后，达到共晶反应所需的条件，就会观察到大量的共晶组织。根据计算模型，认为当共晶组织中的其中一相的体积分数低于 28% 时，会形成纤维状的共晶组织，反之则形成片层状的共晶组织[16-17]。在样品 I 中未发现具有共晶组织的初生相，因为局部的 Sc 浓度太低，无法发生共晶反应。在样品 II 中，长时间的保温让熔体局部 Sc 浓度变得足够高，满足了共晶反应的发生条件。同时，在平衡相中，Al$_3$Sc 的体积分数只有 0.0063[1]，远低于 28%。因此，最后形成的共晶组织全部都是纤维状。

2.2　Al-0.25Sc-(0.12Zr) 合金中 Al$_3$Sc/Al$_3$(Sc，Zr) 相的连续析出行为

在铝合金中添加微量的 Sc，合金的强度通常会显著提升。除了 Sc 的细晶作用，还有次生 Al$_3$Sc 相弥散分布在基体中产生的析出强化作用，以及钉扎位错和晶界产生的亚结构强化。铝钪合金的析出强化通常都与含 Sc 的次生相析出和粗化行为有关。目前次生相的研究主要是围绕次生 Al$_3$Sc/Al$_3$(Sc，Zr) 相的形貌和

晶体学特征展开,通过研究次生相的析出位置、分布、数量密度、尺寸和共格关系等来判断其对合金的强化作用。如在 Al-Zn-Mg 合金中加入微量 Sc 后,其再结晶行为明显被抑制,研究发现其作用机制是在晶界附近析出的次生 $Al_3Sc/Al_3(Sc,Zr)$ 相对晶界的阻碍作用抑制了合金的再结晶。

铝钪合金在退火过程中,通常硬度随退火温度和时间变化而出现上升的现象,即为退火硬化现象。合金的硬度与合金中的强化相有关,但一般不含 Sc 的铝合金没有明显的退火硬化现象。因此,退火硬化现象与 $Al_3Sc/Al_3(Sc,Zr)$ 相的连续析出行为有直接关系。为了研究铝钪合金的退火硬化行为,制备了 Al-0.25Sc 和 Al-0.25Sc-0.12Zr 两种合金。通过控制退火温度和时间,研究退火条件和合金硬度的变化规律,借助 TEM 研究 $Al_3Sc/Al_3(Sc,Zr)$ 相的连续析出行为;通过研究析出相的晶体学特征和尺寸分布,探讨合金的强化机制。

2.2.1　Al-0.25Sc 和 Al-0.25Sc-0.12Zr 合金的退火硬化行为

两种合金在260~390 ℃条件下退火,其硬度随退火时间不同而发生的变化分别如图 2-19 和图 2-20 所示。Al-0.25Sc 合金在 260 ℃退火时,合金的硬度随时间延长而不断上升,在 24 h 时达到峰值(68.1 HV),合金硬度的整体上升趋势相较于其他退火温度缓慢。在 290 ℃退火时,合金硬度在退火 0.5 h 后就出现了迅速上升,并且在 3~5 h 时达到峰值(68.3 HV)。在之后的退火过程中,硬度只有小范围的波动,没有发生明显的趋势性变化。在 340 ℃退火时,合金硬度的上升速率更快。在 1 h 时达到峰值(63.0 HV),在 10 h 前合金的硬度变化不明显,在 10 h 后硬度开始明显下降。在 390 ℃退火时,合金的硬度变化速率最快,在 0.5 h 时就已经完全达到了峰值(54.6 HV),在 1 h 后硬度出现了逐渐下降的趋势。

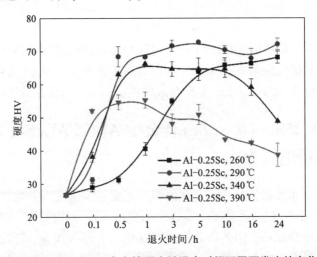

图 2-19　Al-0.25Sc 合金的硬度随退火时间不同而发生的变化

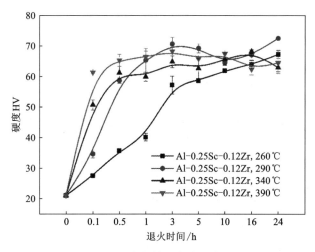

图 2-20　Al-0.25Sc-0.12Zr 合金的硬度随退火时间不同而发生的变化

综合分析发现 Al-0.25Sc 合金的退火硬化现象很明显。当退火温高于 290 ℃ 时,合金的硬度都会出现先上升再下降的趋势,而且温度越高,硬度上升速率越快,达到硬度峰值平台区的时间越短,但硬度下降的现象也会更快出现。

Al-0.25Sc-0.12Zr 合金在 260~340 ℃ 条件下退火时,其硬度上升趋势同 Al-0.25Sc 合金类似。合金在 260 ℃ 退火时,硬度变化速率最慢,在 24 h 时达到峰值 (64.8 HV)。在 290 ℃ 退火时,硬度变化速率加快,在 3 h 达到峰值(70.7 HV)。在 340 ℃ 退火时,合金的硬度在 1 h 左右达到峰值(64.9 HV),随后呈现小范围的波动。在 390 ℃ 退火时,合金的硬度在 0.5 h 达到峰值(65.4 HV),随后没有明显的变化趋势。

对比分析两种合金在退火后的硬度变化趋势,发现两者都存在明显的退火硬化现象,硬度变化速率随退火温度上升而加快。两者最明显的区别是 Al-0.25Sc-0.12Zr 合金在硬化后维持合金的硬度,继续延长退火时间也没有出现软化现象,而且在各退火温度条件下,其硬度的最大值区别不明显;但 Al-0.25Sc 合金在不同温度下退火,其硬度的最大值有波动,且软化现象明显,热稳定性较差。

2.2.2　合金的拉伸力学性能与断口形貌

在两种合金的拉伸力学性能研究中出现了与合金硬度相类似的变化趋势,即当退火温度超过 290 ℃ 且退火时间超过 3 h 后,两种合金的抗拉强度大幅度上升,接近峰值。在退火 24 h 左右时,合金的抗拉强度不再发生明显的变化。因此,选取两种合金在 3 h 和 24 h 两个时间点的拉伸数据进行对比研究。拉伸数据如

表2-2所示。从屈服强度和伸长率分析，Al-0.25Sc 合金在退火后，出现了先硬化再软化的趋势，但其伸长率则是逐渐上升，材料软化后，其伸长率则是达到了14.6%；Al-0.25Sc-0.12Zr 合金在退火后，其抗拉强度出现了上升的趋势，随后合金的强度并未因退火温度升高而出现明显的下降趋势。在340℃和390℃退火时，合金的强度和伸长率在3 h 和24 h 时的值相差不多。

表2-2　Al-0.25Sc 和 Al-0.25Sc-0.12Zr 合金在不同条件下的拉伸性能

退火工艺	合金	$R_{p0.2}$/MPa	R_{m}/MPa	A_{50}/%
260 ℃/3 h	Al-0.25Sc	199	222	9.2
	Al-0.25Sc-0.12Zr	206	273	9.3
260 ℃/24 h	Al-0.25Sc	219	280	10
	Al-0.25Sc-0.12Zr	199	281	10.3
290 ℃/3 h	Al-0.25Sc	222	278	10.9
	Al-0.25Sc-0.12Zr	195	254	11.7
290 ℃/24 h	Al-0.25Sc	226	253	10.9
	Al-0.25Sc-0.12Zr	202	254	14
340 ℃/3 h	Al-0.25Sc	213	250	11.5
	Al-0.25Sc-0.12Zr	161	233	15.5
340 ℃/24 h	Al-0.25Sc	212	254	13.5
	Al-0.25Sc-0.12Zr	185	243	16.3
390 ℃/3 h	Al-0.25Sc	166	208	13.4
	Al-0.25Sc-0.12Zr	173	230	14.9
390 ℃/24 h	Al-0.25Sc	155	194	14.6
	Al-0.25Sc-0.12Zr	178	217	13.8

Al-0.25Sc 合金在 260～390 ℃退火，各状态下的合金拉伸断口形貌如图2-21所示。对比分析在 260 ℃退火 3 h 和 24 h 的合金断口形貌，24 h 时断口中韧窝比 3 h 时的密度高且均匀，韧窝的深浅程度和尺寸相差不明显。类似的情况发生在 290 ℃和 340 ℃退火条件下，都是 24 h 时的断口中的韧窝比 3 h 时的更均匀。但在 390 ℃退火 24 h 的断口中的韧窝变大，且数量下降，与 3 h 时对比存在着显著的差异。

对比退火时间相同的合金断口形貌，发现随着退火温度的升高和退火时间的延长，断口中韧窝的数量和尺寸都有逐渐降低的趋势。如对比合金在 260 ℃ 和 390 ℃ 退火 24 h 后的断口形貌，390 ℃ 的合金断口中的韧窝大，数量少；260 ℃ 的合金断口中的韧窝小且深，数量多且均匀。从断口形貌角度分析，Al-0.25Sc 合金的强度和塑性受退火温度的影响更明显。

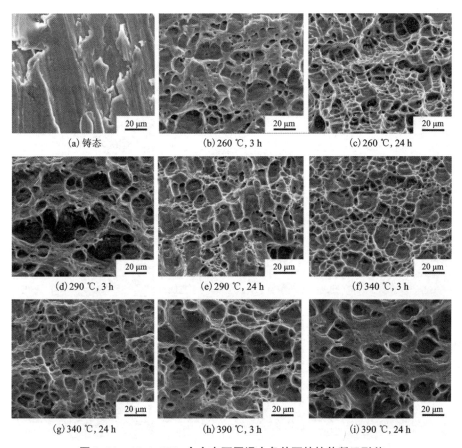

图 2-21　Al-0.25Sc 合金在不同退火条件下的拉伸断口形貌

Al-0.25Sc-0.12Zr 合金在 260~390 ℃ 退火后的拉伸断口形貌如图 2-22 所示。对比不同退火时间的拉伸断口形貌，合金退火 24 h 后的断口中韧窝的均匀程度比退火 3 h 的样品好。在 260~340 ℃ 退火的样品中，退火 3 h 后的样品中韧窝比 24 h 的浅，而且一些区域能观察到片层状的形貌。在 390 ℃ 退火的样品中，韧窝则呈现出 24 h 的比 3 h 的稍大的特点。对比退火时间相同、退火温度不同的合金断口形貌发现，退火 3 h 时，340 ℃ 和 390 ℃ 样品中韧窝的数量比 260 ℃ 和 290 ℃ 样品中的少且浅。对比退火 24 h 时的样品，只有 390 ℃ 和 260 ℃ 的断口形貌能观察到微小区别。与 390 ℃ 的样品比较，260 ℃ 样品中的韧窝多、尺寸小，390 ℃ 样品中的韧窝尺寸稍大，两者的韧窝深度相差不明显。

综合分析断口形貌可以发现，断口的形貌特征与拉伸力学性能数据的趋势基本吻合。抗拉强度较高的样品中韧窝普遍小且多，退火温度越高，样品中的韧窝越大。

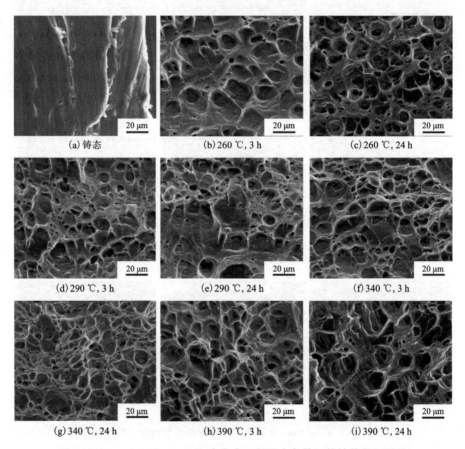

图 2-22   Al-0.25Sc-0.12Zr 合金在不同退火条件下的拉伸断口形貌

2.2.3 Al₃Sc 相的连续析出行为

两种合金中的溶质原子为 Sc 和 Zr，在 655 ℃ 时，Sc 在 Al 中最大的溶解度为 0.35%，而 Zr 的最大溶解度约为 0.28%。因此，在过去的其他关于 Al₃Sc 相的研究中，在 Sc 含量低于溶解度的合金铸态样品中几乎很难观察到析出相，更多是在关注后续热处理中逐渐析出的 Al₃Sc 相，即次生 Al₃Sc 相。根据已有研究以及计算相图等信息，两种合金中的析出相分别为 Al_3Sc 和 $Al_3(Sc, Zr)$ 相。

基于硬度和抗拉强度的数据分析，可以发现 Al-0.25Sc 合金硬度变化趋势的主要分界点为 3 h 和 24 h，即合金在 3 h 左右时硬度都会达到峰值，在 24 h 时全部样品的硬度都趋于稳定。退火硬化行为主要发生在 290 ℃ 以上的退火条件，尤其是在 340 ℃ 时，合金硬化行为的减弱趋势最为明显，其硬度下降了 26.5%。合金硬度的主要转变点是 3 h，因此重点对两种合金退火 3 h 时的组织进行观察。

Al-0.25Sc 合金的明场像如图 2-23 所示。合金在经历 290 ℃ 退火 3 h 后，在晶内观察到大量的析出相，对比其他退火温度，该温度下析出相的尺寸小，但数量较多[见图 2-23(a)]。对比 340 ℃ 和 390 ℃ 退火 3 h 的样品，其中析出相的数量和分布没有明显的差异，但在 390 ℃ 退火 3 h 样品[见图 2-23(d)]中析出相的尺寸比其他样品中的大，而且形貌是明显的球状。由于衍射矢量叠加，析出相的明场像的形貌为马蹄状或豆瓣状。对比合金在 340 ℃ 退火 3 h 和 24 h 的样品析出相，其析出相形貌均为球状，析出分布在晶界附近多一些，晶内较少。

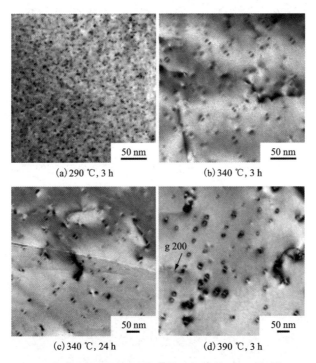

(a) 290 ℃, 3 h　　(b) 340 ℃, 3 h

(c) 340 ℃, 24 h　　(d) 390 ℃, 3 h

图 2-23　Al-0.25Sc 合金在不同退火条件下析出的 Al_3Sc 相的 TEM 明场像

为了更好地观察析出相的形貌以及确认析出相的晶体学特征，对 Al-0.25Sc 合金进行暗场像观察(见图 2-24)。对比图 2-24(a)(b) 和(d)，即合金在 290 ℃、

340 ℃ 和 390 ℃ 退火 3 h 的组织，Al₃Sc 相的析出行为很明显，相同的退火时间下，退火温度越高，析出相的尺寸越大，析出相的密度越小。对比合金在 340 ℃ 退火 3 h 和 24 h 的组织，即图 2-24(b) 和 (c)，次生 Al₃Sc 相的形貌变化不明显，数量密度略有上升。

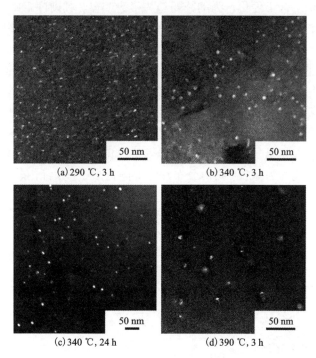

图 2-24　**Al-0. 25Sc 合金在不同退火条件下析出的 Al₃Sc 相的 TEM 暗场像**

Al-0. 25Sc 合金中次生 Al₃Sc 相的高分辨图像如图 2-25 所示，由衍射花样可知其为典型的 L1₂ 结构。合金在 390 ℃ 退火 3 h 后，样品中次生 Al₃Sc 相的修正

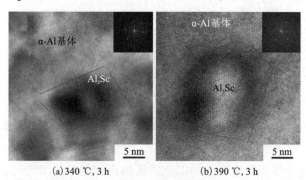

图 2-25　**Al-0. 25Sc 合金在不同退火条件下析出的 Al₃Sc 相的 HRTEM 图像**

半径为 5. 0 nm，340 ℃退火样品中次生 Al₃Sc 相的修正半径约为 2. 5 nm。从原子面排列判断，析出相与基体均为共格关系。从 HRTEM 的观察结果分析，退火温度越高，析出相的粗化速率越大。

2. 2. 4　Al₃(Sc，Zr)相的连续析出行为

Al-0. 25Sc-0. 12Zr 合金的明场像如图 2-26 所示。合金退火时间为 3 h，析出相的密度明显在290 ℃退火条件下最大，340 ℃时次之，390 ℃时最小。析出相在晶内的分布没有明显的特异性，从形态上判断，应该都是在退火过程中析出的。对比图 2-26(b)和(c)，即退火温度为 340 ℃，退火时间分别为 3 h 和 24 h时，两样品中的析出相的形态基本一致，但经过 24 h 退火后，析出相的数量密度明显增加。

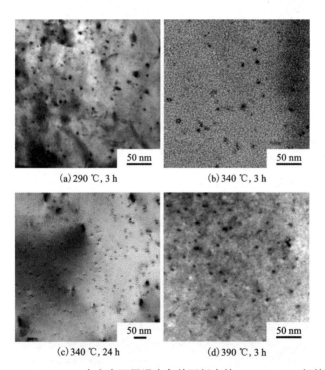

(a) 290 ℃, 3 h　　　　(b) 340 ℃, 3 h

(c) 340 ℃, 24 h　　　　(d) 390 ℃, 3 h

图 2-26　Al-0. 25Sc-0. 12Zr 合金在不同退火条件下析出的 Al₃(Sc，Zr)相的 TEM 明场像

在 Al-0. 25Sc 合金的研究中，次生 Al₃Sc 相在 340 ℃退火 24 h 后发生了明显的粗化行为，提高退火温度，析出相的数量出现下降趋势。在 Al-0. 25Sc-0. 12Zr合金的研究中，析出相的密度变化不明显，尤其在 290~390 ℃时，几乎观察不到析出相的明显区别。为了便于统计，使用暗场像观察，采用像素法统计

Al$_3$(Sc, Zr)相的密度。图 2-27 为 Al-0.25Sc-0.12Zr 合金在 340 ℃ 和 390 ℃ 退火后次生 Al$_3$(Sc, Zr)相的暗场像。统计结果显示，390 ℃ 退火 3 h 时的次生 Al$_3$(Sc, Zr)相的数量密度比 340 ℃ 退火 24 h 时略有增加，说明提高退火温度对次生 Al$_3$(Sc, Zr)相的形核和析出动力有影响。

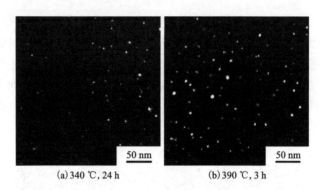

(a) 340 ℃, 24 h   (b) 390 ℃, 3 h

图 2-27　Al-0.25Sc-0.12Zr 合金在不同退火条件下析出的
Al$_3$(Sc, Zr)相的 TEM 暗场像

HRTEM 观察结果如图 2-28 所示，Al$_3$(Sc, Zr)复合相与基体完全共格。对比在 340 ℃ 和 390 ℃ 条件下析出相尺寸，前者的修正半径为 1.5 nm，后者为 2.0 nm。提高退火温度对析出相的尺寸有影响，但不明显。延长退火时间，Al$_3$(Sc, Zr)相的粗化行为不明显。

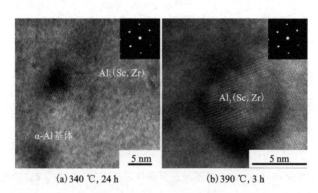

(a) 340 ℃, 24 h   (b) 390 ℃, 3 h

图 2-28　Al-0.25Sc-0.12Zr 合金在不同退火条件下析出的
Al$_3$(Sc, Zr)相的 HRTEM 图像

2.2.5 次生 Al₃Sc/Al₃(Sc,Zr) 相的粗化行为

通过透射电镜观察，同一样品中析出相的尺寸并不是完全一致的。为了比较析出相的尺寸分布，对其进行量化统计分析。从 HRTEM 分析中发现所有的析出相与基体都保持共格关系。如果对每一个析出相都进行 HRTEM 观察统计，显然效率很低。根据 Iwanura 等[18]的研究发现，次生 Al₃Sc 相是球状的，但其明场像呈现出咖啡豆状或豆瓣状，这是由于透射电镜在双束条件下两个垂直矢量相互叠加导致出现了衍射条纹。共格相的析出虽然会导致基体发生畸变，但在相的中心位置是没有畸变的，从相的中心向基体方向畸变逐渐增强。如果以析出相的中心为衍射面，这些晶面由于不存在缺陷矢量，穿过析出相中心晶面的基体部分就不会出现缺陷衬度，球状的共格相因此分为两个部分，呈现出豆瓣状。由此就可以快速地判定共格的 Al₃Sc 相。在本实验中，统计时采用相似的办法，利用像素统计，只测量具有豆瓣状形貌的析出相尺寸。

析出相的尺寸分布统计图如图 2-29 所示，详细数据如表 2-3 所示。从析出相的尺寸分布统计可知，在 290 ℃退火 3 h 时，次生 Al₃Sc 相的半径为 1~2 nm，几乎所有的次生 Al₃Sc 相的尺寸都集中在这个区间，其他尺寸的析出相极少；在 340 ℃退火 3 h 时，约 90% 次生 Al₃Sc 相的半径为 2~3 nm，少量次生相的半径为 3~3.5 nm；在 390 ℃退火 3 h 时，约 55% 次生 Al₃Sc 相的半径为 5 nm，其他次生相的半径则为 2.5~6.5 nm。

表 2-3 析出相的平均半径和体积分数

合金	退火工艺	平均半径 r/nm	体积分数 φ/×10⁻³
Al-0.25Sc	290 ℃/3 h	1.5±0.28	0.40±0.01
	340 ℃/3 h	2.5±0.50	0.35±0.03
	340 ℃/24 h	4.0±0.67	0.20±0.04
	390 ℃/3 h	5.0±0.92	0.17±0.07
Al-0.25Sc-0.12Zr	340 ℃/24 h	1.5±0.28	0.42±0.05
	390 ℃/3 h	2.0±0.53	0.47±0.03

根据上述的统计数据分析，退火温度越高，次生 Al₃Sc 相的粗化速率越快，但析出相尺寸的均一性下降。换言之，退火温度上升后，虽然提升了 Al₃Sc 相的粗化速率，但也导致组织中次生相的粗化速率不均匀，出现了各种尺寸的次生 Al₃Sc 相。

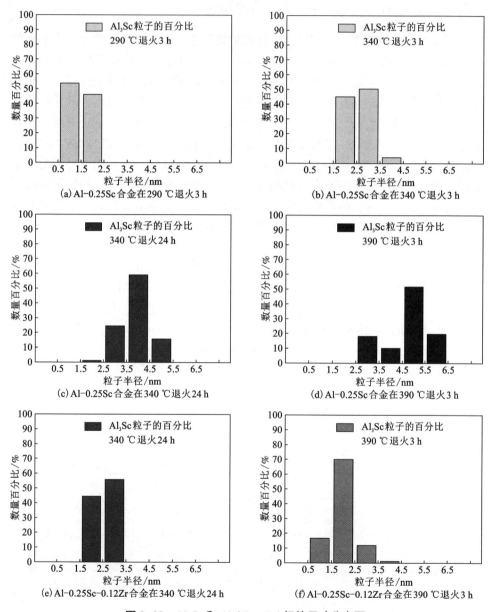

图 2-29 Al₃Sc 和 Al₃(Sc, Zr) 相的尺寸分布图

对比 340 ℃ 退火 3 h 和 24 h 的数据，发现延长退火时间，次生 Al₃Sc 相继续粗化，其半径分布更趋近于 3.5~4.5 nm。换言之，延长退火时间，析出相整体尺寸均一性上升。Al-0.25Sc-0.12Zr 合金中的 Al₃(Sc, Zr) 相，即使经过 24 h 的退

火,其半径主要集中在 2~3 nm,只有极少数的析出相半径接近 4 nm。在 390 ℃ 退火 3 h,Al$_3$(Sc,Zr) 相的尺寸分布没有出现类似 Al$_3$Sc 相的情况,其均一性良好,大多数 Al$_3$(Sc,Zr) 相的半径都在 2 nm 左右。

对比两种合金中次生相的数量密度发现,在 Al-0.25Sc 合金中,退火温度越高,次生 Al$_3$Sc 相的数量密度越低;在 Al-0.25Sc-0.12Zr 合金中,次生 Al$_3$(Sc,Zr) 相的数量密度波动不明显,合金在 390 ℃ 退火后,次生相的数量略微上升。

2.2.6 退火条件对 Al$_3$Sc/Al$_3$(Sc,Zr) 相析出行为的影响

结合 TEM 观察结果和析出相的半径分布统计数据可知,在 Al-0.25Sc 合金中次生 Al$_3$Sc 相的粗化速率随退火温度上升而增加。析出相的半径与退火温度和时间有关。这与 Marquis 等[19]、Novotny 等[20] 以及 Wantanabe 等[21] 的研究结果类似。根据 LSW 理论,析出相的平均半径与退火时间 $t^{1/3}$ 呈比例关系。在通常情况下,经过热处理析出的 Al$_3$Sc 相为连续性析出相。Al 和 Al$_3$Sc 晶格常数极其接近,两者之间的界面能很低,这就导致 Al$_3$Sc 不仅能够在 α-Al 中均匀形核,而且其临界形核半径很小。在这种情况下,温度就成了重要的析出动力。温度越高,Al$_3$Sc 相的析出动力也就越大,析出速度加快,析出相的粗化程度相应上升,但同时析出相的数量密度会降低。

一般情况下,析出相的析出速率和浓度有关,浓度和温度越高,析出的速率就越快。在本研究中,Sc 的浓度是固定值,所以温度对析出动力的影响最明显。Sc 在铝基体中的溶解度会随温度的下降而急剧下降。实验中发现在 290 ℃ 以上时,Al$_3$Sc 相的粗化行为更为明显;当温度升高到 390 ℃,退火时间为 0.5~1 h 时,有少量 Al$_3$Sc 相的修正半径已达 5 nm,但析出相的半径分布明显不均匀。综合实验结果分析,高温退火时,Al$_3$Sc 相的析出速率和粗化速率加快,但短时间内析出相的尺寸分布不均匀。低温退火时,Al$_3$Sc 相的析出速率和粗化速率慢,但析出相的尺寸分布均匀,且随着退火温度延长,析出相的数量上升。

在 Al-0.25Sc-0.12Zr 合金的研究中,Al$_3$(Sc,Zr) 相的析出速率和粗化速率明显要比 Al-0.25Sc 合金中的 Al$_3$Sc 相慢,这是 Zr 的添加导致的。很多关于 Sc 和 Zr 的研究中都发现 Zr 对 Sc 的扩散行为有明显的抑制作用,其根本原因是 Sc 和 Zr 优先结合,Al$_3$(Sc,Zr) 复合相是一种内层富 Sc、外层 Zr 的含量明显升高的双层核壳结构。粗化行为的本质是原子聚集并向外扩散,Zr 在铝基体中的扩散速率比 Sc 低很多,抑制了 Sc 的扩散行为,因此 Al$_3$(Sc,Zr) 相的粗化行为被明显抑制。在延长退火时间后,Al$_3$(Sc,Zr) 相的半径没有发生明显的增加。但对合金在 390 ℃ 和 340 ℃ 条件下退火初期阶段进行分析,发现提高退火温度时,合金中析出相的数量密度和粗化速率都有上升的趋势。对比研究发现,退火温度对两种合金中析出相的粗化速率和数量密度的影响最明显。虽然 Al$_3$(Sc,Zr) 相的粗化速

率与 LSW 理论和 KV 理论的预测值不完全相同，但仍旧符合其析出规律。

2.2.7 合金的强化机制

根据 Iwanura 等[18]、Novotny 等[20]和 Marquis[22]等的研究，次生 Al₃Sc 相的粗化行为导致晶格畸变，所形成的应力场对基体有强化作用，但 Al₃Sc 相的不断粗化、晶格畸变的增加会导致析出相与基体间的共格关系逐渐被破坏，Al₃Sc 相和铝基体的关系会出现由共格到半共格再到完全不共格的转变过程，其强化效果也因此而随之发生改变。根据研究结果，一些含 Sc 铝合金中 Al₃Sc 相的临界转变半径为 20 nm，即当半径超过 20 nm 后，Al₃Sc 相与铝基体之间为不共格关系，但这个临界转变半径会随退火温度的上升而变大。这是由于室温下 Al 和 Al₃Sc 的晶格参数接近，虽然 Al 的晶格参数略小，但 Al 的热膨胀系数比 Al₃Sc 大，所以退火温度上升时，二者的错配度反而更接近，导致临界转变半径也会随之增加。

在本研究中，退火温度为 260~390 ℃，但析出相的半径远小于 Al₃Sc 临界转变半径，所以只需要考虑在共格条件下析出相的强化机制。Al₃Sc 相与铝基体的错配度低，很容易发生均匀形核，析出后会对基体产生强化作用。

析出强化主要分为切过和绕过机制。这两种强化机制主要与析出相的半径、体积分数、相界能有关。当切过机制占主导作用时，屈服强度增量与析出相半径的平方根成正比关系，析出相尺寸越大，强化效果越明显。当绕过机制占主导作用的时候，屈服强度增量与析出相半径成反比关系，析出相尺寸越大，强化效果越弱。

屈服强度增量可根据有序强化 $\Delta\sigma_{ord}$、共格强化 $\Delta\sigma_{coh}$ 和模量强化 $\Delta\sigma_{mod}$ 进行估算。

有序强化增量 $\Delta\sigma_{ord}$ 可根据公式(2-1)计算[17]：

$$\Delta\sigma_{ord} = 0.81M\frac{\gamma_{APB}}{2b}\left(\frac{3\pi\varphi}{8}\right)^{\frac{1}{2}} \tag{2-1}$$

式中，$M=3.06$，为 Al 的泰勒平均取向因子；γ_{APB} 为析出相在｛111｝面的平均反相畴界面能，Al₃Sc 和 Al₃(Sc,Zr)析出相在｛111｝面的平均反相畴界面能为 0.5 J/m²；$b=0.286$ nm，为 Al 的伯氏矢量；φ 为析出相的体积分数。

模量强化增量 $\Delta\sigma_{mod}$ 可根据公式(2-2)计算[17]：

$$\Delta\sigma_{mod} = 0.0055M(\Delta G)^{\frac{1}{2}}\left(\frac{2\varphi}{Gb^2}\right)^{\frac{1}{2}}b\left(\frac{r}{b}\right)^{\frac{3m}{2-1}} \tag{2-2}$$

式中，$G=25.4$ GPa，为 Al 的剪切模量；ΔG 为析出相和 Al 的剪切模量差值，Al₃Sc 和 Al₃(Sc,Zr)析出相的剪切模量为 68 GPa；r 为析出相平均半径；$m=0.85$ 为常数。

共格强化增量 $\Delta\sigma_{coh}$ 可根据公式(2-3)计算[17]：

$$\Delta\sigma_{coh} = M\alpha_\varepsilon (G\varepsilon)^{\frac{3}{2}} \left(\frac{r\varphi}{0.5Gb}\right)^{\frac{1}{2}} \tag{2-3}$$

式中，$\alpha_\varepsilon = 2.6$，ε 为错配参数，$\varepsilon = 2/3\delta$，其中 $\delta = 1.3\%$，为 $Al_3(Sc, Zr)$ 析出相与 Al 基体的晶格错配度，是根据与组成有关的晶格参数估算的，共格增强与模量失配增强同时发生。

绕过机制强化增量 $\Delta\sigma_{or}$ 可根据公式(2-4)计算[17]：

$$\Delta\sigma_{or} = \frac{0.4MGb}{\pi\sqrt{1-\nu}} \frac{\ln\left(\dfrac{r\sqrt{2/3}}{b}\right)}{\lambda} \tag{2-4}$$

式中，$\nu = 0.34$，为 Al 的泊松比；λ 为析出相间距[17]。

$$\lambda = \left(\sqrt{\frac{3\pi}{4\varphi}} - 1.64\right)r \tag{2-5}$$

实验屈服强度增量用 $\Delta HV/3$ 进行估算，其中 ΔHV 为合金由铸态至退火态的硬度增量。通常 HV 硬度增量的单位为 1，屈服强度的单位为 MPa，为了方便比较，将 HV 1 硬度对等 10 MPa 强度进行转换。

屈服强度增量的理论计算值和实际实验增量转换值如表 2-4 所示。

表 2-4　屈服强度增量的计算值与实验值

合金	退火工艺	($\Delta HV/3$)/MPa	$\Delta\sigma_{ord}$/MPa	($\Delta\sigma_{coh}+\Delta\sigma_{mod}$)/MPa	$\Delta\sigma_{or}$/MPa
Al-0.25Sc	290 ℃/3 h	149.9±2.8	148.7	297.6	149.3
	340 ℃/3 h	126.4±5.1	139.1	324.7	112.7
	340 ℃/24 h	73.9±3.4	105.2	283.2	64.9
	390 ℃/3 h	71.5±6.3	97.0	279.6	52.0
Al-0.25Sc-0.12Zr	340 ℃/24 h	139.8±2.4	143.0	304.9	153.2
	390 ℃/3 h	157.3±2.4	161.2	351.7	146.2

根据理论计算值和实际实验值对比分析，在 Al-0.25Sc 合金中，290 ℃/3 h 和 340 ℃/3 h 退火下，屈服强度增量的实验值与 $\Delta\sigma_{ord}$ 和 $\Delta\sigma_{or}$ 都比较接近，因此两种强化机制同时存在；340 ℃/24 h 退火下，屈服强度增量的实验值与 $\Delta\sigma_{or}$ 更接近，该条件下绕过机制占主导；390 ℃/3 h 退火下，屈服强度增量的实验值介于 $\Delta\sigma_{ord}$ 和 $\Delta\sigma_{or}$ 两者之间，而且正负偏差值很接近，这说明该条件为绕过机制和切过机制的临界转变区间。

理论计算分析结果与实际的硬度变化完全吻合，即在退火初期，次生 Al_3Sc 相的半径很小，在该阶段中切过机制占主导，析出相的数量也不断增加，对基体的强化作用不断增强，致使合金硬度急剧上升。但随着 Al_3Sc 相的半径超过临界尺寸，强化机制发生了改变，绕过机制逐渐取代切过机制，这时 Al-0.25Sc 合金的硬度表现出弱化现象。

同样的方法对比分析 Al-0.25Sc-0.12Zr 合金，其强化机制更加倾向于切过机制。$Al_3(Sc, Zr)$ 相在 390 ℃/3 h 退火下的半径统计值为 (2.0 ± 0.53) nm。合金硬度在退火 3 h 后达到稳定平台区，析出相不再发生明显的粗化行为，一直保持这种状态。在 290 ℃ 以下退火时，可以发现两种合金的硬度上升期比较长，这是由于低温退火，次生相的粗化速率低，析出相的半径到达临界转变尺寸需要的时间更长，切过机制一直占主导，但是析出相的体积分数要比高温退火时更高，因此低温退火时的硬度峰值比高温退火的峰值略高，这种现象在两种合金中都存在。根据计算模型预测[23]，$Al_3(Sc, Zr)$ 析出相强化机制转变临界半径约为 2.12 nm。在本研究中，$Al_3(Sc, Zr)$ 相在 390 ℃/3 h 退火下的半径统计值为 (2.0 ± 0.53) nm，Al_3Sc 相临界半径的上限阈值实验结果约为 2.5 nm，实验值与预测值基本吻合。

2.3 Al-0.5Sc-(0.25Zr) 合金中 Al_3Sc 相的不连续析出行为

铝合金中微量 Sc 主要以 Al_3Sc 相的形式存在。Al_3Sc 相主要分为在凝固过程中形成的初生相和热处理及热加工过程中从过饱和固溶体中析出的次生相。初生 Al_3Sc 相对铝合金晶粒有显著的细化作用，次生 Al_3Sc 相是主要的强化相，能够显著提升合金强度。在次生 Al_3Sc 相的析出过程中，由于合金的浓度和点阵常数发生连续性变化，因此被称为连续脱溶或连续析出。目前关于 Al_3Sc 相的研究主要是集中在 Al_3Sc 相的连续析出行为方面，但在某些特定条件下，铝合金中会出现少量的不连续析出的 Al_3Sc 相。这类不连续析出的 Al_3Sc 相被报道过，一些学者认为其是不连续脱溶，但典型的不连续脱溶是过饱和固溶体的晶界反应。一般的脱溶过程为过饱和固溶体 $\alpha' \rightarrow \alpha + \beta$，其中 β 相是晶体结构和成分均不同于母相的亚稳相，α 相的结构与母相相同，但成分不同。而不连续析出的 Al_3Sc 相主要是由于过饱和固溶体在晶界处分解，晶界被形成的析出相向前推动所导致的[4]。因此，这种 Al_3Sc 相的析出方式与一般的不连续脱溶有所区别，被定义为不连续析出行为。Al_3Sc 的不连续析出相的演变规律、结构特征以及对组织的影响均不明确。

根据相关报道和文献[4]，在高于共晶点成分的 Al-Sc 合金中观察到了不连续析出相。本研究由于推测不连续析出相的形成可能与局部的 Sc 浓度有关，因此，制备了 Al-0.50Sc 和 Al-0.50Sc-0.25Zr 两种合金。根据第 2.2 节的研究结果，

Al_3Sc 相和 $Al_3(Sc, Zr)$ 相在 340 ℃ 退火时, 其析出特点最容易被观察到。因此, 在本研究中, 将合金在 340 ℃ 退火, 重点研究铸态和退火态合金中含 Sc 相的不连续析出行为。利用 TEM 和 3DAP 对含 Sc 相的形貌和结构变化进行研究, 结合实验结果, 分析 Al_3Sc 的不连续析出相的形成和演变规律、结构特征以及 Sc 的不均匀分布对合金中析出相的影响。

2.3.1 不连续析出相的微观形貌和结构

1. 合金铸态中的不连续析出相

在 Al-0.50Sc 合金的铸态组织中, 在晶界附近发现了如图 2-30(a)~(c) 中条状和棒状的析出相。析出相呈放射状分布, 即在视场区域内的析出相方向都沿着某一个位向, 整体呈现出类似于射线的分布, 比如, 图 2-30(b) 中棒状析出相全部聚集在晶界附近, 析出相之间几乎是平行分布。这类析出相的形貌全部为短棒状和长条状; 一般短棒状析出相的宽度为 30~70 nm, 平均长度约为 300 nm; 长条状析出相的宽度为 50~100 nm, 长度超过 500 nm, 如图 2-30(c) 所示。两种析出相的形貌并没有明显区别, 只是在长度上有变化。两种形貌的析出相在晶界附近大量分布, 而且析出相和晶界的角度接近 90°, 就像一束棒状的析出相"顶"在晶界附近。

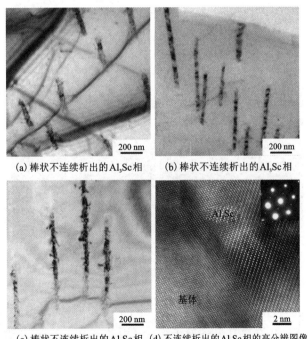

(a) 棒状不连续析出的 Al_3Sc 相   (b) 棒状不连续析出的 Al_3Sc 相

(c) 棒状不连续析出的 Al_3Sc 相   (d) 不连续析出的 Al_3Sc 相的高分辨图像

图 2-30 Al-0.50Sc 合金铸态组织的 TEM 图像

在析出相附近进行选区衍射，所有结果都显示该粒子是 $L1_2$ 型结构的 Al_3Sc 相。在 HRTEM 模式下观察相界，从图 2-30(d)中可以清楚地看到两侧的原子排列方式存在明显区别，相与基体之间呈现出明显的共格关系，相界附近没有观察到明显的晶格畸变。

在 Al-0.50Sc-0.25Zr 合金的铸态组织中，在晶界附近也观察到了类似于在 Al-0.50Sc 合金铸态中的析出相，但形貌有所不同。除了短棒状析出相[见图 2-31(a)]，还有接近于球状的析出相[见图 2-31(b)]。短棒状的析出相宽度和长度与 Al-0.50Sc 合金中的相似，但几乎找不到长条状的析出相。接近于球状析出相的修正直径为 50~100 nm，分布规律很有特点，一列球状的析出相像是一串断线的"珠子"，如果把"珠子"连起来，分布的角度同短棒状的析出相一样，都是垂直于晶界的方向分布，"串珠"连线向晶内的方向发生偏转，整体呈现出一种扇形的分布。

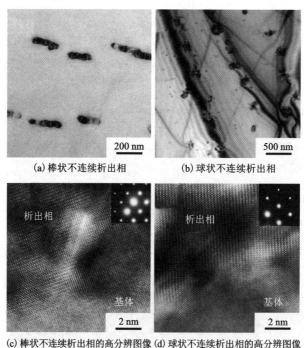

(a) 棒状不连续析出相　　　　　　(b) 球状不连续析出相

(c) 棒状不连续析出相的高分辨图像　(d) 球状不连续析出相的高分辨图像

图 2-31　Al-0.50Sc-0.25Zr 合金铸态组织的 TEM 图像

对两种形貌的析出相进行选区衍射，全部为典型的 $L1_2$ 型结构。由于 Sc 和 Zr 复合添加后，Sc 和 Zr 会比其他原子结合，因此，一般在 Sc 含量足够高的情况下几乎观察不到单独的 Al_3Zr 粒子，衍射花样全部是 Al_3Sc 相。

图 2-31(c)为棒状析出相的 HRTEM 图像, 析出相和基体的原子排列有区别, 但原子面未出现扭曲或错位, 析出相与基体之间全部呈现出共格关系。图 2-31(d) 为球状析出相的 HRTEM 图像, 析出相的原子排列不仅与基体不同, 而且位向发生了变化, 相界面处虽然不明显, 但可确认析出相与基体之间的共格关系在逐渐被破坏, 发生由半共格向非共格的转变。铸态合金中的这类析出相与初生 Al_3Sc 相和次生 Al_3Sc 相的形貌和分布位置相比都明显不同。结合衍射花样分析, 基本可以判定这些相全部是 Al_3Sc 的不连续析出相。

2. 合金在 340 ℃退火 1 h 的 TEM 分析

在 340 ℃退火 1 h 后, 两种合金的 TEM 图像如图 2-32 和图 2-33 所示。在 Al-0.50Sc 合金中, 短棒状的不连续析出相与铸态组织中的析出相相比明显变短, 而且发生了扭曲, 部分变成了椭球状, 有一些长条状的析出相变成了如图 2-32(b)中的形貌, 像是长条状的析出相发生了断裂, 每一段都变成了小的短棒或椭球; 还可以观察到, 在这些析出相的附近形成一圈衬度变化, 这种情况一般被认为是存在应力场。椭球状和短棒状析出相的表面存在着一些很明显的扭曲条纹。

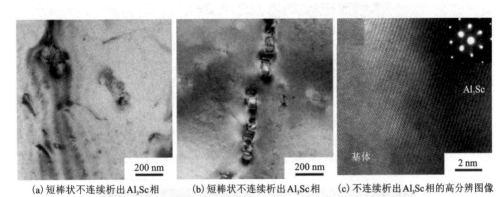

(a) 短棒状不连续析出 Al_3Sc 相　　(b) 短棒状不连续析出 Al_3Sc 相　　(c) 不连续析出 Al_3Sc 相的高分辨图像

(d) 连续析出的 Al_3Sc 相　　(g) 连续析出的 Al_3Sc 相的高分辨图像, 析出相被圆圈标出

图 2-32　Al-0.50Sc 合金在 340 ℃退火 1 h 的 TEM 图像

根据 Iwanura 等[18]的研究，Al_3Sc 内部出现这种条纹是因为发生了晶格畸变，伴随矢量缺失，畸变的晶面发生了变形，所以在采用明场像观察时，就会看到这类不规则的条纹。这说明析出相是介于共格和半共格之间的一种转变状态，但相界处的共格关系并不一定会遭到破坏。由选区衍射花样判断析出相的晶体结构仍为 $L1_2$ 型面心立方。高分辨图像如图 2-32(c)所示，不连续析出相的相界虽然不明显，但析出相和基体始终保持共格关系。

除了不连续析出的 Al_3Sc 相，还发现了球状的析出相[见图 2-32(d)]。根据析出位置和形貌分析，这类相为连续析出的 Al_3Sc 相。衍射花样和高分辨图像如图 2-32(e)所示，连续析出相的修正直径约为 5 nm，与基体共格。

Al-0.50Sc-0.25Zr 合金在经过 340 ℃退火 1 h 后，组织中短棒状的不连续析出相几乎观察不到，只能观察到图 2-33(a)和(b)中的球状析出相，球状析出相的分布具有规律性，呈现出串珠状。串珠状的析出相在晶界附近较容易被观察到，"串珠"的连线方向是由晶界向晶内延伸。球状析出相的修正直径为 30~100 nm，仍为 $L1_2$ 型结构，其相界处的高分辨图像如图 2-33(c)所示，可以注意

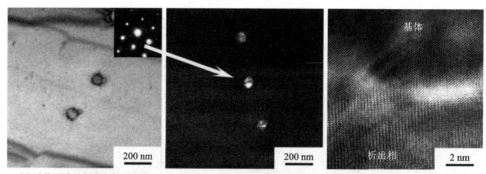

(a) 球状不连续析出相的明场像　(b) 球状不连续析出相的暗场像　(c) 球状不连续析出相的相界高分辨图像

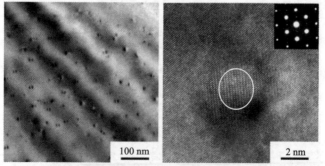

(d) 连续析出的 $Al_3(Sc, Zr)$ 相　(e) 连续析出的 $Al_3(Sc, Zr)$ 相的高分辨图像，
析出相被圆圈标出

图 2-33　Al-0.50Sc-0.25Zr 合金在 340 ℃退火 1 h 的 TEM 图像

到图中两侧的原子排列方式不同,而且有部分原子面的方向与 Al 基体的原子面方向不同。析出相和基体的共格关系被破坏,处于半共格状态。

连续析出的 $Al_3(Sc, Zr)$ 相也被观察到,如图 2-33(d) 所示。晶内的连续析出相和晶界附近的不连续析出相的形貌差异很明显,不仅是尺寸差别,分布规律也明显不同。晶内的连续析出相分布没有明显的规律性,在某些晶粒中比较多,在某些晶粒中则观察不到,且析出相和晶界之间没有明显的位向关系。高分辨图像[见图 2-33(e)]显示连续析出相的修正直径为 3~5 nm,与基体为共格关系。

与未退火合金相比,退火后合金中不连续析出相明显减少,连续析出相明显增加。不连续析出相由长条状变为短棒状,又由短棒状变为球状,但分布没有发生变化。因此,从形貌变化分析,不连续析出相在退火后可能发生了溶解行为。

3. 合金在 340 ℃ 退火 24 h 的 TEM 分析

两种合金退火 24 h 后的微观组织如图 2-34 所示。在 Al-0.50Sc 合金中已经无法观察到大量的呈扇形或放射状排列的析出相,在晶界附近能够观察到几个单独的如图 2-34(a) 所示的长度约 100 nm 的不连续析出相,球状析出相也很少。

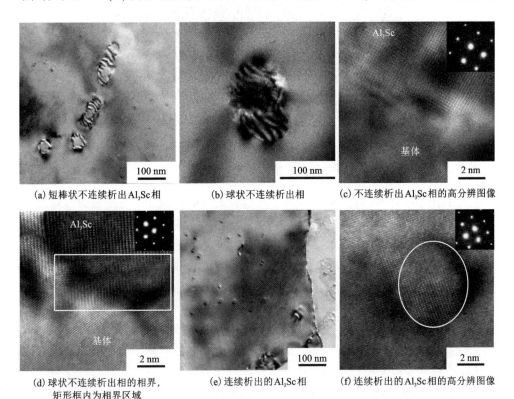

(a) 短棒状不连续析出 Al_3Sc 相　　(b) 球状不连续析出相　　(c) 不连续析出 Al_3Sc 相的高分辨图像

(d) 球状不连续析出相的相界,矩形框内为相界区域　　(e) 连续析出的 Al_3Sc 相　　(f) 连续析出的 Al_3Sc 相的高分辨图像

图 2-34　Al-0.50Sc 合金在 340 ℃ 退火 24 h 的 TEM 图像

高分辨图像显示，部分析出相与基体为共格关系[见图 2-34(c)]，有些椭球状析出相的一侧与基体呈现出明显的不共格关系，且与基体的取向明显不同[见图 2-34(d)]。在图 2-34(e)中，晶界附近存在一个明显的球状不连续析出 Al₃Sc 相，在晶内则是很多球状次生 Al₃Sc 相。在一些晶粒中，不连续析出相附近都能够观察到球状次生相，两种形貌析出相的分布没有明显规律。图 2-34(f)为球状次生相的高分辨图像，形态与之前的连续析出相的研究结果没有明显区别，依旧是典型的 L1₂ 型结构，与基体保持着共格关系。

在 Al-0.50Sc-0.25Zr 合金中找不到不连续析出相，在明场像[见图 2-35(a)]中只观察到了球状次生 Al₃(Sc, Zr)相，高分辨图像[见图 2-35(b)]显示其直径约为 5 nm。

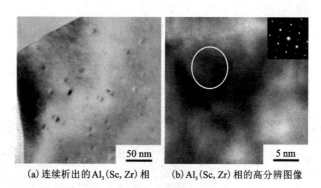

(a) 连续析出的 Al₃(Sc, Zr) 相　　　(b) Al₃(Sc, Zr) 相的高分辨图像

图 2-35　Al-0.50Sc-0.25Zr 合金在 340 ℃退火 24 h 的 TEM 图像

2.3.2　合金的三维原子探针分析

在利用三维原子探针(3DAP)对合金进行研究的过程中，主要是通过对原子或离子的位置信息进行统计，得到析出相或者原子团簇的原子分布信息。在本研究中，根据相关文献及实验设备的说明，将相的等浓度面的测量定义为[Sc] = 8%(原子分数)和[Sc+Zr] = 10%(原子分数)。因此，在 3DAP 解析出的数据中，相的模拟重构图的尺寸会与扫描电镜观察到的相的尺寸有区别。原子团簇的认定规则是超过 8 个原子的集团继续向外扩展计算，低于 8 个原子的集团则忽略，依此类推。

经 3DAP 分析发现同一合金样品中出现了形貌不同或原子分布存在差异的析出相，因此需要对其进行单独解析。为方便对比如说明，本节的研究对各测试样品进行了单独编号，编号说明如表 2-5 所示。

表 2-5　3DAP 样品编号说明

样品编号	说明
sample-1a-1 h	Al-0.50Sc 合金在 340 ℃退火 1 h，合金中具有短棒状析出相
sample-1b-1 h	Al-0.50Sc 合金在 340 ℃退火 1 h，合金中具有球状析出相
sample-2a-1 h	Al-0.50Sc-0.25Zr 合金在 340 ℃退火 1 h，合金中具有球状析出相。在核壳结构的外壳部分中，Sc 和 Zr 的原子浓度比较低
sample-2b-1 h	Al-0.50Sc-0.25Zr 合金在 340 ℃退火 1 h，合金中具有球状析出相。在核壳结构的外壳部分中，Sc 和 Zr 的原子浓度比较高
sample-1a-24 h	Al-0.50Sc 合金在 340 ℃退火 24 h，合金中具有球状析出相
sample-2a-24 h	Al-0.50Sc-0.25Zr 合金在 340 ℃退火 24 h，合金中具有球状析出相

1. Al-0.50Sc 合金在 340 ℃退火 1 h 的 3DAP 分析

根据前面的 TEM 研究可知，在 Al-0.50Sc 合金中存在两种形貌的 Al_3Sc 析出相：不连续析出相通常为短棒状，尺寸较大；连续析出相为球状，尺寸较小。在 3DAP 的测试中，无法通过直接的方法识别出相的种类，只能通过对相的形貌判断。在该状态下，将 Al-0.50Sc 合金中具有短棒状析出相的样品定义为 sample-1a-1 h，将具有球状析出相的样品定义为 sample-1b-1 h。3DAP 的实验结果如图 2-36 和图 2-37 所示。

图 2-36(a)为 sample-1a-1 h 的层析重构图，图 2-36(b)为对应的原子分数 [Sc]=8% 的等浓度面重构图，图中红色代表 Sc 原子，淡蓝色代表 Al 原子，下同。通过重构图可以清晰地看到，sample-1a-1 h 中的析出相为棒状，与通常的球状次生 Al_3Sc 相的形貌明显不同，而且根据 3DAP 的解析数据判断，析出相的长度超过 50 nm 时，可以判定这类相为 TEM 中观察到的短棒状不连续析出相。

由于不连续析出相大多分布在晶界附近，信号获取完整度低，实验难度很高；又因为相的长度很长，在信号收集过程中，短棒状相收集的信号不完整，所以，选取信号相对完整的部分，对其进行等浓度截面数据分析。图 2-36(c)为选取的一个 Al_3Sc 相的部分，图 2-36(d)为穿过析出相和基体界面的原子浓度分布曲线。统计方式是把图 2-36(c)中的相进行层析，分析穿过的截面原子分布情况。由于相不是标准的球状，从析出相的径向方向去切片时会有一部分原子无法被统计到，误差较大。因此，可从垂直于径向方向切片，以获取到完整的原子分布截面。从 3DAP 的重构图分析，垂直于相径向方向的截面也不是规则的圆形，更接近椭圆形。对数据进行等效处理，获得了如图 2-36(d)所示的原子浓度分布曲线。

图 2-36(b)中的界面同图 2-36(d)中的 0 坐标的含义有区别。在图 2-36(b)中，界面是一个等浓度面，包裹住了一个完整的相，因此这个等浓度面是大于相

的尺寸的预设值。利用层析重构技术对选定的区域进行分析，因为已知在 Al_3Sc 相和 $Al_3(Sc，Zr)$ 相中，Al 原子与 Sc 原子的比例接近 3∶1，Al 原子与 Sc 原子和 Zr 原子总和的比例也接近 3∶1。由于存在晶体缺陷和受实验设备的精度限制（3DAP 的信号收集率最高为 36%），因此，实际的析出相中原子比例并不是 3∶1。对收集到的信号值进行整理后，得到如图 2-36(d) 所示的原子浓度曲线，再规定 Al 原子与 Sc 原子的浓度比接近 3∶1 的位置坐标为 0。

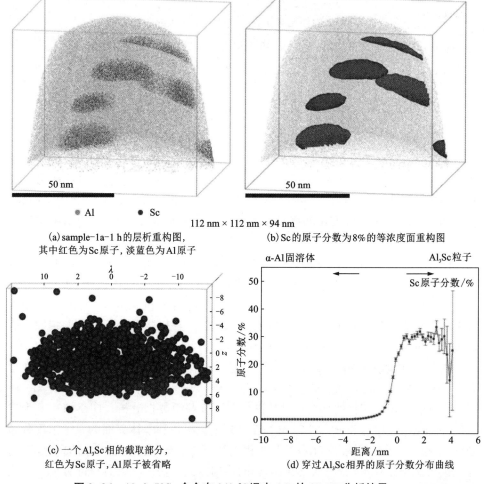

(a) sample-1a-1 h 的层析重构图，
其中红色为 Sc 原子，淡蓝色为 Al 原子

(b) Sc 的原子分数为8%的等浓度面重构图

(c) 一个 Al_3Sc 相的截取部分，
红色为 Sc 原子，Al 原子被省略

(d) 穿过 Al_3Sc 界面的原子分数分布曲线

图 2-36　Al-0.50Sc 合金在 340 ℃退火 1 h 的 3DAP 分析结果

扫一扫，看彩图

在该等浓度面的设定条件下，外壳足以包裹住相内部的区域。但事实上分析局部的选区浓度曲线分布可知，实际的相界位置在等浓度面的内部。因此，图 2-36(d) 图中 $x=0$ 时，Sc 的原子分数

并不是 8%, 而是 21.80%。X 轴的负坐标代表远离相方向, 即析出相以外的区域, 数值代表相的外部位置到相界面的等效距离; X 轴的正坐标代表相的内部位置到达相界面的等效距离, 数值越大表示越接近相的中心位置。由于相截面并不是规则的正圆形, 因此等浓度面的统计数据全部为等效值。如无特殊说明, 后续统计分析方式均与上述内容相同。分析图 2-36(d) 中的数据发现, 相内部区域 Sc 的原子浓度比相界处的原子浓度更高。已知 Sc 原子在铝基体中的最大溶解度为 0.35%, 对应的原子分数为 0.21%, 即在基体中 Sc 的理论最大原子分数为 0.21%。由于 Sc 在铝基体中的溶解度随温度下降而急剧下降, 因此在通常情况下, 铝基体中 Sc 的原子分数不会超过 0.21%。在 sample-1a-1 h 中, 直接选取的区域内基体中 Sc 的平均含量为 0.16%, 该浓度值的位置为 $x=-3.3$。这说明 Sc 原子在铝基体中只在析出相附近高度聚集, 而在其他区域分布很少。可以注意到, Sc 的原子分数为 8% 的区域在 $x=-0.9$ 到 $x=-0.7$ 之间, 也就是说在相以外的一小段范围内存在一个浓度呈放射性分布的区域, 在该区域内, Sc 原子浓度明显高于铝基体中的 Sc 原子浓度但低于析出相中的 Sc 原子浓度。相的本质是具有长程有序结构, 且拥有固定比例的原子集团。一般认为在析出相的形成过程中, 即由形核到长大的过程中, 溶质原子会向析出相的形核位置聚集, 首先形成原子团簇, 随后形成 G. P 区, 最后才会形成有序结构。而相的分解过程就像是析出过程的逆过程, 因此无论是相的析出还是分解, 在相的周围都会存在一个溶质原子分数的过渡区域。在实验过程中, 发现在 Sc 原子分数高于 8% 到相界附近的区域内, Sc 的原子浓度变化与距离近似为线性关系。计算得到该区域内 Sc 原子分数的变化速率约为 17.25%/nm。

从形貌和析出位置以及分布情况分析, sample-1a-1 h 中这类析出相的形貌虽然都是短棒状或长条状, 但是尺寸差异较大。析出相主要分布在晶界附近, 晶内几乎没有, 不仅如此, 不连续析出相只在少数晶粒中存在, 分布严重不均匀。因此, 统计其整体的数量密度的实际意义不大。

图 2-37 为 sample-1b-1 样品中球状 Al_3Sc 相的 3DAP 结果。从图 2-37(a) 和(b)中可知, 该形貌的析出相在铝基体中分布较均匀, 而且相的形貌很规则。因此, 可对这类析出相进行数量密度统计。从实验设备中直接读取出的数据是检测区域范围内的原子数和原子集团, 但掺杂了各种尺寸的相, 如不连续析出相的部分也偶尔会掺杂在内。根据 Gang, Cerezo 等[24] 的研究方法, 利用观察到原子集团的尺寸去推算 G. P 区。一般 G. P 区的原子数量不超过 1732 个, 即相和团簇界限的最大值一般在 1000 个原子的数量级。在之前的研究中, 一般连续析出 Al_3Sc 相在 TEM 中能够被观察得到的修正半径为 $0.5\sim6$ nm。因为 Al 原子和 Al_3Sc 的体积非常接近, 所以理论上含 Sc 次生相的原子个数不超过 5.4 万。在本研究中, 由于检测区域内同时存在很粗大的不连续析出相、次生相以及原子团

簇,而且每一个阶段收集到的原子数目一般为 200 万以上才具有统计意义(最好达到 700 万),因此在统计时,将明显超过估算阈值的相都去掉,只统计原子数量小于 5.4 万的原子集团数量。在实验过程中,同一类样品的选取方式是在同种样品的相同区域位置选取多个样品进行分析测试。

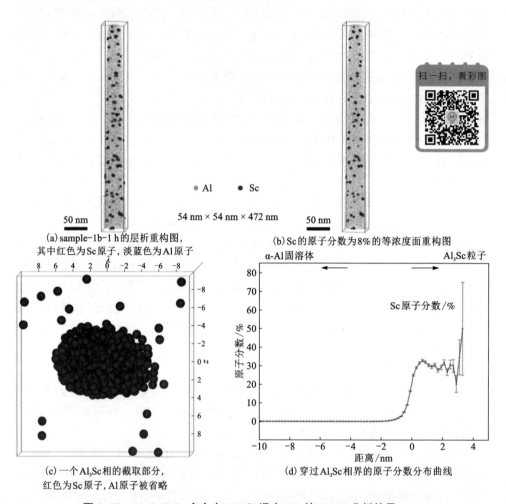

(a) sample-1b-1 h 的层析重构图,
其中红色为 Sc 原子,淡蓝色为 Al 原子

(b) Sc 的原子分数为 8% 的等浓度面重构图

(c) 一个 Al₃Sc 相的截取部分,
红色为 Sc 原子,Al 原子被省略

(d) 穿过 Al₃Sc 相界的原子分数分布曲线

图 2-37 Al-0.50Sc 合金在 340 ℃退火 1 h 的 3DAP 分析结果

析出相的理论等效半径 R_p 和数量密度 N_v 的计算公式参照如下:

$$R_p = \left(\frac{3\Omega n_p}{4\pi\xi}\right)^{\frac{1}{3}} \qquad (2-6)$$

$$N_v = \frac{N_p\xi}{n_a\Omega} \qquad (2-7)$$

式中，Ω 为原子体积，本研究中 Al 原子为主要成分，质量分数超过 99%，因此计算采用 Al 原子的体积，为 $1.660\times10^{-2}\ nm^3$；n_p 为一个原子集团中包含的原子数；ξ 为检测效率，为 0.36；N_p 为分析体积中的原子团簇数量；n_a 为分析体积中的总原子数。

通过计算获得检测区域内析出相的密度，sample-1b-1 h 中这类析出相的数量密度为 $4.72\times10^{22}\ m^{-3}$，该值比实际值偏小。这是因为在统计过程中存在一些原子数量接近临界值的原子集团，为了科学地对比，不计入 N_p 值，本研究中其他统计分析也遵照这个原则。计算得到球状相等效半径的平均值为 2.40 nm。

根据图 2-37(d)中原子浓度分布曲线数据分析，Sc 原子分数为 8% 的区域坐标为 $x=-0.5$ 到 $x=-0.3$，相界处 Sc 的原子分数为 25.04%，因此，相界面附近 Sc 的平均原子分数变化速率为 62.60%/nm。

根据相内部的解析结果，Sc 最高原子浓度值不在相的中心位置，而在接近相界的位置($x=0.70$)，该位置对应的 Sc 的原子分数为(32.88 ± 0.67)%。如果把该析出相等效为标准球体，靠近球体外壳部分的 Sc 原子浓度最高，向球心部分逐渐降低，呈现出连续性变化。

2. Al-0.50Sc-0.25Zr 合金在 340 ℃退火 1 h 的 3DAP 分析

Al-0.50Sc-0.25Zr 合金在 340 ℃退火 1 h 后的 3DAP 分析结果如图 2-38 和图 2-39 所示。合金在退火 1 h 后，TEM 观察很难发现短棒状析出相，但是在晶界附近可以很容易地找到析出相。如果只从形貌去判断，难以区分哪种相与不连续析出相有关。因此在分析过程中，分别对两批实验样品进行单独分析，一批样品是析出相在晶内析出较多且距离晶界稍远，定义为 sample-2a-1 h；另一批样品则选择析出相的析出位置全部为晶界附近，定义为 sample-2b-1 h。

设定初始等浓度面位置，即 $x=0$ 时，[Sc+Zr]=10%(原子分数)，得到图 2-38(b)和图 2-38(b)的模拟结果。从层析重构模型中可以清楚看到，在两类样品中，Zr 原子弥散分布在铝基体中，在析出相的周围 Zr 的原子浓度上升，但相比于 Sc 原子的聚集分布，Zr 原子不存在明显单一元素的聚集或明显的原子团簇，即没有发现单独的 Al_3Zr 相或大的原子团簇。

对 sample-2a-1 h 进行析出相密度统计时，采用和 sample-1b-1 h 相同的统计规则，得出在该分析区域内，Al_3(Sc,Zr)相的数量密度为 $6.68\times10^{22}\ m^{-3}$。从图 2-38(c)和(d)的分析可知，该类析出相存在明显的核壳结构。根据测出的数据分析，在核壳结构的外壳部分中，Sc 含量大于 Zr。在 sample-2a-1 h 样品的 Al_3(Sc,Zr)复合相中，$x=0$ 到 $x=-0.1$ 的区域为 Zr 的峰值区域，含量为(4.89 ± 0.36)%，该区域认为是复合相外壳和基体的边界部分，对应该区域的 Sc 含量为(20.88 ± 0.68)%。在该区域内，Sc 和 Zr 的原子浓度比为 4.27，两种元素数量比例接近 4:1。Sc 峰值区域在靠近析出相中心的部位。当 $x>2.0$ 时，测量数据的

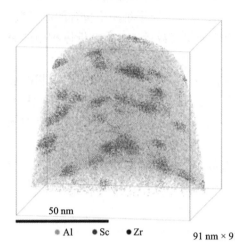

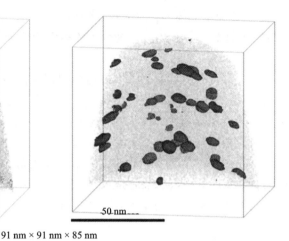

91 nm × 91 nm × 85 nm

(a) sample-2a-1 h 的层析重构图, 其中红色为
Sc 原子, 蓝色为 Zr 原子, 淡蓝色为 Al 原子

(b) Sc 和 Zr 的原子分数为 10% 的等浓度面重构图

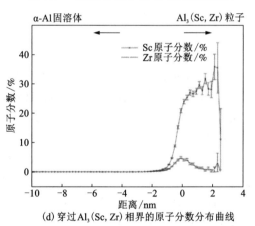

(c) 一个 $Al_3(Sc, Zr)$ 相的截取部分, 红色为
Sc 原子, 蓝色为 Zr 原子, Al 原子被省略

(d) 穿过 $Al_3(Sc, Zr)$ 相界的原子分数分布曲线

图 2-38　Al-0.50Sc-0.25Zr 合金在 340 ℃退火 1 h 的 3DAP 分析结果

扫一扫, 看彩图

误差值急剧上升, 这是因为模拟统计值超出了析出相的核心部位。

在 sample-2a-1 h 中, 根据计算公式算出区域内该类相的平均等效半径为 1.49 nm。Sc 的原子分数在 $x = 1.50$ 处达到最大, 其峰值为 $(31.79 \pm 1.74)\%$。在析出相的复合结构中, Sc 和 Zr 原子分数的峰值比为 6.50。Sc+Zr 为 10% 的坐标区域为 $x = -0.7$ 到 $x = -0.5$, 在 $x = -0.5$ 处, Sc 的原子分数为 $(8.83 \pm 0.34)\%$, 该区域内 Sc 原子浓度的平均变化速率为 24.10%/nm。由于 Zr 原子浓度变化率并不呈现出线性关系, 因此只对 Sc 原子浓度的变化率进行统计。

在 sample-2b-1 h 中, 析出相形貌和 sample-2a-1 h 中的析出相没有明显区

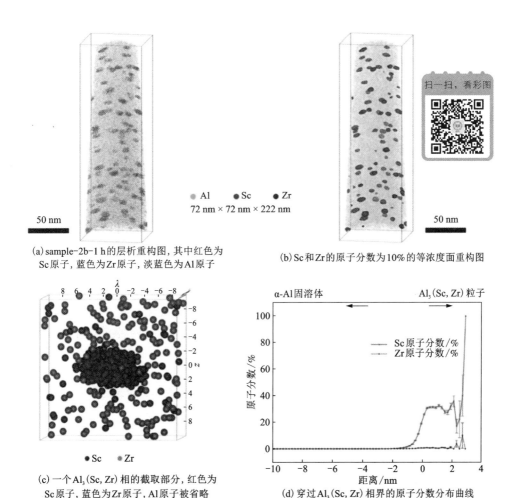

(a) sample-2b-1 h 的层析重构图, 其中红色为
Sc 原子, 蓝色为 Zr 原子, 淡蓝色为 Al 原子

(b) Sc 和 Zr 的原子分数为 10% 的等浓度面重构图

(c) 一个 Al₃(Sc, Zr) 相的截取部分, 红色为
Sc 原子, 蓝色为 Zr 原子, Al 原子被省略

(d) 穿过 Al₃(Sc, Zr) 相界的原子分数分布曲线

图 2-39　Al-0.50Sc-0.25Zr 合金在 340 ℃退火 1 h 的 3DAP 分析结果

别。析出相数量密度的理论值为 6.08×10^{22} m^{-3}, 计算得出的析出相等效半径的平均值为 1.89 nm。相界处出现了一个统计上的相界区域, 即第一个出现 Al/(Sc+Zr) 原子分数比接近 3 的统计数据点定义为 $x=0$ 的球状面, 但在该点的数据显示, Zr 原子的含量并非峰值。在核壳结构的外壳部分中, 最接近边界位置不是 Zr 的原子浓度最高区域。在该位置, [Sc] = (25.81±0.51)%, [Zr] = (0.73±0.10)%, Sc 和 Zr 的原子分数比约为 35.36。当 $x=0.30$ 时, Zr 原子分数到达峰值, 在该位置的 [Sc] = (30.67±0.59)%, [Zr] = (0.87±0.12)%, 对应的 Sc 和 Zr 原子浓度比约为 35.25, 该区域内 Sc 和 Zr 的原子浓度比值比较稳定。

[Sc+Zr] = 10% 的坐标区域为 $x=-0.5$ 到 $x=-0.3$, 在 $x=-0.3$ 处, Sc 的原子

分数为(11.31±0.25)%,该区域内 Sc 原子分数的平均变化速率为 36.25%/nm。Zr 在铝基体中的最大溶解度为 0.28%,对应的原子分数最大值为 0.04%。在实验中实际测得的 Zr 在基体中的平均原子分数为 0.02%。因此,统计分析中的 Zr 原子分数是可信的。

对析出相的内部原子浓度进行分析,Sc 原子的峰值浓度点不在析出相的几何中心位置,而是在靠近外壳的区域,处于坐标的中间位置。也就是说 Sc 原子在析出相中的整体浓度分布呈现为外部高于中心位置的趋势,Sc 原子的这种分布方式和 sample-1b-1 h 中析出相的情况很相似。

对比 sample-2a-1 h 和 sample-2b-1 h 中的 Al$_3$(Sc, Zr)复合相的核壳结构,最突出的区别是外壳部分,Sc 和 Zr 的原子浓度比有明显差异,另一个区别是 Sc 原子在析出相内部的浓度分布趋势不同。sample-2a-1 h 中析出相的结构特点与已报道的核壳结构解析结构以及模拟计算类文献的结果比较接近,由此可以判定 sample-2a-1 h 中析出相就是最常见的连续析出相,即被广泛研究的次生相。sample-2b-1 h 中的相明显不同于常见的 Al$_3$(Sc, Zr)复合相,但单独从形貌来分析,难以发现两者的区别。因此,通过 TEM 观察难以区分和界定两者。两种相的原子数量几乎没有区别,所以无法直接通过 3DAP 数据计算两种相各自的精确数量密度。

3. 合金在 340 ℃退火 24 h 的 3DAP 分析

Al-0.50Sc 合金和 Al-0.50Sc-0.25Zr 合金在 340 ℃退火 24 h 后,其 3DAP 分析结果如图 2-40 和图 2-41 所示。在退火 24 h 后,两种合金中都只能找到球状析出相,没有其他形貌的相。Al-0.50Sc 合金中析出相在晶内和晶界附近都有分布,未能找到 TEM 观察中的两种形貌相的共存区域。

Al-0.50Sc-0.25Zr 合金中全部是球状相,仅通过形貌难以确定是属于哪一种相。因此,直接抽取目标区域内的截面,从截面信息获得元素浓度分布曲线。分析发现,测试区域内的相和 Al-0.50Sc-0.25Zr 合金退火 1 h 时的情况类似,即类似于 sample-2a-1 h 和 sample-2b-1 h 的两种相,两者依旧是混合在一起。sample-2a-1 h 中的相与报道中的 Al$_3$(Sc, Zr)复合相一致。退火 24 h 后,合金中这类析出相几乎没有变化,也就是被广泛研究的次生相,样品中这类相较少。sample-2b-1 h 中这类相明显与一般的次生相不同,在退火 24 h 后,形貌没有明显变化,但相的尺寸有变化,而且这类相广泛分布在测试区域中。因此,对 Al-0.50Sc-0.25Zr 合金退火 24 h 后的析出相的研究重点是后者。

定义两种合金在 340 ℃退火 24 h 后,Al-0.50Sc 合金样品为 sample-1a-24 h,Al-0.50Sc-0.25Zr 合金样品为 sample-2a-24 h。在 sample-1a-24 h 中,Al$_3$Sc 的析出位置以及截面信息如图 2-40(a)和(c)所示。其实验结果和合金退火 1 h 时的结果对比发现,析出相的形貌和分布没有区别,析出相的尺寸明显增

加。在 24 h 状态下，析出相的平均等效半径理论计算值为 4.09 nm；相界区域 Sc
的原子分数值为 $(21.31\pm0.42)\%$；$x=-0.3$ 时，$[Sc]=(8.10\pm0.19)\%$；相界外部
附近的 Sc 原子分数平均变化速率为 44.03%/nm。在相内部，Sc 原子浓度峰值区
域在靠近外壳的部分，原子浓度值随着靠近析出相的几何中心位置方向而逐渐降
低。峰值位置为 $x=0.7$，$[Sc]=(32.68\pm0.61)\%$。

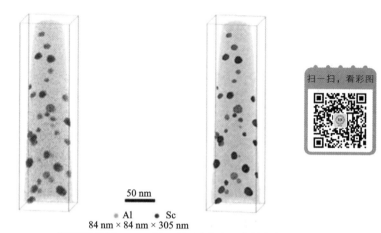

(a) sample-1a-24 h 的层析重构图，　　　　(b) Sc 原子分数为 8% 的等浓度面重构图
其中红色为 Sc 原子，淡蓝色为 Al 原子

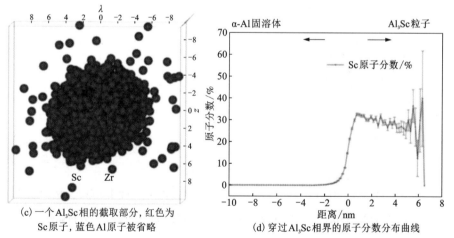

(c) 一个 Al₃Sc 相的截取部分，红色为　　　(d) 穿过 Al₃Sc 相界的原子分数分布曲线
Sc 原子，蓝色 Al 原子被省略

图 2-40　Al-0.50Sc 合金在 340 ℃退火 24 h 的 3DAP 分析结果

在 sample-2a-24 h（见图 2-41）中，复合相的核壳结构同 sample-2b-1 h 中析
出相的结构信息很相似。在相界区域处，$[Sc]=(22.31\pm0.25)\%$，$[Zr]=(1.55\pm
0.07)\%$，在相界处 Sc 和 Zr 的原子分数比为 14.39。当 $x=0.3$ 时，Zr 的原子分数
达到峰值，$[Zr]=(1.73\pm0.09)\%$，对应该位置 $[Sc]=(26.01\pm0.29)\%$，在该位置

Sc 和 Zr 的原子分数为 15.03。对比上述两个位置的 Sc 和 Zr 原子浓度比,发现其差别很小。这说明在复合相的外壳区域内,Sc 和 Zr 的组分比较稳定,比值为 14~15。

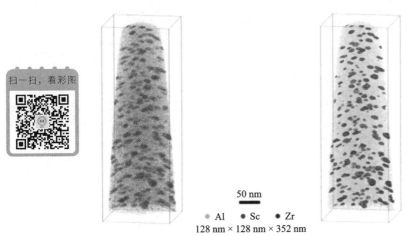

50 nm
● Al ● Sc ● Zr
128 nm × 128 nm × 352 nm

(a) sample-2a-24 h 的层析重构图,其中红色为 Sc 原子,蓝色为 Zr 原子,淡蓝色为 Al 原子

(b) Sc 和 Zr 的原子分数为 10% 的等浓度面重构图

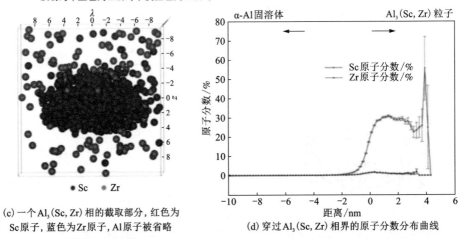

(c) 一个 Al₃(Sc, Zr) 相的截取部分,红色为 Sc 原子,蓝色为 Zr 原子,Al 原子被省略

(d) 穿过 Al₃(Sc, Zr) 相界的原子分数分布曲线

图 2-41　Al-0.50Sc-0.25Zr 合金在 340 ℃退火 24 h 的 3DAP 分析结果

在 $x=-0.5$ 到 $x=-0.3$ 区域内,Sc 的平均原子分数接近 8%,相界外部附近区域的 Sc 原子浓度的平均变化速率为 25.15%/nm。在相内部,Sc 原子浓度的峰值点为 $x=1.30$,[Sc]$=(30.91\pm0.49)$%。析出相的理论等效半径平均值为 2.89 nm。因此,Sc 在析出相内部的分布也出现了外部高于几何中心位置的现象。但与 sample-1a-24 h 和 sample-2b-1 h 对比,Sc 在析出相内的原子浓度分布

较平均, 相中心区域和外壳区域的 Sc 原子浓度差不大。

对比 Sc 和 Zr 在靠近析出相附近区域铝基体中的原子浓度值, 发现 Sc 的质量分数为 0.04%~0.05%, 而 Zr 的含量则是 0.12%~0.14%。Sc 在测试区域内基体中的质量分数为 0.16%~0.17%, Zr 在基体中的含量则是 0.02%~0.04%。因此, 从元素含量分布对比分析, 在 Al_3Sc 相的周围区域内, 由于析出相的形成, 造成了局部的 Sc 原子浓度降低, 而 Zr 原子浓度比平均浓度高的现象, 这与两者在铝基体中的扩散速率有关。Zr 原子在铝基体中的扩散速率比 Sc 原子低, 逐渐向析出相的位置移动, 因此就造成了相周围 Zr 原子浓度高于平均浓度的现象。但从整体分布分析, Zr 原子弥散分布在基体以及相周围, 未发现明显的偏聚现象, 只在相界处和核壳结构的外壳区域高度聚集。

4.3DAP 数据统计分析

3DAP 的数据统计分析汇总如表 2-6 所示。其中, Radius 指的是分析区域内的该类析出相平均半径的理论计算值; 外壳浓度(原子分数, %)代表在核壳结构与铝基体界面位置 Sc 原子和 Zr 原子的浓度值; 外壳处 Sc/Zr 代表核壳结构和铝基体界面位置 Sc 原子和 Zr 原子的浓度比值; 芯部浓度(原子分数, %)代表分析区域内的基体中的原子浓度平均值; V_{Sc}(%/nm)代表析出相和基体之间的相界部分, 析出相周围区域 Sc 原子浓度的变化速率; 数量密度($10^{22}/m^3$)代表根据分析区域内的数据计算得出的析出相数量密度。

表 2-6　3DAP 统计分析结果

样品	半径 /nm	外壳原子分数/%		外壳处 Sc/Zr	芯部原子 分数/%		V_{Sc} /(% · nm^{-1})	数量密度 /(10^{22} · m^{-3})
		Sc	Zr		Sc	Zr		
sample-1a-1 h					0.16		17.25	0.42
sample-1b-1 h	2.40				0.17		62.60	4.72
sample-1a-24 h	4.09				0.16		44.03	1.67
sample-2a-1 h	1.49	20.88±0.68	4.89±0.36	4.27	0.16	0.02	24.10	6.68
sample-2b-1 h	1.89	25.81±0.51	0.73±0.10	35.36	0.18	0.02	36.25	6.08
sample-2a-24 h	2.89	22.31±0.25	1.55±0.07	14.39	0.16	0.02	25.15	7.66

2.3.3　Al_3(Sc, Zr)复合相的核壳结构

在本研究中, 通过 3DAP 分析确认所有的复合相都具有明显的核壳结构。对

核壳结构中外壳部分的 Sc 和 Zr 原子浓度进行统计，发现 sample-2a-1 h 中 Sc/Zr 值为 4.27，sample-2b-1 h 中 Sc/Zr 值为 35.36，sample-2a-24 h 中 Sc/Zr 值为 14.39。显然 sample-2b-1 h 中析出相外壳的 Zr 含量最低。对比 sample-2a-1 h 和 sample-2b-1 h 两个样品中析出相的平均尺寸，sample-2b-1 h 样品中析出相尺寸略大。在同等条件下退火，同一类相外壳的 Sc/Zr 值不同。显然，Sc/Zr 值影响了复合相的抗粗化能力。对比两个样品中析出相内部 Sc 原子的浓度分布情况，发现在 sample-2b-1 h 中析出相的内部，外层区域的 Sc 原子浓度高于中心位置的浓度，这说明相发生了粗化。在 sample-2a-1 h 样品中，析出相内部 Sc 原子的浓度分布也有类似趋势，但趋势不明显。再对比两种析出相周围的 Sc 原子浓度变化，在 sample-2b-1 h 中，析出相周围的 Sc 原子浓度变化速率明显高于 sample-2a-1 h 中的 Sc 原子浓度变化速率。这种现象和单独的 Al₃Sc 相发生粗化行为时相周围的 Sc 原子浓度变化特点相同，说明 Zr 在外壳中的含量越低对 Sc 的扩散抑制能力越差，sample-2b-1 h 中析出相的抗粗化能力比 sample-2a-1 h 中析出相的抗粗化能力弱。

两种合金在 340 ℃退火 24 h 后，sample-2b-24 h 中析出相的核壳结构依旧存在，Sc/Zr 值下降为 14.39。在该状态下，相内部 Sc 的原子浓度分布和相周围的原子浓度分布特点都更接近于 sample-2a-1 h。析出相的平均半径为 2.89 nm，与 sample-1a-2 h 样品中析出相的平均半径（4.09 nm）对比，前者明显小。这说明核壳复合结构的热稳定性依旧存在，只是当 Sc/Zr 值较大时，析出相的抗粗化能力下降。出现这种情况可能与局部的 Sc 原子浓度有关。如果局部 Sc 原子浓度过高，而 Zr 的扩散速率又很低，Zr 在 Al₃Sc 相表面聚集的速率是有限的，但随着退火时间的延长，基体中的 Zr 不断聚集，复合相就会逐渐趋近于 sample-2b-24 h 中析出相的状态。

综上，Al-0.50Sc-0.25Zr 合金中存在两种 Al₃(Sc,Zr) 相。两者的形貌没有区别，在 TEM 观察中都是球状，但两种析出相的外壳中成分组成不同，Sc/Zr 值低的析出相抗粗化能力强，热稳定性更好。如果上述结论成立，那么在工业生产中就极可能出现以下两种情况。第一种情况是由于使用的 Al-Sc 中间合金的批次不同，或者是同批次的 Al-Sc 中间合金中存在枝晶化的初生相，这类初生相在中间合金中不均匀分布，导致在熔铸过程中出现局部的 Sc 原子浓度过高的情况。第二种情况就是在熔铸过程中，一般都是先将 Al-Sc 中间合金添加到铝熔体中熔化并保温，确保完全溶解；然后根据第 2.2 节的研究结果，在保温过程中，如果熔炼炉中的熔体存在温差，局部温度过高会导致熔体中部分 Al₃Sc 粒子大量聚集，并且形成悬浮的胶体颗粒，进而导致合金中局部 Sc 原子浓度远高于平均值的情况。

工业生产铝合金铸锭一般都是采用水冷，即快速凝固的生产方式。因此，上面提到的两种情况导致的 Sc 原子不均匀分布就会被保留到铸态组织中。在第 2.2 节的研究中发现即使在熔铸过程中延长保温时间并且充分地搅拌,最终合金铸态组织的晶粒尺寸仍旧有明显的区别。在实际生产中,对某些不同批次、性能有差异的含钪铝合金进行分析时发现其铸态组织区别并不明显,但最终合金性能又存在区别,在 TEM 观察中都能发现球状的 $Al_3(Sc, Zr)$ 相。另外,有可能在这类性能有差异的含钪铝合金中存在外壳组成成分差异较大的 $Al_3(Sc, Zr)$ 相,从而导致合金的最终性能差异。因为 $Al_3(Sc, Zr)$ 相中 Sc 原子的比例上升,必然会导致析出相的总数下降,这个变化对合金力学性能和抗腐蚀能力的影响就都是不确定的。在一些中间合金的细化效果差异的研究中,发现存在晶粒细化差异的原因可能是溶解动力学的问题。不同初生相的溶解动力学不同,即使相的晶体结构相同,但由于其形貌不同,也会导致其在熔体中的分散程度不同,最终导致了其对铝合金的晶粒细化效果不同。对中间合金的溶解动力学进行分析,实质是对局部的初生相粒子的浓度进行分析。

2.3.4　不连续析出相的演变和 Sc 的扩散行为

在 Al-0.50Sc 和 Al-0.50Sc-0.25Zr 两种合金中,连续析出的 Al_3Sc 相或 $Al_3(Sc, Zr)$ 相的析出行为同第 2.2 节的研究结果相一致,随退火时间延长,次生相大量析出。溶入铝基体中的 Sc 形成的过饱和固溶体是一种亚稳状态。在热处理和加工过程中,由于能量的输入导致过饱和固溶体的脱溶分解。由于 Al_3Sc 相与铝基体的晶格错配度极低,因此很容易发生均匀形核。过饱和固溶体脱溶分解后的形核析出过程中,固溶体的浓度和点阵常数存在连续性变化,故这种行为属于连续性脱溶。TEM 观察的形貌主要呈现为球状,存在临界转变尺寸,一般地,当等效半径超过 40 nm 时,析出相与基体之间的共格关系会被破坏。Al-0.50Sc 和 Al-0.50Sc-0.25Zr 两种合金中的连续析出相也大量地被观察到,这类球状析出相始终是与基体保持共格关系的,而且粗化程度并不明显。根据 3DAP 的统计结果,发现连续析出相的最大半径不超过 10 nm。根据 Marquis 等[22]的研究,Sc 含量越高,的确会在热处理或热加工的过程中更容易析出,析出动力更大,析出速率更高。但随着 Sc 含量的增加,Al_3Sc 粒子的平均半径反而在减小,粗化率下降,即 Sc 的含量越多,Al_3Sc 相的抗粗化能力反而越好。$Al_3(Sc, Zr)$ 相中由于 Zr 原子对 Sc 原子扩散行为的有效抑制,使其本就拥有良好的抗粗化能力。这类连续性析出相与第 2.2 节中的析出相没有区别,其演变规律也相同。

不连续析出相主要出现在铸态合金中,随着退火时间的延长,不连续析出相逐渐消失,不连续析出相的演变过程如图 2-42 所示。通过 TEM 观察分析,不连续析出相可能发生了"溶解",但不认为这类分解行为是回溶行为,更接近于 Sc 的扩散行为,因为一般在 600 ℃ 下 Sc 不会回溶到基体中。如果是回溶行为,会造成基体中或者是局部基体中的 Sc 原子浓度上升，但根据 3DAP 的分析数据，即表 2-6 中基体中的原子浓度值，结果显示基体中的 Sc 原子浓度变化不大。

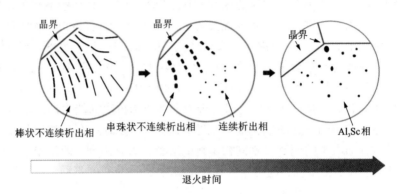

图 2-42　不连续析出相的演变过程

在相的粗化过程中，相内部的原子分布会发生特征性变化。原子浓度会呈现由内向外浓度逐渐升高的趋势，因为长大行为的本质是原子聚集并向外扩散，所以一般的长大行为都会使相内部的原子数量密度下降。这种现象不仅存在于热处理中析出的相中，在初生相中也存在。比如在第 2.1 节中，块状初生 Al_3Sc 相在长大过程中，立方体的中心部分就会逐渐地变成"中空"，各个面的中心位置出现台阶结构，这都是原子迁移所导致的。

对比 3DAP 的实验分析结果，可以注意到各个相的内部 Sc 原子浓度的变化趋势有区别。其中，sample-1b-1 h 和 sample-1a-24 h 两个样品中 Sc 原子浓度的峰值都是在析出相的外壳附近，越靠近相中心，Sc 原子浓度反而越低，说明这两个样品中析出相的粗化趋势很明显。事实上，这两个样品对应的是次生 Al_3Sc 相退火 1 h 和 24 h 的状态。对比两个样品中析出相周围的 Sc 原子分数值可以发现，平均值都在 0.04% 左右，而基体中 Sc 原子的平均值约为 0.16%。从这个结果分析来看，粗化行为是在吸收基体中溶质原子的行为，造成了相周围区域局部的 Sc 原子浓度下降。因此，在相周围区域，即在相界和基体间的过渡区域内，会存在一部分向析出相聚集的含 Sc 原子集团或原子团簇。因此，一般的析出行为会导致相周围存在一个溶质原子变化速率很高的区域。

与析出和粗化行为对比，扩散行为更像是析出行为的逆过程。在相界附近，溶质原子不断地向外扩散，对应的溶质原子局部的变化特点应该是一个连续性的、变化速率较小的区域。

对比表 2-6 中析出相周围 Sc 原子分数的变化速率，发现 sample-1a-1 h 中 Sc 的变化速率只有 17.25%/nm，而 sample-1b-1 h 中的高达 62.60%/nm。因此，从 3DAP 的结果分析来看，Sc 在不连续析出的 Al₃Sc 相中存在扩散行为。扩散行为导致了不连续析出相由完整的析出相即长程有序结构变为小的原子集团。这种扩散行为和分解行为不同，含 Sc 相并不是直接回溶到基体中。在 TEM 的观察中，析出相由长条状或短棒状变为串珠状，最后消失。全部过程类似于"溶化"过程，而且晶体类型始终为 L1₂ 型结构，没有发生相变。在 HRTEM 观察中，可以发现相界比较模糊。这些现象都说明不连续析出相应该是在发生扩散，但具体的扩散方式不确定。虽然能从 3DAP 中分析出析出相数量密度的变化，但其信号收集率只有 36%，因此虽然析出相的数量密度变化很小，从量化分析结果判断出 Sc 存在明显的扩散行为，但仍旧缺乏计算模拟数据支撑。

2.3.5　Al₃Sc 相的不连续析出机制

根据有关报道[4]，Al-0.7Sc 合金中存在明显的不连续析出相。一般在过共晶合金中，不连续析出相更容易被观察到，在 Al-Sc 二元合金中，共晶点处 Sc 含量为 0.55%。因此，把 Sc 的含量降低到 0.50%，使用的是在第 2.1 节中样品 II 的 Al-2.2Sc 中间合金。实验结果表明在晶界附近也发现了不连续析出相，这验证了猜测，即 Sc 在熔体中的不均匀分布会引发 Al₃Sc 相的不连续析出。

不连续析出行为在 Al-Li、Al-Hf、Al-Zr 以及 Al-Cu-Sc 合金中均被发现过[4]。这类不连续析出行为的本质基本一样，即过饱和固溶体在晶界处分解，晶界被析出相向外推移，因此其都会存在扇形或者放射性的分布。单个的析出相大多呈现为短棒状，在高倍 TEM 观察中，有些条状析出相中还能观察到类似于枝晶的组织。

本研究从两种合金的铸态组织中都发现了棒状或串珠状析出相，其形貌和分布特点均符合不连续析出相的特征。含 Sc 的不连续析出相主要是在合金凝固过程中，即由液态向固态转变过程中一系列行为的产物。在凝固过程中，熔体温度急剧下降，α-Al 以弥散分布的微小 Al₃Sc 粒子为异质形核核心；不作为异质形核核心的 Sc 则溶解在熔体中，形成过饱和固溶体，这部分 Sc 可以被看作是"富余"的 Sc。凝固过程中，这部分过饱和固溶体中又存在一部分过饱和固溶体被向外推到了晶界附近，再发生脱溶分解，最终引发了不连续析出行为。但这一系列行为都是发生在熔体不均匀的前提下，因此，不连续析出行为只在快速冷却的条件下才被观察到。在快速冷却条件下，熔体内部的局部能量为非均匀分布，来不及发生热传递，熔体内部溶质原子又是为非均匀分布的情况。因此，在一些溶质原子含量接近基体的最大溶解度但又低于共晶成分的合金中偶尔也能发现不连续析出现象。

文献报道[4]，不连续析出相与基体间是共格关系的。这与连续析出相的研究有很大不同，一般连续析出相在尺寸超过临界转变半径时，共格关系就会被破坏，从半共格到非共格转变。在本研究的铸态样品中，不连续析出相的长度一般会超过 50 nm，有些不连续析出相的长度甚至超过 300 nm，这远大于临界转变尺寸，但析出相仍与基体保持共格关系。几乎没有文献和研究去关注不连续析出相在退火或时效后的界面和共格关系的变化。一般认为不连续析出相的尺寸虽然大，但仍旧与基体保持共格关系，是因为脱溶分解过程是在未完全凝固的过程中发生的，所以脱溶后的不连续析出相把晶界向前推动的这个过程，就会使不连续析出相和铝基体的位向是相同的。但这并不能完全解释不连续析出行为，因为一般的不连续脱溶被认定为晶界反应，而晶界反应一般是固溶度和点阵常数发生不连续变化，脱溶后的相与母相一般位向不同。因此，不连续析出的 Al_3Sc 相脱溶过程有待进一步研究。

在退火过程中，不连续析出相内部和界面处存在晶格畸变，在某些不连续析出相的界面存在由共格向半共格的转变现象。关于含 Sc 的不连续析出相退火后的变化相关文献几乎没有，因为一般认为不连续脱溶形成的粗大沉淀物会对强化作用不利，会削弱晶界，应当尽量避免。

综合实验和分析结果，Sc 在 Al-0.50Sc 和 Al-0.50Sc-0.25Zr 两种合金铸态组织中的存在形态主要如下：①合金凝固过程中形成的初生 Al_3Sc 相或初生 $Al_3(Sc，Zr)$ 相；②退火过程中析出的连续析出相，即次生 Al_3Sc 相或次生 $Al_3(Sc，Zr)$ 相；③长条状或短棒状含 Sc 的不连续析出相。

对于 Al-0.50Sc-0.25Zr 合金铸态组织中观察到的不连续析出相，难以确定其是否为 $Al_3(Sc，Zr)$ 的不连续析出相。TEM 观察到这类相只在铸态中存在，在退火 1 h 后就几乎看不到，晶界附近仅存的几个粗大球状相[见图 2-33(a)]并不能确认这种相的来源，因为无法判断这种球状相是析出粗化的次生相，还是不连续析出相溶解后的残余相。即使两者的形貌差别不大且晶体结构相同，利用3DAP 在退火 1 h 的样品中也未能检测到与 TEM 观察对应的相。

现有的文献中没有关于 $Al_3(Sc，Zr)$ 不连续析出相的报道，这是由于$Al_3(Sc，Zr)$ 不连续析出相的形成条件几乎不存在。虽然在 Al-Li、Al-Zr 和 Al-Hf合金中都发现了不连续析出行为，但实际上 Al-Zr 合金中不连续析出相的形成最难。不连续析出相一般是亚稳态，比如在 Al-Li 和 Al-Hf 合金中，不连续析出相就极不稳定。不连续析出相在快速冷却的铸态组织中偶尔会出现，一般随后就会发生分解，其本质原因是不连续析出相发生了相变，由非平衡相向平衡相过渡。这类相通常都具有立方结构，但具体的晶体类型不同，有 Ll_2、DO_{22}、DO_{23} 几种常见的类型，如图 2-43 所示。

不连续析出相的快速分解行为在 Al-Sc 合金中一般不会发生。因为在 Al-Sc体系中，Al_3Sc 只有一种 Ll_2 稳定结构，所以 Al_3Sc 相就不存在由非平衡相向平衡相快速转变的问题。一般认为不连续析出相对合金的组织和性能是不利的，而且形成不连续析出相的条件是要超过共晶点成分。不连续析出相的分解行为受到晶

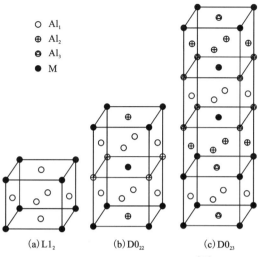

O Al₁
⊕ Al₂
☺ Al₃
● M

(a) L1₂   (b) D0₂₂   (c) D0₂₃

图 2-43   Al₃M 的晶体结构图[25]

界附近平衡相和共晶组织的影响，晶界附近能量较高时，会导致一些相优先析出，占据能量空位，但这也导致一些相的析出和转变受到抑制。Al₃Sc 相在晶界附近析出的平衡相对晶界有很强的钉扎作用，不连续析出相在析出过程中会推动晶界向前移动。但在 Al-Sc 合金体系中，这种晶界被向前推动的现象由于 Al₃Sc 相对晶界的钉扎作用，就会被明显抑制。因此，Al-Sc 合金体系中，不连续析出相的转变是极难发生的。

Al-Zr 合金中不连续析出相能被观察到的条件如下：在快速冷却的合金体系中，退火温度超过 500 ℃，退火时间超过 120 h[4]。这是由于通常情况下 Al₃Zr 存在 D0₂₃ 和 L1₂ 两种晶体结构，其中 D0₂₃ 型是 Al₃Zr 稳定结构，L1₂ 型是亚稳态。实际上在快速冷却的合金体系中，还存在一种 D0₂₂ 型过渡态，即在特定情况下，Al₃Zr 由亚稳态向平衡态过渡时，晶体结构经历了由 L1₂ 向 D0₂₃ 的转化，而其中的转化温度要求在 500 ℃ 以上[25]。一般的快速凝固过程也会经历这个温度区域，但由于 Zr 在铝基体中的扩散速率很低，短时间内根本无法形成不连续析出相。只有在退火温度超过 500 ℃，退火时间超过 120 h 的条件下，Al₃Zr 的不连续析出相才有可能形成。Al₃(Sc, Zr) 相如果存在不连续析出行为，就需要同时满足上述的两种条件，但理论上是不可能的。Al₃(Sc, Zr) 复合相的形成过程一般认为是 Al₃Zr 以 Al₃Sc 为中心，在其表面聚集，替换掉一部分 Sc 原子形成外层富 Zr、内层富 Sc 的双层核壳结构。Zr 在铝基体中的扩散速率极低，在熔体中 Sc 和 Zr 的扩散速率却比较接近。一般认为，在熔体状态下，Sc 原子和 Zr 原子就已经开始结合。Al₃(Sc, Zr) 相只有一种晶体结构，没有发生相变的可能。因此，在铝基体中，Zr 原子会抑制 Sc 原子的扩散，即使是在高温退火条件下也无法形成

$Al_3(Sc, Zr)$ 的不连续析出相。另外，一般在接近共晶点成分时会优先发生共晶反应，共晶反应会消耗溶质原子，这也会使不连续析出行为受到抑制。

熔体中 Sc 原子和 Zr 原子的扩散系数是接近的，且 Al-Sc 中间合金在熔体中是以胶状悬浮粒子的形态存在。如果这类有序结构分布不均匀且不被破坏，就会在熔体的局部区域出现胶状悬浮粒子大量聚集的现象。本实验中使用的正是这类 Al-Sc 中间合金。因此，在快速冷却条件下，就可能存在熔体的某些区域中 Sc 含量远超出 Zr 含量的现象，从而产生极少量的 Al_3Sc 不连续析出相。

综合以上实验结果和分析，在 Al-0.50Sc-0.25Zr 合金铸态组织中发现的少数不连续析出相应该是 Al_3Sc 的不连续析出相。这类析出相极难形成，且数量稀少。从 3DAP 的统计结果分析发现，各样品基体中 Sc 和 Zr 的含量变化不大，但含 Sc 相随着退火时间延长呈现为粗化和数量上升的趋势。在 Al-0.50Sc 和 Al-0.50Sc-0.25Zr 两种合金中，340 ℃退火时初生 Al_3Sc 相是不会溶解到基体中的，那么合金中只有不连续析出相存在大量富余的 Sc 原子。因此，推测不连续析出相分解后的 Sc 原子可能作为补充的溶质原子向次生相聚集，最终在退火 24 h 后演变成粗化的次生相。

2.4　本章研究结论

（1）Al-2.2Sc 中间合金中初生 Al_3Sc 相的形貌和生长方式受熔炼温度、保温时间和冷却速率的影响。初生相的形貌有小立方体状、星形、变形立方体状、蝴蝶状、鱼骨状枝晶和条状枝晶等。初生相的生长方式受热量传输和质量传输的共同控制。当熔炼温度低于 Al-Sc 过共晶合金的液相线温度时，初生相的晶核未被破坏，延长保温时间并降低冷却速率会导致初生相的枝晶化，其形貌逐渐由小立方体状转变为蝴蝶状或鱼骨状枝晶。初生相的生长速率在 < 111 > 方向最快，< 001 > 方向最慢。当熔炼温度超过液相线温度后，晶核被破坏，初生相在凝固过程中重新形核，全部转变为粗大的条状枝晶。

（2）具有对称形貌的鱼骨状枝晶由立方体状的初生 Al_3Sc 相生长而来，其生长过程符合周期链键理论。蝴蝶状初生 Al_3Sc 相具有多层结构，其生长机制为反复的共晶反应：$L \rightarrow \alpha\text{-}Al + Al_3Sc$。蝴蝶状初生相中纤维状共晶组织的形成与否取决于共晶组织中两相的体积分数。具有不同形貌初生相的 Al-2.2Sc 中间合金对 Al-Zn-Mg 合金的晶粒细化效果不同。

（3）Al-0.25Sc 和 Al-0.25Sc-0.12Z 两种合金于 290~390 ℃退火时存在明显的析出硬化现象，硬度的变化受退火温度影响最显著。退火温度越高，析出相的析出动力越大，对合金的强化效果越明显，合金硬度达到峰值的时间越短。Al-0.25Sc 合金在超过 290 ℃退火时，其硬度先上升再下降，而 Al-0.25Sc-

0.12Zr 合金则不存在该现象, 其原因是 $Al_3(Sc, Zr)$ 相核壳结构中的 Zr 有效抑制了 Sc 的扩散, $Al_3(Sc, Zr)$ 相的粗化行为被抑制, 析出相的平均半径小于 2.5 nm, 呈现出良好的热稳定性。

(4) Al-0.25Sc 合金硬度弱化行为与析出相的尺寸有关, 本质原因是强化机制的改变。Al-0.25Sc 合金中析出相的临界转变半径约为 2.5 nm。当析出相的半径介于 1.5~2.5 nm 时, 屈服强度增量与切过机制强化增量和绕过机制强化增量都比较相似, 合金的强化受切过机制和绕过机制的共同影响; 当析出相的半径大于 2.5 nm 时, 屈服强度增量更接近于绕过机制的强化增量, 合金的强化主要受绕过机制的影响。

(5) Sc 在合金中的不均匀分布导致 Al-0.50Sc 和 Al-0.50Sc-0.25Zr 两种合金中出现不连续析出的 Al_3Sc 相。在快速凝固的合金中, Al_3Sc 相不连续析出与基体保持共格关系。合金经 340 ℃ 退火后, 不连续析出相逐渐减少甚至消失, 不连续析出相与基体间的共格关系逐渐被破坏。不连续析出相的减少与 Sc 的扩散行为有关, 扩散后的 Sc 原子可能充当溶质原子, 迁移到连续析出相中或形核长大为连续析出相。

(6) 在 Al-0.50Sc-0.25Zr 合金中发现两种球状的次生 $Al_3(Sc, Zr)$ 相, 其形成与合金中 Sc 的不均匀分布有关。两者形貌相同, 但在核壳结构的外壳中, Sc 原子和 Zr 原子的浓度比不同, Sc/Zr 值高的 $Al_3(Sc, Zr)$ 相的抗粗化能力弱。

参考文献

[1] 尹志民, 潘清林, 姜锋. 钪和含钪合金[M]. 长沙: 中南大学出版社, 2007.

[2] Brodova I G, Bashlikov D V, Polents I V. Influence of heat time melt treatment on the structure and the properties of rapidly solidified aluminum alloys with transition metals[C]. Materials Science Forum, 1998, 269-272: 589-594.

[3] Liu X, Guo Z, Xue J, et al. Effects of synergetic ultrasound on the Sc yield and primary Al_3Sc in the Al-Sc alloy prepared by the molten salts electrolysis[J]. Ultrasonics Sonochemistry, 2019, 52: 33-40.

[4] Norman A F, Prangnell P B, Mcewen R S. The solidification behaviour of dilute aluminium-scandium alloys[J]. Acta Materialia, 1998, 46(16): 5715-5732.

[5] Hyde K B, Norman A F, Prangnell P B. The growth morphology and nucleation mechanism of primary Ll_2 Al_3Sc particles in Al-Sc Alloys[M]. Materials Science Forum, 2000, 331-337: 1013-1018.

[6] Veres Z, Rónafldi A, Kovács J, et al. Periodically changing rod distance in unidirectional solidified Al-Al_3Ni eutectic[J]. Journal of Crystal Growth, 2018, 506: 127-130.

[7] Suwanpreecha C, Perrin T J, Michi R A, et al. Strengthening mechanisms in Al-Ni-Sc alloys containing Al_3Ni microfibers and Al_3Sc nanoprecipitates[J]. Acta Materialia, 2019, 164:

334-346.

[8] 刘相法, 边秀房. 铝合金组织细化用中间合金[M]. 长沙: 中南大学出版社, 2012.

[9] Hyde K B, Norman A F, Prangnell P B. The effect of cooling rate on the morphology of primary Al₃Sc intermetallic particles in Al-Sc alloys[J]. Acta Materialia, 2001, 49(8): 1327-1337.

[10] 戴晓元, 夏长清, 龙春光, 等. Al-Zn-Mg-Cu-Zr-Sc 合金铸态 Al₃(Sc, Zr)相形貌的研究[J]. 稀有金属材料与工程, 2011, 40(2): 265-268.

[11] Lohar A K, Mondal B N, Panigrahi S C. Influence of cooling rate on the microstructure and ageing behavior of as-cast Al-Sc-Zr alloy[J]. Journal of Materials Processing Technology, 2010, 210: 2135-2141.

[12] 孙雨乔. 微量钪在 Al-Sc-(Zr)和 Al-Zn-Mg 合金中的存在形态与作用研究[D]. 长沙:中南大学, 2022.

[13] Liu X, Xue J, Guo Z, et al. Segregation behaviors of Sc and unique primary Al₃Sc in Al-Sc alloys prepared by molten salt electrolysis[J]. Journal of Materials Science & Technology, 2019, 35(7): 1422-1431.

[14] Zhou S, Zhang Z, Li M, et al. Correlative characterization of primary particles formed in as-cast Al-Mg alloy containing a high level of Sc[J]. Materials Characterization, 2016, 188: 85-91.

[15] Zhou S, Zhang Z, Li M, et al. Formation of the eutecticum with multilayer structure during solidification in as-cast Al-Mg alloy containing a high level of Sc[J]. Materials Letters, 2016, 164: 19-22.

[16] 卢锦堂, 孔纲. 冷却速度对 Zn-0.24Ni 合金共晶组织的影响[J]. 特种铸造及有色合金, 2005, 25(6): 375-377, 320.

[17] 郑子樵. 材料科学基础. [M]. 2 版. 长沙: 中南大学出版社, 2013.

[18] Iwamura S, Miura Y. Loss in coherency and coarsening behavior of Al₃Sc precipitates[J]. Acta Materialia, 2004, 52(3): 591-600.

[19] Marquis E A, Seidman D N. Coarsening kinetics of nanoscale Al₃Sc precipitates in an Al-Mg-Sc alloy[J]. Acta Materialia, 2005, 53(15): 4259-4268.

[20] Novotny G M, Ardell A J. Precipitation of Al₃Sc in binary Al-Sc alloys[J]. Materials Science & Engineering A, 2001, 318: 144-154.

[21] Watanabe C, Watanabe D, Tanii R, et al. Coarsening of cuboidal Al₃Sc precipitates in an Al-Mg-Sc alloy[J]. Philosophical Magazine Letters, 2010, 90(2): 103-111.

[22] Marquis E A, Seidman D N. Nanoscale structural evolution of Al₃Sc precipitates in Al(Sc) alloys[J]. Acta Materialia, 2001, 49(11): 1909-1919.

[23] Seidman D N, Marquis E A, Dunand D C. Precipitation strengthening at ambient and elevated temperatures of heat-treatable Al(Sc) alloys[J]. Acta Materialia, 2002, 50(16): 4021-4035.

[24] Gang S, Cerezo A. Early-stage precipitation in Al-Zn-Mg-Cu alloy (7050)[J]. Acta Materialia, 2004, 52(15): 4503-4516.

[25] 黄炼, 高坤元, 文胜平, 等. Al₃M(M=Ti, Zr, Hf)亚稳相和平衡相的价电子结构分析[J]. 金属学报, 2012, 48(4): 492-501.

第 3 章　耐蚀可焊 Al-Mg-Mn-Sc-Zr 合金的研究

Al-Mg-Mn 合金具有中等强度、优良的耐蚀性和焊接性能，但该合金属于热处理不可强化的铝合金，其强度主要取决于 Mg 含量和形变强化程度。在 Al-Mg-Mn 合金基础上添加微量 Sc 和 Zr 可显著改善其组织性能。因此，研究 Sc 微合金化的 Al-Mg-Mn 合金对发展高性能 5××× 铝合金具有重要意义。本章研究包括四部分内容：一是 Al-Mg-Sc 合金的实验研究，主要研究单独添加 Sc 及 Sc 的添加量（合金 A：Al-5Mg；合金 B：Al-5Mg-0.2Sc；合金 C：Al-5Mg-0.4Sc）对 Al-Mg 合金组织性能的影响；二是研究 Sc 与 Zr 复合微合金化 Al-5.8Mg-0.4Mn-0.25Sc-0.1Zr 合金的组织与性能；三是研究工业生产条件下高钪 5B70（Al-6.17Mg-0.39Mn-0.23Sc-0.13Zr）合金板材、管材和锻件的制备及组织性能；四是对比研究低钪 5B70d 和高钪 5B70 铝镁钪合金的组织与性能。

3.1　微量 Sc 对 Al-Mg 合金组织与性能的影响

3.1.1　微量 Sc 对 Al-Mg 合金微观组织的影响

图 3-1 为三种实验合金（合金 A：Al-5Mg；合金 B：Al-5Mg-0.2Sc；合金 C：Al-5Mg-0.4Sc）在铸态下的晶粒组织。由图可以看出：Sc 可改善 Al-Mg 合金的晶粒组织，在合金 A 中添加 0.2%Sc 后合金的晶粒细化效果不明显，但基本上消除了合金的枝晶结构［见图 3-1（b）］；添加 0.4%Sc 后合金晶粒得到了大大的细化，并且枝晶组织完全消除，为细小均匀的等轴晶［见图 3-1（c）］。

图 3-2 为三种实验合金经热轧变形后的晶粒组织。合金 A 热轧后就发生了再结晶［见图 3-2（a）］，而添加 Sc 的合金热轧后晶粒沿轧向被拉长压扁后成了纤维状［见图 3-2（b）和（c）］，Sc 含量越高，纤维组织越细密，表明含 Sc 的 Al-Mg 合金在热轧变形过程中再结晶被抑制。冷轧变形后，三种实验合金的晶粒均沿轧向进一步拉长，纤维组织更细密。

图 3-3 为三种实验合金冷轧板材经 340 ℃退火 1 h 的晶粒组织。由图可知：合金 A 已发生完全再结晶，并且晶粒稍有长大［见图 3-3（a）］；合金 B 和合金 C 仍为典型的纤维状组织，未发生再结晶［见图 3-3（b）和（c）］，表明添加 Sc 能抑

制 Al-Mg 合金在退火过程中的再结晶，提高再结晶温度。

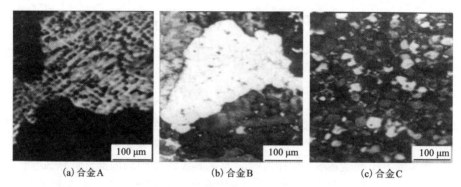

(a) 合金A　　　　　　　(b) 合金B　　　　　　　(c) 合金C

图 3-1　三种实验合金的铸态晶粒组织

(a) 合金A　　　　　　　(b) 合金B　　　　　　　(c) 合金C

图 3-2　实验合金热轧态的晶粒组织

(a) 合金A　　　　　　　(b) 合金B　　　　　　　(c) 合金C

图 3-3　实验合金冷轧后经 340 ℃退火 1 h 的晶粒组织

Al-Mg-Sc 合金在铸态和均匀化处理态下的 TEM 组织如图 3-4 所示。①Al-

5Mg-0.2Sc 铸态合金中，未能发现第二相粒子的存在，如图 3-4(a)所示；而经 470 ℃/13 h 均匀化处理后，在电镜下很清晰地发现弥散细小的第二相粒子[见图 3-4(b)]，其电子衍射花样如图 3-4(c)所示，可见有共格衍射斑点，表明该粒子与基体共格。另外，粒子衬度呈双叶花瓣状，粒子中间的无衬度带也表明该粒子与 α(Al) 基体共格，粒子尺寸为 20~35 nm，间距为 200~380 nm。参考有关文献[1-3]与分析判断，该粒子为次生 Al₃Sc 相。这一结果表明：Al-5Mg-0.2Sc 合金在铸态下 Sc 主要固溶于基体中并形成过饱和固溶体，在随后的铸锭均匀化退火处理中，一部分 Sc 从过饱和固溶体中以次生 Al₃Sc 相质点的形式弥散地析出在基体上。②Al-5Mg-0.4Sc 合金在铸态下析出了大量弥散细小的 Al₃Sc 质点[见图 3-4(d)]，其尺寸为 12~25 nm，间距为 110~140 nm，从 TEM 组织上看，该相质点的衬度同样显示为双叶花瓣状，粒子中间夹有一个无衬度带，表明该质点同样与基体共格，在合金凝固过程中从 α(Al) 固溶体中已经析出大量弥散细小的共格 Al₃Sc 质点。均匀化退火处理后，过饱和地固溶于合金中的 Sc 进一步以 Al₃Sc 质点形式析出，这些质点非常弥散、细小、均匀，并且与基体共格。同时，均匀化处理中析出的 Al₃Sc 弥散质点起到了钉扎合金晶界的作用[见图 3-4(e)]，阻碍合金铸锭均匀化处理过程中合金晶粒的长大。

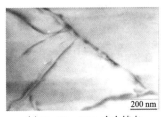
(a) Al-5Mg-0.2Sc 合金铸态

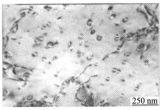
(b) Al-5Mg-0.2Sc 合金均匀化处理态

(c) 图(b)中第二相的衍射花样

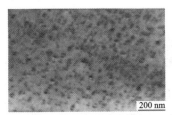
(d) Al-5Mg-0.4Sc 合金铸态

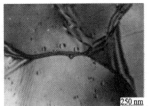
(e) Al-5Mg-0.4Sc 合金均匀化处理态

图 3-4 实验合金在铸态和均匀化处理态下的 TEM 组织

Al-5Mg-0.2Sc(合金 B)和 Al-5Mg-0.4Sc(合金 C)合金在热轧态下的透射电子显微组织如图 3-5 所示。①合金经热轧变形后，产生了大量的亚结构组织。图 3-5(a)显示了合金 B 热轧变形组织中存在的大量亚晶；图 3-5(b)显示了 Al-5Mg-0.4Sc 合金热轧态形变组织中的大量缠结位错，从其对应的选区衍射图

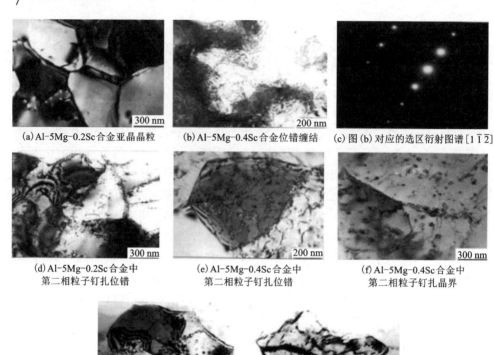

(a) Al-5Mg-0.2Sc合金亚晶晶粒　　(b) Al-5Mg-0.4Sc合金位错缠结　　(c) 图(b) 对应的选区衍射图谱[1$\bar{1}$$\bar{2}$]

(d) Al-5Mg-0.2Sc合金中
第二相粒子钉扎位错

(e) Al-5Mg-0.4Sc合金中
第二相粒子钉扎位错

(f) Al-5Mg-0.4Sc合金中
第二相粒子钉扎晶界

(g) Al-5Mg-0.2Sc合金中的小角度晶界　　(h) Al-5Mg-0.4Sc合金中的位错墙

图 3-5　实验合金热轧态的显微组织 (TEM)

谱[见图 3-5(c)]中发现有超点阵衍射斑的存在，说明缠结的位错内有大量弥散分布的第二相共格粒子。②合金中大量弥散、细小的第二相 Al_3Sc 质点，仍保持了热加工前的尺寸和间距，它们对合金形变组织的亚结构起到了强烈的稳定化作用，图 3-5(d~f)分别显示了合金 B 和合金 C 中球状共格的第二相 Al_3Sc 质点对合金中位错和晶界的强烈钉扎现象。③合金在热轧过程中发生了明显的动态回复现象。图 3-5(g~h)显示了 Al-5Mg-(0.2~0.4)Sc 合金中部分位错通过滑移和攀移排列形成与滑移面正交的亚晶界[见图 3-5(g)]和位错墙[见图 3-5(h)]。不过，这些小角度晶界也被大量的第二相质点所包围和钉扎，难以迁移，并且在实验中也发现，部分位错由于受到第二相粒子的钉扎而无法移动，未能形成小角度亚晶界。④Al-5Mg-0.2Sc(0.4Sc)合金在冷轧态下的透射电子显微组织与热轧态下相似，其不同的是，冷轧后由于合金变形量的进一步加大，使得合金组织中形成了更多的位错缠结和胞状亚结构组织[见图 3-6(b)]，同时，晶界衬度也被位错线衬度所掩盖，难以分辨；甚至第二相质点的双叶花瓣状共格衬度像也不再

出现,仅看到一些中间不带有无衬度带的球状非共格衬度像。但是观察图 3-6(a)对应的衍射图谱[见图 3-6(b)],可以清楚地看到超点阵衍射斑点的存在,说明冷轧态下合金内仍有大量的共格第二相粒子,只是这些共格粒子未能显示出其共格衬度而已。据分析,这是由于大的冷轧变形量在合金组织内产生了大的应变场,以致原来的第二相质点的共格应变场显得微不足道而被掩盖,在 TEM 下未能显示出其特有的双叶花瓣状共格衬度特征。

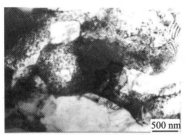

(a) Al-5Mg-0.2Sc 合金中位错缠结　(b) 图 (a) 的对应选区衍射图谱[1 $\bar{1}$ 2]　(c) 以第二相粒子的超点阵斑点为操作矢量的暗场相

图 3-6　实验合金冷轧态的显微组织(TEM)

采用透射电镜对 Al-5Mg-0.2Sc 和 Al-5Mg-0.4Sc 合金冷轧板经 340 ℃/1 h 退火后的显微组织进行了观察与分析,其 TEM 照片如图 3-7 所示。由图可以看出:经 340 ℃/1 h 退火处理后,合金内回复过程非常明显,加工造成的大量杂乱

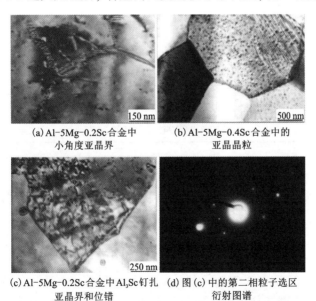

(a) Al-5Mg-0.2Sc 合金中　　(b) Al-5Mg-0.4Sc 合金中的
小角度亚晶界　　　　　　　亚晶晶粒

(c) Al-5Mg-0.2Sc 合金中 Al₃Sc 钉扎　(d) 图 (c) 中的第二相粒子选区
亚晶界和位错　　　　　　　　衍射图谱

图 3-7　实验合金冷轧后 340 ℃/1 h 退火态的显微组织(TEM)

缠结的位错重新排列，出现了较多小角度亚晶界[见图3-7(a)]和亚晶[见图3-7(b)]，其亚晶尺寸为1~1.5 μm。退火过程中所形成的亚晶界仍被第二相质点牢牢钉扎[见图3-7(c)]。图3-7(d)为图3-7(c)中第二相粒子所对应的选区衍射图谱，从图中可以看到 Al_3Sc 的超点阵衍射斑，表明在340 ℃/1 h 退火后次生 Al_3Sc 第二相质点仍然保持着与基体的共格关系。

3.1.2 微量 Sc 对 Al-Mg 合金拉伸性能的影响

三种实验合金在铸态、热轧态、冷轧态和退火态(340 ℃/1 h)下的拉伸性能如表3-1所示。由表可以看出：在 Al-5Mg 合金(合金 A)中添加微量的 Sc 能提高其屈服强度和抗拉强度，合金的伸长率略有下降。在合金 A 中加入 0.2%Sc，铸态下合金的屈服强度提高得不明显，仅为 12 MPa；而添加 0.4%Sc 后，合金的屈服强度明显提高，为 95 MPa。热轧和冷轧变形后，合金 B 的屈服强度比合金 A 分别提高 67 MPa 和 50 MPa，而添加 0.4%Sc 的合金 C 的屈服强度得到大幅度提高，比合金 A 提高约 178 MPa 和 140 MPa；经 340 ℃退火 1 h 后合金 B 和合金 C 的屈服强度比合金 A 分别提高 28 MPa 和 100 MPa。可见在 Al-5Mg 合金中添加 0.2%Sc，不同状态下合金的屈服强度提高幅度不大，仅为 12~67 MPa；而添加 0.4%Sc 后合金的屈服强度得到显著提高(95~178 MPa)。

表 3-1　实验合金在不同状态下的拉伸性能

合金状态	R_m/MPa			$R_{p0.2}$/MPa			A_{50}/%		
	合金 A	合金 B	合金 C	合金 A	合金 B	合金 C	合金 A	合金 B	合金 C
铸态	207	222	294	107	119	202	16.8	15.4	14.7
热轧态	261	296	424	115	182	293	25.8	18.1	16.0
冷轧态	345	381	483	286	336	426	12.6	9.5	7.6
退火态	282	304	358	124	152	224	25.4	21.0	18.9

3.2　微量 Sc 和 Zr 对 Al-Mg-Mn 合金薄板组织与性能的影响

3.2.1　微量 Sc 和 Zr 对 Al-Mg-Mn 合金薄板微观组织的影响

Al-5.8Mg-0.4Mn-0.25Sc-0.1Zr 合金和参比 Al-5.8Mg-0.4Mn 合金冷轧薄板(2 mm 厚)的 EBSD 分析照片如图3-8所示。从图中可以看出，Al-Mg-Mn 合金晶粒相对更加均匀，而含 Sc 和 Zr 的 Al-Mg-Mn-Sc-Zr 合金晶粒则呈明显的纤维状。Al-Mg-Mn 合金经热轧后，在退火(400 ℃/1 h)过程中由于温度较高，合金内部位错密度急剧降低，发生了完全再结晶，生成了均匀的等轴晶粒；Al-Mg-Mn-Sc-Zr 合金由于其内部存在的 $Al_3(Sc, Zr)$ 粒子能强烈钉扎位错和晶界，具有极佳的抗再结晶能力，使得合金在退火后组织变化不明显，热轧产生的加工组织保留了下来。Al-Mg-Mn 合金板材经退火形成的等轴晶粒在后续的冷轧过程中沿轧制方向略有拉长，如图 3-8(a)所示。含 Sc 和 Zr 的 Al-Mg-Mn 合金经冷轧后，位错进一步升高，晶粒沿轧向被进一步拉长，形成了更明显的纤维状组织，如图 3-8(b)所示。

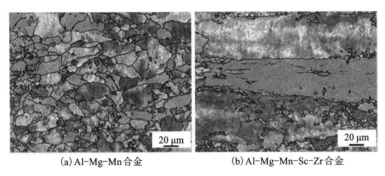

(a) Al-Mg-Mn合金　　　　　　　　　(b) Al-Mg-Mn-Sc-Zr合金

图 3-8　合金冷轧薄板的 EBSD 分析照片

图 3-9 为 Al-5.8Mg-0.4Mn-0.25Sc-0.1Zr 合金元素分布图。从图中可以看

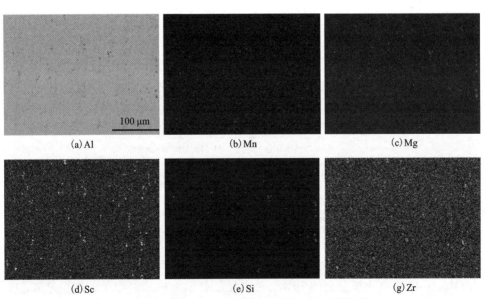

(a) Al　　　　　　　　　(b) Mn　　　　　　　　　(c) Mg

(d) Sc　　　　　　　　　(e) Si　　　　　　　　　(g) Zr

图 3-9　Al-Mg-Mn-Sc-Zr 合金的 EDS 分析照片

出，合金中主要存在三种粒子：富含 Mn 的粒子、富含 Mg 和 Si 的粒子以及富含 Sc 和 Zr 的粒子。值得注意的是，富含 Sc、Zr 的粒子，也就是 Al$_3$(Sc, Zr) 粒子，对 Al-Mg 合金抗再结晶的影响已经被广泛研究，并且一致认为这些纳米级别的 Al$_3$(Sc, Zr) 粒子能钉扎位错与晶界，因此合金具有很强的抗再结晶能力[3-4]。由于冷轧的 Al-5.8Mg-0.4Mn-0.25Sc-0.1Zr 合金均具有不规则的纤维状组织，不便统计合金晶粒组织大小，Sc、Zr 微合金化对合金晶粒组织的影响并不明显。然而，合金强度与塑性的同时提升表明 Al-5.8Mg-0.4Mn 合金在添加 Sc 和 Zr 后，晶粒组织得到了细化。

3.2.2 微量 Sc 和 Zr 对 Al-Mg-Mn 合金薄板拉伸性能的影响

合金冷轧薄板的拉伸性能如图 3-10 所示。从图中可以看出，合金中添加微量的 Sc 和 Zr 之后，其抗拉强度和屈服强度都得到显著的提升，与 Al-Mg-Mn 合金相比，其抗拉强度提升了近 20%。强度的提升主要来源于合金中的 Al$_3$(Sc, Zr) 粒子，这些弥散的第二相粒子能钉扎位错和晶界，且能提供第二相强化，导致合金的强度明显增加。通常情况下，合金强度的增加，伴随着的是塑性的降低[1-2]。而从图中看出，合金的伸长率在添加 Sc 和 Zr 后也得到明显的提升。

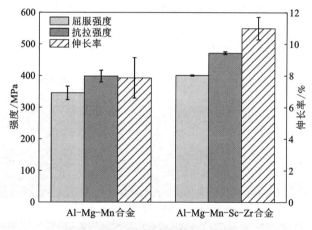

图 3-10 合金冷轧薄板的拉伸性能

对于 Al-5.8Mg-0.4Mn-0.25Sc-0.1Zr 合金来说，Sc 和 Zr 总含量为 0.35%。有学者对[5] Al-4.1Mg-0.47Sc-0.1Zr 合金的强化机制进行了研究。Al-5.8Mg-0.4Mn-0.25Sc-0.1Zr 合金在平衡状态下，Al$_3$(Sc, Zr) 粒子的体积分数为 Al-4.1Mg-0.47Sc-0.1Zr 合金的 70%。对比合金中 Al$_3$(Sc, Zr) 粒子的体积分数，可估算这些粒子对合金强度的提升效果。在 Al-5.8Mg-0.4Mn-0.25Sc-0.1Zr 合金

中，$Al_3(Sc, Zr)$ 粒子引起的第二相强化提升的强度为 15~55 MPa，而实际上合金的提升效果为 75 MPa。

事实上，不仅第二相粒子能提升合金强度，合金的屈服强度还与平均晶粒尺寸有关，即 Hall-Petch 关系式。

$$\sigma_y = \sigma_0 + kD^{-\frac{1}{2}} \qquad (3-1)$$

式中，σ_0 为合金晶格固有的阻碍位错运动的常数；k 为描述合金强度与晶界关系的实验常数，对于 Al-Mg 合金来说，k 约为 0.17 MPa·$m^{1/2}$。

通常情况下，合金强度的提高伴随着的是合金塑性的降低，而本研究中的合金在添加 Sc 和 Zr 后，不仅强度得到了提升，伸长率也有所增加。一般只有合金的晶粒得到了细化才能同时实现强度与塑性的提升，所以 Al-5.8Mg-0.4Mn 合金在添加了 Sc 和 Zr 后提升的强度值与塑性证明含 Sc 和 Zr 的 Al-5.8Mg-0.4Mn 合金中不仅存在第二相强化，也存在晶界强化。尽管合金 Sc 和 Zr 的添加量不多，但这些 $Al_3(Sc, Zr)$ 粒子不仅能引起第二相粒子强化，还能钉扎位错与晶界，细化合金晶粒，因此 Al-5.8Mg-0.4Mn-0.25Sc-0.1Zr 合金的强度得到了显著提升。

3.3　退火对 Al-Mg-Mn-Sc-Zr 合金薄板组织与性能的影响

3.3.1　均匀化退火对合金组织的影响

Al-5.8Mg-0.4Mn-0.25Sc-0.1Zr 合金铸态及均匀化处理态的金相组织如图 3-11 所示。从图中可以看出，合金铸态组织中存在少量树枝状的 α(Al)，在晶界处能观察到未溶解的第二相粒子。经 460 ℃、24 h 均匀化退火处理后，合金内部的枝晶偏析基本消除，晶粒均匀分布，晶界变宽且残留在上面的第二相呈现为不连续的分布。

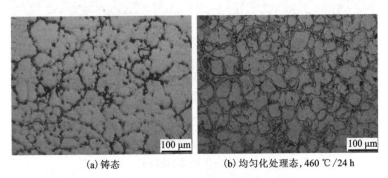

(a) 铸态　　　　　　　　　(b) 均匀化处理态，460 ℃/24 h

图 3-11　均匀化处理对合金铸态组织的影响

图 3-12 为合金铸态的 SEM 分析照片。从图中可以看出，合金铸态下的第二相粒子尺寸较小，经能谱分析，这些粒子主要为 $Al_6(FeMn)$ 相。由于 Mg 与 Al 的相对原子量相近，在背散射电子成像时未能观察到 β 相(Al_3Mg_2) 粒子。而经均匀化退火处理后，合金内部的非平衡相减少。能谱分析表明，这些未溶解的第二相粒子仍为 $Al_6(FeMn)$ 相，如图 3-13 所示。

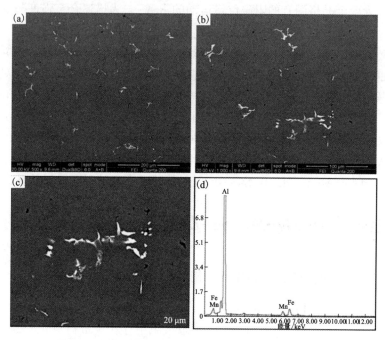

图 3-12 合金铸态的 SEM 分析照片及能谱分析结果

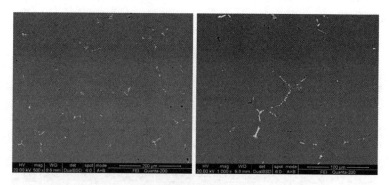

图 3-13 合金均匀化处理后的 SEM 分析结果

3.3.2　退火对 Al-Mg-Mn-Sc-Zr 合金微观组织的影响

Al-5.8Mg-0.4Mn-0.25Sc-0.1Zr 合金热轧板材以及冷轧退火薄板三维金相组织如图 3-14 所示。从图中可以看出,试样纵截面的晶粒均沿轧向被拉长,而轧面的晶粒则呈煎饼状。热轧板材与 130 ℃退火 1 h 的冷轧薄板晶粒均为呈纤维状的变形组织,平整、规则地沿轧向拉伸,如图 3-14(a)与(b)所示。而合金经 340 ℃退火 1 h 后,纤维组织上开始出现分节,说明合金已开始发生明显回复,如图 3-14(c)所示。当退火温度升至 500 ℃时,合金大部分仍为呈纤维状的变形组织,但其纤维状组织分节、断裂现象更加明显,且能在合金表面观察到一些小亮点,这些小亮点是合金再结晶之后形成的细小晶粒,如图 3-14(d)所示。合金在 500 ℃下退火 1 h 仅发生了部分再结晶,说明合金具有很强的抗再结晶能力[2,6]。

(a) 热轧板材　　　　　　　　(b) 冷轧薄板,130 ℃/1 h 退火

(c) 冷轧薄板,340 ℃/1 h 退火　　　(d) 冷轧薄板,500 ℃/1 h 退火

图 3-14　合金板材的金相组织

合金冷轧薄板在 340 ℃下进行不同时间退火后的金相组织如图 3-15 所示。从图中可以看出,合金在 340 ℃下退火 12 h 与 24 h 后,晶粒仍沿轧制方向拉长,呈现为典型的纤维组织。与 340 ℃下退火 12 h 的试样相比,340 ℃下退火 24 h 的试样纤维组织略粗。

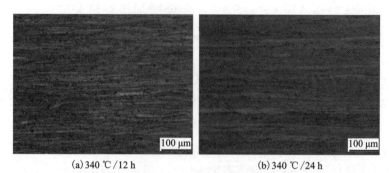

(a) 340 ℃/12 h   (b) 340 ℃/24 h

图 3-15　不同时间下退火合金薄板的金相组织

　　合金热轧板材的透射电子显微组织如图 3-16 所示。从图 3-16(a)中可以看出,热轧板材内部存在高密度的位错与位错缠结。由于应变引起的应力场太强,在合金内部仅能观察到少量马蹄状的第二相粒子,这些马蹄状(双叶花瓣状)的第二相粒子为 $Al_3(Sc, Zr)$,如图 3-16(b)所示。由于这些粒子能对位错产生强烈的钉扎作用,没有在合金热轧板材中观察到亚晶或者亚晶界的存在。

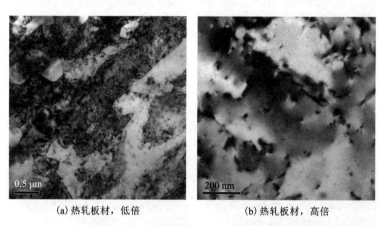

(a) 热轧板材,低倍   (b) 热轧板材,高倍

图 3-16　合金板材的 TEM 显微组织

　　不同温度下退火后合金的透射电子显微组织如图 3-17 所示。从图中可以看出,130 ℃下 1 h 退火后的合金呈现为典型的变形组织,其内部存在高密度位错及位错缠结引起的应力场,也未在合金内部观察到亚晶或者亚晶界。由于共格的第二相粒子产生的应变场与冷变形产生的强应力场相比很小,在高倍下也仅能观察到大量位错,未在试样中发现 $Al_3(Sc, Zr)$ 粒子。由图 3-17(c)可以看出,经340 ℃下 1 h 退火后,合金内部仍然存在明显的位错组织,但其内部形成了亚晶

和亚晶界。由于合金内部位错密度降低,如图 3-17(d)所示,在其内部已能观察到大量弥散的花瓣状粒子 $Al_3(Sc,Zr)$。合金经 500 ℃下 1 h 退火后,位错密度进一步降低,亚晶组织增多,能观察到更多的 $Al_3(Sc,Zr)$ 粒子。为了研究合金经不同温度退火后的 $Al_3(Sc,Zr)$ 粒子变化情况,使用 Image-Pro Plus 软件计算了图 3-17(d)和(f)中的粒子直径,具体方法如下:在图 3-17(d)和(f)中任意选中一定数量的 $Al_3(Sc,Zr)$ 粒子,分别用合适的圆环包裹住这些粒子,随后求得这些圆环的平均面积并以此来计算粒子的平均等效直径[7]。测量后发现,合金经 340 ℃下 1 h 退火后的 $Al_3(Sc,Zr)$ 粒子平均直径为 33.1 nm,而 500 ℃下 1 h 退火后的 $Al_3(Sc,Zr)$ 粒子平均直径为 33.6 nm。由计算结果可以看出,$Al_3(Sc,Zr)$ 粒子的直径相差很小,说明这些粒子在 500 ℃下 1 h 退火后,基本未聚集长大,表明这些纳米级别的第二相粒子具有极佳的耐高温特性。图 3-18 为合金在 340 ℃下分别退火 12 h 和 24 h 后试样的透射电子显微组织。从图中可以看出,合金内部组织与退火 1 h 的试样类似,存在大量的位错墙。

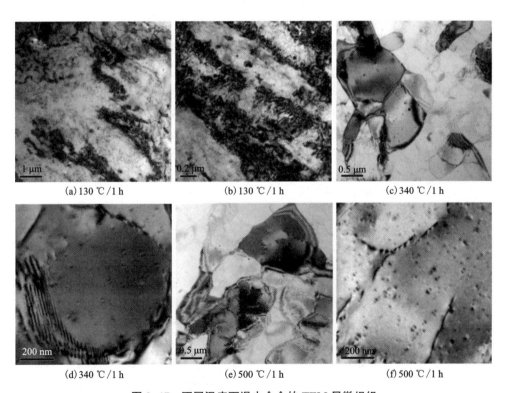

(a) 130 ℃/1 h　　　　(b) 130 ℃/1 h　　　　(c) 340 ℃/1 h

(d) 340 ℃/1 h　　　　(e) 500 ℃/1 h　　　　(f) 500 ℃/1 h

图 3-17　不同温度下退火合金的 TEM 显微组织

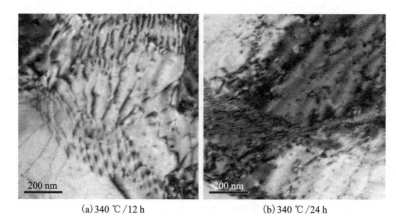

(a) 340 ℃ / 12 h   (b) 340 ℃ / 24 h

图 3-18　合金经不同时间退火的 TEM 显微组织

3.3.3　退火对 Al-Mg-Mn-Sc-Zr 合金性能的影响

Al-5.8Mg-0.4Mn-0.25Sc-0.1Zr 合金经不同温度退火 1 h 后的硬度变化曲线如图 3-19 所示。从图中可以看出，冷轧合金薄板在室温放置 1 h 后，其硬度值为 152 HV；在 100 ℃下退火 1 h 后，其硬度值降低至 144 HV。随着退火温度的升高，合金的硬度值不断降低。合金在 500 ℃下退火 1 h 后，与冷轧薄板相比硬度值降低了 30%左右。然而合金硬度呈均匀下降趋势，没有出现明显的拐点，说明合金在整个退火过程中没有发生完全再结晶，具有很强的抗再结晶能力。

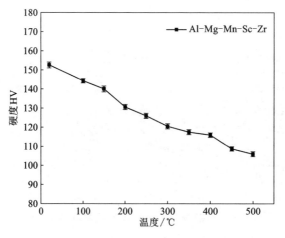

图 3-19　合金经不同温度退火 1 h 后的硬度变化曲线

合金经不同温度退火 1 h 后的拉伸性能变化曲线如图 3-20 所示。从图中可以看出,合金在添加 Sc 后,冷轧薄板的抗拉强度和屈服强度分别达 482 MPa 和 426 MPa,伸长率为 7.3%。随着退火温度的升高,合金的抗拉强度、屈服强度逐渐降低,而伸长率则明显提高。经 500 ℃ 下 1 h 退火之后,合金薄板的抗拉强度降低了 100 MPa,但其伸长率已提高至 22.7%,与冷轧薄板相比提高了 2 倍。

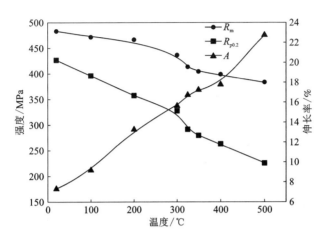

图 3-20   合金经不同温度退火 1 h 后的拉伸性能变化曲线

合金在 340 ℃ 下经不同时间退火后的硬度变化曲线如图 3-21 所示。从图中可以看出,合金薄板在 340 ℃ 下退火 12 h、24 h 的硬度值与 1 h 退火后的硬度值相差不大。

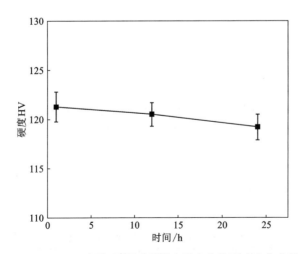

图 3-21   340 ℃ 下经不同时间退火后合金的硬度变化曲线

图 3-22 为合金在 340 ℃下经不同时间退火后的拉伸性能变化曲线。从图中可以看出，随着退火时间的延长，合金的强度略有下降，但变化程度并不明显。

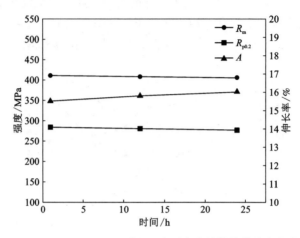

图 3-22　340 ℃下经不同时间退火后合金的拉伸性能变化曲线

3.4　Al-Mg-Mn-Sc-Zr 合金薄板的腐蚀行为

3.4.1　不同温度下退火后合金薄板的剥落腐蚀特性

Al-5.8Mg-0.4Mn-0.25Sc-0.1Zr 合金经剥落腐蚀溶液浸泡不同时间后对应的剥落腐蚀评级如表 3-2 所示。从表中可以看出，当退火温度较低时（130 ℃/1 h），合金的剥落腐蚀敏感性增强，合金经剥落腐蚀溶液浸泡 24 h 后达到了 ED级别。而退火温度较高时（340 ℃/1 h、500 ℃/1 h），合金的剥落腐蚀敏感性明显降低，经过 24 h 浸泡后，仅为 PB 级别。

表 3-2　合金经不同时间浸泡后剥落腐蚀评级

退火温度	浸泡时间/h					
	1	2	4	8	12	24
冷轧薄板	N-	PB-	PB	PC-	PC	EA
130 ℃/1 h	PA	PB	PB+	PC	EA	ED
340 ℃/1 h	N	PA	PA+	PB-	PB	PB
500 ℃/1 h	N	PA	PA	PA+	PA+	PB-

合金经剥落腐蚀溶液浸泡 24 h 后，试样的宏观表面形貌如图 3-23 所示。从图 3-23(a) 中可以看出，合金冷轧薄板经浸泡之后在表面形成了肉眼可见的凸起，这些凸起表明合金的腐蚀已经穿透表面，进入内部。合金经 130 ℃退火 1 h 后，表面凸起明显增多，甚至发生分层，如图 3-23(b) 所示。在 340 ℃下退火 1 h 及 500 ℃下退火 1 h 的合金表面，能观察到点蚀坑；试样经剥落腐蚀溶液浸泡 24 h 后，仅发生了点蚀，二者的点蚀程度差别不大。

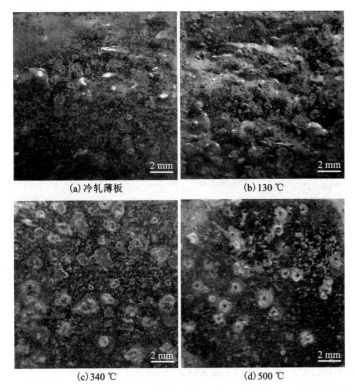

(a) 冷轧薄板

(b) 130 ℃

(c) 340 ℃

(d) 500 ℃

图 3-23 不同温度下退火 1 h 合金试样在剥落腐蚀溶液浸泡 24 h 后的表面宏观形貌

结合表 3-2 与图 3-23 可知，合金经 130 ℃退火 1 h 后剥落腐蚀敏感性增强，而经 340 ℃和 500 ℃退火 1 h 后，其抗剥落腐蚀能力得到了明显提升。合金经剥落腐蚀溶液浸泡 24 h 后，试样表面的微观形貌特征如图 3-24 所示。在剥落腐蚀的初始阶段，仅有一小块区域会受到溶液的影响发生腐蚀。随后，腐蚀产物形成并积压在晶界处，使周围晶粒受到挤压。腐蚀使得试样表面形貌严重不均匀，试样不同位置具备不同的形貌特征。图 3-24(a) 中试样点蚀后生成的 $Al(OH)_3$ 产物覆盖在点蚀坑上，而这些产物干燥后会形成泥纹状裂纹，如图 3-24(d) 所示。

另外，在试样表面还形成了半球状点蚀坑［见图 3-24(b)］以及晶格状点蚀坑［见图 3-24(c)］。

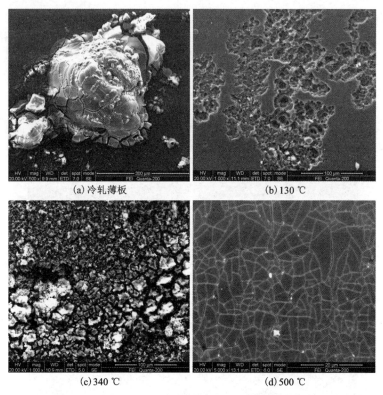

(a) 冷轧薄板   (b) 130 ℃

(c) 340 ℃   (d) 500 ℃

图 3-24 不同温度下退火 1 h 合金试样在剥落腐蚀溶液浸泡 24 h 后的微观形貌特征

3.4.2 不同温度下退火后合金薄板的晶间腐蚀行为

合金晶间腐蚀的最大腐蚀深度如图 3-25 所示。从图中可以看出，合金经 130 ℃退火 1 h 之后，其晶间腐蚀最大深度为 32.7 μm，高于冷轧态试样的腐蚀深度。试样经 340 ℃、500 ℃退火 1 h 后，其腐蚀深度降低。这说明合金经高温退火后，晶间腐蚀敏感性降低；而在低温下退火后，其晶间腐蚀敏感性增强。

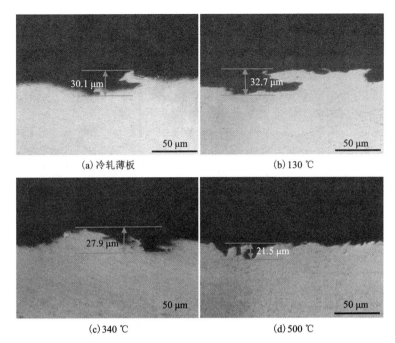

图 3-25 不同温度退火 1 h 合金试样沿晶腐蚀纵截面

3.4.3 不同温度下退火后合金薄板的应力腐蚀行为

合金经不同温度退火后，其应力腐蚀拉伸过程中的工程应力-应变曲线如图 3-26 所示。从图中可以看出，退火温度越高，试样的抗拉强度越低。130 ℃下退火试样在空气中的伸长率比在 NaCl 溶液中还低。这种反常现象主要是实验环境导致的。当实验室中空气相对湿度较高(>50%)时，会使得试样在长时间拉伸过程中发生氢脆，降低试样的塑性。在 Bobby 等[10]的研究中，虽然环境湿度会影响试样的伸长率，但是对试样抗拉强度的影响很小。因此，本研究采用试样的抗拉强度损失比[见式(3-2)]来衡量试样的应力腐蚀敏感性。

$$I_{SCC} = \left(1 - \frac{UTS_{solution}}{UTS_{air}}\right) \times 100\% \qquad (3-2)$$

合金试样在空气与 NaCl 溶液中的抗拉强度如表 3-3 所示。从表中可以看出，经 130 ℃退火 1 h 后合金的抗拉强度损失最高，说明其应力腐蚀敏感性最高；而经 340 ℃退火 1 h 后，其应力腐蚀敏感性相对冷轧合金已明显得到改善；经 500 ℃退火 1 h 后，试样没有表现出应力腐蚀敏感性。

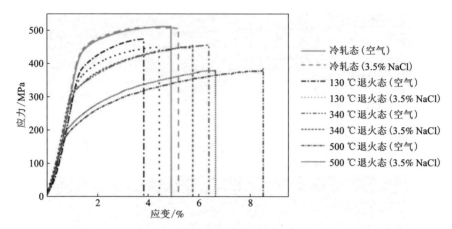

图 3-26　合金试样的应力腐蚀的应力-应变曲线

表 3-3　合金试样的应力腐蚀结果

退火温度	抗拉强度/MPa（空气）	抗拉强度/MPa（3.5% NaCl 溶液）	应力腐蚀敏感因子/%
冷轧态	512.7	507.1	1.1
130 ℃	472.6	448.7	5.1
340 ℃	457.7	455.4	0.5
500 ℃	384.9	385.4	0

3.4.4　不同温度下退火后合金薄板的电化学腐蚀行为

图 3-27 为试样经不同温度退火，在剥落腐蚀溶液中浸泡 12 h 后的阻抗谱曲线。从图中可以看出，试样的 Nquist 图包含了两个部分，即中高频的容抗弧及低频的感抗弧。感抗弧的出现主要是由于合金的阳极被溶解，表面氧化层保护作用弱化；容抗弧半径的降低则是由于试样内部充放电能力的降低；而二段电容弧的出现则是由于试样表面受电极及溶液作用产生了点蚀，形成了新的界面[11]。图 3-27(e)为合金试样在电化学反应过程的等效电路图。在此电路中，为了更好地拟合曲线，电容采用恒相位元件（CPE）来表示。电容的阻抗可根据下式计算：

$$Z_{CPE} = Z_0(j\omega)^{-n} \tag{3-3}$$

式中，n 的取值范围为 $-1 \sim 1$；Z_0 为常数。

当 $n=1$ 时，Z_{CPE} 代表了一个理想电容；当 $n=0.5$ 时，为 Warburg 阻抗；当 $n=0$ 时，为纯电阻；当 $n=-1$ 时，为纯电感。等效电路图中，各参数的物理意义

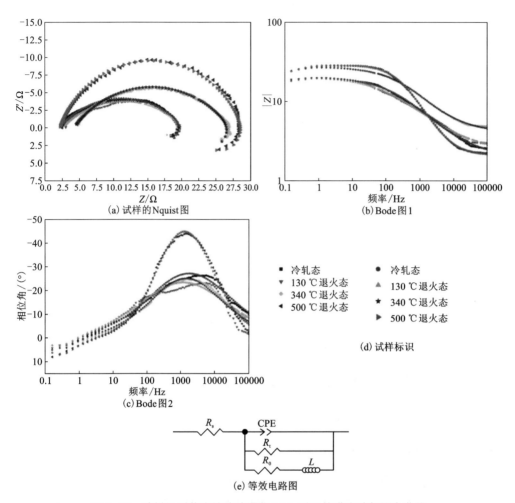

图 3-27　试样经剥落腐蚀溶液浸泡 12 h 后阻抗谱实验与拟合曲线

如下：R_s 为溶液电阻，R_t 为电荷转移阻力，R_0 为电感的等效电阻。如图 3-27(a) 所示，除了与 130 ℃下退火试样的实际曲线有所偏差，等效电路拟合曲线与实验曲线拟合得较好。这主要是由于试样在 130 ℃下退火后，在实验过程中发生了分层，使得材料内部暴露到腐蚀介质中，导致试样在测试过程中分成了两个不同区域，一种为试样的初始表面，一种则是试样表面被腐蚀后直接暴露在电极中的原试样表面下的合金。而其他合金的曲线都只有一个时间常数，所以仍然采用了图 3-27(e) 所示的电路图。

表 3-4 为拟合电路对应的各参数值。从表中可以看出，试样经 500 ℃退火 1 h 后的 R_0 值最高，经 130 ℃退火 1 h 后试样的 R_0 值最低。这说明经 500 ℃退火

1 h 后试样在阻抗谱测试时氧化膜相对较完整，而经 130 ℃ 退火 1 h 后的试样，其氧化膜在测试过程中损坏最严重。n 值的变化说明 130 ℃ 下退火 1 h 的试样更接近于容抗。通常情况下，电极反应速率与充放电过程密切相关，R_t 值越高，说明电极反应速率越慢。很明显，130 ℃ 下退火 1 h 的试样的电极反应速率最快。R_p 为极化电阻，是电极系统频率为 0 时的阻抗值，通常很难获得。通过式（3-4）可计算出 R_p 值。

$$R_P = \frac{R_t R_0}{R_t + R_0} \tag{3-4}$$

表 3-4 不同温度退火 1 h 合金试样的阻抗谱拟合电路参数

退火温度	R_s /$(\Omega \cdot cm^2)$	CPE-T /$(F \cdot cm^{-2})$	CPE-n	R_t /$(\Omega \cdot cm^2)$	R_0 /$(\Omega \cdot cm^2)$	L /$(H \cdot cm^2)$	R_p /$(\Omega \cdot cm^2)$
冷轧态	2.0	9.9×10^{-4}	0.553	18.3	72.3	82.1	14.6
130 ℃	2.4	1.7×10^{-3}	0.513	17.9	59.9	87.9	13.8
340 ℃	4.1	4.8×10^{-4}	0.597	23.0	71.1	75.0	17.4
500 ℃	2.1	1.1×10^{-4}	0.791	26.7	83.7	59.1	20.2

从表 3-4 中还可以看出，冷轧态试样的极化电阻值较低，经 130 ℃ 退火后，试样的极化电阻值进一步降低；而试样经 340 ℃、500 ℃ 退火后，其抗腐蚀性明显增强，与试样的剥落腐蚀实验结果相对应。

3.4.5 合金元素对腐蚀行为的影响

将纯金属置于电解质溶液中时，根据其得失电子的能力会产生电极电势。电极电势越低，表面金属越容易发生氧化反应。部分金属的电极电势如表 3-5 所示。

表 3-5 部分金属的电极电势

氧化反应	电位（vs. SCE）/V
$Mg \longrightarrow Mg^{2+} + 2e^-$	-2.37
$Al \longrightarrow Al^{3+} + 3e^-$	-1.67
$Mn \longrightarrow Mn^{2+} + 2e^-$	-1.19
$Fe \longrightarrow Fe^{2+} + 2e^-$	-0.44

Fe 是铝合金中的主要杂质元素,由于其电极电势比 Al 基体要高,会加速基体的电化学腐蚀过程。合金中的 Mn 能通过与基体形成 $Al_6(FeMn)$ 第二相粒子的形式减少合金中 Fe 元素带来的不利影响。然而,$Al_6(FeMn)$ 第二相粒子的电极电势依然高于合金基体,使得合金优先在这些粒子周围发生腐蚀。Yasakau[12] 发现,在 5083 铝合金中,腐蚀主要以点蚀的形式围绕在基体中这些粒子的周围产生。Mg 是合金中的主要添加元素,能与基体形成 Al_3Mg_2(β 相)。由于 β 相的电极电位更低,为合金中的阳极相,当合金暴露在电解质溶液中时(如海水),会在基体与 β 相之间形成微电偶;同时,其会优先腐蚀,基体则在电化学反应过程中作为阴极被保护,并未发生腐蚀。但当 β 相大量析出时,由于其通常为不均匀析出,多析出于晶界处。当合金处于腐蚀介质中时,易导致合金发生沿晶腐蚀。合金中的 Sc、Zr 能与基体形成 $Al_3(Sc,Zr)$ 粒子。由于这些粒子与基体完全共格,且多为弥散分布的第二相粒子,不会提高 Al-Mg 合金的腐蚀速率。Ahmad 等[13] 及 Cavanauggh 等[14] 均发现,这些粒子不会增强合金的腐蚀敏感性。Bobby 等[15] 也指出,这些粒子不会增强 Al-Zn-Mg-Cu-Zr 合金的抗腐蚀性。尽管大多数学者认为 Sc、Zr 对合金腐蚀行为并没有影响,但在研究中发现 Sc、Zr 能间接影响合金的抗腐蚀性能。合金中添加 Sc、Zr 后,受 $Al_3(Sc,Zr)$ 粒子的影响,晶粒得到显著细化。β 相粒子倾向于在晶界析出,晶粒越细,形成的晶界越多,提供给 β 相粒子的形核位置越多,β 相粒子形核越均匀。Goswami 等[16] 指出,当 β 相粒子沿晶界不连续析出时,抗腐蚀性较强。因此,Sc、Zr 能通过细化晶粒的方式,为 β 相粒子提供更多的形核核心,提升合金的抗腐蚀性能。

3.5　Al-Mg-Mn-Sc-Zr 合金薄板焊接接头的组织与性能

采用手工非熔化极惰性气体保护焊(TIG)和搅拌摩擦焊(FSW)两种焊接方法对 Al-5.8Mg-0.4Mn-0.25Sc-0.1Zr 合金薄板(2 mm 厚)进行焊接,对比研究两种焊接接头的组织与性能。

3.5.1　合金板材 TIG 焊接接头组织与性能

1. 合金板材 TIG 焊接接头的拉伸力学性能

分别对母材和退火前后的合金冷轧板 TIG 焊焊接接头(去余高)样品进行了拉伸力学性能测试,结果如表 3-6 所示。从表 3-6 中可以看出:TIG 焊接头的抗拉强度和屈服强度分别为 332 MPa 和 217 MPa,经 350 ℃退火 1 h 后,焊接接头的拉伸力学性能大幅度提高,其抗拉强度和屈服强度分别提高了 78 MPa 及 71 MPa,伸长率提高了 9%;退火后焊接接头的断裂位置从焊缝区转移到熔合区。

表 3-6　合金冷轧板材 TIG 焊接接头的拉伸力学性能

样品	拉伸力学性能			焊接接头强度系数	断裂位置
	R_m/MPa	$R_{p0.2}$/MPa	A_{50}/%		
母材	430	320	10	—	—
TIG 焊接接头 （无焊后热处理）	332	217	5.6	0.77	焊缝区
TIG 焊接接头 （350 ℃/1 h 焊后热处理）	410	288	14.4	0.98	熔合区

2. 合金板材 TIG 焊接接头的硬度分布

对焊后退火前后的合金冷轧板 TIG 焊接接头分别进行了硬度测试，结果如图 3-28 所示。

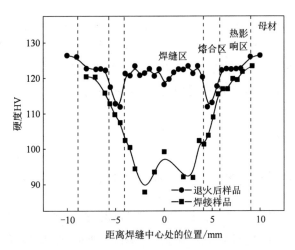

图 3-28　焊后退火前后合金板材 TIG 焊接接头的硬度分布

根据 TIG 焊接接头宏观形貌观察和硬度测量值可以确定焊缝区为焊缝中心 4 mm 左右，距焊缝中心 4~6 mm 的区域为熔合区，距焊缝 6~9 mm 的区域为热影响区。

从图 3-28 中可以看出，退火前硬度最低值出现在距离焊缝中心不远的焊缝区，向母材过渡时硬度逐渐升高，并且向焊缝中心处过渡时，硬度也有小幅度的升高；退火后硬度最低值出现在熔合区，焊缝区硬度大幅度提高，增幅达 35~40 HV。退火前、后合金母材和热影响区的硬度变化不大。

3.合金板材 TIG 焊接接头的金相组织

图 3-29 为合金板材 TIG 焊接接头的横截面的金相组织,包括焊缝区、熔合区和热影响区。焊缝中心是大小不同等轴晶并存的铸态组织[见图 3-29(a)],焊缝靠近熔合区的是非常细小的等轴晶[见图 3-29(b)]。除靠近半熔化区处发生了再结晶外[见图 3-29(c)],热影响区仍然保留了纤维组织。

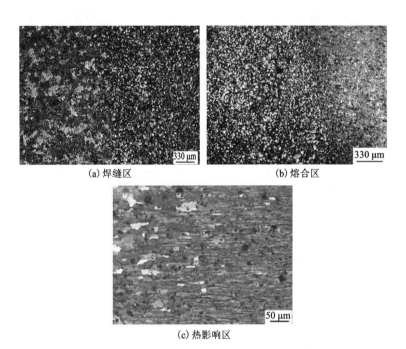

(a) 焊缝区　　　　　　　　　　　　　(b) 熔合区

(c) 热影响区

图 3-29　合金板材 TIG 焊接接头的金相组织

4.合金板材 TIG 焊接接头的 TEM 组织

为了进一步研究焊接接头显微组织对力学性能的影响,对合金板材 TIG 焊接接头进行了 TEM 观察。图 3-30(a) 为退火前 TIG 焊接接头焊缝区的透射电镜组织,是典型的铸态组织,从图 3-30(b)中可以看到部分位错线及少量马蹄形的析出相粒子。图 3-30(c)为焊缝区经 350 ℃退火 1 h 后的 TEM 组织,表明退火后焊缝区的铸态组织得到了改善,位错消失,晶界宽化,晶内析出了大量弥散分布的马蹄形粒子。

5.焊后退火处理对合金板材 TIG 焊接接头特性的影响

(1)焊后热处理对合金板材 TIG 焊接接头强度的影响

退火前的焊缝区为激冷铸态组织,TEM 下可以观察到铸造应力造成的位错,由于采用了含 Sc 和 Zr 的 Al-Mg 合金焊丝为填充材料,初生的 $Al_3(Sc, Zr)$粒子与

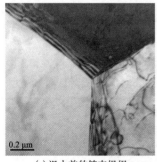
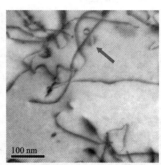

(a) 退火前的铸态组织　　(b) 退火前的Al₃(Sc, Zr)粒子　　(c) 350 ℃/1 h退火后的Al₃(Sc, Zr)粒子

图 3-30　合金板材 TIG 焊接接头焊缝区的 TEM 组织

基体点阵错配度很低,对焊缝晶粒的细化效果明显。由于焊接时焊缝区的冷却速度比较快,淬火效应导致大量的 Sc 和 Zr 等元素在铝基体中形成过饱和固溶体,TEM 下只能观察到少量析出的 Al₃(Sc, Zr)粒子,析出强化效果不明显。

焊接凝固过程中,向焊缝中心靠近时冷却速率逐渐降低,铝基过饱和固溶体已开始分解析出少量 Al₃(Sc, Zr)粒子,故向焊缝中心靠近时硬度略有提高,焊缝中心硬度最高,而且焊后热处理后焊缝中心的硬度将较低。

合金焊接接头经 350 ℃退火 1 h 后,TEM 下可以观察到大量尺寸为 5~10 nm 的弥散、均匀分布在焊缝晶粒内的马蹄形粒子,它们是由含 Sc 和 Zr 的过饱和固溶体分解形成的 Al₃(Sc, Zr)粒子。其与基体共格,对晶界和位错的运动具有强烈的钉扎作用,能提高合金的强度。焊后退火处理使焊缝区的硬度、强度大幅度提高,退火后焊接强度系数达到了 0.98。

焊接母材采用的是经 350 ℃稳定化退火 1 h 后的 Al-5.8Mg-0.4Mn-0.25Sc-0.1Zr 合金冷轧板材,母材的再结晶温度超过 350 ℃,直到 550 ℃时合金板材仍是非完全再结晶组织,焊接热循环对母材的影响较小,热影响区较窄。焊接后该合金的热影响区仍然是纤维组织,只有靠近熔合区处局部发生了再结晶。焊接热对热影响区的影响不大。由于焊接接头焊后热处理温度没有超过母材的退火温度,热影响区和母材受焊后热处理的影响程度不大,硬度基本保持不变。

(2)焊后热处理对合金板材 TIG 焊接接头断裂位置和塑性的影响

图 3-28 中 TIG 焊接接头的硬度分布表明,退火前焊缝区硬度最低,而退火后熔合区硬度最低。因此,焊接接头拉伸时的断裂位置由热处理前的焊缝区转移到热处理后的熔合区。焊后退火还能改善焊接接头的塑性,与退火前相比,退火后焊接接头的伸长率提高了 9%。

退火前,整个 TIG 焊接接头中焊缝区硬度最低,是最薄弱的区域,拉伸时塑性变形也主要集中在焊缝区。由于是铸造组织，焊缝区伸长率不高。但由于 Sc 和 Zr 具有明显的晶粒细化效果，焊缝区铸态晶粒组织细小。焊后退火处理消除了 TIG 焊接接头中残留的焊接热应力，降低了焊缝区位错密度，使焊缝区域的塑性得到了增强。焊后热处理时，焊缝区强度也大幅度提高，拉伸时塑性变形不完全集中在焊缝区，因此焊接接头伸长率得到了提高。

3.5.2　合金板材 FSW 焊接接头的组织与性能

1. 合金板材 FSW 焊接接头的拉伸力学性能

对 FSW 焊接接头样品进行了拉伸性能测试，并列出焊后退火前 TIG 焊接接头的拉伸性能作为对比，结果如表 3-7 所示。从表 3-7 中可以看出：FSW 焊接接头的抗拉强度和屈服强度分别为 394 MPa 和 286 MPa，而 TIG 焊接接头的则分别为 332 MPa 和 217 MPa，即 FSW 焊接接头的抗拉强度和屈服强度比 TIG 焊接接头高出 19%~31%。计算得出 TIG 焊接接头的强度系数为 0.77，而 FSW 焊接接头的则高达 0.92。另外，FSW 焊接接头的断裂位置位于焊核区的前进边，而 TIG 焊接接头则断在了焊缝区。

表 3-7　合金板材焊接接头的拉伸力学性能

焊接方法	拉伸力学性能			焊接接头强度系数	断裂位置
	R_m/MPa	$R_{p0.2}$/MPa	A_{50}/%		
TIG 焊接接头	332	217	5.6	0.77	焊缝区
FSW 焊接接头	394	286	7.8	0.92	前进边的焊核区

2. 合金板材 FSW 焊接接头的硬度分布

对 FSW 焊接接头进行了硬度测试，并列出焊后退火前 TIG 焊接接头的硬度分布作为对比，结果如图 3-31 所示。

根据 FSW 焊接接头的宏观形貌和硬度测量值可以确定焊核区(Nugget)为焊缝中心 3 mm 左右，距焊缝中心 3~5 mm 处为热机影响区(TMAZ)，距焊缝 5~10 mm 处为热影响区(HAZ)。

从图 3-31 中可以看出，FSW 焊头的硬度远远高于 TIG 焊接接头的硬度，前者的最低值比后者高出近 30HV，即 FSW 焊接接头的软化程度比 TIG 焊接接头小得多。另外，FSW 焊接接头的硬度值分布不对称，硬度最低值出现在搅拌针前进边(搅拌针的旋转方向和焊接前进方向相同)的焊核区，距焊缝中心 2 mm 处，并且向基材过渡时，硬度逐渐升高。值得注意的是，前进边的硬度的提高速度比后退边(搅拌针的旋转方向和焊接前进方向相反)快。而 TIG 焊接接头的硬度分

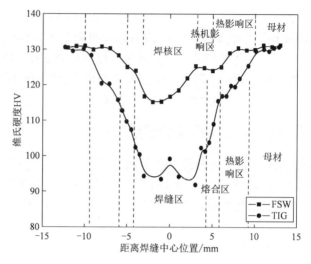

图 3-31　合金板材焊接接头的硬度分布

布沿焊缝中心对称分布,硬度最低值出现在焊缝中心区域,离开焊缝中心向基材过渡时硬度值逐渐升高。

3. 合金板材 FSW 焊接接头的金相组织

图 3-32 为合金冷轧板材 FSW 焊接接头的横截面的金相组织。从图 3-32(a)

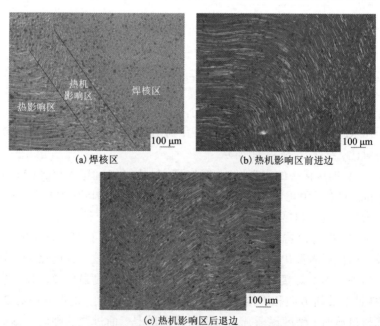

图 3-32　合金板材 FSW 焊接接头的金相组织

中可以看出，FSW 焊接接头由焊核区、热机影响区、热影响区组成，并且三者分界明显。焊核区由细小的等轴晶组成，热机影响区则是扭曲的纤维组织。图 3-32(b) 和图 3-32(c) 分别为热机影响区前进边和后退边扭曲的纤维组织。与基材相比，热机影响区的纤维组织没有明显的粗化现象，并且热机影响区前进边的纤维组织比后退边的扭曲程度严重。

4. 合金板材 FSW 焊接接头的 TEM 组织

图 3-33 为合金冷轧板材 FSW 焊接接头焊核区的透射电镜组织。从图 3-33(a) 中可以看出焊核区中存在着被破碎的晶粒，从图 3-33(b) 中可以看出焊核区存在完全再结晶组织、部分再结晶组织及未再结晶组织，从图 3-33(c) 中可以看出大量与基体共格的 $Al_3(Sc, Zr)$ 粒子弥散分布在热机影响区中并钉扎位错。

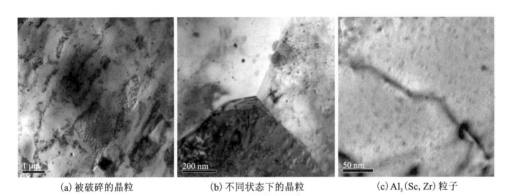

(a) 被破碎的晶粒　　　(b) 不同状态下的晶粒　　　(c) $Al_3(Sc, Zr)$ 粒子

图 3-33　合金板材 FSW 焊接接头焊核区的 TEM 组织

3.5.3　合金板材 TIG 与 FSW 焊接接头组织性能的对比分析

根据合金板材焊接接头硬度分布及不同区域的显微组织，分别绘制了 TIG 和 FSW 焊接接头的显微组织模型图，如图 3-34 所示。

图 3-34(a) 为 TIG 焊接接头的显微组织模型图，从图 3-34(a) 中可以看出，TIG 焊接接头可以分为焊缝区、熔合区以及热影响区。焊缝区存在着大量的细小等轴晶及少量的等轴枝晶，由于复合添加了 Sc 和 Zr，合金中析出的 $Al_3(Sc, Zr)$ 复合粒子使得焊缝区的晶粒非常细小，起到细化晶粒的作用。

TIG 焊接接头熔合区是铸态组织，基本上是细小的等轴晶，这主要是由于在焊接过程中，较高的焊接温度使焊缝金属熔化。靠近焊缝部分的熔合区内，初生的 $Al_3(Sc, Zr)$ 粒子作为非均匀形核的核心质点，同时由于金属液中高熔点的 $Al_3(Sc, Zr)$ 粒子阻碍凝固前沿的移动，抑制了柱状晶的生长，从而形成了熔合区内的等轴晶层。

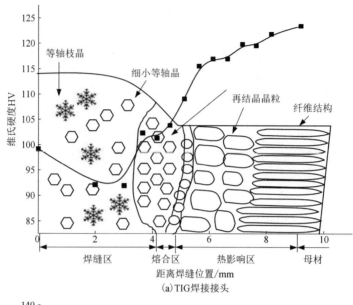

(a)TIG焊接接头

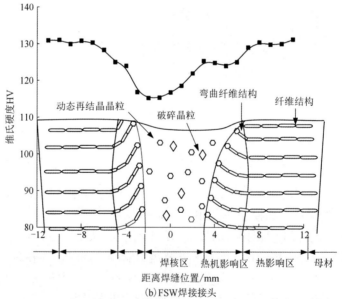

(b)FSW焊接接头

图 3-34 合金板材 TIG 及 FSW 焊接接头显微组织模型图

由于基材中的 $Al_3(Sc, Zr)$ 粒子在焊接热循环短时高温作用下尚不会粗化和团聚，仍保留在基体中对位错和亚晶界起钉扎作用，所以热影响区基本保留了基材的纤维组织，但是靠近熔合区的地方仍有再结晶晶粒的出现。

　　图 3-34(b) 为 FSW 焊接接头的显微组织模型图。从图 3-34(b) 中可看出，FSW 焊接接头可以分为焊核区、热机影响区以及热影响区。焊核区同时存在大量细小的等轴晶和被破碎的纤维组织。在搅拌针的作用下，温度较高时，应变速率较大，合金发生了动态再结晶。另外，由于合金中添加了 Sc 和 Zr，析出的 $Al_3(Sc, Zr)$ 粒子能有效地增强合金的热稳定性，所以在搅拌针高速旋转的作用下，焊核区保留了部分被破碎的纤维组织。热机影响区中晶粒的变形没有焊核区剧烈，以及 Sc 能显著提高合金的再结晶温度，所以热机影响区范围狭窄，除了靠近焊核区少量的动态再结晶晶粒，热机影响区基本保持了基材的纤维组织，这和 TIG 焊接接头熔合区的铸态组织不同。除此之外，由于剪切力的作用，这些纤维组织发生了弯曲变形。纤维组织所能承受的弯曲程度是有限的，所以当弯曲程度超过了晶界弯曲上限时，原有的晶界将被破坏，纤维组织变短。热影响区仍然保留了母材的纤维组织，并且没有长大的迹象[见图 3-29(a)]。这主要有两方面的原因，一方面，合金中复合添加了 Sc 和 Zr，使得合金的再结晶温度显著升高；另一方面，FSW 是一种固态连接技术，热输入量较小，即使是焊核区也没有熔化，所以热影响区的组织基本没有发生变化。

　　值得注意的是，热机影响区的显微组织具有不对称性，前进边纤维组织的弯曲程度比后退边的大，并且向基材过渡时，前进边硬度的提高速率比后退边的大。主要原因如下：搅拌头和样品的相对速率在前进边处达到最大，而在后退边处最小，所以前进边的应变量和应变速率较大，这也是前进边的组织变化更加剧烈、弯曲程度较大的原因[见图 3-22(a) 和 (b)]。

　　对于 FSW 焊接接头的拉伸力学性能来说，由于焊核区发生了动态再结晶，所以焊核区是整个焊接接头最弱的区域，硬度值最低。当从焊核区向基材过渡时，焊接热输入量逐渐减少，所以硬度逐渐提高。需要注意的是，热机影响区的硬度分布也具有不对称性，前进边的硬度要高于后退边。热机影响区的强化机制主要包括纳米级 $Al_3(Sc, Zr)$ 粒子的析出强化和搅拌工具引起的应变强化。由于前进边的应变程度高于后退边，所以前进边的应变强化引起的强度增量高于后退边，并且 $Al_3(Sc, Zr)$ 粒子的析出强化在前进边和后退边无明显区别。综合考虑以上两点，得出前进边的硬度要高于后退边的结论。

　　实验结果表明，TIG 焊接接头的强度比 FSW 焊接接头低很多。结合焊接方法和合金本身的特点，具体分析如下。首先，需要考虑的是两种焊接方法的区别。TIG 是一种熔化焊的技术，焊接过程中的温度较高，合金发生熔化后凝固。焊接结束后，焊缝区为较粗大的铸态晶粒组织。合金中析出的 $Al_3(Sc, Zr)$ 粒子的晶格类型及晶胞尺寸与基体极为相似，错配度非常小，具有很强的细化晶粒的作用，得到的焊缝组织为细小的等轴晶，即加工硬化消失。FSW 是一种半固态连接技术，高速旋转的搅拌针对邻近区域材料起到破碎的作用，同时产生的摩擦热使材料受热变软成为半固态，并随着搅拌针发生塑性流动（通常伴随着动态再结晶），使得两块原本不相连的合金板材变成成分均匀并有一定强度的一块板材。对于具有较高再结晶温度的合金而言，$Al_3(Sc,Zr)$粒子具有良好的热稳定性，所以 $Al_3(Sc,Zr)$粒子在焊接过程中对位错和晶界仍有强烈的钉扎作用，能抑制合金再结晶。因此，合金的冷变形组织可以较好地保留下来。焊接结束后，焊核区发生了部分动态再结晶，是一种未再结晶的冷变形纤维组织、开始再结晶晶粒和完全再结晶的晶粒共存的状态［见图 3-33(b)］，热机影响区和热影响区则均为纤维组织（见图 3-32），整个焊接接头较好地保留了母材的冷加工组织。其次，TIG焊缝区和熔合区为铸态组织，是 Sc 和 Zr 在铝基体中的过饱和固溶体，它们几乎全部都固溶在铝基体中，只有极少量以 $Al_3(Sc,Zr)$粒子的形式析出［见图 3-30(b)］，即 TIG 焊接接头中 $Al_3(Sc,Zr)$粒子的析出强化较弱。而由于 FSW 较低的热量输入以及 $Al_3(Sc,Zr)$粒子良好的热稳定性，热机影响区中均匀弥散地分布着与基体共格的 $Al_3(Sc,Zr)$粒子［见图 3-33(c)］，在 FSW 过程中没有明显的团聚、长大现象，与基体仍保持着良好的共格关系，对焊接接头有着显著的析出强化。另外，焊核区发生的动态再结晶也使焊核区保留了一定的加工硬化。因此，综合考虑加工硬化和 $Al_3(Sc,Zr)$粒子的析出强化，FSW 焊接接头的强度要高于 TIG 焊接接头的强度。

3.6　Al-Mg-Mn-Sc-Zr 合金薄板的疲劳裂纹扩展行为

3.6.1　不同退火制度下合金的疲劳裂纹扩展曲线

Al-5.8Mg-0.4Mn-0.25Sc-0.1Zr 合金薄板（2 mm 厚）经不同退火制度后的疲劳裂纹扩展曲线如图 3-35 所示。疲劳裂纹扩展曲线一般可分为三个阶段[17-19]。第一阶段，疲劳裂纹开始萌生，裂纹扩展速度较慢；第二阶段，裂纹扩展速度相对平缓，通常又称之为 Paris 区域或稳态扩展阶段；第三阶段，裂纹快速扩展直至断裂，又称失稳扩展阶段。从图中可以看出，试样均展现出优异的抗疲劳裂纹扩展能力，甚至已经超过被广泛应用的 2524-T3 铝合金板材[20]。由图 3-35(a)可以看出，合金经 130 ℃退火 1 h 后，其疲劳裂纹扩展速率相对较高。在疲劳裂纹扩展初始阶段，经 500 ℃退火 1 h 的试样裂纹扩展速率较低，而 ΔK 达到 25 MPa·$m^{1/2}$ 时，其裂纹扩展速率已超出 340 ℃退火 1 h 的试样。经 340 ℃退火 1 h 的试样，在 ΔK 为 11~30 MPa·$m^{1/2}$ 之间稳态扩展，说明合金板材经 340 ℃退火 1 h 后，抗疲劳裂纹扩展能力更稳定。

合金经 340 ℃不同时间退火后试样的疲劳裂纹扩展曲线如图 3-35(b)所示。结果表明，经不同时间退火后的试样，其疲劳裂纹扩展曲线相差不大。

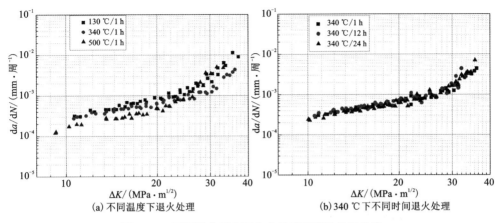

图 3-35　不同退火制度下合金的疲劳裂纹扩展曲线

根据 Paris-Erdogan[21-22]定律，裂纹扩展速率与应力强度因子值间的关系可用下式表示：

$$\frac{\mathrm{d}a}{\mathrm{d}N} = C(\Delta K)^m \qquad (3-5)$$

式中，m 为 Paris 因子；C 为 Paris 常数。

将式(3-5)取对数，得

$$\lg\left(\frac{\mathrm{d}a}{\mathrm{d}N}\right) = \lg C + m\lg(\Delta K) \qquad (3-6)$$

对试样疲劳裂纹扩展速率的试验数据进行线性回归分析，可求出 C 值和 m 值，结果如表 3-8 所示[23]。

表 3-8　合金的疲劳裂纹扩展曲线拟合结果

拟合结果	130 ℃/1 h	340 ℃/1 h	500 ℃/1 h
C 值	3.348×10^{-6}	1.625×10^{-5}	4.689×10^{-6}
m 值	1.87	1.22	1.52

3.6.2　不同退火制度下合金的疲劳裂纹扩展路径

图 3-36 为不同温度下退火后的试样经一定循环载荷后扩展至相同位置时，疲劳裂纹扩展的宏观路径图。由图可以看出，经 130 ℃退火 1 h 后的试样，在扩展路径上能观测到较多偏折，而裂纹整体则处于闭合状态。合金经 340 ℃退火 1 h

后裂纹偏折得更明显，经与 130 ℃退火 1 h 后的试样相比偏折角度更大，而裂纹整体处于即将要张开的状态。合金经 500 ℃退火 1 h 后，裂纹整体并没有因为停止加载而发生闭合，呈现出明显的张开状态，只有尾部少部分裂纹呈闭合状[24]。

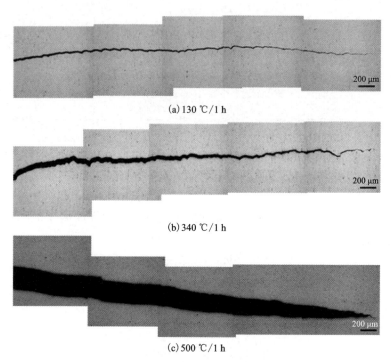

(a) 130 ℃/1 h

(b) 340 ℃/1 h

(c) 500 ℃/1 h

图 3-36　不同退火温度下合金的疲劳裂纹扩展宏观路径

　　合金经 130 ℃退火 1 h 后试样的疲劳裂纹扩展微观路径及其与第二相粒子的相互作用如图 3-37 所示。从试样的背散射图中可以看出，合金表面分布着大量的第二相粒子。经能谱分析，这些第二相粒子主要有两种：一种是富含 Sc、Zr 的 $Al_3(Sc, Zr)$ 粒子[25-27]，另外一种是 Fe、Mn 含量较多的 $Al_6(FeMn)$ 粒子[28-29]。由于 $Al_3(Sc, Zr)$ 是与基体完全共格的第二相粒子，难以被疲劳裂纹穿透，当裂纹在扩展过程中遇到 $Al_3(Sc, Zr)$ 粒子时，如图 3-37(a)所示，裂纹会发生一定角度的偏转[30]。裂纹偏转一方面会消耗裂纹向前扩展的能量，另一方面相当于缩短了裂纹向前扩展的距离，使得裂纹尖端所受的应力值会有所降低。由上述可以得知，合金试样中存在的 $Al_3(Sc, Zr)$ 粒子能够诱发裂纹偏转，降低了试样的疲劳裂纹扩展速率，是合金抗疲劳裂纹扩展的主要因素。而当裂纹在扩展过程中遇到脆性的 $Al_6(FeMn)$ 粒子时，在裂纹尖端所受应力值较高的情况下，裂纹会直接穿过粒子向前扩展，又因为裂纹向多扩展了一个粒子的距离，在同等条件下，相当于提升了裂纹尖端应力水平, 裂纹扩展驱动力随之增加。因此, 在裂纹扩展过程中遇到粗大脆性相粒子 $Al_6(FeMn)$ 时会加速扩展[30]。

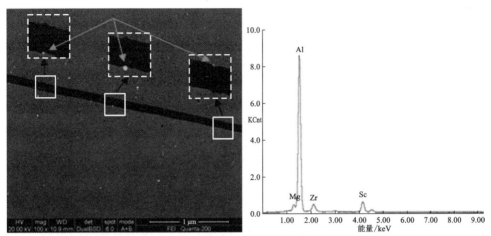

(a) $Al_3(Sc, Zr)$ 粒子引起的裂纹偏析

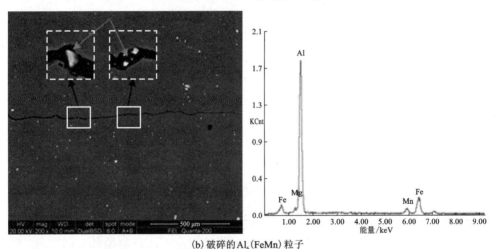

(b) 破碎的 $Al_6(FeMn)$ 粒子

图 3-37　合金经 130 ℃ 退火 1 h 后裂纹附近的第二相粒子

在 340 ℃ 下退火 1 h、500 ℃ 下退火 1 h 试样的扫描电镜照片中, 也能观察到类似现象, 如图 3-38 所示。

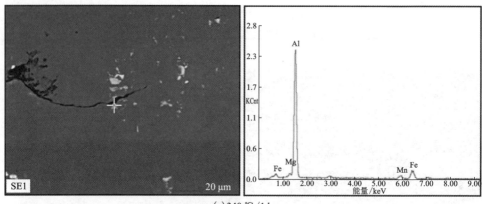

(a) 340 ℃/1 h

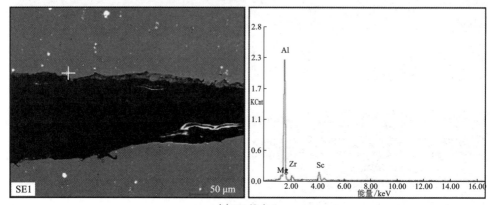

(b) 500 ℃/1 h

图 3-38　合金背散射电子照片

3.6.3　不同退火制度下合金的疲劳断口形貌

典型的疲劳断口有三种区域,不同区域的断口形貌差别很大。在疲劳裂纹稳态扩展区能观察到大量疲劳辉纹,一条疲劳辉纹对应一次载荷循环。图 3-39 对比了合金在 340 ℃/1 h 和 500 ℃/1 h 两种退火制度下不同 ΔK 对应的辉纹形貌特征。从图中可以很明显地看出,在疲劳裂纹扩展初始阶段,应力强度因子范围值较低时,合金裂纹间距很小,随着 ΔK 的增加,其辉纹间距会不断增加,340 ℃下退火 1 h 的试样的间距增长速度低于 500 ℃下退火 1 h 的试样。一般来说,在相同的 ΔK 下,合金疲劳辉纹间距主要与其抗疲劳裂纹扩展能力有关,抗疲劳裂纹扩展性能越好的材料,其辉纹间距越小,反之越大。因此,合金经 340 ℃退火 1 h 后,其抗疲劳裂纹扩展能力高于 500 ℃下退火 1 h 的试样。断口辉纹特征与试样实际的疲劳裂纹扩展行为相符。

340 ℃/1 h

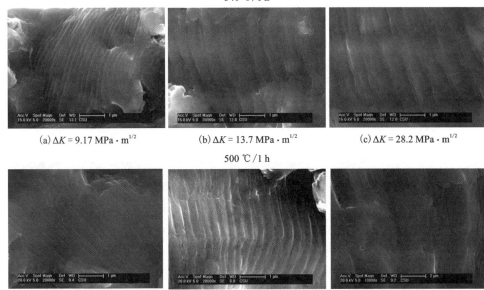

(a) ΔK = 9.17 MPa·m$^{1/2}$　　　(b) ΔK = 13.7 MPa·m$^{1/2}$　　　(c) ΔK = 28.2 MPa·m$^{1/2}$

500 ℃/1 h

(d) ΔK = 9.17 MPa·m$^{1/2}$　　　(e) ΔK = 13.7 MPa·m$^{1/2}$　　　(f) ΔK = 28.2 MPa·m$^{1/2}$

图 3-39　合金在不同温度退火下疲劳失效后试样的辉纹

　　根据图 3-39 所示的 SEM 图像, 分别在图中沿平行于试样表面处测量一定数量台阶之间的距离, 随后求得其平均值, 即计算试样在此应力强度因子范围内的辉纹间距。辉纹间距的计算结果如表 3-9 所示。根据各试样在不同应力强度因子范围时辉纹的间距, 可以粗略估算材料此时的疲劳裂纹扩展速率: 即 0.19 μm 的辉纹间距意味着合金的疲劳裂纹扩展速率为 $1.9×10^{-4}$ mm/次。由表 3-9 可以看出, 估算的疲劳裂纹扩展速率与表 3-8 中计算所得材料的疲劳裂纹扩展速率或实验所测疲劳裂纹扩展速率相比, 相差不大。

表 3-9　合金试样在不同 ΔK 时的辉纹间距

试样	ΔK/(MPa·m$^{1/2}$)	辉纹间距/μm
340 ℃/1 h	9.17	0.19
	13.7	0.52
	17.3	0.70
500 ℃/1 h	9.17	0.15
	13.7	0.33
	28.2	3.54

试样瞬时断裂区与静载荷下的拉伸断口类似，主要由韧窝与少量撕裂棱组成[31-32]。合金经不同退火制度后，各疲劳失效试样的失稳区断口形貌如图3-40所示。从图中可以看出，合金经不同退火制度后，其失稳区均能观察到大量韧窝。通常情况下，韧窝越大越深，意味着其塑性越好[33-34]。另外，合金经340 ℃退火1 h之后，韧窝数量更多、尺寸更小，而合金经500 ℃退火1 h之后，其韧窝尺寸明显比其他退火制度下的试样要大。合金在340 ℃下经不同时间退火后，其断口形貌特征基本相同。

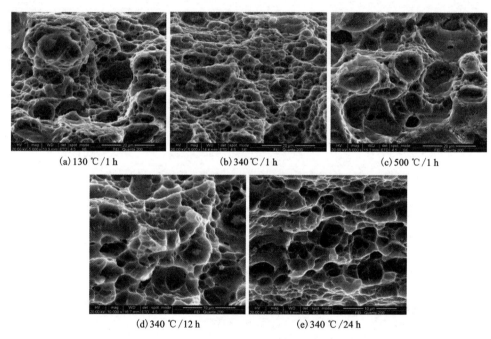

(a) 130 ℃/1 h　　　　　(b) 340 ℃/1 h　　　　　(c) 500 ℃/1 h

(d) 340 ℃/12 h　　　　　(e) 340 ℃/24 h

图3-40　疲劳失效后合金试样失稳区断口形貌

3.6.4　影响合金疲劳裂纹扩展行为的主要因素

添加Sc和Zr之后，Al-Mg-Mn-Sc-Zr合金的晶粒变得很细，强度也大幅提高；且随着晶粒尺寸的减小，微裂纹形核核心及滑移带上的位错数量也会随之减少。这是由于合金在晶粒得到细化后，具有更高的屈服强度，能够在疲劳裂纹扩展初期有效阻止宏观塑性形变。另外，裂纹在具有细小晶粒组织的合金中难以萌生，即使微观裂纹形成了，微观裂纹遇到亚晶组织或细小再结晶组织时，扩展方向会不断发生改变，而这种方向的改变要消耗更多的能量，微观裂纹扩展将会被阻碍，所以微裂纹很难在细晶结构中扩展。细晶结构还提高了滑移变形阻力，会抑制滑移带的形成和开裂。微裂纹扩展阻力的增加来源于晶界数量的增加[35-36]。

合金经 130 ℃退火 1 h 后仍然为典型的冷加工组织，没有出现亚晶与亚晶界，因此合金的疲劳裂纹扩展速率在相同 ΔK 下均比其他状态时要高。经 340 ℃退火 1 h 后，合金内部形成了一定的亚晶及亚晶界，其位错密度相对较高。随着退火温度进一步升高，合金内部不仅发生了回复，亚晶和亚晶界增多，而且发生了部分再结晶，合金内部的位错密度大幅降低。因此与 340 ℃退火 1 h 后的试样相比，经 500 ℃退火 1 h 后的试样由于其亚晶和亚晶界的密度更高，在疲劳裂纹扩展初期，其速率低于前者。然而随着裂纹向前扩展，应力强度因子范围持续扩大。当应力强度因子范围达到一定值后，由于 500 ℃退火 1 h 后的试样亚晶周围的位错密度很低，阻碍裂纹扩展的效果越来越弱，其疲劳裂纹扩展速率随 ΔK 的增长而更高。在 340 ℃退火 1 h 的试样中，虽然其亚晶及亚晶界的数量不如 500 ℃退火 1 h 的试样，在疲劳裂纹扩展初期体现了相对较高的扩展速率，其亚晶周围仍然存在较高密度的位错，在应力强度因子范围较大时仍能有效阻碍裂纹扩展，其抗疲劳裂纹扩展能力更为稳定。

合金在疲劳裂纹扩展过程中粒子与裂纹的相互作用如图 3-37 和图 3-38 所示。根据 Griffith 理论，裂纹只有在其导致的弹性存储能的减少多于形成新断口所需的自由能时才能扩展。扩展所需的临界应力根据 Griffith 公式计算：

$$\sigma_c \cong \left(\frac{2E\gamma}{\pi a}\right)^{1/2} \tag{3-7}$$

式中，E 为杨氏模量；γ 为表面能；a 为裂纹半长。

由于共格的第二相粒子 $Al_3(Sc,Zr)$ 很难被切割，裂纹绕过这些粒子时所需的能量更小。尽管经过 130 ℃退火 1 h 的合金在透射电镜下难以观察到 $Al_3(Sc,Zr)$ 粒子，但在背散射照片中能观察到大量弥散的第二相粒子存在，如图 3-37(a)所示，在裂纹扩展路径中的这些粒子使裂纹发生了偏转。所以裂纹在向前扩展的过程中一旦遇到 $Al_3(Sc,Zr)$ 粒子，很容易会被这些第二相粒子阻碍，从而降低了合金的疲劳裂纹扩展速率，提升了材料的抗疲劳裂纹扩展能力[37-39]。另外，当裂纹在扩展过程中遇到 $Al_6(FeMn)$ 粒子时，能直接穿过这些粒子，如图 3-37(b)所示，裂纹扩展能力随之提高[40]。由于粒子破碎后，相当于裂纹向前扩展了一小段距离，裂纹扩展所需的临界应力值也会因此变小，加快裂纹扩展速度。不仅能在 130 ℃下退火 1 h 的合金中观察到上述现象，合金在 340 ℃/1 h 和 500 ℃/1 h 后也展现了同样的特征：裂纹在扩展过程中遇到脆性的 $Al_6(FeMn)$ 粒子时会直接穿过去，加快裂纹扩展速度；当裂纹遇到共格的第二相粒子 $Al_3(Sc,Zr)$ 时会发生偏折，降低裂纹扩展速率[41-42]。

如图 3-40 所示，在合金的断口上的韧窝中能观察到粗大的块状相粒子 $Al_6(FeMn)$。通常情况下，微孔的形成方式有两种：一种是在试样受应力作用下，位错会在第二相粒子附近堆积，一旦发生大变形，第二相粒子便会与基体界面发生分离，产生显微孔洞；另外一种是由第二相粒子的直接破裂并聚集而形成的。

3.6.5 合金疲劳裂纹扩展机理

迄今为止，关于材料疲劳裂纹扩展的第二阶段，国内外学者提出了很多模型，其中在循环载荷作用下的裂纹尖端塑性钝化模型被广为接受。Tvergaard等[43]认为在循环加载过程中，合金在交变应力为0时，裂纹呈闭合状态；随着拉应力的增加，裂纹逐渐张开，尖端发生滑移；当拉应力达到最大值时，裂纹尖端变为半圆形，发生钝化，裂纹停止扩展。裂纹受压应力时，过程类。如此反复，裂纹便持续向前扩展并在扩展过程中形成疲劳辉纹。然而，在我们的实验中，最低拉应力为1.4 kN，没有压应力，仍然在试样断口上观测到了疲劳辉纹的存在。为了解释这个现象，本研究提出了改进的裂纹尖端塑性钝化模型——裂纹尖端弹性钝化模型。在这个模型中，依然认为试样在单次应力加载过程中，裂纹尖端会在随拉应力增加呈逐渐张开状态，裂纹会在尖端张开的过程中向前扩展一小段距离；但是当应力达到峰值后，随着应力值逐渐降低，裂纹会由于自身弹性的作用而逐渐闭合，在闭合过程中，裂纹继续向前扩展一小段距离。因为在疲劳裂纹扩展初期，合金受到的应力值远低于其屈服强度，可以将裂纹的张开闭合过程理解为一次"弹性形变"过程，所以尽管试样在加载过程中受到的应力均为拉应力，依然能在试样的断口上观测到疲劳辉纹。试样在疲劳裂纹扩展过程中受到的最高应力值可根据试样的最高拉力值除以材料实时截面积来估算。以本章的冷轧薄板为例：拉力值最高为14 kN，通过线切割预制裂纹长度为8 mm，试样总宽为100 mm，厚为2 mm，所以在疲劳裂纹扩展初期，实际受力面积为(100-8)×2 = 184 mm，实际最高应力值为14 kN/184 mm，约为76 MPa。在疲劳裂纹扩展初期，试样相对比较完整，所受的应力值相对较小，而随着裂纹不断向前扩展，试样的实际受力面积越来越小，实际受到的应力值会不断增加；当试样所受的实际应力值高于材料的屈服强度时，试样不再发生闭合过程，裂纹扩展进入第三个阶段——失稳扩展阶段，裂纹会随着ΔK增长而迅速扩展。当试样所受的实际应力值达到合金的抗拉强度时，便会直接发生断裂。从图3-36(a)中可以看出，裂纹近乎是闭合的，此时的裂纹长度为37.9 mm，裂纹总长为75.8 mm，所以试样此时的应力值为287 MPa，略低于试样的屈服强度。而在图3-36(b)中可以看见裂纹呈完全张开状态，此时的裂纹长度为36.4 mm，试样所受的最高应力值为252 MPa，比试样的屈服强度高出26 MPa，因此裂纹已经无法依靠自身弹性闭合。但从图3-36(b)中依然能观察到裂纹尖端有少部分仍呈闭合状态，这与具体的实验操作过程有关。由于观测裂纹长度时需要卸载，这个过程中力会不断减小直至0。在卸载过程中，裂纹依旧向前扩展了一小段距离，但由于此时的应力值比较小，没有超过试样的屈服强度,因此可以在裂纹尖端处仍然观测到闭合的裂纹。综上所述,图 3-36(b)中张开的裂纹是裂纹在高应力下不再闭合的最有效证据。

根据上述模型,可以预测合金材料的疲劳扩展寿命。结合式(3-5)、式(3-6)可以得到:

$$\frac{\mathrm{d}a}{\mathrm{d}N} = C\left(\frac{\Delta P}{B}\sqrt{\frac{\pi a}{w^2}\sec\frac{\pi a}{W}}\right)^m \tag{3-8}$$

进一步推导,可得

$$\mathrm{d}N = \frac{1}{C}\left(\frac{BW}{\Delta P}\sqrt{\frac{1}{\pi a}\cos\frac{\pi a}{W}}\right)^m \mathrm{d}a \tag{3-9}$$

对于不同的临界裂纹值,所需的裂纹扩展次数可由以下公式推导:

$$N = \int_{a_i}^{a_e}\frac{1}{C}\left(\frac{BW}{\Delta P}\sqrt{\frac{1}{\pi a}\cos\frac{\pi a}{W}}\right)^m \tag{3-10}$$

式中,a_i 为裂纹初始长度;a_e 为裂纹终端长度;在本实验中,$B = 2$ mm,$W = 100$ mm,$\Delta P = P_{max} - P_{min} = 12.6$ kN。

根据本文提出的模型,试样从初始阶段开始,直到试样所受最高应力值达到材料的屈服强度并处于稳态扩展阶段,近似将稳态扩展所需次数定义为试样的疲劳扩展寿命值。以 340 ℃ 下退火 1 h 的试样为例,其屈服强度为 282 MPa,线切割预制开口长度为 4 mm(共 8 mm),$a_i = 4$ mm,$a_e = 34.5$ mm,通过 MATLAB 可将裂纹扩展寿命值通过求积分的形式进行计算,结果约为 70400 次,比实际记录结果多 1900 次,误差为 2.8%。

3.7　Al-Mg-Mn-Sc-Zr 合金薄板的织构与各向异性行为

3.7.1　合金板材的织构分析

为了研究 Al-5.8Mg-0.4Mn-0.25Sc-0.1Zr 合金板材的晶粒取向分布,采用 X 射线对合金的织构进行了分析,结果如图 3-41 所示。从图中可以看出,热轧板材与冷轧-退火薄板都具有 Cube 织构{100}<001>以及 β 取向织构,其中包含 Cu 织构{112}<111>、S 织构{123}<634>、Brass 织构{011}<112>和 Goss 织构{011}<100>[44-46]。

合金中各织构的体积分数如表 3-10 所示。从表 3-10 中可以看出,合金内部存在的 Brass 与 S 织构体积分数都很高。可见,冷轧退火态合金依然具备冷加工态的织构特征,回复过程对合金的织构影响不大[47-48]。

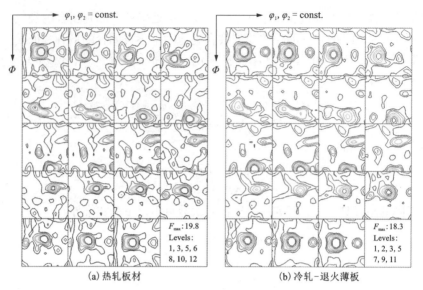

图 3-41 合金板材的织构分析

表 3-10 合金试样的织构体积分数   %

试样	Copper	Brass	S	Goss	Cube
热轧板	4.29	41.35	37.09	5.73	9.17
冷轧-退火板	6.96	24.17	55.26	4.42	9.19

3.7.2 合金板材不同取向的拉伸性能

合金沿轧向(L-T)及横向(T-L)的室温拉伸性能如表 3-11 所示。从表中可以看出,合金沿不同方向的抗拉强度差别不大,沿轧向加载时试样的屈服强度低于沿横向加载的试样,且沿横向加载时,试样的塑性优于沿轧向加载的试样。通常情况下,金属冷轧板材轧向的抗拉强度与屈服强度比横向的要高,而在所研究的合金中则出现了相反的现象。

表 3-11 合金热轧板材、冷轧-退火板材不同取向的拉伸性能

取向	热轧态			冷轧-退火态		
	R_m/MPa	$R_{p0.2}$/MPa	A/%	R_m/MPa	$R_{p0.2}$/MPa	A/%
0°(L-T)	391	262	12.8	410	282	16.8
90°(T-L)	390	275	20.4	415	295	23.5

3.7.3 合金板材不同取向的疲劳裂纹扩展速率

合金热轧板材及冷轧-退火板材的疲劳裂纹扩展曲线如图 3-42 所示。如第 3.6 节所述，疲劳裂纹扩展曲线通常可以分为三个阶段：慢速扩展阶段、稳态扩展阶段及失稳扩展阶段。从图中可以看出，热轧板材的整体疲劳裂纹扩展速率比冷轧-退火板材的速率要高，尤其在应力强度因子范围 ΔK 较大的时候。通常情况下，ΔK 值越高，意味着合金裂纹扩展的驱动力越高[49-50]。因此对于合金相同的疲劳裂纹扩展速率来说，热轧板材所需的应力值要低，其抗疲劳裂纹扩展能力比冷轧-退火板材要差。从图中还可以看出，不同方向的热轧板材与冷轧-退火板材在慢速扩展区与快速扩展区的裂纹扩展速率有所区别，而在稳态扩展区，其裂纹扩展速率区别很小：当 ΔK 值低于 13 MPa·m$^{1/2}$ 时，热轧板材与冷轧-退火板材在轧向(L-T)的裂纹扩展速率比其在横向(T-L)的更高；当 ΔK 值高于 22 MPa·m$^{1/2}$ 时，合金在横向(T-L)的扩展速率要高于轧向的裂纹扩展速率；而合金在 Paris 区域，即稳态扩展区内，不同方向的疲劳裂纹扩展速率相差很小。

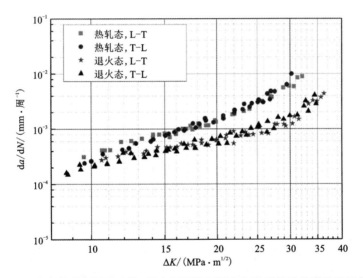

图 3-42 合金热轧板材及冷轧-退火板材沿不同方向扩展的疲劳裂纹扩展曲线

合金板材的裂纹长度与疲劳裂纹循环次数曲线如图 3-43 所示。从图中可以看出，随着循环次数的增加，热轧试样的裂纹长度迅速增加，而冷轧-退火试样的裂纹长度增长缓慢。因此，热轧试样的疲劳寿命值比冷轧-退火试样要低。合金板材沿轧向的疲劳裂纹扩展速率要高，而稳态扩展区的裂纹扩展速率相差不大。尽管板材在失稳区沿轧向的疲劳裂纹扩展速率低，由于快速扩展区相比慢速扩展区来说时间很短，所以试样沿轧向的最终失效循环次数比横向的要少。

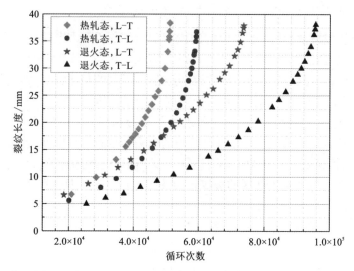

图 3-43　合金热轧板材及冷轧-退火板材的裂纹长度与疲劳裂纹循环次数曲线

3.7.4　合金板材的疲劳失效断口分析

合金经疲劳裂纹扩展测试后的断口形貌特征如图 3-44 所示。从图中可以看出，在裂纹扩展初期，即慢速扩展阶段，热轧板材断口上存在大量的二次裂纹，如图 3-44(a)和(b)所示，然而仅能观察到少量二次裂纹存在于冷轧-退火试样的表面，在这些二次裂纹周围也没有观察到其他粒子。在试样失稳扩展阶段能观察到断口表面存在大量韧窝，韧窝内主要有两种粒子，EDS 结果表明，圆形的含 Sc、Zr 较多，为 $Al_3(Sc,Zr)$，而块状的粒子则富含 Fe、Mn，为 $Al_6(FeMn)$ 粒子。

3.7.5　加工制度对合金拉伸性能与疲劳裂纹扩展速率的影响

合金热轧板材在随后的冷轧过程中，内部位错密度进一步提高，材料强度值升高。尽管合金在 340 ℃下进行了退火处理，其强度依然高于热轧板材，且塑性也得到了提升。由图 3-44(a)和(b)可以看出，热轧板材疲劳裂纹扩展初期存在大量的二次裂纹，这些二次裂纹是合金内部高密度的位错在应力作用下产生应力集中引起的，由于形成的二次裂纹能消耗一部分能量，裂纹尖端扩展驱动力降低。因此，在疲劳裂纹扩展初期，二次裂纹的形成能减缓一定程度的疲劳裂纹扩展速率。前面提及过，合金内部存在的亚晶粒及其周围适中的位错密度能有效阻碍疲劳裂纹扩展。由于热轧板材内部存在由严重变形而产生的加工组织，合金内部没有发生回复或再结晶。当裂纹在热轧板材试样中扩展时，尽管初期能通过形

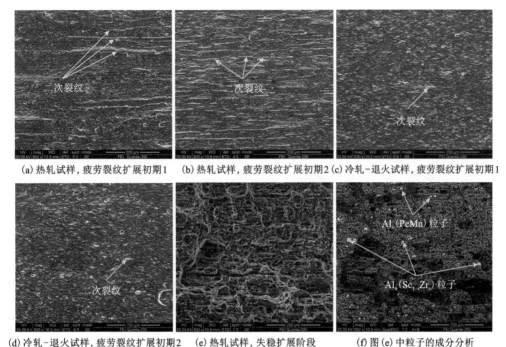

(a) 热轧试样，疲劳裂纹扩展初期 1　(b) 热轧试样，疲劳裂纹扩展初期 2　(c) 冷轧-退火试样，疲劳裂纹扩展初期 1

(d) 冷轧-退火试样，疲劳裂纹扩展初期 2　(e) 热轧试样，失稳扩展阶段　(f) 图 (e) 中粒子的成分分析

图 3-44　合金试样疲劳断裂后断口形貌

成二次裂纹的方式降低试样的疲劳裂纹扩展速率，但随着 ΔK 值的增加，其裂纹扩展速率迅速提高。而在冷轧-退火板材中，尽管其内部位错密度不高，在疲劳裂纹扩展初期形成的二次裂纹较少，但其与热轧试样在疲劳裂纹扩展初期的速率相差不大。合金内部由于发生了回复，形成了大量的亚晶及亚晶界，能够有效阻碍疲劳裂纹扩展，使得其疲劳裂纹扩展速率提高较慢，与热轧板材相比，具有更优异的抗疲劳裂纹扩展能力[51-52]。

3.7.6　合金板材织构形成机理

由图 3-41 可以看出，热轧板材与冷轧-退火板材内含有 Brass 织构和 S 织构等，这些织构通常出现在面心立方晶体结构的金属中。根据塑性加工原理，合金中的晶粒不仅受到轧向上的拉应力作用，还会在轧面法向上受到压应力的作用，受二者的共同作用，晶体会沿着特定晶面和晶向进行移动[53]。受拉应力的影响，晶粒会通过旋转的方式逐渐使其滑移方向与拉应力方向一致，而在压应力的作用下，滑移面法向会逐渐趋向于压应力方向。多晶材料在塑性变形时其力学性能的关系式如下：

$$\mu = \cos\varphi\cos\lambda = \frac{\tau_c}{\sigma_s} \tag{3-11}$$

式中，σ_s 为屈服应力；τ_c 为临界分切应力；μ 为拉伸形变取向因子。

合金滑移系受力分析如图 3-45 所示，图 3-45(a)所指方向为拉应力方向，其与滑移方向和滑移面法向夹角分别为 λ 和 φ。根据晶体学晶向夹角公式及式(3-11)可计算{111}<110>滑移系开动并使得金属发生塑性变形时各晶向上的取向因子大小，将其在反极图中分别标出来，如图 3-45(b)所示。在面心立方晶体金属中，一般在取向因子最大即临界分切应力最大的滑移系统上进行滑移。

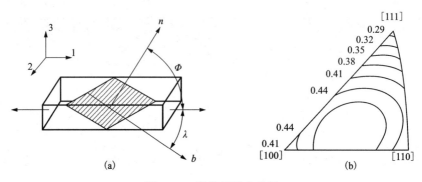

图 3-45　滑移系受力分析

面心立方晶体金属的极射赤面投影如图 3-46 所示。结合图 3-46 取向因子 μ 值的反极图可知，取向三角形[001]–[$\bar{1}$11]–[011]中晶体拉应力轴线方向接近[$\bar{1}$23]晶向，[$\bar{1}$35]的 T 取向处在取向因子较高的区域，容易发生滑移，此时($\bar{1}$11)[101]为主滑移系统。受轧制变形的影响，晶体在轧向拉力作用下发生旋转，其拉力轴线方向开始向[101]方向转动，当其穿过[001]–[$\bar{1}$11]联线时，原滑移系统将会被($\bar{1}$11)[011]所取代，而拉应力轴线则向新的滑移方向[011]转移。当拉应力轴线再次经过[001]–[$\bar{1}$11]时，原滑移系统又将被重新激活。拉应力轴方向如此反复倒转，最后会转至[001]–[$\bar{1}$11]联线上的[$\bar{1}$12]上，此时两滑移系统的取向因子刚好完全相同。最初与 T 方向处于正交状态的压力轴线方向(C 点)也会开始向[$\bar{1}$11]方向转动；当 T 穿过[001]–[$\bar{1}$11]联线时，C 点又开始转向[$\bar{1}$11]，来回转动，最后停在[$\bar{1}$10]上。因此，合金在轧制过程中就会出现组分含量很高的 Brass 织构{011}<211>。面心立方晶体金属除上述滑移系外，能同时开动多个滑移系统，使晶体塑性变形过程变得更为复杂，Brass 织构也会被更加复杂的织构所代替，因此板材还会出现 S 织构、铜织构等混合型织构组分。

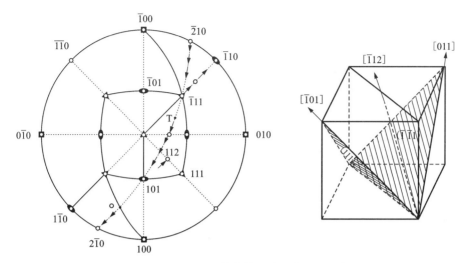

图 3-46　面心立方晶体在轧制过程中的取向变化

3.7.7　织构对合金力学性能与疲劳裂纹扩展各向异性的影响

根据 Schmid 定律，临界剪切力可以用下式表示：

$$\tau = \sigma \cos \varphi \cos \lambda \tag{3-12}$$

式中，σ 为施加在试样上的外力；φ 为外力轴线与滑移面法向的夹角；λ 滑移方向与外力轴线的夹角；$\cos \varphi \cos \lambda$ 又称为 Schmid 因子。

在面心立方晶体中有 12 种不同的滑移系对应不同的滑移面与滑移方向，能够得到 12 个 Schmid 值，其中最大的 Schmid 值对应合金实际的滑移系。由于合金热轧板材与冷轧-退火板材中的 Brass 与 S 织构的体积分数都很高，其他织构对试样的影响忽略不计[54-55]。假设板材中织构对各向异性的影响是独立的，使用单个晶胞计算合金的受力情况。由于铝合金属于面心立方晶体，主要的滑移系为 {111}<110>。对于 Brass 织构 {011}<112>，为了简化计算，首先假设合金只具有 $(101)[\bar{1}21]$ 织构。面心立方主滑移系 {011}<110> 的滑移面与 Brass 织构的空间位置关系如图 3-47 所示。

立方晶系的晶格方向与织构的位向关系如图 3-48 所示。对于立方晶体，任意两晶向之间的夹角 φ 可以由下式计算：

$$\cos \varphi = \frac{h_1 h_2 + k_1 k_2 + l_1 l_2}{\sqrt{(h_1^2 + k_1^2 + l_1^2)(h_2^2 + k_2^2 + l_2^2)}} \tag{3-13}$$

根据上式，可知有两种可能的滑移面，其中一种滑移面与轧向垂直，另外一

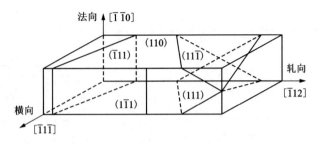

图 3-47 面心立方 {111} 晶面与 (110)[$\bar{1}$12] 织构的空间位置关系

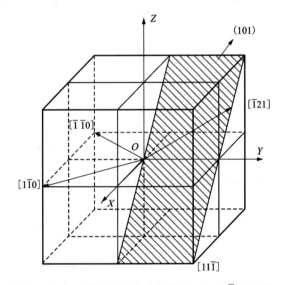

图 3-48 立方晶系的晶格方向以及 (101)[$\bar{1}$21] 织构

种滑移面与轧向成 35.26°。根据其与轧向的角度关系，可知拉伸方向的晶体学取向指数，见表 3-12。

表 3-12 试样拉伸方向的晶体学取向指数

加载方向	晶体学取向指数	
0°(L-T)	[$\bar{1}$21]	[12$\bar{1}$]
90°(T-L)	[11$\bar{1}$]	[$\bar{1}$11]

对于立方晶体，任意两晶面 [$u_1 v_1 w_1$] 与 [$u_2 v_2 w_2$] 之间的角度关系可以用下式

计算：

$$\cos \varphi = \frac{u_1 u_2 + v_1 v_2 + w_1 w_2}{\sqrt{(u_1^2 + v_1^2 + w_1^2)(u_2^2 + v_2^2 + w_2^2)}} \qquad (3-14)$$

根据上式可求得 φ 与 λ 值，并得到 Schmid 因子，结果如表 3-13 所示。

表 3-13　不同取向条件下角度 φ 与 λ 值以及 Schmid 因子

滑移系	φ 和 λ 值				Schmid 因子	
	0°(L-T)		90°(T-L)		0°(L-T)	90°(T-L)
	$\varphi/(°)$	$\lambda/(°)$	$\varphi/(°)$	$\lambda/(°)$		
$(1\bar{1}1)[110]$	61.87	73.22	70.53	35.26	0.1361	0.2722
$(1\bar{1}1)[011]$	61.87	30.00	70.53	90.00	0.4083	0
$(1\bar{1}1)[\bar{1}01]$	61.87	54.74	70.53	35.26	0.2722	0.2722
$(\bar{1}11)[110]$	19.47	73.22	70.53	35.26	0.2722	0.2722
$(\bar{1}11)[0\bar{1}1]$	19.47	73.22	70.53	35.26	0.2722	0.2722
$(\bar{1}11)[101]$	19.47	90.00	70.53	90.00	0	0
$(111)[1\bar{1}0]$	61.87	73.22	70.53	90.00	0.1361	0
$(111)[0\bar{1}1]$	61.87	73.22	70.53	35.26	0.1361	0.2722
$(111)[\bar{1}01]$	61.87	54.74	70.53	35.26	0.2722	0.2722
$(11\bar{1})[1\bar{1}0]$	90.00	73.22	0	90.00	0	0
$(11\bar{1})[011]$	90.00	30.00	0	90.00	0	0
$(11\bar{1})[101]$	90.00	90.00	0	90.00	0	0

考虑到立方晶体的对称性，任何 {011}<211> 织构都会得到同样的最大 Schmid 值计算结果。由表 3-12 可知，对于 Brass 织构，当加载方向沿轧向(L-T) 时，最大 Schmid 值为 0.4083；当加载方向沿横向时，最大 Schmid 值为 0.2722。根据同样的方法可以计算出试样在 S 织构中不同方向的 Schmid 值：沿轧向时，0.4216；沿横向时，0.4446。

根据热轧板材以及冷轧-退火板材中两者的体积分数关系，对其进行加权计算，得到试样的实际 Schmid 值，结果如表 3-14 所示。从表中可以看出，沿横向的加权 Schmid 值略低于沿轧向的。所以在同等载荷条件下，沿轧向加载时，试样受到的实际剪切力会略高于沿横向加载时试样实际受到的剪切力。因此，合金沿轧向加载时的强度值会略低于沿横向加载的强度值。

表 3-14　试样的加权平均 Schmid 值

试样	0°(L-T)	90°(T-L)
热轧板材	0.3252	0.2774
冷轧–退火板材	0.3317	0.3114

在疲劳裂纹扩展初期，应力强度因子范围值很低(<13 MPa·m$^{1/2}$)，裂纹尖端所受应力值很小，在试样疲劳裂纹扩展所受的阻力都很大的情况下，驱动力越高，裂纹越容易向前扩展。因此在疲劳裂纹扩展初期，沿轧向加载时，试样的疲劳裂纹扩展速率会更快。当应力强度因子范围值较高时(>22 MPa·m$^{1/2}$)，裂纹尖端受到的应力值都很高，此时疲劳裂纹扩展速率主要与试样内阻碍裂纹扩展的因素有关。

亚晶界或晶界是合金抵抗疲劳裂纹扩展的重要因素。试样在轧制之后，晶粒沿轧向被拉长，所以疲劳试样在沿轧向加载时，裂纹在扩展过程中会遇到更多的晶界或亚晶界[41]；相反，当试样沿横向加载时，裂纹在扩展中遇到的晶界或者亚晶界会相对较少。所以沿横向加载时，试样疲劳裂纹扩展受到的阻力值更低，随着 ΔK 的增加，疲劳裂纹扩展快速。当应力强度因子值足够高时，沿横向加载的试样疲劳裂纹扩展速率超过了沿轧向加载的试样[56-58]。

图 3-49 为试样疲劳裂纹扩展至断裂后的表面形貌特征。从图中可以看出，试样沿 T-L 加载时裂纹沿着合金内部的纤维组织扩展，且路径相对平滑；沿 L-T 加载时，能看到路径有明显的偏转，且偏转角度为 $30°\sim45°$，有效阻碍了裂纹向前扩展。因此，尽管试样沿轧向扩展时受到的驱动力更高，但其抗疲劳裂纹扩展的阻力值也更高，所以在稳态扩展区域，试样沿不同方向加载时，裂纹扩展速率相差很小[59-60]。

(a) 热轧板材，T-L

(b) 热轧板材，L-T

(c) 冷轧-退火板材，T-L

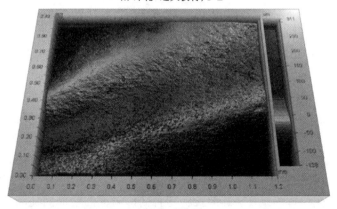

(d) 冷轧-退火板材，L-T

图 3-49　试样疲劳裂纹扩展至断裂后的表面形貌特征，$\Delta K = 7.5\ \mathrm{MPa \cdot m^{1/2}}$

3.8 Al-Mg-Mn-Sc-Zr 合金薄板的超塑变形行为

3.8.1 合金的超塑变形力学特性

1. 合金的 DSC 测量

Al-5.8Mg-0.4Mn-0.25Sc-0.1Zr 合金的示差扫描量热分析结果如图 3-50 所示,该合金板材的初始熔化温度为 585.43 ℃。依据此结果来制定合金的超塑性变形温度范围[61]。

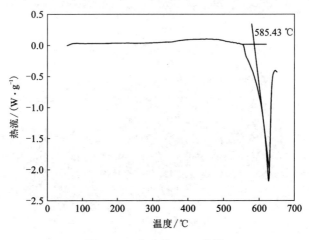

图 3-50　合金的 DSC 曲线

2. 不同变形条件下合金的伸长率

Al-5.8Mg-0.4Mn-0.25Sc-0.1Zr 合金薄板在初始应变速率为 $1.67 \times 10^{-3} \sim 1.00 \times 10^{-1} \ s^{-1}$,变形温度为 450~525 ℃时,经超塑性拉伸后,试样的宏观照片如图 3-51 所示。由图可以看出,在相同的应变速率下,变形温度越低,越容易出现颈缩。根据实验结果,合金薄板在不同变形温度和不同初始应变速率下统计的伸长率如图 3-52 所示。

由图可以看出,未经任何处理的合金在温度为 450~525 ℃、初始应变速率为 $1.67 \times 10^{-3} \sim 1.00 \times 10^{-1} \ s^{-1}$ 的条件下,均展现出超塑特性(伸长率≥200%)。对于有不同初始应变速率的试样,其伸长率随着变形温度的增加而提高,在 500 ℃时达到峰值,随后降低。其中在初始应变速率为 $1.67 \times 10^{-3} \ s^{-1}$、变形温度为 500 ℃ 时,合金达到了最高伸长率,为 740%。合金在 475 ℃、初始应变速率为 $1.67 \times 10^{-3} \ s^{-1}$ 时,伸长率有一个突变,但与试样最高伸长率相差不大。合金在

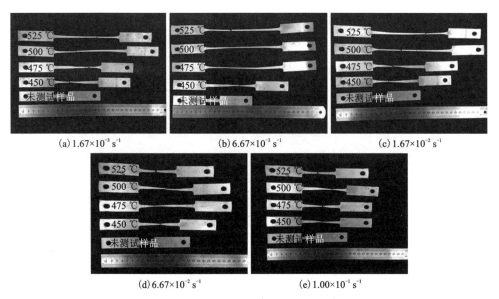

(a) 1.67×10^{-3} s^{-1}　(b) 6.67×10^{-3} s^{-1}　(c) 1.67×10^{-2} s^{-1}

(d) 6.67×10^{-2} s^{-1}　(e) 1.00×10^{-1} s^{-1}

图 3-51　合金薄板在不同变形条件下的宏观照片

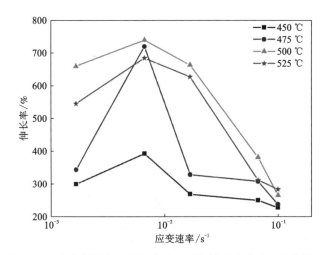

图 3-52　合金薄板在不同温度和不同初始应变速率下的伸长率

500 ℃和 525 ℃的变形温度下，初始应变速率为 1.67×10^{-2} s^{-1} 时，伸长率分别为 664% 和 628%，依然很高。当初始应变速率提高至 6.67×10^{-2} s^{-1} 时，试样的伸长率降低得较明显。当初始应变速率达到 1.00×10^{-1} s^{-1} 时，试样在 525 ℃下的伸长率变为最高。

3. 不同变形条件下合金的真应力-应变曲线

合金超塑变形在 GWT2504 高温拉伸试验机上进行，仪器记录的是位移-载荷曲线。在超塑性拉伸试验中，视试样标距段体积在变形过程中保持恒定，由此可根据式(3-15)和式(3-16)将位移-载荷曲线转变为真应力-真应变曲线。

$$\sigma = \frac{P}{A_0}\left(1 + \frac{\Delta l}{l_0}\right) \tag{3-15}$$

$$\varepsilon = \ln\left(1 + \frac{\Delta l}{l_0}\right) \tag{3-16}$$

式中，P 为载荷；A_0 为试样标距段初始横截面面积；l_0 为试样标距段原始长度；Δl 为试样标距段的伸长量。

合金在不同变形条件下典型的真应力-真应变(σ-ε)曲线如图 3-53 所示。图 3-53(a)和(b)分别为试样在 475 ℃和 500 ℃下不同初始应变速率的应变曲线，图 3-53(c)和(d)分别为初始应变速率为 6.67×10^{-3} s^{-1} 和 1.67×10^{-2} s^{-1} 时，试样在不同温度下变形的真应力-真应变曲线。由图可以看出，在变形初期，试

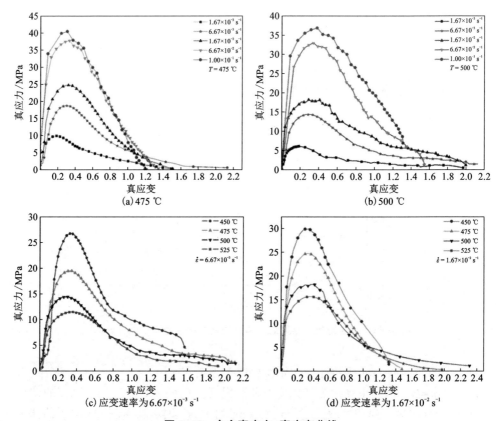

图 3-53　合金真应力-真应变曲线

样都会经历一个应变强化阶段, 随后发生明显的软化, 且峰值应力值越高的试样的软化速度越快。由图还可以看出, 在相同的变形温度下, 试样的峰值应力随着初始应变速率的升高而升高; 对于相同的初始应变速率, 试样的峰值应力随着变形温度的升高而降低。值得注意的是, 试样的峰值应力比其他一般合金都要高。从图中还可以看出, 适中的变形温度和应变速率是试样实现最高伸长率的必要条件[62-64]。

4. 合金的应变速率敏感因子

超塑性的应变速率敏感因子及扩散激活能可以由如下公式求得[65]:

$$\sigma = k\left[\dot{\varepsilon} \exp\left(\frac{Q}{RT}\right) \right]^m \tag{3-17}$$

式中, σ 为流变应力; k 为材料常数; $\dot{\varepsilon}$ 为稳态应变速率; Q 为超塑性变形的激活能; R 为气体常数; T 为绝对温度。

由于 Q 在温度一定时是一个定值, 因此 m 可以用如下公式表示:

$$m = \frac{\partial \ln\sigma}{\partial \ln\dot{\varepsilon}}\bigg|_T \tag{3-18}$$

合金在不同变形温度和不同初始应变速率下的超塑性变形流变应力($\varepsilon = 0.3$)与应变速率的关系如图 3-54 所示。由式(3-18)可知, m 为图 3-53 中不同温度条件下线性回归曲线的斜率。从图中可以看出, 应变速率敏感因子随着变形温度的升高而升高, 在 500 ℃时达到峰值, 随后降低。通常情况下, m 值越高, 其伸长率越高, m 值的变化规律与测试试样的伸长率相一致。试样的平均 m 值为 0.39。对于 Al-Mg 合金, 其晶粒较粗时, m 值为 0.3 左右; 对于具有稳定、细小晶粒的 Al-Mg 合金(5~10 μm), 其 m 值通常为 0.5 左右[66-68]。

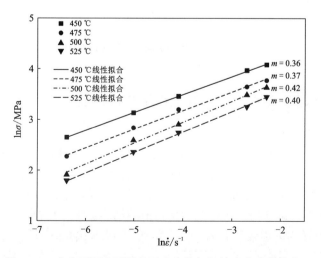

图 3-54　合金不同变形温度下真应力与初始应变速率的关系

5. 合金的变形激活能

变形激活能(Q)是衡量材料热变形或内部原子发生重排的难易程度的重要参数。其值大小通常与材料本身特性、变形温度、变形速率等因素有关。在一定程度上,变形激活能可以作为表征超塑变形过程中变形机制的特征参数。由式(3-17)可知,合金的变形激活能可根据下式估算:

$$Q = \frac{R}{m}\frac{\partial \ln\sigma}{\partial(1/T)}\bigg|_{\dot{\varepsilon}} \qquad (3-19)$$

Q 值可由 $\ln\sigma$ 与($1/T$)关系图的斜率获得,如图 3-55 所示。对于所有实验试样,其平均激活能为 107 kJ/mol,介于纯铝的晶界扩散激活能(84 kJ/mol)和晶格自扩散激活能(140 kJ/mol)之间。因此,晶界扩散与晶格自扩散均存在于合金超塑性变形过程中[69-71]。

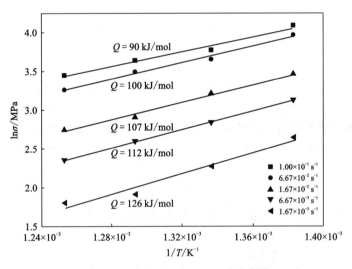

图 3-55　合金 $\ln\sigma$ 与($1/T$)关系曲线

3.8.2　合金超塑性变形的显微组织及断口特征

1. 试样的金相组织

图 3-56 为试样在 500 ℃下,初始应变速率为 6.67×10^{-3} s^{-1} 拉伸后的金相组织。由图可以看出,试样经超塑变形拉伸后,其夹距部分呈现典型的纤维状晶粒,尽管其纤维组织相对冷轧态有所增粗,但仍然保持了试样冷加工后的组织特性。前面讨论过,试样内由于存在大量弥散的纳米级第二相粒子 Al$_3$(Sc, Zr),使得试样具有极强的抗再结晶能力。对于普通的 Al-Mg 合金来说,在加热环境下极容易发生再结晶,甚至在 360 ℃下保温 5 min 就发生了完全再结晶[72-74]。而试样

的标距部分则呈现典型的再结晶组织。对比图 3-56(a)和(b)可以看出，合金在超塑变形过程中发生了明显的动态再结晶。由于动态再结晶能为合金变形提供更多的晶界以进行滑移，其在超塑性变形过程中起到了关键性的作用[75-77]。

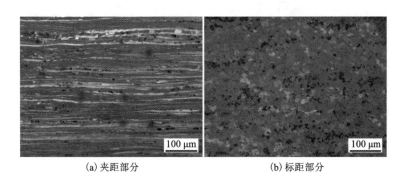

(a) 夹距部分　　　　　　　　　　(b) 标距部分

图 3-56　合金经 500 ℃，初始应变速率为 6.67×10^{-3} s^{-1} 拉伸后的金相组织

2. 试样的 TEM 组织

合金试样经不同变形温度和不同初始应变速率拉伸后的 TEM 组织如图 3-57 所示。从 450 ℃变形样品内部能观察到高密度位错。这些位错经受热后重组排列形成位错墙，是合金内部发生回复的标志。随着变形温度升至 500 ℃，位错密度显著降低，且能在样品内部观察到一些 $Al_3(Sc, Zr)$ 粒子，如图 3-57(b)所示。合金在 500 ℃下变形后仍然能从中观察到这些粒子与位错的强烈交互作用，证明了这些粒子在高温下很稳定。由于位错运动会在晶界或亚晶界附近受阻，合金在变形温度为 500 ℃、初始应变速率较高时仍能在其内部观察到位错墙。合金在 525 ℃下变形后仍能在其内部观察到较多位错，主要是由于在样品拉伸过程中位错增殖速度高于位错消失速度所致。

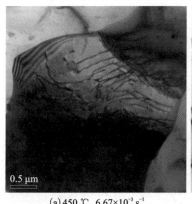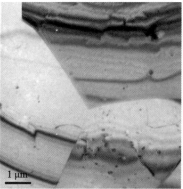

(a) 450 ℃, 6.67×10^{-3} s^{-1}　　　　　　(b) 500 ℃, 6.67×10^{-3} s^{-1}

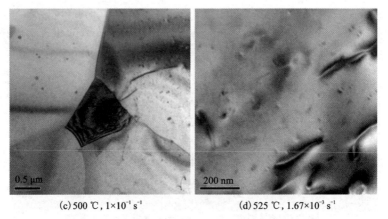

(c) 500 ℃, 1×10⁻¹ s⁻¹   (d) 525 ℃, 1.67×10⁻³ s⁻¹

图 3-57　不同变形条件下合金的 TEM 组织

3. 试样的断口形貌特征

　　合金经超塑性变形之后,试样断口形貌如图 3-58 所示。从图 3-58(a)中可以看出,经 450 ℃拉伸后的试样的断口呈条带状特征,说明冷轧试样的纤维状组织在试样经 450 ℃、初始应变速率为 $6.67×10^{-3}$ s⁻¹ 拉伸后保存了下来,合金内部没有发生动态再结晶。在断口表面还能观察到一些拉长的韧窝。冷轧试样内部纤

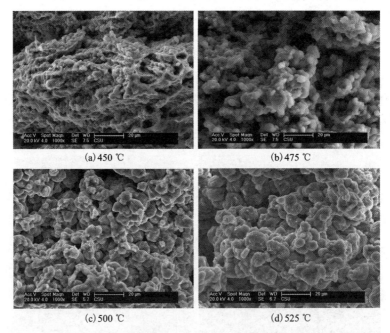

(a) 450 ℃   (b) 475 ℃

(c) 500 ℃   (d) 525 ℃

图 3-58　合金在初始应变速率为 $6.67×10^{-3}$ s⁻¹、不同变形温度下的断口形貌

维组织在 475 ℃下拉伸时已经开始发生断裂，能够在断口表面观察到少量纤维状组织。继续升高变形温度，这些纤维状组织已经消失，取而代之的是均匀的等轴状晶粒组织，经 525 ℃拉伸变形后形成了卵形晶。合金试样经高温拉伸之后，表面已观察不到韧窝，说明试样在 475 ℃、500 ℃和 525 ℃下初始变形速率为 6.67×10^{-3} s^{-1} 时断裂的主要机理已由穿晶韧性断裂转变为沿晶韧性断裂[78]。

3.8.3　合金超塑变形机理

根据前面的实验结果，说明未经任何预处理的合金在变形温度为 450 ~ 525 ℃、初始应变速率为 6.67×10^{-3} ~ 1×10^{-1} s^{-1} 时均展现出了超塑性特征。为了测量试样断裂后的晶粒大小，在试样断口附近获取了一系列 EBSD 照片（变形温度为 500 ℃），如图 3-59 所示。经不同初始应变速率变形后试样的平均晶粒尺寸分别为 4.4 μm、3.8 μm、2.4 μm 和 2.2 μm。显然，试样的晶粒尺寸随着初始应变速率的提高而变大，主要是由于试样在低速率下拉伸时长大时间更长。然而，即便是在 1.67×10^{-3} s^{-1} 的初始应变速率下，试样的晶粒尺寸仍为 4.4 μm，主要是由于合金内部亚晶界与晶界被纳米级第二相 $Al_3(Sc, Zr)$ 粒子钉扎阻碍。一方面，$Al_3(Sc, Zr)$ 粒子能够在熔铸时优先形核，为合金在凝固过程中提供更多形核核心，因此合金的晶粒很细。另一方面，有一些 Sc、Zr 在合金凝固过程中形成了

(a) 1.67×10^{-3} s^{-1}, 4.4 μm　　　　(b) 6.67×10^{-3} s^{-1}, 3.8 μm

(c) 1.67×10^{-2} s^{-1}, 2.4 μm　　　　(d) 1×10^{-1} s^{-1}, 2.2 μm

图 3-59　合金在 500 ℃下经不同初始应变速率拉伸后断口附近的 EBSD 照片

过饱和固溶体，能够在退火过程中析出。超塑性拉伸实验过程中，变形温度较高，可以视其为短暂的一个退火过程，$Al_3(Sc, Zr)$ 粒子能在拉伸过程中不断析出，这些弥散的纳米级第二相粒子能够钉扎亚晶界、晶界以及位错，所以合金经超塑性拉伸后，内部晶粒仍处于数微米级别[79-80]。

通常情况下，具有不同晶粒尺寸的合金的变形激活能与主要变形机理也不一样。在 Soer 等[81]的研究中，Al-Mg 合金的晶粒尺寸超过 40 μm，其变形激活能为 153 kJ/mol，超过了纯铝的晶格自扩散激活能(142 kJ/mol)。与之类似，Bae[82]等研究发现，当 Al-Mg 合金晶粒尺寸在 8~30 μm 时，其变形激活能为 163 kJ/mol。然而在 Turba 等[83]的研究中，Al-Mg-Sc-Zr 合金的晶粒尺寸为 0.3~1 μm，通过观察金相组织证明了合金主要的变形机理为晶界滑移。从图 3-55 中可以看出，合金的初始应变速率越低，其变形激活能越高。当试样的初始应变速率为 1.67×10^{-3} s^{-1} 时，其变形激活能为 126 kJ/mol；当试样的初始应变速率为 1×10^{-1} s^{-1} 时，其变形激活能为 90 kJ/mol。根据图 3-59 的结果，当变形温度为 500 ℃，合金初始应变速率越低时，由于动态再结晶时间越长，其晶粒尺寸越大。所以可以推测，试样在相同的变形温度下，初始应变速率越低，其晶粒尺寸越大。这些实验结果表明，合金的变形激活能和变形机理与其自身的晶粒尺寸密切相关，试样的晶粒尺寸越小，其变形激活能越低，主要变形机理为晶界滑移。随着晶粒尺寸的增大，可以提供滑移的晶界数量会不断减少，因此晶界滑移起到的作用也会不断减弱。对于晶粒粗大的合金，其主要变形机理则转变为位错攀移或者蠕变。需要注意的是，对于不同成分的合金，影响合金变形机理的临界晶粒尺寸不尽相同。本实验中试样的平均晶粒尺寸为 3 μm，平均变形激活能为 107 kJ/mol，介于晶界滑移与晶格自扩散激活能之间。所以，在本实验中晶界滑移与位错蠕变在合金超塑性变形过程中均起到了重要作用。根据图 3-58 的结果，断口表面呈现的一些拉长的或等轴状晶粒表明合金的主要断裂机理为沿晶韧性断裂。

3.9 工业化生产条件下 5B70 铝镁钪合金的组织与性能

3.9.1 工业化生产条件下大规格 5B70 合金板材的组织与性能

在前面实验研究的基础上，选定注册牌号为 5B70 的铝镁钪合金(Al-6.17Mg-0.39Mn-0.23Sc-0.13Zr)进行工业化生产条件下合金板材[(2~12)mm×1200 mm×2000 mm]的研制。

1. 不同处理态 5B70 合金板材的微观组织

不同处理态 5B70 合金板材的透射电子显微组织如图 3-60 所示。由图可以看出，半连续激冷铸造的铸锭组织近似为过饱和固溶体，经 350 ℃均匀化退火

12 h 后过饱和固溶体分解, 在基体上析出 Al₃(Sc, Zr) 弥散相; 冷轧板材经 200 ℃ 退火 1 h 后为位错亚结构组织, 经 350 ℃ 退火 1 h 后为亚晶组织。

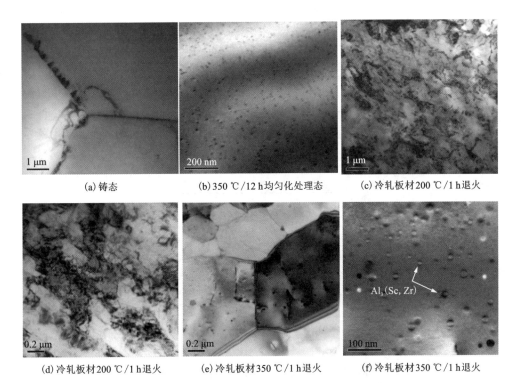

(a) 铸态　　　(b) 350 ℃/12 h 均匀化处理态　　　(c) 冷轧板材 200 ℃/1 h 退火

(d) 冷轧板材 200 ℃/1 h 退火　　　(e) 冷轧板材 350 ℃/1 h 退火　　　(f) 冷轧板材 350 ℃/1 h 退火

图 3-60　不同处理态 5B70 合金板材的透射电子显微组织

2. 不同处理态 5B70 合金板材的室温拉伸性能

5B70 合金成品板材的室温拉伸性能如表 3-15 所示。

表 3-15　5B70 合金成品板材的室温拉伸性能

规格/(mm×mm×mm)	状态/取向	R_m/MPa	$R_{p0.2}$/MPa	A_{50}/%
12.0×1200×2000	H112, 纵向	406~410	268~270	17~22
12.0×1200×2000	H112, 横向	390~396	262~268	24~26
6.0×1200×2000	H112, 纵向	424~430	298~304	18~21
6.0×1200×2000	H112, 横向	411~417	295~302	20~22
2.0×1200×2000	H32, 纵向	418~428	314~325	16~17
2.0×1200×2000	H32, 横向	420~430	318~332	14~15

3. 5B70 合金成品板材的物理性能

密度：密度用排水法测量。先分别测出物体在空气中和水中的质量，用两者之差除以水的密度，即可得到物体的体积；再用物体在空气中的质量除以体积就能得出合金的密度，为 2.66 g/cm³。

熔点：合金熔点的测量在 NETZSCH STA 449C 热分析仪上进行，试样为边长 4 mm、重量为 20 mg 的块状样品，实验前用清水冲洗和用丙酮漂洗，纯铝为参比样品。试样升温速度为 10 ℃/min，温度范围为 100~700 ℃。5B70 合金 DSC 曲线如图 3-61 所示，加热到 563 ℃时曲线上出现一个较弱的吸热峰，在 628 ℃时曲线上出现一个最大的吸热峰，说明此时合金已经熔化，可知 5B70 合金的熔点为 628 ℃。

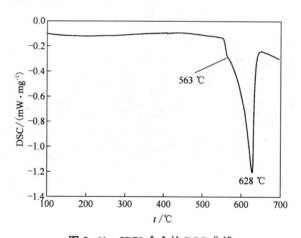

图 3-61　5B70 合金的 DSC 曲线

热膨胀系数：热膨胀系数采用日本理学 Rigaku 热膨胀仪来测量，试样和标样由试样架支撑。当试样和标样加热时发生膨胀，分别推动探测杆使差动变压器运动，差动变压器铁芯与线圈相对位置的变化代表了试样和标样热膨胀的差值，这个差值由电路变换成电信号，并与温度信号一起由记录仪记录。合金不同温度范围内的热膨胀系数如表 3-16 所示。可见随温度升高，合金热膨胀系数逐渐增大，到 150 ℃时，热膨胀系数趋于稳定。

表 3-16　合金成品板材不同温度范围内的热膨胀系数

温度范围/℃	20~50	20~100	20~150
热膨胀系数/($10^{-6} \cdot ℃^{-1}$)	21.6	26.4	26.8

电导率：电导率测试在 7501 型涡流电导仪上进行，试样规格为 12 mm×
12 mm×5 mm，测量前用标准块进行校准，依次用水磨砂纸抛光其表面，以除去热
处理时形成的氧化膜。取值为 3 次测量的平均值。不同处理态 5B70 合金板材的
电导率如表 3-17 所示。

表 3-17　不同处理态 5B70 合金板材的电导率

合金状态	相对电导率/%IACS
2 mm 厚冷轧板	26.7
280 ℃/1 h 退火	28.2
350 ℃/1 h 退火	26.9

热扩散系数、热导率和比热容：热扩散系数采用热脉冲法测试，所用仪器为
Flashline 3000 S2 激光导热仪。热扩散系数和热导率测试依据《硬质合金热扩散率
的测定方法》(GB/T 11108—2017)进行。试样尺寸为 φ10×3 mm。比热容不能直
接测得，通过热扩散系数和热导率计算得到，具体数值如表 3-18 所示。

表 3-18　5B70 合金的物理性能

密度/(g·cm^{-3})	热导率/(W·m^{-1}·K^{-1})	比热容/(J·kg^{-1}·K^{-1})	弹性模量/GPa
2.66	119.0	957.9	68.9

3.9.2　工业化生产条件下 5B70 合金锻件的制备与性能

1. 合金锻件的制备

采用熔炼→精炼→铸造(φ482 mm 的铸棒)→均匀化(350 ℃/8 h)→锯切、车
皮→加热(400~420 ℃/4 h)→热挤压(400~420 ℃，φ170 mm 的棒材)→热锻
(420 ℃/2 h，φ220 mm×80 mm 的锻件)→机加工→性能检测→组织检查→超声
波探伤。

合金锻件锻造用 3000 t 水压机。锻造时应满足合金具有较高的塑性、较小的
变形抗力、足够宽的锻造温度范围的要求以便于操作，且成品锻件的力学性能较
高。始锻温度应距合金过烧温度有一定间隔，否则迅速锤击或大变形量锻造时，
可能因坯料温度在局部地方超过始锻温度而产生开裂。

5B70 合金是不可热处理强化铝合金，合金终锻温度低可以降低再结晶的程
度，保留一定的加工硬化，从而提高合金的强度，因此终锻温度可稍低一些。根

据热塑性和热模拟的实验结果以及生产条件下实际生产的试验结果和分析，合金锻造温度范围确定为 380~420 ℃。φ220 mm×80 mm 锻件的自由锻工艺采用锻 6 工艺，即三次镦粗、三次拔长而成，如图 3-62 所示。

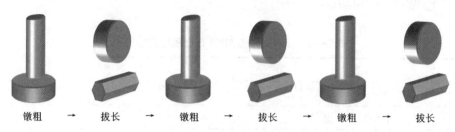

镦粗 → 拔长 → 镦粗 → 拔长 → 镦粗 → 拔长

图 3-62　5B70 合金自由锻工艺

2. 合金锻件的力学性能和显微组织

合金锻件不同取向下的室温拉伸性能如表 3-19 所示。结果表明，与板材的拉伸性能相比，合金锻件的拉伸性能数据有些分散。

表 3-19　合金锻件的室温拉伸性能

取样方向	R_m/MPa	平均值/MPa	$R_{p0.2}$/MPa	平均值/MPa	A_{50}/%	平均值/%
径向	424	417	272	298	13.4	14.0
	416		282		14.2	
	411		341		14.5	
轴向	430	419	247	275	13.1	14.7
	405		325		17.6	
	422		252		13.4	
高向	414	415	272	274	12.2	13.4
	410		270		16.4	
	420		280		11.5	

合金锻件不同取向的金相组织如图 3-63 所示。从图中可以看出，合金锻件的金相组织是煎饼状的非再结晶组织。

3. 合金锻件的断裂韧性及断口形貌特征

合金锻件的断裂韧性如表 3-20 所示。其断裂韧性试样的断口形貌如图 3-64 和图 3-65 所示。从图中可以看出，锻件轴向样品的断裂面是一个不平整的曲面

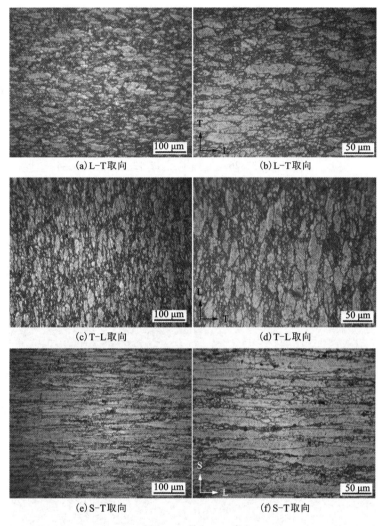

L—径向；T—轴向；S—高向。

图 3-63　合金锻件不同取向的金相组织

[见图 3-64(a)]，高向样品的断裂面是一个平整面[见图 3-65(a)]。锻件轴向样品的断裂面与煎饼状晶粒的平界面垂直，断裂时必须将煎饼状晶粒撕裂，阻力比较大，导致断裂面成为不平整的曲面。锻件高向样品的断裂面平行于煎饼状晶粒的平界面，断裂时阻力比较小，呈劈裂状平面。

表 3-20　5B70 合金锻件的断裂韧性

取向	试样编号	$K_Q/(MPa \cdot m^{1/2})$	P_Q/kN	P_{max}/kN	P_{max}/P_Q
轴向	B1	40.30	16.16	18.09	1.12
	B2	39.68	15.85	17.14	1.08
	B3	42.61	16.64	18.52	1.11
	B4	43.77	17.26	19.36	1.12
	B5	44.09	16.94	18.56	1.09
高向	A1	32.26	12.72	13.44	1.06
	A2	32.18	12.89	13.49	1.05
	A3	31.80	12.74	13.84	1.09
	A4	31.48	12.61	13.46	1.07
	A5	29.27	11.76	12.20	1.04

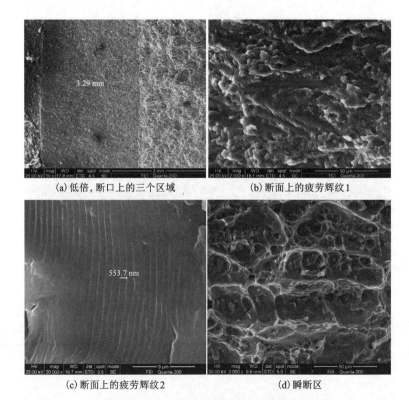

(a) 低倍，断口上的三个区域　　　(b) 断面上的疲劳辉纹 1

(c) 断面上的疲劳辉纹 2　　　(d) 瞬断区

图 3-64　合金锻件断裂韧性轴向试样的断口形貌

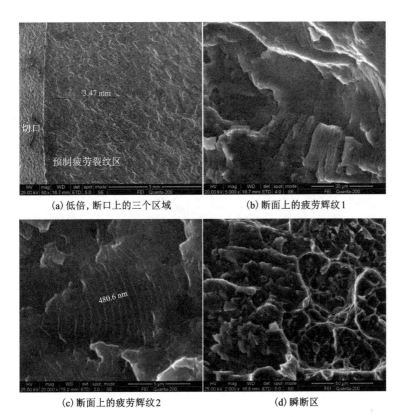

(a) 低倍, 断口上的三个区域　　　　　(b) 断面上的疲劳辉纹 1

(c) 断面上的疲劳辉纹 2　　　　　　(d) 瞬断区

图 3-65　合金锻件断裂韧性高向试样的断口形貌

4. 合金锻件轴向疲劳裂纹扩展特性

疲劳裂纹扩展速率实验在 MTS810-50KN 型试验机上进行, 其结果如图 3-66 和表 3-21 所示。结果表明, 在 $K_t=1$、应力比 $R=0.1$ 和 ΔK 为 30 MPa·m$^{1/2}$ 的条件下, 5B70 合金锻件轴向(L-T)疲劳裂纹扩展速率 da/dN 为 $(2.65 \sim 3.19) \times 10^{-3}$ mm/周; 还可以看出, 锻件疲劳裂纹扩展速率数据比较集中, 分散性不大。

表 3-21　合金锻件轴向疲劳裂纹扩展速率 da/dN 与 ΔK 的关系

样品编号	实验频率/Hz	ΔK/(MPa·m$^{1/2}$)	da/dN/(10^{-3} mm·周$^{-1}$)
C1	10	29.32	3.06
	10	30.42	3.08
C2	10	29.13	2.65
	10	30.34	3.19

续表3-21

样品编号	实验频率/Hz	$\Delta K/(MPa \cdot m^{1/2})$	$da/dN/(10^{-3} mm \cdot 周^{-1})$
C3	10	30.05	2.85
	10	31.31	3.13
2E12 板	10	30.00	3.00

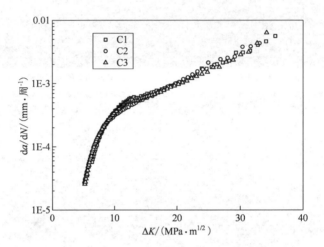

图 3-66　合金锻件的疲劳裂纹扩展速率的测试结果

　　疲劳裂纹扩展试样的断口形貌如图 3-67 所示。结果表明，锻件试样断口的疲劳裂纹扩展区的宏观形貌为平断口，疲劳裂纹扩展区的疲劳辉纹清晰可见，疲劳辉纹的宽度随裂纹的扩展增加。

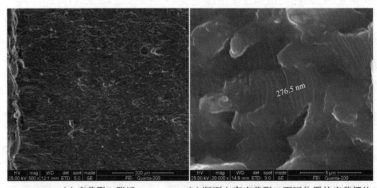

(a) 疲劳裂口附近　　　　　(b) 断面上离疲劳裂口不同位置的疲劳辉纹 1

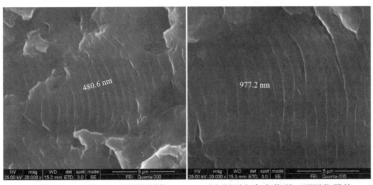

(c) 断面上离疲劳裂口不同位置的　　　　　(d) 断面上离疲劳裂口不同位置的
　　　疲劳辉纹 2　　　　　　　　　　　　　　疲劳辉纹 3

图 3-67　合金锻件的疲劳裂纹扩展试样的断口形貌

3.9.3　工业化生产条件下合金管材的制备与性能

合金管材挤压坯料的制备工艺流程：直径 482 mm 的铸锭→350 ℃/12 h 均匀化退火→车皮到直径为 405 mm→420~460 ℃下挤压成直径为 130 mm 的棒坯。

合金管材制备工艺流程：130 mm 的坯锭加热→剥皮→在 880 t 反向挤压机上反向穿孔挤压成直径为 45 mm×2 mm 的管坯→管坯 400 ℃中间退火→多道次拉伸成 45 mm×1 mm 的管材→冷拉管材 350 ℃/1 h 退火。

不同处理态合金管材的拉伸力学性能如表 3-22 所示。与同一规格拉制—退火态的 5056 铝合金管材相比，5B70 合金成品管材抗拉强度和屈服强度分别提高了 40% 和 52%，伸长率仍保持在 18.2% 的高水平。

表 3-22　不同处理状态 5B70 铝合金管材的拉伸力学性能

加工处理状态	R_m/MPa	平均值/MPa	$R_{p0.2}$/MPa	平均值/MPa	A_{50}/%	平均值/%
45 mm×2 mm 管，挤压态	359		232		20.3	
	324	349	211	224	20.4	19.8
	354		228		18.6	
挤压-退火-拉制态，500 ℃/2 h 退火-拉成 45 mm×1 mm 管材	354		283		6.3	
	346	348	266	274	7.1	6.84
	343		274		7.1	

续表3-22

加工处理状态	R_m/MPa	平均值/MPa	$R_{p0.2}$/MPa	平均值/MPa	A_{50}/%	平均值/%
拉制的 45 mm×1 mm 的管材, 130 ℃/3 h 稳定化退火	345	337	242	236	8.6	10.5
	340		239		11.0	
	326		227		12.0	
拉制的 45 mm×1 mm 的管材, 300 ℃/1 h 稳定化退火	306	300	160	157	20.4	18.2
	312		163		17.2	
	282		149		17.0	

3.10 低钪铝镁钪合金 5B70d 的微观组织与性能

5B70 铝镁钪合金的强度和焊接性能显著优于传统的 5A06 铝镁合金, 但是由于生产 5B70 合金所需要的铝钪中间合金的价格较高, 导致合金生产成本高, 限制了其应用。铝镁钪合金生产成本的 50% 主要取决于 Sc 的含量, 因此, 进一步优化合金中 Sc 的添加量, 开发性价比高的低钪 Al-Mg-Sc 合金具有重要的意义。制备出高钪 5B70 合金(Al-6.1Mg-0.4Mn-0.25Sc-0.12Zr, 合金 1) 和低钪 5B70d 合金(Al-6.1Mg-0.4Mn-0.10Sc-0.12Zr, 合金 2) 的热轧板材(7 mm 厚) 和冷轧板材(2 mm 厚) 作为对比研究。

3.10.1 低钪 5B70d 合金的力学性能、腐蚀性能和焊接性能

两种合金热轧板材和冷轧板材的拉伸力学性能分别如表 3-23 和表 3-24 所示。合金 1 的抗拉强度比合金 2 强度稍高, 伸长率则相反。

表 3-23 两种合金热轧板材的拉伸力学性能

合金	R_m/MPa	$R_{p0.2}$/MPa	A_{50}/%
合金 1	445	317	19.0
合金 2	391	312	23.6

表 3-24　两种合金冷轧板材的拉伸力学性能

合金	R_m/MPa	$R_{p0.2}/MPa$	$A_{50}/\%$	HB
合金 1	521	451	5.7	150
合金 2	515	437	7.6	145

　　冷轧后稳定化退火温度对合金板材硬度的影响如图 3-68 所示。结果表明：两种合金硬度与稳定化退火温度有相同的变化规律，即随着退火温度升高，合金硬度下降；在相同的退火温度/时间下，合金 1 的硬度高于合金 2；两种合金随稳定化退火温度升高，其软化规律相近。

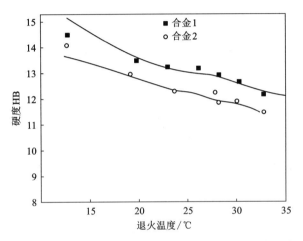

图 3-68　冷轧后稳定化退火温度对合金板材硬度的影响

　　冷轧后稳定化退火温度对合金板材强度的影响如图 3-69 所示。

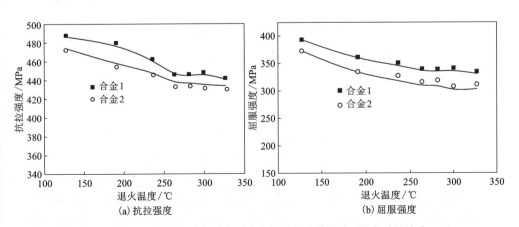

(a) 抗拉强度　　　　　　　　(b) 屈服强度

图 3-69　冷轧后稳定化退火温度对合金板材强度的影响 (退火时间均为 1 h)

由图 3-69 可以看出，随稳定化退火温度升高，两种合金板材的抗拉强度、屈服强度均下降；含 0.25%Sc 的合金 1 板材强度最高，含 0.10%Sc 的合金 2 板材次之。两种合金冷轧后在 320 ℃/1 h 退火条件下，合金 1 的抗拉强度、屈服强度和伸长率分别为 440 MPa、343 MPa 和 19.8%，合金 2 的抗拉强度、屈服强度和伸长率分别为 425 MPa、308 MPa 和 20.6%。

稳定化退火温度对合金板材剥落腐蚀性能影响见表 3-25。结果表明，两种合金冷轧板材稳定化退火后剥落腐蚀有相同的变化规律，即冷轧态到 130 ℃/1 h 退火后合金板材的抗剥落腐蚀性能差，其中 200 ℃/1 h 退火时抗剥落腐蚀性能最差，均为 ED 级；200 ℃ 以上退火后抗剥落腐蚀性能显著增强，只出现点蚀；两种合金冷轧板材 280 ℃ 以上 1 h 退火可以获得较好的抗剥落腐蚀性能，只发生 PA 或 N 级别的轻微点蚀。

表 3-25   不同稳定化退火温度下合金板材剥落腐蚀级别评定（退火时间均为 1 h）

合金号	冷轧板	130 ℃	200 ℃	250 ℃	280 ℃	300 ℃	320 ℃	350 ℃
合金 1	EA	EB	ED	PB	PA	PA	PA	N
合金 2	EA	EA	ED	PC	PA	PA	N	N

两种合金板材焊接接头的硬度分布如图 3-70 所示。由图可知，合金 2 的硬度略高于合金 1，两种合金的硬度分布没有差别。

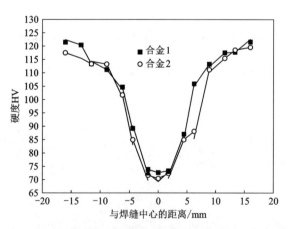

图 3-70   两种合金板材焊接接头的硬度分布

两种合金板材焊接接头的拉伸力学性能如表 3-26 所示。结果表明，两种合金板材焊接接头的拉伸强度相当，Sc 含量为 0.10% 的合金 2 的伸长率和焊接系数还略高于 Sc 含量为 0.25% 的合金 1。

表 3-26　两种合金板材焊接接头的拉伸力学性能

合金	类别	R_m/MPa	A_{50}/%	焊接系数/%
合金 1	母材	437	16.3	—
	焊接接头	348	5.8	79.6
合金 2	母材	427	18.3	—
	焊接接头	345	7.8	80.7

3.10.2　低钪 5B70d 合金的微观组织

两种合金铸态的金相组织如图 3-71 所示。含 0.25%Sc 的合金 1 晶粒细小，晶粒尺寸在 20 μm 左右；含 0.10%Sc 的合金 2 晶粒明显比合金 1 大，晶粒尺寸在 50 μm 左右。

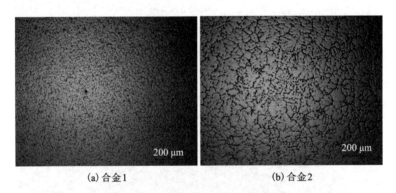

(a) 合金1　　　　　　　　(b) 合金2

图 3-71　两种合金铸态的金相组织

两种合金热轧板材和冷轧板材的金相组织分别如图 3-72 和图 3-73 所示。从图中可以看出，两种合金热轧后晶粒组织都呈煎饼状，合金 1 的煎饼状组织细小，合金 2 的煎饼状相对粗大，这与两种合金铸态的晶粒大小相对应。冷轧后两种合金的晶粒组织都呈纤维状，还可以观察到冷轧变形留下的交叉滑移带，其中合金 1 最为明显。

两种合金冷轧板材的透射电镜照片如图 3-74 所示。从图中可以看出，板材冷轧后合金产生了大量位错并缠结在一起，胞壁由高密度缠结的位错组成。

不同稳定化处理条件下合金板材的透射电镜照片如图 3-75 所示。结果表

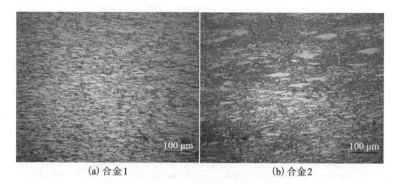

(a) 合金1　　　　　　　　　　　　(b) 合金2

图 3-72　两种合金热轧板材的金相组织

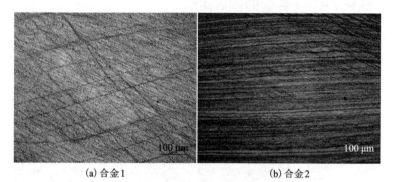

(a) 合金1　　　　　　　　　　　　(b) 合金2

图 3-73　两种合金冷轧板材的金相组织

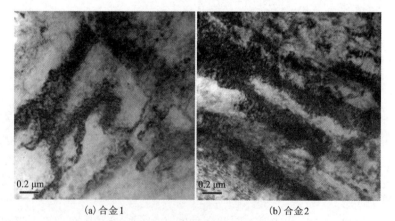

(a) 合金1　　　　　　　　　　　　(b) 合金2

图 3-74　两种合金冷轧板材的 TEM 组织

明，含 0.25%Sc 的合金 1 经 300 ℃/1 h 退火处理后，只发生了回复；含 0.10%Sc 的合金 2 经 300 ℃/1 h 退火处理后回复更加充分，亚晶组织更加明显。

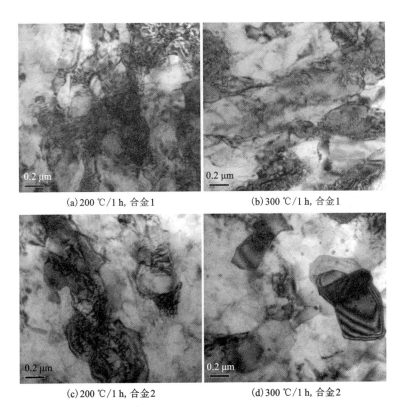

(a) 200 ℃/1 h, 合金 1　　　　　(b) 300 ℃/1 h, 合金 1

(c) 200 ℃/1 h, 合金 2　　　　　(d) 300 ℃/1 h, 合金 2

图 3-75　不同稳定化处理条件下合金板材的 TEM 组织

3.10.3　低钪 5B70d 合金冶金质量和性能改善的原因

5B70 和 5B70d 合金的拉伸力学性能对比如表 3-27 所示。从表中可以看出，含 0.10%Sc 的 5B70d 合金与 0.25%Sc 的 5B70 合金在相同处理条件下，其屈服强度和伸长率相差不大，基本上处在同一水平。

表 3-27　5B70 和 5B70d 合金成品板材的拉伸力学性能

合金	状态	R_m/MPa	$R_{p0.2}$/MPa	A_{50}/%
5B70	35 mm 厚热轧板（H112）	408	269	18.3
	4 mm 厚冷轧板，320 ℃/2 h 退火（H32）	406	291	20

续表3-27

合金	状态	R_m/MPa	$R_{p0.2}$/MPa	A_{50}/%
5B70d	35 mm 厚热轧板(H112)	397	268	18.3
	4 mm 厚冷轧板, 320 ℃/2 h 退火(H32)	400	281	20

为了了解 5B70d 合金性能改善的原因, 对两种合金不同处理态的组织进行对比分析。其铸态组织如图 3-76 所示。从图中可以看出, 5B70 合金的铸态组织中观察到了含 Sc 的粗大化合物, 而 Sc 含量较低的 5B70d 合金没有含 Sc 的粗大化合物。为了进一步了解此类含 Sc 初生相对成品性能的影响, 对此类粒子在后续均匀化处理、热加工、冷加工和热处理过程中的变化进行了跟踪研究。

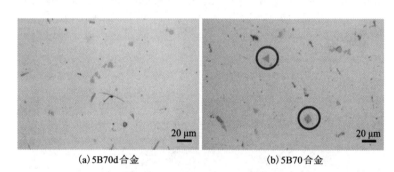

(a) 5B70d合金   (b) 5B70合金

图 3-76　两种合金的铸态组织

合金冷轧板材经稳定化退火处理后的金相组织如图 3-77 所示。从图中可以看出, 均匀化处理-热轧-冷轧-稳定化退火处理板材组织中仍然能观察到从铸态组织中遗留下来的粗大含 Sc 相, 所不同的是, 板材组织中的粗大含 Sc 相发生了不同程度的破碎但尺寸仍然较大。

对 5B70 合金 2 mm 成品板材进行拉伸性能检测并对其断口进行分析, 其拉伸断口形貌如图 3-78 所示。可见, 合金断面上存在破碎的块状化合物, 能谱分析显示为 $Al_3(Sc, Zr)$ 粒子。

综上所述, 当 Sc 添加量为 0.22%~0.30% 时, 发现极小一部分 Sc 会以较粗大的含 Sc、Zr 的铝化物形式存在, 并且 Sc 含量越高, 铸锭规格越大、冷却速度越慢, 这种现象越严重。这种情况下, Sc 不但没有起到对合金的改性作用, 反而恶化了组织, 降低了合金的性能。这也是 5B70 合金虽然 Sc 含量高于 5B70d 合金, 但其强度没有明显优势的主要原因。

为了了解 5B70 合金中的粗大含 Sc、Zr 的铝化物的形成过程, 在熔铸过程中对熔体流过的不同位置进行取样并组织观察。结果表明, 炉内熔体中没有这种粒

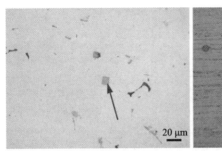

(a) 铸锭经 350 ℃/6 h 均匀化处理　　　　　(b) 7 mm 厚热轧板材

(c) 2 mm 厚稳定化退火板材

图 3-77　5B70 合金均火态、热轧板材和稳定化退火板材的金相组织

子。过滤箱出口处的温度约为 713 ℃，熔体取样后金相组织中观察到粗大的含 Sc 化合物粒子，当熔体流出过滤箱，经由导流槽进入结晶器前取样(熔体温度约为 670 ℃)，其组织中也还有一些粗大的含 Sc 化合物粒子，这种粒子的尺寸为 10~15 μm。这表明，熔体从熔炼炉到结晶器的冷却过程中形成了少量粗大的化合物粒子。对于 5B70d 合金熔炼铸造过程做同样的分析，熔体流过的不同位置的取样以及铸锭中基本上没有发现粗大的含 Sc 化合物粒子。为了进一步探索不同 Sc 含量的铝镁钪合金熔体凝固过程，采用相图计算软件(Database：PanAL2016-TH)模拟计算了 Al-Mg-Mn-Sc-Zr 合金系 Al-(0~10)Mg 伪二元相图，合金中 $w(Mn)$ = 0.4%、$w(Sc)$ = 0.25%、$w(Zr)$ = 0.1%，模拟结果如图 3-79 所示。

比较图 3-79(a) 和图 3-79(b) 可以看出，Sc 含量高的 5B70 合金凝固顺序为熔体(L)→从熔体中析出 Al_3Zr→从熔体中析出 Al_3Sc_X→从熔体中析出 Al 固溶体(fcc)→从熔体中析出 $Al_6(Fe, Mn)$→Al 固溶体(fcc)完全凝固，Sc 含量低的 5B70d 合金凝固顺序则为熔体(L)→从熔体中析出 Al_3Zr→从熔体中析出 Al 固溶体→从熔体中析出 Al_3Sc_X→从熔体中析出 $Al_6(Fe, Mn)$→Al 固溶体(fcc)完全凝固。可见，Sc 含量低的 5B70d 合金 Al_3Sc 析出顺序变更到 Al 固溶体开始析出后。值得指出的是，Al_3Sc_X 粒子形成温度低，粒子尺寸就小，这预示着 Sc 含量低的

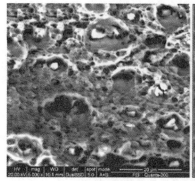 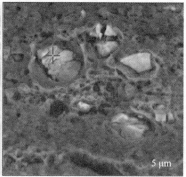

(a) 断口形貌　　　　　　　　　　　　(b) 断口形貌

Element	$w/\%$	$x/\%$
MgK	01.60	02.25
AlK	61.99	78.44
ZrL	21.65	08.10
ScK	14.76	11.21
Matrix	Correction	ZAF

(c) 粒子成分

图 3-78　5B70 合金板材拉伸断口形貌及 EDX 分析

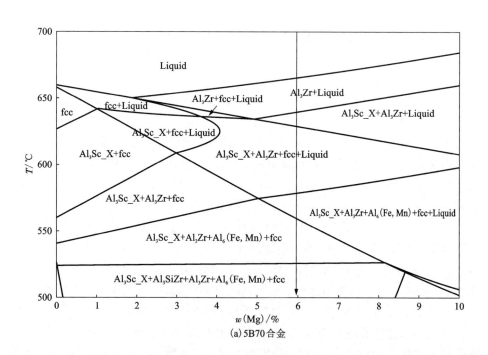

(a) 5B70 合金

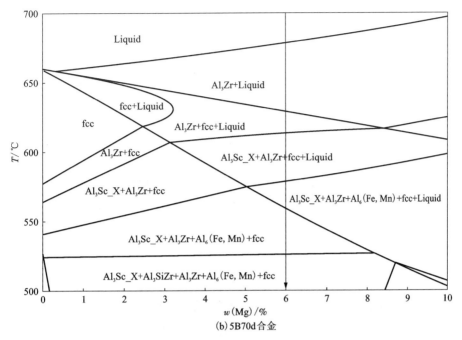

图 3-79　采用 Pandat 软件计算的合金相图

合金即便形成 Al_3Sc_X 粒子，其粒度也远小于 Sc 含量高的 5B70 合金，熔体中析出的 Al_3Sc_X 粒子的危害性变小。

3.11　本章研究结论

（1）在 Al-Mg 合金中添加微量 Sc 可提高不同状态下的强度，改善铸态晶粒组织。当 Sc 含量为 0.2% 时，合金枝晶完全消除，但没有晶粒细化效果；当 Sc 含量为 0.4% 时，大大细化了合金的晶粒。添加 Sc 后析出的 Al_3Sc 质点强烈钉扎位错和亚晶界，抑制合金的再结晶。Sc 对 Al-Mg 合金的强化作用主要包括初生 Al_3Sc 颗粒的细晶强化以及次生 Al_3Sc 质点的析出强化和亚结构强化。

（2）Al-5.8Mg-0.4Mn-0.25Sc-0.1Zr 合金具有更优异的抗再结晶能力，合金热轧形成的纤维组织经中间退火后保留到冷轧薄板中，而 Al-5.8Mg-0.4Mn 合金在中间退火后发生了完全再结晶。含 Sc 和 Zr 的 Al-5.8Mg-0.4Mn 合金强度与伸长率的提升主要来源于晶界强化与 $Al_3(Sc, Zr)$ 第二相粒子强化。

（3）Al-5.8Mg-0.4Mn-0.25Sc-0.1Zr 合金在 130 ℃/1 h 退火后呈现典型的变形组织，340 ℃/1 h 退火后发生回复，500 ℃/1 h 退火之后发生了部分再结晶。在 340 ℃下退火 12 h 与 24 h 后，其组织性能与退火 1 h 的合金相差不大。在

340 ℃/1 h 和 500 ℃/1 h 退火后的试样中均能观测到尺寸 33 nm 左右的 Al₃(Sc, Zr)粒子，即使在 500 ℃ 下退火 1 h，仍然没有发生明显的聚集长大现象。

（4）合金在 130 ℃/1 h 退火时形成较多的 β 相粒子，加剧了合金的腐蚀。当合金在 340 ℃/1 h 退火时，由于超过了 β 相的固溶温度线，β 相粒子首先固溶到基体当中，随后随着温度的降低而逐渐析出。合金由于位错密度降低，生成了较多亚晶与亚晶界，β 相粒子的形核位置增加，试样的抗腐蚀性得到提升。当退火温度升至 500 ℃ 时，合金内部发生了部分再结晶，形核位置进一步增多，腐蚀敏感性降低。

（5）合金板材 TIG 焊接接头的强度系数为 0.75，焊后退火消除了焊接热应力，改善了焊缝区铸态组织，从而增强了焊缝区的塑性。退火后焊接接头伸长率由退火前的 5.6% 提高至 14.4%。焊后退火大幅度地提高了焊缝区的硬度，拉伸时断裂位置由焊缝区转移至熔合区。焊后热处理在焊缝区析出大量的弥散且均匀分布的 Al₃(Sc, Zr)粒子，使焊缝区的硬度和强度大幅度提高。

（6）合金板材 FSW 焊接接头的强度系数要远高于 TIG 焊接接头，高达 0.92，抗拉强度和屈服强度分别比 TIG 焊接接头高 19% 和 31%。由于 FSW 较低的焊接温度以及 Al₃(Sc, Zr)粒子良好的热稳定性，母材的冷加工组织和 Al₃(Sc, Zr)粒子的第二相强化作用得到了较好的保留。FSW 焊接接头的金相组织和硬度具有不对称性。当从焊核区向母材过渡时，前进边硬度增加的速率比后退边高，并且前进边热机影响区的纤维组织也比后退边的扭曲程度大。

（7）130 ℃/1 h 退火的试样由于其内部存在高密度位错，并没有发生回复形成有效的亚晶，其疲劳裂纹扩展速率在整个阶段相对较高。500 ℃/1 h 退火后的亚晶和亚晶界比 340 ℃/1 h 退火的试样多，但其位错密度明显降低。虽然在疲劳裂纹扩展初期具有相对较低的疲劳裂纹扩展速率，当应力强度因子范围处于较高水平时，其疲劳裂纹扩展速率提高较快。而 340 ℃/1 h 退火后的试样的疲劳裂纹扩展速率在整个阶段均处于一个相对较低的水平。

（8）合金的疲劳裂纹在扩展过程中遇到弥散分布的纳米级第二相粒子 Al₃(Sc, Zr)时，会绕过这些粒子扩展，从而使合金的疲劳裂纹扩展速率得到有效降低；当裂纹在扩展过程中遇到 Al₆(FeMn)粒子时，会直接穿过粒子向前扩展，提高了合金的疲劳裂纹扩展速率。

（9）当试样受到的实际应力值低于其自身的屈服强度时，裂纹会在循环加载过程中受自身弹性作用而发生闭合；当裂纹扩展到试样实际受到的应力值高于其自身的屈服强度时，试样会失稳扩展；当试样所受实际应力值高于其自身的抗拉强度时会发生断裂。

（10）Al-5.8Mg-0.4Mn-0.25Sc-0.1Zr 合金热轧板材及冷轧-退火板材中 Brass 织构与 S 织构体积分数都很高。合金内的 Brass 织构与 S 织构导致合金沿轧向加载时 Schmid 因子值更高，强度值更低，表现出反常各向异性。同时，裂纹沿轧向加载时受到的实际应力值更高，裂纹扩展的驱动力也更高；在疲劳裂纹扩展初期，合金沿轧向加载（L-T）时的疲劳裂纹扩展速率要相对更高。

（11）合金板材内部的纤维状变形组织沿轧向拉长，位错沿轧向加载时遇到的亚晶界或晶界数目更多，裂纹扩展受到的阻力更大。因此，试样沿轧向加载时，裂纹扩展速率提高得较慢，当应力强度因子范围值足够大时，试样沿横向加载的疲劳裂纹扩展速率超过了沿轧向加载的疲劳裂纹扩展速率。

（12）Al-5.8Mg-0.4Mn-0.25Sc-0.1Zr 合金冷轧板材在未经任何预处理的情况下，在温度为 450~525 ℃、初始应变速率为 $1.67×10^{-3}~1×10^{-1}$ s^{-1} 时均具有超塑特性，且合金最高伸长率为 740%。在变形温度为 500 ℃、初始应变速率为 $6.67×10^{-3}$ s^{-1} 时，合金试样夹距部分金相组织仍呈纤维状，而标距部分呈细小的等轴晶，说明合金在超塑拉伸变形过程中发生了动态再结晶。晶界滑移是合金超塑拉伸过程中的主要变形机理。

（13）在工业化生产条件下成功地制备出 5B70 合金板材、锻件和挤压管材。合金中 Sc 添加量从 0.25% 降至 0.15% 时获得了无枝晶、无粗大含 Sc 化合物的等轴晶铸态组织。在工业生产条件下，除了采用控制熔炼温度、加强熔体搅拌消除粗大的 AlsSc 粒子和 Al_3Sc/Al_3Zr 复合粒子外，适当降低 Sc 和 Zr 的添加量，可以有效控制铸态组织中的初生粗大含 Sc 相，对发展高性价比的低 Sc 含量铝合金具有重要意义。

参考文献

[1] Avtokratova E, Sitdikov O, Mukhametdinova O, et al. Microstructural evolution in Al-Mg-Sc-Zr alloy during severe plastic deformation and annealing[J]. Journal of Alloys and Compounds, 2016, 673: 182-194.

[2] Smola B, Stulíková I, Očenášek V, et al. Annealing effects in Al-Sc alloys[J]. Materials Science and Engineering A, 2007, 462: 370-374.

[3] Deng Y, Yin Z, Zhao K, et al. Effects of Sc and Zr microalloying additions on the microstructure and mechanical properties of new Al-Zn-Mg alloys[J]. Journal of Alloys and Compounds, 2012, 530: 71-80.

[4] Zhou S, Zhang Z, Li M, et al. Formation of the eutecticum with multilayer structure during solidification in as-cast Al-Mg alloy containing a high level of Sc[J]. Materials Letters, 2016, 164: 19-22.

[5] Vo N Q, Dunand D C, Seidman D N. Atom probe tomographic study of a friction-stir-processed Al-Mg-Sc alloy[J]. Acta Materialia, 2012, 60(20): 7078-7089.

[6] Yang W, Yan D, Rong L. The separation of recrystallization and precipitation process in a cold-

rolled Al–Mg–Sc solid solution[J]. Scripta Materialia, 2013, 68(8): 587–590.

[7] Sun X, Zhang B, Lin H, et al. Correlations between stress corrosion cracking susceptibility and grain boundary microstructures for an Al–Zn–Mg alloy[J]. Corrosion Science, 2013, 77: 103–112.

[8] Schöbel M, Pongratz P, Degischer H P. Coherency loss of Al_3(Sc, Zr) precipitates by deformation of an Al–Zn–Mg alloy[J]. Acta Materialia, 2012, 60(10): 4247–4254.

[9] Liu J, Yao P, Zhao N Q, et al. Effect of minor Sc and Zr on recrystallization behavior and mechanical properties of novel Al–Zn–Mg–Cu alloys[J]. Journal of Alloys and Compounds, 2016, 657: 717–725.

[10] Bobby K M, Singh R R K. Evaluating the stress corrosion cracking susceptibility of Mg–Al–Zn alloy in modified–simulated body fluid for orthopaedic implant application[J]. Scripta Materialia, 2008, 59(2): 175–178.

[11] Keddam M, Kuntz C, Takenouti H, et al. Exfoliation corrosion of aluminium alloys examined by electrode impedance[J]. Electrochimica Acta, 1997, 42(1): 87–97.

[12] Yasakau M L Z S. Role of intermetallic phases in localized corrosion of AA5083[J]. Electrochim Acta, 2007, 52(27): 7651–7659.

[13] Ahmad Z, Ul–Hamid A, Abdul–Aleem B J. The corrosion behavior of scandium alloyed Al 5052 in neutral sodium chloride solution[J]. Corrosion Science, 2001, 43(7): 1227–1243.

[14] Cavanauggh M K, Birbilis N, Buchheit R G, et al. Investigating localized corrosion susceptibility arising from Sc containing intermetallic Al_3Sc in high strength Al–alloys[J]. Scripta Materialia, 2007, 56(11): 995–998.

[15] Bobby K M, Raja V S. Enhancing stress corrosion cracking resistance in Al–Zn–Mg–Cu–Zr alloy through inhibiting recrystallization[J]. Engineering Fracture Mechanics, 2010, 77(2): 249–256.

[16] Goswami R, Spanos G, Pao P S, et al. Microstructural evolution and stress corrosion cracking behavior of Al–5083[J]. Metall. Mater. Trans. A, 2011, 42(2): 348–355.

[17] Alexopoulos N D, Migklis E, Stylianos A, et al. Fatigue behavior of the aeronautical Al–Li (2198) aluminum alloy under constant amplitude loading[J]. International Journal of Fatigue, 2013, 56: 95–105.

[18] Ahmadzadeh G R, Varvani–Farahani A. Fatigue damage and life evaluation of SS304 and Al 7050–T7541 alloys under various multiaxial strain paths by means of energy–based Fatigue damage models[J]. Mechanics of Materials, 2016, 98: 59–70.

[19] Gates N, Fatemi A. Fatigue crack growth behavior in the presence of notches and multiaxial nominal stress states[J]. Engineering Fracture Mechanics, 2016, 165: 24–38.

[20] Zhou M, Yi D, Liu H, et al. Enhanced fatigue crack propagation resistance of an Al–Cu–Mg alloy by artificial aging under influence of electrical field[J]. Materials Science and Engineering A, 2010, 527: 4070–4075.

[21] 郑子樵. 材料科学基础[M]. 长沙: 中南大学出版社, 2005.

［22］Li M, Pan Q, Shi Y, et al. Microstructure dependent fatigue crack growth in Al-Mg-Sc alloy ［J］. Materials Science and Engineering A, 2014, 611: 142-151.

［23］Albinmousa J. On the application of polar representation for investigating high and low cycle fatigue of metals［J］. International Journal of Fatigue, 2017, 100: 639-649.

［24］Sowards J W, Pfeif E A, Connolly M J, et al. Low-cycle fatigue behavior of fiber-laser welded, corrosion-resistant, high-strength low alloy sheet steel［J］. Materials & Design, 2017, 121: 393-405.

［25］Besel Y, Besel M, Alfaro M U, et al. Influence of local fatigue damage evolution on crack initiation behavior in a friction stir welded Al-Mg-Sc alloy［J］. International Journal of Fatigue, 2017, 99: 151-162.

［26］Besel M, Besel Y, Alfaro M U, et al. Fatigue behavior of friction stir welded Al-Mg-Sc alloy ［J］. International Journal of Fatigue, 2015, 77: 1-11.

［27］Vinogradov A, Washikita A, Kitagawa K, et al. Fatigue life of fine-grain Al-Mg-Sc alloys produced by equal-channel angular pressing［J］. Materials Science and Engineering A, 2003, 349: 318-326.

［28］Li M, Pan Q, Wang Y, et al. Fatigue crack growth behavior of Al-Mg-Sc alloy［J］. Materials Science and Engineering A, 2014, 598: 350-354.

［29］Jesus J, Costa J, Loureiro A, et al. Fatigue strength improvement of GMAW T-welds in AA 5083 by friction-stir processing［J］. International Journal of Fatigue, 2017, 97: 124-134.

［30］韩剑, 戴起勋, 赵玉涛, 等. 7075-T651 铝合金疲劳特性研究［J］. 航空材料学报, 2010, 30 (4): 92-96.

［31］Li M, Pan Q, Wang Y, et al. Fatigue crack growth behavior of Al-Mg-Sc alloy［J］. Materials Science and Engineering A, 2014, 598: 350-354.

［32］张志军. Al-Mg-Mn-Zr-Er 合金组织和力学性能研究［D］. 北京: 北京工业大学, 2009.

［33］Golden P J, Jr A, Bray G H. A comparison of fatigue crack formation at holes in 2024-T3 and 2524-T3 aluminum alloy specimens ［J］. International Journal of Fatigue, 1999, 21: S211-S219.

［34］Özdeş H, Tiryakioğlu M. On estimating high-cycle fatigue life of cast Al-Si-Mg-(Cu) alloys from tensile test results［J］. Materials Science and Engineering A, 2017, 688: 9-15.

［35］Merati A. A study of nucleation and fatigue behavior of an aerospace aluminum alloy 2024-T3 ［J］. International Journal of Fatigue, 2005, 27(1): 33-44.

［36］Zhai T, Wilkinson A J, Martin J W. A crystallographic mechanism for fatigue crack propagation through grain boundaries［J］. Acta Materialia, 2000, 48(20): 4917-4927.

［37］Korda A A, Mutoh Y, Miyashita Y, et al. In situ observation of fatigue crack retardation in banded ferrite-pearlite microstructure due to crack branching［J］. Scripta Materialia, 2006, 54 (11): 1835-1840.

［38］Xie Y, Hu X, Wang X, et al. A theoretical note on mode-I crack branching and kinking［J］. Engineering Fracture Mechanics, 2011, 78(6): 919-929.

[39] Guan M, Yu H. Fatigue crack growth behaviors in hot-rolled low carbon steels: A comparison between ferrite – pearlite and ferrite – bainite microstructures [J]. Materials Science and Engineering A, 2013, 559: 875–881.

[40] 李海, 郑子樵, 魏修宇, 等. 时效析出对 2E12 铝合金疲劳断裂行为的影响[J]. 中国有色金属学报, 2008, 18(4): 589–594.

[41] 郭加林, 尹志民, 王华, 等. 微量 Sc 和 Zr 对 2524SZ 合金薄板疲劳裂纹扩展特性的影响 [J]. 中国有色金属学报, 2010, 20(5): 827–832.

[42] 蹇海根, 姜锋, 郑秀媛, 等. 航空用高强高韧铝合金疲劳断口特征的研究[J]. 航空材料学报, 2010, 30(4): 97–102.

[43] Tvergaard V. Effect of underloads or overloads in fatigue crack growth by crack-tip blunting[J]. Engineering Fracture Mechanics, 2006, 73(7): 869–879.

[44] Chen H, Fu L, Liang P. Microstructure, texture and mechanical properties of friction stir welded butt joints of 2A97 AlLi alloy ultra-thin sheets[J]. Journal of Alloys and Compounds, 2017, 692: 155–169.

[45] Barnwal V K, Raghavan R, Tewari A, et al. Effect of microstructure and texture on forming behaviour of AA-6061 aluminium alloy sheet[J]. Materials Science and Engineering A, 2017, 679: 56–65.

[46] Zhang J, Ma M, Liu W. Effect of initial grain size on the recrystallization and recrystallization texture of cold-rolled AA 5182 aluminum alloy[J]. Materials Science and Engineering A, 2017, 690: 233–243.

[47] Liu W, Li J, Yuan H, et al. Effect of recovery on the recrystallization texture of an Al–Mg alloy [J]. Scripta Materialia, 2007, 57(9): 833–836.

[48] Gatti J R, Bhattacharjee P P. Nucleation behavior and formation of recrystallization texture in pre-recovery treated heavily cold and warm-rolled Al – 2. 5 wt. % Mg alloy [J]. Materials Characterization, 2015, 106: 141–151.

[49] Lados D A, Apelian D, Keith Donald J. Fatigue crack growth mechanisms at the microstructure scale in Al–Si–Mg cast alloys: Mechanisms in the near-threshold regime[J]. Acta Materialia, 2006, 37(8): 2405–2418.

[50] Mateo A, Llanes L, Akdut N, et al. Anisotropy effects on the fatigue behaviour of rolled duplex stainless steels[J]. International Journal of Fatigue, 2003, 25(6): 481–488.

[51] Li F, Liu Z, Wu W, et al. Enhanced fatigue crack propagation resistance of Al–Cu–Mg alloy by intensifying Goss texture and refining Goss grains[J]. Materials Science and Engineering A, 2017, 679: 204–214.

[52] Wen W, Ngan A H W, Zhang Y, et al. A study of the effects of particle 3–dimensional geometry and micro-texture on fatigue crack initiation behaviors in an Al–Cu alloy using focused ion beam and electron backscatter diffraction[J]. Materials Science and Engineering A, 2013, 564: 97–101.

[53] 陈琴. Al-Mg-Mn-Sc-Zr 合金薄板的微观组织与性能研究[D]. 长沙: 中南大学, 2012.

[54] Yang J, Yu H, Wang Z, et al. Effect of crystallographic orientation on mechanical anisotropy of selective laser melted Ti-6Al-4V alloy[J]. Materials Characterization, 2017, 127: 137-145.

[55] Naga K N, Ashfaq M, Susila P, et al. Mechanical anisotropy and microstructural changes during cryorolling of Al-Mg-Si alloy[J]. Materials Characterization, 2015, 107: 302-308.

[56] Leitner T, Hohenwarter A, Ochensberger W, et al. Fatigue crack growth anisotropy in ultrafine-grained iron[J]. Acta Materialia, 2017, 126: 154-165.

[57] Jin Y, Cai P, Wen W, et al. The anisotropy of fatigue crack nucleation in an AA7075 T651 Al alloy plate[J]. Materials Science and Engineering A, 2015, 622: 7-15.

[58] Higuera-Cobos O F, Berríos-Ortiz J A, Cabrera J M. Texture and fatigue behavior of ultrafine grained copper produced by ECAP[J]. Materials Science and Engineering A, 2014, 609: 273-282.

[59] Pessard E, Morel F, Verdu C, et al. Microstructural heterogeneities and fatigue anisotropy of forged steels[J]. Materials Science and Engineering A, 2011, 529: 289-299.

[60] Jordon J B, Gibson J B, Horstemeyer M F, et al. Effect of twinning, slip, and inclusions on the fatigue anisotropy of extrusion-textured AZ61 magnesium alloy [J]. Materials Science and Engineering A, 2011, 528: 6860-6871.

[61] Qu S J, Feng A H, Geng L, et al. DSC analysis of liquid volume fraction and compressive behavior of the semi-solid $Si_3N_4w/Al-Si$ composite[J]. Scripta Materialia, 2007, 56(11): 951-954.

[62] Peng Y, Yin Z, Nie B, et al. Effect of minor Sc and Zr on superplasticity of Al-Mg-Mn alloys [J]. Transactions of Nonferrous Metals Society of China, 2007, 17(4): 744-750.

[63] Li M, Pan Q, Shi Y, et al. High strain rate superplasticity in an Al-Mg-Sc-Zr alloy processed via simple rolling[J]. Materials Science and Engineering A, 2017, 687: 298-305.

[64] Huo W, Shi J, Hou L, et al. An improved thermo-mechanical treatment of high-strength Al-Zn-Mg-Cu alloy for effective grain refinement and ductility modification[J]. Journal of Materials Processing Technology, 2017, 239: 303-314.

[65] Geng H, Kang S, Min B. High temperature tensile behavior of ultra-fine grained Al-3.3Mg-0.2Sc-0.2Zr alloy by equal channel angular pressing[J]. Materials Science and Engineering A, 2004, 373: 229-238.

[66] Xiang H, Pan Q, Yu X, et al. Superplasticity behaviors of Al-Zn-Mg-Zr cold-rolled alloy sheet with minor Sc addition[J]. Materials Science and Engineering A, 2016, 676: 128-137.

[67] Yuzbekova D, Mogucheva A, Kaibyshev R. Superplasticity of ultrafine-grained Al-Mg-Sc-Zr alloy[J]. Materials Science and Engineering A, 2016, 675: 228-242.

[68] Malopheyev S, Mironov S, Vysotskiy I, et al. Superplasticity of friction-stir welded Al-Mg-Sc sheets with ultrafine-grained microstructure[J]. Materials Science and Engineering A, 2016, 649: 85-92.

[69] Duan Y, Tang L, Deng Y, et al. Superplastic behavior and microstructure evolution of a new Al-Mg-Sc-Zr alloy subjected to a simple thermomechanical processing[J]. Materials Science

and Engineering A, 2016, 669: 205-217.

[70] Mikhaylovskaya A V, Yakovtseva O A, Cheverikin V V, et al. Superplastic behaviour of Al-Mg-Zn-Zr-Sc-based alloys at high strain rates[J]. Materials Science and Engineering A, 2016, 659: 225-233.

[71] Liu F, Ma Z, Chen L. Low-temperature superplasticity of Al-Mg-Sc alloy produced by friction stir processing[J]. Scripta Materialia, 2009, 60(11): 968-971.

[72] Lee Y, Shin D, Park K, Nam W. Effect of annealing temperature on microstructure and mechanical properties of a 5083 Al alloy deformed at cryogenic temperature [J]. Scripta Materialia, 2004, 51(4): 355-359.

[73] Yin Z, Pan Q, Zhang Y, et al. Effect of minor Sc and Zr on the microstructure and mechanical properties of Al-Mg based alloys[J]. Materials Science and Engineering A, 2000, 280(1): 151-155.

[74] Ocenasek V, Slamova M. Resistance to recrystallization due to Sc and Zr addition to Al-Mg alloys[J]. Materials Characterization, 2001, 47(2): 157-162.

[75] Duan Y, Xu G, Xiao D, et al. Excellent superplasticity and deformation mechanism of Al-Mg-Sc-Zr alloy processed via simple free forging[J]. Materials Science and Engineering A, 2015, 624: 124-131.

[76] Smolej A, Klobčar D, Skaza B, et al. Superplasticity of the rolled and friction stir processed Al-4.5 Mg-0.35Sc-0.15Zr alloy[J]. Materials Science and Engineering A, 2014, 590: 239-245.

[77] Liu F, Ma Z, Zhang F. High strain rate superplasticity in a micro-grained Al-Mg-Sc alloy with predominant high angle grain boundaries[J]. Journal of Materials Science & Technology, 2012, 28(11): 1025-1030.

[78] Liu F, Xue P, Ma Z. Microstructural evolution in recrystallized and unrecrystallized Al-Mg-Sc alloys during superplastic deformation[J]. Materials Science and Engineering A, 2012, 547: 55-63.

[79] Pereira P H R, Wang Y, Huang Y, et al. Influence of grain size on the flow properties of an Al-Mg-Sc alloy over seven orders of magnitude of strain rate [J]. Materials Science and Engineering A, 2017, 685: 367-376.

[80] Deng Y, Yin Z, Pan Q, et al. Nano-structure evolution of secondary $Al_3(Sc_{1-x}Zr_x)$ particles during superplastic deformation and their effects on deformation mechanism in Al-Zn-Mg alloys [J]. Journal of Alloys and Compounds, 2017, 695: 142-153.

[81] Soer W A, Chezan A R, De Hosson J T M. Deformation and reconstruction mechanisms in coarse-grained superplastic Al-Mg alloys[J]. Acta Materialia, 2006, 54(14): 3827-3833.

[82] Bae D H, Ghosh A K. Grain size and temperature dependence of superplastic deformation in an Al-Mg alloy under isostructural condition[J]. Acta Materialia, 2000, 48(6): 1207-1224.

[83] Turba K, Málek P, Cieslar M. Superplasticity in an Al-Mg-Zr-Sc alloy produced by equal-channel angular pressing[J]. Materials Science and Engineering A, 2007, 462: 91-94.

第 4 章　高强可焊 Al-Zn-Mg-Sc-Zr 合金的研究

　　含 Sc 的 Al-Zn-Mg-Zr 合金是在传统 Al-Zn-Mg 合金基础上发展起来的新型高强可焊耐蚀铝合金，其与传统 Al-Zn-Mg 合金相比，不仅具有较高的强度和良好的塑性，还具有优良的焊接性能和耐腐蚀性能，因此，研究 Sc 微合金化的高强可焊耐蚀铝合金显得尤为迫切与重要。本章研究包括两部分内容：一是高强可焊 Al-Zn-Mg-Sc -Zr 合金的实验研究，主要研究单独添加 Sc 及 Sc 的添加量（合金 1#：Al-5.4Zn-2.0Mg-0.1Zr；合金 2#：Al-5.4Zn-2.0Mg-0.12Sc-0.1Zr；合金 3#：Al-5.4Zn-2.0Mg-0.25Sc-0.1Zr）对 Al-Zn-Mg-Zr 合金组织与性能的影响；二是以工业 Al-5.4Zn-2.0Mg-0.25Sc-0.1Zr 合金为目标，主要研究合金薄板的时效、MIG 焊接接头的组织与性能、疲劳裂纹扩展行为和超塑性。

4.1　微量 Sc 对 Al-Zn-Mg-Zr 合金组织与性能的影响

4.1.1　微量 Sc 对 Al-Zn-Mg-Zr 合金性能的影响

1. 合金的时效硬化曲线

　　图 4-1 为三种合金（合金 1#、合金 2#、合金 3#）2 mm 厚的冷轧薄板经 470 ℃/60 min 固溶、水淬处理后，在 120 ℃时效温度下硬度随时效时间变化的曲线。由图 4-1 可知，在时效初期，三种合金的硬度随时效时间的延长而急剧升高；进一步延长时效时间，合金的硬度值开始出现不同程度的下降趋势。同时，从图中还可以看出，在未开始时效，由于三种合金均处于固溶、水淬后的过饱和状态，合金的硬度最低，且存在一定的差异。相比未添加 Sc 的合金 1#，添加 0.12%Sc 的合金 2# 和 0.25% 的合金 3# 的硬度较高，且随着 Sc 含量的增加合金硬度逐渐升高。

2. 合金的室温拉伸性能

　　表 4-1 为三种合金 2 mm 厚的冷轧薄板经 470 ℃/60 min 固溶、水淬处理后，在 120 ℃下不同时效时间的拉伸性能。随着 Sc 含量的增加（见表 4-1），合金抗拉强度和屈服强度均呈增大趋势，而伸长率略有下降。当时效时间为 12 h 时，未添加 Sc 的合金 1# 抗拉强度为 498 MPa，屈服强度为 462 MPa，伸长率为 15.8%；添加 0.12%Sc 的合金 2# 的抗拉强度为 531 MPa，屈服强度为 495 MPa，伸长率为

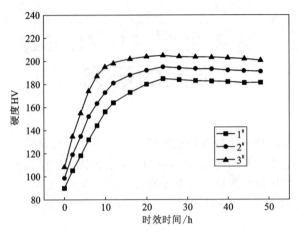

图 4-1 合金的时效硬化曲线

14.2%；与合金 2# 相比，添加 0.25%Sc 的合金 3# 的抗拉强度和屈服强度分别增加了 37 MPa 和 46 MPa，伸长率下降 2.2%。当时效时间延长至 24 h，合金 2# 的抗拉强度比合金 1# 高 40 MPa，屈服强度也提高了 39 MPa；在合金 2# 的基础上增加 Sc 的含量，合金的强度得到进一步提高，合金 3# 的抗拉强度比合金 2# 提高 27 MPa，屈服强度提高 43 MPa。综上所述，添加微量 Sc 元素能有效改善合金的拉伸性能。当时效时间进一步延长至 48 h 时，三种合金的强度都开始出现了轻微下降。

表 4-1 合金的拉伸性能

合金	时效时间/h	R_m/MPa	$R_{p0.2}$/MPa	A/%
合金 1#	12	498	462	15.8
	24	514	479	14.2
	48	506	465	14.8
合金 2#	12	531	495	13.6
	24	554	518	12.7
	48	545	509	13.2
合金 3#	12	568	541	11.4
	24	581	561	11.1
	48	577	549	10.9

4.1.2　微量 Sc 对 Al-Zn-Mg-Zr 合金显微组织的影响

三种合金的铸态显微组织如图 4-2 所示。由图 4-2 可知，未添加 Sc 的合金 1#晶粒尺寸较为粗大，且存在严重的枝晶偏析现象[见图 4-2(a)]；添加 0.12%Sc 的 2#合金晶粒尺寸得到显著细化，枝晶数量明显减少[见图 4-2(b)]；相比合金 2#，添加 0.25%Sc 的合金 3#晶粒尺寸得到进一步细化，枝晶偏析现象得到基本消除，晶粒呈细小的等轴晶状，平均晶粒尺寸为 36 μm[见图 4-2(c)]。因此，添加微量的 Sc 可以显著细化合金铸态的晶粒组织。

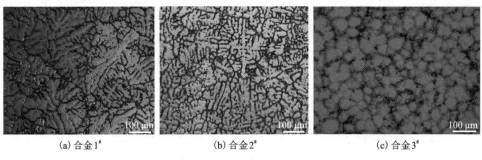

(a) 合金1#　　　　　　(b) 合金2#　　　　　　(c) 合金3#

图 4-2　合金铸态的金相组织

三种合金的热轧态金相显微组织如图 4-3 所示。由图 4-3 可知，未添加 Sc 的合金 1#的热轧态组织为粗大的未再结晶纤维状组织[见图 4-3(a)]；相比未添加 Sc 的合金 1#，添加 0.12%Sc 的合金 2#和 0.25%的合金 3#热轧态组织也为纤维状组织，但纤维状组织明显细小。与添加 0.12%Sc 的合金 2#相比，添加 0.25%Sc 的合金 3#晶粒组织更为细密[见图 4-3(b)和(c)]。

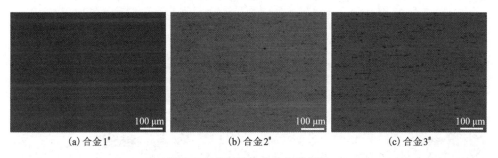

(a) 合金1#　　　　　　(b) 合金2#　　　　　　(c) 合金3#

图 4-3　合金的热轧态金相组织

三种合金的固溶态金相组织如图 4-4 所示。由图可知，经 470 ℃/60 min 固溶、水淬处理后，未添加 Sc 的合金 1#已出现明显的再结晶现象，纤维状组织完全消除，呈等轴晶状[见图4-4(a)]；添加0.12%Sc的2#合金仍为明显的纤维状组织，但已开始出现细小的再结晶晶粒，表明发生了部分再结晶；相比合金2#，添加0.25%Sc的合金3#的金相组织仍保持纤维状组织，未观察到再结晶组织[见图4-4(b)和(c)]。因此，添加微量的Sc可以大大提高Al-Zn-Mg-Zr合金的再结晶温度，有效抑制再结晶。

(a) 合金1#　　　　　(b) 合金2#　　　　　(c) 合金3#

图4-4　合金的固溶态金相组织

图4-5为三种合金经过470 ℃/60 min固溶、水淬处理后，在120 ℃下不同时效时间的TEM组织。当时效时间为12 h，未添加Sc的合金1#晶粒内部出现大量弥散分布的第二相粒子，晶界上存在连续分布的链状析出相[见图4-5(a)]。延长时效时间至24 h，三种合金的晶内析出相开始出现粗化现象，同时，晶界析出相由连续分布转为不连续分布，从图中还可以看出，合金中出现了无沉淀析出带[见图4-5(b)(d)(f)]。图4-5(g)为添加0.25%Sc的合金3#经过120 ℃/24 h时效时间后的TEM组织，大量的马蹄状析出相分布于晶内，该析出相为次生Al₃(Sc, Zr)粒子，它是合金经过均匀化处理和后续热加工过程中从基体中析出的，$Al_3(Sc, Zr)$粒子的超点阵共格衍射斑点如图4-5(h)所示，该粒子与α(Al)基体共格。研究表明[1]：$Al_3(Sc, Zr)$粒子可以强烈钉扎位错，阻碍亚晶界迁移，从而大大提高合金强度。

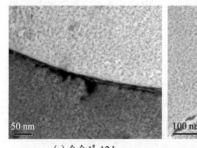 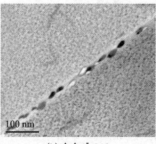 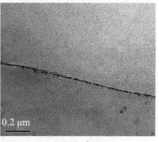

(a) 合金1#, 12 h　　　　　(b) 合金1#, 24 h　　　　　(c) 合金2#, 12 h

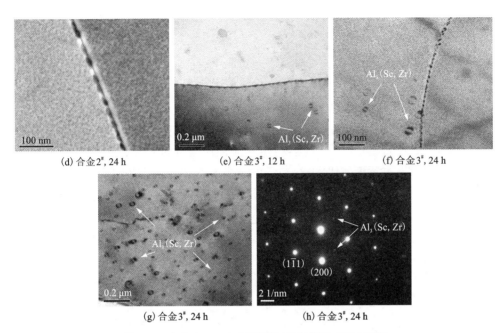

(d) 合金2#, 24 h　　　　(e) 合金3#, 12 h　　　　(f) 合金3#, 24 h

(g) 合金3#, 24 h　　　　(h) 合金3#, 24 h

图 4-5　合金在 120 ℃下不同时效时间的 TEM 组织

4.1.3　微量 Sc 在 Al-Zn-Mg-Zr 合金中的作用

1. 晶粒细化作用

上述研究结果表明, 在 Al-Zn-Mg-Zr 合金中加入微量 Sc 能有效消除铸锭枝晶偏析现象, 且晶粒尺寸也得到了显著细化, 表明微量 Sc 元素具有强烈的细化变质效果。在 Al-Zn-Mg 系合金中, Sc、Zr 元素一般只与 α(Al) 发生反应, 因此,

合金中 Sc、Zr 的存在形式与 Al-Sc-Zr 合金中的一样。图 4-6 为 Al-Sc-Zr 三元合金富铝端的相图, 由图可知, 本实验所研究的三种合金均位于 α(Al) + Al$_3$Zr + Al$_3$Sc 三相区域内, 因此, 在凝固过程中会有初生 Al$_3$Zr 相和 Al$_3$Sc 粒子析出[2-4]。

根据 Al-Sc 二元合金相图可知, Al-Sc 合金在 655 ℃时发生共晶反应:

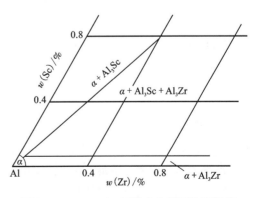

图 4-6　Al-Sc-Zr 三元合金相图的富铝端

$$L \longrightarrow Al + Al_3Sc \tag{4-1}$$

根据 Al-Zr 二元合金相图可知，当 Zr 含量为 0.11% 时，Al-Zr 合金在 660 ℃ 时存在包晶反应：

$$L + Al_3Zr \longrightarrow \alpha(Al) \tag{4-2}$$

在 Al-Sc-Zr 合金相图的富铝角存在包共晶反应：

$$L + Al_3Zr \longrightarrow \alpha(Al) + Al_3(Sc, Zr) \tag{4-3}$$

研究表明，当合金中 Zr 含量达到 0.11% 时，在一定条件下，熔体中优先形成 L1$_2$ 型亚稳态 Al$_3$Zr 粒子[5-6]，随后在包共晶反应凝固过程中，Sc 原子向 L1$_2$ 型 Al$_3$Zr 粒子扩散，并逐渐替代 Al$_3$Zr 粒子中的部分 Zr 原子，形成 L1$_2$ 型 Al$_3$(Sc, Zr) 粒子（见图 4-7）。因此，在合金凝固时易形成大量的 Al$_3$Zr、Al$_3$(Sc, Zr) 粒子[7]。

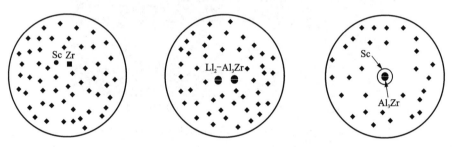

图 4-7 初生 Al$_3$(Sc, Zr) 粒子形成示意图

另有文献[8]指出在 Al-Sc-Zr 合金中存在有 Al$_3$(Sc, Zr) 相，它是在 Al$_3$Sc 相基础上，Sc 被 Zr 原子置换而形成的，最多可置换到 50% Sc（原子分数），形成 Al$_3$(Sc$_{0.5}$Zr$_{0.5}$)。L1$_2$ 型的 Al$_3$Zr 与 α(Al) 的错配度约为 0.5%，而 L1$_2$ 型 Al$_3$Sc 与 α(Al) 的错配度约为 1.5%，Zr 原子置换 Al$_3$Sc 中的 Sc 原子，使得含锆的 Al$_3$Sc 与基体的错配度减小，晶格常数的差异率降低，非均匀形核效率增高，晶粒细化效果增强[9-10]。

一般而言，金属结晶时每个晶粒都是由一个晶核长大形成的，其晶粒度的大小主要由形核率 N 和长大速度 G 决定。根据计算，单位体积中的晶粒数目 Z_v 可由如下公式表示[11-12]：

$$Z_v = 0.9 \left(\frac{N}{G} \right)^{\frac{3}{4}} \tag{4-4}$$

因此，形核率越高，长大速度越慢，晶粒尺寸将越细小。结合上述研究结果，不难发现，合金的晶粒细化作用与 Sc、Zr 元素有关。

根据异质形核理论，金属异质形核的临界形核功表达式如下：

$$\Delta G = \left(\frac{16\pi\sigma_{LS}^2}{3\Delta G_V} \right) \cdot \left(\frac{2 - 3\cos\theta + \cos^3\theta}{4} \right) \tag{4-5}$$

式中，σ_{LS} 为固相/液相界面能；ΔG_V 为单位体积液相与固相自由能差；θ 为晶核与基体润湿角（见图4-8），且表达式如下。

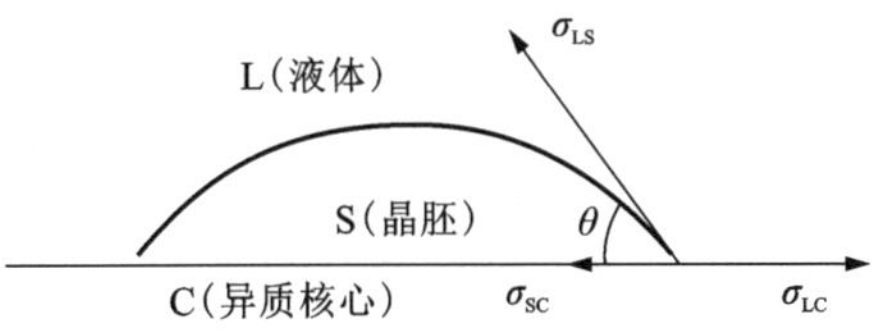

图 4-8　异质形核润湿角 θ

$$\cos \theta = \frac{\sigma_{LC} - \sigma_{SC}}{\sigma_{LS}} \quad (4\text{-}6)$$

式中，σ_{LC}、σ_{SC} 分别为基底/液相、固相/基底的界面能，形核表达式如下。

$$\eta = A\exp\left[-\frac{B\sigma_{LS}^3}{(\Delta T)2T}\right] \quad (4\text{-}7)$$

式中，A、B 为常数；ΔT 为过冷度；T 为相变温度。

由式(4-5)、式(4-6)、式(4-7)可知，界面能 σ_{LS} 和润湿角 θ 对异质形核过程有着十分重要的影响，σ_{LS} 越小，ΔG 越小，而 η 越大，可以使得在过冷度较低的情况下实现形核。

研究发现[13-14]，金属熔体中起异质形核作用的晶粒细化剂一般具备如下三个条件：第一，细化剂与基体之间具有界面共格性，错配度小于5%；第二，细化剂熔点高，具有良好的热稳定性，在熔体中均匀分布、不易被污染；第三，细化剂作为形核剂在合金凝固时优先析出，并最好能与熔体发生包晶反应生成析出相。

根据异质形核理论可知，粒子的有效形核作用主要取决于形核粒子与基体的共格程度，共格度愈高，晶核和基体具有最小界面自由能，从而利于促进晶粒形核、细化晶粒。

由表4-2可知，Al_3Sc、Al_3Zr 粒子均满足"界面共格对应原则"，可为 $\alpha(Al)$ 基体晶粒形核、长大提供理想场所，因此，在凝固过程中可以起到良好的异质形核作用，从而大大细化合金铸态晶粒组织。

表 4-2　Al_3Sc、Al_3Zr 和 Al 的晶格常数和错配度

物质	熔点/℃	晶体结构	晶体结构参数		错配度/%	
			a/nm	c/nm	δ_a	δ_c
$\alpha(Al)$	660	fcc	0.4050	—		
Al_3Sc	1320	Ll₂	0.4103	0.4103	1.50	1.50
Al_3Zr	1577	Ll₂	0.4080	0.4080	0.99	0.99

2. 抑制再结晶作用

上述研究结果表明，三种合金经过 470 ℃/60 min 固溶、水淬处理后，未添加

Sc 的合金 1# 已经发生完全再结晶，并形成等轴晶粒；当添加 0.12%Sc 后，合金 2# 只出现了少量的再结晶组织；随着 Sc 含量的增加，添加 0.25%Sc 的合金 3# 仍保持沿轧制变形方向的纤维状组织，并未开始发生再结晶。在均匀化退火和后续热变形过程中，合金内有大量细小、弥散的 Al$_3$(Sc, Zr) 粒子析出，该粒子与基体完全共格，热稳定性较好，可以强烈钉扎位错，阻碍亚晶界迁移，大大提高再结晶温度，有效抑制再结晶[15]。

通常采用 Zener-drag 公式来衡量合金的抑制再结晶能力[16]。

$$r = \frac{3fy_{GB}}{2r} \tag{4-8}$$

式中，f 为析出相的体积分数；y_{GB} 为合金粒子的比界面能；r 为第二相粒子尺寸。

合金粒子的比界面能 y_{GB} 可视为常量，因此，合金的抑制再结晶能力主要取决于比值 f/r。从上面的公式可以看出，合金的抑制再结晶能力与析出第二相粒子的半径成反比关系，与析出相的体积分数成正比关系，也就是说第二相粒子的半径越小，析出相的体积分数越高，合金的抑制再结晶能力越强。在本研究中，添加微量 Sc、Zr 元素后，有大量细小、弥散分布的 Al$_3$(Sc, Zr) 粒子析出，可以有效抑制再结晶现象发生，因而，相比未添加 Sc 的合金 1#，添加 0.12%Sc 的合金 2# 和 0.25%Sc 的合金 3# 固溶处理后未发生再结晶，仍保持沿轧制方向纤维状组织，且晶粒尺寸也相比未加 Sc 的合金 1# 要细小。

3. 强化作用

添加微量 Sc 元素后，合金的强度得到显著提高。在 T6 时效态下，相比未加 Sc 的合金 1#，添加 0.12%Sc 的合金 2# 和 0.25%Sc 的合金 3# 的抗拉强度分别提高了 62 MPa、104 MPa。其主要强化机制如下。

（1）Orowan 强化。第二相强化理论认为，第二相粒子与位错之间的强化机制可分为 Orowan 绕过机制和位错切过机制两种，其强化机制取决于第二相粒子的体积分数、尺寸大小、间距、粒子形状和分布等。在本实验中，次生的 Al$_3$(Sc, Zr) 粒子对合金的主要强化机制为 Orowan 绕过机制。根据 Orowan 理论可得：

$$\sigma_p = \frac{0.84MGb}{2\pi(1-\nu)^{\frac{1}{2}}\lambda}\ln\frac{r}{b} \tag{4-9}$$

$$\lambda = r \cdot \left(\frac{2\pi}{3f}\right)^{\frac{1}{2}} \tag{4-10}$$

式中，G 为基体的剪切模量，$G = 27.8$ GPa；M 为 Taylor 因子，$M = 3.06$；ν 为 Poisson 比，$\nu = 0.33$；λ 为粒子间有效距离；r 为粒子半径；b 为滑移位错的柏氏矢量，$b = 0.286$ nm。在本研究中，大量细小、弥散的马蹄状 Al$_3$(Sc, Zr) 粒子均匀分布在合金基体内，起到了良好的析出强化作用。

（2）细晶强化。依据 Hall-Petch 方程[17-19]，金属的屈服强度与晶粒尺寸存在这种关系：

$$\sigma_s = \sigma_0 + k\sqrt{d} \tag{4-11}$$

式中，σ_s 为材料的屈服强度；σ_0 为晶格摩擦力；k 为斜率；d 为晶粒平均尺寸。

由式（4-11）可知，合金晶粒尺寸越细小，材料的屈服强度越高。这种由显微组织造成的强化是由于显微组织中的界面阻碍了位错运动，因此，晶粒尺寸越细小，单位面积内晶粒数目越多，那么单位面积的晶界也会增大，位错滑过该面积时所需的能量也就更大，导致合金强度越高。从前面的分析可知，相比未加 Sc 的合金 1#，添加 0.12%Sc 的合金 2# 和 0.25%Sc 的合金 3# 的晶粒组织细化效果十分明显，具有强烈的细晶强化作用。

4.2　Al-Zn-Mg-Sc-Zr 合金的时效与组织性能

4.2.1　单级时效对合金组织与性能的影响

根据前面的研究结果，Al-5.4Zn-2.0Mg-0.25Sc-0.1Zr 合金比 Al-5.4Zn-2.0Mg-0.10Sc-0.1Zr 合金在固溶后所得的拉伸性能更佳，组织更加均匀，晶粒尺寸更加细小，因此，本实验选用 Al-5.4Zn-2.0Mg-0.25Sc-0.1Zr 合金薄板（2 mm 厚）进行时效实验研究。

1. 时效温度对合金性能的影响

将固溶后的合金板材设定在 100 ℃、120 ℃、140 ℃、160 ℃四个温度下保温 24 h，时效后所得的性能如表 4-3 所示。分析数据可知，随着时效温度的增加，合金的相对电导率单调提高，最大值可达到 37.0%IACS；而硬度则是先略微上升再下降，在 120 ℃时达到最大值 190.1 HV，如图 4-9 所示。

表 4-3　不同时效温度下合金性能

时效温度/℃	R_m/MPa	$R_{p0.2}$/MPa	A/%	硬度 HV	电导率/%IACS
100	557	530	11.7	184.4	31.1
120	583	562	11.0	190.1	34.1
140	559	532	11.4	180.4	35.2
160	520	497	11.5	160.0	37.0

由图 4-10 可以看出，合金的抗拉强度、屈服强度与时效温度之间的关系和硬度所呈现的关系一致，皆是先上升再下降的趋势，并在 120 ℃时达到峰值，而

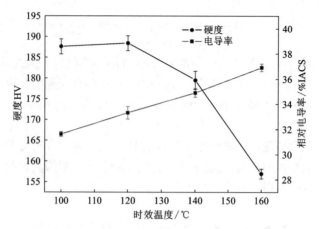

图 4-9　不同时效温度下合金的硬度和相对电导率

其伸长率则出现相反的规律。从以上数据可以判断：合金在 120 ℃ 的时效温度下能达到最佳拉伸性能，120 ℃ 为试样的峰时效温度，低于此温度为欠时效温度（100 ℃），高于此温度为过时效温度（140 ℃、160 ℃）。另外，由图 4-9 可以看出，合金在 120 ℃ 的时效温度下的电导率也不会太低，因此，合金在保持高强度的同时保持着较好的抗腐蚀性能，试样单级时效的合适温度可定为 120 ℃。

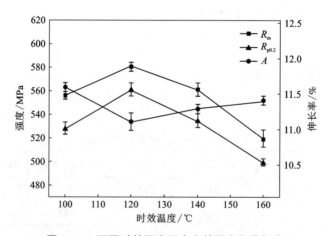

图 4-10　不同时效温度下合金的强度和伸长率

2. 时效时间对合金性能的影响

从以上实验可得出：合金的峰时效温度为 120 ℃，因此将固溶后的合金板材设定在 120 ℃ 下保温 4 h、12 h、24 h、32 h、48 h 来研究时效时间对合金性能的影响。时效后所得的性能如表 4-4 所示。

表 4-4 120 ℃下不同时效时间后合金的性能

时效时间	R_m/MPa	$R_{p0.2}$/MPa	A/%	硬度 HV	相对电导率/%IACS
4 h	550	526	12.4	168.9	32.0
12 h	565	539	11.3	175.1	33.0
24 h	583	562	11.0	190.1	34.1
32 h	579	549	10.8	188.1	33.8
48 h	570	545	10.6	187.2	34.2

由图 4-11 可以看出，合金展现出明显的时效硬化特性，其硬度在时效 24 h 之前快速增加，之后再慢慢减小，最大值达 190.1 HV；其相对电导率整体上随着时效时间的延长而上升，但在 32 h 处出现轻微下降，最大值达 34.2%IACS。由图 4-12 可以看出，试样的抗拉强度、屈服强度与时效时间之间的关系和硬度所呈现的关系一致，皆是先上升再下降的趋势，并在 24 h 时达到峰值，而其伸长率则出现相反的规律。结合前面的实验数据可知：试样的峰时效工艺参数为 120 ℃/24 h，120 ℃/4 h 和 120 ℃/12 h 为欠时效，120 ℃/32 h 和 120 ℃/48 h 为过时效。

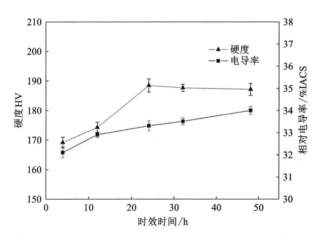

图 4-11 120 ℃下不同时效时间后合金的硬度和电导率

3. 单级时效对合金显微组织的影响

图 4-13 为合金在不同单级时效制度下的 TEM 组织，经参考作者对含 Sc 的

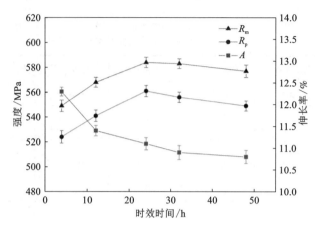

图 4-12　120 ℃下不同时效时间后合金的强度和伸长率

Al-Zn-Mg-Zr 合金的热处理和析出相的相关研究结果[1]可以得到：Sc 的加入不会影响其整体的析出序列，Al-Zn-Mg 合金析出序列仍然按照"过饱和固溶体→G. P 区→η'(MgZn$_2$)相→η(MgZn$_2$)相"进行[20-21]。从图 4-13(a) (c) (e)中可以发现大量细小、弥散且呈双叶花瓣状的第二相粒子，参考相关文献资料[22-23]，可以说明此粒子为 Al$_3$(Sc，Zr)相或 Al$_3$Sc 相，此时大量的 Al$_3$(Sc，Zr)或 Al$_3$Sc 粒子存在说明这些粒子在固溶时不回溶，在 470 ℃时有良好的热稳定性。从图中还可以观察到，有很多位错缠结在这些粒子附近，说明这些粒子可以强烈地钉扎位错。此外，在这三种时效制度下 Al$_3$(Sc，Zr)和 Al$_3$Sc 粒子的形态、数量也没有明显的变化，说明时效制度对 Al$_3$(Sc，Zr)粒子和 Al$_3$Sc 粒子的影响不大。

从图 4-13(b) (d) (f)中可以观察到不同单级时效对合金析出相的析出行为的影响。合金在经过不同单级时效后，其晶内和晶界上析出相的数量、大小、分散性等都有着很大的差异。从图 4-13(a)和(b)中可以看出，在 120 ℃/4 h 时，合金晶内的析出相主要还是 Al$_3$(Sc，Zr) 粒子，并未发现其他大量弥散分布的细小第二相粒子，晶界窄而且析出相连续分布，此时合金还未析出大量的强化相，基体中主要存在 G. P 区。在 120 ℃/24 h 时[见图 4-13(c)和(d)]，合金析出了大量细小的点状第二相，且这些析出相分布均匀，晶界加粗，晶界上的析出相增加，晶界呈现出类似于波浪的曲折，说明晶界上的沉淀即将开始呈现不连续分布，且开始形成无析出带(PFZ)，基体中主要存在大量 η'相和 G. P 区。在 120 ℃/48 h 时，如图 4-13(e)和(f)所示，晶内析出相变得粗大，晶界上的析出相也变得更加粗大且呈现不连续分布，可以明显地观察到较宽的 PFZ，基体中主要存在大量 η'和 η 相。

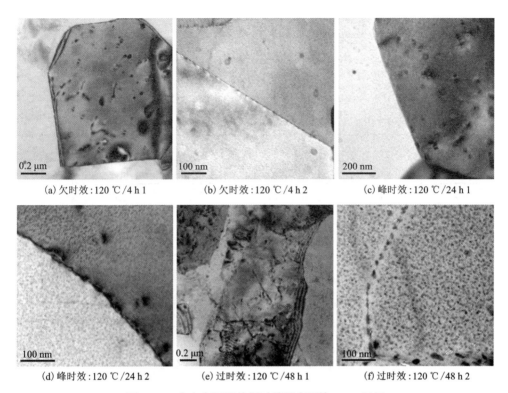

(a) 欠时效:120 ℃/4 h 1　　(b) 欠时效:120 ℃/4 h 2　　(c) 峰时效:120 ℃/24 h 1

(d) 峰时效:120 ℃/24 h 2　　(e) 过时效:120 ℃/48 h 1　　(f) 过时效:120 ℃/48 h 2

图 4-13　合金在不同单级时效制度下的 TEM 组织

4.2.2　双级时效对合金组织与性能的影响

峰时效处理后 Al-5.4Zn-2.0Mg-0.25Sc-0.1Zr 合金的强度高，但是其抗腐蚀性能并不好，不能满足有些既要求强度高也要求耐蚀性好的应用要求。而设计双级时效处理制度可以在稍微降低合金强度的情况下大大提高合金的疲劳性能和耐腐蚀性能，可以提高合金的综合性能[24]。因此，对本实验合金采用正交试验方案(见表 4-5 和表 4-6)来确定适宜的双级时效制度，研究双级时效对合金性能与组织的影响。

表4-5 正交试验的各因素及水平

水平	因素 A/T_1，预时效温度/℃	因素 B/t_1，预时效时间/h	因素 C/T_2，终时效温度/℃	因素 D/t_2，终时效时间/h
水平1	90	4	140	12
水平2	105	6	155	16
水平3	120	8	170	20

表4-6 正交试验方案

序号	预时效温度/℃	预时效时间/h	终时效温度/℃	终时效时间/h
1	90	4	140	12
2	90	6	155	16
3	90	8	170	20
4	105	4	155	20
5	105	6	170	12
6	105	8	140	16
7	120	4	170	16
8	120	6	140	20
9	120	8	155	12

1. 正交实验结果

对经过 470 ℃/60 min 的固溶处理后的板材以正交试验工艺进行双级时效（具体工艺制度详见表4-6），测试时效后合金的拉伸性能、电学性能如表4-7所示。在单级峰时效状态（120 ℃/24 h）下，合金的抗拉强度为 583 MPa，屈服强度为 562 MPa，伸长率为 11.0%，相对电导率为 34.1%IACS。从表4-7中可以看出，双级时效后合金的导电率比单级时效的高。因此，可以推测双级时效态下合金的抗蚀能力比单级时效更佳，而且，其中试验编号1、8、9三个点的拉伸性能的下降值较少，其综合性能较好。

表 4-7　双级时效正交试验合金的力学性能及电学性能

序号	温度 T_1/℃	时间 t_1/h	温度 T_2/℃	时间 t_2/h	R_m/MPa	$R_{p0.2}$/MPa	A/%	硬度 HV	相对电导率 /%IACS
1	90	4	140	12	520	483	12.0	188.2	38.0
2	90	6	155	16	493	470	12.6	150.8	38.1
3	90	8	170	20	475	420	14.0	145.9	40.2
4	105	4	155	20	514	490	11.3	156.5	36.8
5	105	6	170	12	471	418	11.0	145.4	37.9
6	105	8	140	16	467	416	11.1	144.3	39.0
7	120	4	170	16	499	451	12.3	152.1	39.0
8	120	6	140	20	548	527	12.3	170.7	38.2
9	120	8	155	12	529	482	13.1	162.8	38.0

2. 极差分析

采用极差分析方法对正交试验结果进行分析，可以得出每一个因素和水平下的各性能的平均值，结果如表 4-8 所示。

表 4-8　合金的拉伸力学性能和相对电导率

因素	水平	R_m/MPa	$R_{p0.2}$/MPa	A/%	硬度 HV	相对电导率/%IACS
预时效 温度/℃	90	497	460	12.9	161.7	37.5
	105	484	441	11.1	148.7	37.9
	120	520	477	12.6	161.9	37.2
预时效 时间/h	4	517	481	12.2	165.6	36.6
	6	504	472	12.0	155.6	36.8
	8	490	439	12.7	151	39.1
终时效 温度/℃	140	531	498	12.1	167.7	35.9
	155	496	481	12.3	156.7	37.6
	170	468	413	12.4	147.8	39.0
终时效 时间/h	12	526	484	12.3	165.5	36.7
	16	473	429	12.0	149.1	38.7
	20	512	479	12.5	157.7	37.2

采用各平均值计算出各个目标值相应的极差值，其结果如表4-9所示。一般而言，极差值越高，其对应因素的水平改变时对试验指标的影响越大，其结果如表4-10所示。分析表中的数据可知，对于抗拉强度的影响因素排序为终时效温度(T_2)>终时效时间(t_2)>预时效温度(T_1)>预时效时间(t_1)；对于屈服强度和硬度的影响因素排序为终时效温度(T_2)>终时效时间(t_2)>预时效时间(t_1)>预时效温度(T_1)；对于电导率的影响因素排序为终时效温度(T_2)>预时效时间(t_1)>终时效时间(t_2)>预时效温度(T_1)；合金的伸长率变化规律不明显，波动值也较小。

表4-9　各个目标值不同因素的极差值 *R*

极差目标	预时效温度/℃	预时效时间/h	终时效温度/℃	终时效时间/h
R_m	36	27	63	53
$R_{p0.2}$	36	42	85	55
A	1.8	0.7	0.3	0.5
硬度 HV	13.2	14.6	19.9	16.4
γ	0.7	2.5	3.1	2.0

表4-10　双级时效制度对合金目标性能影响程度

目标性能	最佳双级时效制度	影响程度
R_m	120 ℃/4 h+140 ℃/12 h	$T_2>t_2>T_1>t_1$
$R_{p0.2}$	120 ℃/4 h+140 ℃/12 h	$T_2>t_2>t_1>T_1$
A	90 ℃/8 h+170 ℃/20 h	$T_1>t_1>t_2>T_2$
硬度 HV	120 ℃/4 h+140 ℃/12 h	$T_2>t_2>t_1>T_1$
γ	105 ℃/8 h+170 ℃/16 h	$T_2>t_1>t_2>T_1$

3. 实验结果验证

极差分析只是一种理论方法，得出的最优双级时效制度与实际情况可能存在误差，因此选择双级时效制度进行实验验证，数据如表4-11所示，实验结果基本符合理论优化方法。此外，与120 ℃/24 h时效态相比，双级时效处理后合金的强度略微有所下降，伸长率上升，且电导率显著提高。综合考虑，将合金最佳双级时效制度定为120 ℃/6 h+140 ℃/20 h。在此条件下，合金的抗拉强度、屈服强度和伸长率分别为548 MPa、527 MPa 和12.3%；硬度和相对电导率分别为170.7 HV 和38.2%IACS(见表4-11)。

表 4-11　验证实验条件下合金的拉伸力学性能和相对电导率

时效制度	R_m/MPa	$R_{p0.2}$/MPa	A/%	硬度 HV	相对电导率/% IACS
120 ℃/4 h+140 ℃/12 h	529	510	12.8	164.2	37.5
90 ℃/8 h+170 ℃/20 h	475	420	14.0	145.9	40.2
105 ℃/8 h+170 ℃/16 h	490	468	12.4	150.2	38.4
120 ℃/24 h	581	561	11.1	188.4	33.3

4. 双级时效制度下合金的显微组织

图 4-14 为合金经 470 ℃/60 min 固溶水淬处理后,在单、双级时效制度下的 TEM 组织。在同一放大倍数下,图 4-14(c)可以观察到许多析出相弥散分布在晶内;而图 4-14(a)的晶内则只能观察到很细小的弥散相,其形状并不明显。同样,在图 4-14(b)和(d)中可以更明显地发现,双级时效处理后合金晶内的 η′相比 120 ℃/24 h 状态下的更为粗大,分布也十分均匀,并且出现了粗大的 η 相,这说明在双级时效制度下,部分不稳定的 η′相转为 η 相;同时,双级时效后合金的晶界呈现不连续分布,晶界析出相更为粗大,其无析出带明显变宽。

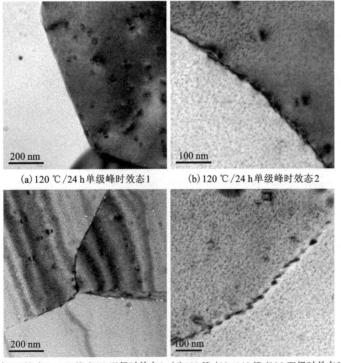

(a) 120 ℃/24 h 单级峰时效态 1　　(b) 120 ℃/24 h 单级峰时效态 2

(c) 120 ℃/6 h+140 ℃/20 h 双级时效态 1　(d) 120 ℃/6 h+140 ℃/20 h 双级时效态 2

图 4-14　合金单、双级时效制度下的 TEM 组织

4.2.3 双级时效的作用

双级时效是一种过时效处理的工艺,分预时效和终时效两个阶段。其脱溶相析出行为也和单级时效一致,只是分为两个部分,预时效阶段为脱溶相均匀形核过程,目的是提高组织的均匀性;终时效阶段为脱溶相长大和转变,调整沉淀相结构和分布,以获得最佳的组织和性能。

在预时效阶段,合金主要是形成 G.P 区,研究发现, G.P 区存在一临界尺寸,当 G.P 区尺寸小于临界尺寸时,已形成的 G.P 区在一个更高的温度下会发生回溶;当 G.P 区尺寸大于临界尺寸时,已形成的 G.P 区在一个更高的温度下会成为核心长大转变成 η' 过渡相。 G.P 区的尺寸大小和时效时间及温度有关,因此 G.P 区能否长大成 η' 过渡相取决于合金中 G.P 区的溶解临界温度(T_C),低于这个临界温度时 G.P 区可以稳定存在,并且当其长大到临界尺寸时就可以转变成 η' 过渡相;而高于此温度,部分低于临界尺寸的 G.P 区会发生回溶,这会导致后续终时效合金的组织不够均匀。所以,预时效的最佳温度一般低于临界温度 $10\sim20\ ^{\circ}\mathrm{C}$,终时效温度一般高于临界温度,Al–Zn–Mg 系合金的临界温度一般为 $130\ ^{\circ}\mathrm{C}$ 。

不同预时效工艺处理后,合金内部的 G.P 区形态和分布决定了此时的力学性能,也很大程度上影响着终时效后的组织。在本实验中,当预时效温度为 $90\ ^{\circ}\mathrm{C}$ 和 $105\ ^{\circ}\mathrm{C}$ 时,虽然温度低于 G.P 区溶解临界温度,但大部分 G.P 区小于临界尺寸,在后续较高温终时效处理时不能形成 η' 过渡相,而是逐渐回溶,因此合金力学性能较差。而当预时效温度增加到 $120\ ^{\circ}\mathrm{C}$ 时,晶体内部的 G.P 区较为稳定且大部分可达到临界尺寸;经过高温终时效处理后,其可以形成更均匀分布的 η' 相,对合金起到很好的强化作用,合金强度更高。

由正交试验结果可知,对于合金最终的力学性能,终时效影响最大,因为终时效可以直接影响到析出相的尺寸、分布和种类。当终时效程度为将大部分 G.P 区转变成 η' 相时,合金强度高;随着终时效程度的加深, η' 相转变成粗大且不均匀分布的平衡相 η 相时,合金的强度下降。

总而言之,合金在经过低温预时效处理后会形成大量的 G.P 区,当经过高温终时效处理后,这些 G.P 区将转变为 η' 或 η 相;随着终时效程度的加深,晶界和晶内析出相逐渐长大,部分亚稳相 η' 相转化为稳定的 η 平衡相,且呈不连续分布,无析出带也变宽,合金强度降低。然而,这一现象有利于提高合金的抗腐蚀能力,并且其合金强度的下降幅度也较小。

4.3　Al-Zn-Mg-Sc-Zr 合金焊接接头的组织与性能

作为高性能铝合金，Al-Zn-Mg-Sc-Zr 合金不仅要求具有高的强度、良好的耐腐蚀性能，其焊接性能有严格要求，因此，研究这类合金材料的焊接性能具有非常重要的意义。本研究采用 5B71 合金焊丝对 Al-5.4Zn-2.0Mg-0.25Sc-0.1Zr 合金板材进行氩弧焊，研究了合金焊接接头显微组织与性能，并探讨微量 Sc 在焊接接头中的作用机理。

4.3.1　合金焊接接头的拉伸力学性能

图 4-15 为合金焊接板材实物图和低倍组织照片。焊接过程中，电弧稳定，焊接熔池成型规则，焊后余高高度一致。由图还可以看出，焊接接头由三部分组成：焊缝区、热影响区和基材区。

(a)　　　　　　　　　　　　　　　　(b)

图 4-15　合金焊接板材实物图和低倍组织照片

1. 合金焊接接头的硬度

合金焊接接头的硬度如图 4-16 所示。由图可知，合金焊接接头硬度以焊缝为中心呈近似对称，且中心处的硬度值最低。沿中心往基材方向，合金焊接接头硬度呈先升高后降低再增高的趋势，在距焊缝中心大约 10 mm 处，硬度出现一个峰值，维氏硬度值达到 145 HV。此后，合金焊接接头硬度开始下降，在距焊缝中心 16 mm 处硬度再次出现一个低值。当距中心超过 16 mm，合金焊接接头硬度又开始逐渐增大，在大约距焊缝中心 30 mm 处，硬度值基本与基材区持平。

2. 合金焊接接头的拉伸性能

焊接接头和基材拉伸试样取样位置如图 4-17 所示，拉伸力学性能如表 4-12 所示。由前面的实验研究结果可知，基材经过 470 ℃/60 min 固溶、水淬处理，再经 120 ℃/24 h 时效处理后，其抗拉强度为 581 MPa、屈服强度为 561 MPa、伸长

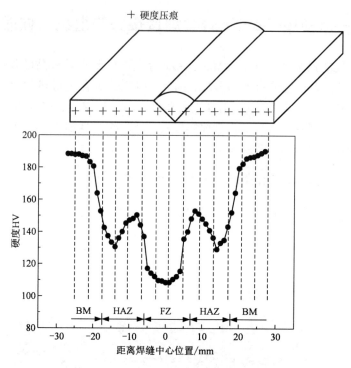

图 4-16 合金板材焊接接头的硬度分布

率为 11.1%。与基材相比，带余高的焊接接头抗拉强度和屈服强度均出现下降趋势，焊接系数高达 0.83。从拉伸断口可以发现，拉伸试样全部断在热影响区，距焊缝大约 16 mm 处。

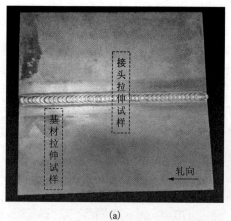
(a)

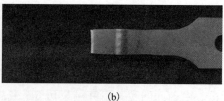
(b)

图 4-17 合金基材和焊接接头拉伸试样取样示意图

表 4-12 合金焊接接头的拉伸力学性能

样品	R_m/MPa	$R_{p0.2}$/MPa	A/%	焊接系数/%	断裂位置
基材	561	581	11.1	——	——
	322	481	9.8	82.8	热影响区
焊接接头	319	480	9.9	82.6	热影响区
	320	481	10.2	82.8	热影响区

注：焊接系数公式为 $K=R_m^w/R_m$（R_m^w 为焊接接头的抗拉强度，R_m 为母材的抗拉强度）。

4.3.2 合金焊接接头的显微组织

1. 金相组织

合金焊接接头不同部位的金相显微组织如图 4-18 所示。由图可知，焊接接头由三个区组成：焊缝区、热影响区及基材区。合金的焊缝区为典型的铸态树枝晶组织；热影响区可细分为半熔合区和软化区，其中靠近焊缝区的组织为半熔合区组织，呈现为大量的细小再结晶组织；靠近基材区的组织为软化区，为长大的再结晶组织和加工纤维状组织。从图中还可以发现，焊缝区与热影响区结合相当良好。基材区为典型的纤维状组织，未出现再结晶组织[见图 4-18(f)]。

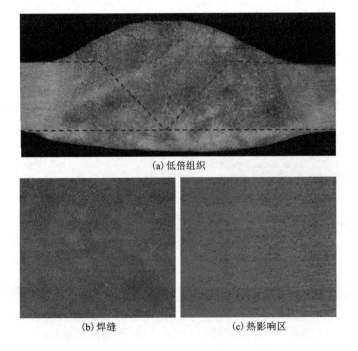

(a) 低倍组织

(b) 焊缝   (c) 热影响区

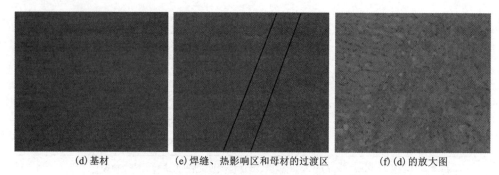

(d) 基材   (e) 焊缝、热影响区和母材的过渡区   (f) (d) 的放大图

图 4-18 合金焊接接头不同部位的金相组织

2. 扫描电子显微组织

图 4-19 为合金焊接接头扫描电子显微组织及能谱分析结果。由图可知，焊接接头焊缝区和热影响区的显微组织差别并不明显，均存在大量白色的富 Zn、Mg 非平衡相。基材区沿轧制方向弥散分布着许多析出相，其能谱分析结果与焊缝区和热影响区差别不大。

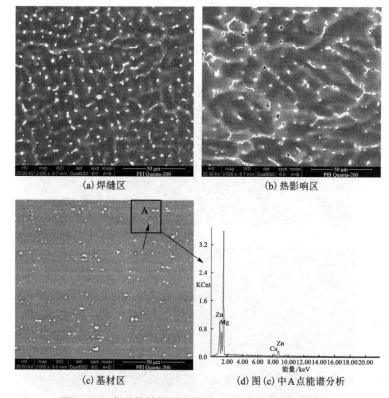

(a) 焊缝区   (b) 热影响区

(c) 基材区   (d) 图 (c) 中 A 点能谱分析

图 4-19 合金焊接接头扫描电子显微组织及能谱分析

3. 透射电子显微组织

图 4-20 为合金焊接接头的 TEM 组织。由图 4-20(a)可知,焊缝区组织近似为过饱和固溶体。图 4-20(b)为焊缝区向热影响区过渡的 TEM 组织,有大量的马蹄状 $Al_3(Sc, Zr)$ 粒子析出,对亚晶界具有强烈的钉扎作用,有效地抑制了再结晶,从而大大提高了热影响区合金的强度。在热影响区,晶界和晶内存在大量的析出相,且晶界析出相呈不连续分布,同时,还可以观察到亚晶组织和细小弥散的 $Al_3(Sc, Zr)$ 粒子。

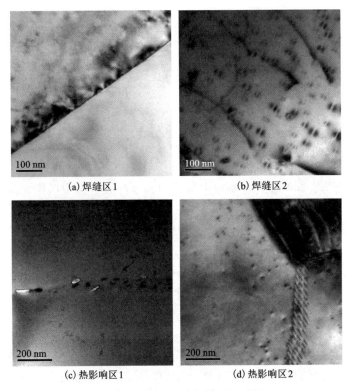

(a) 焊缝区 1　　　　　　　　(b) 焊缝区 2

(c) 热影响区 1　　　　　　　(d) 热影响区 2

图 4-20　合金焊接接头的 TEM 组织

4.3.3　微量 Sc 在合金焊接接头中的作用

Al-Zn-Mg-Sc-Zr 合金属于典型的可热处理强化合金。在焊接过程中,焊接接头各部位的温度不一致,因此,各部位呈现出类似不同热处理的效果。铝合金在进行氩弧焊焊接时,焊缝中心处的温度可高达 700~800 ℃;同时,由于焊接热造成的影响,从坡口边缘沿基材方向还将依次发生类似固溶、时效等处理过程。焊接完毕后,由于铝合金具有较高的导热系数,在随后的冷却过程中焊接热沿基材方向迅速冷却。在热传导的作用下，焊接接头可大致分为焊缝区、热影响区和基材区，热影响区还可以细分为半熔合区和软化区[25-27]。

根据图 4-18 金相显微组织绘制的合金板材焊接接头显微组织模型图如图 4-21 所示，焊缝区为典型的铸态组织，半熔化区由细小的等轴晶组织组成，而在软化区内晶粒组织粗化，出现明显的长大现象，基材区组织为典型的纤维状组织。

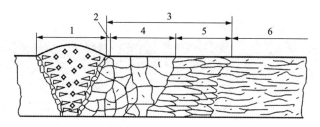

1—焊缝金属；2—局部融化区；3—热影响区；4—淬火区（粗晶）；
5—软化区（过时效）；6—非热影响区。

图 4-21　热处理强化后合金焊接接头的组织

在半熔合区，焊丝和合金基材中微量的 Sc、Zr 在合金中形成大量细小的初生 $Al_3(Sc, Zr)$ 粒子，该粒子熔点高，具有良好的热稳定性，与 $\alpha(Al)$ 基体完全共格，可作为异质形核核心，使得在半熔合区内形成了一层较薄的细小等轴晶晶粒，对合金产生了一定的细晶强化作用，因此，合金硬度在这个区域内呈增加趋势。软化区内再结晶组织开始长大以及析出相强化效果不明显，合金硬度值又开始出现下降趋势。由热影响区沿基材方向，合金内组织仍为纤维状，并未出现再结晶现象，同时，时效析出相强化效果开始逐渐增加，合金硬度水平上升至基材水平[28-30]。

如前文所述，作为异质形核核心的粒子应具备如下三个条件：第一，细化剂与基体之间具有界面共格性，错配度小于 5%；第二，细化剂熔点高，具有良好的热稳定性，在熔体中均匀分布、不易被污染；第三，细化剂作为形核剂，在合金凝固时优先析出，并最好能与熔体发生包晶反应且生成先析出相。在本实验中，焊丝和基材区均存在微量的 Sc、Zr 元素，在焊接过程中，熔池内微量的 Sc、Zr 可以和 $\alpha(Al)$ 基体形成初生的 $Al_3(Sc, Zr)$ 粒子，该粒子为 Ll_2 晶格类型，与 $\alpha(Al)$ 基体完全共格，并在合金凝固时优先析出，具有良好的热稳定性，呈弥散均匀分布，因此，在熔池内 $Al_3(Sc, Zr)$ 粒子可以成为良好的异质形核核心，起细化晶粒作用，产生细晶强化的效果。同时，除了强烈细化铸态组织，在焊缝快速凝固过程中还会生成 $Al_3(Sc, Zr)$ 粒子，该粒子尺寸为 20~30 nm，具有弥散析出强化作用，能显著提高合金焊缝强度。

4.4 Al–Zn–Mg–Sc–Zr 合金的疲劳裂纹扩展行为

4.4.1 微量 Sc 对合金疲劳裂纹扩展行为的影响

1. 不同 Sc 含量的 Al–Zn–Mg–Zr 合金疲劳裂纹扩展速率曲线

图 4-22 为三种合金在欠时效态下的疲劳裂纹扩展速率 da/dN 随应力强度因子 ΔK 变化的曲线,按其规律可分为三个阶段:第 I 阶段为门槛区域,裂纹扩展速率较慢,随着 ΔK 的增加,da/dN 快速提高,但这个阶段内区域通常很短;裂纹扩展曲线很快就进入第 II 阶段,即 Paris 区域,在此阶段,da/dN 和 ΔK 的对数值呈现线性关系;第 III 阶段是疲劳裂纹失稳扩展阶段,裂纹快速扩展,直到断裂。由图可知,在疲劳裂纹扩展的各个阶段,合金的疲劳裂纹扩展速率都呈现出合金 $3^\#$<合金 $2^\#$<合金 $1^\#$的规律。当 $da/dN=10^{-3}$ mm/周时,合金 $3^\#$ 和合金 $2^\#$ 的 ΔK 值比合金 $1^\#$ 分别大了 10.48 MPa·m$^{1/2}$ 和 4.00 MPa·m$^{1/2}$。总之,添加 Sc 能明显地降低合金的疲劳裂纹扩展速率。

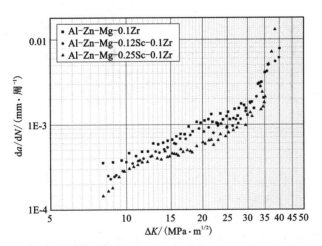

图 4-22   不同 Sc 含量 Al–Zn–Mg–Zr 合金的 da/dN–ΔK 关系曲线

2. 不同 Sc 含量的 Al–Zn–Mg–Zr 合金疲劳断口形貌

图 4-23 为合金在不同扩展区域下的断口形貌,图 4-23(a)(c)和(e)分别为合金 $1^\#$、合金 $2^\#$ 和合金 $3^\#$ 在 Paris 区域下 $\Delta K=22.2$ MPa·m$^{1/2}$ 时的断口形貌,所有合金都呈现出典型的疲劳辉纹花样。根据疲劳研究的基本理论,交变循环应力每施加一次被认为会产生一条疲劳辉纹,疲劳裂纹扩展速率越高,对应的辉纹宽度就更宽,因此,可以根据断口上疲劳辉纹的平均宽度来计算和验证当下的疲劳

裂纹扩展速率。而图 4-23(b)(c)和(e)分别为合金 1#、合金 2#和合金 3#在快速扩展区域下的断口形貌。由图 4-23(b)可发现，合金 1#的断口上分布着深的韧窝和撕裂棱，表明了它有较好的塑性。合金 2#的断口上的韧窝更小而浅，合金 3#的断面韧窝不仅小而浅，数量也在减少，说明随着 Sc 的增加，合金强度逐渐提高。

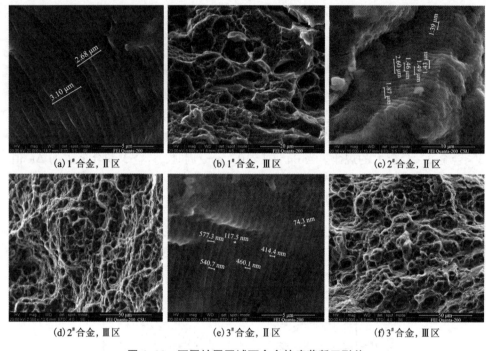

(a) 1#合金，Ⅱ区 (b) 1#合金，Ⅲ区 (c) 2#合金，Ⅱ区

(d) 2#合金，Ⅲ区 (e) 3#合金，Ⅱ区 (f) 3#合金，Ⅲ区

图 4-23　不同扩展区域下合金的疲劳断口形貌

表 4-13 为三种合金的平均辉纹宽度和疲劳裂纹扩展曲线上所对应的裂纹扩展速率。辉纹宽度顺序为合金 1#>合金 2#>合金 3#，裂纹扩展速率大小顺序为合金 1#>合金 2#>合金 3#，结合实验研究的图表可知，合金的辉纹宽度和裂纹扩展速率为线性关系，说明断口的分析结果与裂纹扩展速率曲线的一致。

表 4-13　三种合金的平均辉纹宽度与对应的疲劳裂纹扩展速率

$\Delta K = 22.2 \text{ MPa} \cdot \text{m}^{1/2}$	合金 1#	合金 2#	合金 3#
辉纹宽度/nm	825.7	673.1	313.1
$da/dN/(\text{mm} \cdot \text{周}^{-1})$	6.13E-4	1.10E-3	9.05E-4

3. 不同 Sc 含量的 Al-Zn-Mg-Zr 合金裂纹扩展路径

在疲劳裂纹扩展试验进行一半时，裂纹达到一定长度但试样未断裂，取下裂纹尖端处的小块试样进行表面处理，然后沿着裂纹扩展方向拍摄金相照片，并用软件拼接处理图片，得到完整的裂纹扩展路径金相图。图 4-24 给出了不同 Sc 含量的 Al-Zn-Mg-Zr 合金的疲劳裂纹扩展路径图，从图中可以看出，合金 1# 的裂纹路径光滑且较平直，基本保持垂直于应力加载方向上扩展，没有裂纹分叉；合金 2# 的裂纹路径更加曲折，且偏折程度较大；合金 3# 的裂纹路径不仅曲折，而且出现了裂纹分叉，但是其偏离程度不如合金 2#。这说明 Sc 的添加能使合金疲劳裂纹路径变曲折，且有利于裂纹分叉。

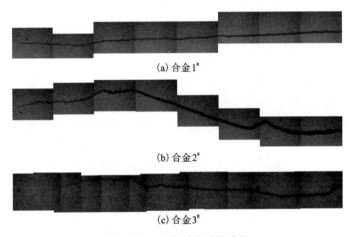

(a) 合金 1#

(b) 合金 2#

(c) 合金 3#

图 4-24 疲劳裂纹扩展路径

图 4-25 为合金 3# 疲劳裂纹扩展路径的 SEM 图和 EDS 能谱图。从图 4-25(a) 中可以看出，疲劳裂纹穿过合金表面的第二相并将粒子切割成两部分，继续扩展至合金基体中，在裂纹中间有被切割的小碎片附着；从图 4-25(b) 中看，这个第二相粒子应该是富含 Fe、Si、Mn 的杂质脆性相。在图 4-25(c) 中，可以看到裂纹形成分叉并绕过第二相粒子扩展；从图 4-25(c) 中看，这个第二相粒子应该是富含 Sc、Zr 的相，Sc、Zr 在合金中通常形成 $Al_3(Sc, Zr)$ 粒子。这表明，裂纹会切割杂质脆性相扩展，而绕过 $Al_3(Sc, Zr)$ 粒子扩展。

4. Sc 含量与合金疲劳裂纹扩展行为的关系

合金的疲劳裂纹扩展行为受其微观结构影响很大，不同的微观结构导致疲劳裂纹以不同的模型和机制扩展，从而得到不同的疲劳裂纹扩展行为。由上述实验可知，微量 Sc 的添加对合金的微观结构影响很大：①Sc 的添加使得合金有很好的抗再结晶能力，并且细化晶粒效果显著；②Sc 会与基体形成 $Al_3(Sc, Zr)$ 粒子，

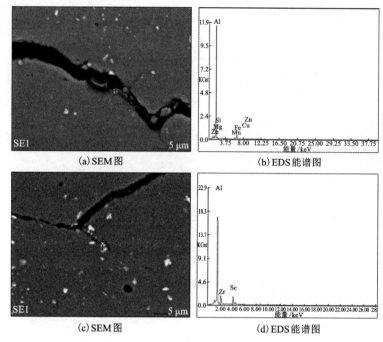

(a) SEM图

(b) EDS能谱图

(c) SEM图

(d) EDS能谱图

图4-25　合金3#裂纹扩展形貌图与能谱图

该粒子弥散分布在晶内和晶界上，可以钉扎位错，起到很好的强化作用。在Al-Zn-Mg系合金中，加入 Sc、Zr 后合金在凝固时易形成大量的 Al_3Sc、Al_3Zr、$Al_3(Sc,Zr)$粒子，这些粒子可以起到异质形核作用，是很好的形核剂和晶粒细化剂。

根据合金的抑制再结晶理论，析出第二相粒子半径越小，越弥散分布，体积分数越大，合金的抑制再结晶能力越强。在本研究中，由 TEM 结果可知，在热处理过程中，合金晶内会析出大量细小、弥散分布的次生 $Al_3(Sc,Zr)$粒子，该粒子可以强烈钉扎位错，阻碍亚晶界迁移，抑制合金再结晶，因此，随着 Sc 含量的增加，合金的抑制再结晶能力增强。结果表现为，合金呈现出非常细小的纤维状组织，晶内有大量的 $Al_3(Sc,Zr)$粒子弥散分布；未添加 Sc 的 Al-5.4Zn-2.0Mg-0.1Zr 合金的组织呈现出更大的再结晶等轴晶晶粒，晶内只有很少的 Al_3Zr 粒子。

添加微量 Sc 以后，合金的疲劳裂纹扩展行为主要改变趋势如下：①合金在疲劳扩展的各个阶段中裂纹扩展速率降低；②疲劳裂纹出现较大的曲折、偏离和裂纹分叉。因此，基于以上研究，微量 Sc 对合金疲劳裂纹扩展行为的影响体现在以下三个方面。

（1）晶粒细化对合金疲劳裂纹扩展行为的影响

晶粒尺寸对裂纹在合金内部拓展的影响很大且十分复杂，根据强化理论，晶界可以阻碍位错运动，提高合金的强度，而晶粒细小意味着有更多的胞壁。Hall–Petch 还提出了晶粒尺寸和强度的关系式，说明晶粒越小，位错运动要克服的应力越大，合金强度越高。同样，在疲劳断裂过程中，晶界也起着阻碍位错运动和裂纹扩展的作用，合金晶粒小有利于增加疲劳扩展阻力。此外，有研究表明[31-33]，晶粒尺寸的减小有利于提高裂纹闭合的发生概率，减少裂纹尖端的局部驱动，使裂纹尖端处的扩展速率降低。此外，晶界的界面能较高，因此，裂纹容易在此处形成二次裂纹，二次裂纹会增加裂纹在扩展相同长的距离（垂直于应力方向的投影长度）下的裂纹路程长度，减缓裂纹扩展速率。在本实验中，随着 Sc 的添加，合金的晶粒变小，合金的疲劳裂纹扩展速率降低，裂纹扩展路径变得更加曲折，所以合金的抗疲劳裂纹扩展能力最佳。

（2）第二相粒子对疲劳裂纹扩展行为的影响

第二相粒子对裂纹扩展起着很大的作用，尤其是萌生了裂纹扩展路径和裂纹。第二相粒子与基体的界面处容易萌生微裂纹，或者由于应力作用使得粒子与基体界面处出现微孔或者粒子本身破裂而形成裂纹源。此外，第二相粒子对裂纹扩展路径也有较大的影响作用，前面的研究表明，疲劳裂纹可以切过富含 Fe、Si、Mn 的杂质脆性相继续扩展，然后绕过尺寸较大的 $Al_3(Sc, Zr)$ 粒子扩展。当裂纹遇到粒子时，先会在其周围形成应力集中，Griffith 理论[34]说明，裂纹只有在当其扩展所引起的弹性储能减少量大于其新界面形成所需要的界面能时，才会扩展。裂纹扩展所需要的临界应力如下：

$$\sigma_c \cong \left(\frac{2E\gamma}{\pi a}\right)^{\frac{1}{2}} \tag{4-12}$$

式中，E 为杨氏模量；γ 为表面能；a 为裂纹长度的一半值。

裂纹偏离对疲劳裂纹扩展行为有影响。根据 Griffith 理论，当裂纹遇到一个易断裂的脆性粒子时，位错运动会因受到阻碍而塞积，短暂地产生应力集中，但是一旦破裂，裂纹会扩展出更长的距离，也就是说，这种裂纹传播方式会使得裂纹传播所需要的临界应力降低。相反，如果裂纹遇到了不能被切割过的粒子，比如尺寸较大的 $Al_3(Sc, Zr)$ 粒子，裂纹受到粒子阻碍后，原本的滑移方向受阻碍，只能绕过粒子传播。

（3）疲劳裂纹路径

由前面的研究可知，Al–5.4Zn–2.0Mg–0.25Sc–0.10Zr 和 Al–5.4Zn–2.0Mg–0.12Sc–0.10Zr 两种合金的疲劳裂纹路径比 Al–5.4Zn–2.0Mg–0.10Zr 合金的要曲折和分叉得多。裂纹扩展路径偏折对合金的疲劳裂纹扩展行为有很重要的影响，主要由下几个方面组成：一是裂纹偏折后，其扩展路径不再垂直于应力加载方向,在同一负荷下,其扩展的有效驱动力比平直裂纹所受的驱动力更小;二是裂纹曲折会增加其扩展的路程,在垂直于加载方向上扩展相同位移时,曲折裂纹的路程比平直裂纹的路程长,会降低裂纹扩展速率;三是由于偏离角度,两个裂纹面之间的错配使得裂纹在卸载之前就相互结束而产生闭合效应,阻碍了裂纹扩展。

4.4.2　时效对合金疲劳裂纹扩展行为的影响

1. 不同时效制度下合金的疲劳裂纹扩展速率曲线

图 4-26 为 Al-5.4Zn-2.0Mg-0.25Sc-0.10Zr 合金在不同时效制度下的疲劳裂纹扩展速率曲线。由图 4-26(a)可知,当 $\Delta K<30$ MPa·$m^{1/2}$ 时,欠时效态合金的疲劳裂纹扩展速率比峰时效态的低;而当 $\Delta K>30$ MPa·$m^{1/2}$ 时,欠时效态合金的疲劳裂纹扩展速率比峰时效态的高。从整体上讲,欠时效态合金展现出更好的抗疲劳裂纹扩展能力,而且裂纹扩展到的 ΔK 最大值也更大,寿命周期更长。如图 4-26(b)所示,合金在过时效态和双级时效态下的疲劳裂纹扩展速率曲线展现出非常明显的三个阶段,在第 I 阶段和第 II 阶段,两种状态下合金的疲劳裂纹扩展速率相近,过时效态合金的略微高于双级时效态,而在第 III 阶段时,双级时效态试样快速断裂,过时效的疲劳裂纹扩展速率略低于双级时效态。

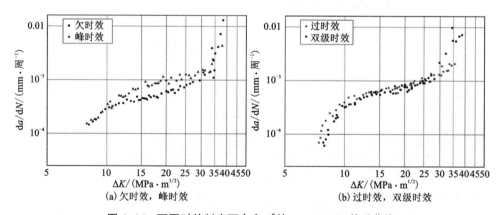

图 4-26　不同时效制度下合金 3$^{\#}$ 的 da/dN-ΔK 关系曲线

为了定性分析这四个时效制度对合金疲劳性能的影响,采用线性拟合的方法对 Paris 区域的数据进行处理。根据 Paris 公式,在疲劳扩展的稳态阶段,da/dN 与 ΔK 存在以下关系:

$$\frac{da}{dN} = C(\Delta K)^m \tag{4-13}$$

式中,C、m 是材料试验参数,其大小与材料、环境、应力比等因素有关。

将式(4-13)中的两边分别取对数, 即可得到:

$$\lg\left(\frac{da}{aN}\right) = \lg C + m\lg(\Delta K) \qquad (4\text{-}14)$$

在 Paris 区, 以 $\lg(da/dN)$ 和 $\lg(\Delta K)$ 为轴的坐标上, 图像为一条斜率为 m 的直线, 利用最小二乘法, 将实验测定的多个数据点进行线性回归拟合, 即可求得相应的 C 值和 m 值, 其拟合曲线如图 4-27 所示, 求得的 C 值和 m 值以及对应的扩展周期列于表 4-14 中。

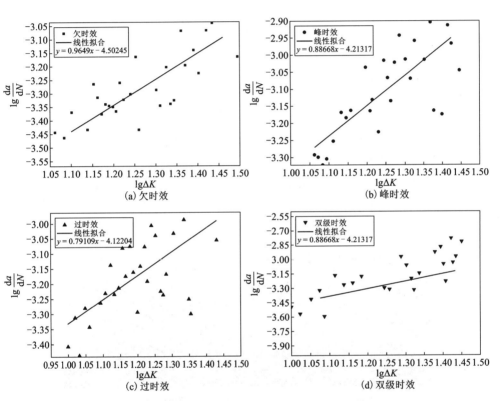

图 4-27　疲劳裂纹扩展曲线 Paris 区域线性拟合图

表 4-14　不同时效制度下合金的疲劳裂纹扩展拟合数据

参数	欠时效	峰时效	过时效	双级时效
C	3.1445×10^{-5}	6.1210×10^{-5}	7.5502×10^{-5}	5.9895×10^{-5}
m	0.9649	0.88668	0.79109	0.7647
圈	81487	65066	72238	75189

根据拟合分析结果，数值中 C 值的变化较大，m 值波动范围较小，欠时效态合金的 m 值虽然只比峰时效态合金的高 0.06，但是峰时效态的 C 值将近为欠时效态的 2 倍，这说明在 Paris 区裂纹扩展速率变化过程中，虽然欠时效态合金的增长斜率更高，但是其整体速率都比峰时效态合金的低。对比过时效态和双级时效态合金发现，两种状态下的 C 值和 m 值相近，但是双级时效的 C 值和 m 值都略低于过时效态的，这也说明了为什么其性能更佳。其交变应力周期也能体现合金的抗疲劳裂纹扩展能力，所有的拟合结果都与对应的加载周期相符合，表明其拟合结果的正确性。

2. 不同时效制度下合金的疲劳断口形貌

图 4-28 为合金在 $\Delta K = 22.157$ MPa·m$^{1/2}$ 的 Paris 区域的疲劳断口形貌，由图可知，所有的样品都展现出典型的辉纹形貌。表 4-15 为三种合金的平均辉纹宽度和疲劳裂纹扩展曲线上所对应的裂纹扩展速率。辉纹宽度顺序为峰时效态合金>过时效态合金>双级时效态合金>欠时效态合金，裂纹扩展速率大小顺序为峰时效态合金>过时效态合金>双级时效态合金>欠时效态合金，两者顺序一致。此外，由图 4-28(a)可知，欠时效态合金的断面上存在很多穿晶二次裂纹，它们一般垂直于断面传播，二次裂纹会消耗能量和增加裂纹路径，使相应的应力强度下的裂纹传播距离更短，从而提高抗疲劳裂纹扩展能力。双级时效态试样断面上也能找到二次裂纹。

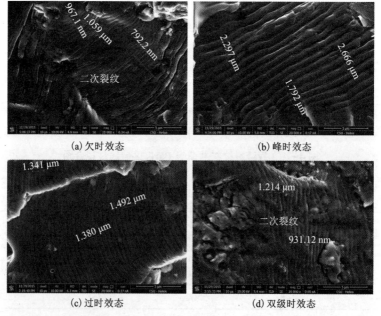

图 4-28　合金 3$^\#$ 在 $\Delta K = 22.157$ MPa·m$^{1/2}$ 的 Paris 区域的疲劳断口形貌

表 4-15　不同时效制度下合金的疲劳裂纹扩展速率与对应的辉纹宽度

	欠时效	峰时效	过时效	双级时效
辉纹宽度/nm	313.1	750.6	468.1	357.5
$da/dN/(\text{mm}\cdot周^{-1})$	6.13×10^{-4}	1.10×10^{-3}	9.05×10^{-4}	8.03×10^{-3}

图 4-29 为合金在快速扩展区域下的疲劳断口形貌，断面上都分布着大小、深浅不一的韧窝，说明其主要断裂方式为穿晶韧断。峰时效态与过时效态合金的断面韧窝更加小而密集，撕裂棱更加明显，说明它们的强度更高；而欠时效态和双级时效态的合金的韧窝更加大而少，表明其强度略低。此外，由图 4-29(c) 可知，过时效态合金存在着沿晶断裂现象，表明了它在快速断裂阶段裂纹扩展速率更高的原因。

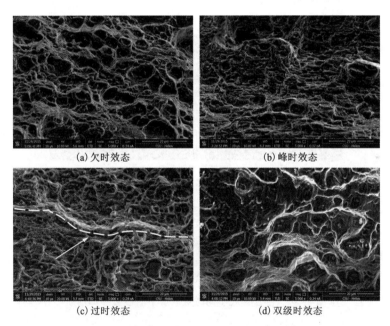

(a) 欠时效态　　　　　　　　(b) 峰时效态

(c) 过时效态　　　　　　　　(d) 双级时效态

图 4-29　合金 3# 在快速扩展区域下的疲劳断口形貌

3. 不同时效制度下合金的疲劳裂纹扩展路径

图 4-30 为合金在不同时效制度下的疲劳断口形貌，图 4-30(a) 为宏观断口形貌，图 4-30(b) 为断口侧面形貌，疲劳裂纹扩展区域由红线标出。由图可知，峰时效态合金和双级时效态合金的裂纹扩展区域比欠时效合金和过时效态合金的宽，意味着 ΔK 的顺序也是峰时效态≈双级时效态>欠时效≈过时效态。如图 4-30(b)

所示,峰时效态合金的裂纹路径最平直,而欠时效态合金的裂纹路径最为曲折,在其裂纹尖端的金相图片上还可以观察到大量的裂纹分叉[见图4-30(c)]。

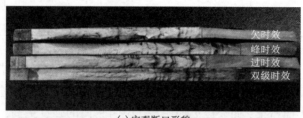

(a) 宏观断口形貌

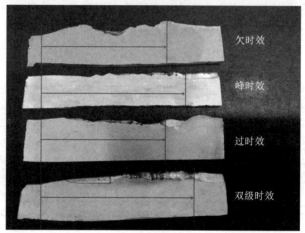

(b) 断口侧面形貌

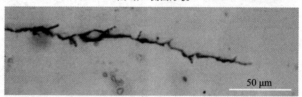

(c) 欠时效态合金裂纹尖端的金相图片

图 4-30　合金 3\# 在不同时效制度下的疲劳断口形貌

　　图 4-31 为欠时效态和双级时效态合金在第 II 阶段的疲劳裂纹附近组织的 EBSD 图,不同的颜色代表晶粒不同的取向,两个时效状态下的合金都能观察到疲劳裂纹分叉。疲劳裂纹的扩展路径可以分为穿晶扩展和沿晶扩展,且晶界和相邻晶粒间的取向会改变裂纹扩展方向,然而,由图 4-31 可知,裂纹扩展的方向在晶内也会发生偏转。由图 4-31(a)可知,在欠时效态合金中,主裂纹和分叉裂纹都呈现穿晶扩展模式,而对于双级时效态合金,裂纹除了主要以穿晶模式扩展,还以沿晶模式扩展(用椭圆形标出)。

(a) 欠时效态

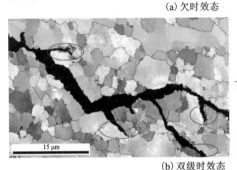

(b) 双级时效态

疲劳裂纹扩展方向

图 4-31　合金疲劳裂纹扩展的 EBSD 图

扫一扫，看彩图

4. 时效制度与合金疲劳裂纹扩展行为的关系

时效制度对合金疲劳裂纹扩展行为的影响主要体现在时效后形成的不同显微组织，欠时效态(120 ℃/4 h)合金晶内的析出相主要为大量的 G.P 区和少量的 η' 相，晶界窄且呈现连续分布；峰时效态(120 ℃/24 h)合金晶内的析出相主要为 η' 相，晶界上析出相连续且分布变曲折，开始形成无析出带；过时效态(120 ℃/48 h)合金晶内析出相主要为较大的 η 相，晶界上析出了不连续的沉淀相，并出现较宽的无沉淀析出带；双级时效态(120 ℃/6 h+140 ℃/20 h)合金晶内的析出相主要为较大的 η 相，晶界上析出的沉淀相更加孤立，无析出带也更宽。

目前，Al-Zn-Mg 合金晶内析出相(G.P 区、η' 相和 η 相)对疲劳裂纹扩展的影响理论主要有两种：一种是根据位错滑移经过析出相的方式不同而定的机制，另一种是析出相粒子在周期性交变载荷下发生老化的机制。

前者认为，G.P 区与基体共格，位错主要以切割机制方式经过，由于其存在共格性，位错可以在这些粒子上可逆地共面滑移，不会引起位错塞积和应力集中，有利于阻碍疲劳裂纹扩展，因此以 G.P 区和 η' 相为主要析出相的欠时效态合金的抗疲劳裂纹扩展能力最佳。η 相与基体非共格，位错会绕过该粒子但不能切过，这个运动也不可逆，所以在循环的交变应力下，位错会在粒子附近塞积，产生应力集中，从而加速裂纹扩展，因此，随着时效过程的加深，抗疲劳裂纹扩展能力变差。然而，这不能完全解释本实验的结果（其过时效态的抗疲劳裂纹扩展能力优于峰时效态下的抗疲劳裂纹扩展能力）。

另一种说法是周期性交变应力下的"析出相老化理论"[35-37]，由于 η′ 相为亚稳相，处于不稳定状态，在其受到周期性交变应力时，η′ 相会老化成 η 相，而 η 相的强度和强化效果不如 η′ 相，因此受疲劳加载时，峰时效态下合金的 η′ 相会转化成 η 相，且峰时效态下的析出相体积分数比过时效态下的小，其转化成的 η 相强化效果也不如过时效态和双级时效态的，这很好地解释了本实验中峰时效态合金抗疲劳裂纹扩展能力最差的原因。

晶界处无析出带的强度较低，这可能引起抗疲劳裂纹扩展能力的降低，也可能会因为强度过低而导致裂纹钝化，从而阻碍疲劳裂纹扩展。另外，无沉淀析出带几乎是贫溶质区，强度接近纯铝[38-39]，已经足够软至引起裂纹钝化，并且无析出带和晶界上粗大的不连续析出相会引起裂纹沿晶扩展。在图 4-31 的 EBSD 图中，已经在双级时效中观察到裂纹沿晶扩展，由于沿晶扩展是无沉淀析出带的裂纹钝化作用，双级时效的抗疲劳裂纹扩展能力优于过时效态。

4.5 Al-Zn-Mg-Sc-Zr 合金冷轧薄板的超塑变形行为

4.5.1 合金冷轧薄板的超塑变形力学特性

1. 真应力-真应变曲线

本高温拉伸实验是在高温拉伸试验机上进行，该设备记录的是位移-载荷曲线，需通过式(4-15)和式(4-16)将其转变为真应力-真应变曲线。

$$\sigma = \frac{P}{A_0}\left(1 + \frac{\Delta l}{l_0}\right) \tag{4-15}$$

$$\varepsilon = \ln\left(1 + \frac{\Delta l}{l_0}\right) \tag{4-16}$$

式中，P 为外加载荷；A_0 为试样标距段原始横截面积；l_0 为试样标距段原始长度；Δl 为试样标距段的伸长量。

图 4-32 为合金冷轧薄板分别在 500 ℃ 和应变速率为 $1\times10^{-3} \sim 1\times10^{-1}$ s^{-1} [见图 4-32(a)]以及 1×10^{-2} s^{-1} 和变形温度为 425~500 ℃[见图 4-32(b)]下超塑变形的真应力-真应变曲线。从图中可以看出，在超塑变形最开始时（一直持续到真应变为 0.1），随着变形量的增加，真应力呈线性增加；随后降低增长速率，到达真应力峰值，此后真应力急剧下降，直至试样断裂。

从图 4-32 中可以看出，在超塑变形的开始阶段，真应力与真应变呈现为线

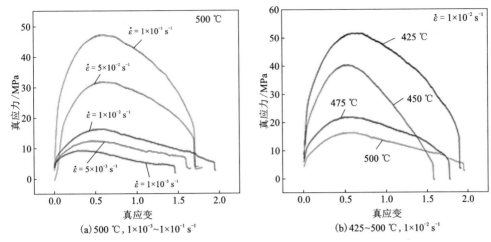

图 4-32 不同变形条件下合金冷轧薄板超塑变形的真应力-真应变曲线

性关系，合金发生塑性变形。在这个阶段，合金内部开始产生位错和内应力。随着超塑变形的进行，合金的位错密度提高，位错发生剧烈的相互作用，包括位错滑移和攀移，引发了强烈的应变强化，导致真应力随着真应变的增加而迅速上升直到峰值。当真应变进一步变大时，合金晶粒在高温下发生动态回复或动态再结晶，位错则在动态回复或再结晶的作用下相互合并重组，因而合金材料出现了动态软化现象，缓解或抵消了前面变形阶段的应变硬化效果，故真应力在峰值应力后保持不变或逐渐降低。从图 4-32(a) 中还可以看出，在 500 ℃，应变速率为 $1 \times 10^{-2} \sim 1 \times 10^{-1}\ \mathrm{s}^{-1}$ 时，当真应变超过 1.0，真应力出现了波动现象，这表明在应变速率较高时，合金内部同时出现了应变硬化和动态软化，并且这两种现象相互抵消。

2. 合金的伸长率

图 4-33 是在不同超塑变形条件下，合金冷轧薄板超塑变形伸长率的统计；图 4-34 是在变形速率为 $1 \times 10^{-2}\ \mathrm{s}^{-1}$，变形温度为 425~500 ℃下，合金冷轧薄板超塑变形直至断裂的宏观形貌。从图 4-33 中可以看出，在不同的超塑变形条件下，合金冷轧薄板的伸长率为 157%~539%。除 425 ℃、$1 \times 10^{-1}\ \mathrm{s}^{-1}$ 的其他变形条件下，该合金的伸长率都超过了 200%，表现出了良好的超塑性能。图 4-33 表明，增加变形温度或者应变速率，合金的伸长率都是先提高，随后下降。在变形温度为 500 ℃、应变速率为 $1 \times 10^{-2}\ \mathrm{s}^{-1}$ 时，合金冷轧薄板呈现出的最大伸长率 539%。实验表明，合金冷轧薄板未经过任何预先热处理，依然在较宽的温度和应变速率范围内表现出良好的超塑性能。由图 4-34 可知，当合金的伸长率低于 300% 时，试样出现明显的颈缩现象；当伸长率超过 300% 时，试样并没有表现出明显的颈缩现象。

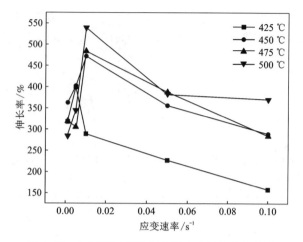

图 4-33　不同超塑变形条件下合金的伸长率统计

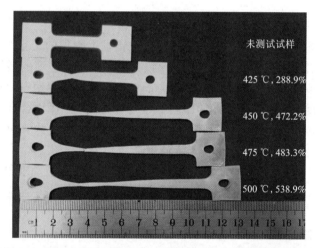

图 4-34　425~500 ℃，1×10^{-2} s^{-1} 超塑变形条件下合金试样的宏观形貌

3. 合金的应变速率敏感因子

1964 年，美国学者邦达列夫等[40]在超塑性研究中第一次提出应变速率敏感因子 m，将应力和应变速率联系起来。应变速率敏感因子 m 反映出了合金在变形过程中抵抗颈缩现象的能力，对合金的失稳现象和伸长率有一定的影响。与压缩变形一样，超塑变形的本构方程可用以下方程表示：

$$\dot{\varepsilon} = A \frac{D_0 Eb}{kT} \left(\frac{b}{d} \right)^p \left(\frac{\sigma}{E} \right)^{\frac{1}{m}} \exp\left(-\frac{Q}{RT} \right) \qquad (4-17)$$

式中，A 为常数；D_0 为扩散系数；E 为杨氏弹性模量；b 为柏氏矢量；k 为波尔兹曼常数；D_0 为扩散系数；T 为绝对温度；d 为晶粒尺寸；P 为晶粒尺寸指数，一般为 2～3；m 为应变速率敏感因子；σ 为应力；Q 为应变激活能，取决于不同的扩散控制机制；R 为气体常数。

本实验采用斜率法确定应变速率敏感因子。m 定义式如下：

$$m = \frac{\partial \lg \sigma}{\partial \lg \dot{\varepsilon}}\bigg|_T \qquad (4-18)$$

图 4-35 是合金冷轧薄板在 $425\sim500$ ℃和 $1\times10^{-3}\sim1\times10^{-1}$ s^{-1} 变形条件下的 $\lg\sigma$-$\lg\dot{\varepsilon}$ 曲线。该曲线的真应力取在峰值应力处（$\varepsilon=0.6$）。从图 4-35 中可以看出：（1）在超塑性变形中，m 存在三个不同的变化阶段；（2）随着变形温度的提高，流动应力降低的速率不同；（3）提高拉伸温度或者降低应变速率时，m 值先增加，随后降低到一定数值。通过计算可知，合金冷轧薄板在设定的实验条件下进行超塑拉伸实验时，m 值分别在 5×10^{-3} s^{-1} 和 5×10^{-2} s^{-1} 两个实验速率点发生转变。在超塑变形第二个阶段，m 值范围为 $0.35\sim0.54$，平均值为 0.43。Beere[41] 曾报道 m 值的三个阶段可以通过不同的变形机理来区分，分别是扩散蠕变、晶界滑移和位错滑移。但在实际情况中，两个或三个变形机理会同时发生在合金的超塑变形中，并且伴随着扩散蠕变的晶界滑移起主要的作用。Langdon 等[42] 指出当 m 值为 0.5 时，晶界滑移在超塑变形中占主要地位。在本实验中，合金冷轧薄板超塑变形的 m 平均值为 0.43，表明合金变形中出现了晶界滑移，并且伴随有其他变形机理的出现[43]。

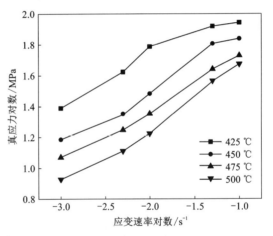

图 4-35　合金冷轧薄板在不同超塑变形
条件下的 $\lg\sigma$-$\lg\dot{\varepsilon}$ 曲线

4. 合金的变形激活能

超塑变形有不同的变形机理，而不同的变形机理的超塑变形激活能 Q 不同，表明在变形过程中，合金发生热变形或原子重排的难易程度不同。Q 值取决于超塑变形中的原子扩散速率。在超塑变形实验中，铝合金的位错管道扩散激活能为 82 kJ/mol，晶界滑移激活能为 84 kJ/mol，纯铝的晶格自扩散激活能为 142 kJ/mol。根据超塑变形本构方程式（4-17），合金冷轧薄板超塑变形中 Q 值可通过下列公式计算得到。

$$Q = \frac{R}{m}\frac{\partial(\ln\sigma)}{\partial\left(\frac{1}{T}\right)} \qquad (4-19)$$

式(4-19)中取 $\varepsilon = 0.6$ 时的流变应力；m 为应变速率敏感因子。根据式(4-19)和图4-36，不同应变速率下合金冷轧薄板超塑变形中 Q 值可计算并列在表4-16中。

表4-16　不同应变速率下合金冷轧薄板的超塑变形激活能

应变速率/s^{-1}	1×10^{-3}	5×10^{-3}	1×10^{-2}	5×10^{-2}	1×10^{-1}
变形激活能/$(kJ \cdot mol^{-1})$	151.843	177.517	162.482	133.690	93.269

在不同温度下，合金冷轧薄板超塑变形平均激活能为143.762 kJ/mol，与晶格自扩散激活能(142 kJ/mol)十分相近。但当应变速率为 1×10^{-1} s^{-1} 时，扩散激活能为93.269 kJ/mol，仅仅比晶界滑移激活能高一点，由此可知，在合金冷轧薄板超塑变形过程中晶格自扩散和晶界滑移同时发生。除了位错管道扩散、晶界滑移和扩散蠕变三种变形机理，当在高应变速率和低拉伸温度下，应变

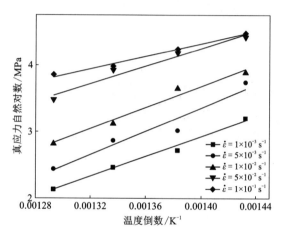

图4-36　合金超塑变形 $\ln \sigma$ 与 $1/T$ 关系曲线

速率敏感因子 $m<0.33$ 时(此时硬化指数为3)，位错滑移时的溶质拖拽可能主导整个变形机理。变形过程中，溶质拖拽、晶界滑移和扩散蠕变分别为独立的变形机理，对超塑变形起到不同的作用，而实验条件的改变会影响这三个变形机理对超塑变形的作用。通过对 m 值和 Q 值的计算可知，m 值为 0.35~0.53，平均值为0.43；Q 值为 93.269~177.517 kJ/mol，平均值为143.762 kJ/mol，因此可以得知，在合金冷轧薄板超塑变形过程中晶格自扩散和晶界滑移同时发生，溶质拖拽机理对超塑变形有微小的影响，由晶格自扩散控制的晶界滑移机理占超塑变形机理的主导地位。

4.5.2　合金冷轧薄板超塑变形的显微组织

1. 合金的 SEM 组织

利用 SEM 可以有效地观察合金超塑变形后断口和侧面的形貌，通过观察微观组织变化来探讨合金超塑变形的机理。图 4-37 为合金冷轧薄板在伸长率最高

的变形条件(500 ℃和 1×10^{-2} s^{-1})下断口形貌和纵截面的 SEM 图像。从图 4-37(a)中可知,在纵截面表面有大量空洞出现,并且沿着拉伸方向连接;在垂直于拉伸方向上,空洞连接比较少。图 4-37(b)表明,超塑拉伸后在纵截面同时存在等轴晶粒和拉伸变形的晶粒。拉伸变形的晶粒表明在超塑变形时发生了晶界滑移,等轴晶粒的存在表明拉伸变形时也发生了晶格自扩散。此外,在图 4-37(b)中可以看到在拉伸变形的晶粒周围存在着些许黏稠状细丝。之前有许多学者在研究铝合金的超塑性时也发现了这种黏稠状晶须,比如 Chen 和 Takayama 对于 7475 铝合金超塑性的研究工作以及 Wang 在 Al-Zn-Mg-Cu 合金中也发现了少量半固态物质[40, 44-45]。一般认为黏稠状晶须的出现与实验温度和合金的变形量有关:在高温拉伸时,晶粒周围出现少量晶须,且温度越高,晶须在超塑变形时越早出现;合金变形量越大,晶须被拉得越细长。晶须的存在表明在超塑变形中存在半固态物质,也间接地表明了晶界滑移的发生。而且通过对比等轴晶粒和变形晶粒的分布可以得知,晶界滑移在超塑变形中具有关键作用。图 4-37(c)是合金拉伸断口的 SEM 形貌,断口表面存在许多卵形晶粒,晶界棱角模糊,圆弧化严重,还出现了很多空洞,由此可知合金超塑变形的断裂方式为沿晶韧性断裂,并且伴有空洞的形成与长大。此外,对比图 4-37(a)和图 4-37(c)发现,在合金变形时,纵截面没有很多空洞出现,但是在合金内部却存在大量空洞,因此,可知空洞对超塑变形的颈缩现象有显著影响。

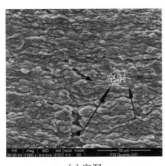
(a) 空洞

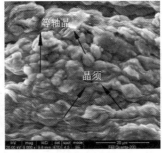
(b) 晶粒和晶须

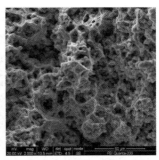
(c) 断口形貌

图 4-37　合金冷轧薄板在最佳超塑变形条件(500 ℃和 1×10^{-2} s^{-1})下的 SEM 照片

2. 合金的 TEM 组织

图 4-38 为合金冷轧薄板在伸长率最高的变形条件(500 ℃和 1×10^{-2} s^{-1})下断口附近的 TEM 图像。从图中可以看出,基体内部存在大量的 Al$_3$(Sc, Zr)粒子,这些细小球状粒子呈现出马蹄状衍射斑,大小为 10~20 nm。因为 Al$_3$(Sc, Zr)粒子与基体铝有极为相似的晶格常数,且与基体共格,强烈地钉扎晶界和位错,如图 4-38(a)和图 4-38(b)所示,抑制动态再结晶和晶粒长大,维持等轴状晶粒,

所以有利于合金的超塑变形。从图 4-38(c)中可以看出晶界附近有大量位错,同时也被 $Al_3(Sc, Zr)$ 粒子所钉扎,造成了超塑变形中的应力强化,也表明了位错管道扩散的存在。

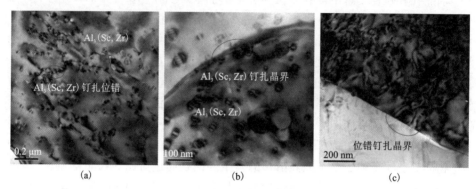

图 4-38　合金冷轧薄板在最佳超塑变形条件(500 ℃和 1×10⁻² s⁻¹)下的 TEM 图像

4.5.3　合金超塑变形机制

一般情况下,细晶 Al-Zn-Mg-Sc-Zr 合金的扩散激活能为 84 kJ/mol 时,该合金的超塑变形机理为晶界滑移,并且此时的应变速率敏感因子为 $m = 0.5$。但是 Ma 等[46]研究表明,当粗晶和细晶铝镁合金在低温高应变速率下进行超塑性拉伸时,溶质原子拖拽可能在超塑变形中起到主要作用,此时的应变速率敏感因子为 $m = 0.33$。根据 Cahn[47]的研究理论(溶质拖拽力)可知,溶质拖拽现象对晶界和位错运动有显著影响,当第二相粒子钉扎晶界和溶质原子因外力作用而脱离晶界时,作用于晶界上主要的拖拽力为 Zener 力[48]。在合金变形时,如果晶界上没有粒子钉扎,晶界在外加载荷的作用下很容易滑移,直至遇到第二相粒子,此时,如果第二相粒子作用于晶界的最大应力大于作用于晶界的外加载荷,那么晶界就会在此第二相粒子处处于钉扎作用中。只有当外加应力大于粒子作用于晶界的最大力时,晶界才会继续滑移。在一些实验条件下,如热变形温度,一些溶质原子很容易被拖拽至晶界。故溶质原子被拖拽至晶界越多,晶粒长大的趋势越小。并且第二相粒子可以钉扎位错,细小的粒子簇钉扎位错的效果强于粗大的粒子钉扎位错效果[49-50];溶质原子与位错的相互作用可以形成柯垂尔气团[51],但是奥罗万机制是否发生则取决于作用于位错上的外加载荷与粒子和位错的相互作用力[52]。综上分析可知,溶质原子拖拽的原子激活能远大于晶界滑移,因而 m 值小于晶界滑移的 m 值,也间接证明了在合金超塑变形时溶质拖拽现象起到了部分作用。

在超塑变形机理中，除了溶质拖曳现象起到了部分作用，由晶格自扩散控制的晶界滑移占有主要作用。合金冷轧薄板在高温拉伸时有良好的伸长率，超塑变形的第二阶段 m 的平均值为 0.43，根据式(4-19)计算出的平均原子激活能为143.762 kJ/mol，最小值为 93.269 kJ/mol。前人已做出研究，表明晶界滑移时，m值为 0.5，原子激活能接近晶格自扩散激活能。以上分析均表明，在合金冷轧薄板超塑变形中由晶格自扩散控制的晶界滑移在超塑变形机理中占主导地位。此外，图 4-37 中的等轴晶粒和拉伸变形晶粒表明有晶界滑移机理的发生，也间接表明溶质原子拖曳位错运动发生在超塑变形过程中；空洞的形貌也间接体现出变形时晶粒有转动现象。

4.6　本章研究结论

(1)在 Al-Zn-Mg-Zr 合金中添加微量 Sc 能显著细化铸态晶粒组织，消除枝晶组织，Al_3(Sc, Zr)粒子呈马蹄状且与基体共格，可以强烈钉扎位错和亚晶界，有效抑制再结晶；添加微量 Sc 的合金在不同时效制度下的硬度和强度均得到大大提高，其主要强化机制为细晶强化、亚结构强化及析出强化。

(2)合金适宜的单级时效制度为 120 ℃/24 h，在此条件下，合金的抗拉强度为 581 MPa，屈服强度为 561 MPa，伸长率为 11.1%。经 120 ℃/24 h 时效处理后，合金晶内析出许多细小、弥散分布的 η′相，晶界附近开始出现无沉淀析出带。合金适宜的双级时效制度为 120 ℃/6 h+140 ℃/20 h，在此条件下，其抗拉强度为548 MPa，屈服强度为 527 MPa，伸长率为 12.3%。与 120 ℃/24 h 时效处理后相比，合金经 120 ℃/6 h+140 ℃/20 h 双级时效处理后，晶内的 η 相较为粗大，晶界上的 η 相粗化且间距变大，其无沉淀析出带变宽。

(3)合金板材在氩弧焊条件下，带余高的焊接接头强度为 481 MPa，焊接系数高达 0.83。焊丝和基材中微量的 Sc 和 Zr 在合金中形成大量细小的初生Al_3(Sc, Zr)粒子，该粒子可作为非均匀形核的核心，显著细化接头铸态晶粒；在半熔合区内出现一层较薄的细小等轴晶组织，软化区内发生了明显的再结晶现象，硬度呈先增加后减少再增加至基材水平。

(4)晶粒细化和 Al_3(Sc, Zr)粒子的强化作用都能有效降低合金的疲劳裂纹扩展速率，使疲劳裂纹扩展路径发生偏离曲折和分叉。疲劳裂纹在时效处理后的合金中主要为穿晶扩展，在双级时效态(120 ℃/6 h+140 ℃/20 h)下存在部分沿晶扩展。在欠时效态(120 ℃/4 h)下展现出最佳的抗疲劳裂纹扩展能力，峰时效态(120 ℃/24 h)下的抗疲劳裂纹扩展能力最差。双级时效处理后，抗疲劳裂纹扩展能力优于峰时效态和过时效态(120 ℃/48 h)。

(5)合金冷轧薄板在较宽的初始应变速率($1.00×10^{-3}$～$1.00×10^{-1}$ s^{-1})和较高

的温度范围(425~500 ℃)内表现出良好的超塑性。该合金的最佳超塑变形条件如下：变形温度为 500 ℃、初始应变速率 $1×10^{-2}$ s^{-1}、最大伸长率为 539%。

(6)合金冷轧薄板在超塑变形时，应变速率敏感因子平均值为 0.43；原子激活能平均值为 143.762 kJ/mol，表明合金冷轧薄板超塑变形的机理为由晶格自扩散控制的晶界滑移，并且伴随着溶质拖拽等。Al_3(Sc, Zr)粒子在 425~500 ℃下强烈钉扎晶界和位错，抑制晶粒长大和再结晶，提高合金在高温下的塑性变形伸长率，有利于合金的超塑变形。

参考文献

[1] 尹志民, 潘清林, 姜锋, 等. 钪和含钪合金[M]. 长沙：中南大学出版社, 2007.

[2] 贺永东, 张新明, 陈健美, 等. 微量 Sc 和 Zr 对 7A55 合金铸锭组织的细化机理[J]. 中南大学学报(自然科学版), 2005, 36(6)：919-923.

[3] 刘黄, 罗兵辉, 柏振海. Sc、Zr 对 Al–Zn–Mg–Cu 合金组织与性能的影响[J]. 轻合金加工技术, 2006, 34(2)：43-47, 54.

[4] Zou L, Pan Q L, He Y. Microstructures and tensile properties of Al–Zn–Cu–Mg–Zr alloys modified with scandium[J]. Materials Science, 2008, 44(1)：120-125.

[5] 杨志强, 尹志民. 俄罗斯铝–钪合金的研究与开发[J]. 轻合金加工技术, 2003, 31(11)：34-36, 40.

[6] 戴晓元. 含钪 Al–Zn–Mg–Cu–Zr 超高强铝合金组织与性能的研究[D]. 长沙：中南大学, 2008.

[7] 潘青林, 陈显明, 周昌荣, 等. 微量 Sc 在 Al–Mg–Mn 合金中的存在形式与作用[J]. 中南大学学报, 2003, 33(2)：109-112.

[8] 何运斌, 潘青林, 刘元斐. Sc 和 Zr 复合微合金化对 Al–Zn–Mg–Cu 合金组织与性能的影响[J]. 轻合金加工技术, 2005, 33(9)：41-43, 54.

[9] Rokhlin L L, Dobatkina T V, Bochvar N R. Investigation of phase equilibria in alloys of the Al–Zn–Mg–Cu–Zr–Sc system[J]. Journal of Alloys and Compounds, 2004, 367：10-16.

[10] Xiao Y, Huang L, Li W. Effect of scandium on microstructures and tensile properties of 7005 alloy[J]. Chinese Journal of Rare Metals, 1999, 23：113-116.

[11] 张永红, 尹志民. 微量 Sc、Zr 对 Al–Mg 合金的组织和力学性能的影响[J]. 稀土, 2002, 23(3)：29-32.

[12] Yin Z, Yang L, Pan Q. Effect of minor Sc and Zr on microstructures and mechanical properties of Al Zn Mg based alloys[J]. Transactions of Nonferrous Metals Society of China, 2001, 11(6)：822-825.

[13] Iwamura S, Nakayama M, Miura Y. Coherency between Al_3Sc precipitate and the matrix in Al alloys containing Sc[J]. Materials Science Forum, 2002, 396-402：1151-1156.

[14] Milman Y V, Lotsko D V, Sirko O I. Sc effect of improving mechanical properties in aluminium

alloys[J]. Materials Science Forum, 2000, 331-337: 1107-1112.

[15] Yin Z, Jiang F, Pan Q, et al. Microstructures and mechanical properties of Al-Mg and Al-Zn-Mg based alloys containing minor scandium zirconium[J]. Transactions of Nonferrous Metals Society of China, 2003, 13(3): 515-520.

[16] Lohar A K, Mondal B, Rafaja D, et al. Microstructural investigations on as-cast and annealed Al-Sc and Al-Sc-Zr alloys[J]. Materials Characterization, 2009, 60(11): 1387-1394.

[17] Chen K, Fang H, Zhang Z, et al. Effect of Yb, Cr and Zr additions on recrystallization and corrosion resistance of Al-Zn-Mg-Cu alloys[J]. Materials Science and Engineering A, 2008, 497: 426-431.

[18] Dang J, Huang Y, Cheng J. Effect of Sc and Zr on microstructures and mechanical properties of as-cast Al-Mg-Si-Mn alloys[J]. Transactions of Nonferrous Metals Society of China, 2009, 19(3): 540-544.

[19] Karnesky R A, Dunand D C, Seidman D N. Evolution of nanoscale precipitates in Al microalloyed with Sc and Er[J]. Acta Materialia, 2009, 57(14): 4022-4031

[20] Wang G, Zhao Z, Zhang Y, et al. Effects of solution treatment on microstructure and mechanical properties of Al-9.0Zn-2.8Mg-2.5Cu-0.12Zr-0.03Sc alloy[J]. Transactions of Nonferrous Metals Society of China, 2013, 23(9): 2537-2542.

[21] 何源, 宋仁国, 陈小明. 7003 铝合金时效双峰的组织与性能研究[J]. 轻合金加工技术, 2011, 39(1): 52-57.

[22] Li X, Starink M J. Effect of compositional variations on characteristics of coarse intermetallic particles in overaged 7000 aluminium alloys[J]. Materials Science and Technology, 2001, 17(11): 1324-1328.

[23] 王少华, 孟令刚, 房灿峰, 等. 新型 Al-Zn-Mg-Cu 合金型材双级时效组织性能研究[J]. 材料研究与应用, 2011, 5(3): 190-193.

[24] Senkov O N, Bhat R B, Senkova S V. Microstructure and properties of cast ingots of Al-Zn-Mg-Cu alloys modified with Sc and Zr[J]. Metallurgical and Materials Transactions A, 2005, 36(8): 2115-2126.

[25] 赵娟. 可焊耐蚀铝镁钪合金组织与性能的研究[D]. 长沙: 中南大学, 2009.

[26] 郭飞跃, 尹志民, 姜锋. 大型铝型材焊丝、焊接工艺及焊接接头组织与性能[J]. 电力机车技术, 2001, 24(3): 35-37.

[27] 郭飞跃, 尹志民. 7005 铝合金型材焊接接头组织与性能[J]. 合金与热处理, 2001, 23(4): 51-55.

[28] 曹明盛. 物理冶金基础[M]. 北京: 冶金工业出版社, 1985.

[29] 王生, 李周, 尹志民. 钪锆微合金化焊丝焊接头的组织与性能[J]. 兵器材料科学与工程, 2005, 28(3): 26-29.

[30] 陈苏里, 姜锋, 尹志民, 等. 含钪与不含钪铝镁钪合金焊接接头的组织与性能[J]. 中国有色金属学报, 2006, 16(5): 835-840.

[31] 孙金梅. 含锰量对铝锰合金相组织和机械性能的影响[D]. 乌鲁木齐: 新疆大学, 2010.

[32] 谢优华, 杨守杰, 戴圣龙, 等. 锆元素在铝合金中的应用[J]. 航空材料学报, 2002, 22 (4): 56-61.

[33] Chinh N Q, Kovaes Z, Reieh L. Preei Pitation and work hardening in high strength Al-Zn-Mg-(Cu, Zr) alloys[J]. Materials Science Forum, 1996, 217-222: 1293-1298.

[34] Smith W F. 工程合金的组织和性能[M]. 张泉等, 译. 北京: 冶金工业出版社, 1984.

[35] Hyatt M V. Symposium of aluminum alloy in the aircraft industry[J]. Turin, 1976: 31-36.

[36] 马宏声, 孝云祯. 铝-钪系高强、耐热、耐蚀、可焊铝合金[J]. 东北大学学报, 1995(5): 6-8.

[37] 林肇琦. 新一代铝合金——铝钪合金的发展概况[J]. 材料导报, 1992(3): 10-16.

[38] Sha G, Cereao A. Early-stage precipitation in Al-Zn-Mg-Cu alloy (7050)[J]. Acta Materialia, 2004, 52(15): 4503-4516.

[39] Deschamps A, Bigot A, Livet F, et al. A comparative study of precipitate composition and volume fraction in an Al-Zn-Mg alloy using tomographic atom probe and small-angle X-ray scattering[J]. Philosophical Magazine A, 2001, 81(10): 2391-2414.

[40] 邦达列夫, 那帕尔科夫, 塔拉雷什金. 变形铝合金的细化处理[M]. 王永海, 张新明, 高革, 译. 北京: 冶金工业出版社, 1988.

[41] Beere W. Stresses and deformation at grain boundaries[J]. Philosophical Transactions of the Royal Society of London, 1978, 288: 177-196.

[42] Langdon T G. A unified approach to grain boundary sliding in creep and superplasticity[J]. Acta Metallurgica et Materialia, 1994, 42: 2437-2443.

[43] Ruano O A, Sherby O D. On constitutive equations for various diffusion-controlled creep mechanisms[J]. Revue de Physique Appliquee. 1988, 23(4): 625-637.

[44] 何景素, 王燕文. 金属的超塑性[M]. 北京: 科学出版社, 1986.

[45] 钟鸿儒, 谢芸青. 北京钢铁学院科学研究论文选集[C]. 北京钢铁学院, 1982, 4: 130-132.

[46] Ma Z, Liu F. Superplastic deformation mechanism of an ultrafine-grained aluminum alloy produced by friction stir processing[J]. Acta Materialia, 2010, 58(14): 4693-4704.

[47] Cahn J W. The impurity-drag effect in grain boundary motion[J]. Acta Materialia, 1962, 10 (9): 789-798.

[48] Nabarro F R N. Report of a conference on strength of solids[C]. The Physical Society, London, UK, 1948: 75-90.

[49] Herring C. Diffusional viscosity of a polycrystalline solid[J]. Journal of Applied Physics, 1950, 21(5): 437-445.

[50] Coble R L. A model for boundary diffusion controlled creep in polycrystalline materials[J]. Journal of Applied Physics, 1963, 34(6): 1679-1682.

[51] Ashby M A, Verrall R A. Diffusion-accommodated flow and superplasticity[J]. Acta Materialia, 1973, 21(2): 149-163.

[52] Ball A. Hutchison M M. Superplasticity in the Aluminum-Zinc eutectoid[J]. Metal Science Journal, 1969, 3(1): 1-7.

第 5 章　高强可焊耐损伤 Al-Mg-Si-Mn-Sc-Zr 合金的研究

　　Al-Mg-Si 系铝合金具有中等强度、优异的抗腐蚀性能、良好的焊接性能和挤压成形性,被广泛应用于轨道交通和汽车轻量化等领域。然而,高铁时速的不断提升,对现用的高铁车身型材 6005A 铝合金的综合性能提出了更高要求,因此,研究高强可焊耐损伤 Al-Mg-Si-Sc 合金材料以满足高铁车体轻量化发展需求很有必要。本章研究包括两部分内容:一是 Al-Mg-Si-Sc 合金的实验研究,主要研究不同 Sc 添加量对 6005A 铝合金组织性能的影响;二是研究 Sc 与 Zr 复合微合金化 Al-0.68Mg-0.76Si-0.28Mn-0.06Sc-0.05Zr 合金挤压型材的组织与性能。

5.1　微量 Sc 对 6005A 铝合金组织与性能影响的实验研究

　　本研究制备了四种不同 Sc 含量(合金 A:6005A 铝合金、合金 B:6005A+0.07%Sc 铝合金、合金 C:6005A+0.12%Sc 铝合金、合金 D:6005A+0.25%Sc 铝合金)的 6005A 铝合金铸锭,其化学成分如表 5-1 所示。合金铸锭分别经过均匀化、热轧、中间退火、冷轧,制备成 2.5 mm 厚的薄板。

表 5-1　含 Sc 的 6005A 铝合金铸锭的化学成分(质量分数)　　　　%

合金	Mg	Si	Cu	Mn	Cr	Sc	Al
合金 A	0.56	0.71	0.21	0.31	0.11	—	Bal.
合金 B	0.54	0.71	0.21	0.31	0.11	0.07	Bal.
合金 C	0.55	0.71	0.21	0.31	0.11	0.12	Bal.
合金 D	0.56	0.71	0.20	0.31	0.11	0.25	Bal.

5.1.1　微量 Sc 对 6005A 铝合金拉伸性能的影响

　　对不同 Sc 含量的 6005A 铝合金冷轧板进行 520 ℃/1 h 的固溶处理后淬火,随后对合金进行 175 ℃/8 h 的时效处理。测得时效后合金的拉伸力学性能随 Sc 含量变化的关系如表 5-2 所示。从表中可以看出,在 6005A 铝合金中添加微量

Sc 可大幅提高合金强度。当 Sc 含量为 0.07% 时,合金抗拉强度和屈服强度达到峰值,分别为 390 MPa 和 361 MPa,合金伸长率达到较高水平 14.2%。当 Sc 含量超过 0.07% 时,合金强度逐渐下降。但当 Sc 含量超过 0.12% 时,合金塑性逐渐增加,抗拉强度和屈服强度缓慢下降。当 Sc 含量为 0.25% 时,合金抗拉强度降到最低值 365 MPa,但此时合金具有最高的伸长率 14.6%。综合考虑 Sc 含量对 6005A 铝合金强度和伸长率的影响,Sc 含量为 0.07% 的 6005A 铝合金既具有较高的强度,又有较好的塑性,表现出了最优异的综合性能。

表 5-2　不同 Sc 含量的 6005A 铝合金的室温拉伸力学性能(T6 态)

合金	R_m/MPa	$R_{p0.2}$/MPa	A/%
A	371	314	13.0
B	390	361	14.2
C	373	331	11.2
D	365	316	14.6

5.1.2　微量 Sc 对 6005A 铝合金微观组织的影响

1. 微量 Sc 对 6005A 铝合金铸态组织的影响

不同 Sc 含量的 6005A 铝合金的铸态组织如图 5-1 所示。其中,未添加 Sc 的合金 A 晶粒粗大(约为 331 μm),存在明显的枝晶组织和偏析现象[见图 5-1(a)]。添加微量 Sc 后,合金晶粒均被细化,枝晶偏析现象都得到了缓解:其中添加 0.07%Sc 的合金 B,晶粒组织得到了一定的细化,同时枝晶偏析得到较大的缓解,平均晶粒尺寸约为 303 μm[见图 5-1(b)];添加 0.12%Sc 的合金 C 铸态晶粒组织明显细化,其主要由细小的等轴晶粒组成,平均晶粒尺寸约为 271 μm[见图 5-1(c)];添加 0.25%Sc 的合金 D 铸态晶粒细化效果更加显著,但枝晶偏析仍然存在,其平均晶粒尺寸约为 215 μm[见图 5-1(d)]。

2. 微量 Sc 对 6005A 铝合金热轧态组织的影响

不同 Sc 含量的 6005A 铝合金的热轧态组织如图 5-2 所示。未添加 Sc 的合金 A 热轧态金相组织呈现出粗大的纤维状结构[见图 5-2(a)];而添加 0.07%Sc 的合金 B 和添加 0.12%Sc 的合金 C 热轧态组织仍呈现纤维状结构,但与未添加 Sc 的合金相比,其纤维状组织明显细化[见图 5-2(b)和(c)];添加 0.25%Sc 的合金 D 热轧态纤维状组织细化得更明显[见图 5-2(d)]。

3. 微量 Sc 对 6005A 铝合金固溶-时效态组织的影响

图 5-3 为四种实验合金冷轧板经 520 ℃/1 h 的固溶处理并进行水淬后,经过

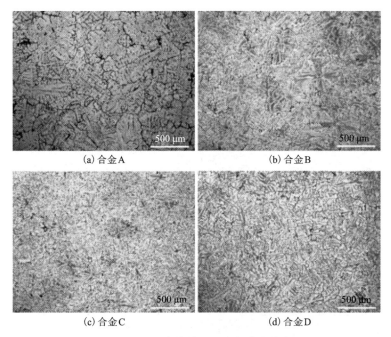

(a) 合金 A　　　　　　　　　　(b) 合金 B

(c) 合金 C　　　　　　　　　　(d) 合金 D

图 5-1　不同 Sc 含量的 6005A 铝合金铸态组织

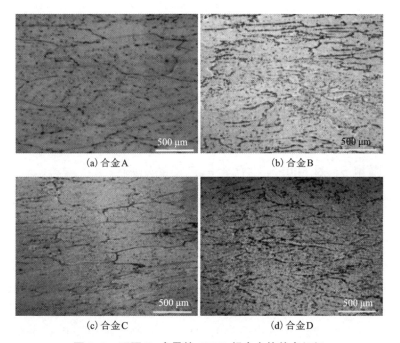

(a) 合金 A　　　　　　　　　　(b) 合金 B

(c) 合金 C　　　　　　　　　　(d) 合金 D

图 5-2　不同 Sc 含量的 6005A 铝合金热轧态组织

175 ℃/8 h 时效后的金相组织。未添加 Sc 的合金 A 中冷轧后的纤维状组织消失，形成了块状等轴晶粒，且晶粒尺寸较大[见图 5-3(a)]，添加 Sc 的合金 B、C、D 纤维状组织也大量消失，形成了块状等轴晶粒，其晶粒尺寸比未添加 Sc 的合金 A 更小。添加 0.12%Sc 的合金 C 晶粒尺寸比添加 0.07%Sc 的合金 B 要细小[见图 5-3(b) 和(c)]；而添加 0.25%Sc 的合金 D 等轴晶粒尺寸最小[见图 5-3(d)]。不同 Sc 含量的 6005A 铝合金在该固溶-时效制度下都发生了完全再结晶。

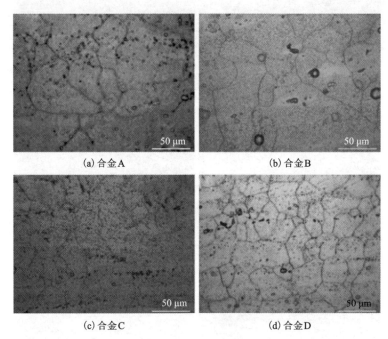

(a) 合金 A   (b) 合金 B

(c) 合金 C   (d) 合金 D

图 5-3　不同 Sc 含量的 6005A 铝合金经固溶-时效后的微观组织

5.1.3　微量 Sc 对 6005A 铝合金第二相的影响

不同 Sc 含量的 6005A 铝合金的铸态组织如图 5-4 所示。铸态合金中主要存在三种不同特征的第二相粒子。其中，白色第二相(B)数量最多，主要分布于晶界；球状第二相(A、D)较多，主要分布于晶粒内部；黑色第二相(C)最少，主要为沿晶界分布。基体和不同位置的第二相的成分如表 5-3 所示，其中基体主要含有 Al 元素，同时还含有少量的 Mg 元素和 Si 元素。白色第二相(B)主要含有 Al、Si、Mn、Fe 元素以及少量的 Cr 元素。同时 Mg_2Si 相可作为 B 相非均匀形核的有利位置[1, 2]，因此，该相中含有少量的 Mg 元素。晶界处第二相 C 主要含有 Al、Mg、Si 元素，为 Mg_2Si 相。晶内球状第二相 A、D 主要含有 Al、Mg、Si 元素以及少量的 Cu 元素, 其中 D 相还含有微量 Sc 元素, 推测 A 相为 AlCuMgSi 相, D 相为 AlCuMgSi(Sc)。

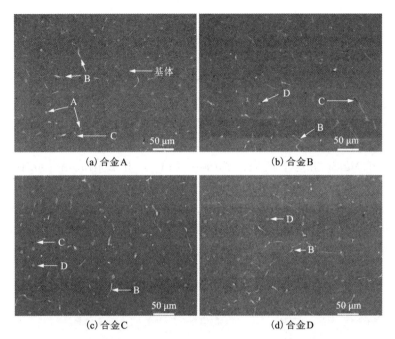

图 5-4　不同 Sc 含量的 6005A 铝合金铸态下的第二相形貌特征

表 5-3　不同 Sc 含量的 6005A 铸态合金基体和第二相成分(原子分数)　　%

位置	Al	Mg	Si	Sc	Cr	Mn	Fe	Cu
基体	96.34	1.250	1.76	—	0.04	0.18	0.17	0.24
A 位置	58.71	12.80	24.47	—	—	0.50	0.45	3.07
B 位置	75.08	0.59	9.89	—	1.02	6.97	6.31	0.14
C 位置	55.33	26.99	17.13	—	—	0.37	0.15	0.02
D 位置	56.99	13.30	26.47	1.11	0.22	—	0.61	1.3

在铸态 6005A 铝合金中, 无论是否添加 Sc, 合金中均含有 Al(FeMnCr)$_3$Si$_2$ 相、Mg$_2$Si 相以及球状第二相。值得注意的是, 在未添加 Sc 的合金中, 球状第二相的化学组成为 AlCuMgSi; 而在添加 Sc 的铸态合金中, 球状第二相的化学组成为 AlCuMgSi(Sc), 且其密度随 Sc 含量的增加而提高。

未添加 Sc 的 6005A 铝合金与添加微量 Sc 的合金铸态组织中均含有

Al(FeMnCr)$_3$Si$_2$ 相、Mg$_2$Si 相以及球状第二相。值得注意的是，在未添加 Sc 的合金中，球状第二相的化学组成为 AlCuMgSi；而在添加了 Sc 的 6005A 铝合金铸态组织中，球状第二相的化学组成为 AlCuMgSi(Sc)，且其密度随着 Sc 含量的增加而提高。

铸态 6005A 铝合金经均匀化处理(545~560 ℃/12 h)后，采用扫描电子显微镜观察第二相的形貌特征(见图 5-5)。基体和不同位置的第二相成分如表 5-4 所示。均匀化处理后，合金主要存在三种不同成分的第二相，其中第二相 A、B 的密度最大，且广泛分布于晶界。针状第二相 C 主要存在于含 Sc 的 6005A 铝合金中。与铸态合金第二相形貌(见图 5-4)相比，均匀化处理促进了原子扩散，从而显著消除了铸态组织、成分的不均匀。从图 5-5 中可以观察到，低熔点共晶相 AlCuMgSi 和 Mg$_2$Si 相基本消失，Al(FeMnCr)$_3$Si$_2$ 相转化成 Al(FeMnCr)Si 相(A)。与未添加 Sc 的 6005A 铝合金相比，均匀化状态的含 Sc 合金中能观察到 AlSi$_2$Sc$_2$ 相(C)，且随着 Sc 含量的增加，合金中 AlSi$_2$Sc$_2$ 相的密度也不断提高。在含 Sc 的合金中，AlSi$_2$Sc$_2$ 相的形成消耗了大量 Si 元素，导致 Al(FeMnCr)Si 相中 Si 元素大量减少，并转化为 Al(FeMnCr)$_3$Si$_2$ 相。

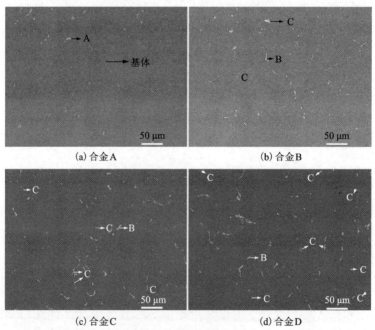

(a) 合金A 　(b) 合金B

(c) 合金C 　(d) 合金D

图 5-5　不同 Sc 含量的 6005A 铝合金均匀化后第二相的形貌特征

均匀化处理后，未添加 Sc 的 6005A 铝合金与添加微量 Sc 的 6005A 铝合金均含有 Al(FeMnCr)$_x$Si$_y$ 相。由于含 Sc 的 6005A 铝合金中生成了 AlSiSc 相，消耗了一定量的 Si 元素，故不同合金中 Al(FeMnCr)$_x$Si$_y$ 相的成分有一定差异。在含 Sc 的 Al-Mg-Si 合金中，AlSi$_2$Sc$_2$ 相主要以针状形式存在；且随着 Sc 含量的增加，其在合金中的密度不断提高。

表 5-4　不同 Sc 含量的 6005A 铝合金均匀化处理后基体和第二相成分(原子分数)　%

位置	Al	Mg	Si	Sc	Cr	Mn	Fe	Cu
基体	98.00	0.61	1.19	—	0.04	0.02	—	0.15
A	73.86	1.46	12.72	—	1.08	6.22	4.65	—
B	73.57	0.54	9.90	—	0.42	6.50	8.81	0.27
C	57.20	0.66	17.56	18.94	0.07	1.00	4.29	0.28

5.1.4　微量 Sc 在 Al-Mg-Si 铝合金中的存在形式

以含 0.25% Sc 的 6005A 铝合金为研究对象，研究 Sc 在合金铸态、均匀化以及热轧等阶段的存在形式和演变规律，如图 5-6 所示。在合金铸态组织中，可观

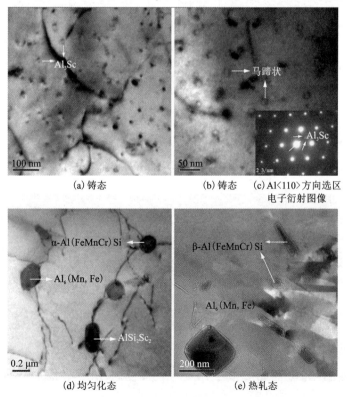

(a) 铸态　　　(b) 铸态　　　(c) Al〈110〉方向选区
电子衍射图像

(d) 均匀化态　　　(e) 热轧态

图 5-6　含 0.25%Sc 的 6005A 铝合金微观结构

察到为大量纳米尺寸的马蹄状第二相[见图 5-6(a)和(b)]。根据选区电子衍射图[见图 5-6(c)]，可知该相与铝基体共格，推断该相为次生的 Al_3Sc 相[3]。合金经均匀化和热轧后，没有观察到大量次生的 Al_3Sc 相。其中，多边形块状第二相为 $Al_6(Mn，Fe)$ 相[4][见图 5-6(d)和(e)]，短棒状第二相为 $AlSi_2Sc_2$[5][见图 5-6(d)]，球状第二相为 $\alpha Al(FeMnCr)Si$ 相[6][见图 5-6(d)]，脆性板条状第二相为 $\beta-Al(FeMnCr)Si$ 相[7][见图 5-6(e)]。

合金经 520 ℃/1 h 固溶处理后水淬，随后进行 175 ℃/24 h 的时效处理，其微观组织如图 5-7 所示。经过固溶-时效后，四种合金晶粒内部均析出了大量长度为 30~50 nm 的第二相。这些细小针状的第二相沿着 $[010]_{Al}$ 和 $[100]_{Al}$ 方向分布，而点状析出相则是针状析出相在 $[001]_{Al}$ 方向上的特征形貌。在其对应的选区电子衍射图像中可以观察到十字形衍射条纹[见图 5-7(e)]，推测该析出相为 β'' 相[8]。与未添加 Sc 的合金相比，添加微量 Sc 的合金中 β'' 相的密度有所提高。然而，随着 Sc 含量的进一步增加，β'' 相的尺寸和密度并没有发生明显变化。

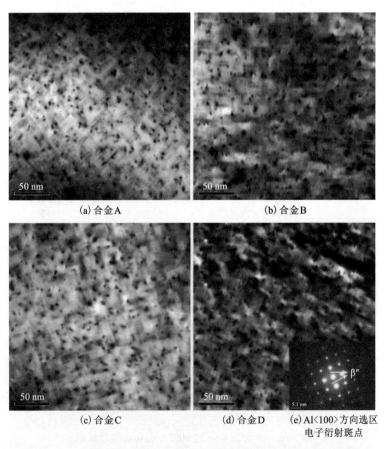

(a) 合金A

(b) 合金B

(c) 合金C

(d) 合金D

(e) Al〈100〉方向选区电子衍射斑点

图 5-7　不同 Sc 含量 6005A 铝合金经固溶-时效后的 TEM 组织

5.1.5　微量 Sc 对 6005A 铝合金组织与性能的影响机制

实验结果表明，在 Al-Mg-Si 合金中添加 0.07%Sc 可明显缓解枝晶偏析[见图 5-1(b)]。与未添加 Sc 的合金相比，添加微量 Sc 的 Al-Mg-Si 合金晶粒尺寸明显减小，且晶粒的细化效果随 Sc 含量的增加而提升。微量 Sc 促进 Al-Mg-Si 合金铸态组织细化的主要原因是凝固过程中形成的初生 Al_3Sc 相[见图 5-6(b)]。初生 Al_3Sc 相可作为合金凝固过程中非均匀形核的质点，从而显著细化 Al-Mg-Si 合金晶粒。

经过 560 ℃/12 h 均匀化处理后，大量的 Al_3Sc 相消失[见图 5-6(d)]，并形成了粗大难溶的 $AlSi_2Sc_2$ 相[见图 5-5(b)和(d)]。合金中 Al_3Sc 相密度的降低导致其对位错和晶界的钉扎作用明显减弱，合金抵抗再结晶的能力显著降低。因此，经过固溶-时效处理后的 Al-Mg-Si 合金均发生了完全再结晶，且四种合金再结晶的晶粒尺寸相差不大(见图 5-3)。由 Al-Si-Sc 三元相图可知(见图 5-8)，本研究中四种合金的 Si 含量均为 0.7%，因此不同 Sc 含量的 Al-Mg-Si 合金在均匀化处理过程中主要生成难溶的 $AlSi_2Sc_2$ 相，且该相的含量随着 Sc 含量的增加而增加(见图 5-5)。因此，均匀化后合金中的 Sc 主要存在于粗大难溶的 $AlSi_2Sc_2$ 相中。

固溶-时效后，四种合金内部均弥散分布着大量 β 相，该相是 AlMgSi 合金的主要强化相。根据 Al-Si-Sc 三元合金相图(见图 5-8)可知，含 0.07%Sc 的合金主要由 α-Al 固溶体、Si 以及极少量的 $AlSi_2Sc_2$ 相组成，Si 主要与 Mg 结合形成 β″相，剩余的 Sc 可能固溶到 α-Al 中，产生一定的固溶强化效果；含 0.12%Sc 和 0.25%Sc 的合金主要由 α-Al 固溶体、Si 及少量的 $AlSi_2Sc_2$ 相组成，$AlSi_2Sc_2$ 相的生成消耗一定量的 Si，从而一定程度上减少了 Mg_2Si 的体积分数；$AlSi_2Sc_2$ 相的生成导致 Si、Sc 在合金中的浓度降低，促进了 Sc 溶解到 α-Al 中。

添加微量 Sc 可提高 Al-Mg-Si 合金的强度和塑性，但当 Sc 含量超过 0.07%时，合金的强度有所下降。造成以上现象的主要原因如下：当 Sc 含量为 0.07%时，Sc 主要固溶在 α-Al 基体中，合金力学性能的提升主要通过固溶强化。但由于 Sc 在 Al 中的固溶度较低(最大固溶度为 0.23at.%)，因此微量 Sc 对合金抗拉强度的提升幅度不大。与未添加 Sc 的合金相比，添加 0.07%Sc 的 Al-Mg-Si 合金抗拉强度仅提高 19 MPa。当 Sc 含量为 0.12%和 0.25%时，Sc 主要与 Si 形成粗大难溶的 $AlSi_2Sc_2$ 相，该相在合金中的体积分数随 Sc 含量的增加而增加。另外，由于 $AlSi_2Sc_2$ 相的形成消耗了一定量的 Si，导致合金的主要时效强化相 β″相的体积分数有一定减小，从而削弱了合金的抗拉强度。然而，由于仍有少部分 Sc 溶解在 α-Al 中并补偿了一部分强度的降低，因此，合金强度的下降幅度不明显。

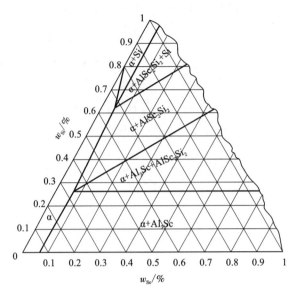

图 5-8 Al-Si-Sc 三元合金相

5.2 Al-Mg-Si-Mn-Sc-Zr 合金型材的微观组织与性能

在工业化生产条件下制备了 Al-0.68Mg-0.76Si-0.28Mn-0.06Sc-0.05Zr 合金铸锭。合金熔铸工艺流程和主要参数如下：配料→装炉(投料)→熔炼(750~760 ℃)→炉内精炼(第一次)→搅拌→扒渣→成分调整(第一次)→转炉→调温(720~730 ℃)→炉内精炼(第二次)→成分调整(第二次)→放流铸造→在线细化→在线精炼(除气、除杂)→热顶铸造(铸棒直径 258 mm)→超声波探伤→铸锭锯切及切片取样。合金铸锭经 545~560 ℃/12 h 均匀化处理后在 35 MN 挤压机上被热挤压成薄壁(2.5~3 mm)多腔型材，其截面形状和尺寸如图 5-9 所示。合金铸锭热挤压工艺技术路线：铸锭加热(480~520 ℃)→模具加热(440~460 ℃)→挤压(出口温度 510~540 ℃)→水冷淬火→拉伸矫直(50 ℃以下，拉伸率≤1.5%)→定尺锯切→检查。通过热挤压制备的合金型材经时效处理(175 ℃/8 h)后进行性能检测(取样位置为图 5-9 中的 1~4 号位置)和微观组织观察(取样位置为图 5-9 中的 3 号位置)。

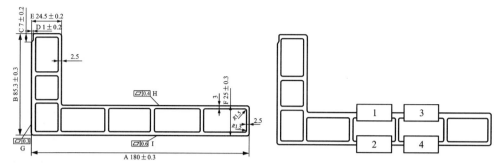

图 5-9　合金挤压型材尺寸及取样位置

5.2.1　合金挤压型材的微观组织与拉伸性能

合金铸锭经热挤压成形后，型材表面及截面未见裂纹、非金属夹杂、白斑和化合物等缺陷。Al-Mg-Si-Mn-Sc-Zr 合金挤压型材的金相组织和电子背散射衍射技术分析分别如图 5-10(a)和(b)所示。从图中可以看出，合金型材的表面在热挤压过程中发生了一定程度的再结晶，合金晶粒整体沿着挤压方向伸长，呈纤维状特征。挤压后的合金中大部分晶粒的取向为 $<101>_{Al}$，在平行于挤压方向的晶界附近发生再结晶并出现亚晶结构。同时，挤压后的合金型材中可观察到均匀分布的颗粒状第二相粒子。

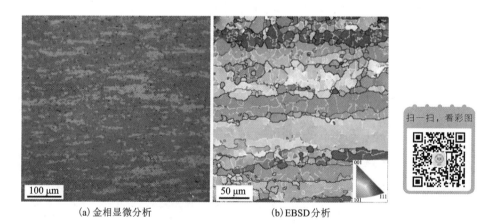

(a) 金相显微分析　　　　　(b) EBSD 分析

图 5-10　合金挤压型材的微观组织

Al-Mg-Si-Mn-Sc-Zr 合金挤压型材的 X 射线衍射分析如图 5-11 所示。由图 5-11 可知，型材中主要存在 $\alpha(Al)$、$Mn_{12}Si_7Al_5$ 和少量 Mg_2Si 的衍射峰。合金型材的扫描电子显微图像如图 5-12 所示。从图 5-12 中可以看出，合金基体内部存在两种形貌的第二相粒子。经能谱分析可知，白色块状第二相为 Al(FeMnCr) Si 相，其尺寸大小不一，从 5 nm 到 20 nm 不等，黑色颗粒状第二相为粗大的 Mg₂Si 相。

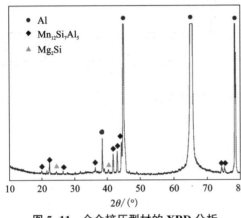

图 5-11　合金挤压型材的 XRD 分析　　　图 5-12　合金挤压型材中的第二相

Al-Mg-Si-Mn-Sc-Zr 合金型材的拉伸力学性能(T6 态)如表 5-5 所示。合金型材在沿挤压方向的强度和伸长率波动不大。合金型材的抗拉强度为 341 MPa，屈服强度为 320 MPa，伸长率为 12.7%。与未添加 Sc 的 6006A-T6 合金拉伸性能(抗拉强度 297 MPa，屈服强度 267 MPa，伸长率 12.0%)相比，其抗拉强度和屈服强度分别提高了 14.8% 和 19.8%，伸长率也有了一定提升。

表 5-5　合金挤压型材的拉伸力学性能

编号	截面位置	R_m/MPa	$R_{p0.2}$/MPa	A/%
3T 头部	1	341	323	13.0
	2	332	307	12.5
	3	349	329	13.0
	4	342	319	12.5
	平均值	341	320	12.7
3Z 中部	1	341	321	12.0
	2	329	304	12.5
	3	348	327	11.5
	4	335	310	13.0
	平均值	338	312	12.3

续表5-5

编号	截面位置	R_m/MPa	$R_{p0.2}/\mathrm{MPa}$	$A/\%$
3W 尾部	1	340	320	13.0
	2	328	303	11.5
	3	347	328	13.5
	4	335	310	12.0
	平均值	338	315	12.5

合金挤压型材经固溶处理后的拉伸力学性能如表 5-6 所示。合金的抗拉强度、屈服强度和硬度较低，塑性较好，伸长率达到 18.8%。为了使合金获得最优的力学性能，在保持合金良好塑性的基础上提高其强度和硬度，需要对合金进行时效处理，以满足服役的要求。

表 5-6　合金挤压型材经固溶处理后的拉伸力学性能

R_m/MPa	R_p/MPa	$A/\%$	硬度/HV
231±3	210±2	18.8±0.4	54.1±1.2

5.2.2　自然时效对合金挤压型材微观组织与性能的影响

1. 自然时效对合金力学性能的影响

Al-Mg-Si-Mn-Sc-Zr 合金在线淬火后进行室温自然时效（NA），其维氏硬度随时效时间变化的规律如图 5-13 所示，强度及伸长率的变化如表 5-7 所示。自然时效后，合金的强度、硬度及塑性均得到提升。在自然时效初期，合金硬度迅速提高。自然时效 2 天后，合金硬度即从 54.1 HV 增加至 76.9 HV，提高了 42.1%。自然时效 8 天后，合金硬度增长速度变缓。自然时效 90 天后，合金硬度达到 81.8 HV。合金强度和伸长率随自然时效时间变化的规

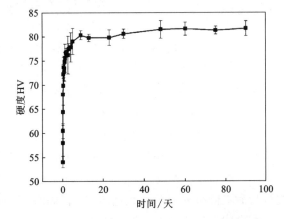

图 5-13　合金挤压型材自然时效过程中的硬度变化

律与硬度的变化规律一致。与固溶态相比，经过自然时效 30 天后，合金抗拉强度和屈服强度分别提高了 34.4% 和 52.7%，伸长率提高了 35.8%。

表 5-7　合金挤压型材在不同状态下的拉伸力学性能

状态	R_m/MPa	$R_{p0.2}$/MPa	A/%	硬度 HV
在线淬火固溶	231±3	210±2	18.8±0.4	54.1±1.2
自然时效 2 天	296±5.4	290±6	20.6±0.8	76.9±0.8
自然时效 30 天	322±4.9	311±4	21.9±0.7	80.7±1.6

2. 自然时效对合金微观组织的影响

Al-Mg-Si-Mn-Sc-Zr 合金经固溶处理及自然时效后的断口形貌如图 5-14 所示。固溶处理及自然时效后合金的断口上均能观察到大量等轴韧窝，韧窝尺寸大且深，推测合金的断裂类型为韧性断裂，表明该状态下合金的塑性良好。自然时效状态下合金断口韧窝的尺寸比固溶态合金的更大，且深度稍有增加。随着自然时效时间的延长，合金断口韧窝的尺寸与深度均有所增加，说明自然时效后合金的塑性明显提高，这与合金伸长率的变化规律相符。

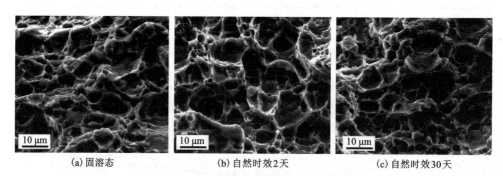

(a) 固溶态　　　　　　(b) 自然时效 2 天　　　　　　(c) 自然时效 30 天

图 5-14　合金挤压型材拉伸断口的微观形貌

合金经固溶处理后的透射电子显微图像如图 5-15 所示。由图 5-15(a) 可知，合金经固溶淬火后，主要强化相 Mg_2Si 被充分溶解，此时合金处于过饱和状态。因此，在固溶态合金的透射电子显微图像中观察不到主要强化相。然而，合金中可观察到某些第二相粒子[见图 5-15(b)]，其能谱分析结果如表 5-8 所示，推测该第二相粒子为难熔的 Al(FeMnCr)Si 相。Al(FeMnCr)Si 粒子熔点较高，经固溶处理后不能被充分溶解到基体中，在固溶、时效过程中继续以弥散相的形式存在于合金中。

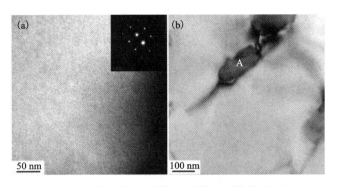

图 5-15   合金挤压型材经固溶处理后的微观组织

表 5-8   合金挤压型材固溶态下的第二相能谱分析(原子分数)   %

Al	Mg	Si	Mn	Cr	Fe
89.54	0.61	4.45	3.86	0.99	0.51

自然时效 48 h 后,合金的透射电子显微图像如图 5-16 所示。在较低放大倍数下,合金中观察不到明显的析出相;采用高分辨电子显微分析发现晶格畸变不明显,也无法观察到明显的析出相。

图 5-16   合金挤压型材自然时效 48 h 后的微观组织

为了观察自然时效后基体中溶质原子的分布情况,采用三维原子探针(3DAP)技术对自然时效 48 h 的合金进行分析,其三维原子排列如图 5-17 所示。从图中可以看出,合金自然时效后形成了大量的球状原子团簇,Mg 原子和 Si 原子的分布位置出现高度重合,由此可知合金中存在 Mg-Si 原子偏聚,产生了 Mg-Si 原子团簇。另外,可以观察到 Mg-Si 团簇中含有部分 Al 原子,说明合金中原子团簇由 Mg、Si 和 Al 元素组成，其他元素未出现偏聚。一般认为，Al-Mg-Si 合金中的原子团簇是含有小于 70 个溶质原子以及直径小于 3 nm 的球状溶质原子偏聚，而合金中的析出相是含有大于 70 个溶质原子的原子偏聚。其中，溶质原子个数为 70~200 个以及尺寸在 3~6 nm 的析出相称为球状析出相，大尺寸的析出相称为针状析出相。

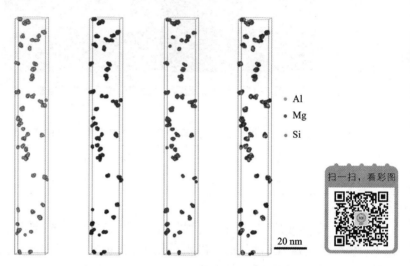

图 5-17　合金挤压型材自然时效 48 h 后原子的三维空间分布

为了获得合金中原子团簇的偏聚程度，采用近邻分析方法（nearest neighbor distance，NND）对溶质原子的排列情况进行分析，结果如图 5-18 所示。图中存在两条曲线，一条为溶质原子的随机分布曲线，表示溶质原子在合金中随机排列；另一条为 3DAP 探测的溶质原子分布曲线。由图可知，自然时效后合金中的 Mg 原子和 Si 原子发生了原子偏聚，呈现为非随机分布，溶质原子的间距缩短，其中 Mg 原子偏离距离为 0.26 nm，Si 原子的偏离距离为 0.24 nm。

进一步分析可得到原子团簇的等效半径、数量密度、体积分数及 Mg/Si 原子比，其统计结果如表 5-9 所示。团簇等效半径 R_p 及数量密度 N_v 的计算公式如下：

$$R_p = \left(\frac{3\Omega n_p}{4\pi\xi}\right)^{\frac{1}{3}} \tag{5-1}$$

$$N_v = \frac{N_p\xi}{n_a\Omega} \tag{5-2}$$

式中，Ω 为原子的体积，Al 原子的体积为 1.660×10^{-2} nm³；n_p 为一个团簇中包含

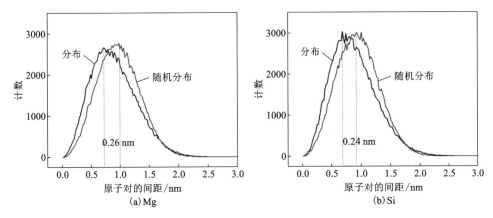

图 5-18 合金挤压型材经自然时效 48 h 后溶质原子的 NND 曲线

的原子数，为检测效率，其值为 0.36；N_p 为分析体积中团簇的数量；n_a 为分析体积中的总原子数。

表 5-9 合金经自然时效 48 h 后原子团簇的统计数据

等效半径/nm	数量密度(1×10^{23} m^{-3})	平均 Mg/Si 比
0.63	1.22	1.11

由统计结果可知，自然时效 48 h 后，合金中并未观察到析出相，仅出现原子团簇，且每个团簇平均包含 24 个溶质原子，其尺寸分布如图 5-19 所示。从图中可以看出，自然时效后合金内形成的原子团簇的 Mg/Si 比主要为 0.2~2，平均 Mg/Si 比为 1.11。原子团簇尺寸为 0.5~0.7 nm，平均团簇半径为 0.63 nm，说明经自然时效 48 h 后合金中形成的原子团簇尺寸很小，处于不稳定状态。在自然时效过程中，溶质原子通过扩散聚集在一起形成团簇。由于 Al、Mg 和 Si 为元素周期表中的相邻元素，其原子半径相差不大，由这些原子形成的小团簇引起的晶格畸变较小，因此不能显示出明显的应变场衬度，在透射电子显微图像中很难观察到原子团簇信号。经自然时效产生的原子团簇与基体共格具有一定的强化作用，合金的硬度从固溶态的 54.1 HV 提高至 76.9 HV。

Al-Mg-Si-Mn-Sc-Zr 合金经自然时效 30 天后的透射电子显微图像如图 5-20 所示。合金中仍然观察不到析出相，但通过高分辨透射电子显微分析可确定合金中出现了 G.P 区。随着自然时效继续进行，部分原子团簇转变为与基体共格的 G.P 区，如图 5-20(b) 中所示区域存在明显衍射衬度，在与其相应的 FFT 中，在

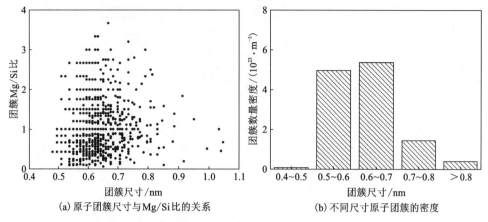

(a) 原子团簇尺寸与 Mg/Si 比的关系 (b) 不同尺寸原子团簇的密度

图 5-19 合金挤压型材经自然时效 48 h 后的原子团簇尺寸分布

明亮的基体衍射斑点周围还出现了微弱的衍射斑点，这些斑点为 G.P 区信号，如图中箭头所示。随着自然时效时间的延长，基体中不断地析出新的团簇和 G.P 区，团簇和 G.P 区数量密度和尺寸均增大，使合金的硬度进一步提高至 80.7 HV。

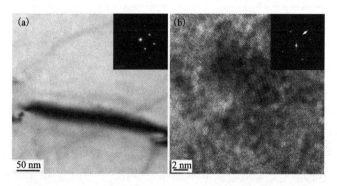

图 5-20 合金挤压型材经自然时效 30 天后的微观组织

固溶-淬火之后，合金中存在很多淬火空位，它们促进了自然时效过程中溶质原子的扩散，并加速了原子团簇的形成，使自然时效初期合金硬度迅速提高。淬火后形成的原子团簇可作为有效的空位陷阱，使基体中空位浓度迅速降低，溶质原子的扩散速率降低，原子团簇的生长速度变慢。因此，自然时效 8 天后，合金硬度随时效时间的延长变化较缓慢。

5.2.3　人工时效对合金挤压型材微观组织与性能的影响

1. 人工时效对合金力学性能的影响

Al-Mg-Si-Mn-Sc-Zr 合金挤压型材在线淬火后，分别在 155 ℃、175 ℃ 和 195 ℃ 下进行单级时效处理，时效过程中合金维氏硬度变化如图 5-21 所示。在上述三个温度下进行人工时效，随着保温时间的延长，合金硬度先提高后降低。当合金时效温度为 155 ℃ 时，合金硬度随时效时间的延长而缓慢提高，时效 1 h 后硬度上升至 87.6 HV，之后以较慢的速度上升至此温度下的峰值硬度 112.3 HV，随后合金硬度稳定在 110 HV 左右。当合金在 175 ℃ 下时，硬度随时效时间延长而上升，且在后 8 h 时效处理合金的硬度达到最大值 113 HV，此后合金硬度随着时效时间的延长不发生明显下降，最终在较高的硬度水平趋于稳定。当合金时效温度为 195 ℃ 时，合金的硬度随时效时间的延长而迅速提高。时效 1 h 后，合金硬度迅速从淬火态的 86.2 HV 达到峰值 109.4 HV，此后硬度随时效时间变化逐渐平缓，但随着时效时间的延长合金硬度的下降趋势非常明显，经过时效 48 h 后合金硬度仅为 89.3 HV。

根据图 5-21 选择典型时效处理试样进行室温拉伸试验，结果如图 5-22 所示。合金在 175 ℃ 下保温不同时间后的拉伸性能如图 5-22（a）所示。随着时效时间的延长，试样的伸长率呈现降低的趋势；时效至一定时间后，这种趋势逐渐减弱。在此温度下，抗拉强度刚开始随时效响应迅速，达到峰值以后逐渐降低，最后趋于平缓。而屈服强度随时效时间的延长以更快

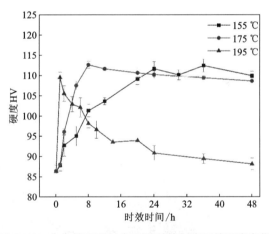

图 5-21　合金挤压型材在不同时效制度下的硬度变化

的速率提高，达到峰值后以缓慢的速率降低。对比三个颇具代表性状态的点：4 h（欠时效）、8 h（峰时效）、24 h（过时效）。欠时效合金的抗拉强度和屈服强度分别为 357 MPa、310 MPa，此时伸长率为 16.4%。峰时效合金的抗拉强度为 366 MPa，屈服强度为 334 MPa，此时伸长率降低至 15.4%。过时效试样的抗拉强度和屈服强度分别为 344 MPa、333 MPa，伸长率为 13.4%。欠时效试样的伸长率高于峰时效和过时效，强度与过时效相近。峰时效具有最高的强度，且伸长率居中。

合金分别在 155 ℃、165 ℃、175 ℃、185 ℃、195 ℃下时效 8 h 后，其拉伸性能如图 5-22 (b) 所示。随时效温度的升高，合金抗拉强度的上升较为缓慢，在 165 ℃达到最大值 367 MPa，仅比 175 ℃高 1 MPa；此后随着温度的升高，抗拉强度缓慢降低。合金的屈服强度随温度的升高而上升得较为明显，在 185 ℃时达到最大值 339 MPa，随后呈现降低趋势。合金的伸长率随着时效温度的升高而显著降低。综上所述，合金在 175 ℃下时效的拉伸性能最好。

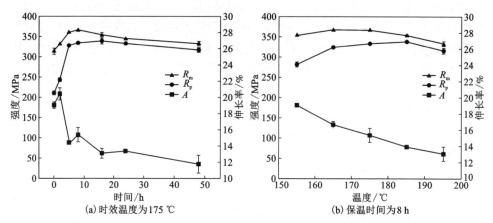

图 5-22　合金挤压型材在不同时效制度下的拉伸力学性能

2. 人工时效对合金微观组织的影响

合金经不同时效处理后的 EBSD 分析如图 5-23 所示。经 175 ℃/8 h 峰时效后，合金晶粒整体呈纤维状，与挤压态相比，晶界周围的亚晶结构和再结晶晶粒数量增多。经 175 ℃/48 h 过时效处理后，合金组织仍呈纤维状，但亚晶和再结晶晶粒尺寸稍有增加。

图 5-23　合金挤压型材经不同时效处理后的 EBSD 分析

　　对 175 ℃ 下保温不同时间的合金进行扫描电镜观察和能谱分析，其微观组织如图 5-24 所示，图中第二相的化学成分如表 5-10 所示。图中大部分的亮白色第二相主要含有 Al、Fe、Mn、Si 元素，少部分含有少量的 Cr 元素。由于 Cr 元素和 Mn 元素可以替换部分 Fe 元素，故 AlFeSi 相中往往含有少量的 Cr、Mn 元素，判定该相为 α-AlFeMnSi 相，少部分含有 Cr 元素的相为 β-AlFeSi(MnCr) 相[9]。图中细小的球状第二相主要含有 Al、Sc、Si 元素以及少量的 Mg、Mn、Fe 元素，且 Si 与 Sc 的原子百分数比接近，所以该相为 V 相($AlSi_2Sc_2$)[10]。

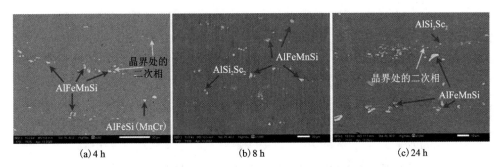

(a) 4 h　　　　　(b) 8 h　　　　　(c) 24 h

图 5-24　合金挤压型材经 175 ℃不同保温时效时间处理后的微观组织

表 5-10　合金挤压型材中第二相的 EDS 分析(原子分数)　　%

第二相	Si	Mn	Fe	Cr	Mg	Sc	Al
AlFeMnSi	6.61	3.29	5.86	0.00	0.5	0.03	Bal
AlFeSi(MnCr)	8.50	4.43	8.69	1.29	0.28	0.15	Bal
$AlSi_2Sc_2$	14.42	0.33	0.49	0.00	2.02	12.11	Bal

　　合金在时效温度为 175 ℃ 时的拉伸断口形貌如图 5-25 所示。断口处存在大量的韧窝，可以判断合金的拉伸断裂方式主要为韧性断裂。由图 5-25(d) ~ (f) 可知，合金表面均匀分布着大量的第二相粒子，图中红色标记的粒子经能谱分析均为 AlFeMnSi 相。

　　合金在不同时效温度下保温 8 h 后的拉伸断口微观形貌如图 5-26 所示。图中均可观察到大量的等轴韧窝，说明合金在此条件下主要发生韧性断裂。当时效温度为 155 ℃ 时，韧窝较大且深，在韧窝深处可观察到第二相粒子，如图 5-26(a) 所示。当时效温度升至 195 ℃ 时，韧窝明显扁平化，深度变浅，表明合金塑性持续下降，如图 5-26(b) 所示。

　　合金经 175 ℃/2 h 时效后的透射电子显微图像如图 5-27 所示。可以看出，该状态下合金中可观察到 G.P 区和 β″相，β″相尺寸较小且密度较低。在图 5-27(a)

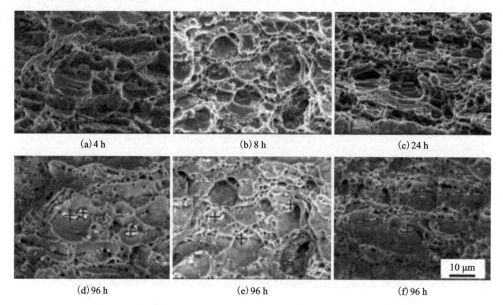

(a) 4 h (b) 8 h (c) 24 h

(d) 96 h (e) 96 h (f) 96 h

图 5-25 合金挤压型材经 175 ℃保温不同时间后的拉伸断口形貌

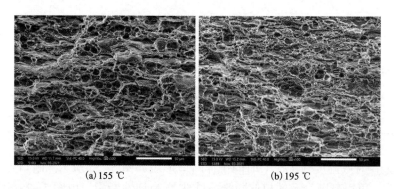

(a) 155 ℃ (b) 195 ℃

图 5-26 合金挤压型材在不同时效温度下保温 8 h 后的拉伸断口微观形貌

中显示为插入型 β″相。图 5-27(b)为其对应的[001]$_{Al}$ 带轴下的 SADP,从图中可以清楚地看到铝基体的衍射斑点,在相邻基体衍射斑点中央可以观察到围绕[110]$_{Al}$ 衍射位置沿着<100>$_{Al}$ 方向排列的十字形衍射图案,说明基体中存在析出相。从 5-28(c)高分辨透射电镜图中可以观察到不同形貌的析出相。时效初期,高温下原子运动速度加剧,其通过扩散发生迁移,聚集形成 Mg-Si 原子团簇。这些原子团簇尺寸很小,且与基体共格。由于 Mg 和 Si 的原子半径与基体相近,团簇形成所引起的晶格畸变较小,原子团簇在透射电镜图中不会出现明显的应变场衬度。随着时效的进行，原子扩散加剧，更多的溶质原子聚集在一起，部分原子团簇转变为 G.P 区，如图 5-27(c)中方框 A 所示。图 5-27(d) 为 A 区域对应的 FFT，在其$[001]_{Al}$ 带轴下，除了基体的衍射斑点，还观察到微弱的衍射斑纹，沿着$<110>_{Al}$ 方向分布，这些斑纹来自 G.P 区。这些密度很高的 G.P 区可作为后续 β″相形核的核心。随着原子扩散的持续进行，G.P 区沿着基体的$<100>_{Al}$ 方向生长，形成与基体部分共格的新相，如图 5-27(c)中箭头 B 所示，这些相一般称之为 β″相的前驱相。从图中可以看出，前驱相尺寸较小，约为 2 nm，与 Al 基体部分共格，在其相应的 FFT 中，可观察到微弱的衍射斑纹。随后，前驱相进一步转变为具有针状形貌的 β″相，如图 5-27(c)中箭头 C 所示。图 5-27(e) 为一个放大的插入形 β″相粒子，其对应的 FFT 如图 5-27(f) 所示。图中不仅可观察到明显的衍射斑纹，还可以得到 β″相的相关晶胞参数及取向关系，其中 $a = 0.1516$ nm、$c = 0.674$ nm、$θ = 105.26°$、$(010)_{β″}$ ∥ $(001)_{Al}$、$[100]_{β″}$ ∥ $[\overline{2}30]_{Al}$、$[001]_{β″}$ ∥ $[310]_{Al}$。同时，β″相的 b 轴参数是铝基体 $\{200\}_{Al}$ 晶面间距的 2 倍，即 $b = 0.405$ nm。G.P 区及 β″相的析出，能提高合金的硬度，使时效强化效果更加显著。

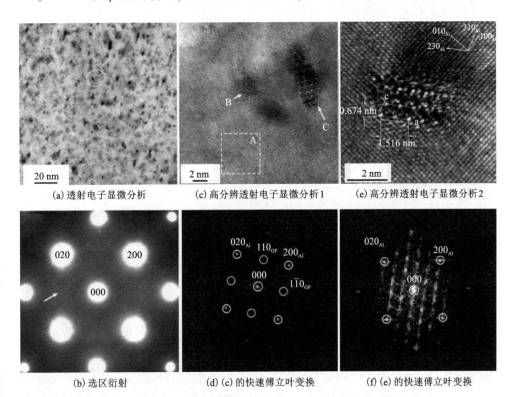

(a) 透射电子显微分析　　(c) 高分辨透射电子显微分析1　　(e) 高分辨透射电子显微分析2

(b) 选区衍射　　(d) (c)的快速傅立叶变换　　(f) (e)的快速傅立叶变换

图 5-27　合金挤压型材经 175 ℃/2 h 时效处理后的微观组织

图 5-28 为合金经 175 ℃时效 4~24 h 后的透射电子显微图像和选区电子衍射花样(SADPs)。当合金经过 175 ℃/4 h 时效时,基体中析出大量的 G. P 区,同时析出的针状 β″相密度增加,如图 5-28(a)所示。其中 G. P 区与基体共格,β″与基体部分共格,均为合金的主要强化相,在其相应的[001]_{Al} SADP 图中出现了弱的衍射斑点。此时合金硬度提高至 107 HV,抗拉强度和屈服强度从淬火态的 314 MPa 和 211 MPa 分别提高至 357 MPa 和 310 MPa,伸长率稍有下降,从淬火态的 19.0% 降为 16.4%。

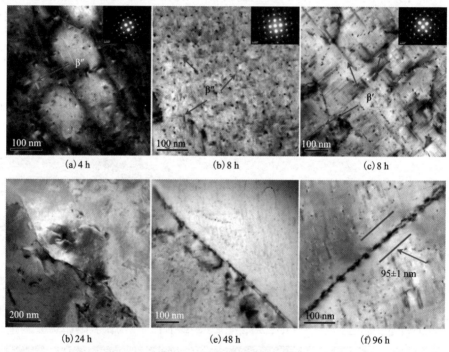

图 5-28   合金在 175 ℃下保温不同时间后合金的 TEM 组织

合金经 175 ℃/8 h 时效后达到峰时效状态,其微观组织如图 5-28(b)所示。此时合金中存在高密度且互相垂直的针状强化相 β″,如图中箭头所示,它们在 [100]_{Al} 和 [010]_{Al} 方向上显示出明显的共格衍射。在与它们垂直的方向上,均匀分布着点状析出相,这些点状析出相为针状强化相在[001]_{Al} 方向上的形态。峰时效状态下,合金中析出相均匀地分布在 Al 基体中,β″沉淀相数量增加。在相应的[001]_{Al} SADP 光谱中,可以观察到明显的十字形的衍射斑纹。β″相尺寸为 40~50 nm,β″为合金的主要强化相,其强化效果最佳。该状态下合金的硬度为 113 HV,抗拉强度和屈服强度分别为 366 MPa 和 334 MPa,伸长率为 15.4%。

随着时效时间延长至 24 h 时，合金微观组织如图 5-28(c) 所示。此时 β′ 相大量出现，尺寸为 150~250 nm。在相应的 [001]$_{Al}$ SADP 光谱中，十字形的衍射斑纹更明显。与欠时效和峰时效相比，该时效状态下 PFZ 的宽度最宽(95 nm)。这时合金的强度和硬度轻微下降，硬度为 109 HV，抗拉强度和屈服强度分别为 344 MPa 和 333 MPa，伸长率为 13.4%。

合金在不同时效温度下保温 8 h 后的微观组织如图 5-29 所示。当时效温度为 155 ℃ 时，合金内部主要存在大量的 G.P 区和少量的 β″ 相，β″ 相尺寸较小，长度为 10~20 nm，如图 5-29(a) 所示，其对应的 SADP 中可观察到衍射斑纹；此时合金的硬度为 101 HV，抗拉强度和屈服强度分别为 354 MPa 和 282 MPa，伸长率为 19.1%。当时效温度为 175 ℃ 时，晶内以高密度的针状 β″ 相为主，尺寸为 40~50 nm。如图 5-21、图 5-23 所示，此时合金的强度、硬度均达到峰值，塑性稍有下降。当时效温度为 195 ℃ 时，如图 5-29(b) 所示，针状 β″ 相仍占主导地位，尺寸增大，长度为 60~80 nm；此时合金的强度、硬度轻微下降，硬度为 102 HV，抗拉强度和屈服强度分别为 333 MPa 和 316 MPa，伸长率为 13.1%。

(a) 155 ℃　　　　　　(b) 195 ℃

图 5-29　合金挤压型材在不同时效温度下保温 8 h 后的微观组织

3. 合金中主强化相的演变机理

如图 5-30 所示，在线淬火处理后，Mg$_2$Si 相溶解到铝基体中，形成含 Mg 原子和 Si 原子的过饱和固溶体。过饱和固溶体是一种不稳定的组织，存在大量的过饱和空位，极易发生分解脱溶，经人工时效后将析出一系列原子团簇和纳米级尺寸的亚稳相。随着时效的继续，合金中部分 Mg-Si 团簇转变为与基体共格的 G.P 区。这一过程会引起合金强度、硬度等性能的变化。

欠时效状态下，大量的 G.P 区从基体中析出，部分 G.P 区转变为短针状析出相 β″(Mg$_5$Si$_6$)，如图 5-30 所示。继续延长时效时间，β″ 相的密度提高，合金强度、硬度也随之提高。峰时效状态下，合金中 G.P 区不断减少，主要存在大量小

尺寸的 β″ 相和少量的 G.P 区，此时合金的强度、硬度最高。随着时效时间的进一步延长，合金进入过时效状态，β″ 相尺寸增加，密度降低，并逐渐向 β′ 相（Mg₉Si₅）转变，合金强度下降。β′ 相与基体半共格，呈杆状形貌，尺寸比 β″ 相大，强化能力弱于 β″ 相，是合金的次强化相。经过长时间的时效处理后，合金内出现平衡相 β 相（Mg₂Si）和 Si 相。平衡相尺寸粗大，数量密度很低，强化效果差，此时合金拉伸强度最低。

通过上述分析可知，合金峰时效出现在 175 ℃/8 h 状态下，此时 β″ 相为主要强化相，呈针状形貌，析出相沿着三个 <100>$_{Al}$ 方向垂直分布于基体中，此时合金的强度和硬度达到最大值。G.P 区、β″、β′ 相对合金具有一定的强化作用，但强化效果最好的是 β″ 相。合金时效析出序列可归纳为过饱和固溶体（SSSS）→G.P 区→针状 β″ 相→杆状 β′ 相→片状 β 相、Si 相，其析出示意图如图 5-30 所示。综上所述，Sc 的添加对合金析出相有影响，但不会影响合金的析出序列。

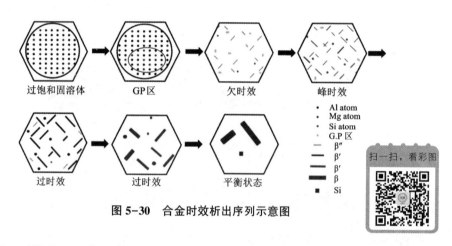

图 5-30 合金时效析出序列示意图

对于可热处理强化型合金中的第二相强化，其实质是基体时效过程中析出的粒子与位错的交互作用的结果。根据经典位错理论，析出相的强化作用主要与析出相的形貌、尺寸、体积分数以及基体之间的错配程度有关。合金的强化机制主要有两种，即切过机制和绕过机制。

欠时效过程中，析出相尺寸较小并与基体共格时，如原子团簇和 G.P 区，位错主要通过切过机制移动。对于 Al-Mg-Si 合金体系，切割机理主要包括共格强化、有序强化和模量强化。因此，切过机制对合金屈服强度的影响可表示如下[11]：

$$\Delta\sigma_{cutting} = \Delta\sigma_{order} + \Delta\sigma_{coherency} + \Delta\sigma_{modulus} \qquad (5-3-a)$$

$$\Delta\sigma_{order} = \frac{M\gamma}{2b}\frac{2\pi^2\gamma f_v r}{16Gb^2} \qquad (5-3-b)$$

$$\Delta\sigma_{coherency} = 2.6M(\varepsilon G)^{\frac{3}{2}}\left(\frac{2f_v r}{Gb}\right)^2 \tag{5-3-c}$$

$$\Delta\sigma_{modulus} = 0.0055M(\Delta G)^{\frac{3}{2}}\left(\frac{2f_v}{Gb^2}\right)^{1/2} b\left(\frac{r}{b}\right)^{-\frac{1+3m}{2}} \tag{5-3-d}$$

其中 M 为常数，b 为 Burgers 矢量，γ、f_v、r、G、ε、ΔG 分别代表析出产物与基体的界面能、析出产物体积分数、析出产物的平均粒径、切过模量、产物与基体的错配度以及产物与基体切过模量之差。随着时效时间的延长，合金中析出产物 G.P 区的半径及体积分数增加，合金强度提高[12]。

随着时效的继续，如过时效阶段，析出相与基体为半共格或者不共格关系，第二相粗化后尺寸增大，相界面能也增大，粒子变形困难，这一相界面成为反向畴界，导致反相畴界强化。反相畴界强化时，位错难以切过第二相粒子，在外力作用下使位错线发生弯曲转为绕过方式，同时，在粒子周围留下一系列位错环，该机制即 Orowan 绕过机制。对于 Al-Mg-Si 合金体系，亚稳析出相呈针状或棒状形貌，此时，合金屈服强度增量可表示如下：

$$\Delta\sigma_{bypassing} = \frac{0.15MGb}{2r}(f_v^{\frac{1}{2}} + 1.84f_v + 1.84f_v^{\frac{3}{2}})\ln\left(\frac{2.632r}{r_0}\right) \tag{5-4}$$

其中 r_0 为临界半径。由上式可知，合金屈服强度的增量与析出相的体积分数成正比关系，与析出相的尺寸成反比关系。当时效至 8 h 时，合金中的析出相以尺寸较大的 G.P 区和尺寸较小的 β″ 相为主。其中 G.P 区的尺寸增大，体积分数增加，因此合金的强度提高。而与基体半共格的 β″ 相，尺寸较小，长度为 40～50 nm，因此合金的强度较高。G.P 区和 β″ 相的共同作用，使合金强度达到峰时效状态。

随着时效时间的进一步延长，析出相的尺寸增大，数量密度降低；在过时效时，合金的析出相为粗大的 β″ 相、β′ 相以及 B′ 相。由式（5-3）可知，析出相的强化能力逐渐减弱，如时效 24 h 后，析出相的平均长度为 150～250 nm，其尺寸大于时效峰相，但强度和硬度都低于时效峰相。

5.3　合金的疲劳行为

采用 MTS LandMark 高频疲劳试验机，按照《铝合金挤压型材轴向力控制疲劳试验方法》（GB/T 37616—2019）对峰时效态合金进行了疲劳试验，试样的尺寸如图 5-31 所示。为去除表面状况对疲劳寿命的影响，试验前用水磨砂纸将截面打磨并抛光，试验采用的循环应力比 $r = 0.1$，试验频率为 70 Hz，指定循环寿命取 1×10^7 次。试验过程中，当疲劳裂纹尺寸足够大致使无法加载时，自动卸载停振，并记录循环次数。

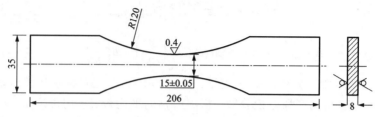

图 5-31　疲劳试样尺寸示意图(单位为 mm)

疲劳裂纹扩展试验在 MTS LandMark 高频疲劳试验机上进行。试样选用不同时效制度处理后的合金板材,并按照《金属材料疲劳试验疲劳裂纹扩展法》(ISO 12108—2018)的 CCT 试样线切割而成,试样尺寸如图 5-32 所示。用线切割预制小孔后分别向两端预制长为 4 mm(共 8 mm)、宽度为 0.12 mm 的预裂纹。为去除表面状况对裂纹扩展的影响,试验前对试样的裂纹扩展区域进行打磨抛光处理。测试在室温下进行,加载 10 Hz 的正弦波,应力比 $r=0.1$,最大拉应力为 46 kN,最低拉应力为 4.6 kN。疲劳裂纹的长度由连接在测试仪上的光学显微镜测量。在裂纹长度(2a)达到约 10 mm 后,开始收集数据。应力强度因子增值 ΔK 根据以下公式计算:

$$\Delta K = \frac{\Delta P}{B} \sqrt{\left(\frac{\pi a}{2W}\right) \sec \frac{\pi a}{2}} \left[0.7071 + 0.0072 \left(\frac{\pi a}{2W}\right)^2 + 0.0070 \left(\frac{\pi a}{2W}\right)^4 \right] \quad (5-5)$$

式中,P 为载荷;B 和 W 分别为样品的厚度和宽度;a 为半裂纹长度。

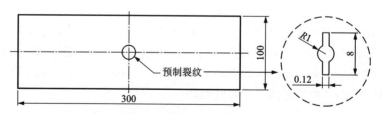

图 5-32　疲劳裂纹扩展试样尺寸示意图(单位为 mm)

5.3.1　合金的疲劳性能及断口微观形貌

1. *S-N* 曲线

表 5-11 为峰时效状态下 Al-Mg-Si-Mn-Sc-Zr 合金的疲劳试验数据。当应力水平达到 135 MPa 时,3 个试样的循环寿命均达到 10^7 次。当应力水平在 140~150 MPa 时,2 个试样的循环寿命达到 10^7 次,1 个试样约在 10^6 次循环后断裂。

随着应力水平的提升, 所有试样均出现疲劳裂纹, 试样的循环寿命为 $10^5 \sim 10^6$ 次。

表 5-11　成组法疲劳极限试验数据

应力水平/MPa	循环寿命/周	是否断裂 ○—未断, ×—断裂
135	$>1 \times 10^7$	○
135	$>1 \times 10^7$	○
135	$>1 \times 10^7$	○
140	$>1 \times 10^7$	○
140	$>1 \times 10^7$	○
140	8.91×10^6	×
145	$>1 \times 10^7$	○
145	$>1 \times 10^7$	○
145	6.14×10^6	×
150	$>1 \times 10^7$	○
150	$>1 \times 10^7$	○
150	3.60×10^6	×
155	1.00×10^6	×
155	1.23×10^6	×
155	1.76×10^6	×
160	6.80×10^5	×
160	4.16×10^5	×
160	1.06×10^6	×

材料的疲劳极限可以通过 Wohler 公式(5-6)来计算, 应力与循环次数之间的关系通常以指数形式表示, 将循环次数取对数与应力水平进行线性拟合, 得到图 5-33(b)所示的合金的脉动拉伸疲劳 S-N 曲线。最终得到不同应力水平下的疲劳试验 S-N 曲线表达式(5-7)。S 即式中 σ 表示峰值应力, N 是循环寿命。

$$\sigma = a + b\lg N \tag{5-6}$$
$$\sigma = 233.4906 - 12.7622\lg N \tag{5-7}$$

以 $N=10^7$ 为疲劳极限代入式(5-7)中进行计算, 得到合金的疲劳强度为

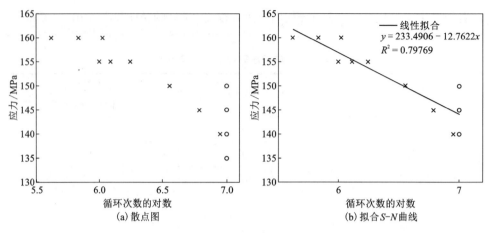

图5-33　合金挤压板材在不同应力水平下的循环寿命

142 MPa，约为屈服强度的42.52%。分析试验用铝合金光滑试样应力比 $R=0.1$ 下的疲劳寿命数据和 $S-N$ 曲线，计算出的试验用铝合金的中值疲劳强度为142 MPa，疲劳强度比较高。但是拟合 $S-N$ 曲线的 R^2 只有0.79，这说明疲劳寿命数据是相当分散的，尤其是在较低应力水平下表现得更为明显。即使在相同最大应力水平下，材料的疲劳寿命也存在较大的分散性，例如，最大应力150 MPa下的试样的疲劳寿命可达 10^7 周次；在相同应力水平下，试样的疲劳寿命有时仅为 $3.6×10^6$ 次。这说明试验材料的疲劳寿命是非常不稳定的，造成这种差异的原因需要从微观结构的角度来探究和分析。

2. 不同应力水平下合金的疲劳断口形貌

分别对疲劳试验中应力水平为 140 MPa（$8.91×10^6$ 循环周次）、150 MPa（$3.60×10^6$ 循环周次）、160 MPa（$1.06×10^6$ 循环周次）的试样断口进行分析。从图5-34中的宏观形貌可以看出，疲劳断口均包括疲劳裂纹源区（区域Ⅰ）、疲劳裂纹扩展区（区域Ⅱ）和瞬断区（区域Ⅲ）。从图中可清晰观察到以裂纹源为中心的放射状棱线。疲劳源区的面积非常小，宏观观察只能根据疲劳弧线的形貌大致确定其所在位置，需通过扫描电子显微镜对其进行微观结构进行进一步表征。

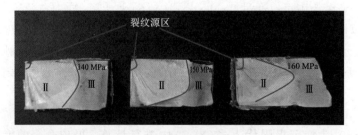

图5-34　合金疲劳宏观断口形貌

试样在 140 MPa 应力水平下疲劳断口的微观形貌如图 5-35 所示。在扫描电镜低倍下观察断口疲劳源区[见图 5-35(a)]，典型的疲劳断裂疲劳源区特征可以通过以裂纹源为中心的放射状棱线明显辨别出来。在疲劳过程中，合金受到交变应力的作用，循环加载一定周期后会发生疲劳断裂。交变应力的持续作用易导致多个微裂纹在合金表面或缺陷处产生，而一定数量的微裂纹汇聚后会形成裂纹源。因此，通常在疲劳断口上可以观察到多个疲劳源。

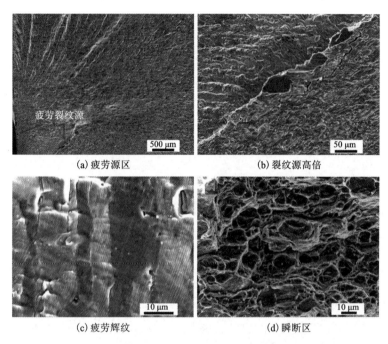

(a) 疲劳源区　　　　　　　　　(b) 裂纹源高倍

(c) 疲劳辉纹　　　　　　　　　(d) 瞬断区

图 5-35　140 MPa 应力水平下合金疲劳断口不同区域的微观形貌

通过分析棱线方向判断合金裂纹源有两处。一处裂纹源位于合金样品边缘，合金样品边缘与加工模具接触时会产生一些蚀坑、毛刺、气孔等缺陷，这些缺陷附近存在应力集中的情况。另一处裂纹源上可以观察到清晰的放射状棱线，且该棱线上有多个深色块状物体。在高倍下观察这一裂纹源[见图 5-35(b)]，根据 EDS 结果判断块状物为夹杂物，是萌生该裂纹源的主要原因。综上所述，140 MPa 应力水平下的裂纹源为试样表面的加工缺陷及材料内部的夹杂物，导致样品出现较大范围的应力集中，并成为裂纹源。

如图 5-35(c)所示，疲劳断口中存在明显的疲劳辉纹，是典型的疲劳裂纹稳态扩展区的特征。每个应力循环会使疲劳裂纹向前扩展一定的距离，扩展过程中在裂纹面留下痕迹并形成的一个条带即辉纹，疲劳辉纹之间呈平行排列。经测量，先后产生的疲劳辉纹宽度基本一致，平均宽度为 0.58 μm，说明疲劳裂纹扩展至此区域时扩展速率稳定。此外，垂直于疲劳裂纹扩展方向上，有许多二次裂纹存在，其可以降低导致主裂纹扩展的应力，从而一定程度上降低疲劳裂纹扩展速率。图 5-35(d) 为瞬断区，140 MPa 应力水平下合金瞬断区与拉伸断口有相似特征，即都由形状不同、大小不一的孔洞和韧窝组成，在韧窝底部存在析出相。

试样在 150 MPa 应力水平下疲劳断口的微观形貌如图 5-36 所示。总体上看，该疲劳断口特征与 140 MPa 应力水平下的疲劳断口相似。如图 5-36(a) 的低倍扫描电子显微图像所示，该样品的断口疲劳源区在靠近合金表面的凹坑处。高倍下观察发现该凹坑底部有不规则的亮白色夹杂物。通过 EDS 分析得到，该杂质主要成分为 Al、O，原子分数占比分别达到 75.1% 和 23.4%，为氧化物夹杂。如图 5-36(c) 所示，此应力水平下，疲劳断口表面同样存在典型的辉纹特征，疲劳辉纹间距平均为 0.81 μm。与 140 MPa 应力水平下的试样相比，该状态下合金疲劳断裂过程中出现了更多的二次裂纹，试样循环次数更少，疲劳裂纹扩展速率更快，因此每个应力循环下裂纹尖端扩展的距离更远，与疲劳寿命的试验结果相符。

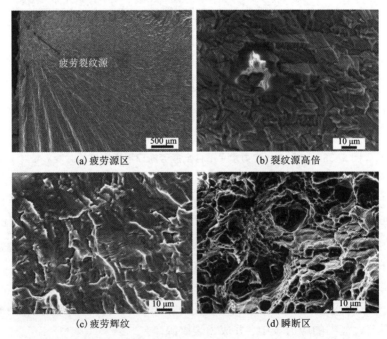

(a) 疲劳源区 　　　　　　　　　(b) 裂纹源高倍

(c) 疲劳辉纹 　　　　　　　　　(d) 瞬断区

图 5-36　150 MPa 应力水平下合金疲劳断口不同区域的微观形貌

试样在 160 MPa 应力水平下疲劳断口的微观形貌如图 5-37 所示，在该应力水平下同样能观察到明显的疲劳裂纹源，裂纹是由孔洞缺陷引发的，而孔洞的形成可能是由于相的脱落。与 140 MPa、150 MPa 应力水平下合金断口中的疲劳辉纹相比，该应力水平下样品断口的疲劳辉纹间距明显增加，平均间距为 1.16 μm，且排列得更加杂乱无章，断口中二次裂纹更多更深。如图 5-37(c) 瞬断区图像所示，疲劳断口与拉伸断口特征相似，存在大量小而浅的韧窝。

|(a) 疲劳源区|(b) 疲劳辉纹|(c) 瞬断区|

图 5-37　160 MPa 应力水平下合金疲劳断口不同区域的微观形貌

5.3.2　不同时效制度下合金的疲劳裂纹扩展行为

根据图 5-22 可知，合金在 175 ℃下时效时，拉伸强度最好，因此选取 175 ℃下分别时效 4 h(欠时效)、8 h(峰时效)、24 h(过时效)的样品进行疲劳裂纹扩展试验。采用 10 Hz 的正弦波，应力比 $r = 0.1$，最大拉应力为 46 kN，并用疲劳裂纹扩展速率-应力强度因子范围(da/dN-ΔK)曲线进行总结。应力强度因子 ΔK 根据式(5-5)计算。

在本试验中，ΔP、B、W 均为定值，因此 ΔK 只与裂纹长度 a 有关。图 5-38(a)为合金在不同时效制度下的疲劳裂纹扩展速率曲线，曲线可以明显分成三个阶段。在第 Ⅰ 阶段，疲劳裂纹开始萌生，裂纹扩展速度较慢；在第 Ⅱ 阶段，裂纹扩展速度相对平缓，通常又称之为 Paris 区域或稳态扩展阶段；在第 Ⅲ 阶段，裂纹快速扩展直至断裂，为失稳扩展阶段。如图 5-38(a)所示，在疲劳裂纹扩展的早期阶段欠时效态合金表现出更高的疲劳裂纹扩展阻力，合金内部疲劳裂纹扩展速率较慢，而 ΔK 达到 30 MPa·m$^{1/2}$ 时，其裂纹扩展速率超出过时效态合金。峰时效态合金内疲劳裂纹在 ΔK 为 8~32 MPa·m$^{1/2}$ 时稳态扩展，说明合金挤压板材经 175 ℃/8 h 时效后，抗疲劳裂纹扩展能力较稳定。由图 5-38(b)可知，随着循环次数的增加，峰时效态样品的裂纹长度迅速增加，而 175 ℃/4 h(欠时效)的合金内裂纹长度增长缓慢，175 ℃/24 h(过时效)合金介于两者之间。

为了定量分析不同时效制度对合金疲劳裂纹扩展速率的影响，采用线性拟合的方法对 Paris 区域的数据进行处理，将 Paris 公式两边分别取对数，即得到：

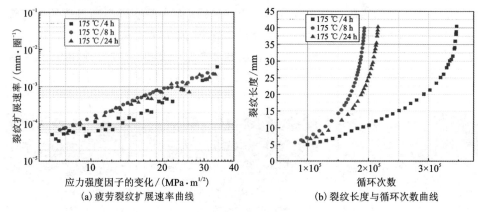

图 5-38 不同时效制度下合金的疲劳裂纹扩展行为

$$\lg\left(\frac{\mathrm{d}a}{\mathrm{d}N}\right) = \lg C + m\lg(\Delta K) \tag{5-8}$$

则在 Paris 区域内，以 $\lg(\mathrm{d}a/\mathrm{d}N)$-$\lg(\Delta K)$ 为轴的坐标系上，图像为一条斜率为 m 的直线，利用最小二乘法，将试验测定的多个数据点进行线性回归拟合，即可求得相应的 C 值和 m 值，其拟合曲线如图 5-39 所示，求得的 C 值和 m 值以及相应的断裂时的循环周期列于表 5-12 中。

根据拟合分析结果，数值中 C 值的变化较大，m 值波动范围较小，虽然欠时效态合金的 m 值略大于峰时效态、过时效态合金，但欠时效态合金的 C 值远小于峰时效态、过时效态。故欠时效态合金中的裂纹扩展速率最慢。峰时效态合金具有比过时效态更大的 m 值，而且在相同的 ΔK 值下，裂纹在合金中扩展的 $\mathrm{d}a/\mathrm{d}N$ 更大。因此，欠时效态合金具有最好的抗疲劳断裂性能，峰时效态合金抗疲劳断裂的性能最差。这可能是由于在欠时效过程中合金内生成了大量对合金疲劳裂纹扩展有阻碍作用的高密度原子偏聚 G.P 区[13, 14]。

表 5-12 拟合结果和样本总循环数

试样状态	C	m	循环周次
欠时效	2.8093×10^{-8}	3.2040	346697
峰时效	6.7842×10^{-7}	2.3722	193238
过时效	1.0605×10^{-6}	2.1542	215606

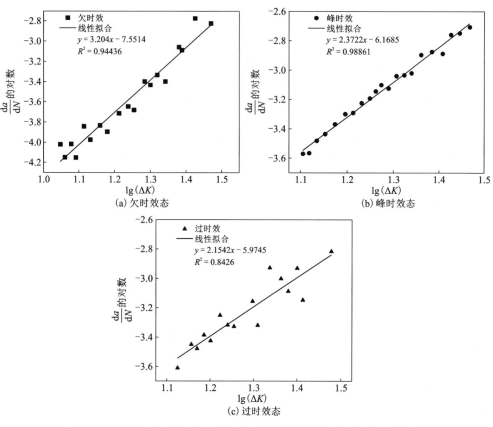

图 5-39　合金疲劳裂纹扩展速率的对数与应力强度因子增值对数的关系

5.3.3　不同时效制度下合金的疲劳断口形貌

图 5-40 为合金在 Paris 区域的微观形貌($\Delta K = 22.4$ MPa · $m^{1/2}$)，所有的断口都可观察到典型的辉纹特征。一般在疲劳裂纹稳态扩展区能观察到疲劳辉纹，每个应力循环与一条疲劳辉纹对应[15]。也就是说，疲劳辉纹距离越窄，疲劳裂纹扩展得越慢，即合金抗疲劳裂纹扩展能力越强。因此在 $\Delta K = 22.4$ MPa · $m^{1/2}$ 条件下，欠时效合金的抗疲劳裂纹扩展能力高于峰时效、过时效合金。断口辉纹特征与合金内疲劳裂纹扩展行为相符。

在图 5-40 所示的区域中分别测量一定数量辉纹之间的距离并求得其平均值，可计算试样在此应力强度因子范围内的辉纹间距。根据各试样在不同应力强度因子范围内的辉纹间距，则可以粗略估算试样此时的疲劳裂纹扩展速率。平均辉纹间距和相应的疲劳裂纹扩展速率的结果如表 5-13 所示。辉纹宽度顺序为峰

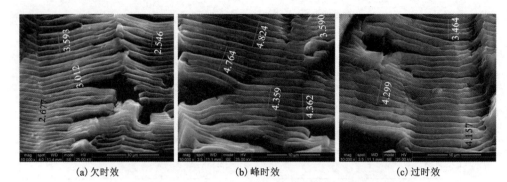

(a) 欠时效   (b) 峰时效   (c) 过时效

图 5-40　不同时效制度下合金试样在 Paris 区域的微观形貌
（应力强度因子变化量 $\Delta K = 22.4\ \text{MPa} \cdot \text{m}^{1/2}$）

时效合金>过时效合金>欠时效合金，裂纹扩展速率大小顺序为峰时效合金>过时效合金>欠时效合金，两者趋势一致。由表5-13可以看出，实测的疲劳裂纹扩展速率与表5-12中计算所得的试样的疲劳裂纹扩展速率相差不大。

表 5-13　合金的疲劳裂纹扩展特征（应力强度因子变化量 $\Delta K = 22.4\ \text{MPa} \cdot \text{m}^{1/2}$）

试样	辉纹间距/μm	裂纹扩展速率/（mm·周$^{-1}$）
UA	0.74	7.4×10^{-4}
PA	1.09	1.1×10^{-3}
OA	0.99	9.9×10^{-4}

经不同时效处理后的合金试样断口微观形貌如图5-41所示。较大韧窝的存在表明合金具有良好的韧性，断裂形式以韧性断裂为主。通常情况下，断口表面的韧窝越深，塑性越好；韧窝越小，强度越高[16, 17]。与欠时效合金相比，峰时效和过时效合金由于时效时间更长，具有更高的强度，同时可以观察到更小的韧窝。从断口微观形貌可以看出，合金断口分布有大量的第二相。从图5-41(d)和表5-14中可以看出，过时效合金断口中的第二相为 Fe 含量较高的 $Al_6(FeMn)$ 相[18]，说明当裂纹扩展到与具有脆性的 $Al_6(FeMn)$ 相相遇时，由于裂纹尖端处存在明显的应力集中，裂纹会直接向前加速穿过第二相[19]。

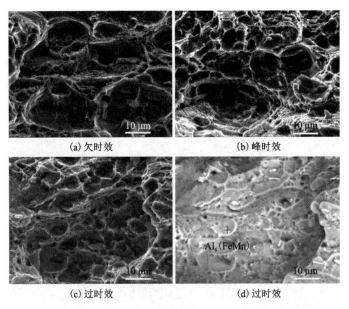

图 5-41　不同时效制度下合金的断口微观形貌

表 5-14　合金断口第二相的 EDS 分析(原子分数)　　　　　　　%

第二相	Si	Mn	Fe	O	Mg	Sc	Al
Al_6(Fe Mn)	0.21	6.45	9.09	0.54	0.63	0.12	82.97

5.3.4　不同时效制度下合金的疲劳裂纹扩展路径

不同时效制度下 Al-Mg-Si-Mn-Sc-Zr 合金疲劳裂纹扩展形成的宏观断口俯视图和侧视图如图 5-42 所示,疲劳裂纹扩展区域用红线标记。过时效合金的疲劳裂纹扩展区比欠时效和峰时效合金的更宽。图 5-43 为不同时效制度下合金的疲劳裂纹扩展路径。欠时效合金疲劳裂纹扩展路径最曲折,呈 Z 字形;峰时效合金疲劳裂纹扩展路径前期略微曲折,但整体来说最平直;而过时效合金疲劳裂纹扩展路径前期平缓,后期曲折。显然,疲劳裂纹扩展路径越曲折,合金裂纹扩展速率越小。这说明不同时效制度下合金疲劳裂纹扩展路径的特征与疲劳裂纹扩展速率趋势相吻合。

图 5-44 为不同时效制度下合金在第 II 阶段的疲劳裂纹扩展路径附近区域的 EBSD 分析,从图中可以观察到不同取向的晶粒,且三个时效状态下的合金都能观察到疲劳裂纹的分叉。疲劳裂纹扩展的方式分为穿晶扩展和沿晶扩展,晶界和

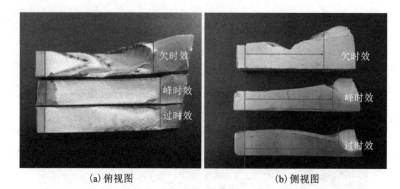

(a) 俯视图   (b) 侧视图

图 5-42 不同时效制度下合金疲劳裂纹扩展形成的宏观断口

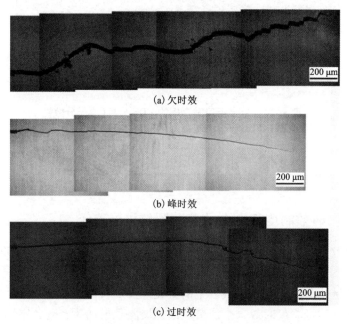

(a) 欠时效

(b) 峰时效

(c) 过时效

图 5-43 不同时效制度下合金的疲劳裂纹扩展路径

相邻晶粒间的取向会改变裂纹扩展方向。然而，由图 5-44 可知，在欠时效合金中，主裂纹和分叉裂纹都呈现为穿晶扩展模式；峰时效合金中，裂纹主要以沿晶扩展模式为主；对于过时效合金，裂纹扩展模式除了穿晶扩展模式，还可以观察到沿晶扩展模式。

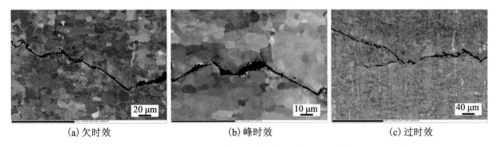

(a) 欠时效　　　　　　　(b) 峰时效　　　　　　　(c) 过时效

图 5-44　不同时效制度下合金疲劳裂纹扩展路径的 EBSD 分析

5.3.5　时效制度对合金疲劳裂纹扩展行为的影响机制

时效制度对 Al-Mg-Si-Mn-Sc-Zr 合金疲劳裂纹扩展行为的影响主要体现在时效后合金不同的微观组织上。欠时效(175 ℃/4 h)合金内部析出大量的 G.P 区和少量 β″相；峰时效(175 ℃/8 h)合金中析出大量弥散分布的小尺寸 β″相,此时合金屈服强度达到峰值。继续延长时效时间至过时效(175 ℃/24 h),β″相尺寸增加并逐渐转变为 β′相,无沉淀析出带变宽,合金过时效的屈服强度低于峰时效而高于欠时效。在裂纹扩展第 Ⅱ 阶段,屈服强度和疲劳裂纹扩展速率成正比关系。在裂纹扩展第 Ⅲ 阶段,屈服强度和疲劳裂纹扩展速率成反比关系。

析出相的类型和尺寸分布是影响不同时效合金裂纹扩展的主要因素[20]。Hockauf 等[21]在裂纹扩展初期建立了一个位错滑移模型。在半加载循环中,位错切开了裂纹尖端的细小沉淀物。然而,当析出相较大时,在加载周期内,位错只能绕过该析出相,将在多个滑移面上运动。当多个滑移面的位错在晶界处聚集时,会导致裂纹沿晶扩展。因此,Al-Mg-Si 系合金晶内析出相(G.P 区、β′相和β″相)对疲劳裂纹扩展的影响,主要取决于位错滑移经过析出相的方式。G.P 区与基体共格,位错主要以切割机制经过 G.P 区,不会引起位错塞积和应力集中,有利于阻碍疲劳裂纹扩展。而 β 相与基体非共格,位错会绕过该相,并在交变应力作用下于粒子附近塞积,产生应力集中,导致加速裂纹扩展。因此,随着时效时间的延长,合金抗疲劳裂纹扩展能力变差。

图 5-45 建立了合金内疲劳裂纹的扩展模型。如图 5-45(a)所示,在裂纹扩展的第 Ⅰ 阶段,在一次循环加载后,裂纹只在一个或几个晶粒中扩展。G.P 区和细小的 β″析出相弥散分布在欠时效和峰时效合金中。位错可以通过切割模式穿过粒子,从而避免了裂纹尖端出现应力集中,降低了裂纹扩展速率。相比之下,过时效合金中大尺寸 β′相若与 β″相同时出现,位错只能绕过大尺寸 β′相。此时裂纹尖端聚集的位错会导致应力集中程度更高,裂纹扩展速率最大。

如图 5-45(b)所示,在裂纹扩展的第 Ⅱ 阶段,裂纹会在一次应力循环后以穿晶或沿晶扩展模式穿过多个晶粒[22]。Xia 等[23]认为,可以用晶界和晶内之间的强度差异来解释这种扩展模式。在峰时效合金中,晶内析出相主要是细小的 β″相,晶内与晶界强度差异较大。当位错切割过细小 β″相时,位错移向晶界并塞积,因此裂纹更容易沿晶界扩展,导致峰时效合金的裂纹扩展速率最大。相比之下,过时效合金析出相主要为粗化的 β″相和 β′相,且晶界附近存在较宽的 PFZ,因此,晶界与晶内强度差明显降低。当位错绕过第二相时,第二相周围出现位错环,此时裂纹以沿晶和穿晶模式扩展的概率相当。基体变形相对均匀,位错环的出现提高了第二相周围的应力集中程度,使微孔和二次裂纹更易形成,从而降低了裂纹扩展速率。欠时效合金内只有少量的 β″强化相,晶界与晶内强度差最小,当位错切割过细小 β″相时,裂纹扩展仍以穿晶扩展模式为主,如图 5-45(a)所示,故该时效下的合金疲劳裂纹扩展速率慢。

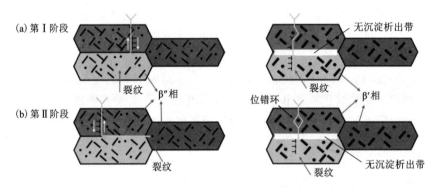

图 5-45 疲劳裂纹扩展模型

5.3.6 微量 Sc 对 Al-Mg-Si 合金疲劳行为的影响机制

Sun 等[24]以未添加 Sc 的 6005A 铝合金为研究对象,拟合得到循环极限为 10^7 次的 6005A 母材疲劳强度低于 100 MPa,小于含 Sc 的 6005A 铝合金的疲劳强度(142 MPa)。由此看出,Sc 的加入对 Al-Mg-Si 合金疲劳强度的提升有显著作用。众所周知,合金的微观结构很大程度上影响了疲劳裂纹萌生及扩展行为。微量元素 Sc 的添加对合金微观结构的影响十分明显:Sc 在铝基体中会形成 Al_3Sc 粒子,可以显著地细化晶粒并起到明显的析出强化作用;另外,Al_3Sc 能有效钉扎位错并提高铝合金的再结晶抗力。陈婧等[25]在关于热处理对铝合金的疲劳裂纹扩展行为影响的研究中发现,$Al_3(Sc, Zr)$ 粒子能显著地细化合金晶粒、提升合金的拉伸性能和抗疲劳裂纹扩展能力。迟珉良[26]研究发现晶界对疲劳裂纹的扩展具有阻碍作用，Al_3Sc 对合金晶粒的细化作用导致基体内的晶界数量增加，其对裂纹的扩展的阻力越大，合金的疲劳性能也就越好。Al-Mg-Si-Mn-Sc-Zr 合金铸态的微观组织如图 5-46 所示，合金中能明显观察到马蹄状的 Al_3Sc 相，尺寸约为 15~20 nm，该粒子弥散分布，可以钉扎位错，起到很好的强化作用。此外，Al_3Sc 析出相与铝基体具有相同的晶体结构和相似的晶格参数，因此 Al_3Sc 析出相与铝基体保持共格关系，能产生显著的共格强化效果[27]。

在 Al-Mg-Si 系合金中，加入 Sc、Zr 后合金易形成大量的 Al_3Sc、Al_3Zr、$Al_3(Sc,Zr)$ 粒子[28]，这些粒子可促进合金凝固过程中的非均匀形核，起到细化晶粒的作用。根据研究[29]，促进非均匀形核的细化剂一般要满足以下三个条件：①细化剂与基体基本共格，错配度小于 5%；②细化剂在基体中分布均匀，具有良好的热稳定性；③细化剂作为成核剂，在合金凝固过程中优先析出。Al_3Sc、Al_3Zr 和 $Al_3(Sc,Zr)$ 相粒子满足以上条件，因此加入 Sc 后，Al-Mg-Si 合金的晶粒细化效果明显增强。

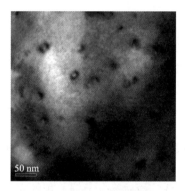

图 5-46　合金铸态的 TEM 组织

添加微量 Sc 使 Al-Mg-Si 合金的疲劳裂纹扩展行为有以下变化趋势：合金在疲劳裂纹扩展各个阶段中的裂纹扩展速率降低；疲劳裂纹出现较大的曲折、偏离和裂纹分叉。总的来说，微量 Sc 对合金疲劳裂纹扩展行为的影响分为以下四个方面。

(1)晶粒细化对疲劳裂纹扩展的影响：晶粒尺寸对裂纹扩展的影响很大且十分复杂，根据强化理论，晶界可以阻碍位错运动，从而提高合金的强度。根据 Hall-Petch 公式，晶粒越细小意味着合金中存在着更多的晶界，位错运动受到晶界的阻碍越大，因此合金强度越高。同样，在疲劳断裂过程中，晶界也起着阻碍位错运动和裂纹扩展的作用，合金晶粒尺寸较小会加大疲劳裂纹扩展的阻力。此外，有研究表明[30,31]，晶粒尺寸的减小有利于裂纹闭合的发生，使裂纹尖端扩展速率降低。此外，晶界的界面能较高，因此，晶界密度大的合金中更易形成二次裂纹，而二次裂纹会增加裂纹扩展的总路径，降低裂纹扩展的速率。

(2)第二相粒子对疲劳裂纹扩展的影响：第二相粒子导致材料内部力学性能不均，在界面处易产生应力集中并萌生微裂纹。在应力作用下，第二相粒子本身破裂或与基体的界面处出现微孔也是微裂纹的重要来源。

(3)第二相粒子对疲劳裂纹扩展路径的影响：疲劳裂纹扩展到富含 Fe、Si、Mn 的脆性相时，通常以切过机制通过该相；裂纹扩展至尺寸较大的 β 相时，一般以绕过机制通过该粒子。依据 Griffith 理论[32]，只有当裂纹扩展引起的弹性能量释放大于形成新界面所产生的界面能时，裂纹才会继续扩展。因此，裂纹扩展所需的临界应力如下所示：

$$\sigma_c \cong \left(\frac{2E\gamma}{\pi\alpha}\right)^{\frac{1}{2}} \tag{5-9}$$

式中，E 为杨氏模量；γ 为表面能；a 为裂纹长度的一半值。

根据 Griffith 理论，当裂纹遇到容易断裂的脆性粒子时，位错运动受阻并在界面处塞积，导致了应力集中的产生。一旦粒子发生断裂，裂纹会向前扩展更长的距离，换句话说，这种裂纹扩展方式所需的临界应力较低。相反，如果裂纹遇到不容易被切割的粒子，如较大尺寸的 β 相粒子，裂纹原来的扩展就会受到来自粒子的阻碍，只能绕过粒子继续扩展。

（4）裂纹扩展路径对疲劳裂纹扩展行为的影响：裂纹扩展路径的偏转对合金的疲劳裂纹扩展行为有重要影响。首先，裂纹偏转后，扩展路径不再垂直于应力加载方向，扩展的有效驱动力比相同载荷下的平直裂纹小。其次，垂直于加载方向的位移相同时，之字形裂纹的扩展路径更长，因此，这种情况下裂纹的扩展速率更低。最后，由于偏差角的存在，两个裂纹平面之间的不匹配会导致裂纹在卸载前相互收拢，产生闭合效应，从而阻碍了裂纹的扩展。

总之，微量 Sc 对 Al-Mg-Si 合金疲劳性能的影响主要归因于合金中形成的 Al_3Sc 粒子。一方面，Al_3Sc 粒子能有效细化晶粒，使晶界数量增加，阻碍位错的运动，从而提高合金的疲劳强度并阻碍裂纹扩展。另一方面，Al_3Sc 粒子能有效抑制再结晶，减少了因材料内部的强度不均而引起的裂纹萌生。Sc 的加入能提升合金的疲劳强度，降低合金的疲劳裂纹扩展速率。

5.4　合金型材 MIG 焊接接头的力学性能与组织

采用直径为 1.2 mm 的 ER5087 焊丝，对合金型材进行熔化极惰性气体保护焊（MIG），母材厚度为 8 mm，试样坡口如图 5-47 所示。母材和焊丝的化学成分如表 5-15 所示，MIG 焊相关参数如表 5-16 所示。焊后将板材冷却至室温，并测试焊接接头的硬度、拉伸力学性能和疲劳性能。

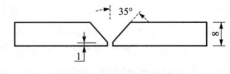

图 5-47　焊接坡口示意图

表 5-15 ER5087 焊丝的化学成分 %

合金元素	Mg	Si	Mn	Cr	Ti	Zn	Zr	Al
名义成分	4.3~5.2	≤0.25	0.6~1.0	0.05~0.25	0.1~5	≤0.4	0.08~0.2	余量
实测成分	4.51	0.23	0.75	0.11	0.25	0.024	0.12	余量

表 5-16 合金 MIG 焊相关参数

焊接电流 /A	焊接电压 /V	焊丝进给速率 /(m·min⁻¹)	焊接速度 /(mm·min⁻¹)	保护气体纯度 /%	气流速率 /(L·min⁻¹)
136~150	18~25	600~900	4~6	Ar≥99.99	30

Al-Mg-Si-Mn-Sc-Zr 合金(T6 态)室温拉伸性能如表 5-17 所示,未添加 Sc 的 6005A 铝合金 MIG 焊接接头力学性能和极限疲劳强度数据如表 5-18 所示[33]。

表 5-17 Al-Mg-Si-Mn-Sc-Zr 合金(T6 态)的室温拉伸性能

拉伸方向	R_m/MPa	$R_{p0.2}$/MPa	A/%
垂直于挤压方向	367±1	351±2	16.9±1
平行于挤压方向	362±2	344±2	17.6±1

表 5-18 6005A-T6 合金 MIG 焊接接头力学性能及疲劳强度[33]

最小硬度/ 位置	最大硬度/ 位置	焊缝区最大硬度/ 最小硬度	R_m/MPa	A/%	疲劳极限强度 /MPa
55 HV/HAZ	90 HV/BM	72 HV/62 HV	200.7	12.3	95.5

5.4.1 合金焊接接头硬度分布

为研究焊接接头硬度分布情况,在合金垂直于焊缝方向的位置进行了维氏硬度测试,结果如图 5-48 所示。可以看出,焊接接头的硬度分布呈现双 W 形特征。其中,硬度最低值出现在距离焊缝中心 10 mm 处的热影响区(HAZ),约为 55 HV;硬度最高值出现在母材(BM)处,约为 110 HV。在焊缝区(WZ),硬度分布呈现 W 形特征,其中硬度最大值为 80 HV,硬度最小值为 67 HV。

对比未添加 Sc 的 6005A-T6 合金 MIG 焊接接头(见表 5-18),Al-Mg-Si-Mn-Sc-Zr 合金 MIG 焊接接头与 6005A-T6 合金 MIG 焊接接头的硬度分布特征类似，二者具有相似的硬度变化趋势。但在 WZ 和 BM，Al-Mg-Si-Mn-Sc-Zr 合金的焊接接头硬度值明显高于不含 Sc 的 6005AT6 合金。

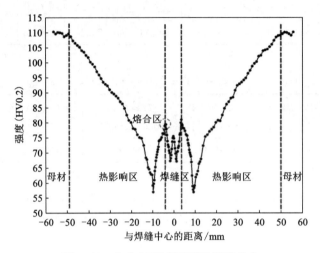

图 5-48　合金 MIG 焊接接头硬度分布

5.4.2　合金焊接接头室温拉伸性能

为研究 Al-Mg-Si-Mn-Sc-Zr 合金的 MIG 焊接接头的抗拉强度，对合金焊接接头进行了室温拉伸实验，其结果如表 5-19 所示，拉伸断口位置如图 5-49 所示。由表 5-19 可知，Al-Mg-Si-Mn-Sc-Zr 合金 MIG 焊接接头抗拉强度与焊接接头是否带焊缝余高无关，其平均抗拉强度为（238.5±2）MPa，平均伸长率为（6.05±0.5）%。由图 5-49 可知，合金 MIG 焊接接头的拉伸断口位于 HAZ，距焊缝中心 10 mm。根据表 5-17，可以计算出合金 MIG 焊接接头的焊接效率约为65%。与未添加 Sc 的 6005A-T6 合金 MIG 焊接接头相比（见表 5-18），Al-Mg-Si-Mn-Sc-Zr 合金 MIG 焊接接头抗拉强度提高了 37.8 MPa。

表 5-19　合金 MIG 焊接接头室温拉伸性能

Al-Mg-Si-Mn-Sc-Zr 合金焊接接头	R_m/MPa	A/%
有焊缝加强高	238±2	6.0±0.5
无焊缝加强高	239±2	6.1±0.5
平均值	238.5±2	6.05±0.5

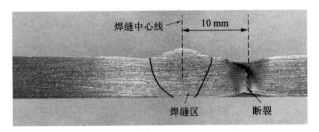

图 5-49　合金 MIG 焊接接头的拉伸断口位置

5.4.3　合金焊接接头的组织

1. 低倍组织

根据图 5-50 所示的 Al-Mg-Si-Mn-Sc-Zr 合金 MIG 焊接接头低倍组织形貌，可以将焊接接头分为三个典型区域：焊缝区（WZ）、热影响区（HAZ）和母材（BM）。其中，WZ 和 HAZ 之间由熔合区（FZ）分隔。从图中可以看出，焊缝成形良好，与两侧的 HAZ 熔合较好，过渡平缓，没有出现明显的未焊透、焊接裂纹、气孔、凹陷或未熔合等缺陷。

图 5-50　合金 MIG 焊接接头的低倍组织

2. 微观组织

根据图 5-51 所示的焊接接头 BM、HAZ 1 和 HAZ 2 位置的晶粒组织形貌的反极图（IPF），可以得到以下结论：BM 主要由纤维组织组成，其纤维晶内部分布着大量的亚晶。焊接接头部分区域受到焊接热效应的影响，其晶粒形态和大小发生明显改变，这部分区域被称为热影响区（HAZ）。根据受影响程度的不同，HAZ 又被分为 HAZ 1 和 HAZ 2。HAZ 1 靠近母材，所受热影响较小，因此该区域的晶粒仍为纤维状，但纤维状内部的亚晶明显长大；HAZ 2 靠近焊缝，所受热影响较大，晶粒为完全再结晶组织，其平均晶粒尺寸约为 10 μm。

图 5-52 为反映合金焊接接头 FZ 和 WZ 的晶粒组织形貌和尺寸的反极图。其中，FZ 位于 HAZ 与 WZ 之间的狭窄区域[图 5-52(a)中红色实线之间的区域]。FZ

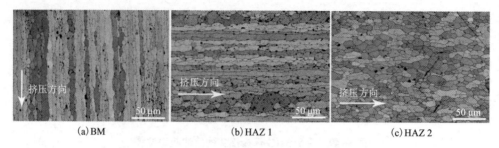

(a) BM   (b) HAZ 1   (c) HAZ 2

图 5-51　合金 MIG 焊接接头 BM 和 HAZ 区域的微观组织

左边的 HAZ 2 为完全再结晶组织，右边的 WZ 为粗大的柱状晶组织。图 5-52(b) 为较高放大倍数下 (a) 中红色实线之间区域的微观形貌。可以看到，WZ 中的粗大柱状晶依附在 FZ 中半融化晶粒上生长，其生长方向垂直于熔合线，这是典型的外延凝固现象。图 5-52(c) 和 (d) 分别为焊缝区中心区域顶部与底部的晶粒形貌，可以看出，焊缝中心均为等轴晶，其中焊缝区中心区域顶部的晶粒尺寸较小，平均尺寸约为 50 μm；焊缝区中心区域底部的晶粒尺寸较大，平均尺寸约为 77 μm。

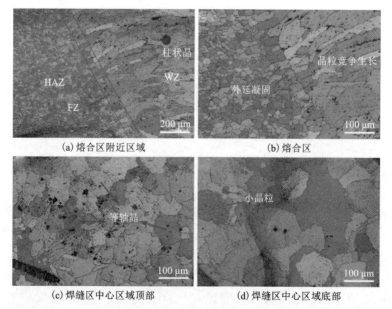

(a) 熔合区附近区域   (b) 熔合区

(c) 焊缝区中心区域顶部   (d) 焊缝区中心区域底部

图 5-52　合金 MIG 焊接接头熔合区和焊缝区的微观组织

采用扫描电子显微镜和能谱研究了 Sc 对 Al-Mg-Si 合金焊接接头 BM 和 HAZ 中第二相的影响。从图 5-53 中可以看到，BM 和 HAZ 中都存在大量片状(A 相和 C 相)和球状(B 相和 D 相)的第二相。除此之外，BM 中还发现富含 Sc 元素和 Si 元素的第二相(X)。根据表 5-20 中的能谱分析结果，X 相中 $x(\mathrm{Si})/x(\mathrm{Sc})$ 约为 1，推测 X 相为 $\mathrm{AlSi_2Sc_2}$ 相。此外，A 相和 C 相中 $x(\mathrm{Fe+Mn+Cu})/x(\mathrm{Si})$ 约为 1.5，其中 A 相中还含有微量的 Sc 元素，推测 A 相为 $\mathrm{Al(FeMnCrSc)_3Si_2}$，C 相为 $\mathrm{Al(FeMnCr)_3Si_2}$。B 相和 D 相以 Al 元素为主，同时还含有少量的 Mg、Si、Fe、Mn、Cu 元素，其中 B 相还含有少量的 Sc 元素。

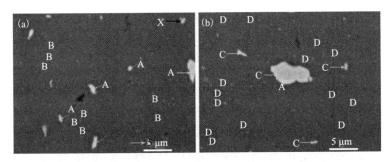

图 5-53　合金 MIG 焊接接头熔合区和焊缝区的微观组织

表 5-20　合金焊接接头母材和热影响区第二相的化学成分(原子分数)　　　%

位置	Al	Mg	Si	Fe	Mn	Cu	Sc
A	85.41	0.84	5.58	3.53	4.36	0.20	0.08
B	98.10	1.00	0.37	0.13	0.04	0.09	0.27
C	74.49	0.30	9.45	9.72	5.50	0.54	—
D	95.41	1.40	1.64	0.77	0.35	0.43	—
X	73.67	2.10	12.98	0.15	—	0.09	11.51

为研究 Sc 对 Al-Mg-Si 合金焊接接头 WZ 中第二相的影响，进行了扫描电镜观察和能谱分析。图 5-54 是 Al-Mg-Si-Mn-Sc-Zr 合金焊接接头 WZ 的微观形貌，其组织与合金铸态组织相似，但由于焊接过程中具有较快的冷却速度，该区域第二相主要沿三叉晶界析出。根据析出相衬度的不同，WZ 中的析出相可分为黑色和白色两类[见图 5-54(a)]。根据表 5-21 中能谱的分析结果，黑色析出相(E)为 $\mathrm{Mg_2Si}$ 相，白色析出相(F)为 α-Al(FeMnCu)Si 相[34, 35]。此外，在 F 相的内部[图 5-54(b)中 F 所示位置]还含有微量的 Sc 元素。

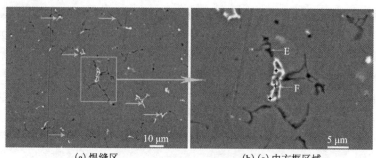

(a) 焊缝区   (b)(a)中方框区域

图 5-54　合金 MIG 焊接接头焊缝区的微观组织

表 5-21　焊缝区中第二相的化学成分(原子分数)　　　　%

位置	Al	Mg	Si	Fe	Mn	Cu	Sc	Zr
E	79.58	10.41	9.83	—	0.18	—	—	—
F1	85.02	3.69	1.81	6.15	3.08	0.25	—	—
F2	87.07	4.18	1.18	4.51	2.50	0.41	0.15	—

　　为观察焊接接头晶粒内部析出相的尺寸和形貌,对 BM、HAZ 1、HAZ 2 和 WZ 进行了透射电子显微分析。根据明场相结果(见图 5-55),可得出以下结论:由于 BM 距离焊缝较远,其受到的焊接热效应可忽略,因此在该区域内部仍分布着大量与基体共格的针状 β″相,其尺寸约为 $(4 \times 4 \times 50)$ nm[见图 5-55(a)]。在 HAZ 1 中,由于受焊接热效应的影响较显著,β″相开始长大,密度降低,但仍与基体共格[见图 5-55(b)]。随着焊接热效应影响的进一步加深,在 HAZ 2 中可观察到大量微米级的 β′相,其与基体为非共格关系[见图 5-55(c)]。WZ 的组织与铸态组织类似,晶粒内部可观察到大量纳米级马蹄状析出相[见图 5-55(d)],同时根据选取区电子衍射斑点[见图 5-55(e)],可知该相与基体为共格关系,推测该相为 $Al_3(Sc, Zr)$ 相。

5.4.4　合金 MIG 焊接接头的疲劳强度

　　疲劳强度测试时采用升降法,其目标疲劳寿命为 10^7 循环次数,实验结果如图 5-56 所示,不同应力水平下的循环次数如表 5-22 所示。极限疲劳强度通过如下公式计算:

$$\sigma_{50} = \frac{1}{n} \sum_{i=1}^{m} V_i \sigma_i \qquad (5-10)$$

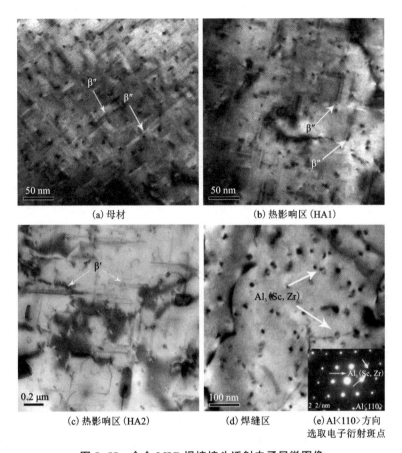

(a) 母材 　　　　　　　　　(b) 热影响区 (HA1)

(c) 热影响区 (HA2) 　　　(d) 焊缝区 　　　(e) Al⟨110⟩方向
　　　　　　　　　　　　　　　　　　　　选取电子衍射斑点

图 5-55　合金 MIG 焊接接头透射电子显微图像

公式中 n 为有效实验总数，本实验中 n 为 14；m 为应力水平数，本实验中有 110 MPa、105 MPa、115 MPa 应力水平，因此 m 为 3；V_i 为应力是 i 级时的实验次数，其中 $V_1 = 1$、$V_2 = 7$、$V_3 = 6$；σ_i 为 i 级时的应力，其中 $\sigma_1 = 110$ MPa、$\sigma_2 = 105$ MPa、$\sigma_3 = 115$ MPa。把相应数字带入式 (5-10) 中进行计算，可得极

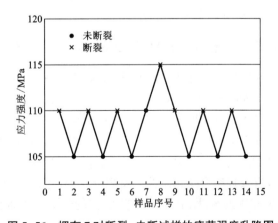

图 5-56　拥有 7 对断裂-未断试样的疲劳强度升降图

限疲劳强度 σ_{50} = 108.2 MPa。与 6005A-T6 合金 MIG 焊接接头极限疲劳强度相比（见表 5-18），Al-Mg-Si-Mn-Sc-Zr 合金 MIG 焊接接头极限疲劳强度提升了 12.7 MPa。

表 5-22　采用升降法测疲劳强度的实验结果（目标疲劳寿命为 10⁷）

最大应力/MPa	疲劳循环次数/10³
115	2238
110	1483, 2436, 1886, 10000, 895, 1606, 1435
105	10000, 10000, 10000, 10000, 10000, 10000

图 5-57 为 Al-Mg-Si-Mn-Sc-Zr 合金 MIG 焊接接头疲劳断口微观形貌，该断口存在于应力水平为 115 MPa、疲劳寿命为 2.24×10^6 次的失效试样中。观察结果表明，疲劳断口可分为典型的三个区域：疲劳裂纹萌生区[见图 5-57(a) 和 (b)]、疲劳裂纹扩展区[见图 5-57(c) 和 (d)]和最终断裂区[见图 5-57(e) 和 (f)][36-38]。

根据图 5-57(a) 和 (b)，可知裂纹起源于直径约为 350 μm 的焊接孔隙。研究表明[107]，孔隙会引起局部应力集中，从而诱发裂纹的萌生。当应力强度因子（ΔK）高于疲劳裂纹扩展阈值（ΔK_{th}）时，将会形成疲劳裂纹扩展区[39]。图 5-57(c) 和 (d) 显示，该区域主要分布着高密度的疲劳辉纹和二次裂纹，并可观察到大量第二相(A)以及第二相脱落时留下的凹坑。根据能谱分析，推测白色的 A 相为 α-AlFeSi 相。当最大应力强度系数（K_{max}）超过平面应变断裂韧性 K_{IC} 时，疲劳试样会迅速断裂，形成最终断裂区[39]。图 5-57(e) 和 (f) 显示，最终断裂区存在高密度的韧窝，韧窝中心还可观察到第二相(B)。根据能谱分析，推测 B 相为含有微量 Sc 元素的 α-AlFeSi 相。

5.4.5　微量 Sc 对 Al-Mg-Si 合金焊接接头力学性能的影响

从实验结果来看，相比于未添加 Sc 的 6005A-T6 合金 MIG 焊接接头，Al-Mg-Si-Mn-Sc-Zr 合金 MIG 焊接接头的抗拉强度提升了 37.8 MPa，母材硬度提升了 10 HV。这说明 Sc 的添加可显著强化焊接接头，主要原因如下。

在 BM 中，Sc 主要以初生 Al_3Sc 相[40]、次生 Al_3Sc 相[40]、固溶形式存在于 α-Al[41]或富集于 β″相中[42]。其中，初生 Al_3Sc 相可细化合金铸态组织；次生 Al_3Sc 相可有效抑制合金再结晶；固溶于 α-Al 中的 Sc 具有一定的固溶强化效果；分布于 β″相中的 Sc 原子可以抑制 β″相的长大，从而获得更好的时效强化效果。BM 中还含有极少量的 $AlSc_2Si_2$ 相[见图 5-52(a)]，该相通常对合金的力学性能不

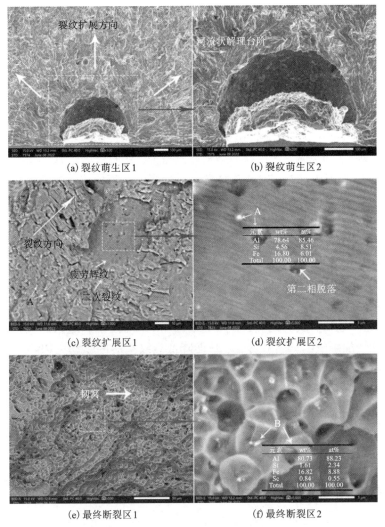

(a) 裂纹萌生区 1

(b) 裂纹萌生区 2

(c) 裂纹扩展区 1

(d) 裂纹扩展区 2

(e) 最终断裂区 1

(f) 最终断裂区 2

图 5-57　合金 MIG 焊接接头疲劳断口微观形貌

利,但由于其含量极少,可忽略其影响。

在 HAZ 中,受到焊接热效应的影响,材料在瞬时高温作用下,Si 颗粒和 Al_3Sc 溶解,形成了大量的 $AlSi_2Sc_2$ 相[5],导致合金的力学性能显著下降。因此,Al-Mg-Si-Mn-Sc-Zr 合金 MIG 焊接接头与未添加 Sc 的 6005A-T6 合金 MIG 焊接接头相比,其硬度最低点和拉伸断口的位置均位于距焊缝中心 10 mm 处的 HAZ(见图 5-49 和图 5-51)。

在 WZ 中,Sc 主要以 $Al_3(Sc, Zr)$ 相的形式存在,该相与基体共格[见图 5-

55(d)]，可显著细化合金焊缝组织。此外，Sc 还可作为 Al(FeMnCu)Si 相非均匀形核的有利位置(见图 5-54)，增加 α-AlFeSi 相的体积分数。Lan 等[43]测量了 α-AlFeSi 相的硬度，其值为(883±64)HV，说明该相的析出对 WZ 硬度的提升有一定作用。

5.4.6 微量 Sc 对 Al-Mg-Si 合金焊接接头疲劳强度的影响

焊接接头的疲劳强度主要受四种因素的影响，包括焊接缺陷、表面质量、残余应力和微观组织[44]。本文合金使用的焊接方法和焊接参数相同，可忽略焊接缺陷对疲劳强度的影响；在进行疲劳强度测试前，所有疲劳试样均进行了机械抛光，也可忽略表面质量对焊接接头疲劳强度的影响。焊接接头的残余应力主要来自两个方面：焊接过程中温度分布得不均匀而产生的，焊接接头微观组织的改变而产生的。在本文中使用的焊接方法和焊接参数相同，可忽略温度不均而产生的残余应力对疲劳强度的影响。因此，本文主要讨论焊接接头微观组织的改变对疲劳强度的影响。

Pan 等[45]的研究发现，在循环载荷作用下，纳米级第二相的析出以及位错数量的增加可维持合金微观组织的稳定性，从而产生较高的残余压应力，有效抑制合金裂纹的产生和扩展。此外，异质晶结构(由不同大小和形状的晶粒组成的晶体结构)能增加裂纹的偏转和分支，从而降低裂纹扩展的驱动力[45, 46]。另外，细晶结构可有效抑制滑移带的产生，而滑移带的产生会引起裂纹的萌生，因此细晶结构可提高合金的疲劳强度[47-49]。而 Sc 在焊缝区会形成纳米级的 Al₃(Sc, Zr) 相[见图 5-55(d)]，该相可作为晶粒和其他第二相形核的有利位置(见图 5-54)，从而显著细化焊缝组织，提高异质晶结构的密度(见图 5-51)，并有效阻碍裂纹的萌生和扩展[见图 5-57(c)和(d)]，提升焊接接头的疲劳强度。

5.5 本章研究结论

(1)添加微量 Sc 可提高 6005A 铝合金的强度，含 0.07%Sc 的 6005A 铝合金具有最好的综合拉伸性能，其抗拉强度、屈服强度、伸长率分别为 390 MPa、361 MPa、14.2%。铸态合金中存在球状的 α-AlFeSi(Mg, Sc, Cu)相；固溶-时效态含 Sc 合金中存在大量弥散的 Mg₂Si 相，且随着 Sc 含量的增加，Mg₂Si 相的密度提高，其与基体的共格关系被破坏。

(2)添加微量 Sc 可细化铸态 6005A 铝合金晶粒，减少枝晶偏析，其中含 0.07%Sc 的 6005A 铝合金枝晶偏析最不明显。微量 Sc 可细化合金热变形后的纤维状组织，固溶-时效态后，含 Sc 的 Al-Mg-Si 合金发生了完全再结晶。

(3)含微量 Sc 的 6005A-T6 合金型材的典型拉伸性能为抗拉强度 341 MPa、

屈服强度 320 MPa、伸长率 12.7%；添加微量的 Sc 到 6005A 铝合金中，可使合金的抗拉强度和屈服强度分别提高 14.8% 和 19.8%。

（4）合金在 175 ℃下随着时效时间的延长，析出相尺寸逐渐增加，硬度和强度先提高后降低。经时效 2 h 处理后，晶粒内部析出大量的 G. P 区和少量 β″相，合金硬度迅速提高；经过峰时效 8 h 处理后，基体中析出大量弥散分布的小尺寸 β″相，合金的抗拉强度和屈服强度达到最大值。继续延长时效时间，β″相尺寸增加并逐渐转变为 β′相；合金经过时效 96 h 处理后，β″相消失，β′相尺寸增大且密度低，合金的硬度、强度和伸长率均迅速下降。合金脱溶序列为过饱和固溶体→Mg-Si 原子团簇→球状 G. P 区→针状 β″相→棒状 β′相→板状 B′相→片状 β，Si。

（5）Al-Mg-Si-Mn-Sc-Zr 合金挤压型材的疲劳强度较高，在应力水平为 160 MPa 时，具有不同疲劳寿命试样的疲劳断口均包括疲劳裂纹源区、疲劳裂纹扩展区和瞬断区；其中，疲劳裂纹源区的面积较小，疲劳裂纹扩展区均由疲劳辉纹和二次裂纹组成，瞬断区的面积较大且均由孔洞和韧窝组成。

（6）Al-Mg-Si-Mn-Sc-Zr 合金 MIG 焊接接头强度与是否带余高无关，接头硬度最低点出现在热影响区。焊缝中心晶粒呈细小的等轴状，熔合线处为较大的柱状晶，热影响区为较小的等轴晶，母材为纤维状组织。

（7）Al-Mg-Si-Mn-Sc-Zr 合金焊缝区沿晶界分布着 β′（Mg_2Si）和 AlFe（Mn）Si 第二相，热影响区和母材中分布着大量的 Mg_2Si 相和极少量的 AlFe（Mn）Si 相，热影响区中的 Mg_2Si 相较大，母材中的 β′相细小且呈弥散分布。气孔是导致焊接接头疲劳裂纹产生的主要原因。

参考文献

［1］Bayat N, Carlberg T, Cieslar M. In-situ study of phase transformations during homogenization of 6005 and 6082 Al alloys［J］. Journal of Alloys and Compounds, 2017, 725：504-509.

［2］Que Z, Mendis C. Heterogeneous nucleation and phase transformation of Fe-rich intermetallic compounds in Al-Mg-Si alloys［J］. Journal of Alloys and Compounds, 2020, 836：155515.

［3］Novotny G M, Ardell A J. Precipitation of Al_3Sc in binary Al-Sc alloys［J］. Materials Science and Engineering A, 2001, 318：144-154.

［4］Wang Y, Yang B, Gao M, et al. Microstructure evolution, mechanical property response and strengthening mechanism induced by compositional effects in Al-6Mg alloys［J］. Materials & Design, 2022, 220：110849.

［5］Dumbre J, Kairy S, Anber E, et al. Understanding the formation of（Al, Si）$_3$Sc and V-phase（$AlSc_2Si_2$）in Al-Si-Sc alloys via ex situ heat treatments and in situ transmission electron microscopy studies［J］. Journal of Alloys and Compounds, 2021, 861：158511.

［6］Tang K, Du Q, Li Y. Modelling microstructure evolution during casting, homogenization and ageing heat treatment of Al–Mg–Si–Cu–Fe–Mn alloys[J]. Calphad, 2018, 63: 164-184.

[7] Luo Q, Cong M, Li H, et al. Mechanism of Fe removal by Sn addition in Al–7Si–1Fe alloy[J]. Journal of Alloys and Compounds, 2023, 948: 169724.

[8] Edwards G, Stiller K, Dunlop G, et al. The precipitation sequence in Al–Mg–Si alloys[J]. Acta Materialia, 1998, 46(11): 3893-3904.

[9] Duan C, Tang J, Ma W, et al. Intergranular corrosion behavior of extruded 6005A alloy profile with different microstructures[J]. Journal Of Materials Science, 2020, 55(24): 10833-10848.

[10] Zhang J, Gao Y, Yang C, et al. Microalloying Al alloys with Sc: a review[J]. Rare Metals, 2020, 39(6): 636-650.

[11] 丁立鹏. 汽车车身用 Al–Mg–Si–Cu 合金中析出相演变和热处理工艺研究[D]. 重庆: 重庆大学, 2017.

[12] Zhao Q. Cluster strengthening in aluminium alloys[J]. Scripta Mater, 2014, 84-85: 43-46.

[13] Liu M, Liu Z, Bai S, et al. Solute cluster size effect on the fatigue crack propagation resistance of an underaged Al–Cu–Mg alloy[J]. International Journal of Fatigue, 2016, 84: 104-112.

[14] Sarioğlu F, Orhaner F Ö. Effect of prolonged heating at 130 ℃ on fatigue crack propagation of 2024 Al alloy in three orientations[J]. Materials Science and Engineering A, 1998, 248: 115-119.

[15] Ahmed M, Islam M S, Yin S, et al. Minimum fatigue striation spacing and its stress amplitude dependence in a commercially pure titanium[J]. Fatigue & Fracture of Engineering Materials & Structures, 2019, 43(3): 628-634.

[16] Özdeş H, Tiryakioğlu M. On estimating high-cycle fatigue life of cast Al–Si–Mg–(Cu) alloys from tensile test results[J]. Materials Science and Engineering A, 2017, 688: 9-15.

[17] Golden P, Grandt A, Bray G. A comparison of fatigue crack formation at holes in 2024–T3 and 2524–T3 aluminum alloy specimens [J]. International Journal Of Fatigue, 1999, 21: S211-S219.

[18] Li M, Pan Q, Wang Y, et al. Fatigue crack growth behavior of Al–Mg–Sc alloy[J]. Materials Science and Engineering A, 2014, 598: 350-354.

[19] Jesus J, Costa J, Loureiro A, et al. Fatigue strength improvement of GMAW T–welds in AA 5083 by friction-stir processing[J]. International Journal Of Fatigue, 2017, 97: 124-134.

[20] Zhai T, Wilkinson A, Martin J. A crystallographic mechanism for fatigue crack propagation through grain boundaries[J]. Acta Materialia, 2000, 48(20): 4917-4927.

[21] Hockauf K, Wagner M, Halle T, et al. Influence of precipitates on low-cycle fatigue and crack growth behavior in an ultrafine – grained aluminum alloy [J]. Acta Materialia, 2014, 80: 250-263.

[22] Li Y, Xe G, Liu S, et al. Effect of ageing treatment on fatigue crack growth of die forged Al–5.87Zn–2.07Mg–2.42Cu alloy[J]. Engineering Fracture Mechanics, 2019, 215: 251-260.

[23] Xia P, Liu Z, Bai S, et al. Enhanced fatigue crack propagation resistance in a superhigh strength Al–Zn–Mg–Cu alloy by modifying RRA treatment[J]. Materials Characterization,

2016, 118: 438-445.

[24] Sun X, Xu X, Wang Z, et al. Study on corrosion fatigue behavior and mechanism of 6005A aluminum alloy and welded joint[J]. Anti-Corrosion Methods and Materials, 2021, 68(4): 302-309.

[25] 陈婧, 潘清林, 虞学红, 等. 热处理对 Al-Zn-Mg-Sc-Zr 合金的显微结构及疲劳裂纹扩展行为的影响(英文)[J]. Journal of Central South University, 2018, 25(5): 961-975.

[26] 迟珉良. 6005A-T6 铝合金双轴肩搅拌摩擦焊接头组织与性能的研究[D]. 长春: 长春工业大学, 2017.

[27] Xu P, Jiang F, Tang Z, et al. Coarsening of Al_3Sc precipitates in Al-Mg-Sc alloys[J]. Journal of Alloys and Compounds, 2019, 781: 209-215.

[28] Mao G, Tong G, Gao W, et al. The poisoning effect of Sc or Zr in grain refinement of Al-Si-Mg alloy with Al-Ti-B[J]. Materials Letters, 2021, 302: 130428.

[29] Milman Y, Lotsko D, Sirko O. Sc effect of improving mechanical properties in aluminium alloys[C]. Materials science forum, 2000, 331-337: 1107-1112.

[30] Zhao Q, Liu Z, Hu Y, et al. Texture effect on fatigue crack propagation in aluminium alloys: an overview[J]. Materials Science and Technology, 2019, 35(15): 1789-1802.

[31] Mccullough R, Jordon J, Allison P, et al. Fatigue crack nucleation and small crack growth in an extruded 6061 aluminum alloy[J]. International Journal of fatigue, 2019, 119: 52-61.

[32] Smith E. A comparison of the crack extension criteria associated with the Griffith and Elliott crack models[J]. International Journal of Fracture, 1984, 26(4): 380-386.

[33] Wang H, Zhang J, Wang B, et al. Influence of surface enhanced treatment on microstructure and fatigue performance of 6005A aluminum alloy welded joint[J]. Journal of Manufacturing Processes, 2020, 60: 563-572.

[34] Kang H, Park J, Choi Y, et al. Influence of the Solution and Artificial Aging Treatments on the Microstructure and Mechanical Properties of Die-Cast Al– Si– Mg Alloys[J]. Metals, 2022, 12(1): 71.

[35] Cai Q, Mendis C, Chang I, et al. Microstructure evolution and mechanical properties of new die-cast Al-Si-Mg-Mn alloys[J]. Materials & Design, 2020, 187: 108394.

[36] Peng X, Cao X, Xu G, et al. Mechanical Properties, Corrosion Behavior, and Microstructures of a MIG-Welded 7020 Al Alloy[J]. Journal of Materials Engineering and Performance, 2016, 25 (3): 1028-1040.

[37] Lin S, Deng Y, Tang J, et al. Microstructures and fatigue behavior of metal-inert-gas-welded joints for extruded Al-Mg-Si alloy[J]. Materials Science and Engineering A, 2019, 745: 63-73.

[38] Liu H, Yang S, Xie C, et al. Microstructure characterization and mechanism of fatigue crack initiation near pores for 6005A CMT welded joint[J]. Materials Science and Engineering A, 2017, 707: 22-29.

[39] Liu Y, Pan Q, Liu B, et al. Effect of aging treatments on fatigue properties of 6005A aluminum

alloy containing Sc[J]. International Journal of Fatigue, 2022, 163: 107103.

[40] Kang Y, Pelton A, Chartrand P, et al. Critical evaluation and thermodynamic optimization of the Al-Ce, Al-Y, Al-Sc and Mg-Sc binary systems[J]. Calphad, 2008, 32(2): 413-22.

[41] Wei B, Pan S, Liao G, et al. Sc-containing hierarchical phase structures to improve the mechanical and corrosion resistant properties of Al-Mg-Si alloy[J]. Materials & Design, 2022, 218: 110699.

[42] Liu Y, Lai Y, Chen Z, et al. Formation of β″-related composite precipitates in relation to enhanced thermal stability of Sc-alloyed Al-Mg-Si alloys [J]. Journal of Alloys and Compounds, 2021, 885: 160942.

[43] Lan X, Li K, Wang F, et al. Preparation of millimeter scale second phase particles in aluminum alloys and determination of their mechanical properties[J]. Journal of Alloys and Compounds, 2019, 784: 68-75.

[44] Malopheyev S, Vysotskiy I, Zhemchuzhnikova D, et al. On the Fatigue Performance of Friction-Stir Welded Aluminum Alloys[J]. Materials, 2020, 13(19): 4246.

[45] Pan X, Zhou L, Wang C, et al. Microstructure and residual stress modulation of 7075 aluminum alloy for improving fatigue performance by laser shock peening[J]. International Journal of Machine Tools and Manufacture, 2023, 184: 103979.

[46] Wang Z, Lin X, Kang N, et al. Making selective-laser-melted high-strength Al-Mg-Sc-Zr alloy tough via ultrafine and heterogeneous microstructure [J]. Scripta Materialia, 2021, 203: 114052.

[47] Vinogradov A, Washikita A, Kitagawa K, et al. Fatigue life of fine-grain Al-Mg-Sc alloys produced by equal-channel angular pressing[J]. Materials Science and Engineering A, 2003, 349: 318-326.

[48] Mughrabi H, Höppel H. Cyclic deformation and fatigue properties of very fine-grained metals and alloys[J]. International Journal of Fatigue, 2010, 32(9): 1413-1427.

[49] Estrin Y, Vinogradov A. Fatigue behaviour of light alloys with ultrafine grain structure produced by severe plastic deformation: An overview[J]. International Journal of Fatigue, 2010, 32(6): 898-907.

第 6 章　高强低密度 Al-Cu-Li-Sc-Zr 合金的研究

含 Sc 的 Al-Cu-Li-Sc-Zr 合金属第三代铝锂合金,具有低密高强、耐蚀性好、综合性能优异等优点。Al-Cu-Li-Sc-Zr 合金中不同的 Sc 含量和 Cu/Li 比以及加工热处理制度均可以显著改善其组织性能,因此本章制备了两种含 Sc 的具有不同 Cu/Li 比的 Al-Cu-Li-Sc-Zr 合金(高 Cu/Li 比的 1464 合金、低 Cu/Li 比的 1445 合金)并研究了合金的微观组织与性能,揭示了不同固溶时效制度下合金组织的演变规律和 Sc 微合金化的作用机理。

6.1 微量 Sc 对 Al-Cu-Li-Zr 合金组织与性能的影响

6.1.1 微量 Sc 对 Al-Cu-Li-Zr 合金拉伸性能的影响

四种实验合金(合金 1#:Al-3.5Cu-1.5Li-0.12Zr;合金 2#:Al-3.5Cu-1.5Li-0.10Sc-0.12Zr;合金 3#:Al-3.5Cu-1.5Li-0.15Sc-0.12Zr;合金 4#:Al-3.5Cu-1.5Li-0.25Sc-0.12Zr)冷轧板材 T8 态(530 ℃/1 h 固溶,水淬+3.5%预拉伸变形+160 ℃/24 h 时效)下的室温拉伸性能如表 6-1 所示。由表可以看出,添加 0.10%Sc 的合金 2# 的强塑性得到明显提高,合金 2# 比合金 1# 的抗拉强度提高了 25 MPa,屈服强度提高了 19 MPa,伸长率提高了 1.1 个百分点。添加 0.15% Sc 的合金 3# 相比合金 1# 强度几乎没有发生变化,但伸长率比合金 1# 的提高了 2.2 个百分点。添加 0.25%Sc 的合金 4# 虽然伸长率有显著提高,比合金 1# 提高了 3.2 个百分点,但强度比合金 1# 明显下降,合金 4# 的抗拉强度和屈服强度比合金 1# 分别下降了 74 MPa 和 71 MPa。实验结果表明:在 Al-3.5Cu-1.5Li-0.12Zr 合金中添加 0.10%Sc 后,合金的强度和塑性都有所提高,使合金具有更好的综合力学性能;而添加 0.15%Sc 合金的强度变化不大,但塑性进一步提高,也使合金具有较好的综合力学性能。添加 0.25%Sc 合金虽然塑性有较大提高,但合金的强度却大幅度降低,因此在 Al-3.5Cu-1.5Li-0.12Zr 合金中适宜的 Sc 加入量为 0.10%~0.15%,此时合金既具有较高的强度,又兼具较好的塑性。

表 6-1　四种实验合金的拉伸性能(T8 态)

合金	R_m/MPa	$R_{p0.2}$/MPa	A_{50}/%
合金 1#	530	504	5.0
合金 2#	555	523	6.1
合金 3#	533	507	7.2
合金 4#	456	433	8.2

6.1.2　微量 Sc 对 Al-Cu-Li-Zr 合金微观组织的影响

1. 微量 Sc 对 Al-Cu-Li-Zr 合金金相组织的影响

图 6-1 为四种实验合金(合金 1#、合金 2#、合金 3#和合金 4#)铸态的晶粒组织。从图中可以看出,合金 1#晶粒粗大,晶内存在明显的枝晶组织[见图 6-1(a)],添加 0.10%Sc 的合金 2#不仅枝晶组织得到了消除,而且晶粒在一定程度上得到了细化[见图 6-1(b)],添加 0.15%Sc 的合金 3#出现明显的晶粒细化现象[见图 6-1(c)],添加 0.25%Sc 的合金 4#也出现明显的晶粒细化现象,但对比合金 3#晶粒进一步细化的效果不太明显[见图 6-2(c)和(d)]。这表明在 Al-3.5Cu-

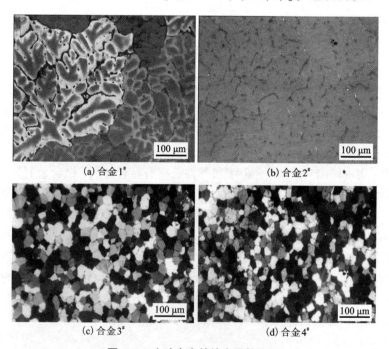

(a) 合金 1#　　　　　　　　　　　(b) 合金 2#

(c) 合金 3#　　　　　　　　　　　(d) 合金 4#

图 6-1　实验合金的铸态晶粒组织

1.5Li-0.12Zr 合金中添加 0.10%~0.15%Sc 不仅消除了合金的枝晶组织,而且对合金铸态晶粒组织产生了细化作用,但 Sc 的加入量继续增加至 0.25%对合金铸态晶粒组织进一步细化的效果不明显。

图 6-2 为四种实验合金热轧态的金相组织。从图中可以看出,四种实验合金经热轧后都形成了未再结晶的纤维状组织[见图 6-2(a)~(d)]。没有添加 Sc 的合金 1# 和添加 0.10%Sc 的合金 2# 形成的纤维状组织较粗大,而添加 0.15%Sc 的合金 3# 和 0.25%Sc 的合金 4# 形成的纤维状组织更为细小,这是因为合金 3# 和合金 4# 的铸态晶粒较细小。实验结果表明:四种合金在其热轧过程中都没有发生再结晶。

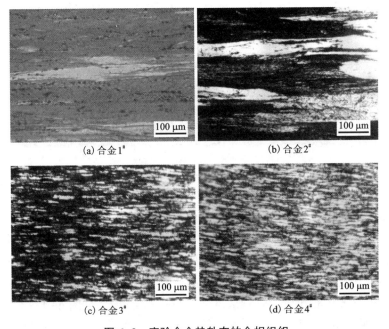

(a) 合金 1#

(b) 合金 2#

(c) 合金 3#

(d) 合金 4#

图 6-2　实验合金热轧态的金相组织

图 6-3 为四种实验合金冷轧板材经 530 ℃/1 h 固溶水淬后的金相组织。从图中可以看出,530 ℃/1 h 固溶水淬后合金 1# 发生部分再结晶[见图 6-3(a)];添加 0.10%Sc 的合金 2# 没有发生再结晶,仍为未再结晶的纤维状组织[见图 6-3(b)];添加 0.15%Sc 的合金 3# 发生了少量的部分再结晶[见图 6-3(c)];添加 0.25%Sc 的合金 4# 几乎发生了完全再结晶,形成了细小的类等轴晶组织[见图 6-3(d)]。其中,合金 4# 的再结晶晶粒比合金 1# 的细小,合金 3# 的再结晶晶粒更细小。这表明,在 Al-3.5Cu-1.5Li-0.12Zr 合金中,添加 0.10%Sc 可以完全抑制固溶过程中的再结晶,添加 0.15%Sc 却不能抑制合金固溶过程中的再结晶,添加

0.25%Sc 合金反而在固溶过程中发生了完全再结晶。

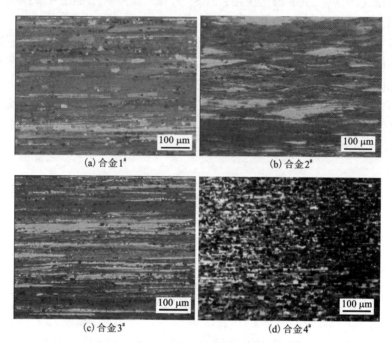

(a) 合金1#   (b) 合金2#

(c) 合金3#   (d) 合金4#

图 6-3   实验合金固溶态的金相组织

2. 微量 Sc 对 Al-Cu-Li-Zr 合金 TEM 组织的影响

图 6-4 是合金 1#、合金 2#、合金 4#冷轧板材经 530 ℃/1 h 固溶淬火后时效 24 h 的透射电子显微组织。由图可以看出,合金 1#析出了少量的第二相粒子[见图 6-4(a)],并且在晶界处还可观察到平衡相的析出[见图 6-4(b)];添加 0.10%Sc 的合金 2#析出了大量弥散且细小的第二相粒子[见图 6-4(c)],其电子衍射花样[见图 6-4(d)]可指数化为 $[001]_{Al_3Sc}$ 的衍射图,图中的衍射斑(100、120 等)来自 Al_3Sc 的超点阵衍射,强斑点来自 Al 基体与 Al_3Sc 基本衍射,表明粒子与基体共格。此外,该粒子呈双叶花瓣状,粒子中间的无衬度带也表明该粒子与 α(Al)基体共格,粒子尺寸为 20~35 nm,间距为 200~380 nm。参考有关文献[1-2]及分析判断,该粒子为次生 Al_3Sc 相。合金 2#的晶界处没有观察到析出相[见图 6-4(e)]。添加 0.25%Sc 的合金 4#同样析出了大量的弥散且细小的呈双叶花瓣状与 α(Al)基体共格的 Al_3Sc 粒子[见图 6-4(g)],但合金 4#在晶内析出了一种片状的粗大未知相[见图 6-4(h)],根据有关文献[3-4],该析出相可能为 $W(Al_{3-8}Cu_{2-4}Sc)$ 相,会对合金性能产生不利影响。此外,在合金 2#和合金 4#的晶内还析出了一种鱼眼状复合粒子[见图 6-4(c)(f)(g)],分析 Al-Sc-Zr 三元合

金相图[5]及参考课题组前期的有关研究工作[6]可知，该复合粒子为 $Al_3(Sc,Zr)$ 复合相。

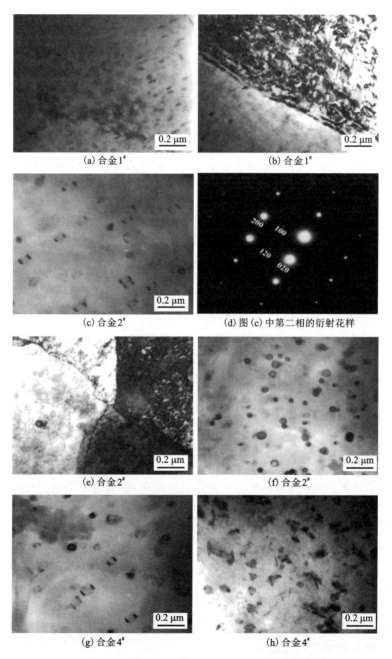

(a) 合金 1#

(b) 合金 1#

(c) 合金 2#

(d) 图 (c) 中第二相的衍射花样

(e) 合金 2#

(f) 合金 2#

(g) 合金 4#

(h) 合金 4#

图 6-4 合金 1#、合金 2#、合金 4# 160 ℃/24 h 时效态透射电子显微组织

6.1.3 微量 Sc 在 Al-Cu-Li-Zr 合金中的作用

实验结果表明,在 Al-3.5Cu-1.5Li-0.12Zr 合金中添加 0.10%Sc,可消除合金的枝晶组织[见图 6-1(b)],而添加 0.15%Sc 和 0.25%Sc 时,合金铸锭晶粒组织获得了显著的细化[见图 6-1(c)和(d)],说明微量 Sc 在 Al-3.5Cu-1.5Li-0.12Zr 合金中具有非常强烈的细化变质作用。

在合金中,Sc 能与 Al 发生反应,能从熔体中析出初生 Al$_3$Sc 相不熔性质点。Al$_3$Sc 相无论晶格类型(L1$_2$ 型)还是晶格尺寸(点阵常数 a = 0.4103 nm),均与基体 Al(面心立方结构,a = 0.413 nm)极为相近,错配度非常低,大约为 1.5%[7],与基体 α(Al)完全共格,并且在合金凝固时优先析出,熔点高(1320 ℃)[8]、稳定、分布均匀,这些特点都保证了初生 Al$_3$Sc 相可成为良好的非均质晶核,使得 Sc 对铝合金晶粒有强烈的细化效果。在含 Zr 铝合金中添加微量 Sc,Zr 能溶于 Al$_3$Sc 相中,并形成 Al$_3$(Sc,Zr)复合相。Al$_3$(Sc,Zr)复合相在高温加热下聚集倾向比 Al$_3$Sc 相小得多,而且该复合相的晶格类型、点阵参数都与 Al$_3$Sc 相差甚小,故 Al$_3$(Sc,Zr)复合相仍保持了初生 Al$_3$Sc 粒子所具有的非均质晶核作用。但是,并不是只要添加 Sc 就一定会对铝合金晶粒起到细化作用,例如,添加 0.10%Sc 到 Al-3.5Cu-1.5Li-0.12Zr 合金中就没有明显的晶粒细化效果(只是消除了枝晶组织),这是因为 Sc 要想产生显著的晶粒细化作用,就必须在熔体中优先析出初生 Al$_3$Sc 相不熔性质点。分析 Al-Sc-Zr 三元合金相图(见图 6-5)[5]可知,当 Sc 与 Zr 的含量较低时,Sc 与 Zr 被固溶在 Al 基体中形成 α 固溶体,在相当于连续铸造铸锭结晶的冷却速度条件下,Sc 与 Zr 在 Al 内固溶度较高,会形成过饱和固溶体,不会形成初生 Al$_3$Sc 相或 Al$_3$(Sc,Zr)粒子,只有合金体系的成分点落在了 α(Al)+Al$_3$Sc+Al$_3$Zr 三相区域内,合金凝固时才可能从熔体中优先析出初生 Al$_3$Sc 和 Al$_3$(Sc,Zr)粒子。所以要想添加的 Sc 在 Al-3.5Cu-1.5Li-0.12Zr 合金中产生有效的晶粒细化效果,其含量必须超过一个临界浓度。这个临界浓度,其实就是保证能够从合金中优先析出初生铝钪化合物不熔性质点的最低 Sc 含量。在 Al-3.5Cu-1.5Li-0.12Zr 合金中添加 0.10%Sc,其含量低于临界浓度,合金凝固时从熔体中析出 Al$_3$Sc 或 Al$_3$(Sc,Zr)初生不熔性质点很少,所以合金铸态晶粒细化作用不明显。而在合金中添加 0.25%Sc,合金凝固时

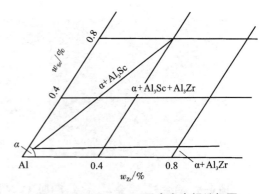

图 6-5 Al-Sc-Zr 三元合金富铝端相图

能从熔体中析出大量 Al_3Sc 初生粒子,对合金铸态晶粒组织产生显著的晶粒细化作用。

从实验结果来看,四种合金热轧态的组织为拉长的未发生再结晶的纤维状组织,这是因为热轧温度不是很高(约 450 ℃)且变形程度比冷轧态低,而合金 1#、合金 2#、合金 3#、合金 4# 都含有 0.12%Zr,Zr 可与 Al 形成与基体共格亚稳的球状 $\beta'(Al_3Zr)$ 相,这种弥散分布的第二相粒子对晶界有钉扎作用,阻碍亚晶界迁移和合并,可抑制热加工过程中的再结晶[9]。往合金 2#、合金 3#、合金 4# 加入微量 Sc,在均匀化和热加工过程中会析出次生 Al_3Sc 粒子或 $Al_3(Sc,Zr)$ 粒子,这种细小且弥散分布的球状粒子强烈钉扎位错,提高了合金抑制热加工过程中的再结晶效果,所以四种合金热轧态的组织为拉长的未发生再结晶的纤维状组织。

由于固溶温度较高,形核率和长大速率都提高了,合金变形程度较热轧态又有所加深,微量 Zr 在合金中形成的球状 Al_3Zr 弥散相已不能完全抑制合金的再结晶,所以合金 1# 在 530 ℃/1 h 固溶后发生了部分再结晶。但添加 0.10%Sc 的合金 2# 在 530 ℃/1 h 固溶后为未发生再结晶的纤维状组织,分析其原因可能有以下几点:第一,合金 2# 加入 0.10%Sc,Sc 原子与 Al 形成次生的 Al_3Sc 粒子,这种粒子与基体共格,强烈地钉扎位错,阻碍位错运动,同时阻止亚晶界迁移与合并(见图 6-6),对形变组织中的亚结构具有稳定化作用,从而强烈抑制合金的再结晶;第二,Al、Sc、Zr 形成的 $Al_3(Sc,Zr)$ 相质点,较 Al_3Sc 相具有更高的热稳定性,在高温加热时不易粗化,能够在较高温度下仍保持其钉扎位错、稳定形变组织的作用;第三,Zr 在 $Al_3(Sc,Zr)$ 相内较大范围地替代其中的 Sc 原子,使得有更多的 Sc 原子去形成更多的铝钪化合物质点[Al_3Sc 或 $Al_3(Sc,Zr)$ 相],从而增加了第二相质点的数量,增强了合金抑制再结晶的效果。

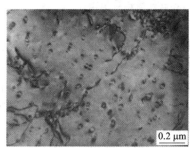

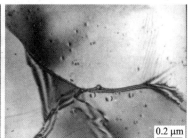

(a) 第二相粒子钉扎位错　　　　　　(b) 第二相粒子钉扎晶界

图 6-6　合金 2# 固溶态的显微组织(TEM)

添加 0.15%Sc 的合金 3# 在 530 ℃/1 h 固溶后发生了部分再结晶,这主要是由于合金 3# 中 Sc 含量较高,在合金熔体结晶时析出大量初生的 Al_3Sc 或 $Al_3(Sc,$

Zr)不熔性粒子,显著细化了合金的晶粒,冷变形时使其加工硬化率高、储能多,因而合金 3# 的再结晶温度有所降低。添加 0.25%Sc 的合金 4# 在 530 ℃/1 h 固溶后几乎发生了完全再结晶,分析其原因主要在于,一方面合金 4# 中 Sc 含量高,在合金熔体结晶时析出大量初生的 Al₃Sc 或 Al₃(Sc, Zr)不熔性粒子,显著细化了合金的晶粒,冷变形时使其加工硬化率高、储能高,因而合金 4# 的再结晶温度有所降低;另一方面根据 Al-Cu-Sc 三元相图[4](见图6-7),在 Al 合金中,当 Cu 含量大于 1.5%、Sc 含量大于 0.2%时,合金结晶时会形成粗大难熔的 W 相。在合金 4# 的 TEM 组织中观察到的一种粗大的片状相[见图 6-4(h)]就是 W 相,W 相的生成会消耗合金中的 Sc 原子,使次生的 Al₃Sc 或 Al₃(Sc, Zr)质点减少,减弱了合金抑制再结晶的效果。

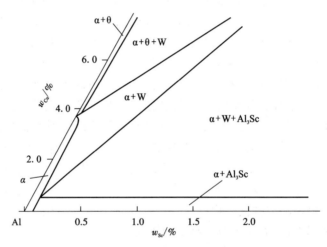

图 6-7 Al-Cu-Sc 三元合金富铝端相图

从实验结果来看,在 Al-3.5Cu-1.5Li-0.12Zr 合金中添加 0.10%Sc,合金强度和伸长率都有明显的提高,使合金具有更好的综合性能,添加 0.15%Sc 也使合金具有较好的综合性能,分析其原因可能有以下几点。第一,合金中的 Sc 原子与空位结合能高[10],和 Li 原子与空位结合能相近,一方面减少了 Li 原子和空位的结合,抑制了 δ′(Al₃Li)相在基体中的析出或延缓 δ′相的生长,这有助于减少共面滑移,增强合金的塑性;另一方面减少了其他溶质原子和空位的结合,抑制了溶质原子向晶界的扩散,抑制了晶界粗大平衡相的析出,提高了合金的强塑性。第二,将微量 Sc 添加到 Al-3.5Cu-1.5Li-0.12Zr 合金中,增加了其分解产物次生的 Al₃Sc 或 Al₃(Sc, Zr)相质点的数量及弥散度,这些质点能强烈钉扎位错和亚晶界,从而加大位错滑移时的临界分切应力,并使合金变形时更加均匀,改善合金的强塑性。第三,将微量 Sc 添加在 Al-3.5Cu-1.5Li-0.12Zr 合金中,析出次生的 Al₃Sc 或 Al₃(Sc, Zr)相质点与 δ′相结构相似，在时效过程中可成为 δ′相的非均匀形核的核心。为降低界面能，δ′相包复在其上析出形成 δ′/Al₃Sc 或 δ′/Al₃(Sc, Zr)复合相，这些复合相中心硬度高，位错不易切过，可有效抑制局部平面滑移，从而改善合金的塑性。

在 Al-3.5Cu-1.5Li-0.12Zr 合金中添加 0.25%Sc 的合金 4#，其强度却明显下降的原因可能有以下两点。第一，合金中形成粗大难熔的 W 相，该相在铝熔体结晶时形成，在随后的工艺加热过程中不溶解。所以，进入 W 相的 Cu、Sc 不参与合金强化，使合金中的主要强化相 Al₃Sc、Al₃(Sc, Zr)减少，降低了合金的强度，并且它本身会降低合金的强度性能。第二，铝锂合金是利用扁平未再结晶晶粒结构减轻沿晶开裂的危害，并得到特殊的强韧化机制，即所谓铝锂合金组织分层强韧化原理[11]。而合金 4#中次生的 Al₃Sc 或 Al₃(Sc, Zr)质点的减少，减弱了合金抑制再结晶的效果，使合金 4#发生了完全再结晶，降低了合金的强度。

6.2　固溶时效对 Al-Cu-Li-Sc-Zr 合金组织与性能的影响

6.2.1　固溶处理对合金组织与性能的影响

1. 固溶温度对合金组织与性能的影响

Al-3.5Cu-1.5Li-0.10Sc-0.12Zr 合金(1464 合金)冷轧板材在不同固溶温度下固溶 60 min，冷水淬火后于 160 ℃时效 40 h(T6 态)的拉伸力学性能如图 6-8 所示。由图可以看出，随着固溶温度的升高，抗拉强度逐渐增强，屈服强度增强速度比较缓慢；伸长率在温度为 510~530 ℃时迅速提高，但随着固溶温度的进一步升高，伸长率缓慢降低。综合考虑合金的强度和塑性，固溶温度在 530 ℃时较合适。

合金板材经不同固溶温度处理后的纵向金相组织如图 6-9 所示。由图可以看出，合金经 510 ℃固溶，仍有大量粗大的过剩相分布在晶界、晶内处[见图 6-9(a)]；随着固溶温度的升高，过剩相逐渐减少，530 ℃时晶内的过剩相大部分已溶解[见图 6-9(b)]；固溶温度升至 540 ℃，合金基本上保持了轧制态的纤维

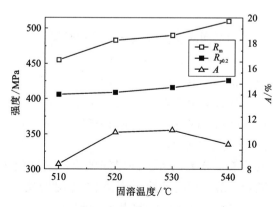

图6-8　不同固溶温度下合金的拉伸力学性能

状组织，基体中过剩相基本消失[见图 6-9(c)]。由此可见，适当提高固溶温度可以促进过剩相的溶解。

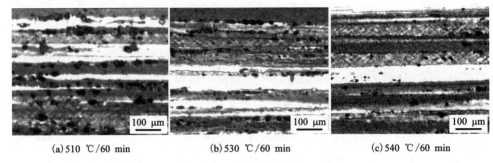

(a) 510 ℃/60 min   (b) 530 ℃/60 min   (c) 540 ℃/60 min

图 6-9　合金经不同固溶温度处理后的纵向金相组织

　　观察合金板材经不同固溶温度处理后的横向金相组织(见图 6-10)，发现固溶温度为 510 ℃[见图 6-10(a)]时合金未发生再结晶，530 ℃时合金有轻微的再结晶[见图 6-10(b)]，540 ℃时合金已出现大量细小的再结晶晶粒[见图 6-10(c)]。

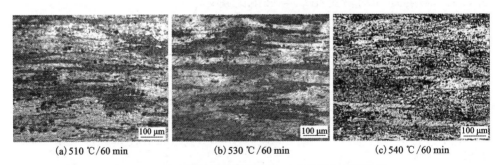

(a) 510 ℃/60 min   (b) 530 ℃/60 min   (c) 540 ℃/60 min

图 6-10　合金经不同固溶温度处理后的横向金相组织

2. 固溶时间对合金组织与性能的影响

　　合金在 530 ℃固溶不同时间，冷水淬火后于 160 ℃时效 40 h(T6 态)后的拉伸力学性能如图 6-11 所示。由图可以看出，随着固溶时间的延长，合金的抗拉强度、屈服强度变化不大；伸长率随固溶时间的延长而增加，60 min 时达到最高值；但继续延长固溶时间，伸长率略有降低。可见，固溶时间为 60 min 时合金具有最佳的强塑性配合。

　　合金在 530 ℃固溶不同时间的纵向显微组织如图 6-12 所示。由图可以看出，随着固溶时间的延长，基体组织未见明显变化，但基体中的过剩相稍微有所减少，并且趋于球化。由此表明，延长固溶时间可促进合金中过剩相的溶解。

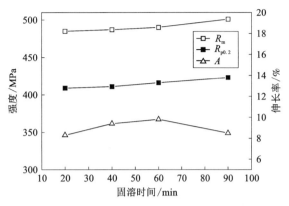

图 6-11　合金经不同固溶时间处理后的拉伸力学性能

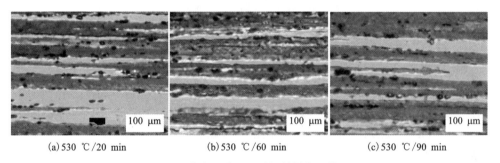

(a) 530 ℃/20 min　　　(b) 530 ℃/60 min　　　(c) 530 ℃/90 min

图 6-12　合金固溶不同时间的纵向显微组织

合金在 530 ℃固溶不同时间的横向显微组织如图 6-13 所示。由图可以看出，固溶 20 min 的合金未见明显的再结晶 [见图 6-13(a)]；延长固溶时间到 60 min 时 [见图 6-13(b)]，合金中已出现轻微的再结晶；延长到 90 min 时 [见图 6-13(c)]，再结晶组织增多，并且晶粒略有长大。

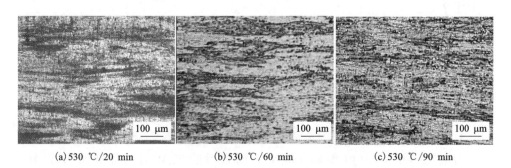

(a) 530 ℃/20 min　　　(b) 530 ℃/60 min　　　(c) 530 ℃/90 min

图 6-13　合金固溶不同时间的横向显微组织

6.2.2 单级时效对合金组织与性能的影响

1. 单级时效条件下合金性能的变化规律

图 6-14 是合金板材经 530 ℃固溶 60 min 后水淬, 分别在 130 ℃、160 ℃、190 ℃时的时效硬化曲线。由图可以看出, 固溶态下合金的硬度较低。时效初期, 硬度迅速升高。合金在 190 ℃时效的硬度值增加最快, 5 h 已达到峰值, 但峰值硬度偏低。合金在 160 ℃时效, 前 10 h 硬度值增加迅速, 10 h 以后增加缓慢, 40 h 达到峰值, 随后缓慢降低。合金在 130 ℃时效, 5 h 之前硬度值迅速增加, 5 h 以后增加缓慢, 50 h 达到峰值, 但峰值与 160 ℃时效时的峰值相比较低, 时效 60 h 后硬度有所降低。对比不同温度下的时效硬化曲线可以看出, 随着时效温度的升高, 合金达到硬度峰值的时间缩短, 硬化速度加快。合金在 160 ℃时效能得到最大的硬度, 由此可以看出, 160 ℃是较合适的时效温度。

合金板材经 530 ℃/ 60 min 固溶处理后, 在 160 ℃进行单级时效处理, 其拉伸力学性能随时间的变化规律如图 6-15 所示。由图可以看出, 随着时效时间的延长, 合金的抗拉强度和屈服强度逐渐提高, 40 h 达到峰值, 继续延长时间, 合金强度则降低, 这与硬度测试结果一致。合金在时效初期有较高的伸长率, 并随着时效时间的延长逐渐升高, 在 25 h 时达到最高值, 随后则缓慢降低。由此可见, 合金在 160 ℃时效 40 h 具有最佳的强塑性配合, 合金适宜的时效制度为 160 ℃/40 h。在此条件下, 合金的抗拉强度、屈服强度和伸长率分别为 490 MPa、416 MPa 和 9.8%。

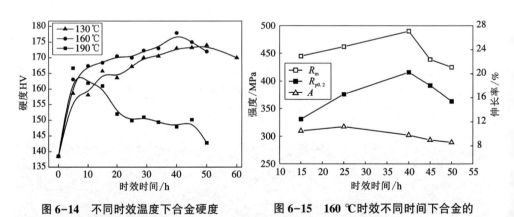

图 6-14　不同时效温度下合金硬度　　　图 6-15　160 ℃时效不同时间下合金的
　　　　　随时间变化的规律　　　　　　　　　　　拉伸力学性能

2. 时效温度和时效时间对合金 TEM 组织的影响

合金在 160 ℃、130 ℃和 190 ℃下时效后的 TEM 组织分别如图 6-16、图 6-17 和图 6-18 所示。由图可以看出, 在不同温度下时效后合金晶内和晶界处都析出了大量针状的沉淀强化相[见图 6-16(c)、图 6-17(a)、图 6-18(a)]，图 6-16(d)为沿基体[110]方向的选区衍射图谱，可以看到在 $\frac{1}{3}[\bar{2}20]_\alpha$ 和 $\frac{2}{3}[\bar{2}20]_\alpha$ 处有析出相的衍射斑点。参考有关文献[12-13]可知，这些析出相是强化相 $T_1(Al_2CuLi)$ 相。由于 T_1 相沿基体 $\{111\}_\alpha$ 上析出，在衍射谱上可以明显看到沿 $<111>_\alpha$ 的条带。虽然合金在不同时效制度下均有 T_1 相析出，但 T_1 相的分布状态和形貌是不同的。

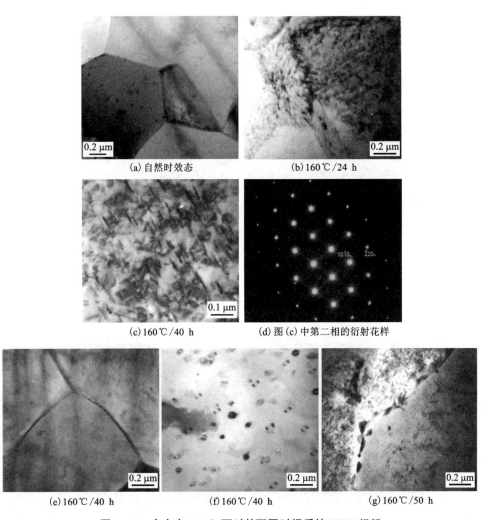

(a) 自然时效态　　　　(b) 160 ℃/24 h

(c) 160 ℃/40 h　　　　(d) 图 (c) 中第二相的衍射花样

(e) 160 ℃/40 h　　(f) 160 ℃/40 h　　(g) 160 ℃/50 h

图 6-16　合金在 160 ℃下时效不同时间后的 TEM 组织

在自然时效状态下，合金中未见 T_1 相析出[见图6-16(a)]。合金在160 ℃时效时，在峰时效状态(160 ℃/40 h)下，析出大量细小且弥散分布的 T_1 相[见图6-16(c)]，晶界未见平衡相析出[见图6-16(e)]；时效时间较短(160 ℃/24 h)时，仅在晶界处析出少量 T_1 相[见图6-16(b)]，合金无明显晶界无沉淀析出带(PFZ)；时效时间较长(160 ℃/50 h)时，合金晶界析出粗大平衡相，无沉淀析出带变宽[见图6-16(g)]。对于低温长时间时效(130 ℃/50 h)的合金，T_1 相较峰时效状态(160 ℃/40 h)合金的略细小，且析出的不是很均匀[见图6-17(a)]。对于高温时效(190 ℃/5 h)的合金，T_1 相粗大[见图6-18(a)]，并且有大量晶界平衡相析出[见图6-18(b)]。

此外，在合金各个时效制度下的电镜照片中发现大量弥散、细小呈双叶花瓣状或鱼眼状与基体共格的第二相 Al_3Sc、$Al_3(Sc, Zr)$ 粒子[见图6-16(f)、图6-17(b)]，这些粒子并没有随时效状态的改变而表现出明显的变化。

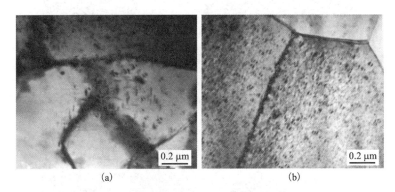

(a)   (b)

图6-17　合金在130 ℃下时效50 h的TEM组织

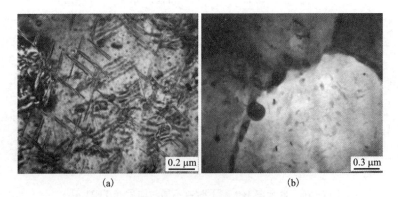

(a)   (b)

图6-18　合金在190 ℃下时效5 h的TEM组织

6.2.3　形变时效对合金组织与性能的影响

1. 合金 T6 态、T8 时效态的拉伸性能

图 6-19 是合金在 T6 态(530 ℃/1 h 固溶水淬+160 ℃时效)，T8 态(530 ℃/1 h 固溶水淬+3.5%预变形+160 ℃时效)下的室温拉伸性能与时效时间的关系曲线。由图 6-19 可以看出，预变形大大增强了合金的时效强化效果，加快了合金的时效响应。在 T6 态下，随着时效时间的延长，强度逐渐提高，40 h 后达到峰值，然后下降进入过时效阶段，伸长率则随时效时间的延长而逐渐降低。在 T8 态下，可看出预变形明显增强了合金的时效强化效果，不仅使峰值时间由 T6 态的 40 h 提前到 T8 态的 24 h，而且显著提高合金的强度，特别是屈服强度。T8 态的峰值抗拉强度比 T6 态提高了 65 MPa，峰值屈服强度提高了 107 MPa，但预变形使合金的塑性有所下降。从总体看来，合金在 T8 态下具有更好的综合力学性能，其在 T6 态、T8 态下的峰值时效强度、峰值时间和相应的伸长率如表 6-2 所示。

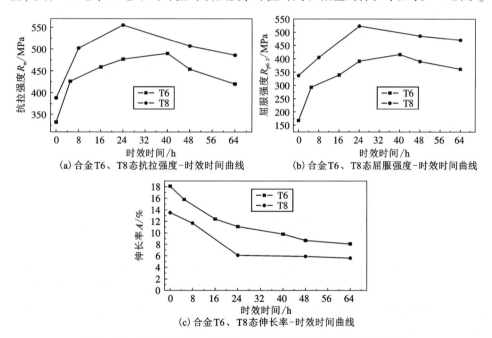

(a) 合金 T6、T8 态抗拉强度-时效时间曲线　　(b) 合金 T6、T8 态屈服强度-时效时间曲线

(c) 合金 T6、T8 态伸长率-时效时间曲线

图 6-19　合金在 T6 态、T8 态下的室温拉伸性能-时效时间曲线

表 6-2　合金 T6 态、T8 态峰值时效的拉伸性能

时效状态	R_m/MPa	$R_{p0.2}$/MPa	A_{50}/%	峰值时间/h
T6	490	416	9.8	40
T8	555	523	6.1	24

2. 预变形量对合金性能的影响

图 6-20 是合金冷轧板材于 530 ℃/1 h 固溶后水淬，先经不同预拉伸变形，接着在 160 ℃下时效 24 h 的室温拉伸性能与预拉伸变形量的关系曲线。由图可知，在时效前进行预变形可显著提高合金的强度，特别是屈服强度；随着变形量的增加，合金的强度不断提高。合金经 3.5% 的预变形后，其抗拉强度提高了 77 MPa，屈服强度增幅达 129 MPa；但当预拉伸量超过 3.5% 以后，合金的强度增幅趋于平缓；预变形量超过 5.6% 以后，合金的强度稍微有所下降；而合金的伸长率则一直在降低。由此表明，增加预变形量能提高合金的强度，但过度增加预变形量并不能进一步提高合金的强度，反而会大幅度地降低合金的伸长率，导致其综合力学性能下降。根据图 6-20 可知，合金在时效前的预拉伸量应控制在 3.5% 左右为宜，一方面，合金的强度可得到充分提高；另一方面，合金可保持较佳的伸长率，表现出较好的强度与塑性配合。

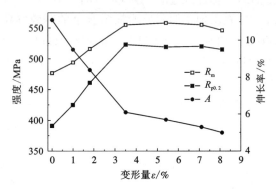

图 6-20　合金室温拉伸性能-预拉伸变形量曲线

3. 形变时效对合金 TEM 组织的影响

图 6-21 为合金经不同预变形量后时效的 TEM 组织。比较图 6-16 和图 6-21 可知，预变形能促进合金的 T_1 强化相的析出。未预变形的合金在 160 ℃时效 24 h 后 T_1 相析出很少，仅在晶界和位错处观察到少量短而粗的 T_1 相析出[见图 6-16(b)]，且随着时效时间的延长，过时效后晶界处析出粗大平衡相[见图 6-16(g)]。合金经 1.0% 预变形时效后，晶内析出大量均匀、细小、弥散分布的 T_1 相[见图 6-21(a)]，且随着预变形量的增多，T_1 相数量显著增多，表现为更均匀、细小弥散的分布[图 6-21(a)、(b)]。在 3.5% 预变形量下，T_1 相随时效时间延长而不断长大粗化[见图 6-21(b)、(c)]，过时效后合金晶界处仍没有析出粗大平衡相[见图 6-16(d)]，可见预变形会促进合金时效过程中 T_1 相大量、均匀的析出并抑制合金晶界处粗大平衡相的析出。但预变形量较大时(8%)，析出的 T_1 相粗大且分布不均匀[见图 6-21(e)]，并且在晶界处观察到粗大的平衡相析出[见图 6-21(f)]。可见，过大的预变形量对 T_1 相的尺寸和分布不利，且不能抑制合金晶界处粗大平衡相的析出。

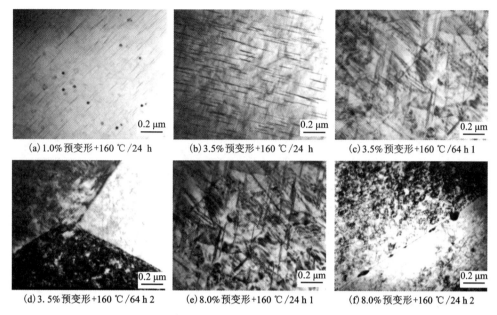

(a) 1.0% 预变形 +160 ℃/24 h　　(b) 3.5% 预变形 +160 ℃/24 h　　(c) 3.5% 预变形 +160 ℃/64 h 1

(d) 3.5% 预变形 +160 ℃/64 h 2　　(e) 8.0% 预变形 +160 ℃/24 h 1　　(f) 8.0% 预变形 +160 ℃/24 h 2

图 6-21　合金经不同预变形量后时效的 TEM 组织

6.2.4　双级时效对合金组织与性能的影响

1. 正交实验结果

合金经 530 ℃/1 h 固溶处理后，再经过 3.5% 预变形，最后以表 6-3 中所制定的正交实验工艺进行双级时效处理，其室温拉伸性能结果如表 6-4 所示。

表 6-3　正交实验工艺

实验点序号	预时效温度/℃	预时效时间/h	终时效温度/℃	终时效时间/h
1	110	2	150	16
2	110	4	160	20
3	110	6	170	24
4	120	2	160	24
5	120	4	170	16
6	120	6	150	20
7	130	2	170	20
8	130	4	150	24
9	130	6	160	16

表 6-4   正交实验合金的拉伸性能

实验号	时效制度	R_m/MPa	$R_{p0.2}$/MPa	A_{50}/%
1	110 ℃/2 h+150 ℃/16 h	527	443	10.9
2	110 ℃/4 h+160 ℃/20 h	528	485	8.5
3	110 ℃/6 h+170 ℃/24 h	520	490	7.9
4	120 ℃/2 h+160 ℃/24 h	551	517	7.2
5	120 ℃/4 h+170 ℃/16 h	533	468	7.7
6	120 ℃/6 h+150 ℃/20 h	514	451	9.9
7	130 ℃/2 h+170 ℃/20 h	555	513	6.3
8	130 ℃/4 h+150 ℃/24 h	532	471	7.4
9	130 ℃/6 h+160 ℃/16 h	532	484	7.8

2. 极差分析结果

对正交实验结果(见表 6-4)进行极差分析,可以得出各个因素每一水平下相应的拉伸性能的平均值,结果如表 6-5 所示。

表 6-5   合金拉伸性能平均值

因素	水平	R_m/MPa	$R_{p0.2}$/MPa	A_{50}/%
预时效温度/℃	110	525	473	9.1
	120	533	479	8.3
	130	540	489	7.2
预时效时间/h	2	544	491	8.1
	4	531	475	7.9
	6	522	475	8.5
终时效温度/℃	150	524	455	9.4
	160	537	495	7.8
	170	536	490	7.3
终时效时间/h	16	531	465	8.8
	20	532	483	8.2
	24	534	493	7.5

　　根据表 6-5 中的数据可绘制出合金在不同热处理工艺下针对各目标参数变化的趋势图(见图 6-22)。从图中可以看出,抗拉强度和屈服强度的变化趋势是一致的,都是随预时效温度 T_1、终时效时间 t_2 的增加而升高,随预时效时间 t_1 的延长而下降,然而却随终时效温度 T_2 的增加而先升后降。伸长率的变化则是随预时效温度 T_1、终时效时间 t_2 和终时效温度 T_2 的增加而下降,随预时效时间 t_1 的增加而先降后升。

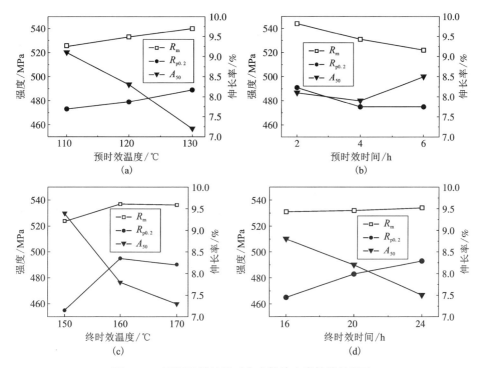

图 6-22　双级时效处理对合金拉伸力学性能的影响

　　从图中某一性能指标的变化趋势可以看出该因素对该性能指标的影响情况,从其变化幅度可以看出该因素对该性能指标的影响程度。由图 6-22 可知,终时效温度 T_2 变化所引起的强度变化幅度最大,而在其他条件下则较小,因此终时效温度 T_2 对合金性能的影响程度最大。而预时效温度 T_1 和终时效温度 T_2 所引起的伸长率的变化幅度较大,说明伸长率对这两个影响因素较敏感。

3. 最优双级时效工艺的确定

　　由上述分析可以看出,各因素对合金拉伸力学性能的影响情况很复杂。对于各目标性能,目的是要使其达到最大值,因此可以由图 6-22 中达到最大值的点来确定最优工艺。同时,从图中曲线变化的幅度可以看出各因素对各种性能影响程度的大小,即其值变化越大,对性能的影响程度也越大。基于此,可以根据上述各图来制定合金双级时效的最优工艺。以目标参数 R_m 为例,从图 6-22 中可以看出,R_m 分别在预时效温度 T_1 为 130 ℃、预时效时间 t_1 为 2 h、终时效温度 T_2 为 160 ℃、终时效时间 t_2 为 24 h 时达到最大,则其最优双级时效工艺为 130 ℃/ 2 h+160 ℃/24 h,由曲线的变化幅度可以判断各因素对 R_m 的影响程度顺序为 $t_1>T_1>T_2>t_2$。同理,可以对其他目标性能进行类似的分析。根据对各目标性能的极差分析而制定的双级时效最优工艺及各因素的影响程度如表 6-6 所示。

表 6-6　双级时效工艺对合金目标性能的影响程度

目标性能	双级时效工艺	影响程度
抗拉强度	130 ℃/2 h+160 ℃/24 h	$t_1>T_1>T_2>t_2$
屈服强度	130 ℃/2 h+160 ℃/24 h	$T_2>t_2>T_1>t_1$
伸长率	110 ℃/6 h+150 ℃/16 h	$T_2>T_1>t_2>t_1$

4. 双级时效实验结果验证

如前文所述,由数学上的排列组合,对于 4 因素 3 水平的实验,用一般的网格法时应有 $4^3=64$ 个实验点,工作量很大,因此选用实验点少但更加科学的正交实验法。由于正交实验法的实验点少,相当于抽取了一般网格法中的一些实验点进行实验,最终优化出来的最优工艺实验点可能并不正好是正交实验点,所以对于这些实验点还要进行验证实验,以确定其为最优工艺。本实验的结果正是这样,由各个目标性能优化出来的最优双级时效工艺均不是正交实验表中的实验点,因此均需要进行验证实验,结果如表 6-7 所示。

表 6-7　双级时效验证结果

验证项目	时效制度	R_m/MPa	$R_{p0.2}$/MPa	A_{50}/%
抗拉强度	130 ℃/2 h+160 ℃/24 h	527	493	9.5
屈服强度	130 ℃/2 h+160 ℃/24 h	527	493	9.5
伸长率	110 ℃/6 h+150 ℃/16 h	537	469	10.7

从表 6-7 中的数据可以看出,根据不同目标参数制订的双级时效最优工艺经过验证实验证明均达到了目标。比较各双级时效态下的结果,合金综合性能较好的双级时效工艺为 120 ℃/2 h+160 ℃/24 h。在此条件下,合金的抗拉强度、屈服强度和伸长率分别为 551 MPa、517 MPa 和 7.2%。

　　对比 T8 态形变时效的结果，即在 530 ℃ 下固溶 60 min 后水淬，再经过 3.5%
预冷变形，最后在 160 ℃ 下时效 24 h，得到合金的抗拉强度、屈服强度和伸长率
分别 555 MPa、523 MPa 和 6.1%，说明经过双级时效处理后的合金在强度保持基
本不变的情况下，其伸长率提高了近 1.1 个百分点。

5. 双级时效制度下合金的 TEM 组织

　　实验合金在双级时效（110 ℃/6 h+150 ℃/16 h 和 120 ℃/2 h+160 ℃/24 h）
制度下的 TEM 组织如图 6-23 所示。由图可以看出，合金经双级时效后，晶内析
出非常弥散均匀的针状 T_1 相[见图 6-23(a)和(b)]，比较图 6-23(a)和图 6-
23(b)，合金经 120 ℃/2 h+160 ℃/24 h 双级时效后析出的 T_1 相要比合金经
110 ℃/6 h+150 ℃/16 h 双级时效后析出的 T_1 相多且分布得更加密集、均匀，这
与合金经 120 ℃/2 h+160 ℃/24 h 双级时效后的高强度相对应。两种双级时效制
度下，晶界处都无平衡相析出[见图 6-23(c)~(f)]，并且都可以找到很多鱼眼状
的 $Al_3(Sc, Zr)$ 复合相粒子[见图 6-23(c)~(f)]。通过比较可知，合金经 110 ℃/
6 h+150 ℃/16 h 双级时效后析出的复合相粒子要比合金经 120 ℃/2 h+160 ℃/
24 h 双级时效后析出的复合相粒子更多且更均匀。这种复合相粒子在晶内析出，
并对亚晶界和位错有钉扎作用[见图 6-23(e)和(f)]。

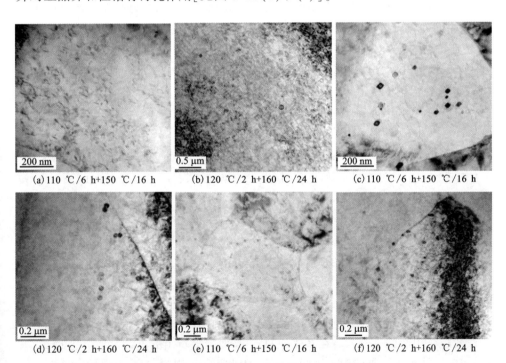

(a) 110 ℃/6 h+150 ℃/16 h　　(b) 120 ℃/2 h+160 ℃/24 h　　(c) 110 ℃/6 h+150 ℃/16 h

(d) 120 ℃/2 h+160 ℃/24 h　　(e) 110 ℃/6 h+150 ℃/16 h　　(f) 120 ℃/2 h+160 ℃/24 h

图 6-23　双级时效制度下合金的 TEM 显微组织

6.2.5 形变时效和双级时效的作用

1. 形变时效的作用

Al-Cu-Li-Sc-Zr 合金在 T8 态下的强化，除各合金元素在 Al 中的固溶强化，主要由以下几个方面决定：预冷变形产生的形变强化，T_1 相的沉淀强化，Al_3Sc、$Al_3(Sc, Zr)$ 粒子的细晶强化、亚结构强化以及弥散强化。塑韧性则主要取决于晶粒尺寸、T_1 相尺寸和分布以及晶界特性，即晶界上合金元素的偏析、平衡相的析出和粗化、无沉淀析出带及其宽度等。

合金经固溶处理后在时效前通过预变形提高合金强度的目的：一方面，是要产生形变硬化，即变形时基体中高密度位错为降低能量通过滑移、攀移等运动形成亚结构（亚晶），合金因亚结构强化而使其强度在沉淀强化前就处在较高起点，使得后续的沉淀强化在高强度起点上进行；另一方面，可在合金基体中形成密布的位错或位错缠结，成为 T_1 相非均匀形核位置，加快沉淀动力学，使沉淀相更加细小、均匀地分布，增加位错不能切过的沉淀相分数，减少合金共面滑移及晶界应力集中，同时抑制晶界平衡相的形成，减小无沉淀析出带的宽度，从而获得最佳强塑性组合[14-17]。

$T_1(Al_2CuLi)$ 相为 1464 合金中重要的时效脱溶相，属六方晶系，其惯析面为 $\{111\}$ 晶面，T_1 相存在着四种变体。研究表明[3, 18]，在 Al-Li 合金中 T_1 相是比 δ' 相更为有效的强化相，而且 T_1 相也是 1464 合金中最为有效的强化相。Nie 等[19-21] 对铝合金中沉淀相粒子形状和取向对强化效应的影响进行了研究。按照 Orowan 公式[22]：

$$\Delta\tau = \left(\frac{Gb}{4\pi\sqrt{1-v}}\right)\left(\frac{1}{\lambda}\right)\left(\ln\frac{D_p}{r_0}\right) \tag{6-1}$$

式中，$\Delta\tau$ 为临界分切应力增量；G 为基体的剪切模量；b 为滑移位错的柏氏矢量；v 为泊松比；λ 为粒子间有效距离，随析出相的形状、方向和分布而改变；D_p 为粒子平均直径；r_0 为位错芯的半径。

对于不同析出相的不同形状，Orowan 公式有不同的表达形式。他们经过计算分析认为对于给定的 f（析出相的体积百分数）、N_v（单位体积析出相的数量），析出相的长宽比越大，则 λ 越小，$\Delta\tau$ 增加；对于给定的 f、粒子尺寸（即长宽比），N_v 越大，则 λ 越小，$\Delta\tau$ 增加。据此，他们得出结论：(1) $\{111\}_\alpha$ 和 $\{100\}_\alpha$ 盘状粒子引起的临界分切应力增量 $\Delta\tau$ 总是大于 <100> 棒状粒子和球状粒子引起的 $\Delta\tau$；(2) 在基体 $<110>_\alpha$ 晶向簇上析出的棒状粒子引起的临界分切应力增量 $\Delta\tau$ 大于球状粒子引起的 $\Delta\tau$；(3) 在基体 $\{111\}_\alpha$ 晶面簇上析出的盘状粒子引起的 $\Delta\tau$ 大于 $\{110\}_\alpha$ 晶面簇上盘状粒子引起的 $\Delta\tau$。由此可见，以 $\{111\}_\alpha$ 为惯析面析出的板状相的长宽比大，其强化效果最大。Al-Cu-Li-Mg-Ag 系中的 2195 合金主要是均匀分布，长宽比为 70∶1，以 $\{111\}_\alpha$ 为惯析面析出的板状 T_1 相强化；Al-Zn-Mg-Ag 合金以 $\{111\}_\alpha$ 为惯析面的 Ω 相（长宽比为 30∶1）强化；Al-Zn-Mg-Cu 系合金 7075 则以 $\{111\}_\alpha$ 析出的密集分布、长宽比大的板条状 η' 相强化，这些合金都以高强著称，就是一个佐证。因此 Al-Li 基合金中析出的 T_1 相与 θ' 相和其他析出相相比，有最大的强化效果。但 Al-Li 基合金中 T_1 相是在 $\{111\}$ 基体晶面上形成的六角形针状相，与基体之间存在以下晶体学关系：$\{0001\}_{T_1} /\!/ \{111\}_\alpha$、$<10\bar{1}0>_{T_1} /\!/ <110>_\alpha$。$T_1$ 相密排面和密排方向均与基体平行，这种晶体取向关系对分散共面滑移的效果不大。这一结构特点决定了 T_1 相并不能改善合金的塑性。

　　有研究表明[3, 18]，在高过饱和固溶度下，T_1 相在 G. P 区/α 界面上均匀形核长大；在低过饱和固溶度下，T_1 相通过堆垛形核机制长大，$\{111\}$ 面上的 $a/2<110>$ 位错分解成 $a/6<211>$ 肖克莱不全位错（$1/2[1\bar{1}0] \rightarrow 1/6[\bar{2}11] + 1/6[\bar{1}2\bar{1}] +$ 层错），Cu、Li 原子富集在位错反应产生的 $\{111\}$ 面层错上而生成 T_1 相。这些研究还表明 T_1 相的非均匀形核生长机制具有以下特征：（1）T_1 相临界形核的原子层厚度为 5 层（0001）面；（2）边界层总是富 Al 的 C 层，因此新产生的 T_1 相堆垛层次序为 CBABC；（3）T_1 相片层上的生长凸起含有 4 层原子面，凸起的堆垛顺序为 CBAB，T_1 相与基体共格的界面层总是 C 层；（4）T_1 相的每片层和片层上的凸起总是夹在 $1/6<112>$ 不全位错之间，T_1 相片层的形成和生长由这些不全位错的运动所控制，而不全位错的运动使 Al 基体面心立方堆垛变成 T_1 密排堆垛。也有一些学者认为[23-25]：T_1 相属于密排立方结构，因为面心立方结构中的层错相当于嵌入了薄层的密排六方结构，可以推测，要想在面心立方结构的基体中析出密排六方结构的 T_1 相，从满足晶体结构条件来看，基体中的层错是 T_1 相形核的最好位置，所以 T_1 相在层错上形核的机制容易被人们所接受，并得到一些实验结果的支持。由于 Al 的层错能较高，生成层错的可能性较低，即使形成层错，其宽度也会很窄，因此 T_1 相析出较为困难。研究表明[26]，与基体呈半共格关系的 T_1 相的析出速度非常缓慢，T_1 相主要依靠在位错、亚晶界等晶体学缺陷处异质形核析出，以降低形成新相时所产生的界面能。

　　现已确定了铝锂合金的形变时效对沉淀强化相的数量密度和体积分数的影响，时效硬化强度与沉淀强化相的尺寸及体积百分数的关系[27]。图 6-24 表示预变形量和时效时间对 2090 合金（Al-2.4Cu-2.4Li-0.18Zr）的沉淀相 T_1 的体积百分数与数量密度（个/μm^3）的影响。由图可知：时效前的预变形大大提高了合金的沉淀强化响应速度，强化相数量密度随预变形量的增加而增加，但数量密度增量趋势随变形量增加而变得更加平缓，到一定变形量后（临界量）几乎不再增加。图 6-25 表示时效前进行不同量拉伸变形的同一合金的平均屈服强度与时效时间的关系。可见，拉伸变形量对沉淀强化相 T_1 体积百分数的影响与合金屈服强度的影响具有明显的对应相关性。

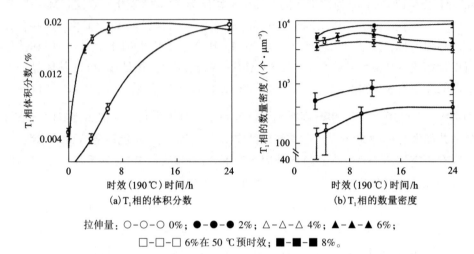

拉伸量：○-○-○ 0%；●-●-● 2%；△-△-△ 4%；▲-▲-▲ 6%；
□-□-□ 6%在50 ℃预时效；■-■-■ 8%。

图6-24　人工时效前的变形量与在190 ℃时效时间对2090合金 T_1 相沉淀数量的影响

前面的实验结果表明：预变形大大提高了合金时效强化效应，加快了时效强化速度，合金强度随预变形量的增加而增加，但当预拉伸变形量超过3.5%以后，合金的强度增幅趋于平缓，当预变形超过5.6%以后，合金的强度还有所下降；合金的伸长率则随预变形量的增加一直在降低。具体原因如下：未预变形的合金的基体内位错密度很低，时效过程中仅有少量的 T_1 相在位错处或亚晶处析出，而预变形提高了合金位错密度，为 T_1 相的非均匀形核提供了优越的形核场所，使 T_1 相均匀、细小、弥散地析出。预变形量越大，基体内的位错密度就越大，

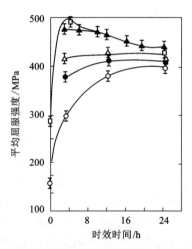

图6-25　时效前有不同拉伸变形量的2090合金平均屈服强度与190 ℃时效时间的关系（拉伸变形量与图6-24的相同）

非均匀形核率升高，析出 T_1 相越细小均匀，体积分数和数量密度增大，同时在亚晶周围形成的位错缠绕有效地阻碍位错运动，使合金强度显著提高。因此随着预变形量增大（至3.5%），合金强度显著提高。但进一步增加预变形量（3.5% ~ 5.6%），合金中主要强化相 T_1 相的数量密度增量较小，合金强度几乎不再进一步

提高, 塑性进一步降低, 所以合金较合理的预变形量为 3.5% 左右。在 3.5% 的预变形量下, 合金时效过程中高密度的位错加快了溶质原子向沉淀相的迁移速度, 加快了 T_1 相的沉淀速度, 使时效峰值提前, 合金在 24 h 后即进入过时效, T_1 相长大粗化, 强度、塑性降低。此外, 因为预变形可促使 T_1 相大量析出, 减少了向晶界扩散的溶质原子, 抑制了晶界平衡相的析出, 也提高了合金的强塑性。在晶界或晶内大量析出的 T_1 相是脆性的片状相, 虽然与 θ' 相和其他析出相相比, T_1 相在 Al-Li 基合金中有最大的强化效果, 但不利于改善合金的塑性, 因此, 经预变形时效后的合金尽管强度显著提高, 但塑性有所下降。

进一步增大预变形量(>5.6%), 将使合金基体中的位错数量过多, 导致大量位错缠结在一起, 最终形成胞状位错组织, 胞壁处的位错密度高, 胞内的位错密度很低。在这种情况下, T_1 相往往沿位错胞壁形核, 因此其形核率降低, 而且位错胞壁的变形储能较高, 可为新相的长大提供驱动力。因此, 析出的 T_1 相较为粗大, 分布的均匀性下降, 这种形态的 T_1 相强化效果不佳, 而且容易导致基体变形不均匀, 影响强塑性。另一方面, 预变形量越大、形变硬化程度增加、塑性下降综合作用的结果是当预变形量超过 5.6% 以后, 合金的强度有轻微下降趋势, 合金的伸长率也一直下降。至于合金中预变形量较大时, 在时效过程中晶界析出粗大平衡相的具体原因尚不清楚, 可能是预变形量太大, T_1 相析出数量密度反而下降, 而基体中的高密度位错使得更多的 Li 原子向晶界扩散, 在晶界形成粗大平衡相, 影响合金的强塑性。

2. 双级时效的作用

Lorimer 等[28, 29]根据一系列电镜研究工作, 提出了析出相形核动力学模型(见图 6-26)。该模型指出, 淬火合金中的空位浓度和分布状态对析出物的均匀形核起着很重要的作用, 在淬火冷却过程中和时效初期形成的“溶质原子-空位集团”或 G. P 区是后续析出相的核心。根据这个经典的形核模型可知, 析出相的弥散度对淬火冷却过程和时效初期非常敏感。他们认为, 合金中存在某一温度($T_{G.P}$), 当时效温度高于这一温度时, G. P 区不稳定且被溶解; 低于这一温度时, 若所形成 G. P 区的尺寸大于某一临界尺寸, 它就成为过渡相析出的核心。在 G. P 区溶解温度($T_{G.P}$)以下时效时, 时效温度越高, 则达到临界尺寸并能在高于 $T_{G.P}$ 的时效温度条件下成为晶核的 G. P 区数目越多。

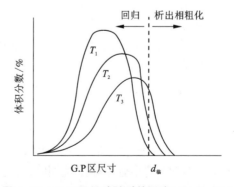

图 6-26　G. P 区尺寸随时效温度($T_1 < T_2 < T_3$)变化的示意图

　　本实验采用先低温后高温的双级时效工艺,低温时效(低于 $T_{G.P}$)的目的是形成大量的脱溶产物核心,因为低温时过饱和度大,脱溶产物晶核尺寸小且极为弥散。在高温时效阶段(高于 $T_{G.P}$)则达到必要的脱溶程度以及得到理想尺寸的脱溶产物。与高温一次时效相比,这种两阶段时效可使脱溶产物密度更高且分布得更均匀。但这种先低温后高温的双级时效工艺只有当高温时效时的脱溶产物(通常为过渡相)能在低温时效时的产物(通常为 G.P 区)上形核时,才能发挥良好的作用。

　　双级时效对合金性能的影响主要是通过对 δ'、T_1 等强化相的影响来实现。δ' 相粒子和 T_1 相的尺寸、大小和分布情况将直接关系到合金的强度和塑性的好坏。针对本研究合金的实验结果,可以认为:合金经不同预时效的双级时效处理后组织性能的差异是由于预时效后 G.P 区稳定性的不同,即 G.P 区的大小、成分以及类型不同。本实验中,在较低温度(110 ℃)预时效时,由于预时效温度较低,该状态下大部分 G.P 区尺寸小于临界尺寸;随后在高温终时效过程中,大量 G.P 区回溶,而少量大于临界尺寸的 G.P 区转变成过渡相,进而转变成平衡相。与此同时,合金中还会析出与时效温度相对应的过渡相及与平衡相共存的析出组织。因此,低温预时效+高温终时效的双级时效后,合金基体析出组织主要为过渡相与平衡相共存的析出组织,这些析出相的尺寸较为粗大,体积分数较少,对位错运动的阻碍作用较小,合金强度较低,但塑性较好。随着预时效温度的升高,合金经过预时效后的基体析出组织主要为较稳定的 G.P 区。在随后的较高温度终时效过程中,只有部分小于临界尺寸的 G.P 区溶解,而大于临界尺寸的 G.P 区逐渐长大或转变成 T_1 相,形成细小弥散的多相析出组织,这种组织对位错运动构成了较强的阻碍作用,使合金强度提高。另外,预时效时,合金中还会析出细小的 δ' 相。δ' 相的析出消耗了大量的 Li 原子,与之相结合的空位因此得到释放。所以预时效后的晶内空位浓度提高,为 T_1 相的析出提供了更多非均匀形核点。同时,晶内的高空位浓度还为溶质原子的扩散提供了高扩散通道,从而加快了 T_1 相的析出速度。空位浓度的提高还减少了因"贫空位机制"而引起的无沉淀析出带(PFZ),致使晶界平衡相数量减少,从而改善了合金的强度和塑性。

　　随着强化相 T_1 相尺寸大小和分布情况发生变化,合金的强度和塑性也随之改变,所以能决定这些相大小和分布的终时效的温度和时间就显得更为重要。终时效温度较低时,数量不多的 T_1 相不能对位错运动构成较强的阻碍,时效强化作用不明显,合金表现为较低的强度和较高的塑性。终时效温度升高时,T_1 相尺寸增大,数量增多,使合金的强化效果增强,伸长率下降。当 T_1 相具有合适的尺寸和数量分布时,合金强化效果达到峰值。此后,若继续升高终时效温度会导致 T_1 相粗化并沿晶界分布,降低合金的强度和塑性。

6.3　Al-Cu-Li-Sc-Zr 合金的腐蚀行为

6.3.1　单级时效态合金的晶间腐蚀与剥落腐蚀

1. 时效温度对合金晶间腐蚀和剥落腐蚀的影响

先将 Al-3.5Cu-1.5Li-0.10Sc-0.12Zr 合金(1464 合金)板材切成尺寸为 20 mm×30 mm×2.3 mm 的腐蚀试样,然后将样品经固溶处理后直接在不同温度下进行峰值时效处理,其热处理制度及编号如表 6-8 所示。时效处理后的样品经砂纸打磨、金刚石研磨膏抛光,无水乙醇除油、蒸馏水清洗后干燥 24 h 待用。

表 6-8　不同温度峰值下热处理制度及腐蚀试样编号

热处理制度	晶间腐蚀	剥落腐蚀	电化学测试
530 ℃/60 min, 130 ℃/50 h	IG-A	EX-A	T-A
530 ℃/60 min, 160 ℃/40 h	IG-B	EX-B	T-B
530 ℃/60 min, 190 ℃/5 h	IG-C	EX-C	T-C

(1)晶间腐蚀形貌及晶间腐蚀敏感性

合金在晶间腐蚀溶液中浸泡 24 h 后取出,清除腐蚀产物后用肉眼观察合金表面发现:130 ℃/50 h 时效态的合金表面的点蚀坑较深,且有轻微的线状腐蚀条纹;160 ℃/40 h 时效态的合金和 190 ℃/5 h 时效态的合金表面沿轧制方向分布着较深的线状腐蚀槽。图 6-27 为不同时效温度下峰时效态合金晶间腐蚀后侧面组织的金相照片。由图可以看出,合金都已经发生明显的晶间腐蚀,且随着时效温度的提高,晶间腐蚀深度递增。通过测量合金晶间腐蚀深度,并按《铝合金晶间腐蚀测定方法》(GB/T 7998—2005)对其进行等级评定,结果如表 6-9 所示。由表 6-9 可以看出,合金抗晶间腐蚀能力由大到小的顺序为 130 ℃/50 h>160 ℃/40 h>190 ℃/5 h。

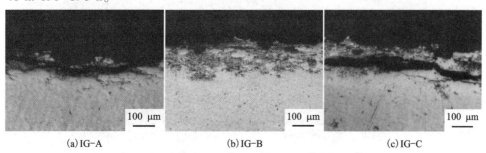

(a)IG-A　　　　　(b)IG-B　　　　　(c)IG-C

图 6-27　不同时效温度下峰时效态合金晶间腐蚀后的金相照片

表 6-9   不同时效温度下峰时效态合金的晶间的腐蚀最大腐蚀深度和腐蚀等级

腐蚀试样	最大腐蚀深度/μm	晶间腐蚀等级
IG-A	84.04	3
IG-B	100.18	4
IG-C	138.08	4

（2）剥落腐蚀形貌及剥落腐蚀敏感性

图 6-28 为不同时效温度下峰时效态合金在 EXCO 溶液中浸泡不同时间后典型的剥蚀形貌。从图中可以看出，在不同时效温度下进行峰时效处理后的合金在 EXCO 溶液中都发生了明显的剥落腐蚀，但是不同时效处理的合金在 EXCO 溶液中腐蚀的发展过程是不一样的。在 130 ℃下时效 50 h 的合金在浸泡初期只出现孔蚀特征，浸泡 36 h 后才开始出现鼓泡的剥蚀特征；160 ℃下时效 40 h 的合金浸泡 16 h 后就出现鼓泡的剥蚀特征，浸泡 24 h 后发生了明显的剥蚀；190 ℃下时效 5 h 的合金浸泡 8 h 后就出现鼓泡的剥蚀特征，浸泡 24 h 后发生了明显的剥蚀，且腐蚀最严重处已经出现了表层剥离现象。以上三种不同时效处理的合金在浸泡 72 h 后都出现了严重的表层剥离现象，其腐蚀等级都达到了 ED 级。对照 ASTM G34—2001 标准分析，可以定性地判断不同时效温度下峰时效态合金在 EXCO 溶液中浸泡不同时间的剥蚀等级，见表 6-10 所示。

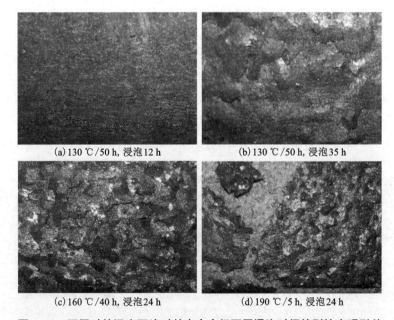

(a) 130 ℃/50 h, 浸泡 12 h   (b) 130 ℃/50 h, 浸泡 35 h

(c) 160 ℃/40 h, 浸泡 24 h   (d) 190 ℃/5 h, 浸泡 24 h

图 6-28   不同时效温度下峰时效态合金经不同浸泡时间的剥蚀宏观形貌

表 6-10 不同时效温度下峰时效态合金剥蚀程度随浸泡时间不同而发生的变化

浸泡时间/h	8	12	16	24	36	48	72
EX-A	P	P	P	P	EA	EC	ED
EX-B	P	P	EA	EB	EC	ED	ED
EX-C	EA	EA	EB	EC	ED	ED	ED

结合图 6-28 和表 6-10 可发现不同时效温度下峰时效态合金的剥落腐蚀敏感性呈现如下规律：190 ℃/5 h>160 ℃/40 h>130 ℃/50 h，这与前述晶间腐蚀的腐蚀趋势一样。

（3）极化曲线

不同时效温度下峰时效态合金在 EXCO 溶液中的极化曲线如图 6-29 所示。对图中的极化曲线进行 Tafel 分析可得到各极化曲线的电化学腐蚀参数，结果列于表 6-11 中。由表 6-11 可以看出，随着时效温度的提高，合金的自腐蚀电位逐渐负移，表明合金腐蚀的可能性增大；同时，合金的自腐蚀电流也增大，表明合金的腐蚀倾向增大；合金的腐蚀速率也是随着时效温度的升高而增大，这说明不同时效温度下峰时效态合金的腐蚀敏感性从大到小的规律为 190 ℃/5 h>160 ℃/40 h>130 ℃/50 h，这与晶间腐蚀实验和剥落腐蚀实验的结果一致。

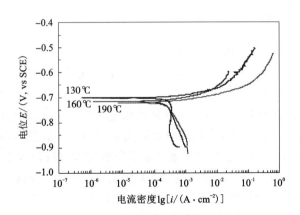

图 6-29 不同时效温度下峰时效态合金的极化曲线

表 6-11　不同时效温度峰时效态合金的电化学腐蚀参数

时效状态	腐蚀电位 E_{corr}/V	腐蚀电流 I_{corr}/(A·cm^{-2})	腐蚀速率/(mm·a^{-1})
T-A	-0.70224	0.00017692	1.9324
T-B	-0.71339	0.00022559	2.4639
T-C	-0.72040	0.00022750	2.6040

2. 时效时间对合金晶间腐蚀和剥落腐蚀的影响

时效态合金腐蚀试样尺寸为 20 mm×30 mm×2.3 mm，共热处理制度及编号如表 6-12 所示。时效处理后的样品经砂纸打磨、金刚石研磨膏抛光，无水乙醇除油、蒸馏水清洗后干燥 24 h 待用。

表 6-12　不同时效时间下热处理制度及腐蚀试样编号

热处理制度	晶间腐蚀	剥落腐蚀	电化学测试	备注
530 ℃/60 min, WQ+室温/30 天	IG-NA	EX-NA	T-NA	自然时效
530 ℃/60 min, WQ+160 ℃/24 h	IG-UA	EX-UA	T-UA	欠时效
530 ℃/60 min, WQ+160 ℃/40 h	IG-PA	EX-PA	T-PA	峰时效
530 ℃/60 min, WQ+160 ℃/50 h	IG-OA	EX-OA	T-OA	过时效

（1）晶间腐蚀形貌及晶间腐蚀敏感性

合金在晶间腐蚀溶液中浸泡 24 h 后取出，清除腐蚀产物后用肉眼观察合金表面可以看到：自然时效合金表面仅出现一些点蚀坑，欠时效态合金表面的点蚀坑较深，且有轻微的线状腐蚀条纹，而峰时效和过时效合金表面沿轧制方向分布着较深的线状腐蚀槽。图 6-30 为不同时效时间下合金晶间腐蚀后侧面组织的金相照片。由图 6-30 可以看出，自然时效合金晶间腐蚀程度较轻，而欠时效、峰时效和过时效合金都已发生明显的晶间腐蚀，且随着时效时间的延长，晶间腐蚀深度递增。通过测量各个时效状态下合金晶间腐蚀深度，并按《铝合金晶间腐蚀测定方法》（GB/T 7998—2005）对其进行等级评定，结果如表 6-13 所示。由表 6-13 可知，合金抗晶间腐蚀能力顺序为自然时效>欠时效>峰时效>过时效。

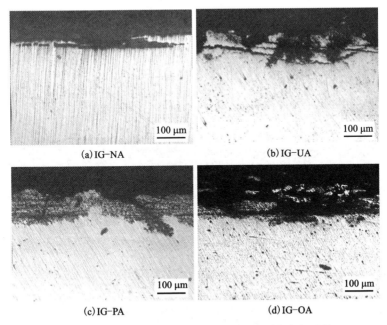

(a) IG-NA　　　　　　　　　(b) IG-UA

(c) IG-PA　　　　　　　　　(d) IG-OA

图 6-30　不同时效时间下合金晶间腐蚀后的金相照片

表 6-13　单级时效态(T6 态)合金晶间的腐蚀最大腐蚀深度和腐蚀等级

腐蚀试样	最大腐蚀深度/μm	晶间腐蚀等级
IG-NA	44.7	3
IG-UA	88.8	3
IG-PA	126.8	4
IG-OA	137.5	4

(2)剥落腐蚀形貌及剥落腐蚀敏感性

图 6-31 为单级时效态合金在 EXCO 溶液中浸泡不同时间后典型的剥蚀形貌。表 6-14 是对照 ASTM G34—2001 标准比较分析后所示的单级时效态合金在 EXCO 溶液中浸泡不同时间后的剥蚀等级。从图 6-31 和表 6-14 中可以看出,不同时效态的合金在 EXCO 溶液中腐蚀的发展过程是不一样的。自然时效合金在浸泡过程中一直未发现明显的剥蚀,只在表面形成了大小不一的腐蚀坑,形成了比较严重的孔蚀。合金在 160 ℃进行人工时效后,欠时效合金在浸泡初期只出现了孔蚀特征,浸泡 24 h 后才开始出现鼓泡的剥蚀特征,浸泡时间延长至 48 h 时才开始发生剥蚀;峰时效合金浸泡 16 h 后开始发生鼓泡的剥蚀特征,且随着浸泡时间

的延长,剥蚀程度加重;过时效合金在 EXCO 溶液中浸泡约 8 h 后即开始产生鼓泡的剥蚀特征,浸泡 24 h 后,腐蚀最严重处已经出现了表层剥离现象。以上三种人工时效合金在浸泡 72 h 后都出现了表层剥离现象,其腐蚀等级都已发展成最严重的 ED 级。结合图 6-31 和表 6-14 可以评定合金抗剥落腐蚀能力由大到小排序为自然时效>欠时效>峰时效>过时效,并且随着浸泡时间的延长,剥落腐蚀程度加重,这与前述晶间腐蚀的腐蚀趋势一样。

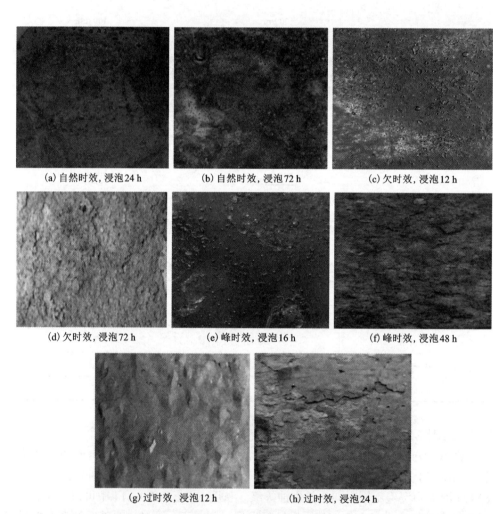

(a) 自然时效, 浸泡 24 h   (b) 自然时效, 浸泡 72 h   (c) 欠时效, 浸泡 12 h

(d) 欠时效, 浸泡 72 h   (e) 峰时效, 浸泡 16 h   (f) 峰时效, 浸泡 48 h

(g) 过时效, 浸泡 12 h   (h) 过时效, 浸泡 24 h

图 6-31　单级时效态合金在 EXCO 溶液中浸泡不同时间后的剥蚀宏观形貌

表 6-14　单级时效态合金在 EXCO 溶液中浸泡不同时间后的剥蚀等级

浸泡时间/h	8	12	16	24	36	48	72
自然时效	P	P	P	P	P	P	P
欠时效	P	P	P	EA	EB	EC	ED
峰时效	P	P	EA	EB	EC	ED	ED
过时效	EA	EA	EB	EC	ED	ED	ED

（3）极化曲线

单级时效态合金在 EXCO 溶液中的极化曲线如图 6-32 所示。通过 Tafel 分析极化曲线所测得的电化学腐蚀参数列于表 6-15 中。合金的腐蚀电位越低，表明合金的腐蚀倾向性增大；同样，合金的自腐蚀电流越大，也意味着合金的腐蚀倾向性增大。由表 6-15 可以看出，自然时效合金的腐蚀速率较小，说明其抗腐蚀能力较好；而三种人工时效合金的腐蚀速率都比自然时效合金的腐蚀速率大，且随着时效时间的延长而增大。可见，极化曲线反映的合金腐蚀倾向性大小与剥落腐蚀浸泡实验结果具有一致性。

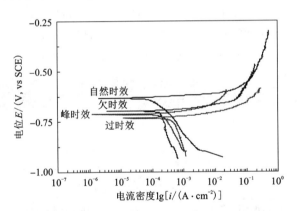

图 6-32　单级时效态合金（T6 态）的极化曲线

表 6-15　单级时效态合金（T6 态）的电化学腐蚀参数

时效状态	腐蚀电位 E_{corr}/V	腐蚀电流 I_{corr}/（A·cm^{-2}）	腐蚀速率/（mm·a^{-1}）
T-NA	−0.63267	0.00009875	1.0785
T-UA	−0.69924	0.00017079	1.8653
T-PA	−0.71339	0.00022559	2.4639
T-OA	−0.73117	0.00044268	4.8349

6.3.2　形变时效态合金的晶间腐蚀与剥落腐蚀

形变时效态合金腐蚀试样在 530 ℃下固溶 60 min 后水淬，然后经 3.5%预冷变形后再在 160 ℃下进行时效处理，其时效工艺及腐蚀试样编号如表 6-16 所示。形变时效处理后的样品经砂纸打磨、金刚石研磨膏抛光，无水乙醇除油、蒸馏水清洗后干燥 24 h 待用。

表 6-16　形变时效工艺及腐蚀试样编号

时效处理制度	晶间腐蚀	剥落腐蚀	电化学腐蚀	备注
3.5%预变形+室温/30 天	IG-NA(T8)	EX-NA(T8)	T-NA(T8)	自然时效
3.5%预变形+160 ℃/7 h	IG-UA(T8)	EX-UA(T8)	T-UA(T8)	欠时效
3.5%预变形+160 ℃/24 h	IG-PA(T8)	EX-PA(T8)	T-PA(T8)	峰时效
3.5%预变形+160 ℃/48 h	IG-OA(T8)	EX-OA(T8)	T-OA(T8)	过时效

1. 晶间腐蚀

肉眼观察已清除腐蚀产物后的合金表面可以看到，自然时效合金表面已发生明显的点蚀，欠时效合金表面呈现出较多的大小不一的点蚀坑，而峰时效合金表面沿板材轧制方向分布着明显的线状腐蚀槽。但与峰时效合金相比，过时效合金的线状腐蚀槽更深。图 6-33 为不同形变时效态合金晶间腐蚀后剖面组织的金相

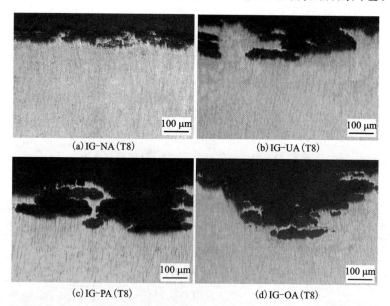

(a) IG-NA(T8)　　　　　　　　(b) IG-UA(T8)

(c) IG-PA(T8)　　　　　　　　(d) IG-OA(T8)

图 6-33　不同形变时效态合金晶间腐蚀后剖面组织的金相照片

照片；通过测量合金晶间腐蚀深度，并按《铝合金晶间腐蚀测定方法》（GB/T 7998—2005）对其进行等级评定，结果如表 6-17 所示。

表 6-17　形变时效态合金腐蚀试样的最大腐蚀深度和腐蚀等级

腐蚀试样	最大腐蚀深度/μm	晶间腐蚀等级
IG-NA(T8)	49.4	3
IG-UA(T8)	107.1	4
IG-PA(T8)	134.9	4
IG-OA(T8)	191.5	4

由图 6-33 和表 6-17 可以看出，随着时效程度的提高，合金晶间腐蚀深度加重，即晶间腐蚀程度加重。自然时效合金在浸泡 24 h 后虽然出现了晶间腐蚀迹象，但其腐蚀深度较小；与自然时效合金相比，欠时效合金在浸泡 24 h 后的晶间腐蚀程度加深；峰时效和过时效合金都已发生明显的晶间腐蚀，其腐蚀形态表现为在合金表层下沿轧制纵向发展，且腐蚀深度较深。由此可见，形变时效态合金的抗晶间腐蚀能力由大到小排序为自然时效>欠时效>峰值时效>过时效，这与单级时效态合金的抗晶间腐蚀规律是一样的。与单级时效态合金相比，形变时效态合金的晶间腐蚀程度更深。

2. 剥落腐蚀形貌及剥落腐蚀敏感性

图 6-34 为形变时效态合金在 EXCO 溶液中浸泡不同时间后典型的剥蚀形貌，表 6-18 为形变时效态合金在 EXCO 溶液中腐蚀的发展过程。在 EXCO 溶液中浸泡 8 h 后，过时效合金即开始出现鼓泡，产生剥蚀，浸泡 24 h 后，腐蚀最严重处已经出现了表层剥离现象；峰时效合金浸泡 12 h 后开始发生鼓泡，且随着浸泡时间的延长，剥蚀程度加重，浸泡 48 h 后，峰时效合金的表层开始剥落；欠时效合金在浸泡初期只出现孔蚀特征，浸泡 24 h 后才开始出现鼓泡的剥蚀特征，浸泡时间延长至 36 h 时才开始发生剥蚀。以上三种人工时效合金在浸泡 72 h 后都出现了表层剥离现象，其腐蚀等级都已发展成最严重的 ED 级。而自然时效合金在 EXCO 溶液中浸泡初期只在表面形成了大小不一的腐蚀坑，浸泡 36 h 后才开始出现鼓泡的剥蚀特征，但浸泡 72 h 后没有出现表层剥离现象。结合图 6-34 和表 6-18 可以评定不同形变时效态合金抗剥落腐蚀能力由大到小排序为自然时效>欠时效>峰时效>过时效，并且随着浸泡时间的延长，剥落腐蚀程度加重，这与前述晶间腐蚀的腐蚀趋势一样。

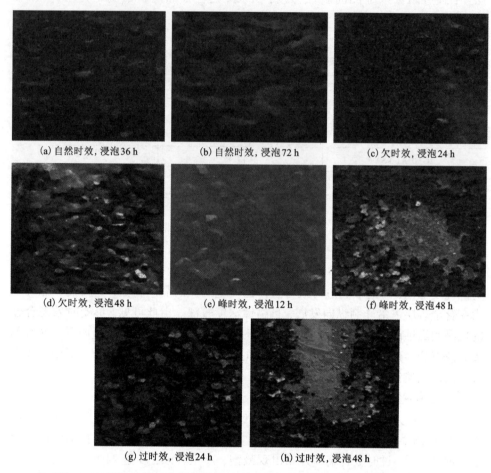

(a) 自然时效, 浸泡36 h   (b) 自然时效, 浸泡72 h   (c) 欠时效, 浸泡24 h

(d) 欠时效, 浸泡48 h   (e) 峰时效, 浸泡12 h   (f) 峰时效, 浸泡48 h

(g) 过时效, 浸泡24 h   (h) 过时效, 浸泡48 h

图 6-34   形变时效态合金在 EXCO 溶液中浸泡不同时间后的剥蚀宏观形貌

表 6-18   形变时效态合金在 EXCO 溶液中浸泡不同时间后的剥蚀等级

浸泡时间/h	8	12	16	24	36	48	72
自然时效	P	P	P	P	EA	EA	EA
欠时效	P	P	P	EA	EC	EC	ED
峰时效	P	EA	EA	EB	EC	ED	ED
过时效	EA	EA	EB	EC	ED	ED	ED

3. 极化曲线

形变时效态合金在 EXCO 溶液中的极化曲线如图 6-35 所示。通过 Tafel 分析极化曲线所测得的电化学腐蚀参数列于表 6-19 中。由表 6-19 可以看出,自然时效合金的抗剥落腐蚀能力较好。而三种人工时效的形变时效态合金随着时效时间的延长,合金的自腐蚀电位负移,自腐蚀电流逐渐增大,表明随着时效时间的延长合金的腐蚀倾向性增大。合金的腐蚀速率也是随着时效时间的延长而增大的。与自然时效合金相比较,欠时效、峰时效与过时效合金的腐蚀速率要大很多。可见,极化曲线反映的合金腐蚀倾向性大小与剥落腐蚀浸泡实验结果具有一致性。

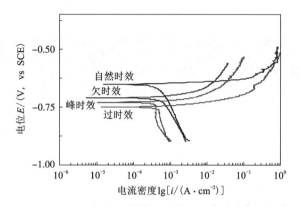

图 6-35　形变时效态合金(T8 态)的极化曲线

表 6-19　形变时效态合金(T8 态)的电化学腐蚀参数

时效状态	腐蚀电位 E_{corr}/V	腐蚀电流 I_{corr}/(A·cm^{-2})	腐蚀速率/(mm·a^{-1})
T-NA	−0.65531	0.00013833	1.5108
T-UA	−0.71083	0.00021426	2.3402
T-PA	−0.72889	0.00030518	3.3331
T-OA	−0.74961	0.00043632	4.7655

6.3.3　双级时效态合金的晶间腐蚀与剥落腐蚀

双级时效态合金腐蚀试样在 530 ℃下固溶 60 min 后水淬,然后经 3.5%预冷变形后再进行双级时效处理,其时效工艺及腐蚀试样编号如表 6-20 所示。

表 6-20　双级时效工艺及腐蚀试样编号

时效处理制度	晶间腐蚀	剥落腐蚀	电化学测试
3.5%预变形+120 ℃/2 h+160 ℃/24 h	IG-DA	EX-DA	T-DA

1. 晶间腐蚀

图 6-36 为双级时效态合金晶间腐蚀后剖面组织的金相照片,表 6-21 为双级时效态合金晶间腐蚀后的等级评定。双级时效态合金在晶间腐蚀溶液中浸泡后,其样品表面沿板材轧制方向也能观察到明显的线状腐蚀槽。由图 6-36 可以看出,双级时效态合金在浸泡 24 h 后已发生明显的晶间腐蚀,其腐蚀形态表现为在合金表层下沿轧制纵向发展。与 T8 峰时效合金相比,双级时效态合金的腐蚀深度较小,表明双级时效处理能提高合金的抗晶间腐蚀性能。

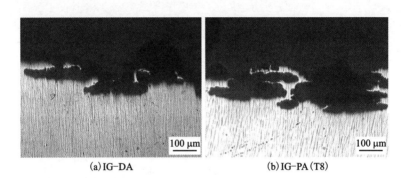

(a) IG-DA　　　　　　　　　　(b) IG-PA(T8)

图 6-36　双级时效态合金与 T8 峰时效合金晶间腐蚀后的剖面组织

表 6-21　双级时效态合金与 T8 峰时效合金腐蚀试样的最大腐蚀深度和腐蚀等级

腐蚀试样	最大腐蚀深度/μm	晶间腐蚀等级
IG-DA	128.4	4
IG-PA(T8)	134.9	4

2. 剥落腐蚀

图 6-37 为双级时效态合金在 EXCO 溶液中浸泡不同时间后典型的剥蚀形貌,表 6-22 为双级时效态合金在 EXCO 溶液中腐蚀的发展过程。在 EXCO 溶液中浸泡约 12 h 后,合金开始出现鼓泡,且随着浸泡时间的延长,剥蚀程度加重;浸泡 36 h 后,合金表层的一些鼓泡部位开始破裂,逐渐露出新的表层;浸泡 48 h 后,合金的表层已经剥落,其腐蚀等级已发展成最严重的 ED 级。与 T8 峰时效合金相比,双级时效态合金的剥落腐蚀性能没有很大的区别。

表 6-22　双级时效态合金在 EXCO 溶液中浸泡不同时间后的剥蚀等级评价

浸泡时间/h	8	12	16	24	36	48
双级时效	P	EA	EA	EB	EC	ED

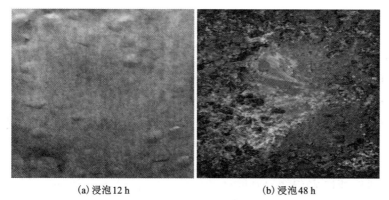

(a) 浸泡12 h　　　　　　　　　　　　(b) 浸泡48 h

图 6-37　双级时效态合金在 EXCO 溶液中浸泡不同时间后的剥蚀宏观形貌

3. 极化曲线

　　双级时效态合金和 T8 峰时效合金在 EXCO 溶液中的极化曲线如图 6-38 所示。通过 Tafel 分析极化曲线所测得的电化学腐蚀参数列于表 6-23 中。由图 6-38 和表 6-23 可以看出，与 T8 峰时效合金相比，双级时效态合金的自腐蚀电位较高，自腐蚀电流较低，且腐蚀速率较小，这表明双级时效处理能提高合金的抗腐蚀性能。

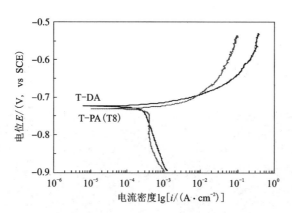

图 6-38　双级时效态与 T8 峰时效合金的极化曲线

表 6-23　双级时效态合金与 T8 峰时效合金的电化学腐蚀参数

时效状态	腐蚀电位 E_{corr}/V	腐蚀电流 I_{corr}/(A·cm^{-2})	腐蚀速率/(mm·a^{-1})
T-DA	−0.72353	0.00026575	2.9025
T-PA(T8)	−0.72889	0.00030518	3.3331

6.3.4 合金腐蚀过程的显微组织演变

图 6-39 是峰时效态合金样品在 EXCO 溶液中浸泡不同时间后直接用透射电镜观察的显微组织。从图中可以看出，合金在 EXCO 溶液中浸泡不同时间后，其腐蚀发展程度是不一样的。浸泡时间较短时(3 s)，溶液对合金微观组织的影响不大，晶内没有明显的腐蚀迹象[见图 6-39(a)]，晶界则出现轻微的腐蚀减薄变亮的痕迹，个别晶界的第二相粒子开始溶解，表现为晶界处粗大第二相粒子与基体分离脱落，在电镜视场中该处出现一个明亮的腐蚀空洞[见图 6-39(b)]；延长浸泡时间到 9 s 时，晶内均匀分布的 T_1 相开始溶解[见图 6-39(c)]，晶界的腐蚀现象更加明显，从第二相粒子周围开始，沿着晶界 PFZ 扩展，把粗大的第二相粒子腐蚀空洞连成一片，表现为沿晶界出现了一条明显的空洞亮带[见图 6-39(d)]；进一步延长浸泡时间到 15 s，晶界完全腐蚀，晶内也出现大片的溶解后明亮带[见图 6-39(e)和(f)]，表明合金的腐蚀程度随着浸泡时间的延长而明显增强。

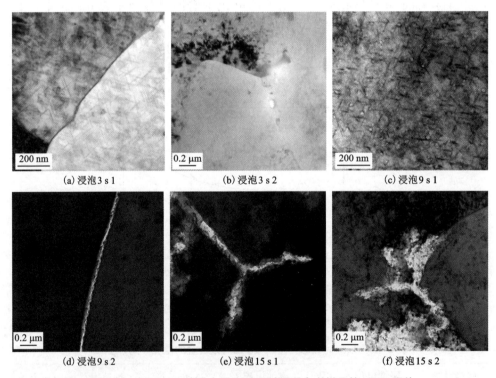

(a) 浸泡 3 s 1　　　　　(b) 浸泡 3 s 2　　　　　(c) 浸泡 9 s 1

(d) 浸泡 9 s 2　　　　　(e) 浸泡 15 s 1　　　　　(f) 浸泡 15 s 2

图 6-39　在 EXCO 溶液中浸泡不同时间后合金样品的 TEM 照片

6.3.5　时效制度对合金腐蚀行为的影响

合金的腐蚀性能与合金的微观组织结构有密切的关系，不同时效状态下合金中脱溶相的数量、形貌、分布均不同，从而引起合金微观组织的变化，影响合金的腐蚀性能。实验合金在自然时效时，合金的组织主要为铜原子偏聚区（G.P区），晶内析出细小、弥散、均匀分布的 Al_3Sc 和 $Al_3(Sc,Zr)$ 粒子，表现出较好的抗晶间腐蚀和剥落腐蚀性能。当合金在 160 ℃下时效时，随着时效状态的不同，合金中析出的强化相 T_1 相的比例及分布也不同。欠时效状态下（160 ℃/24 h），在合金的晶界、亚晶界等处能看到少量短棒状 T_1 相析出，且随着时效时间的延长，T_1 相逐渐长大。峰值时效状态下（160 ℃/40 h），合金中析出大量针状 T_1 相。在晶间腐蚀过程中，T_1 相作为阳极相，与 α(Al) 基体构成腐蚀微电池，T_1 相的阳极溶解导致其晶间腐蚀敏感性随时效时间的延长而逐渐增强。相对于自然时效合金，这两个状态下的合金的局部腐蚀敏感性大大增强。进一步时效至过时效（160 ℃/40 h）时，合金中析出的 T_1 相较粗大，分布不均匀，并且有晶界平衡相析出，形成了较宽的贫 Cu 无沉淀析出带。此时，合金中的 PFZ 和粗大的 T_1 相都可作为阳极相优先溶解，因此，合金的局部腐蚀敏感性进一步增强，晶间腐蚀程度更加严重。

合金在低温度长时间时效（130 ℃/50 h）时，析出的 T_1 相比峰时效态合金的略细小；合金在高温时效（190 ℃/5 h）时，析出的 T_1 相粗大并且有大量晶界平衡相析出。因此，随着时效温度的升高，合金中析出的 T_1 相逐渐粗大，且分布不均匀，此时合金中粗大的 T_1 相将作为阳极相优先溶解，所以，合金的局部腐蚀敏感性随时效温度的升高而增强。单级时效态合金在 EXCO 溶液中剥落腐蚀所表现的规律与晶间腐蚀一致。剥落腐蚀是晶间腐蚀在内应力协同作用下所发生的一种腐蚀形态。在峰时效和过时效状态，实验合金中析出大量的 T_1 相，在过时效状态下还出现了较宽的 PFZ。合金在 EXCO 溶液中腐蚀时，PFZ 和 T_1 相溶解后产生的不溶性腐蚀产物的体积大于所消耗的金属的体积，从而产生"楔入效应"，撑起上面没有被腐蚀的金属层，同时使晶界受到张应力作用，加速裂纹的萌生与扩展，引起剥落腐蚀。

未预变形的合金基体内位错密度很低，时效过程中仅有少量的 T_1 相在晶界处析出，而预冷变形能提高合金的位错密度，为 T_1 相的非均匀形核提供优越的形核场所，使析出的 T_1 相的体积分数增大。T_1 相作为阳极相在腐蚀过程中溶解，会引起合金的晶间腐蚀，同时在亚晶周围形成的位错缠绕增加合金的腐蚀驱动力，因此预变形增强了合金的腐蚀敏感性。但预变形不能改变合金的时效析出相及其组织演变过程，所以形变时效态合金的晶间腐蚀和剥落腐蚀敏感性规律与单级时效态合金的晶间腐蚀和剥落腐蚀敏感性规律一致。值得注意的是，自然时效态合金通常具有较低的晶间腐蚀敏感性，但预冷形变后自然时效态合金也表现出较为明显的晶间腐蚀敏感性。这主要是因为自然时效态合金在固溶后淬火时，合金表面冷却速度大于合金里层，可能在合金表面产生了拉应力，而合金里层则产生压应力；并且，随后进行的预冷变形也存在表层与里层变形不均匀的现象，增加了合金内部的应力。在自然时效过程中，这些应力得不到释放时，合金表层便存在残余拉应力，这种残余拉应力可能引起合金表面晶格扭曲或产生微裂纹，使这些部位电位降低，在腐蚀介质中因阳极相溶解而造成腐蚀坑。同时，合金残余拉应力由表面拉应力逐渐过渡至内部压应力，且合金晶粒为平行于轧制面的层状结构，这样应力集中主要存在于与轧制面平行的晶界处，并使此处的金属活化，导致在合金表面某些部位的腐蚀沿平行于轧制面的晶界发展，产生晶间腐蚀。

通过实验发现，先低温后高温的双级时效工艺能适当提高合金的抗腐蚀性能。在低温预时效阶段，合金的过饱和度大，能形成大量的脱溶产物核心，脱溶产物晶核尺寸小且极为弥散；在高温时效阶段，合金能达到必要的脱溶程度以及得到理想尺寸的脱溶产物。所以，与高温一次时效相比，这种两阶段时效可使强化相 T_1 相析出的密度更高且分布均匀，减少晶界平衡相数量，从而改善合金的腐蚀性能。

6.3.6　合金的腐蚀机制

时效制度的不同导致铝合金局部腐蚀性能产生差异是通过影响组织形状、析出相的分布、密度及尺寸而造成的，由此将涉及不同析出相与基体电化学行为的差异及其在腐蚀过程中的作用。前面的研究表明，实验合金的主要强化相 T_1 相在各个时效态中都有析出，且 T_1 相随着时效温度的升高和时效时间的延长而粗化，在过时效态合金中晶界还能观察到粗大平衡相的析出以及无沉淀带的形成。另外，在合金中还发现很多与基体共格的 Al_3Sc 和 $Al_3(Sc, Zr)$ 粒子，这些粒子细小、弥散、均匀分布在基体中，且随着时效温度的升高和时效时间的延长未见明显粗化，对合金的腐蚀性能的影响很小。因此，对于实验合金，时效处理主要通过以下因素影响合金的腐蚀性能：①固溶体的贫化，溶质的偏聚；②T_1 相的形貌和分布；③PFZ 的形成和宽化。这三个因素都使合金腐蚀性能下降，而且对合金腐蚀性能的影响依次增强。在时效前期，以固溶体的贫化和溶质的偏聚为主，使合金腐蚀性能下降，同时有少量 T_1 相在晶界析出；随着时效时间的延长，T_1 相大量析出，成为引起合金腐蚀敏感性的主要原因；在时效后期，则以 PFZ 的形成和宽化为主要影响因素。除此之外，晶界粗大平衡相的析出也是影响合金腐蚀性能的一个重要原因。

关于 Al-Cu-Li 系合金的腐蚀机制，大家存在不同的观点。Buchheit 等[30] 通过制备与 2090Al-Li 合金中 T_1 相等同的块状相，并观测其电化学行为，发现 T_1

相的电化学活性最高, 相对基体而言 T_1 相为阳极相, 合金腐蚀时 T_1 相作为阳极相优先溶解并产生弥散的孔蚀; Kumai 等[31]却认为, 合金中的 T_1 相为阴极相, 而晶界和亚晶界边缘的贫 Cu 无沉淀析出带为阳极相, 晶间腐蚀和亚晶界腐蚀是贫 Cu 无沉淀析出带的溶解造成的; Wall 等[32]也从 T_1 相在亚晶界的不连续分布, 对 T_1 相阳极溶解这一机制提出了质疑, 并阐述了与 Kumai 等相类似的观点。魏修宇等[33]测定 T_1 相和 PFZ 在晶间腐蚀介质中的开路电位分别为-0. 77 V 和-0. 78 V, 它们都明显低于 α(Al) 基体的开路电位(约-0. 62 V), 两者都可作为阳极相在腐蚀过程中溶解, 对合金的腐蚀产生很大的影响。本实验合金的对比腐蚀 TEM 观察表明, 在腐蚀初期, 合金的溶解腐蚀主要在合金晶界处第二相粒子及其周围发生, 如图 6-39 所示。能谱分析(见图 6-40)发现, 合金晶界处第二相粒子富含 Al、Cu 等元素(Li 元素未能检测出来)。有研究表明[34], Al-Cu-Li 合金过时效时合金晶界处是 T_B($Al_{75}Cu_4Li$) 相、T_2(Al_6CuLi_3) 相和 R(Al_5CuLi_3) 相等平衡相。因此, 我们认为合金在腐蚀初期, 首先是晶界析出相中的高化学活性元素 Li 优先被化学溶解并发生阳极反应, 合金腐蚀组织表现为晶界处第二相粒子与基体分离脱落, 如图 6-39(b)所示, 此时, 晶内的 T_1 相由于均匀弥散, 腐蚀程度远不如晶界强烈。随着腐蚀过程的进行, 在亚晶界析出的 T_1 相中的高化学活性元素 Li 被溶解后, 剩余组元(具有 Al_2Cu 的原子配比)电位变正, 构成局部阴极, 与其周围的晶界无沉淀析出带组成腐蚀电池, 此时, 晶界无沉淀析出带将承担主要的阳极电流, 合金局部腐蚀主要表现为连续的(亚)晶界腐蚀[见图 6-39(d)]。晶界无沉淀析出带阳极溶解至一定程度后, 新的 T_1 相暴露于溶液中, 如此反复交替进行, 在腐蚀后期, 腐蚀由晶界发展到晶内[见图 6-39(e)和(f)]。因此, 合金的腐蚀机制既不同于 Buchheit 等的 T_1 相阳极溶解机制, 也不同于 Kumai 等和 Wall 等的 PFZ 溶解机制, 而是在不同的腐蚀阶段有不同的腐蚀形式。

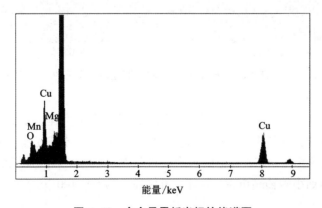

图 6-40 合金晶界析出相的能谱图

6.4 低 Cu/Li 比 Al-Cu-Li-Sc-Zr 合金的组织与性能

6.4.1 热轧/冷轧与退火工艺对合金组织与性能的影响

1.热轧/冷轧与退火工艺对合金组织的影响

图 6-41 为低 Cu/Li 比的 Al-1.53Cu-1.73Li-0.08Sc-0.11Zr 合金(1445 合金)在冷轧态、热轧态、冷轧固溶态(固溶工艺为 530 ℃保温 1 h)和热轧固溶态(固溶工艺为 530 ℃保温 1 h)等不同处理状态下的金相组织,四种不同处理状态下的合金板材金相组织都表现出典型的轧制变形组织特征,主体为平行于轧向被拉长的纤维状组织。

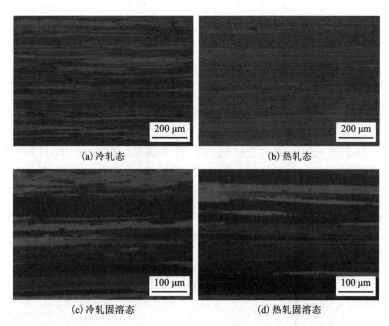

(a) 冷轧态　　　　　　　　(b) 热轧态

(c) 冷轧固溶态　　　　　　　(d) 热轧固溶态

图 6-41　低 Cu/Li 比 1445 合金在不同处理状态下的金相组织

由于在 530 ℃下保温 1 h 后进行冷轧的板材仅会发生程度较低的再结晶,对于热轧加工而言,高温加工过程中合金软化会释放一部分畸变能,导致再结晶驱动力不足。对比图 6-41 中合金的各个处理状态发现,经热轧加工的板材在固溶处理后形成的细小等轴晶更少,其轧向纤维厚度为 50~100 μm,再结晶晶粒尺寸约为 30 μm。

退火处理常作为过渡工艺出现于铝合金各加工道次之间,其目的在于降低合金的脆硬性、改善其加工塑性，并释放之前加工变形所积累的应力。由于退火工艺中的高温处理会大幅释放变形组织的畸变能，因此退火处理可用于控制合金材料固溶处理之后的组织形态，例如改变再结晶的择优取向、一定程度上控制再结晶晶粒的尺寸以及保留变形组织[35-36]。图 6-42 为在 300 ℃退火处理 4 h 和 400 ℃退火处理 2 h 的退火态和退火后固溶态(固溶工艺均为 530 ℃保温 1 h)1445 合金的金相组织。由图 6-42 可以看出，在两种处理工艺下，1445 合金板材均只出现了部分尺寸接近的细小等轴晶，但再结晶程度分布得并不均匀，这可能是由于 1445 合金中添加的微合金化元素会大幅度提高合金的再结晶温度，导致在 300 ℃和 400 ℃下进行退火时效果并不明显。

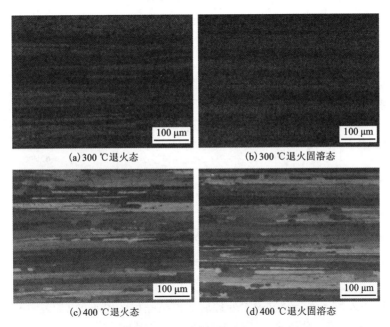

(a) 300 ℃退火态　　　　　　　(b) 300 ℃退火固溶态

(c) 400 ℃退火态　　　　　　　(d) 400 ℃退火固溶态

图 6-42　退火态和退火固溶态 1445 合金的金相组织

2. 热轧/冷轧与退火工艺对合金拉伸性能的影响

表 6-24 为低 Cu/Li 比 1445 合金在不同工艺处理下并经由 T8 峰时效后不同方向的拉伸性能。由表 6-24 可以看出，在固溶处理前进行退火或热加工，会在一定程度上对合金的拉伸性能及其各向异性造成影响。具体而言，本实验中的样品在时效处理后的组织形貌基本与时效前一致，组织取向依旧平行于轧向，未观察到明显的再结晶现象，具体体现在合金的宏观拉伸性能上，即平行于轧向的强度较垂直于轧向的强度要高出 20~30 MPa。1445 合金各向异性的程度都要高于传统的铝合金，这可能是由于合金板材本身的再结晶程度较低，退火工艺对再结

晶程度的改变并不明显。然而，从理论上来说，合适的高温退火工艺可以大幅度地释放加工中所积累的变形储能，削弱再结晶程度，从而更多地保留加工组织结构及相关性能[37-39]。这一点在实验结果中得到了验证，尽管幅度仅限于 20 MPa 以内，但经退火和热加工的合金沿轧向的强度要高于冷加工板材，而垂直于轧向的拉伸性能则无明显区分，即板材表现出了更显著的各向异性。

表 6-24　1445 合金在不同加工热处理制度下不同方向的拉伸性能（T8 态）

状态	方向	R_m/MPa	IPA/%	$R_{p0.2}$/MPa	IPA/%	A_{50}/%	IPA/%
冷轧	轧向	492.1	4.8	432.2	4.6	8.4	-6.7
	横向	470.2		412.1		9.0	
冷轧 300 ℃×4 h 退火	轧向	498.4	5.4	438.4	4.8	8.4	-9.7
	横向	471.7		417.7		9.3	
冷轧 400 ℃×2 h 退火	轧向	506.4	7.1	447.8	6.0	8.2	-9.9
	横向	470.2		420.9		9.1	
热轧	轧向	500.1	6.2	438.4	5.3	8.5	-4.5
	横向	469.7		415.4		8.9	

注：IPA $=(I_0-I_{90})/I_0\times100\%$。

6.4.2　固溶处理对合金组织的影响

1. 固溶处理时间对合金金相组织的影响

图 6-43 为 1445 合金冷轧板材经 530 ℃固溶处理 1 h 和 2 h 后的金相组织。由图 6-43 可发现，合金经过固溶处理后的再结晶程度较低，以回复过程为主，保留了大量变形组织。分析合金冷轧板材经 530 ℃固溶处理 1 h 或 2 h 后的晶粒尺寸，发现平行于轧向的长条状晶粒宽度为 10～20 μm，细小等轴晶约为 30 μm。对比两种不同固溶处理时间的试样金相图发现，合金冷轧板材经 530 ℃固溶处理 1 h 后几乎全部为变形组织，而固溶处理 2 h 后的合金试样同样以变形组织为主，但局部区域已经产生了大量的细小晶粒［见图 6-43（c）和（d）中箭头所示区域］，表明合金冷轧板材经 530 ℃固溶处理 2 h 后出现了少量再结晶现象。

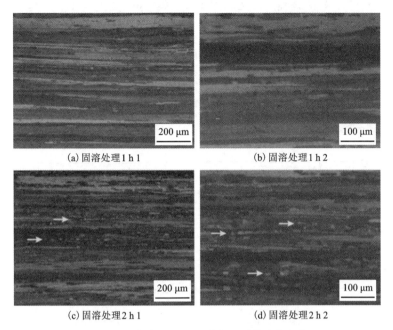

(a) 固溶处理 1 h 1

(b) 固溶处理 1 h 2

(c) 固溶处理 2 h 1

(d) 固溶处理 2 h 2

图 6-43　合金 530 ℃固溶处理后的金相组织

2. 固溶处理前后合金的微观组织与元素分布

图 6-44 为合金冷轧板材中的颗粒状强化粒子分布及其 EDS 分析。如图 6-44(a)和(b)所示，冷轧板材中发现两种粒子，一种是相对稀疏、粗大的颗粒(颗粒 A)，其尺寸为 1~5 μm，另一种是相对弥散、细小的颗粒(颗粒 B)，尺寸小于 1 μm。EDS 分析表明，颗粒 A 的主要组成元素是 Al、Ni 和 Fe[见图 6-44(c)]且 A 粒子中的 Fe/Ni 摩尔比接近 1∶1，结合文献[40-43]判断 A 粒子为 Al$_9$FeNi 相；颗粒 B 主要含有 Al、Cu 和 Mg 元素[见图 6-44(d)]。值得关注的是，合金微观组织中未发现 W 相，这是一种典型的有害相，通常存在于含 Sc 的 Al-Cu 和 Al-Cu-Li 合金中[44-47]。

固溶处理后的合金板材组织中析出粒子的 BSE 形貌和 EDS 分析结果如图 6-45 所示。BSE 形貌显示固溶态合金板材中的析出粒子数量明显减少[见图 6-45(a)和(c)]，尤其是含有 Al、Cu 和 Mg 元素的弥散、细小粒子消失了，只有较大的粒子存在；EDS 分析结果显示[见图 6-45(b)和(d)]，这些尺寸为 1~5 μm 的较大粒子为 Al$_9$FeNi 颗粒，这表明固溶处理对 Al$_9$FeNi 粒子的影响不大。固溶前后的合金板材组织中也没有发现常存在于 Al-Cu 或 Al-Cu-Li 合金的杂质颗粒 Al$_7$Cu$_2$Fe 相[48-51]。

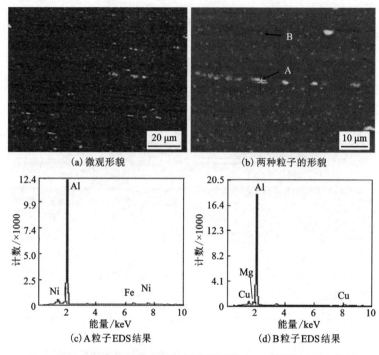

(a) 微观形貌　　　(b) 两种粒子的形貌

(c) A粒子EDS结果　　　(d) B粒子EDS结果

图6-44　合金冷轧板材中两种析出粒子的 BSE 形貌和 EDS 分析

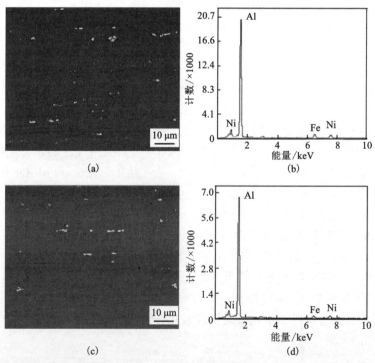

(a)　　　(b)

(c)　　　(d)

图6-45　固溶态合金板材组织中析出粒子的 BSE 形貌(a，c)和 EDS 分析结果(b，d)

为了进一步确定固溶态合金中粒子的组成元素,采用电子探针分析仪(EPMA)检测了元素的分布。图 6-46 为固溶态合金板的 BSE 图像和元素面扫描图谱,因为 Fe 是杂质元素,所以元素面扫描过程中没有对其进行单独分析。根据图 6-46(a) 的 BSE 图像可以发现沿轧制方向存在一些粒径为 0.5~3 μm 的颗粒。结合前文分析可以判断这些颗粒主要是富镍颗粒[见图 6-46(c)],尽管一些颗粒富含 Cu 和 Mn 元素[见图 6-46(d) 和(e)],但它们的含量明显小于富镍颗粒。在 Sc 和 Zr 两种元素的面扫描分析中,发现 Sc 元素沿轧制方向富集和分布[见图 6-46(f)]。Zr 元素往往与 Sc 元素结合在一起,显示出相同的分布特征[见图 6-46(g)]。在图 6-46(f) 和图 6-46(g) 中虚线圈标记的区域可以观察到 Sc 和 Zr,这确定了合金中形成了 $Al_3(Sc, Zr)$ 颗粒。此外,它们的带状分布特征也进一步证明它们主要是在退火和热机械过程中形成的[49-51],而不是在 150 ℃固溶处理4 h 或 170 ℃时效处理 110 h 过程中形成的。从总体来看,微合金化元素分布形式有所不同,其中仅有 Sc、Zr 元素在分布上表现出了一定规律,即平行于轧向分布的层状结构分布,其余元素如 Mn、Ni 则偏聚表现为难溶颗粒,剩余元素如 Cu、Mg、Ag 等则均匀分布于基体中。

图 6-47 为通过固溶处理后的试样经 Keller 试剂轻微腐蚀处理后的元素分布图,可见此时 Mn 与 Al 元素在部分区域富集,Sc 元素仍然主要偏聚于原始晶界处,而 Zr 元素在晶界中的含量骤减,可能是由于 Zr 元素在轻微腐蚀过程中快速溶解于溶液。

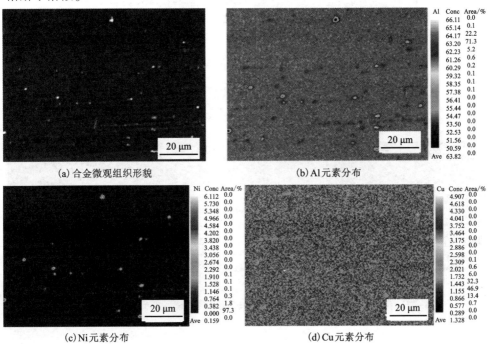

(a) 合金微观组织形貌　　(b) Al 元素分布

(c) Ni 元素分布　　(d) Cu 元素分布

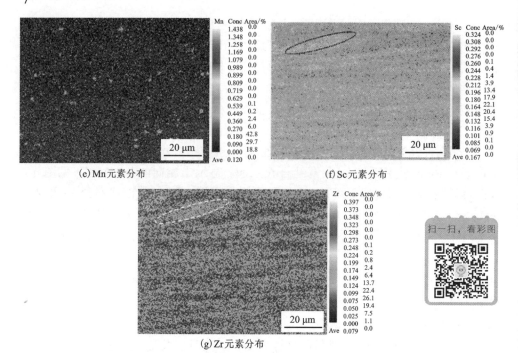

(e) Mn元素分布　　　　　　　　(f) Sc元素分布

(g) Zr元素分布

图 6-46　固溶态合金板(530 ℃固溶 1 h)的 BSE 图像和元素面扫描图谱

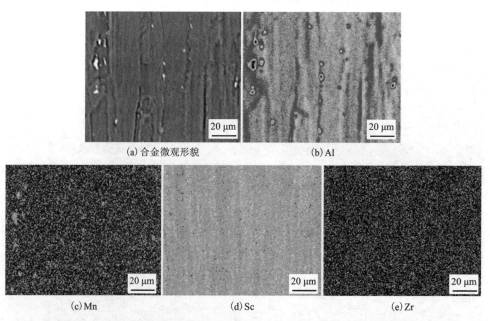

(a) 合金微观形貌　　　　　　　　(b) Al

(c) Mn　　　　　　　　(d) Sc　　　　　　　　(e) Zr

图 6-47　合金经 530 ℃固溶处理 1 h 和轻微腐蚀处理后的元素分布面扫描结果

图 6-48 显示了 1445 合金板材在 530 ℃ 下固溶处理 1 h 后的 ODF 图,分析发现固溶处理后的合金板材存在三种变形织构:Copper{112}<111>、Brass {011}<211> 和 S{123}<634>,其体积分数分别为 11.1%、24.3% 和 25.1%。变形织构的总体积分数高达 60.5%,这进一步证明了合金在 530 ℃ 固溶处理后未再结晶。合金这种难再结晶的特性可能与添加包含 Sc、Mn、Zr 等抑制再结晶的微合金化元素有关。

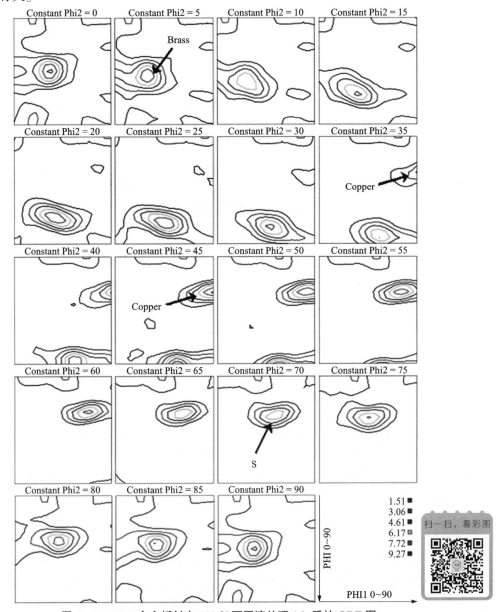

图 6-48　1445 合金板材在 530 ℃ 下固溶处理 1 h 后的 ODF 图

图 6-49 为 530 ℃固溶处理 1 h 的合金板材在纵向截面上的反极图(IPF)和结构分布的 EBSD 图像。图 6-49 显示的合金反极图(IPF)中的黑线代表大角度晶界(HAB, $\theta > 10°$),而小白线代表小角度晶界 (LAB, $2° < \theta < 10°$)。很明显,在一些被 HAB 包围的细长晶粒中存在着许多密集的 LAB,它们实际上是位错阵列。根据不同取向误差的边界,可以定义不同的结构。亚晶界的准则定义为 $\theta_c = 2°$,而晶界的准则定义为 $\theta_{GB} = 10°$,同时一个晶粒内的平均取向误差定义为 θ_0。如果一个晶粒内的 θ_0 大于 2°,则该晶粒属于变形晶粒。在被 LAB 包围的一个区域内,如果 θ_0 小于 2°,但其与邻近区域的取向误差大于 2°,则该区域被定义为亚结构晶粒(亚晶粒),其他晶粒被定义为再结晶晶粒。

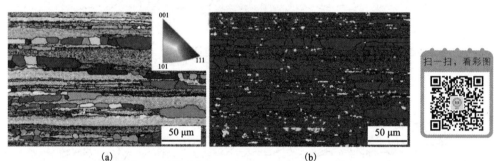

图 6-49　530 ℃固溶处理 1 h 的合金板材在纵向截面上的 IPF(a)和结构分布的 EBSD 图像(b)

图 6-49(b)显示了基于上述 EBSD 分析的再结晶晶粒、亚晶粒和变形结构的分布图,其中蓝色晶粒代表再结晶晶粒。小黑线代表 LAB,与图 6-49(a)中的小白线相对应。因此,嵌入小黑线的红色表示变形结构(变形晶粒),黄色表示亚晶粒。图 6-49 的 EBSD 图像进一步表明,固溶态合金板中只发生了部分再结晶现象。

图 6-50 为根据 EBSD 分析得到的合金内部不同结构的面积分数和取向角分布(MAD)直方图。如图 6-50(a)所示,再结晶晶粒所占分数低于 40%,而变形结构所占分数略高于 60%;从图 6-50(b)中可观察到具有高比例 LAB($\theta < 10°$)和较低比例 HAB($50° < \theta < 60°$)的双峰特征,这也意味着固溶态合金的大部分区域未发生再结晶。

合金板材在 530 ℃下固溶处理后的再结晶特性与其他铝锂合金冷轧板材固溶处理后的再结晶特性有很大不同。为了进行比较,对比观察了固溶态 2050(Al-3.59Cu-1.02Li-0.4Mg-0.4Ag-0.3Mn-0.1Zr)、2075(Al-4.25Cu-0.85Li-0.2Ag-0.1Mn-0.12Zr-0.05Ni)和 0.08% Sc 微合金化的 2070(Al-3.36Cu-1.19Li-0.4Mg-0.4Zn-0.3Mn-0.1Zr-0.08Sc)三种铝锂合金板材的晶粒结构,为保障合

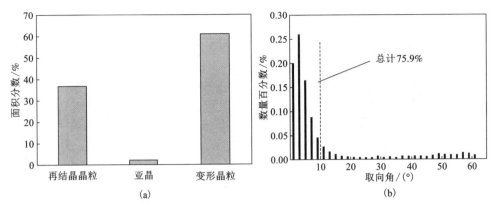

图 6-50　根据 EBSD 分析得到的固溶态合金板材不同结构的面积分数(a) 和
取向角分布(MAD) 直方图(b)

金制备与处理工艺类似，采用与本文 1445 合金类似的制备工艺。图 6-51 为固溶
态 2050 铝锂合金板材的金相图、IPF 图以及 EBSD 图，分析表明固溶态 2050 合金
冷轧板材已经完全再结晶。图 6-52(a) 为固溶态 2075 合金冷轧板材，可发现其
也已经发生了完全再结晶，而在固溶态的 0.08%Sc 微合金化 2070 合金冷轧板材
金相组织中[见图 6-52(b)]，虽然观察到一些细长的类变形组织晶粒，但其再结
晶程度明显远大于固溶态 1445 合金。

图 6-51　固溶处理后的 2050 合金冷轧薄板金相图(a)、IPF 图(b) 以及 EBSD 图(c)

关于许多微合金化元素，如 Mn、Zr、Sc(Zr 与 Sc 元素常同时出现) 等，在铝
合金的回复、再结晶行为中发挥的作用，学界已积累了很多研究成果。如以 Mn、
Zr 为代表的过渡族元素的原子作为溶质在铝合金基底中溶解度有限，其形成的第
二相可以均匀地弥散分布且其扩散速率不高，其中含 Zr 析出相为球状粒子，而
Al 和 Mn 可形成 $Al_{12}Mn$、$Al_{11}Mn_4$ 以及 Al_6Mn 等弥散相[35, 52]，这些第二相形核后
尺寸相对稳定，不容易出现过度粗化现象[53]。这种弥散分布的第二相粒子可为

图 6-52　固溶态 2075(a) 和固溶态 2070+0.08%Sc(b) 合金板材的金相组织

合金提供大量再结晶形核位点，促进细小晶粒的形成，同时这些硬质第二相粒子可钉扎晶界，作为晶界扩张的阻力限制再结晶晶粒的长大速度。

　　总而言之，1445 合金中含有的微合金化元素在热处理过程中形成了均匀弥散分布的第二相，在轧制的机械作用下最终表现为平行于轧向的层状分布，并在试样固溶处理时抑制了其再结晶行为的发生。

6.4.3　冷变形/固溶制度对合金组织与性能的影响

1. 不同冷变形/固溶制度下合金的金相组织

　　图 6-53 是冷轧变形程度分别为 50%、60%、70%、80% 和 90% 的合金板材在 530 ℃下保温 1 h 后的纵截面金相形貌。如图 6-53 所示，50% 变形程度的冷轧板在 530 ℃保温下 1 h 后的再结晶程度较小，仅生成了少量的细小等轴晶，平均尺寸为 30 μm，绝大多数变形组织均得到了保留。随着变形程度的提高，变形储能也相应升高，理论上变形储能是再结晶的驱动力，但是再结晶程度并没有出现相应的上升，反而合金中出现了更多变形纤维状组织，这一点在 80% 和 90% 变形程度的板材中尤为明显。但是借助高倍金相图片可以观察到，0.5 mm 的板材在固溶后出现了许多尺寸极小的细小等轴晶，平均为 5 μm，其形貌有异于变形程度小的冷轧板材，均为平行于轧向的长条状组织形貌。

　　将 530 ℃保温时间延长为 2 h 后，如图 6-54 所示，合金组织形貌较保温 1 h 时无明显变化，只是再结晶晶粒数量及尺寸有些许增加但增加幅度不大，整体变形组织仍然呈层状分布。因此，530 ℃并不足以使冷加工板材发生明显的再结晶。

　　在 530 ℃的基础上以 20~25 ℃为单位逐步升温，观察在更高固溶温度下的合金金相组织，图 6-55 和图 6-56 分别为不同冷轧变形量的合金板材在 555 ℃和 575 ℃固溶处理 1 h 后的金相组织。由图 6-55 可知，当温度提升至 555 ℃后金相

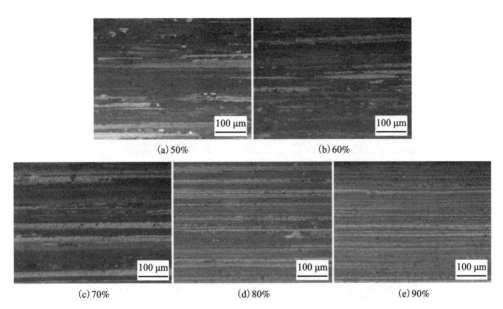

(a) 50%　　　　　　　(b) 60%

(c) 70%　　　　　　(d) 80%　　　　　　(e) 90%

图 6-53　不同冷轧变形量的合金板材经 530 ℃×1 h 固溶处理后的金相组织

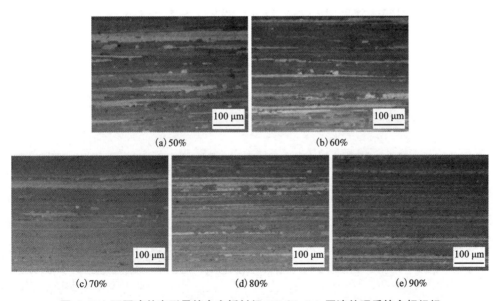

(a) 50%　　　　　　　(b) 60%

(c) 70%　　　　　　(d) 80%　　　　　　(e) 90%

图 6-54　不同冷轧变形量的合金板材经 530 ℃×2 h 固溶处理后的金相组织

组织仍没有本质上的改变,各个变形程度的晶粒形貌与 530 ℃的相比无明显变化。

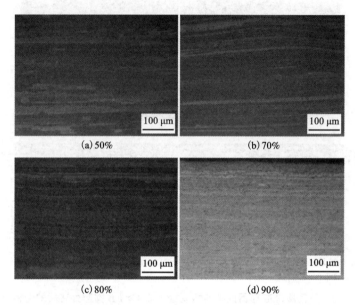

图 6-55 不同冷轧变形量的合金板材经 555 ℃×1 h 固溶处理后的金相组织

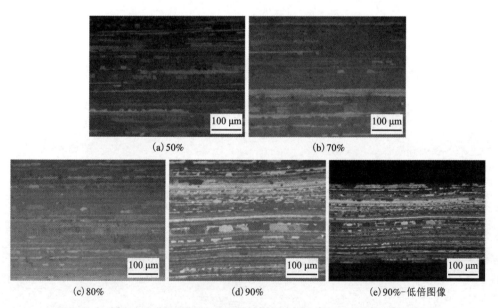

图 6-56 不同冷轧变形量的合金板材经 575 ℃×1 h 固溶处理后的金相组织

当温度提升至 575 ℃时，由图 6-56 可知，虽然合金内仍保留大量变形纤维状组织，但再结晶晶粒无论在数量还是尺寸上都有较大幅度的增加。其中冷轧加工的合金再结晶程度提升得较为明显，尤其是变形程度达到 90% 的板材，在压力加工下的流线组织中出现了许多细小晶粒，甚至在一定程度上截断了原有的流线状变形纤维。此外，单独拍摄了 90% 变形程度板材的低倍图像，从图中可以看出晶粒尺寸的变化表现出了一定的规律性，在板材的表面区域，由于受热充分，再结晶驱动力更大，相应晶粒尺寸的分布区间为 50~100 μm，较其他区域而言整体偏大。

当在 600 ℃下处理时，合金发生过烧，图 6-57 截取了变形程度相对较低的区域作为金相照片，各个变形程度的合金在此温度下保温 1 h 后变形组织都明显减少，转变为典型的等轴晶粒，同时尺寸明显增大，只在 99% 变形量下仍可观察到残留的变形形貌，这足以证明合金板材发生了充分的再结晶。同时，这与575 ℃处理时有两点相似之处：①在 600 ℃下处理的合金板材的再结晶晶粒大小随之前的冷变形程度提高而减小，这可能是由于变形引入的许多位错缠结为再结晶形核提供了大量附着点，导致晶粒细化；②靠近板材表面的区域晶粒相对于板材内部区域的更为粗大，这可能是一定厚度的薄板在压力加工过程中由金属的塑性（流动性）及轧辊的表面摩擦力共同作用引起的不均匀变形导致的，在这种情况下材料内部的变形程度反而要高于材料表面，材料内部更大量的位错缠结将提高合金再结晶形核率，故而其晶粒尺寸也会相对表面的更为细小。

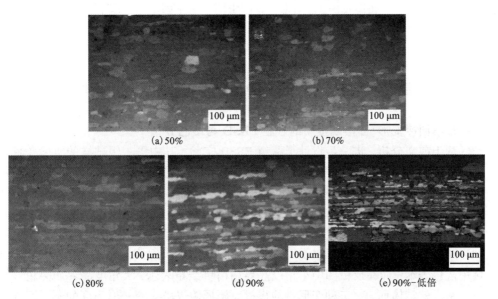

(a) 50%　　　　　　　　　　(b) 70%

(c) 80%　　　　　(d) 90%　　　　　(e) 90%-低倍

图 6-57　不同冷轧变形量的合金板材经 600 ℃×1 h 固溶处理后的金相组织

综上所述，在555℃以下保温时，合金几乎不发生再结晶，未观察到大面积的等轴细晶，冷变形提供的再结晶驱动力不仅不足以促使再结晶的发生，反而在冷变形达到一定程度后使纤维状组织的比例出现部分提升，且合金固溶处理时出现的少量再结晶晶粒尺寸也有一定程度上的减小。当温度达到575℃及以上后，合金金相组织出现明显的再结晶现象，且随着冷变形程度的升高，晶粒长大得更为明显。

为更加直观地表述温度、冷变形对再结晶的影响，统计整合了相关数据并绘制了图6-58。由图可发现以下四个现象：①随固溶温度的提升，再结晶程度越深，再结晶晶粒尺寸越大；②冷变形程度越高，再结晶晶粒越多，尺寸越小；③再结晶驱动力越高，再结晶程度越大；④除非发生完全再结晶，否则再结晶晶粒基本都平行于轧向分布。

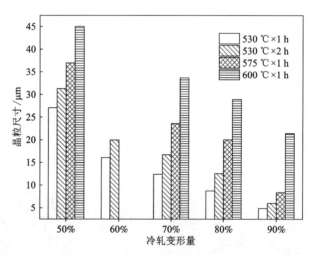

图6-58 合金在不同固溶温度和冷轧变形量下的再结晶晶粒尺寸

2. 不同冷变形/固溶制度下的合金EBSD再结晶分布

基于前文分析，进一步设计了两组EBSD实验，其中第一组试样的实验条件为同一固溶温度（530℃，固溶处理1 h）、不同冷变形量（70%、80%和90%），第二组试样的实验条件为相同冷变形量（50%）、不同固溶温度（530℃、555℃和575℃，固溶时间均为1 h）。

图6-59为第一组实验所对应的EBSD照片，包括再结晶分布图与反极图。如再结晶分布图所示，变形组织用红色表示、亚结构组织用黄色表示、再结晶区域用蓝色表示；而在反极图中小角度晶界用白色线条表示、大角度晶界用黑色线条表示。就整体而言，三种变形量的板材原始形貌仅由于冷变形程度的不同而在变形纤维状组织的厚度上有所出入，在固溶处理后三种板材都只在纤维状组织之

间发生了部分再结晶。由此可知，合金板材在保温过程中的再结晶驱动力不足，整个过程以回复为主，主要为变形组织。

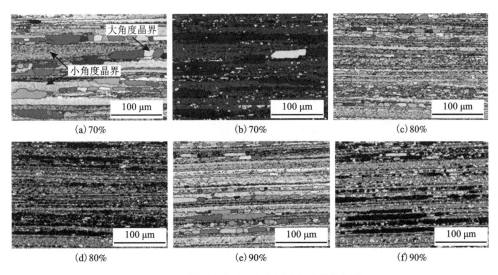

(a)(c)(e)为反极图；(b)(d)(f)为再结晶分布图。

图 6-59　不同冷轧变形量的合金板材在 530 ℃ 固溶处理 1 h 后的 EBSD 照片

图 6-60 统计了几种变形程度下合金板材的再结晶程度对比以及对应的晶粒尺寸变化(误差棒代表相应数据的波动范围)。由图可以发现，合金板材在 530 ℃ 固溶 1 h 后，局部区域可观察到再结晶晶粒的出现且晶粒已发展至较大规模，此类再结晶晶粒形貌大多呈平行于轧向分布且多表现为平行于轧向的长条状，与前文的金相结果相符合。这种典型组织的形成原因主要归结于以下两点。①由于加工前原始合金的晶粒间存在取向上的差异，尽管加工过程中的压力大小、方向始终不变，但各晶粒的变形行为并不完全一致，其中施密特因子较大的晶粒更容易产生滑移变形，因而其储存的畸变能更高，再结晶驱动力会更充足，使得其再结晶行为优先集中在同一层进行。②在再结晶程度较低的低温固溶过程中，由于形核率较低，再结晶晶粒一旦形核，由于缺乏其他晶粒生长的竞争和限制会更倾向于优先长大，同时在长大过程中由于平行于轧向的晶粒间取向差相对垂直轧向的要更小，晶界扩张所需能量也要小得多；此外，具有晶界钉扎作用的第二相粒子也多沿轧向层状分布，因此在温度、变形程度以及第二相粒子等因素的影响下，合金板材的再结晶会优先在变形储能高的地方发生，加之其再结晶形核率不够高、部分晶核优先长大，最终演变成形态呈沿轧向集中分布的条状晶粒。

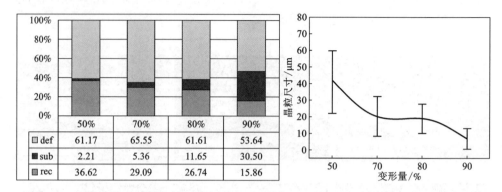

图 6-60 　不同冷轧变形量的合金板材在 530 ℃固溶 1 h 后的再结晶程度与晶粒尺寸对比图

图 6-60 显示，随着冷变形程度的提高，变形组织逐渐变窄，再结晶晶粒尺寸变小且更加均匀。在保持固溶温度不变的前提下，合金变形程度越大，各区域变形程度也趋于一致，不同区域的变形储能也相对接近，此时合金板材再结晶进行得更为充分，其晶粒密度更大、尺寸趋于均匀细小，还考虑到变形纤维状组织本身也会在空间维度上对再结晶晶粒尺寸进行限制，因此最终的再结晶晶粒呈细小均匀分布。

理论上变形程度的提高会促使合金再结晶行为的发生，这一点在固溶温度较高的 1445 合金板材 EBSD 分析和金相分析中均得到了验证，但在固溶温度较低时（530 ℃）例外。如图 6-60 所示，对于 530 ℃固溶 1 h 的合金板材，变形程度越高，其再结晶程度反而有所下降。通过对 EBSD 再结晶分布图（见图 6-59）中同颜色的面积进行统计，得到了合金在不同变形程度下再结晶组织、亚结构组织以及变形组织的百分比，如图 6-60 所示。随着冷变形程度的提高，合金的再结晶程度一直在下降，冷轧量为 90% 的合金板材再结晶程度最低（约 15%），但与传统理论似乎有所出入。与此同时，合金板材中变形组织占比随变形程度的提高反而呈下降趋势（见图 6-60），表明这种反常情况很可能是亚结构组织所致。在再结晶过程中，亚结构组织可视为变形组织与完全再结晶组织两者间的过渡形式，其位错已经趋于规整，不再具有典型变形组织的特点。不同亚结构组织之间多以小角度晶界彼此隔离，如进行后续的高温热处理时，亚结构组织可能会逐渐彼此合并或长大，若温度和保温时间足够则最终会形成再结晶组织。因此，随变形程度的提高，虽然低温固溶处理后的合金板材的完全再结晶晶粒数量有所减少，但非变形组织（再结晶组织+亚结构组织）的含量是上升的，亚结构组织的生成和再结晶晶粒的形成一样，均为释放变形储能的表现。

图 6-61 为冷轧变形量均为 50% 时合金板材分别在 530、555、575 ℃下固溶

处理 1 h 后的 EBSD 照片。其再结晶程度与再结晶晶粒尺寸随温度变化的情况统计归纳如图 6-62 所示。需要说明的是，尽管 600 ℃下合金进行了充分的再结晶，但此时合金板材发生了严重的过烧与宏观变形，难以制得适用的观察样品，无法稳定获得相应数据，故本组实验的最高温度为 575 ℃。

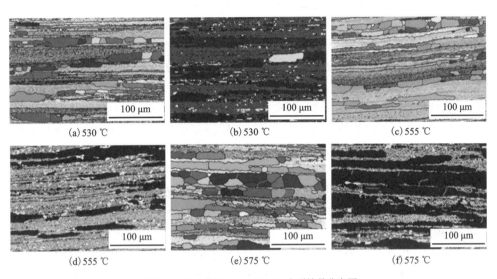

(a) 530 ℃　　　　(b) 530 ℃　　　　(c) 555 ℃

(d) 555 ℃　　　　(e) 575 ℃　　　　(f) 575 ℃

（a）（c）（e）为反极图；（b）（d）（f）为再结晶分布图。

图 6-61　冷轧变形量为 50%时合金板材在不同固溶温度下保温 1 h 后的 EBSD 照片

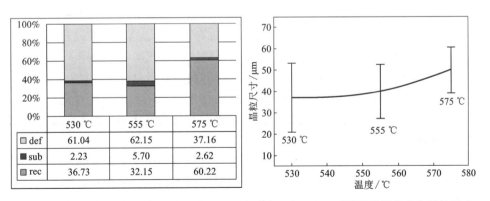

	530 ℃	555 ℃	575 ℃
def	61.04	62.15	37.16
sub	2.23	5.70	2.62
rec	36.73	32.15	60.22

图 6-62　冷轧变形量为 50%时合金板材在不同固溶温度下处理后的再结晶程度和晶粒尺寸

从图 3-61 中可以发现，530 ℃、555 ℃两个温度下合金的再结晶程度都在 33%左右，晶粒尺寸也较为接近，表明 530 ℃、555 ℃均对合金的再结晶行为影响不大，可归为合金固溶的低温段。575 ℃下固溶处理 1 h 时，合金的再结晶程度达 60% 左右,可归为高温段。对比合金固溶处理时的高温段和低温段(见图 6-61),可发现以下几个现象:①高温段和低温段的合金再结晶程度分别为 35%、60%,表明温度越高、再结晶驱动力越高;②在高温固溶过程中,随着晶粒尺寸不断增长,晶粒形状开始突破原有的空间维度限制,逐渐由长条状晶粒转变为等轴状晶粒,这表明温度提升带来的再结晶驱动力已经足够晶界突破较大的晶粒取向差以及第二相粒子的钉扎来进行扩张;③无论温度如何变化,合金板材热处理后的亚结构体积分数始终保持在 10% 以下的较低水平,这可能是低变形程度下位错分布不均匀使得再结晶形核密度偏低、分布不均匀,前文分析发现此时再结晶晶粒会优先长大,导致不会出现过多亚结构组织。因此,当合金板材冷变形程度较低时,只要固溶温度未超过再结晶温度,由于畸变不均匀而导致的部分晶粒优先长大现象会释放合金内部的变形储能,进而间接抑制了合金其他区域再结晶行为的发生,当优先长大的部分晶粒停止生长后,剩下的过程主要以回复为主;一旦温度达到或超过再结晶温度,则会突破瓶颈最终形成完全的等轴晶。反之,当合金板材的冷变形程度足够高时,即便在较低的固溶温度下,合金再结晶行为也是整体均匀的。可以推断,只有在冷变形程度较高而固溶温度偏低的情况下,才会出现大面积的亚结构组织。

图 6-63 为在不同冷轧变形量和不同温度下处理后的合金板材晶粒取向差分布。可以发现在同样的 530 ℃ 固溶温度下,冷变形程度由 50% 加深至 90% 时,小角度晶界占比从 75.73% 回落至 55.06%,而大角度晶界则有较明显的增长;反之,在保持冷变形程度一致的前提下,通过改变固溶温度,并不能得到一个稳定且明确的变化规律,同时取向差变化维持在 10% 左右。如前文所述,通过提高冷变形程度可以使合金的再结晶形核长大得更加均匀充分,晶粒密度提升、尺寸细化,此时大角度晶界占比更大,而小角度晶界的体积分数则明显下降。

如图 6-63(a)(d)和(e)所示,对于冷变形程度较低(如 50%)的合金板材,温度的提升并不能显著提高其再结晶形核率,固溶完成后其晶粒尺寸偏大、数量较少且分布不均匀。在这种情况下,虽然再结晶程度有所上升,但大角度晶界占比未表现出较大变化。

再结晶过程本质上是在变形储能、温度等驱动力的作用下发生的形核与长大过程,对于合金整体而言,形核与长大并无绝对的先后顺序,部分晶粒会在仍有新晶粒形核的情况下长大,这一点在形核率较低、再结晶驱动力不足的条件下尤为明显。对于再结晶的形核,学界认为存在两种方式,即晶界弓出形核机制以及亚晶形核机制,主要取决于合金本身性质及其变形程度[54-58]。再结晶动力学可由 Johnson-Mehle 方程[59] 表示:

$$\varphi = 1 - \exp\left(-\frac{\pi}{3}\dot{N}G^3t^3\right) \tag{6-2}$$

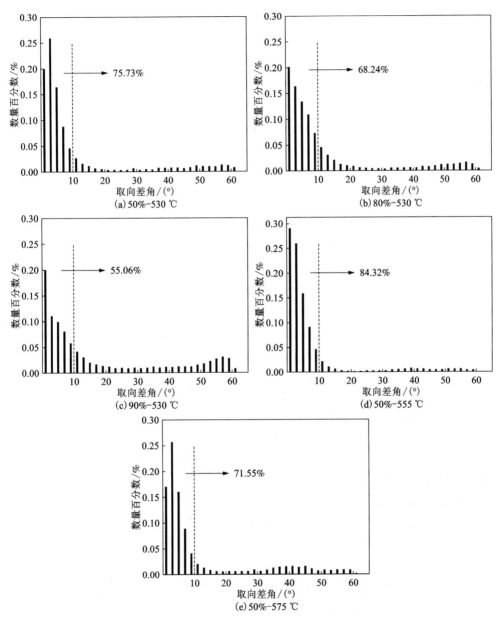

图 6-63　在不同冷轧变形量和不同温度下处理后的合金板材晶粒取向差分布

式中，$\dot{N}$ 为形核率；G 为长大速率；t 为保温时间；φ 为已经再结晶的体积分数。

由式(6-2)的计算结果可明确知道能够影响形核率以及长大速率的因素均会对合金再结晶过程产生影响，同时形核率与长大速率均和再结晶体积分数成正比例关系。对于本实验而言，固溶前的退火处理过程中会发生一定程度的回复，尽管不会明显改变变形组织形貌，但仍会释放变形储能，降低后续再结晶的驱动力，同时直接降低形核率，使再结晶程度降低；冷变形程度的提高则会同时促进形核率和长大速率的增长，提升再结晶反应整体速率，发生程度也会有所加深。但是，本实验采用的部分热处理温度不够，未达到合金的再结晶温度（通常被定义为保温 1 h 即可完成95%再结晶的温度），故结果仅能观察出变形组织向非变形组织的转变，再结晶程度则并无明显改变；尽管式(6-2)中没有体现，但固溶温度越高也会加深合金的再结晶程度。此外，弥散分布的第二相粒子会钉扎晶界，再结晶的晶界弓出形核方式及晶粒长大会受到一定程度的限制，从而降低再结晶程度。和 φ 不同，虽然再结晶晶粒尺寸与长大速率成正相关关系，但是与形核率成负相关关系，再结晶温度的提升会同时增大 $\dot{N}$ 和 G、冷变形量，故而晶粒尺寸会更多地受到冷变形量的影响。

3. 不同冷轧变形量对合金拉伸性能的影响

合金的室温力学性能在表 6-24 中已列出，表明合金板材在室温拉伸实验中表现出明显的各向异性，合金板材轧向拉伸强度比垂直方向高出 20~30 MPa，IPA 值在 5% 上下波动。表 6-25 则统计了 1445 合金不同冷轧变形量对应的 T8 峰时效态下的力学性能，随着板材变形量的逐次增加，拉伸性能上的各向异性愈发减弱，IPA 值降低，其原因主要是由于冷变形提供了更多变形储能，使得合金在固溶过程中消耗了更多的变形组织，由此减弱了轧制方向上的性能优势，同时再结晶形核率上升，固溶后的再结晶晶粒尺寸更小、分布更加均匀弥散、晶粒形貌趋于等轴状、晶粒间取向倾向于随机，这些因素叠加并最终在合金各向异性的减弱上得以体现。此外，如不考虑加工过程中受力方向的变化，那么合金的伸长率、强度与冷变形量将表现出反比例关系。尽管板材都进行了相应的热处理，但是由于位错引入时变形分布并不均匀(若板材较薄，则变形多集中于芯部，反之，变形将难以深入而更多集中在表面)，因而在实验中合金的强度表现出降低趋势。此外，考虑到本实验采用了统一的标距选择，同时样品的缩颈程度不同，伸长率也表现出了同样的降低趋势。

表 6-25 不同冷轧变形量的合金板材经 T8 峰时效态处理后的拉伸力学性能

冷轧变形量	方向	R_m/MPa	IPA/%	$R_{p0.2}$/MPa	IPA/%	A_{50}/%	IPA/%
50%	轧向	472.8	3.81	405.9	2.89	8.39	-17.9
	横向	454.6		393.8		9.88	

续表6-25

冷轧变形量	方向	R_m/MPa	IPA/%	$R_{p0.2}$/MPa	IPA/%	A_{50}/%	IPA/%
70%	轧向	457.2	1.09	399.1	2.31	8.39	-10.6
	横向	452.3		389.8		9.31	
80%	轧向	436.9	-0.21	380.2	-0.29	8.57	2.4
	横向	437.8		381.1		8.42	
90%	轧向	422.9	0.91	376.2	-0.79	6.54	-10.9
	横向	419.1		378.8		7.21	

注：$IPA = (I_0 - I_{90})/I_0 \times 100\%$。

6.4.4　时效制度对合金组织与性能的影响

1. 不同时效制度对合金拉伸性能的影响

合金板材经 150 ℃-T6、150 ℃-T8、170 ℃-T6、170 ℃-T8、150 ℃×4 h+
170 ℃-T8(其中 T8 预变形均为 6%)不同时效制度处理后的室温拉伸性能如
图 6-64 所示。从图中可以发现，合金板材在五种不同时效处理的初期，其抗拉
强度与屈服强度均呈现快速升高的趋势，抗拉强度在时效 20 h 至 40 h 后逐渐趋
于稳定，此后以较低的速率继续升高。纵观 1445 合金板材这五种时效制度，未发
现有时效态合金强度明显降低的现象。合金屈服强度变化规律和抗拉强度的变化
规律类似但略有不同，在时效时间为 120 h 前，合金屈服强度保持着上升的趋势，
但时效 20 h 后合金屈服强度提升速率非常缓慢且屈强差随时效时间延长而不断
减小，尤其是 170 ℃-T8 时效和 150 ℃×4 h+170 ℃-T8 双级时效状态下的合金更
为明显。合金的拉伸断后伸长率总体呈现随时效时间延长而逐渐降低的趋势，但
主要是时效初期下降明显、中后期下降幅度较小。按照抗拉强度基本进入稳定区
域的标准大致确定合金峰时效状态，五种时效制度下合金峰时效的拉伸性能如
表 6-26 所示。

研究表明，高温时效和预变形均能在一定程度上增强合金时效硬化效果。如
图 6-64 和表 6-26 所示，合金经 150 ℃-T8、170 ℃-T6、170 ℃-T8 时效后的抗
拉强度均可达 470~480 MPa，除 150 ℃-T6 外其他三种单级时效态合金的强度峰
值相差不大，但屈服强度的峰值差异性则较大，屈服强度由低到高依次为
150 ℃-T6<170 ℃-T6<150 ℃-T8<170 ℃-T8，其中 170 ℃-T8 时效后合金的屈
服强度提升幅度最大。这表明：①增加预变形与高温时效处理制度均能加速并有
效增强合金的时效硬化效果；②时效时间相同时，经 170 ℃-T6 制度处理后的合
金强度要低于 150 ℃-T8 制度处理后的强度，时效温度提高 20 ℃带来的时效硬

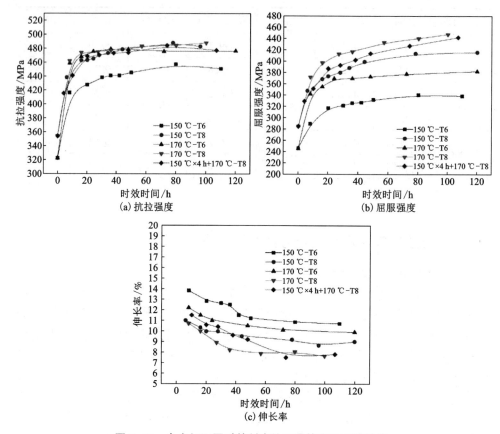

图 6-64　合金经不同时效制度处理后的室温拉伸性能

化效果要低于6%预变形的作用。但是温度提升后，预变形带来的硬化效果反而较低温下的效果要差，因为相比预变形，高温能为 S′相的析出提供更大的动力。

　　本章还基于相关时效标准[60-61]设计了双级时效制度（见表6-26），以更好地解决 δ′相在高温下易粗化的问题，由图6-65可知，对比时效处理的合金强度变化，只有170 ℃-T8 单级时效工艺效果略好于双级时效；但对比对应的伸长率变化，170 ℃-T8 单级时效工艺效果在时效初期就迅速下降，在时效约45 h时达到最低点，表现远差于其他工艺的效果。因此，双级时效制度的综合性能仍为最优，可以确定合金的优选时效处理工艺为150 ℃×4 h+170 ℃-T8。

表 6-26　不同时效制度下合金峰时效的拉伸性能

时效制度	R_m/MPa	$R_{p0.2}$/MPa	A_{50}/%	时效时间/h
150 ℃-T6	441.5	326.3	11.5	42
150 ℃-T8	472.2	387.9	9.7	34
170 ℃-T6	475.3	369.4	10.5	36
170 ℃-T8	475.2	412.7	8.9	27
150 ℃×4 h+170 ℃-T8	473.6	395.3	10.0	4+24

　　为了进一步确定合金板材的拉伸性能与 T8 双级时效工艺中第二级时效处理时间的关系，开展了相关实验，结果如图 6-65 所示。经过 170 ℃下 24 h 的第二级时效处理，合金的拉伸强度达到 470 MPa。随后，拉伸强度保持相对稳定，但屈服强度仍继续增长至 450 MPa，即第二级时效处理时间由 24 h 延长到 110 h 时，屈服强度提高了约 50 MPa。随着时效处理时间从 8 h 延长到 110 h，伸长率由 11.5%下降到 8%。

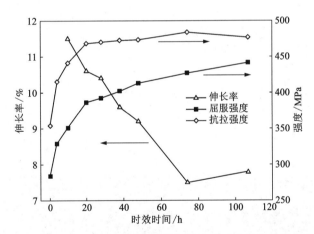

图 6-65　1445 合金板材的拉伸性能与第二级时效处理时间的关系

2. 不同时效制度对合金微观组织的影响

　　图 6-66 为合金在 150 ℃下分别按 T6 和 T8 工艺处理不同时间的透射电镜形貌与衍射斑点。从图中可以发现，在欠时效态下的合金暗场像观察到大量弥散分布的细小 δ'相，尺寸约 10 nm，与之相匹配的是沿<100>$_{Al}$ 方向的衍射花样中也出现了较为明锐的 δ'相衍射斑点。由于细小、弥散分布的 δ'相的出现，在 T6、T8 时效初期合金的室温拉伸性能便呈现快速上升趋势。当时效时间进一步增加至 36 h

(T6)和28 h(T8)时，暗场像中δ′相密度有所下降但出现了一定程度上的粗化，同时<100>$_{Al}$方向衍射花样中的δ′相斑点强度增加。时效后期，δ′相依然保持相对稳定，如图6-66(c)和(f)所示。

总体而言，150 ℃下两种时效工艺处理后合金的析出相均为δ′相，只在尺寸上有细微出入，整体均呈现出细小均匀分布，相较于两种工艺所产生的室温拉伸性能差异，其微观组织相差得并不明显。

如图6-66(c)所示，在150 ℃下按T6工艺处理110 h后，可以观察到鱼眼状复合粒子，据已有研究[62-65]可知，这是T6工艺无预变形工序所致：因为没有预变形引入位错，合金中δ′粒子在缺少附着位的情况下，倾向于在Al$_3$(Zr, Sc)粒子表面进行异相形核，最终长大形成复合壳层结构，即图中的鱼眼状复合粒子。合金在成分上表现出的特点是Mg、Li含量较高而Cu含量较低，但时效温度为150 ℃时合金组织中未发现S′相的明显析出，只在150 ℃-T8时效28 h和120 h的衍射花样中观察到相应的微弱的芒线，如图6-66(e)和(f)所示，这意味着低温时效下析出了S′相的GPB区。

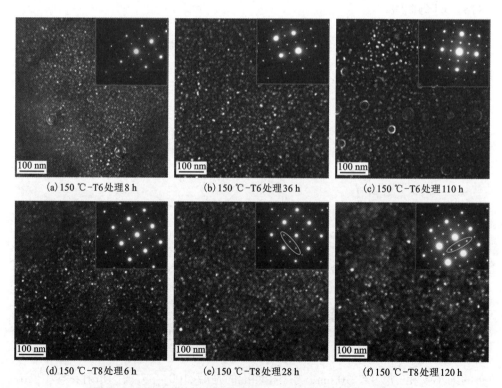

(a) 150 ℃-T6处理8 h   (b) 150 ℃-T6处理36 h   (c) 150 ℃-T6处理110 h

(d) 150 ℃-T8处理6 h   (e) 150 ℃-T8处理28 h   (f) 150 ℃-T8处理120 h

图6-66　不同时效状态下的合金TEM衍射斑点和暗场像照片

图 6-67 为合金在单级时效和双级时效处理下的 TEM 形貌及衍射斑点。与 150 ℃时效的结果类似，合金的强化相主要为 δ′相，但由于此时的时效温度更高，δ′强化相分布的密度更低、尺寸更大。合金经 170 ℃-T6 时效 36 h 后，可以从 <100>$_{Al}$ 方向观察到微弱的芒线，δ′强化相依旧弥散分布；时效 100 h 后，δ′相尺寸剧烈增长，部分明场像晶界附近出现了零散分布的尺寸、形貌各异的 S′相，但暗场像中则难以观察到 S′相[见图 6-67(b)]，<112>$_{Al}$ 方向衍射花样中与 S′相对应的斑点也并不明显。另一方面，引入预变形的 150×4 h+170 ℃-T8 双级时效处理后的合金 TEM 组织中 δ′相仍然细小，未出现 170 ℃-T6 时效时 δ′相过度粗化的现象；在双级时效后[见图 6-67(c)]，可以观察到少量的细小 S′相；进一步延长双级时效时间至 100 h 即过时效态时，合金晶内 S′相的密度显著提高且沿长向长大，尺寸为 100~150 nm，部分粒子出现了横向粗化的现象，同时在<112>$_{Al}$ 方向衍射花样中 S′相斑点已非常明显，如图 6-67(d)所示。

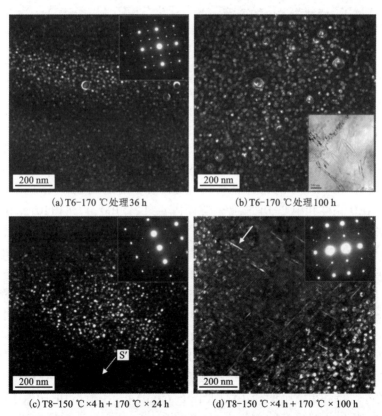

(a) T6-170 ℃处理 36 h

(b) T6-170 ℃处理 100 h

(c) T8-150 ℃×4 h + 170 ℃ × 24 h

(d) T8-150 ℃×4 h + 170 ℃ × 100 h

图 6-67　1445 合金在不同状态下的 TEM 衍射斑点和暗场像照片

图 6-68 为在双级和单级 T8 时效制度下峰时效合金的 δ′相，δ′相的析出受时效温度的影响较大，其析出相尺寸大小及析出速度与温度高低成正比关系，如图 6-68(a)所示，合金经 170 ℃单级时效 27 h 后 δ′相已经粗化至约 25 μm，合金室温拉伸伸长率下降至 8.9%(见表 6-26)。因此为了促使 δ′相均匀弥散形核，在高温时效前添加了 150 ℃×4 h 的低温预时效，由图 6-68(b)可发现，合金经 150 ℃×4 h+170 ℃×24 h 双级时效后 δ′相依然弥散、细小，但室温伸长率提高到了 10%。

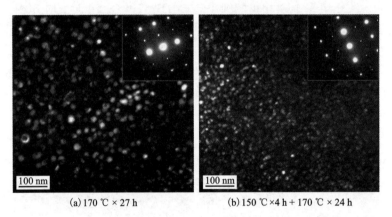

(a) 170 ℃×27 h (b) 150 ℃×4 h+170 ℃×24 h

图 6-68 双级和单级 T8 时效制度下峰时效合金的 δ′相

进一步对比合金在 150 ℃-T8 时效 6 h 和 150 ℃×4 h+170 ℃-T8 双级时效 24 h、100 h 后的 SAED 花样和 TEM 中心暗场(DF)图像，如图 6-69 所示。图 6-69(a)和图 6-69(b)分别为合金板材经 6%预变形后在 150 ℃下时效 6 h 的 [100]$_{Al}$ SAED 花样和中心 DF 图像。除矩阵点外，{100}$_{Al}$ 和 {110}$_{Al}$ 在 [100]$_{Al}$ SAED 花样中出现清晰的超晶格斑点[见图 6-69(a)]，这对应着 δ′析出相。相应地，在沿 <100>$_{Al}$ 方向的中心 DF 图像中观察到大量细小 δ′析出相[见图 6-69(b)]。

图 6-69(c)和图 6-69(d)分别显示了合金板材经过 150 ℃下的第一级时效 4 h 后和在 170 ℃下第二级时效 24 h 后的 [112]$_{Al}$ SAED 花样和中心 DF 图像。在 [112]$_{Al}$ SAED 花样中，1/2{220}$_{Al}$ 处出现清晰的超晶格点，弱条纹穿过 {402}$_{Al}$ 和 {220}$_{Al}$ 斑点[见图 6-69(c)]，这显示了此时合金的主要析出相为 δ′和少量 S′。相应地，从图 6-69(d)中可以观察到大量的球状 δ′析出相和一些 S′析出相。随着 170 ℃下第二级时效时间进一步延长到 110 h，在 [112]$_{Al}$ SAED 花样中出现了强烈的 δ′斑点和更清晰的 S′条纹[见图 6-69(e)]。在中心 DF 图像中可以观察到较大的 δ 析出相和更多的 S′析出相，如图 6-69(f)所示。根据上述观察结果，可发现在 150 ℃下 4 h 的第一级时效中，合金只有细小的 δ′相快速析出；在 170 ℃的第二级时效中，δ′析出相长大，并且形成含有 Cu 和 Mg 元素的 S′析出相。

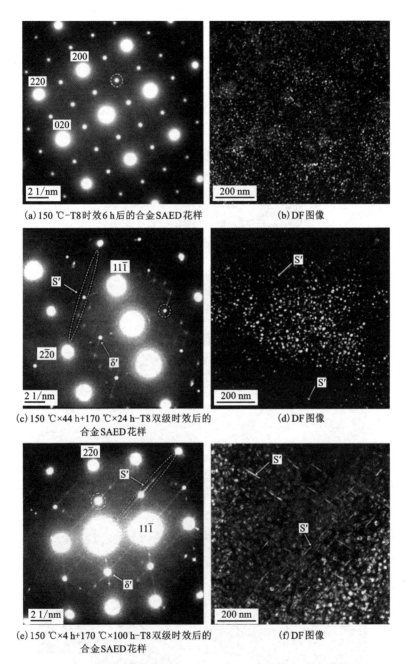

(a) 150 ℃-T8 时效 6 h 后的合金 SAED 花样　　　　(b) DF 图像

(c) 150 ℃×44 h+170 ℃×24 h-T8 双级时效后的　　(d) DF 图像
　　合金 SAED 花样

(e) 150 ℃×4 h+170 ℃×100 h-T8 双级时效后的　　(f) DF 图像
　　合金 SAED 花样

图 6-69　合金在 150 ℃-T8 时效 6 h 和 150 ℃×4 h+170 ℃-T8 双级时效 24 h、100 h 后的 SAED 花样和 TEM 中心暗场（DF）图像（虚线标记为 DF 成像区域）

随着第二级时效时间延长，δ′析出相变粗，S′析出相数量增加。结果表明，未发现 Al-Cu-Li 合金中最重要的 T_1（Al_2CuLi）析出相。从 SAED 花样中很难区分出 Al_3（Sc，Zr）弥散质点的衍射斑点，因为它们的斑点与 δ′析出相的斑点重合。为了分析 Al_3（Sc，Zr）弥散质点的存在形式，采用球差矫正场发射扫描透射电镜（STEM）进行进一步深入观察。

图 6-70 为合金在 150 ℃×4 h+170 ℃×110 h-T8 时效后的亮场（BF）STEM 图像和 Al_3（Sc，Zr）粒子的 HAADF-STEM 图像以及 EDS 元素面扫描图。如

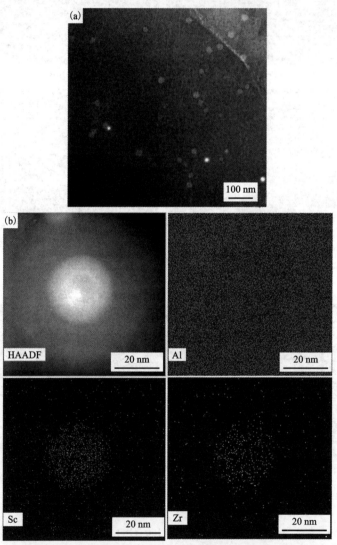

图 6-70　合金在 150 ℃×4 h+170 ℃×110 h-T8 时效后的亮场（BF）STEM 图像（a）和
Al_3（Sc，Zr）粒子的 HAADF-STEM 图像以及 EDS 元素面扫描图（b）

图 6-70(a)所示,合金在球差矫正场发射扫描透射电镜下可观察到大量纳米级的鱼眼状弥散质点,这些细小的质点分布得较为弥散,颗粒形貌与尺寸较为均匀。通过对其进一步放大分析发现这些鱼眼状弥散质点中心为均匀实心球状结构[见图 6-70(b)],外部有扩散晕圈。借助 EDS 分析发现,鱼眼状弥散质点中心富集 Sc、Zr 和 Al 元素,其主要组成为 $Al_3(Sc,Zr)$ 相,在外部扩散晕圈区域中 Sc、Zr 元素仅少量存在,主体仍为 Al 元素,这些 $Al_3(Sc,Zr)$ 相与铝合金基体结合紧密,起到了一定的强化作用。值得注意的是,研究表明这些纳米级尺寸的 $Al_3(Sc,Zr)$ 弥散质点往往是在合金的退火过程和热机械加工过程中逐渐形成的[66-67],而不是在 150 ℃ 或 170 ℃ 下时效处理过程中形成的,且 $Al_3(Sc,Zr)$ 弥散质点的尺寸与形貌在时效中的变化并不如其他强化相显著。

6.4.5　微量 Sc 在低 Cu/Li 比 Al-Cu-Li-Sc-Zr 合金中的作用

根据前文对合金的 BSE 形貌以及 Cu、Sc 元素的面扫描分析,固溶与时效过程中合金板材均未形成 W 相。添加到铝合金中的 Sc 元素一般会以下列三种形式存在[68-74]:一部分 Sc 可能会溶解在 α(Al)晶格中;另一部分 Sc 以 Al_3Sc 或 $Al_3(Sc,Zr)$ 粒子的形式存在,它们一般在 250~350 ℃ 的退火、热机械加工和时效处理过程中形成;还有部分在添加有一定量 Cu 的合金中,部分 Sc 原子可能会与 Cu 元素形成富 Cu 含 Sc 的粒子,即 W 相。根据 500 ℃ 下 Al-Cu-Sc 相图中富铝角的等温截面(见图 6-71)[75],500 ℃ 下 Al-1.5Cu-0.08Sc 合金中可形成 W 相,其中 Cu 和 Sc 的浓度等于合金中的浓度。但是,由于添加了 1.7% Li 和 0.1%Zr,合金组织中并没有发现 W 相。Jia 等[76]研究了 Cu 浓度对 Al-(1.0~4.2)Cu-0.9Li-(0.07~0.08)Sc 合金金相组织的影响,发现随着 Cu 浓度的降低,W 相的含量降低。当 Cu 浓度降低到 2.5%以下时,W 相消失,形成了 $Al_3(Sc,Zr)$ 粒子;研究还表明,在 Al-Cu-Li 合金中,较高的 Cu/Sc 比(55~51)有利于 W 相的形成,而较低的 Cu/Sc 比(33~12)有利于 $Al_3(Sc,Zr)$ 粒子的形成。在这种情况下,合金的低 Cu/Sc 比(19)对应于 $Al_3(Sc,Zr)$ 粒子的形成,而不是 W 相的形成。

另一个值得关注的现象是,合金中未发现 Al_7Cu_2Fe 杂质颗粒,这种杂质颗粒常见于 Al-Cu 或 Al-Cu-Li 合金中[77-78],例如在 7475 铝合金和 7081 铝合金中,其 Fe 含量(0.08%和 0.04%)非常低,Cu 含量(1.67%和 1.69%)与 1445 合金相似,均观察到不少 Al_7Cu_2Fe 颗粒[79-88]。因此,1445 合金中不存在 Al_7Cu_2Fe 杂质相,不仅仅是它的 Cu、Fe 浓度较低的原因。胡标[86]研究了 Al-Cu-Mg-Fe-Ni 体系中的相关相图,计算了质量分数为 $Al_{96.78}Mg_{1.42}Fe_{0.9}Ni_{0.9}$-$Al_{93.78}Cu_3Mg_{1.42}Fe_{0.9}Ni_{0.9}$ 的部分垂直截面相图(见图 6-72),结果表明,在 1.5%Cu 浓度下形成 Al_9FeNi 相的可能性更大。因此,Cu 浓度低的 1445 合金中微量 Ni 的添加阻止了 Al_7Cu_2Fe 颗粒的形成。

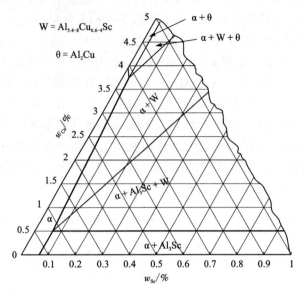

图 6-71　500 ℃下 Al-Cu-Sc 相图中富铝角的等温截面[75]

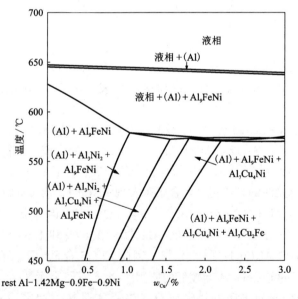

图 6-72　Al-Cu-Mg-Fe-Ni 体系 $Al_{96.78}Mg_{1.42}Fe_{0.9}Ni_{0.9}$–$Al_{93.78}Cu_3Mg_{1.42}Fe_{0.9}Ni_{0.9}$ 的部分垂直截面相图[86]

1445 合金薄板的一个显著特点是经固溶后未再结晶。一般认为，再结晶阻力与二次粒子在晶界、亚晶界和位错上的齐纳钉扎（Zener pinning）有关。根据前文分析，轧制板中主要存在三种颗粒：纳米级 $Al_3(Sc, Zr)$ 颗粒、尺寸为 $1\sim 5\ \mu m$ 的 AlFeNi 颗粒和尺寸小于 $1\ \mu m$ 的 AlCuMg 颗粒。在固溶过程中，AlCuMg 颗粒很快被溶入基体中。考虑到 2050 铝锂合金完全再结晶板材[32] 中始终存在着 AlCuMn 颗粒，因此 AlCuMn 颗粒并不是导致固溶态 1445 合金薄板未再结晶的原因。

众所周知，铝合金再结晶至少有三种模式：亚晶合并、亚晶长大和晶界弓出形核机制[87]。由图 6-49 可知，固溶态合金板材的主要再结晶形式应为亚晶合并方式和亚晶粒长大方式，晶界弓出引起的再结晶比例要小得多。纳米级 $Al_3(Sc, Zr)$ 颗粒与 $\alpha(Al)$ 基体完全共格，其取向关系为 $[110]_{Al_3(Sc, Zr)}//[110]_{Al}$ 和 $(002)_{Al_3(Sc, Zr)}//(002)_{Al}$。然而，$Al_9FeNi$ 化合物与 $\alpha(Al)$ 并不共格，其具有单斜晶体结构，参数 $a = 0.8673\ nm$、$b = 0.9000\ nm$、$c = 0.8591\ nm$ 和 $\beta = 83.504°$[88]。此外，齐纳理论[89-91]表明，分散体和基体之间的共格界面可以有效地阻止亚晶界、晶界和位错的迁移，从而增大对再结晶的抵抗力。因此，合金板材在固溶过程中的未再结晶应归因于纳米级 $Al_3(Sc, Zr)$ 分散体。图 6-73 为固溶态和时效态下合金板材的 BF-STEM 图像，它清晰地展示了再结晶的亚晶合并方式和亚晶粒长大机制，其中亚晶粒合并行为如图 6-73(a) 所示。此外，图中还可以清楚地观察到纳米级 $Al_3(Sc, Zr)$ 粒子对亚晶界和位错的齐纳钉扎现象。纳米级共格 $Al_3(Sc, Zr)$ 粒子增加了亚晶粒的堆积难度，稳定了位错，从而阻碍了再结晶形核过程。

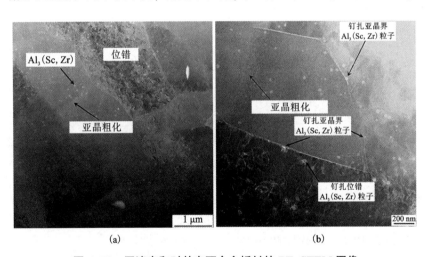

图 6-73　固溶态和时效态下合金板材的 BF-STEM 图像

有趣的是，在含有 0.08%Sc 的固溶态 2070 铝锂合金板材中，再结晶程度比相同 Sc 含量的固溶态 1445 铝锂合金板材要高得多。也就是说，相同的 Sc 浓度对不同铝锂合金的再结晶行为有不同影响。根据文献报道[92-93]，含 Sc 2070 铝锂合金中共同析出了 W 相和纳米级 Al_3(Sc，Zr) 颗粒，但 Al_3(Sc，Zr) 颗粒的数量较少，W 相是平衡相，与铝合金基体非共格，与纳米级的共格 Al_3(Sc，Zr) 粒子相比，它在钉扎亚晶粒和位错方面发挥的作用要小得多。因此，含有 0.08%Sc 的固溶态 2070 铝锂合金板材的再结晶程度要高得多。综合比较参考文献中 2099、1460 和 1469 等铝锂合金以及本实验中 1445 合金和含 Sc 2070 铝锂合金中加入少量 Sc 的效果，可以得出结论：少量 Sc 的添加效果取决于 Cu/Li 比。对于 2099 和 1460 铝锂合金的冷轧薄板[94-95]，其 Cu/Li 比约为 1.5，加入少量 Sc 能有效地细化晶粒，并形成弥散 Al_3(Sc，Zr) 颗粒抑制再结晶。本文中 1445 合金冷轧板材具有相对较低的 Cu/Li 比(0.9)，其再结晶过程受到抑制，晶粒结构仍呈纤维状。然而，对于前文所述的 Cu/Li 比高达 2.8 的含 Sc 2070 铝锂合金和 Cu/Li 比高达 4.5 的 1469 铝锂合金[96]，它们的冷轧板材几乎完全再结晶，就是由于 W 相的形成和 Al_3(Sc，Zr) 粒子的数量减少或消失。也就是说，在低 Cu/Li 比的铝锂合金中加入少量 Sc 能有效地起到细化晶粒和抑制再结晶的作用。然而，在高 Cu/Li 的铝锂合金中，这种效应会被减弱甚至消失。

6.5 本章研究结论

(1)在 Al-3.5Cu-1.5Li-0.12Zr 合金中，较适宜的 Sc 加入量为 0.10%~0.15%，此时合金既具有较高的强度，又兼具较好的塑性。添加 0.25%Sc 的合金塑性得到明显增强，但强度有所降低。添加微量 Sc 到 Al-3.5Cu-1.5Li-0.12Zr 合金中，可使合金在均匀化和热加工过程中析出次生 Al_3Sc 或 Al_3(Sc，Zr) 粒子，这种质点强烈钉扎位错和亚晶界，能有效地抑制合金的再结晶，对合金具有直接析出强化作用和亚结构强化作用。

(2)Al-3.5Cu-1.5Li-0.12Zr-0.10Sc 合金适宜的固溶单级时效处理制度为 530 ℃/1 h 水淬+160 ℃/40 h 时效，在此条件下，合金的抗拉强度、屈服强度和伸长率分别为 490 MPa、416 MPa 和 9.8%。T_1 相是合金的主要时效强化相。

(3)时效前的预变形可促进 T_1 相均匀、细小、弥散析出，加快合金时效速度，显著提高合金的强度，且合金强度随预变形量增加而提高。合金适宜的预变形量为 3.5%，此时合金具有较好的强度和塑性的配合，其抗拉强度、屈服强度和伸长率分别为 555 MPa、523 MPa 和 6.1%。

(4)合金适宜的双级时效工艺为 120 ℃/2 h+160 ℃/24 h。经此双级时效处理后，合金的抗拉强度、屈服强度和伸长率分别为 551 MPa、517 MPa 和 7.2%。双级时效处理可提高合金的伸长率，且 T_1 相的析出非常弥散、均匀、细小，晶界处无平衡相。

（5）T_1 相和 PFZ 是引起合金腐蚀敏感性的主要原因。Al-3.5Cu-1.5Li-0.12Zr-0.10Sc 合金在不同温度下峰时效后的抗晶间腐蚀和剥落腐蚀能力的顺序为 130 ℃/50 h>160 ℃/40 h>190 ℃/5 h；在 160 ℃ 下单级时效处理后的抗晶间腐蚀和剥落腐蚀能力的顺序为自然时效>欠时效>峰时效>过时效。与单级时效相比，形变时效后合金的腐蚀性能变差，双级时效能适当提高合金的抗腐蚀能力。

（6）低 Cu/Li 比下，1445 合金时效析出相主要为 δ′ 和 S′ 相，Cu、Mg、Ag 等元素固溶于基体，少量 Ni 元素以 Al_9FeNi 难溶质点的形式偏聚并有效抑制了 Al_7Cu_2Fe 有害粒子的生成，Sc、Zr 元素形成纳米级 $Al_3(Sc,Zr)$ 粒子，抑制了 W 相（AlCuSc）的形成。

（7）由于纳米级 $Al_3(Sc,Zr)$ 粒子钉扎在亚晶界和位错上，1445 合金板材在 530 ℃ 固溶处理 1 h 后呈现未再结晶特性，合金中 Copper{112}<111>、Brass{011}<211>和 S{123}<634>的变形织构体积分数达 60.5%。在低 Cu/Li 比的 1445 合金中加入少量 Sc 能有效地起到细化晶粒和抑制再结晶的作用。

（8）固溶前退火或热加工过程中合金会发生回复现象，消耗加工过程中积蓄的形变储能，使后续再结晶形核率下降，导致固溶态合金板材保留大量变形组织，增强了各向异性。固溶温度恒定时，1445 合金板材中非变形组织占比和大角度晶界占比与冷变形量均成正相关关系，冷变形量越大，固溶处理后合金板材晶粒尺寸越细小均匀、各向异性更低。合金在约 600 ℃ 时发生完全再结晶，而冷变形量恒定时，升高温度会提高合金的再结晶程度、增大晶粒尺寸与等轴程度。

（9）在 170 ℃ 时效时，δ′ 相为合金主强化相，双级时效可减缓 δ′ 相粗化倾向。T6 时效后期合金晶界区域析出少量 S′ 相，而 T8 时效中期就逐渐析出 S′ 相且随着时效时间延长，其析出数量增多。170 ℃-T6（36 h）和 150 ℃×4 h+170 ℃-6%-T8（24 h）时效后合金峰时效的抗拉强度、屈服强度和伸长率分别为 475 MPa、369 MPa、10.5% 和 474 MPa、395 MPa、10.0%。在 150 ℃ 时效时，无论是否引入预变形，均只存在 δ′ 相，但在 T8 后期会出现少量 S′ 相的 GPB 区。

参考文献

[1] 孟力平，尹登峰. 热处理对 2090 铝锂合金拉伸性能的影响[J]. 中国有色金属学报，1994，4（A12）：271-279.

[2] Iwamura S, Nakayama M, Miura Y. Coherency between Al_3Sc precipitate and the matrix in Al alloys containing Sc[J]. Materials Science Forum, 2002, 396-402: 1151-1156.

[3] 尹登峰. 添加 Ce、Zn、Sc 对 2195 铝锂合金显微组织和力学性能的影响[D]. 长沙：中南大学，2003.

[4] Norman A F, Prangnell P B, Mcewen R S. The solidification behaviour of dilute aluminium-scandium alloys[J]. Acta Materialia, 1998, 46(16): 5715-5732.

[5] Milman Yu V, Lotsko D V, Sirko O I. 'Sc effect' of improving mechanical properties in aluminium alloys[J]. Materials Science Forum, 2000, 331-337: 1107-1112.

[6] Yin Z, Pan Q, Zhang Y, et al. Effect of minor Sc and Zr on the microstructure and mechanical properties of Al-Mg based alloys[J]. Materials Science and Engineering A, 2000, 280(1): 151-155.

[7] Kharakterova M L, Eskin D G, Toropova L S. Precipitation hardening in ternary alloys of the Al-Sc-Cu and Al-Sc-Si systems[J]. Acta Metallurgica et Materialia, 1994, 42(7): 2285-2290.

[8] Gschneider K A, Calderwood F W. The Al-Sc (aluminum-scandium) system[J]. Bulletin of Alloy Phase Diagrams, 1989, 10(1): 34-36.

[9] 杨守杰, 戴圣龙, 陆政, 等. Zr 对 Al-Li 合金热轧板材的再结晶温度、各向异性和织构的影响[J]. 航空材料学报, 2001, 21(2): 6-9.

[10] Tan C, Zheng Z, Xia C, et al. The aging feature of Al-Li-Cu-Mg-Zr alloy containing Sc[J]. Journal of Central South University of Technology, 2000, 7(2): 65-67.

[11] 周兆锋, 甘卫平. Al-Li 合金强韧化机理及途径[J]. 轻合金加工技术, 2003, 31(6): 46-49.

[12] Huang B, Zheng Z. Independent and combined roles of trace Mg and Ag additions in properties precipitation process and precipitation kinetics of Al-Cu-Li-(Mg)-(Ag)-Zr-Ti alloys[J]. Acta Materialia, 1998, 46(12): 4381-4393.

[13] Yoshimura R, Konno T, Hirage K. Transmission electron microscopy study of the evolution of precipitates in aged Al-Li-Cu alloys: the θ′ and T_1 phases[J]. Acta Materialia, 2003, 51 (14): 4251-4266.

[14] Zhen L, Cui Y, Shao W, et al. Deformation and fracture behavior of a RSP Al-Li alloy[J]. Materials Science and Engineering A, 2002, 336: 135-142.

[15] Dutkiewicz J, Simmich O, Scholz R, et al. Evolution of precipitates in AlLiCu and AlLiCuSc alloys after age-hardening treatment[J]. Materials Science and Engineering A, 1997, 234-236: 253-257.

[16] 谭澄宇, 梁叔全, 郑子樵. 预变形对含 Sc 铝锂合金拉伸性能和显微组织的影响[J]. 中南矿冶学院学报, 1993(5): 653-656.

[17] 刘斯仁. 预变形对 CP276 型 AL-LI 合金拉伸性能的影响[J]. 稀有金属, 1997, 21(4): 311-314.

[18] 黄兰萍. 2197 铝锂合金组织和性能的研究[D]. 长沙: 中南大学, 2003.

[19] Nie J, Muddle B C. On the form of the age-hardening response in high strength aluminium alloys [J]. Materials Science and Engineering A, 2001, 319-321: 448-451.

[20] Ahmad M, Ericsson T. Aluminum-Lithium Alloy Ⅲ [C]. Baker C. The Institute of Metall, 1985.

[21] Poac P L, Nomine A M, Miannay D. Aluminum-Lithium alloys V[C]. Sanders T H, Strake E A. UK, 1989.

[22] 唐仁正. 物理冶金基础[M]. 北京: 冶金工业出版社, 1997.

［23］郑子樵, 黄碧萍, 尹登峰. 微量 Ag 和 Mg 在 2195 合金中的合金化作用[J]. 中南工业大学学报, 1998, 129(1)：42-45.

［24］Beresina A L, Kolobney N I, Chuistov K V, et al. Coherent composite phases formation in aged Al-Li base alloys[J]. Materials Science Forum, 2002, 396-402：977-982.

［25］Berezina A L, Volkov V A, Ivanov S V, et al. The influence of scandium on the kinetics and morphology of decomposition of alloys of the Al-Li system[J]. Phys Met Metall, 1991, 71(2)：167-175.

［26］Chen P, Kuruvilla A K, Malone T W, et al. The effects of artificial aging on the microstructure and fracture toughness of Al-Cu-Li alloy 2195[J]. Journal of Materials Engineering and Performance, 1998, 7(5)：682-690.

［27］王祝堂, 田荣璋. 铝合金及其加工手册[M]. 长沙：中南大学出版社, 2000.

［28］Lorimer G W, Nicholson R B. Further results on the nucleation of precipitates in the Al-Zn-Mg system[J]. Acta Metallurgica, 1966, 14(8)：1009-1013.

［29］Lorimer G W, Nicholson R B. The mechanism of phase transformations in crystalline solids[J]. Inst. Metals, London, 1968：36-40.

［30］Buchheit R G, Moran J P, Stoner G E. Localized corrosion behavior of alloy 2090—the role of microstructural heterogeneity[J]. Corrosion, 1990, 46(8)：610-617.

［31］Kumai C, Kusinski J, Thomas G, et al. Influence of aging at 200 ℃ on the corrosion resistance of Al-Li and Al-Li-Cu alloys[J]. Corrosion, 1989, 45(4)：294-302.

［32］Wall F D, Stoner G E. The evaluation of the critical electrochemical potentials influencing environmentally assisted cracking of Al-Li-Cu alloys in selected environments[J]. Corrosion Science, 1997, 39(5)：835-853.

［33］魏修宇, 谭澄宇, 郑子樵, 等. 时效对 2195 铝锂合金腐蚀行为的影响[J]. 中国有色金属学报, 2004, 14(7)：1195-1200.

［34］第一届全国铝锂合金研讨会论文集编委会. 第一届全国铝锂合金研讨会论文集[C]. 沈阳, 1991.

［35］Vecchio K S, Williams D B. Convergent beam electron diffraction study of Al_3Zr in Al-Zr and Al-Li-Zr alloys[J]. Acta Metallurgica, 1987, 35(12)：2959-2970.

［36］Rioja R J. Fabrication methods to manufacture isotropic Al-Li alloys and products for space and aerospace applications[J]. Materials Science and Engineering A, 1998, 257(1)：100-107.

［37］Kolobnev N I, Khokhlatova L B, Fridlyander I N. Aging of Al-Li alloys having composite particles of hardening phases[C]. Materials Forum, 2004, 28：208-211.

［38］Jo H H, Hirano K I. Precipitation processes in Al-Cu-Li alloy studied by DSC[J]. Materials Science Forum, 1987, 13：377-382.

［39］Ghosh K S, Das K, Chatterjee U K. Studies of microstructural changes upon retrogression and reaging (RRA) treatment to 8090 Al-Li-Cu-Mg-Zr alloy[J]. Materials Science and Technology, 2004, 20(7)：825-834.

［40］Warner T. Recently-developed aluminium solutions for aerospace applications[J]. Materials

Science Forum, 2006, 519-521: 1271-1278.

[41] Gomiero P, Livet F, Brechet Y, et al. Microstructure and mechanical properties of a 2091 AlLi alloy—I. Microstructure investigated by SAXS and TEM[J]. Acta Metallurgica et Materialia, 1992, 40(4): 847-855.

[42] Gomiero P, Livet F, Lyon O, et al. Double structural hardening in an AlLiCuMg alloy studied by anomalous small angle X-ray scattering[J]. Acta Metallurgica et Materialia, 1991, 39(12): 3007-3014.

[43] Williams D B, Edington J W. The precipitation of $\delta'(Al_3Li)$ in dilute aluminium-lithium alloys [J]. Metal Science, 1975, 9(1): 529-532.

[44] Krug M E, Dunand D C, Seidman D N. Composition profiles within Al_3Li and Al_3Sc/Al_3Li nanoscale precipitates in aluminum[J]. Applied Physics Letters, 2008, 92(12): 124107.

[45] Baumann S F, Williams D B. Experimental observations on the nucleation and growth of $\delta'(Al_3Li)$ in dilute Al-Li alloys[J]. Metallurgical Transactions A, 1985, 16(7): 1203-1211.

[46] Mahalingam K, Gu B P, Liedl G L, et al. Coarsening of $\delta'(Al_3Li)$ precipitates in binary Al-Li alloys[J]. Acta Metallurgica, 1987, 35(2): 483-498.

[47] Jha S C, Sanders T H, Dayananda M A. Grain boundary precipitate free zones in Al-Li alloys [J]. Acta Metallurgica, 1987, 35(2): 473-482.

[48] 路聪阁, 潘清林, 何运斌, 等. Al-Cu-Mg-(Ag/Li)合金中析出相的研究进展[J]. 材料导报, 2008(1): 434-438.

[49] Zahra A M, Zahra C Y. Conditions for S'-formation in an Al-Cu-Mg alloy[J]. Journal of Thermal Analysis, 1990, 36(4): 1465-1470.

[50] Radmilovic V, Thomas G, Shiflet G J, et al. On the nucleation and growth of $Al_2CuMg(S')$ in Al-Li-Cu-Mg and Al-Cu-Mg alloys[J]. Scripta Metallurgica, 1989, 23(7): 1141-1146.

[51] Deschamps A, Decreus B, De Geuser F, et al. The influence of precipitation on plastic deformation of Al-Cu-Li alloys[J]. Acta Materialia, 2013, 61(11): 4010-4021.

[52] 李劲风, 郑子樵, 李世晨, 等. 2195铝-锂合金晶间腐蚀及剥蚀行为研究[J]. 材料科学与工程学报, 2004, 22(5): 640-643.

[53] Wall F D, Stoner G E. The evaluation of the critical electrochemical potentials influencing environmentally assisted cracking of Al-Li-Cu alloys in selected environments[J]. Corrosion Science, 1997, 39(5): 835-853.

[54] Blanc C, Lavelle B, Mankowski G. The role of precipitates enriched with copper on the susceptibility to pitting corrosion of the 2024 aluminium alloy[J]. Corrosion Science, 1997, 39 (3): 495-510.

[55] Blanc C, Freulon A, Lafont M C, et al. Modelling the corrosion behaviour of Al_2CuMg coarse particles in copper-rich aluminium alloys[J]. Corrosion Science, 2006, 48(11): 3838-3851.

[56] Buchheit R G, Grant R P, Hlava P F, et al. Local dissolution phenomena associated with S phase (Al_2CuMg) particles in aluminum alloy 2024-T3[J]. Journal of the Electrochemical Society, 1997, 144(8): 2621-2628.

［57］ Ren W D, Li J F, Zheng Z Q, et al. Localized corrosion mechanism associated with precipitates containing Mg in Al alloys［J］. Transactions of Nonferrous Metals Society of China, 2007, 17 (4): 727-732.

［58］ Li J, Zheng Z, Jiang N, et al. Localized corrosion mechanism of 2×××-series Al alloy containing S(Al$_2$CuMg) and θ'(Al$_2$Cu) precipitates in 4.0% NaCl solution at pH 6.1［J］. Materials Chemistry and Physics, 2005, 91(2): 325-329.

［59］ Guérin M, Alexis J, Andrieu E, et al. Identification of the metallurgical parameters explaining the corrosion susceptibility in a 2050 aluminium alloy［J］. Corrosion Science, 2016, 102: 291-300.

［60］ Fridlyander I N, Chuistov K V, Berezina A L, et al. Aluminum-lithium alloys［J］. Structure and Properties, 1992: 192.

［61］ Lenczowski B. New lightweight alloys for welded aircraft structure［J］. ICAS2002 Congress, 4101.1-4101.4.

［62］ Bennett C G, Webster D. Proc of 6th Inter Al-Li Conf［C］. 1992: 1341.

［63］ Balmuth E S, Chellman D J. Alloy design for overcoming the limitations of Al-Li alloy plate ［C］//Proceedings of the 4th International Conference on Aluminum Alloys. USA: The Georgia Institute of Technology, School of Mater. Sci. and Eng., 1994: 282-289.

［64］ 邹亮, 潘清林. 时效对超高强含 Sc 铝合金组织和性能的影响［J］. 轻金属, 2012(1): 57-60.

［65］ 陈琳, 闫德胜. 均匀化热处理对 Al-Mg-Sc 铝合金铸锭微观组织和性能的影响［J］. 铝加工, 2014(2): 9-14.

［66］ 黄兰萍, 郑子樵, 黄永平. 2197 铝锂合金的组织和性能［J］. 中国有色金属学报, 2014, 14 (12): 2066-2072.

［67］ 肖代红, 巢宏, 陈康华, 等. 微量 Sc 对 AA7085 铝合金组织与性能的影响［J］. 中国有色金属学报, 2008, 18(12): 2145-2150.

［68］ Deschamps A, Garcia M, Chevy J, et al. Influence of Mg and Li content on the microstructure evolution of AlCuLi alloys during long-term ageing［J］. Acta Materialia, 2017, 122: 32-46.

［69］ Liu Q, Zhu R H, Liu D Y, et al. Correlation between artificial aging and intergranular corrosion sensitivity of a new Al-Cu-Li alloy sheet［J］. Materials and Corrosion, 2017, 68(1): 65-76.

［70］ Ahmad Z, Ul-Hamid A, B J A A. The corrosion behavior of scandium alloyed Al5052 in neutral sodium chloride solution［J］. Corrosion Science, 2001, 43(7): 1227-1243.

［71］ Cavanaugh M K, Birbilis N, Buchheit R G, et al. Investigating localized corrosion susceptibility arising from Sc containing intermetallic Al$_3$Sc in high strength Al-alloys［J］. Scripta Materialia, 2007, 56(11): 995-998.

［72］ Tolley A, Radmilovic V, Dahmen U. Segregation in Al$_3$(Sc, Zr) precipitates in Al-Sc-Zr alloys ［J］. Scripta Materialia, 2005, 52(7): 621-625.

［73］ Buranova Y, Kulitskiy V, Peterlechner M, et al. Al$_3$(Sc, Zr)-based precipitates in Al-Mg alloy: effect of severe deformation［J］. Acta Materialia, 2017, 124: 210-224.

[74] Senkov O N, Shagiev M R, Senkova S V, et al. Precipitation of $Al_3(Sc, Zr)$ particles in an Al-Zn-Mg-Cu-Sc-Zr alloy during conventional solution heat treatment and its effect on tensile properties[J]. Acta Materialia, 2008, 56(15): 3723-3738.

[75] Raghavan V. Al-Cu-Sc(aluminum-copper-scandium)[J]. Journal of Phase Equilibria and Diffusion, 2010, 31(6): 554-555.

[76] Jia M, Zheng Z, Gong Z. Microstructure evolution of the 1469 Al-Cu-Li-Sc alloy during homogenization[J]. Journal of Alloys and Compounds, 2014, 614: 131-139.

[77] Shi Y, Pan Q, Li M, et al. Microstructural evolution during homogenization of DC cast 7085 aluminum alloy[J]. Transactions of Nonferrous Metals Society of China, 2015, 25(11): 3560-3568.

[78] Mondal C, Mukhopadhyay A K. On the nature of $T(Al_2Mg_3Zn_3)$ and $S(Al_2CuMg)$ phases present in as-cast and annealed 7055 aluminum alloy[J]. Materials Science and Engineering A, 2005, 391: 367-376.

[79] Liu Y, Jiang D, Xie W, et al. Solidification phases and their evolution during homogenization of a DC cast Al-8.35Zn-2.5Mg-2.25Cu alloy[J]. Materials Characterization, 2014, 93: 173-183.

[80] Fan X, Jiang D, Meng Q, et al. The microstructural evolution of an Al-Zn-Mg-Cu alloy during homogenization[J]. Materials Letters, 2006, 60(12): 1475-1479.

[81] Starke E A, Lin F S. The influence of grain structure on the ductility of the Al-Cu-Li-Mn-Cd alloy 2020[J]. Metallurgical Transactions A, 1982, 13(12): 2259-2269.

[82] Sampath D, Dashwood R, Mcshane H B, et al. Microstructure and property development in low density rapidly solidified Al-Li alloys[J]. Materials Science and Technology, 1993, 9(3): 218-227.

[83] Starke E A, Sanders T H, Palmer I G. New approaches to alloy development in the Al-Li system [J]. JOM, 1981, 33(8): 24-33.

[84] Starke E A. Historical development and present status of aluminum-lithium alloys[M]// Aluminum-lithium Alloys. Amsterdam: Elsevier, 2014: 3-26.

[85] 张荣霞, 曾元松. 铝锂合金的发展、工艺特性及国外应用现状[J]. 航空制造技术, 2007 (S1)438-441.

[86] 胡标. 多元铝合金中 Al-Cr-Si、Mn-Ni-Si、Cr-Ni-Ti、Al-Fe-Mg-Ni-Si 和 Al-Cu-Fe-Mg-Ni 体系的相图热力学研究[D]. 长沙: 中南大学.

[87] Wang Y, Pan Q, Song F, et al. Recrystallization of Al-5.8Mg-Mn-Sc-Zr alloy[J]. Transactions of Nonferrous Metals Society of China, 2013, 23(11): 3235-3241.

[88] Wang F, Xiong B, Zhang Y, et al. Microstructural characterization of an Al-Cu-Mg alloy containing Fe and Ni[J]. Journal of Alloys and Compounds, 2009, 487(1/2): 445-449.

[89] Ocenasek V, Slamova M. Resistance to recrystallization due to Sc and Zr addition to Al-Mg alloys[J]. Materials Characterization, 2001, 47(2): 157-162.

[90] Szabo P J. Effect of partial recrystallization on the grain size and grain boundary structure of

austenitic steel[J]. Materials Characterization, 2012, 66: 99-103.

[91] Benchabane G, Boumerzoug Z, Thibon I, et al. Recrystallization of pure copper investigated by calorimetry and microhardness[J]. Materials Characterization, 2008, 59(10): 1425-1428.

[92] Drits A M, Krimova T V. Aluminium-lithium alloys for aerospace[J]. Advanced Mater Process, 1998(6): 48-51.

[93] Ma J, Yan D, Rong L, et al. Effect of Sc addition on microstructure and mechanical properties of 1460 alloy[J]. Progress in Natural Science: Materials International, 2014, 24(1): 13-18.

[94] Wang Z. Effects of small addition of Sc on microstructure and properties of low Cu/Mg ratio Al-Cu-Mg-Li alloy[J]. Journal of Central South University, 2014, 45(5): 1420-1427.

[95] Li J, Chen Y, Zhu X, et al. Mechanical properties and microstructure of 1460 Al-Li alloy[J]. Journal of Central South University, 2017, 31(2): 118-124.

[96] Lukina E A, Alekseev A A, Antipov V V, et al. Application of the diagrams of phase transformations during aging for optimizing the aging conditions for V1469 and 1441 Al-Li alloys [J]. Russian Metallurgy (Metally), 2009, 2009(6): 505-511.

第 7 章   高导电耐热 Al-Ce-Y-Sc 合金的研究

高导电 Al-RE 合金作为电线电缆和电子零件等领域常用的导体材料，存在合金强度和电导率相互制约、难以协同匹配的突出问题。此外，如何保证合金在具有高强高导电的同时兼具良好的应用性能是近年来高导电铝合金研究的难点。严重的微风振动会造成输电线路的断股和断线等，架空输电线路产生的热量达到一定温度时会改变铝合金导体材料的微观组织，从而导致输电效率下降，并增加线路的安全隐患。为此，本章在工业纯铝中添加微量稀土元素 Ce、Sc、Y 和过渡金属 Zr，制备出 Al-0.2Ce、Al-0.2Ce-0.1Y、Al-0.2Ce-0.2Sc、Al-0.2Ce-0.12Zr 和 Al-0.2Ce-0.2Sc-0.1Y 合金，并对比研究了微量 Ce、Sc、Y 和 Zr 对工业纯铝强度、电导率及微观组织的影响，建立了高导电 Al-RE 合金导体材料的成分、制备工艺、微观组织、强度和电导率之间的构效关系；采用动态热机械分析和等温退火实验，研究了不同成分 Al-RE 合金的组织对阻尼性能和耐热性能的影响，揭示了合金的阻尼和耐热机制。

7.1   微量 Ce、Sc、Y 和 Zr 对工业纯铝常规性能和微观组织的影响

7.1.1   Al-RE 合金的电导率、硬度和拉伸性能

1. 不同状态下合金的电导率

合金在铸态、挤压态、拉拔态和退火态下的电导率如图 7-1 和表 7-1 所示。铸态合金的电导率最低，而挤压态合金的电导率最高。经过拉拔后合金的电导率降低，退火后合金的电导率又会略微上升，很多研究已经证明这主要归因于退火过程降低了合金中的空位浓度[1-3]。对于工业纯铝，热挤压后电导率从 59.95% IACS 提高加到 62.8%IACS。拉拔和退火后，工业纯铝的电导率分别为 61.58% IACS 和 62.03%IACS。添加微量 Ce 后铸态合金的电导率下降，为 54.79%IACS。然而，经过热挤压和拉拔后，Al-Ce 合金的电导率迅速提升，分别达到 63.04% IACS 和 61.83%IACS，略高于同状态的工业纯铝。这证明结合合适的均匀化制度和塑性加工方式，添加微量 Ce 可以提高工业纯铝的电导率。在 Al-Ce 合金的基

础上，微量 Y 的添加进一步提高了合金的电导率，热挤压后 Al-Ce-Y 合金的电导率达到 63.39%IACS，拉拔后降至 62.02%IACS，退火后略微提升至 62.47%IACS。值得注意的是，相比于其他合金，Al-Ce-Y 合金在铸态下也具有最高的电导率。微量 Sc 和 Zr 的添加会降低铸态合金的电导率，铸态下 Al-Ce-Sc 和 Al-Ce-Zr 合金的电导率分别为 54.3%IACS 和 56.55%IACS。经过热挤压和拉拔后，Al-Ce-Sc 合金的电导率显著提高，分别达到 61.55%IACS 和 60.45%IACS。对于 Al-Ce-Zr 合金，热挤压和拉拔后合金的电导率分别达到 59.45%IACS 和 58.46%IACS，远低于其他成分的合金。在 Al-Ce 合金中复合添加 Sc 和 Y 元素会获得较高的电导率，尽管铸态下 Al-Ce-Sc-Y 合金的电导率仍然较低（54.13%IACS）。经过热挤压、拉拔及退火后合金的电导率依次为 62.05%IACS、61.01%IACS 和 61.77%IACS。可以看出，微量 Ce 可以增强工业纯铝的导电性，微量 Y 的添加进一步增强了 Al-Ce 合金的导电性，而微量 Sc 和 Zr 会削弱合金的导电性，其中 Zr 对合金导电性的有害影响更为明显。

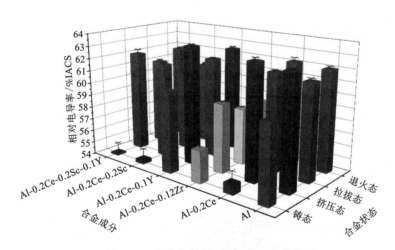

图 7-1　实验合金在不同状态下的电导率

表 7-1　实验合金在铸态、挤压态、拉拔态及退火态下的电导率

实验合金	铸态电导率 /%IACS	挤压态电导率 /%IACS	拉拔态电导率 /%IACS	退火态电导率 /%IACS
工业纯铝	59.95±0.52	62.8±0.09	61.58±0.2	62.03±0.2
Al-Ce 合金	54.79±0.82	63.04±0.22	61.83±0.12	62.18±0.3
Al-Ce-Sc 合金	54.3±0.78	61.55±0.16	60.45±0.16	60.71±0.16
Al-Ce-Y 合金	60.41±0.83	63.39±0.12	62.02±0.04	62.47±0.16

续表7-1

实验合金	铸态电导率/%IACS	挤压态电导率/%IACS	拉拔态电导率/%IACS	退火态电导率/%IACS
Al-Ce-Zr 合金	56.55±1.32	59.45±0.1	58.46±0.11	58.51±0.11
Al-Ce-Sc-Y 合金	54.13±0.78	62.05±0.34	61.01±0.14	61.77±0.11

2. 不同状态下合金的硬度和拉伸性能

合金在铸态、挤压态、拉拔态和退火态下的硬度如图 7-2 和表 7-2 所示。对于铸态合金，工业纯铝、Al-Ce、Al-Ce-Y 和 Al-Ce-Zr 合金具有相似的硬度，均为 HV 23~25。Al-Ce-Sc 合金和 Al-Ce-Sc-Y 合金的硬度明显更高，分别达到 HV 30.9 和 HV31.4。这种趋势在合金热挤压、拉拔和退火后更为明显。热挤压后，工业纯铝和 Al-Ce 合金的硬度分别略微提升至 HV 25.3 和 HV 27。Al-Ce-Y 合金和 Al-Ce-Zr 合金的硬度提升幅度更大，分别达到 HV 30.9 和 HV 28.8。Al-Ce-Sc 合金和 Al-Ce-Sc-Y 合金的硬度提升幅度最大，分别达到 HV 46.5 和 HV 46.1。拉拔后，合金硬度进一步得到提升，工业纯铝和 Al-Ce 合金的硬度分别为 HV 40.3 和 HV 41.1，Al-Ce-Y 合金和 Al-Ce-Zr 合金的硬度分别为 HV 43.4 和 42 HV。Al-Ce-Sc 合金和 Al-Ce-Sc-Y 合金的硬度更高，分别为 HV 59.5 和 HV 57.6。退火后，合金硬度没有明显下降。可以看出，微量 Ce 可以略微提升工业纯铝的硬度，Zr 和 Y 的添加进一步提升了 Al-Ce 合金的硬度，而微量 Sc 对硬度的提升最为明显。

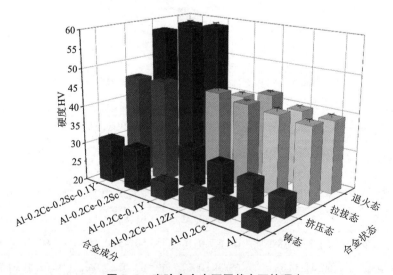

图 7-2 实验合金在不同状态下的硬度

表 7-2　实验合金在不同状态下的硬度

实验合金	铸态硬度 HV	挤压态硬度 HV	拉拔态硬度 HV	退火态硬度 HV
工业纯铝	23.3±0.4	25.3±0.6	40.3±0.8	39.3±0.8
Al-Ce 合金	24.4±0.7	27±0.4	41.1±1	40±0.7
Al-Ce-Sc 合金	30.9±0.7	46.5±0.5	59.5±1	58.6±0.8
Al-Ce-Y 合金	24.5±0.9	30.9±0.8	43.4±0.8	40.4±0.7
Al-Ce-Zr 合金	24.5±0.7	28.8±0.5	42±0.5	42.5±0.5
Al-Ce-Sc-Y 合金	31.4±0.7	46.1±0.3	57.6±0.4	58.3±0.6

　　拉拔和退火后合金的工程应力-应变曲线如图 7-3 所示, 合金的抗拉强度、屈服强度和断后伸长率如表 7-3 所示。根据《裸电线试验方法第 3 部分: 拉力试验》(GB/T 4909.3—2009)[4], 本拉伸实验最重要的是界定合金的抗拉强度和断

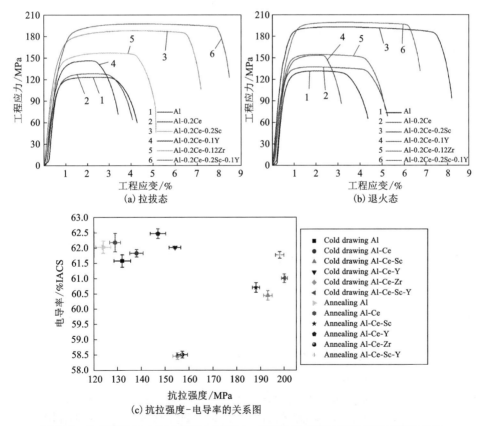

(a) 拉拔态

(b) 退火态

(c) 抗拉强度-电导率的关系图

图 7-3　拉拔态及退火态合金的工程应力-应变曲线及抗拉强度与电导率的关系

后伸长率。拉拔后,工业纯铝和 Al-Ce 合金的抗拉强度分别为 132 MPa 和 138 MPa。微量 Y 和 Zr 的添加可以进一步提升合金的抗拉强度,Al-Ce-Y 合金和 Al-Ce-Zr 合金的抗拉强度分别为 154 MPa 和 155 MPa。与硬度测试结果一致,微量 Sc 的添加对合金抗拉强度的提升最为明显,Al-Ce-Sc 合金的抗拉强度达到 193 MPa。Al-Ce-Sc-Y 合金具有最高的抗拉强度,达到 200 MPa。退火后,Al-Ce-Zr 合金的抗拉强度轻微上升,达到 157 MPa。其他合金的抗拉强度均略微下降,下降幅度小于 10 MPa。对于合金的断后伸长率,拉拔和退火后,工业纯铝和 Al-Ce 合金的断后伸长率相近,均大于 4%。Al-Ce-Y 合金具有最低的断后伸长率,小于 3.5%。微量 Zr 的添加略微提升了 Al-Ce 合金的断后伸长率,在拉拔和退火后均大于 5%。微量 Sc 对 Al-Ce 合金断后伸长率的提升更为显著,在拉拔后为 8.2%,退火后为 7.2%。Al-Ce-Sc-Y 合金同样具有优异的断后伸长率,在拉拔和退火后分别达到 6.8% 和 8.5%。可以看出,微量 Ce 的添加略微提升了工业纯铝的强度,Zr 和 Y 的添加可以进一步提升 Al-Ce 合金的强度,但是微量 Y 的添加会对合金的断后伸长率产生不利影响。微量 Sc 的添加大幅提升了 Al-Ce 合金的强度,同时也提高了其断后伸长率。如图 7-3(c)所示,Al-Ce-Sc-Y 合金同时具有高强度和高电导率,能更好地保持强度和电导率之间的平衡。

表 7-3 拉拔态及退火态合金的拉伸性能

实验合金	拉拔态			退火态		
	抗拉强度 /MPa	屈服强度 /MPa	断后伸长率 /%	抗拉强度 /MPa	屈服强度 /MPa	断后伸长率 /%
工业纯铝	132±3	118±2	4.4±0.4	124±3	110±2	4.3±0.3
Al-Ce 合金	138±3	128±1	5.2±0.3	129±2	108±1	4.1±0.3
Al-Ce-Sc 合金	193±2	176±1	8.2±0.5	188±2	142±2	7.2±0.4
Al-Ce-Y 合金	154±2	132±2	3.2±0.2	147±3	129±1	3.4±0.2
Al-Ce-Zr 合金	155±2	138±2	5.2±0.3	157±2	133±1	5.1±0.3
Al-Ce-Sc-Y 合金	200±1	169±1	6.8±0.3	198±2	162±1	8.5±0.2

3. 拉拔态合金的断口形貌分析

合金拉拔后的宏观断口形貌如图 7-4 所示。以断后伸长率较低的 Al-Ce、Al-Ce-Y 合金和断后伸长率较高的 Al-Ce-Sc、Al-Ce-Sc-Y 合金为例,从所有合金的断口处均可以看出典型的韧性断裂三要素,即纤维区、放射区和剪切唇,同时断口附近具有明显的颈缩。

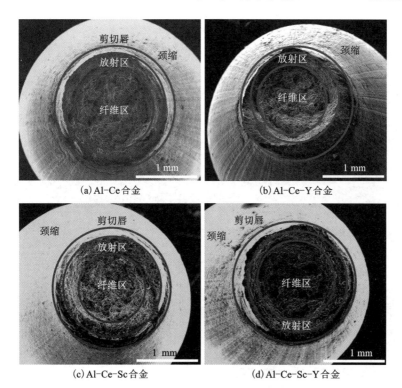

(a) Al-Ce合金　　　　　　　(b) Al-Ce-Y合金

(c) Al-Ce-Sc合金　　　　　　(d) Al-Ce-Sc-Y合金

图 7-4　拉拔态合金的宏观断口形貌

合金拉拔后的微观断口形貌如图 7-5 所示。以断后伸长率相对较低的 Al-Ce 合金为例,其纤维区存在大量韧窝,但韧窝较小且较浅,如图 7-5(a) 所示。与其他合金相比,添加微量 Sc 的合金具有更大且更深的韧窝,因此塑性更好,如图 7-5(b) 所示。此外,添加微量 Sc 的合金在韧窝底部具有更多的第二相粒子。以 Al-Ce-Sc 合金为例,EDS 结果证明第二相富含 Fe、Ce 元素,如图 7-5(d) 所示。

基于电导率、硬度及拉伸性能测试结果,可以总结出不同元素对优化合金性能的作用。(1)微量 Ce 可以略微提升合金的电导率、硬度及强度,全面提升工业纯铝的性能。(2)微量 Y 可以进一步提高 Al-Ce 合金的电导率和强度,但会略微降低合金的断后伸长率。(3)微量 Sc 可以在略微牺牲电导率的基础上,显著提高 Al-Ce 合金的硬度、强度和断后伸长率。(4)微量 Zr 会大幅降低 Al-Ce 合金的电导率,且只能略微提高合金的硬度和强度。考虑到上述因素,稀土复合微合金化 Al-Ce-Sc-Y 合金具有最优的性能,可以保持强度和电导率之间的平衡。在经过高温均匀化、热挤压、拉拔以及退火后,Al-Ce-Sc-Y 合金的抗拉强度和伸长率分别达到 198 MPa 和 8.5%,电导率达到 61.77%IACS。

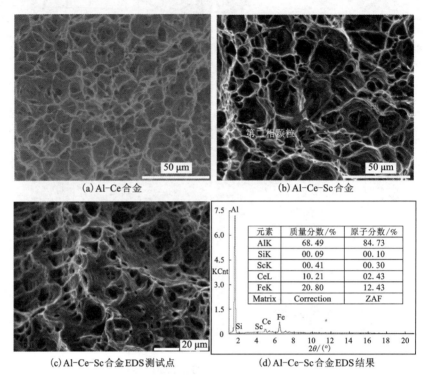

元素	质量分数/%	原子分数/%
AlK	68.49	84.73
SiK	00.09	00.10
ScK	00.41	00.30
CeL	10.21	02.43
FeK	20.80	12.43
Matrix	Correction	ZAF

(a)Al-Ce合金　　　　(b)Al-Ce-Sc合金

(c)Al-Ce-Sc合金EDS测试点　　　　(d)Al-Ce-Sc合金EDS结果

图 7-5　拉拔态合金的微观断口形貌和 EDS 分析

7.1.2　不同状态下 Al-RE 合金基体的微观组织演变

1. 铸态合金的基体组织

铸态合金的偏光金相组织如图 7-6 所示。在相同的铸造条件及取样位置情况下,工业纯铝主要由较粗的柱状晶粒组成,晶粒长度达到毫米级,如图 7-6(a)所示。微量 Ce 的添加并没有改善合金的铸态组织,除柱状晶外还会出现少量的枝晶偏析,如图 7-6(b)所示。Al-Ce-Y 合金同样由较粗的柱状晶粒组成,未发现明显的枝晶偏析,如图 7-6(d)所示。Sc 和 Zr 对改善合金晶粒组织的作用明显,可以明显细化晶粒,促进等轴晶的形成,如图 7-6(c)和图 7-6(e)所示。根据 ASTM E112-13 标准[5]对等轴晶的平均晶粒尺寸进行统计分析,Al-Ce-Sc 合金和 Al-Ce-Zr 合金的平均晶粒尺寸分别为 123.5 μm 和 169.3 μm,这说明本实验中 Sc 的细化晶粒作用要略强于 Zr。对于复合添加 Sc、Y 元素的 Al-Ce-Sc-Y 合金,合金依然由等轴晶组成,平均晶粒尺寸为 142.5 μm,略高于 Al-Ce-Sc 合金,远低于 Al-Ce-Y 合金。

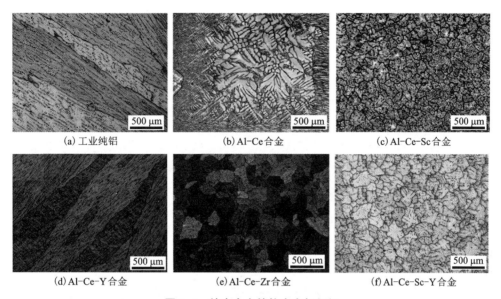

| (a) 工业纯铝 | (b) Al-Ce合金 | (c) Al-Ce-Sc合金 |
| (d) Al-Ce-Y合金 | (e) Al-Ce-Zr合金 | (f) Al-Ce-Sc-Y合金 |

图 7-6 铸态合金的偏光金相组织

2. 挤压态合金的基体组织

挤压态合金的偏光金相组织如图 7-7 所示。经过热挤压后,工业纯铝纤维状晶粒周围存在小晶粒,且沿挤压方向不完全平直,呈锯齿状,说明合金发生轻微再结晶,如图 7-7(a)所示。其他合金晶界更平直,纤维状晶粒更明显,说明合金未发生动态再结晶。对于 Al-Ce 合金和 Al-Ce-Y 合金,纤维状晶粒的宽度明显更大。微量 Sc 和 Zr 的添加继承了铸态合金的优点,减小了合金纤维状晶粒的宽度。

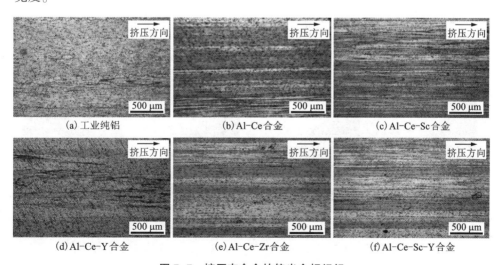

| (a) 工业纯铝 | (b) Al-Ce合金 | (c) Al-Ce-Sc合金 |
| (d) Al-Ce-Y合金 | (e) Al-Ce-Zr合金 | (f) Al-Ce-Sc-Y合金 |

图 7-7 挤压态合金的偏光金相组织

　　偏光金相结构只能体现出较低放大倍数下合金的大角度晶界组织，因此还需对纤维状晶粒内部的亚结构进行研究。以挤压态 Al-Ce-Sc、Al-Ce-Y 和 Al-Ce-Zr 合金为例，其高倍 EBSD 结果如图 7-8 所示。图 7-8(j) 为 EBSD 取向分布图中晶粒取向图例，本书中所有的 EBSD 取向分布图均使用本图例。可以看出，挤压后三种合金的取向分布图显示其晶粒组织均具有明显的择优取向，主要为<111>取向，伴有少量<001>取向的晶粒。Al-Ce-Sc、Al-Ce-Y 和 Al-Ce-Zr 合金<111>取向织构强度最大值分别达到 27.07、38.77 和 24.63。除此以外，在纤维状晶粒内部，Al-Ce-Sc 合金角度在 2°~15°的小角度晶界总数要明显多于 Al-Ce-Y 合金，且小角度晶界更为连续，亚晶粒结构完整，如图 7-8(a) 所示。这种在热挤压过程中形成的亚晶结构会产生显著的亚结构强化作用，但也会导致电子传输方向上电子散射程度的加深。相比之下，Al-Ce-Y 合金的小角度晶界分布更不规则且不

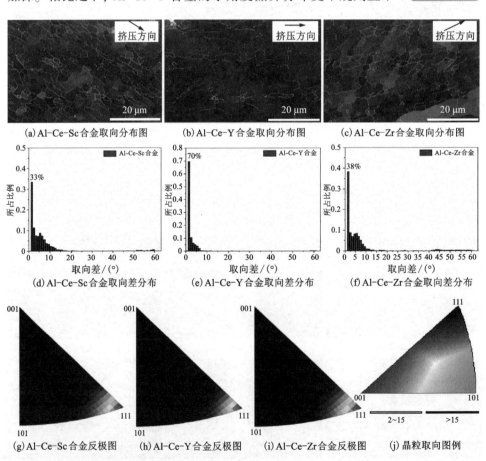

(a) Al-Ce-Sc合金取向分布图　(b) Al-Ce-Y合金取向分布图　(c) Al-Ce-Zr合金取向分布图

(d) Al-Ce-Sc合金取向差分布　(e) Al-Ce-Y合金取向差分布　(f) Al-Ce-Zr合金取向差分布

(g) Al-Ce-Sc合金反极图　(h) Al-Ce-Y合金反极图　(i) Al-Ce-Zr合金反极图　(j) 晶粒取向图例

图 7-8　挤压态 Al-Ce-Sc、Al-Ce-Y 和 Al-Ce-Zr 合金的高倍 EBSD 结果

连续，破碎程度高，完整的亚晶粒数目更少，2°以下的界面结构更多，如图 7-8(b) 和图 7-8(e) 所示。这种亚晶粒结构虽然强化作用相对较弱，但对电子传输方向上电子散射程度的影响也更低。值得注意的是，在 Al-Ce-Sc 合金 <111>取向的纤维状晶粒内部，少数亚晶粒会略微偏离<111>取向，因此其<111>取向织构强度要低于 Al-Ce-Y 合金。对于 Al-Ce-Zr 合金，其情况与 Al-Ce-Sc 合金类似，2°~15°的小角度晶界总数要略低于 Al-Ce-Sc 合金，因此亚结构强化效果也略弱。另外，Al-Ce-Zr 合金在 2°以下的界面结构相对百分比达 38%，如图 7-8(f) 所示。最后，Al-Ce-Zr 合金的亚晶粒结构的完整程度略低于 Al-Ce-Sc 合金，晶粒内部只出现少量不连续、不完整的小角度晶界，但强于 Al-Ce-Y 合金，如图 7-8(c) 所示。

挤压态 Al-Ce-Sc-Y 合金的高倍 EBSD 结果如图 7-9 所示。根据合金的取向分布图可以看出 Al-Ce-Sc-Y 合金的晶粒组织也具备强<111>择优取向，伴有少量<001>方向的晶粒，织构强度最大值为 25.41。但是，其晶粒和亚结构形貌与其他合金有所不同。首先，相同放大倍数下具有大角度晶界的纤维状晶粒宽度更

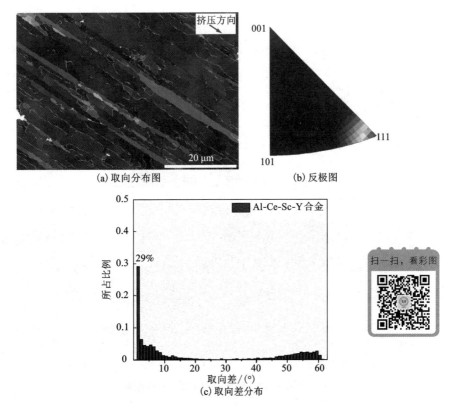

图 7-9　挤压态 Al-Ce-Sc-Y 合金的高倍 EBSD 结果

小，但其宽度并不均匀，小至几微米，大可达几十微米。同时，合金大角度晶界数目更多，取向差 15°以上的晶界可达 35%。这类晶粒内部 2°~15°的小角度晶界数目比 Al-Ce-Sc 合金少，且不呈现为均匀分布的类等轴状亚晶，而是更像大角度晶界一样，平行于挤压方向。这种形貌无疑会降低电子传输方向上界面结构对电子的散射程度。除此以外，还可以看出 <001> 取向的晶粒晶界基本为 15°以上的大角度晶界，内部小角度晶界数目较少。

EBSD 表征晶界及亚晶界的分辨率有限，还需研究更小尺度上合金的亚结构形貌。挤压态合金的 TEM 明场像如图 7-10 所示。工业纯铝的亚晶尺寸最粗，亚晶内部只存在少量位错，如图 7-10(a) 所示。Al-Ce 合金和 Al-Ce-Y 合金的亚结构与工业纯铝相似，但亚晶粒尺寸更小，如图 7-10(b) 和图 7-10(d) 所示。对于 Al-Ce-Sc 合金，亚晶粒内部位错密度大大提高，产生了高密度位错缠结和位错塞积，如图 7-10(c) 所示。Al-Ce-Zr 合金内的位错密度要远低于 Al-Ce-Sc 合金，高于 Al-Ce-Y 合金，如图 7-10(e) 所示。复合添加微量 Sc 与 Y 元素降低了 Al-Ce-Sc 合金亚晶粒内部的位错密度，合金内部无明显位错缠结，主要是零散分布的位错线，如图 7-10(f) 所示。

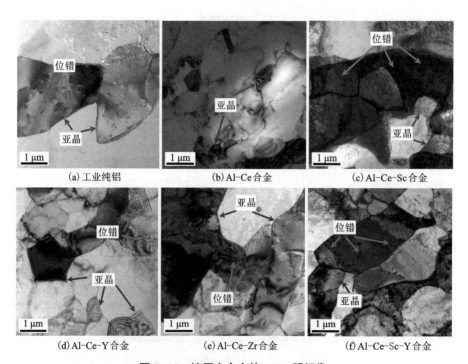

(a) 工业纯铝　　　　(b) Al-Ce 合金　　　　(c) Al-Ce-Sc 合金

(d) Al-Ce-Y 合金　　　(e) Al-Ce-Zr 合金　　　(f) Al-Ce-Sc-Y 合金

图 7-10　挤压态合金的 TEM 明场像

3. 拉拔态合金的基体组织

拉拔态合金的偏光金相组织如图 7-11 所示。所有合金均呈现出明显的纤维状晶粒,晶界相比挤压态合金更为平直,平行于拉拔方向。工业纯铝和 Al-Ce 合金的纤维状晶粒的宽度明显更大,如图 7-11(a)和图 7-11(b)所示。添加微量 Sc、Y 和 Zr 元素均可获得更细的纤维状晶粒,金相显微镜下其宽度不存在明显的区别。对于 Al-Ce-Sc-Y 合金,其金相组织同样继承了铸态和挤压态合金添加微量 Sc 和 Y 元素后的优点,拥有狭长且连续的晶界。

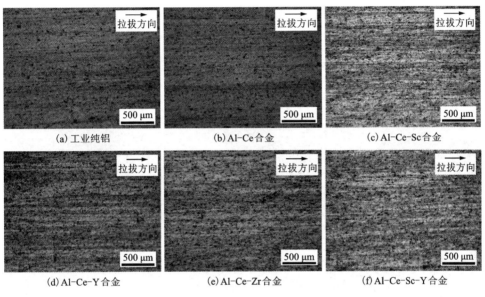

图 7-11　拉拔态合金的偏光金相组织

以拉拔态 Al-Ce、Al-Ce-Sc 和 Al-Ce-Y 合金为例,其 EBSD 结果如图 7-12 所示。拉拔后合金的取向分布图显示其晶粒组织仍然具有明显的择优取向,即<111>取向伴随少量<001>取向晶粒。Al-Ce、Al-Ce-Sc 和 Al-Ce-Y 合金<111>取向织构强度最大值分别达到 36.9、25.95 和 34.42。可以看出,含 Sc 的合金<111>取向织构强度仍然低于其他合金。同时,与挤压态合金相比,拉拔后合金<111>取向织构强度变化不大,最明显的变化是 2°~15°的小角度晶界数目进一步增加。如图 7-12(a)和图 7-12(c)所示,在 Al-Ce 合金和 Al-Ce-Y 合金 15°以上的大角度纤维状晶粒内部,大多数小角度晶界也沿拉拔方向分布,改善了挤压态合金中更不连续且不规则分布的小角度晶界。虽然拉拔后亚结构总数的增加会使电子传输方向上电子散射的数目增加,但是这种沿电子传输方向分布的小角度晶界形貌可以将由电子散射程度提高而引起的电导率损失降至最低。Al-Ce-Zr 合金与 Al-Ce-Sc 合金情况相同，以 Al-Ce-Sc 合金为例，其小角度晶界的总数更多，尺寸更小，且存在大量与电子传输方向呈一定角度的小角度晶界，在获得更优强化效果的同时会因存在小角度晶界导致比 Al-Ce-Y 合金更多的电子散射。拉拔造成的另一点变化是合金的大角度晶界变得更为不连续，尤其以 Al-Ce-Sc 合金最为明显。从 Al-Ce-Sc 合金的取向分布图中可以看出，代表大角度晶界的黑色线条沿变形方向断断续续分布，数量比 Al-Ce 合金和 Al-Ce-Y 合金更多，这说明随着拉拔过程的进行，纤维状晶粒的变形量不断增加，大角度晶界更易受到变形破碎。部分晶粒之间的取向差进一步降低，使大角度晶界的取向差也降低了。从结构分布图中可以更明确以上两点变化，结构分布图中红色组织代表变形晶粒，黄色组织代表亚结构，蓝色组织代表再结晶晶粒(全文同)[6-8]。如图 7-12(d)~(f)所示，所有合金均由大多数的变形晶粒及少量亚结构组成。对于 Al-Ce-Sc 合金，除了变形晶粒内部存在大量小角度晶界，其亚结构尺寸更小，且不像 Al-Ce 合金与 Al-Ce-Y 合金呈细纤维状，沿变形方向分布。

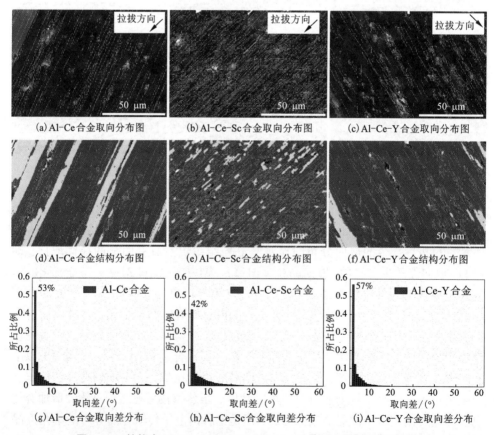

(a) Al-Ce 合金取向分布图　　(b) Al-Ce-Sc 合金取向分布图　　(c) Al-Ce-Y 合金取向分布图

(d) Al-Ce 合金结构分布图　　(e) Al-Ce-Sc 合金结构分布图　　(f) Al-Ce-Y 合金结构分布图

(g) Al-Ce 合金取向差分布　　(h) Al-Ce-Sc 合金取向差分布　　(i) Al-Ce-Y 合金取向差分布

图 7-12　拉拔态 Al-Ce、Al-Ce-Sc 和 Al-Ce-Y 合金的 EBSD 结果

　　拉拔态 Al-Ce-Sc-Y 合金的 EBSD 结果如图 7-13 所示，其晶粒及亚结构形貌与 Al-Ce-Sc 合金更为相似，具备较强<111>择优取向，伴有少量<001>方向的晶粒，织构强度最大值为 29.78。除此以外，挤压态合金中占比更大的 15°以上大角度晶界数目也大幅降低，且沿变形方向断续分布。与 Al-Ce-Sc 合金相比，Al-Ce-Sc-Y 合金 2°~15°的小角度晶界密度略低，但亚结构百分数相比 Al-Ce-Sc 合金略有提升，达到 13.5%。

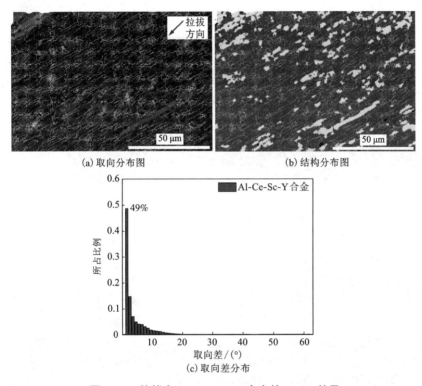

(a) 取向分布图　　　　　　　　　(b) 结构分布图

(c) 取向差分布

图 7-13　拉拔态 Al-Ce-Sc-Y 合金的 EBSD 结果

　　拉拔后合金晶界和亚晶界发生变化，需对更低尺度下的合金微观组织形貌进行分析。拉拔态和退火态合金的 TEM 明场像如图 7-14 和图 7-15 所示，合金的组织显示出典型的拉拔变形结构的特征，晶粒沿拉拔方向拉长。经过对不同视场的统计分析，发现其宽度在 200~2500 nm。结合 EBSD 分析可知，这些相互平行的晶界大部分为 2°~15°的小角度晶界，15°以上的大角度晶界数目较少。对于所有样品，在这些细长纤维状晶粒中均存在数目、尺寸不同的亚晶。除此以外，需要指出退火过程对合金的大小角度晶界和位错结构的影响很小，主要是空位浓度的降低引起合金强度的轻微波动及电导率的上升。

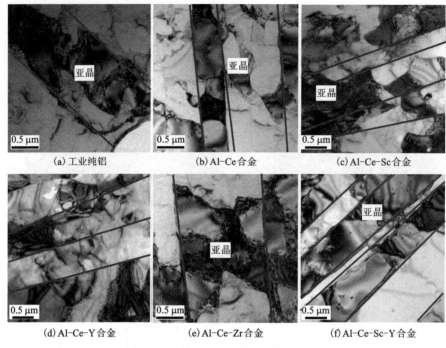

图 7-14 拉拔态合金的 TEM 明场像

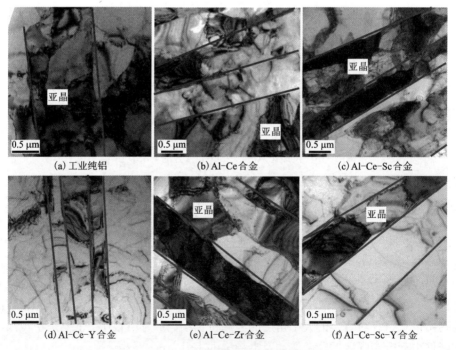

图 7-15 退火态合金的 TEM 明场像

对于含有不同成分的合金，工业纯铝与 Al-Ce 合金形貌相似，工业纯铝中亚晶尺寸略大。在 Al-Ce-Sc 合金的细长纤维状晶粒内存在大量的亚晶和位错胞，部分亚晶和位错胞内可见明显的高密度位错，如图 7-14(c) 和图 7-15(c) 所示。这是因为在热挤压和拉拔过程中，大角度晶界与弥散的纳米级析出相 Al₃Sc 粒子相互作用，分解出了数目更多的小角度晶界和位错胞。毫无疑问，合金的强度可以通过亚结构强化及位错强化来提高，但是这些界面结构也会提高电子的散射程度，从而提高合金的电阻率。Al-Ce-Zr 合金也存在这种情况，但其亚晶粒、位错胞的数量更少，同时位错密度也更低，如图 7-14(e) 和图 7-15(e) 所示。Al-Ce-Y 合金的位错密度更低，位错胞和亚晶界的数量更少，这无疑会降低电子的散射程度并提高电导率。微量 Sc 和 Y 的复合添加可获得较细的纤维状晶粒。同时，与 Al-Ce-Sc 合金相比，其位错密度更低，位错胞和亚晶界的数量也较少。

7.1.3　不同状态下 Al-RE 合金第二相的演变

1. 铸态合金中的微米级第二相

通过分析微米级第二相的组成和数量可以间接分析合金在不同状态下固溶原子特别是杂质 Fe、Si 原子的含量。铸态合金的 XRD 分析结果如图 7-16 所示。

对于工业纯铝，峰位显示其第二相主要由 Al₃Fe 相和 Al₆Fe 相组成[9]。添加微量 Ce 元素后，可以看出部分 Al₃Fe 相和 Al₆Fe 相转变为 Al₁₃Fe₃Ce 相，同时合金中仍然存在少量 Al₆Fe 相[9-11]。微量 Ce 元素的加入使铝基体中更多的固溶 Fe 原子形成第二相，这降低了固溶原子对自由电子的散射程度。在 Al-Ce-Sc、Al-Ce-Y、Al-Ce-Zr 合金中，未发现明显的 Al₃Sc 和 Al₃Zr 粒子的峰位，如图 7-16(c)~(e) 所示。这是因为 Al₃Sc 和 Al₃Zr 是纳米尺寸析出相，很难通过 XRD 分析进行表征。对于 Al-Ce-Sc-Y 合金，Al₁₃Fe₃Ce 相的峰位更明显，同时出现了更低角度的对应峰位，如图 7-16(f) 所示。

工业纯铝中微米级第二相的 SEM 形貌和 EDS 结果如图 7-17 所示。工业纯铝中主要的第二相为少量锐利的长棒状粒子，如图 7-17(a) 所示。第二相主要由 Al 元素和 Fe 元素组成，Si 元素的原子分数小于 1%，可以认为其是工业纯铝中常见的 Al₆Fe 相或 Al₃Fe 相，如图 7-17(b) 所示。

添加微量 Ce、Sc、Y 元素的铸态合金微米级第二相的 SEM 形貌和 EDS 结果如图 7-18 所示。Al-Ce 合金中存在大量长棒状、少量球状第二相和枝晶，如图 7-18(a) 所示。球状粒子中 Ce 元素含量明显高于长棒状粒子，而 Fe 元素含量低于长棒状粒子，这表明球状粒子对 Fe 元素的结合效率较差，如图 7-18(j) 所示。此外，Al-Ce 合金中含 Fe、Ce 元素第二相的 Fe 元素含量要低于其他合金，并且球状粒子中还含有少量 Si 元素。微量 Sc、Y 和 Zr 元素会对 Al-Ce 合金第二相成分、尺寸和分布产生影响。对于 Al-Ce-Sc 合金，晶粒内部形成大量球状粒

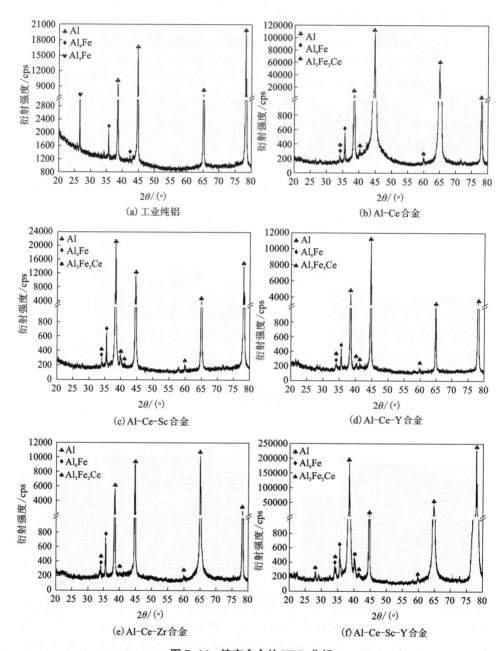

图 7-16 铸态合金的 XRD 分析

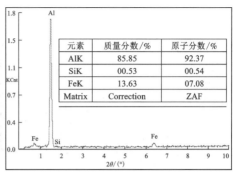

元素	质量分数/%	原子分数/%
AlK	85.85	92.37
SiK	00.53	00.54
FeK	13.63	07.08
Matrix	Correction	ZAF

(a) SEM 形貌 　　　　　　　　　　(b) EDS 结果

图 7-17　工业纯铝的 SEM 形貌及 EDS 结果

子,晶界处形成少量不连续的第二相。球状粒子中的 Fe 元素含量相对于 Al-Ce 合金显著增加,但含 Fe、Ce 元素的球状第二相和晶界处不连续的第二相中 Si 元素的数目更少,如图 7-18(l)所示。这种情况说明微量 Sc 元素的添加促进了球状 AlFeCe 第二相的形成并增加了第二相中 Fe 元素的含量。此外,Sc 元素也可以消除 Al-Ce 合金中的枝晶偏析。Zr 的作用与 Sc 基本相同,在此不再赘述。对于 Al-Ce-Y 合金,其晶粒内部同样存在大量球状第二相和晶界处不连续的第二相,并且元素含量相似。第二相的组成更接近稳定的 $Al_{13}Fe_3Ce$ 相,并且第二相粒子中富集更多的 Y 和 Si(1%~3%)元素,如图 7-18(k)所示。添加微量 Y 元素可以同时减少固溶在铝基体中的 Fe、Si 原子数量,并促进了富含 Fe 与 Y 原子的 $Al_{13}Fe_3Ce$ 相的形成。最后,对于 Al-Ce-Sc-Y 合金,球状粒子的直径更大并且晶界处不连续第二相的数量更多,第二相的 Fe/Ce 比数值更加接近 3。可以看出,复合添加微量 Ce、Sc 和 Y 元素的合金继承了 Al-Ce-Sc 合金和 Al-Ce-Y 合金的优点。首先,铸态合金中几乎不存在枝晶偏析,尺寸细小的等轴晶具有更多晶界,同时晶界上有更多的不连续分布的第二相粒子。其次,更多固溶 Fe 原子形成 $Al_{13}Fe_3Ce$ 相,并富集更多 Si 原子,降低了固溶原子浓度,从而降低了自由电子散射程度。最后,晶粒内部和晶界处的第二相成分相近,组织更为均匀。

2. 挤压态合金中的微米级第二相

挤压态合金的 XRD 分析结果如图 7-19 所示。对于添加微量 Ce、Sc、Y 和 Zr 元素的铸态合金,峰位显示其第二相主要仍由 $Al_{13}Fe_3Ce$ 相和 Al_6Fe 相组成。这说明挤压态合金的第二相组成与铸态合金相差不大,主要通过微量 Ce 元素的加入使铝基体中更多的固溶 Fe 原子形成微米级 $Al_{13}Fe_3Ce$ 相,从而达到降低固溶原子浓度的目的。同时,这也可以说明 Sc、Zr 元素几乎没有与 Ce、Fe 元素产生中毒效应,形成粗大的微米级第二相,可减少纳米级 Al_3Sc 和 Al_3Zr 强化相数目,削

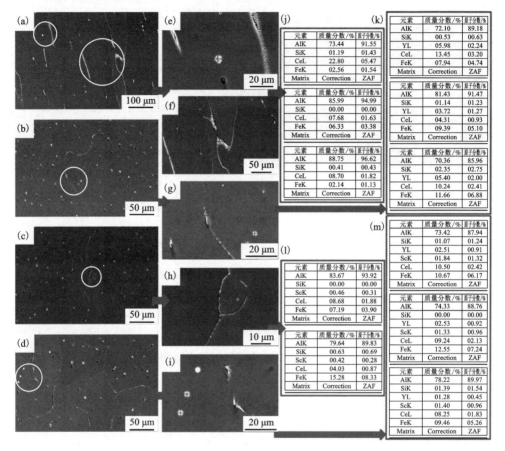

（a）Al-Ce 合金；（b）Al-Ce-Y 合金；（c）Al-Ce-Sc 合金；（d）Al-Ce-Sc-Y 合金；（e）和（f）图（a）中圆圈的放大形貌；（g）和（i）图（b）和（d）中红圈的放大形貌；（j）和（l）图（e）和（i）中对应的 EDS 成分。

图 7-18　铸态合金的 SEM 形貌和 EDS 结果

弱其强化作用。

　　铸态合金经高温均匀化和热挤压后，其微米级第二相的 SEM 形貌和部分合金的 EDS 结果如图 7-20 所示。对于 Al-Ce 合金，高温均匀化处理消除了合金的枝晶偏析。经过热挤压后，长棒状第二相破碎成更小的颗粒，这些颗粒沿挤压方向连续或不连续分布，如图 7-20（a）中圆圈所示。除此以外，Al-Ce 合金中仍存在不规则块状微米级第二相。

　　Al-Ce-Sc 合金中存在不同尺寸的球状和不规则块状第二相，而晶界处第二相数目较少。这说明高温均匀化处理消除了铸态合金晶界处的第二相，并在热挤压前 400 ℃/5 h 的保温及热挤压的过程中使这些第二相粒子再次以较小的尺寸析

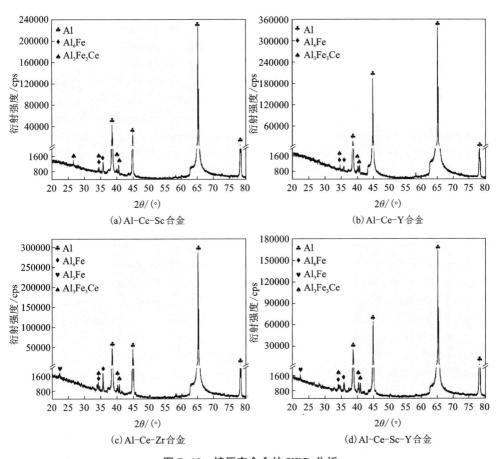

图 7-19　挤压态合金的 XRD 分析

出。微量 Sc 和 Zr 对微米级第二相的作用相似。以 Al-Ce-Sc 合金为例，铸态合金中的大量球状颗粒在热挤压的影响下变为不规则块状，如图 7-20（c）所示。EDS 结果表明，较大颗粒的 Fe 含量较高，Fe、Ce 元素的原子分数更接近。同时，与铸态合金相比，稳定的 $Al_{13}Fe_3Ce$ 相和 Ce 含量更高的 AlFeCe 相中富集的 Si 元素含量也略有增加。通过对不同第二相粒子的统计分析可知，合金中 $Al_{13}Fe_3Ce$ 相占绝大多数，而对于少量 Ce 元素高于 Fe 元素并富含 Si 元素的第二相，本研究将其统一称为 AlCeFeSi 相，因为目前没有相关基础研究及 PDF 卡片给出该第二相准确的原子分数。对于 Al-Ce-Y 合金，在高温均匀化和热挤压后，晶界处第二相的数目也大大减少，部分残存的晶界第二相被热挤压过程破碎成尺寸较小的沿挤压方向分布的粒子。Al-Ce-Y 合金第二相的形状比 Al-Ce-Sc 合金更不规则，如图 7-20（e）所示。EDS 结果同样证明存在两种具有不同 Fe/Ce 比的第二相。绝

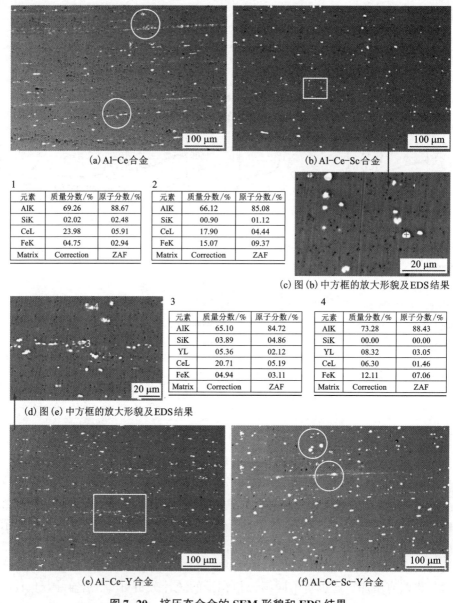

图 7-20　挤压态合金的 SEM 形貌和 EDS 结果

大多数的第二相具有较高的 Fe 含量和 Fe/Ce 比，为稳定的 $Al_{13}Fe_3Ce$ 相。晶界处少量破碎的沿挤压方向分布的第二相粒子为 AlCeFeSi 相，可富集更多的 Si 元素，如图 7-20(d)所示。同时，这两种第二相粒子都含有微量 Y 元素。对于 Al-Ce-Sc-Y 合金，热挤压后不规则块状第二相颗粒的尺寸显著增加，同时也存在少量的沿挤压方向分布的破碎第二相颗粒,其成分组成与 Al-Ce-Y 合金相似,如图 7-20(f) 所示。

由于 EDS 分析结果存在一定误差,一般用作定性分析比较不同合金中第二相元素含量的高低。为了更准确地分析合金中第二相的元素分布,对挤压态 Al-Ce-Sc-Y 合金进行 EPMA 分析,第二相的元素分布及含量如图 7-21 所示。合金中微米级第二相主要由 Al、Ce 和 Fe 元素组成。对于图 7-21 中最大尺寸的不规则块状第二相,Al 元素的浓度为 50%~70%,Fe 元素为 10%~21%,Ce 元素为 4%~7%,这是典型的稳定 $Al_{13}Fe_3Ce$ 相。对于该类微米级第二相,粒子中 Fe 元素呈长棒状分布,Ce 元素则分布得更均匀,如图 7-21(b) 和 7-21(f) 所示。相对于工业纯铝中的棒状

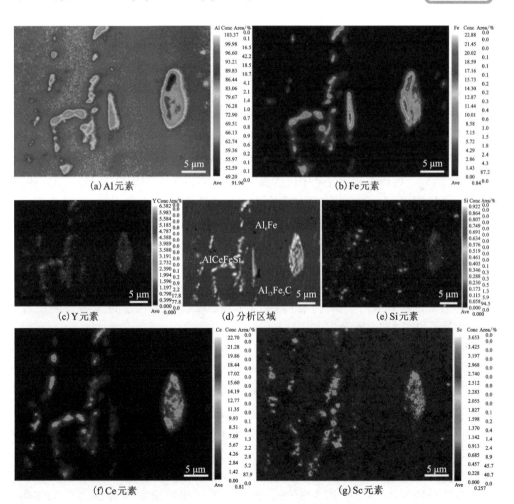

图 7-21 挤压态 Al-Ce-Sc-Y 合金元素分布及含量 EPMA 分析

和针状 Al_3Fe、Al_6Fe 相，这种形貌有利于增强合金的塑性。当然，Al-Ce-Sc-Y 合金也存在数目极少的棒状 Al_6Fe 相，Al 元素含量为 80% 左右，Fe 元素含量为 15% 左右，同时含有极低含量的 Ce 元素，这与 XRD 结果一致，如图 7-21(d) 所示。此外，0.5% 左右的 Si 元素、3% 以下的 Y 元素和 2% 以下的 Sc 元素同样富集于不规则块状 $Al_{13}Fe_3Ce$ 粒子中，与 EDS 结果一致。对于尺寸较小的沿挤压方向分布的第二相粒子，Fe 元素降低至 5%~13%，而 Ce 元素最高可达 22% 左右，Si 元素含量也更高，但仍小于 1%。这与 EDS 分析的 AlCeFeSi 一致，进一步减少了固溶 Si 原子的数量。同时，值得一提的是，Sc 元素也会在这些第二相周围形成少量较粗的 Al_3Sc 析出相，直径在几百纳米左右。

3. 拉拔态合金中的微米级第二相

拉拔是室温下的冷变形过程，因此不会对微米级第二相的成分产生影响，但可能因为变形使微米级第二相的形貌及分布产生变化。而后续退火在较低温度（200 ℃）下进行，同样不会引起本研究中合金第二相的相变。对挤压态合金的分析已经明晰不同合金中微米第二相的种类，但是 SEM 的分辨率有限，无法对尺寸较小(1 μm 左右)的微米级第二相进行表征，同时也无法通过 SEM 配备的 EDS 验证其元素组成。尺寸较小的微米级第二相种类是否与前面分析的主要第二相 $Al_{13}Fe_3Ce$ 相同，还需要确定。因此，以拉拔态 Al-Ce-Sc、Al-Ce-Sc-Y 合金为例，对尺寸在 1 μm 左右的第二相粒子进行 HAADF-STEM 表征和 EDS 分析，如图 7-22 所示。可以看出，合金中尺寸为 1 μm 左右的第二相仍然为 $Al_{13}Fe_3Ce$ 相，并富集少量 Si 元素。Al-Ce-Sc-Y 合金中第二相还富集 Y 元素。

为了研究最终制品微米级第二相的数量、尺寸及分布，对挤压态和拉拔态下不同合金的微米级第二相进行 SEM 形貌表征，并结合 Image Pro Plus 软件第二相的数量和平均尺寸进行统计分析。在进行统计之前，需选择合适条件去除 SEM 图像的背底及噪点，并将背底黑化以突出基体与第二相的衬度差异，然后在此基础上对第二相的平均尺寸和比例进行统计分析，以拉拔态合金的 SEM 形貌统计分析为例，如图 7-23 所示。

考虑到 HAADF-STEM 表征的结果和 SEM 形貌的分辨率，这里统计的微米级第二相的最小尺寸设定为 1 μm（见表 7-4）。对于挤压态和拉拔态合金，工业纯铝中微米级第二相的面积百分比分别为 0.58% 和 0.54%，差距不大。对于工业纯铝，Al-Ce 合金微米级第二相的平均粒径略微降低，但面积百分比显著增加，为 1.89% 和 1.49%。Al-Ce-Sc、Al-Ce-Zr 合金与 Al-Ce 合金相比，其第二相平均粒径增加，面积百分比略有降低，但仍高于工业纯铝。数量较少的第二相意味着更多的 Fe 原子和 Si 原子固溶于铝基体中。Al-Ce-Y 合金在挤压和拉拔态的第二相平均粒径分别为 3.19 μm 和 3.3 μm。此外，第二相的面积百分比为 1.92% 和 1.96%，明显高于 Al-Ce-Sc 和 Al-Ce-Zr 合金。可以看出，Al-Ce-Sc-Y 合金具

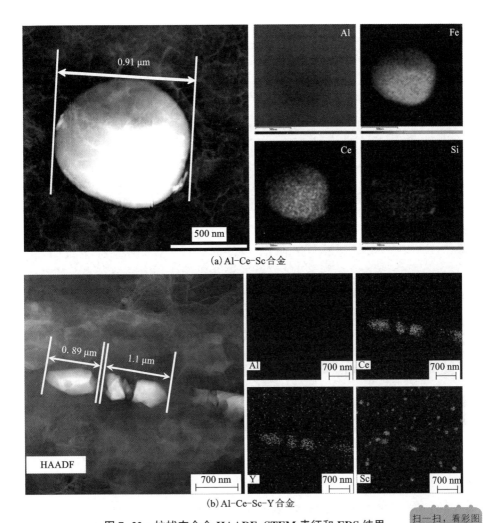

(a) Al-Ce-Sc 合金

(b) Al-Ce-Sc-Y 合金

图 7-22　拉拔态合金 HAADF-STEM 表征和 EDS 结果

扫一扫，看彩图

有最佳的第二相尺寸和数量。在挤压态和拉拔态下，第二相平均
粒径为 3.98 μm 和 3.79 μm，面积百分比为 2.03% 和 2.38%，在所
有合金中具有最大的平均粒径及最多的第二相数量。而根据图 7-20 和图 7-21
的 EDS 和 EPMA 分析，Al-Ce-Sc-Y 合金第二相富含更多 Y、Si 原子。综合来看，
Al-Ce-Sc-Y 合金可以最有效地通过改善第二相的成分及数量，来减少固溶 Fe、
Si 原子的数量。

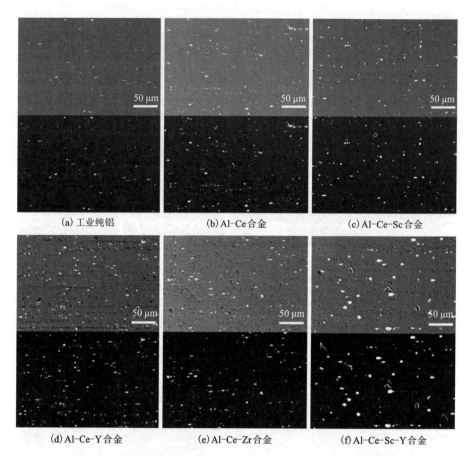

图 7-23　拉拔态合金 SEM 形貌和应用于第二相统计分析的图片

表 7-4　挤压态和拉拔态合金微米级第二相的统计分析

实验合金及状态		平均粒径/μm	最大粒径/μm	最小粒径/μm	面积分数/%
挤压态	工业纯铝	2.25	12.32	1	0.58
	Al-Ce 合金	1.52	7.72	1	1.89
	Al-Ce-Sc 合金	2.92	13.26	1	0.97
	Al-Ce-Y 合金	3.19	13.72	1	1.92
	Al-Ce-Zr 合金	2.96	11.8	1	1.32
	Al-Ce-Sc-Y 合金	3.98	26.23	1	2.03

续表7-4

实验合金及状态		平均粒径/μm	最大粒径/μm	最小粒径/μm	面积分数/%
拉拔态	工业纯铝	2.47	11.06	1	0.54
	Al-Ce 合金	2.41	16.6	1	1.49
	Al-Ce-Sc 合金	3.24	12.33	1	1.11
	Al-Ce-Y 合金	3.3	13.56	1	1.96
	Al-Ce-Zr 合金	3.1	12.98	1	1.4
	Al-Ce-Sc-Y 合金	3.79	21.11	1	2.38

4. 合金纳米级第二相的演变

本研究中部分合金存在纳米级第二相粒子，可以在牺牲较小电导率的基础上大幅提高合金强度。对于工业纯铝、Al-Ce 和 Al-Ce-Y 合金，在 TEM 和 HRTEM 下没有观察到纳米级第二相粒子。这是因为 Ce 元素不能与铝基体形成 $L1_2$ 结构的 Al_3X（X 为 Sc、Zr、Er 等元素）沉淀，而大部分 Y 元素被微米级第二相 $Al_{13}Fe_3Ce$ 所吸收。只有 Sc、Zr 元素可以与铝基体形成纳米级 $L1_2$ 结构的 Al_3Sc 粒子和 Al_3Zr 粒子[12-14]。Al-Ce-Zr、Al-Ce-Sc 和 Al-Ce-Sc-Y 合金的 TEM 明场像和 HAADF-STEM 分析如图 7-24 所示。经过高温均匀化，热挤压前的长时间保温及热挤压后，晶粒内部有少量 Al_3Zr 粒子。Al_3Zr 粒子的数量要远远少于 Al_3Sc 粒子，如图 7-24(a) 所示。这主要是两个主要因素导致的。首先，Zr 元素的添加量不如 Sc 元素，可用于形成 Al_3Zr 粒子的 Zr 元素含量更低。其次，大量 Zr 元素以固溶的形式存在铝基体中。在 TEM 明场像中，Al_3Sc 粒子呈现典型的马蹄状，并且在挤压态下 Al_3Sc 粒子周围的位错数量相对较少，如图 7-24(c) 所示。根据 HAADF-STEM 模式下的 EDS 元素分布分析，可以看出在 Al-Ce-Sc-Y 合金中，纳米第二相的类型也是 Al_3Sc 粒子。Y 元素不能与 Sc 元素形成核壳结构的 $Al_3(Sc, Y)$ 粒子，避免了部分研究中更为粗大的 Al_3Y 粒子和 $Al_3(Sc, Y)$ 粒子的形成[15-17]。但是 Y 元素可以在 Al_3Sc 粒子周围微量富集，如图 7-24(g) 所示。与 Al-Ce-Sc 合金相比，Al-Ce-Sc-Y 合金中 Al_3Sc 粒子的尺寸略大。拉拔后，Al_3Sc 粒子和 Al_3Zr 粒子的尺寸和数量没有明显变化。如图 7-24(d) 所示，Al_3Sc 粒子（红色圆圈）周围会形成大量缺陷（蓝色圆圈）。对于 Al-Ce-Sc-Y 合金，如图 7-24(f) 所示，Al_3Sc 粒子周围也存在一些缺陷，但 Al_3Sc 粒子周围的缺陷密度要低于 Al-Ce-Sc 合金。

Al-Ce-Zr、Al-Ce-Sc 和 Al-Ce-Sc-Y 合金沿 $[110]_{Al}$ 方向的 HRTEM 图像如图 7-25 所示。图像给出的析出相为合金中数量最多、最典型尺寸的纳米第二相。

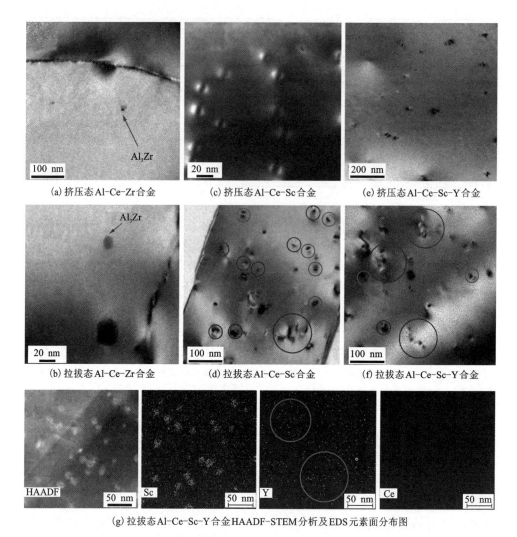

(a) 挤压态Al-Ce-Zr合金

(c) 挤压态Al-Ce-Sc合金

(e) 挤压态Al-Ce-Sc-Y合金

(b) 拉拔态Al-Ce-Zr合金

(d) 拉拔态Al-Ce-Sc合金

(f) 拉拔态Al-Ce-Sc-Y合金

(g) 拉拔态Al-Ce-Sc-Y合金HAADF-STEM分析及EDS元素面分布图

图 7-24 挤压态和拉拔态合金 TEM 明场像和 HAADF-STEM 分析

如图 7-25(a)所示，Al_3Zr 析出相的直径为 6.9 nm 左右，与铝基体共格。结合 TEM 明场像可知，Al_3Zr 粒子的数量较少且尺寸较小，大量 Zr 原子固溶在铝基体中，这大大提高了自由电子散射的程度。对于 Al-Ce-Sc 合金，Al_3Sc 粒子同样与铝基体共格，直径可以达到 10.1 nm 左右，如图 7-25(b)所示。$L1_2$ 结构的 Al_3Sc 粒子具有清晰的快速傅立叶变换(fast Fourier transform, FFT)斑点，如图 7-25(e)所示。对于 Al-Ce-Sc-Y 合金，$L1_2$ 结构的 Al_3Sc 粒子也与铝基体共格，并且直径最大，在 13.2 nm 左右。在 Al_3Sc 沉淀内部同样可以观察到清晰的 FFT 斑点。根据对不同视场下合金 HRTEM 图像的统计分析，得出 Al-Ce-Zr、Al-Ce-Sc 和 Al-Ce-Sc-Y 合金中纳米级第二相的尺寸分别为 (7.1 ± 1.1) nm、(9.9 ± 1.3) nm 和 (13.5 ± 0.9) nm。而结合 TEM 明场像的分析可以发现，在拉拔过程中，大量缺陷会在纳米级第二相周围形成。这种缺陷在不含纳米级第二相的合金中同样存在，但数量较少。缺陷大多数是常见的位错缠结形貌、位错线及位错线的头部。除去高密度位错外，合金中还存在其他类型的缺陷，这也可以结合 HRTEM 图像得到证实。如图 7-25(g) 所示，以缺陷密度最高的 Al-Ce-Sc 合金为例，合金中相应的原子平面存在层错。尽管铝合金层错能相对较高，通常不易产生层错，铝基体中不同晶面对应的 FFT 点之间的连线及其与中心点之间的连线表明，但通过热挤压和 9 道次拉拔

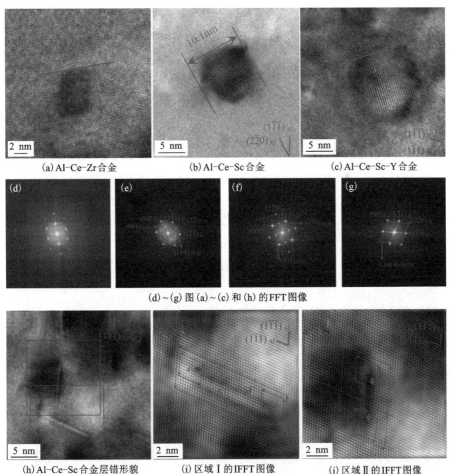

(a) Al-Ce-Zr合金　　(b) Al-Ce-Sc合金　　(c) Al-Ce-Sc-Y合金

(d)~(g) 图 (a)~(c) 和 (h) 的 FFT 图像

(h) Al-Ce-Sc合金层错形貌　　(i) 区域 I 的 IFFT 图像　　(j) 区域 II 的 IFFT 图像

图 7-25　拉拔态合金沿 $[110]_{Al}$ 方向的 HRTEM 图像

累积的较大变形量及较快的变形速度能促进层错的产生[18-20]。在铝合金中，经过强塑性变形（如高压扭转和等通道转角挤压）后尺寸越小的晶粒越容易存在层错。本研究中拉拔态合金的变形量也很大，与铸态合金相比，其面积降低率达到99.31%[21]。如前文所述，大变形量确保了细纤维状晶粒和纳米级亚晶的形成，为纳米级第二相周围层错的产生提供了条件。国内外的研究者还发现，具有较大尺寸晶粒的铝合金中同样可能存在层错甚至是纳米孪晶[20, 22]。对于本研究中存在的层错类型，作者也根据相关参考文献进行了标定。如图 7-25(i) 和图 7-25(j) 所示，I区域和II区域的逆傅立叶变换（inverse fast Fourier transform，IFFT）图像标定了合金存在于 $(1\,\overline{1}\,\overline{1})_{Al}$ 和 $(1\overline{1}1)_{Al}$ 面的层错。根据 IFFT 图像中伯氏回路的标定和燕山大学 Yan 等[18, 19, 23]的相关研究结果，可以判定图 7-25(i) 中的层错是由垂直于 $(110)_{Al}$ 面的完全位错形成的，其柏氏矢量为 $a/2[110]_{Al}$，图 7-25(j) 中的层错是由具有柏氏矢量为 $a/2[110]_{Al}$ 所有可能的完全位错构成的。这两个层错的宽度分别约为 9.5 nm 和 5.2 nm。燕山大学 Yan 等[18, 19, 23]还指出，层错的数量和尺寸与合金的硬度有关，这可能是与 Al-Ce-Sc 合金在拉拔后的硬度比 Al-Ce-Sc-Y 合金高 HV 2 左右的原因之一。可以看出，含微量 Sc 的合金具有最高的强度主要是因为其拥有数量最多的纳米级第二相，发挥了析出强化作用。

7.1.4 影响 Al-RE 合金电导率的因素

根据 Matthiessen 规则及近年来针对铝合金导体材料的相关研究，理论上铝合金导体材料的电阻率主要由以下因素叠加而成，即单晶无缺陷纯铝的电阻率（ρ_{Al}）、由空位引起的电子散射造成的电阻率（ρ_{vac}）、界面结构如晶界和亚晶界引起的电阻率（ρ_{gb}）、由位错和层错引起的电阻率（ρ_d）、由不同种类及浓度的固溶原子引起的电阻率（ρ_{ss}）和由第二相粒子引起的电阻率（ρ_p），如式（7-1）所示[24-28]：

$$\rho = \rho_{Al} + \rho_{vac} + \rho_{gb} + \rho_d + \rho_{ss} + \rho_p \tag{7-1}$$

对于铸态合金而言，可以忽略位错和层错等缺陷对电阻率的影响。与工业纯铝相比，枝晶偏析现象降低了 Al-Ce 合金的电导率，如图 7-26 所示。铸态合金中有两种与电阻率相关的微观结构特征。对于 Al-Ce-Sc 合金和 Al-Ce-Zr 合金，细小的等轴晶粒提高了晶界对自由电子的散射程度。同时位于晶界及晶界附近的 $Al_{13}Fe_3Ce$ 粒子和 AlCeFeSi 粒子与铝基体之间的界面散射也提高了合金的电阻率。对于工业纯铝而言，最重要的影响因素是随着固溶在铝基体中的 Fe、Si 原子数量的增加，电子散射的程度急剧提升，而 Si 原子引起的散射效应更强[29, 30]。因此，以固溶体形式存在于工业纯铝的 Fe、Si 原子会显著降低工业纯铝的电导率。此外，对于 Al-Ce-Sc 合金和 Al-Ce-Zr 合金，仍有部分 Sc、Zr 原子在铸态下没有形成纳米级 Al_3Sc 粒子和 Al_3Zr 粒子，而是固溶于铝基体中，这也是两种合金在铸态下电导率较低的原因。东北大学 Guan 等[31]发现，以固溶形式存在的 Sc、Zr 原子对 Al-0.35Sc-0.2Zr 合金电导率的降低幅度甚至可以达到 10.5%IACS。上述因素使得 Al-Ce-Sc、Al-Ce-Zr 和 Al-Ce-Sc-Y 合金在铸态下的电导率分别为 54.3%IACS、56.55%IACS 和 54.13%IACS。对于 Al-Ce-Y 合金，尺寸较大的柱状晶粒减少了晶界和晶界处第二相的数量，降低了其对自由电子的散射程度。微量 Y 原子的添加还使得 $Al_{13}Fe_3Ce$ 相中富含更多的 Si 原子，从而降低了由固溶原子引起的电阻率。值得一提的是，根据《兰氏化学手册》的统计，Ce 的原子半径为 181.8 pm，Y 的原子半径为 193.3 pm，远大于 Al(143.2 pm)、Fe(126 pm) 和 Si(118 pm) 的原子半径[32]。常温下，Ce 和 Y 原子在铝基体中的固溶度很低，这使得微量 Ce 与 Y 原子的添加不会像 Fe、Si 原子一样，以固溶原子的形式引起强烈的电子散射，所以其对电导率的影响较小。

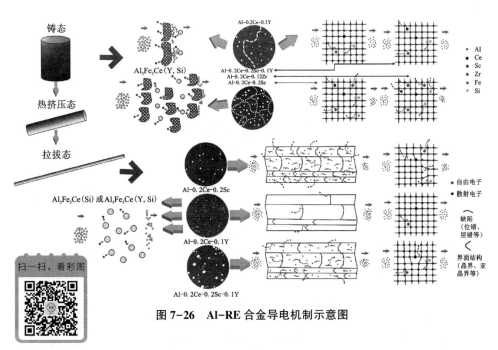

图 7-26　Al-RE 合金导电机制示意图

经过高温均匀化和热挤压后，合金的晶粒被拉长，主要以纤维状的形式存在，晶粒内部还存在数量不等的亚晶和位错胞。与铸态合金相比，阻碍电子传输方向的大角度晶界比例降低。此外，高温均匀化和热挤压后晶界处第二相的数量减少。对于 Al-Ce-Sc 合金，晶界、晶界处的第二相和固溶 Sc 原子数量的减少大大降低了自由电子的散射程度，使挤压态 Al-Ce-Sc 合金和 Al-Ce-Sc-Y 合金的电导率升至 61.55%IACS 和 62.05%IACS。其电导率较低的原因主要是铝基体中存在更多的固溶 Zr 原子。经过拉拔后，晶界、亚晶界和缺陷形貌有很大变化，第二相的成分和分布则变化很小。同时，冷变形会引起空位浓度的提高，但退火过程会极大消除空位的影响，使合金电导率上升[1-3]。如图 7-26 所示，Al-Ce-Y 合金和 Al-Ce-Sc-Y 合金中的第二相粒子可以富集更多的 Fe、Si 原子，使其固溶浓度下降。对于 Al-Ce-Sc 合金，由于阻碍电子传输方向的晶界从铸态到冷拔态的大量减少，由晶界引起的电导率降低会更为显著。高温均匀化、热挤压前的保温和热挤压过程进一步促进了 Al₃Sc 的沉淀，这显著降低了 ρ_{ss} 值。但是，拉拔过程中也产生了高密度位错、层错和亚晶界，这增加了 ρ_d 值。在引言中已经指出，对于铝合金导体材料，一般认为位错对合金电导率的影响是最小的，即使位错密度达到较高的数量级（10^{14} m^{-2}），合金电导率也一般低于 0.1%IACS[33-35]。然而，阻碍电子传输的位错、层错、位错胞和亚晶界的共同作用对合金电导率的影响远大于 0.1%IACS。中国科学院金属研究所 Hou 等[36]指出，纳米级析出相对含 Sc、Zr的合金电导率产生的影响主要取决于平均粒子尺寸。由纳米级第二相引起的电导率变化可表示如下：

$$\omega = \cfrac{1}{\rho_{Al} + \Delta\rho_{eq} \cdot \exp\left(\cfrac{2 \cdot \gamma \cdot V_M}{R \cdot T \cdot r}\right)} \qquad (7-2)$$

式中，ω 为受纳米级第二相影响的电导率；$\Delta\rho_{eq}$ 为具有无限大半径纳米级第二相的电阻率；γ 为表面能；V_M 为摩尔体积；R 为摩尔气体常数；T 为温度；r 为纳米级第二相的平均半径。

式（7-2）表明，纳米级第二相对合金的电阻率变化有轻微影响，尽管 Al₃Sc和 Al₃Zr 粒子与铝基体共格。由纳米级第二相引起的电阻率 ρ_p 随纳米级第二相平均半径的增加而降低。因此，与 Al-Ce-Sc 合金相比，由于无纳米级第二相的拉拔态 Al-Ce-Y 合金具有数目更少的亚晶界、位错胞、位错和层错，同时存在更少的固溶 Fe、Si 原子，ρ_{gb}、ρ_p、ρ_d 和 ρ_{ss} 值都较低，因此在拉拔态和退火态均具有最高的电导率。

如图 7-26 所示，与 Al-Ce-Sc 合金相比，拉拔态 Al-Ce-Sc-Y 合金的铝基体中固溶的 Fe、Si 原子更少，并且纳米级第二相 Al₃Sc 的平均尺寸更大，位错、层错、位错胞和亚晶界数量更少，这使合金具有更低的 ρ_{gb}、ρ_p、ρ_d 和 ρ_{ss} 值，提高了合金的电导率。Al-Ce-Sc-Y 合金的电导率略低于 Al-Ce-Y 合金，主要是因为有纳米级第二相 Al₃Sc 的存在。在拉拔和退火后，合金的电导率也都可以达到一个较高的数值，分别为 61.01%IACS 和 61.77%IACS。对于 Al-Ce-Zr 合金，Al 基体中存在的很多 Zr 原子显著增加了 ρ_{ss} 值，较小的纳米级 Al₃Zr 粒子尺寸增加了 ρ_p值。因此，拉拔态 Al-Ce-Zr 合金具有最低的电导率。国内外也有不少研究尝试通过优化 Zr 元素的添加量来优化 Al-Zr 合金的电导率，但是该体系合金的电导率值始终处在较低的位置。俄罗斯科学院约飞物理技术研究所 Orlova 等[37]通过高压扭转制备的 Al-0.4Zr 合金电导率最高只有 55%IACS，经过强塑性变形，合金抗拉强度也仅为 118~163 MPa。上海交通大学 Zhang 等[38]制备了 Zr 原子分数为 0.08% 的 Al-Zr 合金，并在 50~500 ℃进行等温时效处理，发现合金的电导率在 55% 到 56%IACS 之间波动。美国海军研究实验室 Knipling 等[39]制备了 Zr 原子分数为 0.06% 的 Al-Zr 合金，电导率在 55%IACS 左右波动；该研究组还发现 450~500 ℃等温时效下可以提高合金的电导率，达到 58%IACS 左右，但仍处于一个较低的值，远低于该研究中同等原子浓度的 Al-Sc 合金。结合本文相关研究可以看出，在铝合金导体材料领域采用 Zr 微合金化的方式强化工业纯铝和 Al-RE 合金时，会较大幅度地降低其电导率，目前很难像 5XXX Al-Mg 合金或 7XXX Al-Zn-Mg-(Cu) 合金一样，利用微量 Zr 元素的添加实现合金的强化[40-42]。

7.1.5　调控 Al-RE 合金电导率与强度的有效方法

铝合金导体材料的强度和导电性是一对矛盾，相互制约。在本研究中，与传统的 Al-RE 合金（如 Al-Ce-La 合金）相比，Al-Ce-Sc-Y 合金同时具有较高的强度、电导率和断后伸长率。对此，有必要明晰合金获得高强度、高电导率的机制，提出解决强度和电导率之间矛盾的方法，以指导未来铝合金导体材料领域的合金设计。

对于铝合金导体材料，强度变化和电导率一样主要受微观组织演变的影响。目前关于铝合金微观组织的强度贡献研究已经比较完善，理论上屈服强度由以下因素叠加而成，即单晶无缺陷纯铝的屈服强度（σ_{Al}）、晶界和亚晶界强化（σ_{gb}）、位错和层错的强化（σ_d）、纳米级第二相析出强化（σ_p）和固溶强化（σ_{ss}），可表示如下[24, 43, 44]：

$$\sigma = \sigma_{Al} + \sigma_{gb} + \sigma_d + \sigma_{ss} + \sigma_{pre} \tag{7-3}$$

在本研究中，不适合以传统方式定量计算每种因素的强度贡献，这主要有以下原因。

首先，合金经过热挤压与拉拔后纤维状晶粒十分细长，且纤维状晶粒内部存在大量不均匀尺寸的亚晶粒，很难通过 EBSD 或 TEM 准确测量晶粒的平均尺寸。根据 Hall-Petch 关系，可得式(7-4)[45, 46]：

$$\sigma_{gb} = k_{HP} d^{-\frac{1}{2}} \tag{7-4}$$

式中，k_{HP} 为 Hall-Petch 斜率；d 为平均晶粒尺寸。

显然，晶界和亚晶界对合金强度的贡献值需要精确计算平均晶粒尺寸 d 才能实现，而本研究中复杂的晶粒结构只适用由此公式进行定性分析。

其次，从 TEM 形貌可以看出，不同晶粒甚至是亚晶粒中位错密度都存在差异，并且还存在一定数量的层错。一般位错强化的贡献值都是根据以下关系计算

得到[24, 26, 44]:

$$\sigma_{dis} = M\alpha Gb\rho^{\frac{1}{2}} \tag{7-5}$$

式中，M 为泰勒因子；α 为与位错相互作用相关的无量纲常数；G 为剪切模量；b 为柏氏矢量；ρ 为位错密度，是唯一变量。

显然，位错对合金强度的贡献值需要精确计算位错密度 ρ 才能实现，而本研究中不均匀的位错及层错的存在会导致定量计算得不准确，且合金中还存在数量不等的位错胞。另外，对于固溶强化，无法准确获得 Sc、Zr、Fe、Si 等固溶原子的浓度，所以不能计算出对固溶强化的理论贡献值。因此，在本研究中，对强度进行定性分析更为可靠。

在铸态条件下，不同合金的晶粒形貌和尺寸差距较大，而热挤压和拉拔后晶粒在宏观上都呈现为细长的纤维状。Al-Ce-Sc 合金和 Al-Ce-Zr 合金中大角度晶界和亚晶界的总数更多，因此对于 σ_{gb} 的贡献值更大。Al-Ce-Sc 合金和 Al-Ce-Zr 合金中位错密度更高，且纳米级第二相周围存在更多层错，这显然对 σ_d 值的贡献更大。这些晶界和亚晶界、位错和层错强化是导电性和强度之间产生矛盾的原因之一。另外，对于 Al-RE 合金导体材料，固溶强化对合金强度的贡献较小，是四种强化方式里最弱的一种。因此，从第 7.1.4 节中可以看出，更多的固溶原子应该形成不同尺寸的第二相粒子，以牺牲极低固溶强化的代价大幅提升合金的电导率。析出强化是 Al-RE 合金最重要的强化机制。对于存在纳米级析出相的 Al-Ce-Sc 合金和 Al-Ce-Sc-Y 合金，拉拔后合金的抗拉强度分别达到 193 MPa 和 200 MPa。纳米级析出相 Al₃Sc 在其中起着重要作用。对于 Al-Sc、Al-Zr 合金体系，析出强化机制从纳米级第二相剪切机制转变为 Orowan 绕过机制的临界直径一般为 3~4 nm[47, 48]。对于本研究中的 Al-Ce-Zr、Al-Ce-Sc 和 Al-Ce-Sc-Y 合金，其纳米级第二相的平均尺寸分别为 (7.1±1.1) nm、(9.9±1.3) nm 和 (13.5±0.9) nm，远大于临界半径。因此，可以看出这两种合金中纳米级第二相粒子的主要强化机制是 Orowan 绕过机制，如式 (7-6) 所示[49-51]：

$$\Delta\sigma_{orowan} = M\frac{0.4G \cdot b}{\pi\sqrt{1-\upsilon}}\frac{\ln\left(\dfrac{2r}{b}\right)}{\lambda_p} \tag{7-6}$$

式中，M 为平均取向因子；G 为剪切模量；b 为柏氏矢量；υ 为泊松比；r 为纳米级第二相粒子半径；λ_p 为纳米级第二相粒子的平均间距。

对于 Al-Ce-Zr 合金，由于 Al₃Zr 粒子的数量远少于 Al₃Sc 粒子，所以不同 Al₃Zr 粒子的间距远大于 Al₃Sc 粒子，但 Al₃Zr 粒子的半径也低于 Al₃Sc 粒子。因此，Al-Ce-Zr 合金的强度远低于 Al-Ce-Sc 合金，大量固溶态 Zr 原子也无法为合金提供足够好的固溶强化效果，同时还损失了较高的电导率。对于 Al-Ce-Sc-Y

合金，其 Al₃Sc 粒子的 *r* 值更高，并且 Al₃Sc 粒子周围还具有少量 Y 元素，这可以增强 Orowan 绕过机制。因此 Al-Ce-Sc-Y 合金具有最高的强度。

　　综上所述，为了解决 Al-RE 合金强度和导电性相互制约的问题，应遵循以下合金设计思路。首先也是最主要的是，尽可能减少固溶原子数量，以降低固溶原子对自由电子的散射程度：①促使 Fe、Si 等杂质原子形成数量更多的第二相，如本研究的 Al₁₃Fe₃Ce 相和 AlCeFeSi 相；②确保起到强化作用的纳米级第二相所含合金元素在铝基体中的固溶浓度尽可能低，如本研究的 Sc 元素要远优于 Zr 元素；③添加原子半径与 Al 差距较大的合金元素，使其具有极低的固溶度，如本研究中的 Ce、Y 元素，并且可以略微提高合金的强度。其次，在减少阻碍电子传输方向上晶界和亚晶界数量的前提下提高晶粒细化程度，在尽量少损失甚至不损失电导率的基础上提高合金强度：①在同一方向上进行变形，使晶界和亚晶界主要沿电子传输方向分布，减少其他方向的晶界数量，如本研究的合金经过热挤压和拉拔后，纤维状晶粒和亚晶变得更窄且更长，有利于电子传输；②利用微量稀土元素的加入从铸态合金开始改善合金形貌，适量减少铸态合金的晶界数量，如本研究中 Y 元素的加入可以略微增加原始等轴晶的平均晶粒尺寸，从而降低晶界的比例。再者，合理减少缺陷，如空位、位错和层错的数量：①利用微量稀土元素的加入来减少变形组织中的缺陷数量，如本研究中 Y 元素的加入可以减少拉拔过程中位错、层错和位错胞的数量；②冷变形后进行低温退火可以大幅降低合金中空位的数量，在几乎不损失强度的基础上降低因空位引起的电导率，如本研究利用低温退火减少了拉拔合金的空位数量，提升了合金的电导率。最后，合理调控微米级和纳米级第二相的尺寸和数量：①在纳米级第二相与铝基体共格的基础上增加粒子的平均尺寸和提高分布均匀性，如本研究 Al-Ce-Sc-Y 合金中与铝基体共格的 Al₃Sc 粒子平均尺寸更大，既提高了强度又降低了纳米级第二相对自由电子的散射程度；②利用合适的热处理制度改善晶界处的第二相数量、减少枝晶偏析，如本研究中高温均匀化和热挤压前的长时间保温和热挤压过程可以大量减少晶界处的第二相数量，以降低自由电子散射的程度，同时消除了铸态 Al-Ce 合金的枝晶偏析行为。

7.2　微量 Ce、Sc、Y 和 Zr 对工业纯铝阻尼性能和耐热性能的影响

7.2.1　Al-RE 合金的阻尼性能

1. 合金的阻尼温度谱

　　通过 DMA 测试获得了不同频率下拉拔态工业纯铝、Al-Ce、Al-Ce-Sc、Al-Ce-Zr、Al-Ce-Y 和 Al-Ce-Sc-Y 合金在 50~500 ℃ 的阻尼温度谱，如图 7-27 所

示。对于同一合金，内耗的变化趋势在 0.3~10 Hz 时几乎没有差异。对于工业纯铝、Al-Ce、Al-Ce-Y 和 Al-Ce-Zr 合金，阻尼温度谱中出现了明显的峰位，峰内内耗最大值对应的温度为再结晶温度，因此这些峰也叫再结晶峰，常常被认为超过该温度时合金会开始再结晶过程[52, 53]。再结晶峰对应的温度往往被认为是发生再结晶过程的起始温度，而其降至最低值时则代表再结晶过程的结束[52, 54]。对于再结晶峰，其内耗最大值和再结晶温度主要取决于合金的微观组织特征和加热速率[53, 55]。本研究中合金的再结晶峰是不对称的，而且不受频率变化的影响，表明这些峰不是热激活弛豫峰。除此以外，近年来研究发现铝合金温度阻尼谱中热激活弛豫峰的峰值可以随着频率的提高而增加[52, 53]。但在本研究中，并未发生这种现象，而且 Al-Ce-Y 合金的再结晶温度随频率的变化趋势与这些研究相反。因此，这些峰可以确定不是热激活弛豫峰，而是再结晶峰。阻尼温度谱中温度扫过再结晶起始温度后内耗大幅下降，是因为拉拔态合金具有典型的冷变形组织，包含大量亚晶界、位错胞和高密度位错，合金再结晶后微观组织会受到巨大影响，从而引起内耗的下降，降低合金的阻尼性能[53, 56]。由于从拉拔态到平衡状态合金的微观组织发生了不可逆转变，因此再结晶峰只会在加热过程中出现一次。许多研究将铝合金经过一次 DMA 温度阻尼谱扫描后发生再结晶的合金再次进行温度阻尼谱扫描或直接从高温到低温反向扫描，发现合金内耗值相比于第一次呈大幅下降趋势，这就是因为合金冷变形组织遭到破坏，变形晶粒已经发生再结晶，成为稳定的等轴晶，在高温下不会再发生大量的晶界迁移及粗化，无法将振动能量转化为内能来消耗，从而降低了合金的阻尼性能[57, 58]。因此，再结晶温度越高，合金的冷变形组织遭到破坏时所需温度就越高，合金就拥有更优异的阻尼性能及耐热性能，同时其阻尼性能也具有更好的高温稳定性。

合金在不同频率下的再结晶起始温度如表 7-5 所示。可以看出，工业纯铝、Al-Ce、Al-Ce-Y 和 Al-Ce-Zr 合金在 0.3~1 Hz 下的再结晶起始温度略高于 3~10 Hz 下的温度(4~11 ℃)，这说明合金在较低频率下的抗再结晶能力更强。同时，合金在 0.3~1 Hz 下的内耗远高于 3~10 Hz 下的内耗，对应于更优异的阻尼性能。工业纯铝和 Al-Ce 合金相比，其再结晶起始温度为 314~320 ℃，这说明微量 Ce 元素的添加对工业纯铝再结晶起始温度的影响很小，而且两者峰形和内耗值相差不大，说明阻尼性能差别很小。对于 Al-Ce-Zr 合金，再结晶起始温度大幅提高，达到 381~385 ℃，阻尼性能得到提升，这主要归因于纳米级 Al$_3$Zr 粒子。同时，合金再结晶起始温度对应的内耗值也最高，这主要可以归因于拉拔后 Al-Ce-Zr 合金更高的位错密度以及更多的亚晶界数量。Al-Ce-Y 合金的再结晶起始温度的提升幅度低于 Al-Ce-Zr 合金，而随着频率从 0.3 Hz 增加到 10 Hz，合金的再结晶起始温度降幅更大，从 346 ℃降低到 335 ℃。同时，合金再结晶起始温度对应的内耗要低于 Al-Ce-Zr 合金，对应更低的位错密度及亚晶界数量，这与

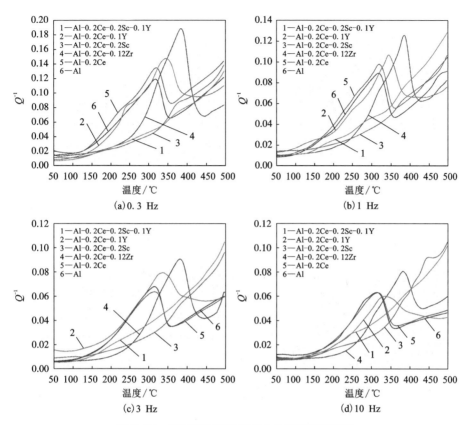

图 7-27　不同频率下拉拔态合金的阻尼温度谱

7.1 节微观组织演变的结果一致。

表 7-5　合金在不同频率下的再结晶起始温度

频率/Hz	再结晶起始温度/℃			
	工业纯铝	Al-Ce 合金	Al-Ce-Zr 合金	Al-Ce-Y 合金
0.3	318.5	319.9	385.1	345.5
1	317	318.4	384.2	343.2
3	316.1	315.3	381.8	338.2
10	314.4	316.1	381.8	334.8

对于 Al-Ce-Sc 合金和 Al-Ce-Sc-Y 合金，在阻尼温度谱中没有发现再结晶

峰,这表明再结晶起始温度高于 500 ℃,阻尼性能优于其他合金。同时说明合金在 500 ℃下可以较大程度地保留冷变形组织,这主要可归因于纳米级 Al₃Sc 粒子对位错、亚晶界和晶界的钉扎作用,意味着合金在经过高温暴露后依然能够保持较优的阻尼性能,表现出优异的阻尼稳定性。此外,Al-Ce-Sc 合金曲线还会发生轻微波动,形成峰值较小的峰,特别是在 0.3 和 10 Hz 频率下,这些峰可以认为是热激活弛豫峰。在高温时,铝合金的阻尼主要由晶界和界面所贡献。Al-Ce-Sc 合金呈现出较高的阻尼性能主要是归因于以下两点。首先,拉拔态 Al-Ce-Sc 合金存在大量的晶界及亚晶界,这些晶界及亚晶界在振动过程中发生滑移,导致振动产生的能量转化为热能。其次,Al₃Sc 粒子与铝基体间的界面要远多于不含纳米级第二相的合金和 Al-Ce-Zr 合金,在振动过程中界面阻尼机制被激活,发挥了与晶界和亚晶界相似的作用。与此相比,Al-Ce-Sc-Y 合金曲线走势与 Al-Ce-Sc 合金相似,但其热激活弛豫峰更不明显。结合 7.1 节微观组织演变结果,拉拔后,Al-Ce-Sc-Y 合金晶界、亚晶界的数量和位错密度要低于 Al-Ce-Sc 合金,且大角度晶界更加不连续,晶界和亚晶界总体产生的滑移程度较低,因此合金将振动能量转化为热能的能力要略低于 Al-Ce-Sc 合金,导致热激活弛豫峰不如 Al-Ce-Sc 合金明显。但是,Al-Ce-Sc-Y 合金微米级第二相的数量是最多的,其与铝基体的相界增强了界面阻尼机制,因此随着温度的升高,一定程度上弥补了因晶界和亚晶界数目略少而引起的晶界阻尼机制降低,增强了合金的阻尼性能。

2. 合金的阻尼应变振幅谱

本节研究了工业纯铝、Al-Ce、Al-Ce-Sc、Al-Ce-Zr、Al-Ce-Y 和 Al-Ce-Sc-Y 合金在 30~400 ℃时的阻尼应变振幅谱。根据合金的再结晶温度,以 280 ℃为界限,分别绘制不同温度下拉拔态合金的阻尼应变振幅曲线(见图 7-28)。对于所有合金,总体趋势都是随着温度升高,合金的内耗值也更高,但 30~280 ℃时的提升幅度较小,且合金的高温阻尼性能差异更大。如图 7-28(a)和图 7-28(b)所示,对于工业纯铝和 Al-Ce 合金,当温度在 30~180 ℃时,随着应变振幅的增大,曲线在应变振幅较小时上升较慢。当应变振幅达到一定程度时,其上升速率明显提高,呈现出典型的"先慢后快"的特征。这是因为当应变振幅提升到一定程度时,合金中存在的高密度位错及新产生的位错受到的交变应力超过临界点,位错从弱钉扎点(如空位和固溶原子处)脱钉,产生了更大的阻尼。与应变振幅较小的情况相比,位错线脱钉是雪崩式的,因此内耗值会快速上升。当温度升至 230 ℃和 280 ℃,随着应变振幅的增加,内耗值在最终阶段会逐渐下降,这与高温下合金微观组织在测试中发生的微观组织演变相关。与工业纯铝和 Al-Ce 合金相比,Al-Ce-Zr 合金的内耗值略有增加,并在 30 ℃和 280 ℃时出现最终阶段下降现象,如图 7-28(c)所示。可能是因为本实验所选应变振幅范围很大,低温下经过临界点的大量位错呈现为雪崩式脱钉。由于 Al₃Zr 粒子的钉扎作用和位错互相缠结, 使得有足够的位错可以在脱钉过程发生滑移, 因此内耗值下降。除此以外, Al-Ce-Zr 合金的位错密度要远高于工业纯铝和 Al-Ce 合金, 这就意味着其新产生的可动位错数目会更低, 因此在较高应变振幅下, 30 ℃就可能产生内耗值并在最终阶段下降。对于 Al-Ce-Y 合金, 内耗快速上升区的上升速率更低, 甚至低于工业纯铝和 Al-Ce 合金。根据第 3 章的微观组织分析可知, Al-Ce-Y 合金中固溶原子数量远少于 Al-Ce-Zr 合金, 也略少于工业纯铝和 Al-Ce 合金。因此, 随着应变振幅的提升, 合金中存在的位错及新产生的位错从弱钉扎点特别是固溶原子处的脱钉过程更为均匀平缓, 内耗随应变振幅的上升速率而变得更慢。合金在 230 ℃和 280 ℃时的内耗应变振幅谱同样存在高应变振幅情况下内耗下降的过程, 这同样与高温下合金微观组织在测试中发生的微观组织演变相关。

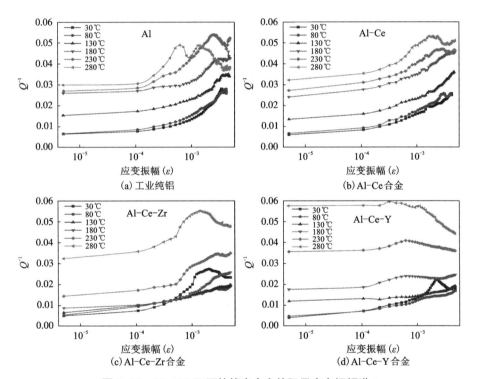

图 7-28 30~280 ℃下拉拔态合金的阻尼应变振幅谱 1

如图 7-29(a) 所示, Al-Ce-Sc 合金也表现出随着应变振幅增大早期缓慢上升和后期快速上升的特征。但是, Al-Ce-Sc 合金快速上升区的斜率比上述合金高很多, 其内耗值更高。除此以外, 缓慢上升区和快速上升区之间会出现小幅度的内耗值下降的现象, 温度较高时这种现象更为明显。内耗值下降之前的上升区是 Al-Ce-Sc 合金中可动位错脱钉空位和固溶原子(如 Sc、Fe 等原子)的弱钉扎点造成的。快速上升区与 Al-Ce-Sc 合金中弥散分布的纳米级 Al₃Sc 粒子密切相关。Al₃Sc 粒子作为强钉扎点会有效钉扎位错的运动，只有当应变足够大时位错才会脱钉于 Al₃Sc 粒子，使后续的内耗值快速上升。纳米级 Al₃Sc 粒子周围在振动过程中可在其与基体界面附近产生更多的可移动位错，增加的可动位错数量也提高了合金吸收振动能量的能力，从而使内耗在较大应变振幅时快速上升，提高了其阻尼性能[52, 59, 60]。对于 Al-Ce-Sc-Y 合金，随着应变振幅的增加，曲线在阻尼应变振幅谱中显示出明显的峰值，特别是在 130～280 ℃时这种现象更为明显［见图 7-29(b)］。在此温度范围内，合金的峰值位置为应变振幅 5×10⁻⁴ 处。该峰值的出现说明相比于 Al-Ce-Sc 合金，Al-Ce-Sc-Y 中 Al₃Sc 粒子的钉扎能力更弱，在应变振幅未到达很高的值时被 Al₃Sc 粒子钉扎的位错就会脱钉，形成较高内耗，因此在 280 ℃及以下温度时合金的位错阻尼贡献更高。

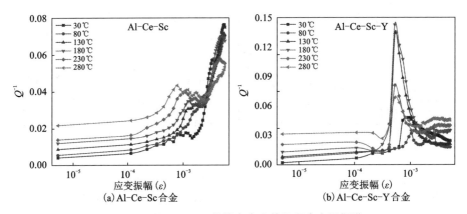

图 7-29　30～280 ℃下拉拔态合金的阻尼应变振幅谱 2

在 340 ℃和 400 ℃的较高温度下，阻尼应变振幅谱曲线变化较大，如图 7-30所示。这是因为该温度达到或超过了工业纯铝、Al-Ce 合金、Al-Ce-Y 合金和 Al-Ce-Zr 合金的再结晶温度，合金在测试时正在发生复杂的回复和再结晶过程。此外，高温下原子运动程度加剧，合金阻尼机制逐渐从以位错弛豫为主导转变成以晶界、亚晶界及相界间的滑动为主导。无论是位错弛豫还是界面的滑移，在高温下都变得更容易发生，因此合金的内耗相比低温增长幅度更大，这也意味着高温下合金的阻尼性能更好。如图 7-30(a)和图 7-30(b)所示，与 280 ℃及以下温度的阻尼应变振幅谱相比，工业纯铝和 Al-Ce 合金中快速上升区的斜率进一步提高，特别是在 400 ℃时。合金的内耗值可以升至 0.2～0.25，并且在曲线末端没有明显的下降趋势。这是因为工业纯铝和 Al-Ce 合金的再结晶温度最低，在 320 ℃以下(见表 7-5)。合金在测试过程中由于再结晶的进行，随着应变振幅的提升，大量位错脱钉滑移，同时晶界与亚晶界也会转动、滑及迁移，极大地增加了合金的内耗值。但是需要注意的是这种高内耗值是不可重现的，因为合金发生再结晶后位错数量大幅减少，同时晶界转动、滑动和迁移会更加困难。对于 Al-Ce-Zr 合金，内耗随应变振幅变化的趋势在 340 ℃时相对平缓，在 $7×10^{-4}$ 时达到峰值后下降，如图 7-30(c) 所示。但最后阶段与 280 ℃以下的合金不同，内耗仍有缓慢上升的趋势。当温度升高到 400 ℃时，已经超过 Al-Ce-Zr 合金的再结晶温度，内耗值在应变振幅为 $1×10^{-4}$ 时达到峰值，随后逐渐减小，在应变振幅为 $1.3×10^{-3}$ 时再次增加。应变振幅较小时内耗的激增主要是由于再结晶过程引起的位错脱钉，晶界和亚晶界的转动、滑动及迁移。随后内耗值的先减小后增大的特征说明这两种机制对阻尼的贡献在减弱后增强，合金的微观组织发生了复杂的变化，将在后续章节结合微观组织演变对其进行详细讨论。对于 Al-Ce-Y 合金，其在 340 ℃时内耗的变化趋势与 230 ℃和 280 ℃相似，如图 7-30(d) 所示。这是因为频率为 1 Hz 时合金的再结晶温度为 343.2 ℃，仍略高于测试温度。合金即使发生再结晶，速度也十分缓慢，因此不会像工业纯铝和 Al-Ce 合金一样在应变振幅较大时出现快速上升的情况。当温度为 400 ℃时，情况则发生变化，合金的低应

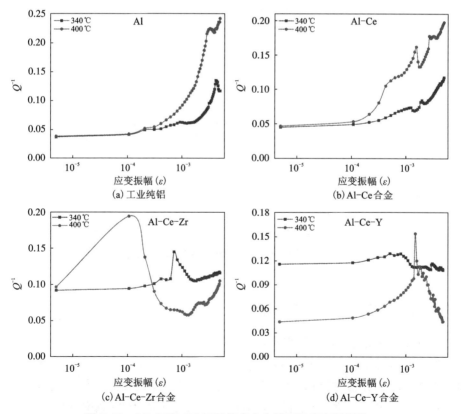

图 7-30　340 ℃和 400 ℃拉拔态合金的阻尼应变振幅谱 1

变振幅缓慢上升和高应变振幅快速上升的两段式结构更为明显。当应变振幅达到 1.5×10^{-3} 时，其快速上升区结束，内耗值开始下降并在 5×10^{-3} 处降至 0.04。这说明合金在测试中已经完成再结晶过程，由晶界和亚晶界对阻尼的贡献明显下降。

如图 7-31(a) 所示，Al-Ce-Sc 合金表现为随着应变振幅增大早期缓慢上升和后期快速上升的特征。Al-Ce-Sc 合金快速上升区的斜率要比 280 ℃ 及以下温度时的低很多，且在 400 ℃ 时在最后阶段出现了明显的下降趋势。除此以外，缓慢上升区和快速上升区之间同样存在小幅度的内耗值下降过程，温度较高时这种现象更为明显。400 ℃ 时快速上升区之后的下降同样与 Al-Ce-Sc 合金中弥散分布的纳米级 Al_3Sc 粒子密切相关。在该温度下，Al_3Sc 粒子会长大，直径会增加。部分固溶 Sc 原子可能会被析出，形成新的钉扎位点阻碍位错的运动，从而引起内耗值的下降。对于 Al-Ce-Sc-Y 合金，340 ℃ 时其规律与 280 ℃ 及以下温度的曲线线形相似，说明阻尼机制未发生明显变化，如图 7-31(a) 所示。当温度升至 400 ℃ 时，其规律与 Al-Ce-Sc 合金相似，在最后阶段出现了下降趋势，但内耗值仍保持在 0.1 以上，整体高于 Al-Ce-Sc 合金。

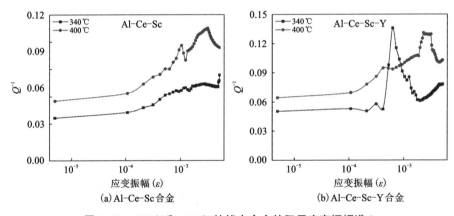

(a) Al-Ce-Sc 合金   (b) Al-Ce-Sc-Y 合金

图 7-31　340 ℃ 和 400 ℃ 拉拔态合金的阻尼应变振幅谱 2

7.2.2 Al-RE 合金的耐热性能

1. DMA 测试后合金的硬度和电导率变化

在 DMA 测试期间，高温暴露后合金的硬度和电导率会发生显著变化。研究合金 DMA 测试后的硬度和电导率变化有利于了解合金的耐热性能以及揭示合金的阻尼机制。为了方便描述，将阻尼温度测试后的样品以"T-频率"命名，阻尼应变振幅测试后的样品以"S-温度"命名。如图 7-32 所示，频率对合金的硬度和电导率变化的影响可以忽略不计。工业纯铝和 Al-Ce 合金的硬度和电导率在阻尼温度测试后显著降低，耐热性能较差。以 T-0.3 Hz 合金为例，工业纯铝和 Al-Ce 合金的硬度分别从 HV 40.3、HV 41.1 降至 HV 22.2、HV 23.3，电导率分别从 61.58%IACS、61.83%IACS 降至 60.87%IACS、61.02%IACS，如表 7-6 所示。Al-Ce-Zr 合金和 Al-Ce-Y 合金的硬度和电导率也都降低了，分别为 HV 25.3、HV 24.1 和 57.87%IACS、61.82%IACS。这说明最高温度达到 500 ℃ 的高温区使这四种样品的硬度下降到铸态时的硬度。其中，Al-Ce-Sc 合金硬度的下降幅度要小得多，与拉拔态相比仅下降了 25%；其电导率还从 60.45%IACS 略微提升至 60.85%IACS，说明拥有了优异的耐热性能。Al-Ce-Sc-Y 合金的硬度从 HV 57.6 下降到 HV 50.3，下降幅度更低，仅为 13%；电导率也从 61.01%IACS 略微提升至 61.48%IACS。上述结果表明，Al-Ce-Sc-Y 合金的耐热性能最优，其次为 Al-Ce-Sc 合金。

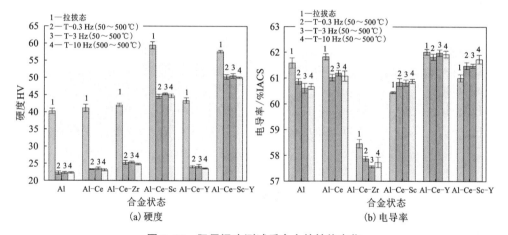

图 7-32　阻尼温度测试后合金的性能变化

表 7-6　合金在不同状态下的硬度和电导率

	实验合金	铸态	拉拔态	T-0.3 Hz	S-400 ℃
硬度 HV	工业纯铝	23.3±0.4	40.3±0.8	22.2±0.5	21.7±0.2
	Al-Ce 合金	24.4±0.7	41.1±1	23.3±0.1	23.1±0.3
	Al-Ce-Sc 合金	30.9±0.7	59.5±1	44.6±0.6	57.3±0.8
	Al-Ce-Y 合金	24.5±0.9	43.4±0.8	24.1±0.3	23.8±0.2
	Al-Ce-Zr 合金	24.5±0.7	42±0.5	25.3±0.6	25.7±0.2
	Al-Ce-Sc-Y 合金	31.4±0.7	57.6±0.4	50.3±0.7	59.3±0.4

续表7-6

实验合金		铸态	拉拔态	T-0.3 Hz	S-400 ℃
电导率 /%IACS	工业纯铝	59.95±0.52	61.58±0.2	60.87±0.11	60.85±0.13
	Al-Ce 合金	54.79±0.82	61.83±0.12	61.02±0.13	61.1±0.08
	Al-Ce-Sc 合金	54.3±0.78	60.45±0.16	60.85±0.15	60.89±0.05
	Al-Ce-Y 合金	60.41±0.83	62.02±0.04	61.82±0.12	61.82±0.06
	Al-Ce-Zr 合金	56.55±1.32	58.46±0.11	57.87±0.09	57.88±0.06
	Al-Ce-Sc-Y 合金	54.13±0.78	61.01±0.14	61.48±0.13	61.75±0.12

对于阻尼应变振幅测试后的合金，其硬度在 280 ℃时开始发生较为明显的变化，如图 7-33 所示。对于工业纯铝和 Al-Ce 合金，硬度均于温度为 340 ℃时大幅下降。这说明在 280~340 ℃时，微观组织会受到很大的影响，合金发生再结晶时大幅减弱了晶界、亚晶界及位错的强化作用。结合阻尼温度谱可知，工业纯铝和 Al-Ce 合金的再结晶温度均低于 320 ℃，这与硬度测试结果一致。如表 7-6 所示，S-400 ℃下的工业纯铝和 Al-Ce 合金的硬度降至铸态水平。除此以外，在 340 ℃时，工业纯铝和 Al-Ce 合金的电导率也明显下降，在 S-400 ℃状态下达到最低值，分别为 60.85%IACS 和 61.1%IACS。对于 Al-Ce-Zr 合金，硬度从 S-340 ℃开始下降，在 S-400 ℃状态下大幅降低，达到铸态水平。这同样对应着晶界、亚晶界及位错的强化作用的减弱。结合阻尼温度谱可知，Al-Ce-Zr 合金的再结晶温度在 385 ℃左右时，与硬度的变化规律一致，其电导率也从 58.46%IACS 略微降至 57.88%IACS。对于 Al-Ce-Y 合金，再结晶温度约为 340 ℃，略高于 Al-Ce合金，低于 Al-Ce-Zr 合金。因此，其硬度在 S-340 ℃时下降幅度就很明显，耐热性能相比 Al-Ce-Zr 更差。在 S-400 ℃状态下，硬度同样降至铸态水平，电导率从 62.02%IACS 略微降低至 61.82%IACS。对于 Al-Ce-Sc 合金和 Al-Ce-Sc-Y 合金，在 S-280 ℃实验后，硬度略微提升，分别达到 HV 62.4 和 HV 62.6。当温度升高至 400 ℃时，与拉拔态相比，Al-Ce-Sc 合金的硬度也只是略微降低到 HV 57.3，电导率为 60.89%IACS；而 Al-Ce-Sc-Y 合金的硬度略微提升，达到 HV 59.3，电导率为 61.75%IACS。可以看出，这两种合金在 400 ℃时都表现出了优异的耐热性能。

2. 等温退火对合金硬度和电导率的影响

对不同合金在 200~500 ℃进行 0.5 h 等温退火实验，并测试合金的硬度及电导率变化以更好地表征合金的耐热性能，如图 7-34 所示。工业纯铝和 Al-Ce 合金与拉拔态合金相比，硬度在 350 ℃时大致减半，降低到铸态水平。这一现象表明，再结晶温度为 300~350 ℃，这与阻尼温度测试中工业纯铝和 Al-Ce 合金的再

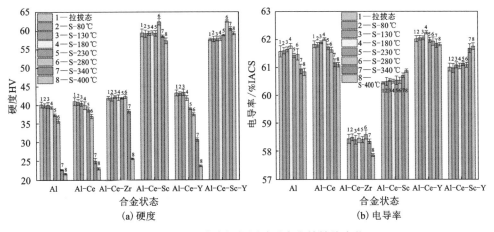

图 7-33 阻尼应变振幅测试后合金的性能变化

结晶峰结果是一致的。同时，工业纯铝和 Al-Ce 合金的电导率也略有降低。当温度高于 350 ℃时进行退火后，硬度值不会再进一步下降。Al-Ce-Zr 合金和 Al-Ce-Y 合金在 350 ℃退火后，硬度分别从 HV 43.4、HV 42 降至 HV 38.1、HV 30，在 400 ℃退火后分别降至 HV 25.6、HV 24.1。结果与阻尼温度测试结果相同，即 Al-Ce-Zr 合金的再结晶温度在 350~400 ℃，高于 Al-Ce-Y 合金。Al-Ce-Sc 合金和 Al-Ce-Sc-Y 合金的硬度变化趋势相似。但 500 ℃退火后 Al-Ce-Sc-Y 合金的硬度更高，对比拉拔态硬度仅下降 11.8%。这证明两种合金的再结晶温度均在 500 ℃以上，与阻尼温度测试结果一致。此外，与拉拔样品相比，经过 300 ℃以上的退火，Al-Ce-Sc 合金和 Al-Ce-Sc-Y 合金的电导率略有提高，这一部分来自于空位浓度的降低，另一部分则源于合金的微观组织发生了变化，在后面会进行详细讨论。

3. 等温退火对合金拉伸性能的影响

对在 300 ℃、400 ℃和 500 ℃等温退火后的合金进行拉伸性能测试，以明确合金在高温暴露后的强度及断后伸长率变化。合金的工程应力-应变曲线如图 7-35 所示，抗拉强度、屈服强度和断后伸长率总结于表 7-7 中。工业纯铝和 Al-Ce 合金的耐热性能最差，300 ℃退火后合金的抗拉强度分别降至 93 MPa 和 94 MPa，断后伸长率提升至 7.2% 和 7.9%；400 ℃退火后合金的抗拉强度分别降至 69 MPa 和 70 MPa，断后伸长率提升至 40.1% 和 41.8%；500 ℃退火后合金的拉伸性能变化趋势与 400 ℃基本相同。对于 Al-Ce-Y 合金和 Al-Ce-Zr 合金，300 ℃退火后合金的抗拉强度分别降至 115 MPa 和 139 MPa，断后伸长率低于 5%，在该温度下 Al-Ce-Zr 合金的耐热性能略优于 Al-Ce-Y 合金。400 ℃及 500 ℃退火后，两种合金抗拉强度的差别可以忽略不计，仅略高于 Al-Ce 合金，同时断后伸长率也分别提升至 40% 左右。

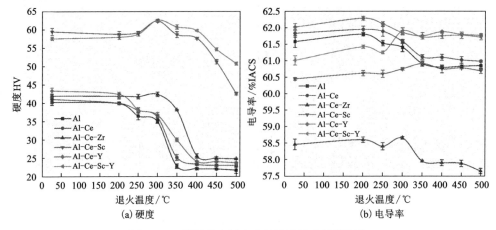

图 7-34　等温退火后合金的硬度及电导率变化

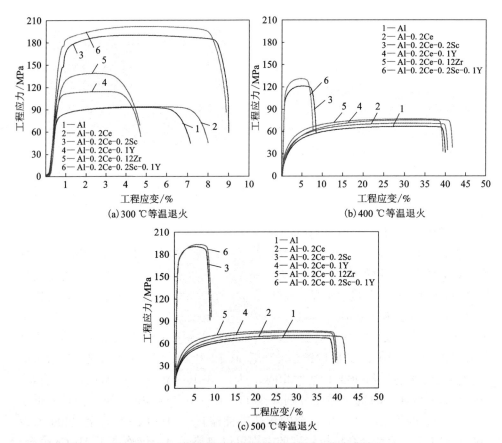

图 7-35　等温退火后合金的工程应力-应变曲线

表 7-7　等温退火后合金的拉伸性能

实验合金及状态		抗拉强度/MPa	屈服强度/MPa	断后伸长率/%
300 ℃等温退火	工业纯铝	93±1	69±1	7.2±0.3
	Al-Ce 合金	94±1	70±1	7.9±0.4
	Al-Ce-Sc 合金	190±3	158±2	8.8±0.6
	Al-Ce-Y 合金	115±2	89±2	4.5±0.2
	Al-Ce-Zr 合金	139±2	119±1	4.8±0.4
	Al-Ce-Sc-Y 合金	202±2	171±2	9.1±0.3
400 ℃等温退火	工业纯铝	69±1	37±1	40.1±1.2
	Al-Ce 合金	70±1	39±1	41.8±1.3
	Al-Ce-Sc 合金	188±2	151±2	9.1±0.4
	Al-Ce-Y 合金	76±1	41±1	40.5±1.5
	Al-Ce-Zr 合金	77±1	41±1	40.8±1.2
	Al-Ce-Sc-Y 合金	196±2	161±1	9±0.2
500 ℃等温退火	工业纯铝	67±1	35±1	40.2±1.5
	Al-Ce 合金	70±1	39±1	41.3±1.8
	Al-Ce-Sc 合金	120±1	91±2	8.9±0.4
	Al-Ce-Y 合金	76±1	40±1	39.5±1.3
	Al-Ce-Zr 合金	77±1	41±1	42.1±1.3
	Al-Ce-Sc-Y 合金	132±2	109±2	8.7±0.2

Al-Ce-Sc 合金和 Al-Ce-Sc-Y 合金在高温暴露后的抗拉强度远高于其他合金。300 ℃退火后,合金的抗拉强度分别为 190 MPa 和 202 MPa,断后伸长率分别为 8.8%和 9.1%;400 ℃退火后,合金的抗拉强度分别为 188 MPa 和 196 MPa,断后伸长率分别为 9.1%和 9%,抗拉强度相比 300 ℃退火后合金略低,伸长率变化不大;500 ℃退火后,合金的抗拉强度分别为 120 MPa 和 132 MPa,伸长率分别为 8.9%和 8.7%,抗拉强度相比 400 ℃退火后合金进一步降低,伸长率依然变化不大。可以看出,Al-Ce-Sc-Y 合金在 500 ℃及以下温度时具有最佳的耐热性能,相同高温条件下其硬度和强度损失幅度均为最低。除此以外,经过高温暴露后,Al-Ce-Sc 合金和 Al-Ce-Sc-Y 合金的断后伸长率变化幅度很小,且不超过 10%,这说明 Al-Ce-Sc-Y 合金与工业纯铝、Al-Ce、Al-Ce-Zr 和 Al-Ce-Y 合金不同,未发生剧烈的微观组织变化(如再结晶等),更大程度地保留了拉拔态的变形组

织。以耐热性能较差的 Al-Ce 合金、耐热性能中等的 Al-Ce-Zr 合金和耐热性能最优的 Al-Ce-Sc-Y 合金为例，合金经不同温度退火后拉伸试样的断口形貌如图 7-36 所示。

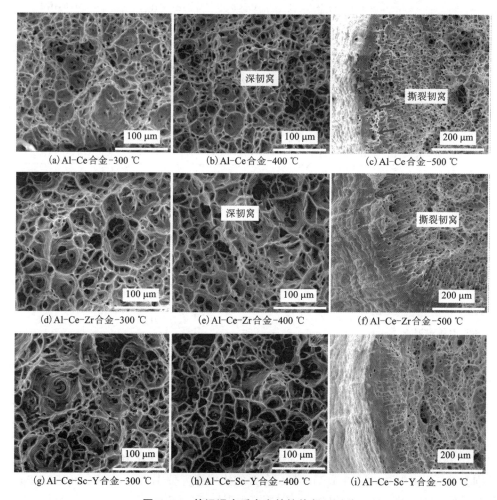

(a) Al-Ce合金-300 ℃ (b) Al-Ce合金-400 ℃ (c) Al-Ce合金-500 ℃

(d) Al-Ce-Zr合金-300 ℃ (e) Al-Ce-Zr合金-400 ℃ (f) Al-Ce-Zr合金-500 ℃

(g) Al-Ce-Sc-Y合金-300 ℃ (h) Al-Ce-Sc-Y合金-400 ℃ (i) Al-Ce-Sc-Y合金-500 ℃

图 7-36 等温退火后合金的拉伸断口形貌

与拉拔态相似，合金断口由纤维区、放射区和剪切唇组成，为典型的韧性断裂断口形貌，在此不再赘述。对于 Al-Ce 合金和 Al-Ce-Zr 合金，300 ℃ 退火后合金断口主要由等轴韧窝组成，400 ℃ 与 500 ℃ 退火后，合金的断后伸长率大幅提升，对应于数目更多、更深的等轴韧窝，韧窝的分布也更加均匀。除此以外，在纤维区和放射区的交界处，可见大量沿放射方向分布的撕裂韧窝，这说明合金在变形过程中受撕裂应力的影响，并在撕裂应力下具有良好的变形能力。拉伸试样的外表面相比于 Al-Ce-Sc-Y 合金更为褶皱，表明其在拉伸实验过程中受到了更大程度的变形，即累积更多的变形量，对应再结晶发生后较好的塑性。Al-Ce-Sc-Y 合金在不同温度退火后韧窝形貌变化不大，对应基本不变的断后伸长率。500 ℃退火后，合金纤维区与放射区交界处撕裂韧窝的数量更少且深度更浅，对应于比其他合金更低的断后伸长率。

7.2.3　Al-RE 合金高温暴露后的微观组织演变

1. 合金基体的微观组织演变

由于合金在不同 DMA 测试中经过高温暴露的温度和时间不同，可用阻尼温度测试和阻尼应变振幅测试后的样品为例探究合金在经过高温暴露后基体的微观组织演变，以解释不同合金耐热性能及阻尼性能的差异。阻尼应变振幅测试前后合金的偏光金相组织如图 7-37 所示。在经过 13.3 分钟 200~300 ℃、13.3 分钟 300~400 ℃和 20 分钟 400 ℃的高温暴露后，耐热性能最差的工业纯铝和 Al-Ce 合金失去了拉拔后的纤维状晶粒组织，如图 7-37(b)和图 7-37(c)所示。以 Al-Ce 合金为例，合金冷变形组织发生完全再结晶，变为均匀的等轴晶。尽管合金的硬度在经过高温暴露后与铸态合金几乎相同，但再结晶晶粒的尺寸远小于铸态 Al-Ce 合金的铸态晶粒。对于 Al-Ce-Y 合金和 Al-Ce-Zr 合金，虽然其再结晶温度略微提升，但仍低于 400 ℃，因此在高温暴露时也会发生程度不同的再结晶行为。以 Al-Ce-Y 合金为例，根据阻尼温度测试结果，其再结晶起始温度在 343 ℃左右，因此其纤维状晶粒组织也受到了一定程度的破坏，如图 7-37(e)和图 7-37(f)所示。在该温度下，合金发生再结晶行为的程度要低于工业纯铝和 Al-Ce 合金，少部分大角度晶界仍沿拉拔方向分布。对于 Al-Ce-Sc 合金和 Al-Ce-Sc-Y 合金，由于温度阻尼测试中未发现再结晶峰，因此两种合金再结晶起始温度均高于 500 ℃，具有最优的耐热性能。以 Al-Ce-Sc-Y 合金为例，在经过高温暴露后其晶粒组织仍保持纤维状，未发生再结晶，如图 7-37(h)和图 7-37(i)所示。通过偏光金相组织观察可知，合金的晶粒组织在高温下的变化规律与阻尼温度测试所得出的再结晶温度一致，证明微量 Sc 元素有效地抑制了合金的再结晶行为。

阻尼温度扫描测试前后合金的 EBSD 结果如图 7-38 和图 7-39 所示。对于拉拔态样品，以 Al-Ce-Sc-Y 合金为例，晶粒取向由大部分<111>取向和少量<001>取向晶粒组成，如图 7-38(a)所示。此外，合金中存在大量 2°以下的界面，占整体晶界的 40%。经过阻尼温度测试，Al-Ce-Sc-Y 合金的晶粒取向仍然由大部分<111>取向晶粒和少量<001>取向晶粒组成，这说明变形晶粒仍然占据主导地位，阻尼温度测试后变形组织的比例仍然高达 97%，如图 7-39(a)所示。如图 7-39(c)和 7-39(d)所示，阻尼温度测试前后，合金的<111>晶粒取向最明显，<111>方向晶粒所对应的 max 值分别达到 15.75 和 21.09。值得注意的是，这并不能说明合

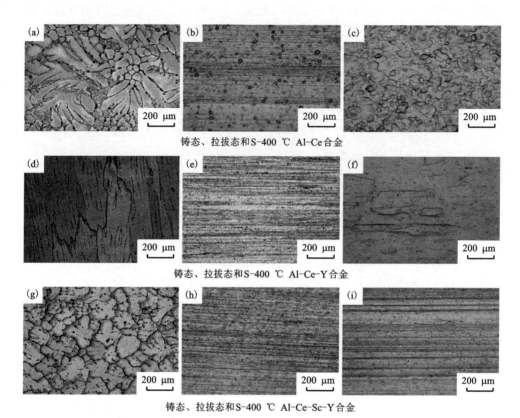

铸态、拉拔态和S-400 ℃ Al-Ce合金

铸态、拉拔态和S-400 ℃ Al-Ce-Y合金

铸态、拉拔态和S-400 ℃ Al-Ce-Sc-Y合金

图7-37 阻尼应变振幅测试前后合金的偏光金相组织

金在阻尼温度测试后具有更强的<111>方向织构，因为 EBSD 只能分析很小的区域，反极图用来进行定性分析更为合适。除此以外，温度扫描测试后，Al-Ce-Sc-Y 合金2°以下界面的分数降至29%。EBSD 分析表明，合金的变形组织在高温条件下几乎没有发生变化，只有包括位错胞和亚晶粒在内的界面结构(约占总结构的3%)在高温下可变为再结晶晶粒。

对于 Al-Ce-Sc 合金，在阻尼温度测试后，晶粒取向也依然由大部分<111>取向晶粒和少量<001>取向晶粒组成。反极图表明其<111>取向晶粒最大值为34.17，如图7-39(e)所示。此外，合金的变形组织高达94%，其余为亚结构和再结晶晶粒，2°以下界面的百分比为47%，略高于 Al-Ce-Sc-Y 合金。然而，阻尼温度测试后 Al-Ce-Sc 合金的硬度下降幅度更大，从 EBSD 结果可知这不能归因于合金的晶粒、亚晶粒组织。对于 Al-Ce-Y 合金、Al-Ce-Zr 合金和 Al-Ce 合金，样品在阻尼温度测试后发生明显的再结晶，再结晶分数分别达到79%、76%和67%。合金主要由等轴晶粒组成，变形晶粒的比例小于2%。拉拔态合金<111>取

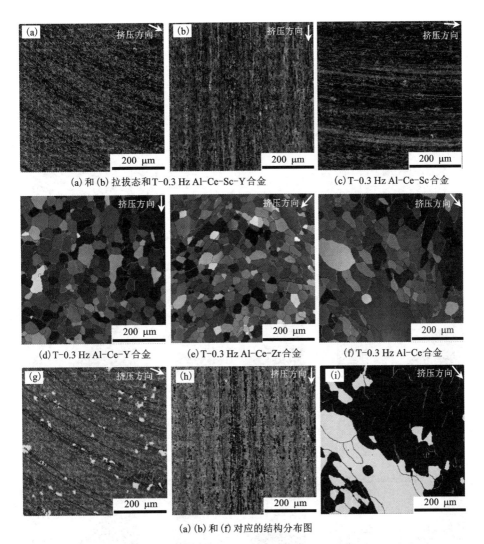

(a) 和 (b) 拉拔态和 T-0.3 Hz Al-Ce-Sc-Y 合金　　　(c) T-0.3 Hz Al-Ce-Sc 合金

(d) T-0.3 Hz Al-Ce-Y 合金　　(e) T-0.3 Hz Al-Ce-Zr 合金　　(f) T-0.3 Hz Al-Ce 合金

(a) (b) 和 (f) 对应的结构分布图

图 7-38　阻尼温度测试前后合金的 EBSD 取向分布图和结构分布图

向晶粒再结晶后部分转变为 <001> 取向晶粒。发生再结晶后，反极图中的最大值均低于 10, 2°以下界面的百分比均低于 15%，对应内部缺陷密度极低且具有大角度晶界的再结晶晶粒。Al-Ce-Zr 合金、Al-Ce-Y 合金、Al-Ce 合金和工业纯铝再结晶后的平均晶粒尺寸分别为 25.2 μm、27.4 μm、32.5 μm 和 33 μm，这表明微量 Ce 元素对拉拔态工业纯铝再结晶晶粒尺寸无明显作用，Y 元素和 Zr 元素的加入可以抑制 Al-Ce 合金再结晶晶粒的长大，使合金具有更小的再结晶晶粒尺寸，同时可避免再结晶晶粒的异常长大，如图 7-38(f) 所示。

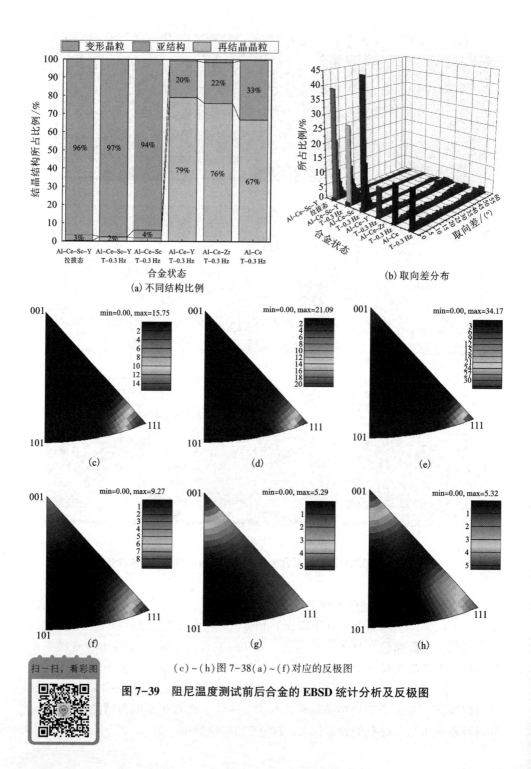

(a) 不同结构比例

(b) 取向差分布

(c)～(h)图 7-38(a)～(f)对应的反极图

图 7-39　阻尼温度测试前后合金的 EBSD 统计分析及反极图

扫一扫，看彩图

阻尼温度测试前后合金的 TEM 明场像如图 7-40 所示。以 Al-Ce 合金为例，在纤维状晶粒内部，存在大量位错缠结、位错胞和亚晶粒。经过阻尼温度测试，晶粒内部位错密度和亚晶界数量急剧降低，合金发生完全再结晶，如图 7-40(b)所示。对于拉拔态 Al-Ce-Sc 合金，纤维状晶粒内部存在更多的纳米级 Al$_3$Sc 粒子、更高的位错密度和更多的亚晶粒，如图 7-40(c)所示。即使在 500 ℃，纳米级 Al$_3$Sc 粒子也能有效地钉扎位错、亚晶界和晶界，有效抑制再结晶的发生。此外，经过高温暴露后，纳米级 Al$_3$Sc 粒子明显变得粗大，将在下节详细讨论。与 Al-Ce-Sc 合金相比，Al-Ce-Sc-Y 合金在拉拔态的位错密度更低，如图 7-40(e)所示；在阻尼温度测试后，其位错密度和亚晶粒数量依然较低，如图 7-40(f)所示。根据前述的研究结果，Al-Ce-Sc-Y 合金中的纳米级第二相为 Al$_3$Sc 粒子，Y 元素在 Al$_3$Sc 粒子周围轻度富集；高温暴露后，纳米级 Al$_3$Sc 粒子的粗化程度更低。

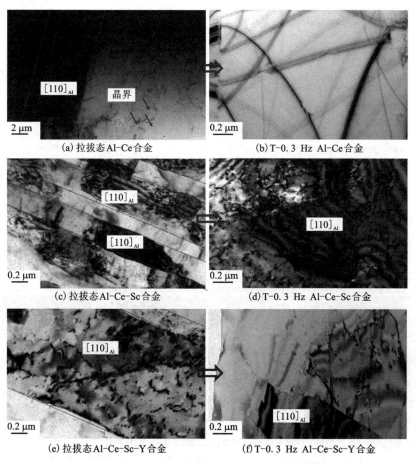

(a) 拉拔态 Al-Ce 合金

(b) T-0.3 Hz Al-Ce 合金

(c) 拉拔态 Al-Ce-Sc 合金

(d) T-0.3 Hz Al-Ce-Sc 合金

(e) 拉拔态 Al-Ce-Sc-Y 合金

(f) T-0.3 Hz Al-Ce-Sc-Y 合金

图 7-40 阻尼温度测试前后合金的 TEM 明场像

2. 合金第二相的微观组织演变

具有纳米级第二相 Al_3Sc 粒子和 Al_3Zr 粒子的合金在高温下的变化最明显。本节首先讨论 Al-Ce-Zr 合金的微观组织特征，其 TEM 形貌如图 7-41 所示。

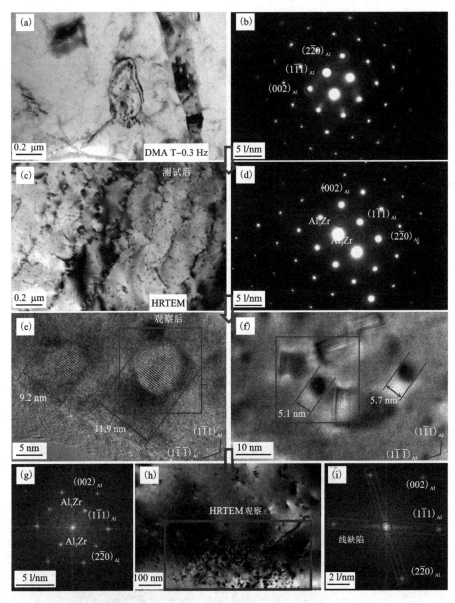

（a）和（b）拉拔态明场像及选区电子衍射图像；（c）和（d）T-0.3 Hz 明场像及选区电子衍射图像；
（e）和（f）T-0.3 Hz 高分辨图像；（g）和（i）方框 FFT 图像；（h）高分辨观察区域的明场像。

图 7-41 阻尼温度测试前后 Al-Ce-Zr 合金的 TEM 形貌

经过铸造、高温均匀化、热挤压前的保温、热挤压和拉拔后，Al-Ce-Zr 合金中仅存在少量纳米级 Al_3Zr 粒子。在 TEM 明场像中，纳米级 Al_3Zr 粒子的数量远少于 Al_3Sc 粒子，并且在选区电子衍射图像中只能看到铝基体的衍射斑点，如图 7-41(a) 和图 7-41(b) 所示，这在第 3 章中也进行了介绍。在阻尼温度测试之后，晶粒内部出现大量纳米级 Al_3Zr 粒子，这说明合金经过高温暴露后有更多固溶 Zr 原子形成 Al_3Zr 粒子，同时合金发生再结晶，消耗了大部分位错和亚晶粒，如图 7-41(c) 和图 7-41(d) 所示。尽管大量纳米级 Al_3Zr 粒子在高温下形成，但只有少量位错可以被 Al_3Zr 粒子钉扎。这一现象导致合金的再结晶过程无法像 Al-Ce-Sc 合金和 Al-Ce-Sc-Y 合金一样得到有效抑制，因此 Al-Ce-Zr 合金的耐热性较差。此外，如图 7-41(e) 和图 7-41(f) 所示，新形成的纳米级 Al_3Zr 粒子的直径从 5 nm 到 12 nm 不等，尺寸更为不均匀。FFT 图像表明，$(111)_{Al}$ 面上因变形程度较高而存在的一些线缺陷(如位错和层错)仍然存在。纳米级 Al_3Zr 粒子的缓慢析出和尺寸不均匀限制了 Al-Ce-Zr 合金的再结晶抗力和耐热性能。此外，值得注意的是，HRTEM 观察应在尽可能短的时间内完成并拍摄。如图 7-41(h) 所示，在 HRTEM 观察后，纳米级 Al_3Zr 粒子变粗，这可能归因于高能电子束的轰击和高温。这种析出和粗化行为表明，铝基体中仍有大量固溶态 Zr 原子，降低了 Al-Ce-Zr 合金的电导率。新析出的 Al_3Zr 粒子也不足以通过减少固溶 Zr 原子数目来使合金的电导率得到明显的提升。

图 7-42 为 Al-Ce-Sc 合金和 Al-Ce-Sc-Y 合金中第二相的 STEM 形貌和 EDS 元素分布图。除了位错、亚晶粒和晶粒结构，这些第二相的组成和尺寸也会影响合金的阻尼性能和耐热性能。根据 7.1 节的研究结果，拉拔态合金中纳米级 Al_3Sc 粒子的直径小于 15 nm。阻尼温度测试后，Al_3Sc 粒子明显粗化。对于 Al-Ce-Sc 合金，大量粗化的 Al_3Sc 粒子直径超过 50 nm，最大可达到 95 nm，如图 7-42(a) 所示。较大尺寸的 Al_3Sc 粒子形状从圆形变为椭圆形，失去了与铝基体的共格性。对于 Al-Ce-Sc-Y 合金，阻尼温度测试后 Al_3Sc 粒子的直径为 30～40 nm，粗化程度要低于 Al-Ce-Sc 合金。同时，这些 Al_3Sc 粒子的形状可以保持圆形。值得注意的是，Y 元素仍然在 Al_3Sc 粒子周围轻微富集，而不是形成复合相 $Al_3(Sc, Y)$ 粒子，这说明高温只会增大 Al_3Sc 粒子的尺寸，而不会明显改变其化学成分。此外，对于图 7-42(a) 和图 7-42(b) 中不存在含 Fe、Si 元素微米级尺寸第二相的 EDS 结果，Al-Ce-Sc 合金和 Al-Ce-Sc-Y 合金中 Fe、Si 元素的原子分数分别为 0.32%、0.02% 和 0.13%、0。这一现象表明，经过高温暴露后，Al-Ce-Sc-Y 合金的铝基体中固溶 Fe 原子和 Si 原子依然较少。对于微米级尺寸的第二相，在经过高温暴露后，其在所有研究合金中的尺寸和成分几乎没有变化。添加 Y 元素可以增加第二相相中 Si 元素的含量，如图 7-42(c) 和图 7-42(d) 所示。

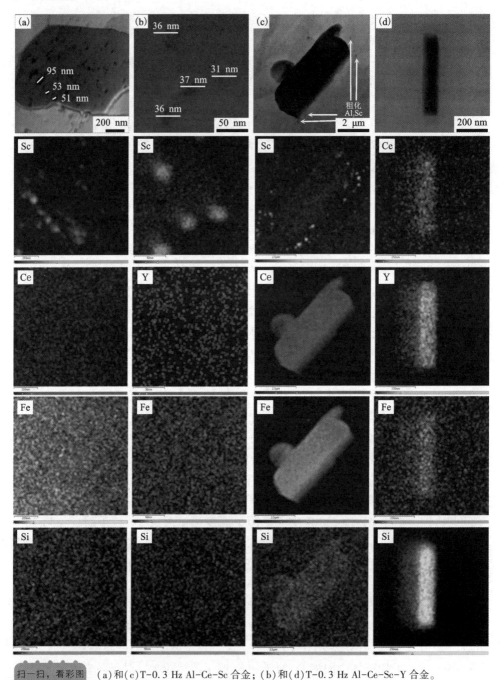

(a)和(c)T-0.3 Hz Al-Ce-Sc 合金；(b)和(d)T-0.3 Hz Al-Ce-Sc-Y 合金。

图 7-42　阻尼温度测试后合金的 STEM 形貌和 EDS 元素分布

通过对经过不同高温暴露的 Al-Ce-Sc 合金进行 TEM 明场像表征可同样证明其更为严重的 Al₃Sc 粒子高温粗化行为，如图 7-43 所示。经过阻尼温度测试或 500 ℃ 等温退火后，合金中 Al₃Sc 粒子的最大直径可达 100 nm 左右。除此以外，在粗大的 Al₃Sc 粒子上可观察到明显的 Ashby and Brown 衬度，这说明粗化的 Al₃Sc 粒子失去了与铝基体完全共格的关系，强化作用减弱[61]。

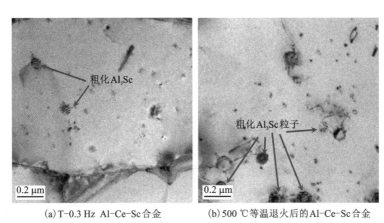

(a) T-0.3 Hz Al-Ce-Sc合金　　　(b) 500 ℃等温退火后的Al-Ce-Sc合金

图 7-43　经过高温暴露后 Al-Ce-Sc 合金的 TEM 明场像

7.2.4　Al-RE 合金的阻尼机制

铝合金的阻尼主要可以分为两种类型，即弛豫型阻尼和相变型阻尼[62-64]。对于本研究中的拉拔态铝合金，弛豫型阻尼主要受位错密度、亚晶界和晶界数量的影响[52, 65, 66]；相变型阻尼主要受合金的相变、第二相与基体的相边界以及位错与第二相之间相互作用的影响。根据本研究中的阻尼温度测试结果，相同合金的内耗值变化趋势在 0.3~10 Hz 时变化不大。而在铝合金阻尼性能的一些相关研究中，由于 $\ln(2\pi f)$ 和 $1/T$ 之间的线性关系，可以通过拟合大致计算包括弛豫时间和活化能在内的热激活参数[52, 53, 58, 67]。这些研究表明，铝合金的再结晶峰温度通常随着频率的降低而逐渐降低，这种现象可以通过众所周知的公式 $\omega \times \tau = 1$ 来解释，其中 $\omega = 2\pi f$、f 是频率、τ 是弛豫时间[53]。此外，还有公式 $\tau^{-1} = \tau_0^{-1} \times \exp(-H/k_B T)$，其中 H 是活化能、τ_0 是指数前因子[53]。在本研究中，工业纯铝、Al-Ce 合金、Al-Ce-Zr 合金和 Al-Ce-Y 合金中存在明显的再结晶峰，但再结晶峰的变化规律并不符合该模型。随着频率的提高，Al-Ce-Y 合金的再结晶峰温度甚至逐渐降低。这一现象表明，拉拔后合金的内耗值变化并不完全由热激活效应控制，而主要可以归因于以下几点。首先，合金的总变形量较大，挤压前横截面直径为 48 mm，最终线材直径为 4 mm，横截面方向总变形比为 144。较高的变形程度使合金能够获得几十到几百纳米宽度的纤维状晶粒和尺寸更小的亚晶。尺寸细小的晶粒和亚晶粒意味着更多、更复杂的界面结构，可以影响热激活过程中的位错运动、湮灭和重排。另外，在金属及其合金中，织构也会对阻尼性能产生一定影响，但其影响机制存在争议。宜兰大学 Sutou 等[68]发现，铜合金织构提高的增加是提升合金阻尼性能的关键因素之一。重庆大学 Wang 等[69]发现，弱化织构的存在是获得镁合金最佳阻尼性能的重要手段。结合铝合金的相关研究[52, 70]，合金在拉拔态下<111>取向的强织构也可能会影响热激活过程，改变合金的内耗的变化趋势。其次，与阻尼性能更优的其他系铝合金如 Al-Mg 系合金相比，在 500 ℃ 以下的高温，数量更少的微米级第二相(如工业纯铝中的 Al_6Fe 相和其他合金中的 $Al_{13}Fe_3Ce$ 相)对热激活过程的贡献较小。在其他系铝合金中，如 Al-Mg 合金、Al-Mg-Si 合金和 Al-Zn-Mg(-Cu)合金，由于 Mg 原子和 Cu 原子的原子半径与 Al 原子相似，因此 Mg 原子、Cu 原子可以以替代固溶体的形式溶解在 Al 基体中，形成更多的弱钉扎位点[71-73]。在本研究中，由于原子半径的巨大差距，固溶 Ce 原子和 Y 原子浓度远低于上述合金中固溶 Mg 原子和 Cu 原子浓度。除此以外，Si 原子还可以在不同合金中的 $Al_{13}Fe_3Ce$ 相和 AlCeFeSi 相中进一步富集，以降低固溶 Si 原子的浓度。较少的固溶原子和较低程度的晶格畸变削弱了热激活过程的强度[53, 74]。综合以上原因，本研究未发现再结晶峰随频率的提高而向更高温度移动的现象。对于 Al-Ce-Y 合金再结晶温度随频率提高而向更低温度移动的现象，也可以从微观组织特征的角度进行解释。拉拔后，该合金中的位错密度和亚晶界数量远低于其他合金，这会强烈影响热激活过程，从而导致再结晶峰随着频率的提高而向较低温度方向移动。此外，在对内耗值更灵敏的低频测试(0.3 Hz)中，200~250 ℃ 下 Al-Ce-Y 合金中存在热激活内耗峰，在这里表示为 P_1 峰[52, 53]，如图 7-1(a)所示。俄罗斯国家研究型技术大学 Mikhailovskaya 等[53]指出，由于 P_1 峰与快速增加的内耗值存在重叠，因此无法准确计算 P_1 峰的相关参数，而进行定性分析是更为准确的。在本研究中，高密度位错、亚晶界、晶界和晶界处的第二相都有助于晶界弛豫过程。Al-Ce-Y 合金中的 P_1 峰与 Al-Ce-Sc 合金中 350~400 ℃ 下的 P_1 峰相比，Al-Ce-Y 合金中较低的位错密度、较轻的位错纠缠、较少的亚晶界数量和没有纳米级尺寸 Al_3Sc 粒子的微观组织特征可以使位错胞和不稳定亚晶界在较低的温度下转变为稳定的亚晶界。值得注意的是，Al-Ce-Sc 合金中的 P_1 峰代表了位错重新排列组合到位错胞甚至亚晶的复杂过程，而 Al-Ce-Sc-Y 合金中没有观察到明显的 P_1 峰，这与 EBSD 分析是一致的。

随着温度的升高，在再结晶峰结束之前，Al-Ce-Sc 合金和 Al-Ce-Sc-Y 合金在阻尼温度测试中的内耗值要低于工业纯铝、Al-Ce 合金和 Al-Ce-Y 合金。较低的内耗值表明，这两种合金中的位错和亚晶界被纳米级 Al_3Sc 粒子强烈钉扎，因此外部输入的能量不能大量转化为阻尼。当温度高于合金的再结晶峰时，由于再结晶过程的快速进行，位错密度和亚晶界的数量大大减少。因此，合金的位错阻尼和晶界阻尼贡献大大减弱，内耗值显著降低。对于 Al-Ce-Sc 合金和 Al-Ce-Sc-Y 合金，由于纳米级 Al₃Sc 粒子的强烈钉扎效应，高温下也没有再结晶峰；由于这种抑制再结晶效应的存在，这两种合金的内耗值呈现均匀增加的趋势。这种内耗值随温度变化的趋势是可重现的，也意味着合金具有更优的高温阻尼稳定性。对于工业纯铝、Al-Ce 合金、Al-Ce-Y 合金和 Al-Ce-Zr 合金，当温度高于再结晶峰并达到峰的末端时，内耗值再次增加。此时内耗值的增加不再是由位错阻尼作为主要贡献，而是由再结晶晶粒的生长引起的晶界阻尼贡献为主。显然，合金发生再结晶过程后形成了稳定的等轴晶结构，其内耗值随温度变化的趋势是不可重现的，因此具有较差的高温阻尼稳定性。除此以外，在 DMA 测试后，Al-Ce-Zr 合金中存在大量新析出的纳米级 Al₃Zr 粒子，再结晶峰后该合金的内耗值下降幅度更大，这主要来源于新析出的 Al₃Zr 粒子对位错运动的阻碍，其同样证明了上述观点。

阻尼应变振幅测试同样证明，合金的内耗值主要与位错密度、亚晶界、晶界和纳米级第二相的特征相关。首先，参照其他关于合金阻尼性能的研究，可以得出阻尼应变振幅谱中两段具有不同上升速率曲线的交点，在这里称为 ε_{cr}，将横坐标与缓慢上升区之间的夹角称为 α[52, 63, 75-77]。建立 $\tan \alpha$ 和 ε_{cr} 的自然对数与温度的倒数之间的关系，如图 7-44 所示。在本研究中，ε_{cr} 的物理意义对应位错在运动过程中克服的缺陷（如空位、固溶原子及纳米级第二相钉扎的应力）。如图 7-44(a) 和图 7-44(b) 所示，工业纯铝和 Al-Ce 合金两者的变化趋势基本相同，表明微量 Ce 元素的添加对工业纯铝的阻尼机制及阻尼性能几乎没有影响。由于以替代固溶体形式存在的 Fe 原子、Si 原子数量很少，因此影响工业纯铝和 Al-Ce 合金 ε_{cr} 和 $\tan \alpha$ 值变化的主要因素是位错和亚晶界。这两个参数值在 280 ℃时达到最小值的原因是该温度会明显影响位错和亚晶界，导致位错的重排及亚晶界的转动和迁移。随着温度的升高，这两个参数值会再次增加，因为位错在加热和高温保持过程中数目进一步减少，形成了亚晶粒和再结晶晶粒。结合硬度测试、电导率测试和 EBSD 结果，在 400 ℃时，快速上升区内耗值的斜率较高，这表明工业纯铝和 Al-Ce 合金的阻尼机制主要是晶界弛豫，由再结晶晶粒的长大所引起的。对于 Al-Ce-Y 合金，ε_{cr} 值在 180~230 ℃时达到最小值，主要是由于合金内部位错密度较低且位错缠结较少。位错可以在较低温度下克服空位、固溶原子等弱钉扎点。图 7-28(d) 和图 7-30(d) 中 230 ℃以上阻尼应变振幅谱末端的内耗值减小也表明，在该温度以上合金发生部分再结晶，温度越高再结晶过程更完善，位错密度急剧降低。因此位错阻尼和晶界弛豫阻尼的贡献远低于拉拔态，内耗值逐渐减小。

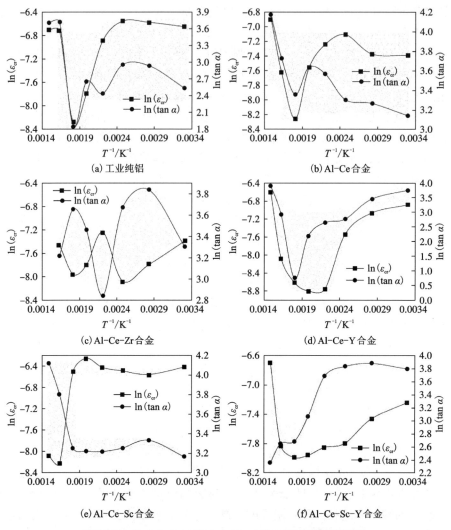

图 7-44　合金 $\ln(\varepsilon_{cr})$ 和 $\ln(\tan\alpha)$ 随 $1/T$ 变化的趋势图

对于 Al-Ce-Zr 合金，由于阻尼应变振幅测试过程中纳米级第二相 Al_3Zr 粒子的析出行为，其变化趋势更为复杂。例如，在 400 ℃时合金内耗值随应变振幅的变化没有典型的缓慢上升和快速上升的两段式特性，因此无法计算该点的 $\tan\alpha$ 和 ε_{cr} 值。对于 Al-Ce-Sc 合金，ε_{cr} 值在 340 ℃时大幅下降，这表明该温度下位错更容易运动。超过该温度时，纳米级 Al_3Sc 粒子的粗化行为使其对位错和亚晶界的钉扎作用减弱。$\tan\alpha$ 值的增加同样主要来源于位错脱钉。阻尼应变振幅曲线末端内耗值的快速上升表明，在较大的应变振幅下，大量位错可以从纳米级

Al_3Sc 粒子的强钉扎作用中释放, 将外部能量转换为阻尼。对于 Al-Ce-Sc-Y 合金, 情况有所不同。当温度高于 340 ℃ 时, ε_{cr} 值增加, 其变化趋势与工业纯铝、Al-Ce 合金和 Al-Ce-Y 合金相似, 但阻尼机制却截然不同。这是因为纳米级 Al_3Sc 粒子的粗化程度远低于 Al-Ce-Sc 合金, 且保持着与铝基体的共格关系。因此, 在高温(>340 ℃)下, Al_3Sc 粒子的钉扎作用更为明显。根据阻尼应变振幅测试后提高的硬度, 可以说明在位错密度基本不变的情况下, 纳米级析出相的强化效果增强。tan α 值的降低表明, 随着温度的升高, Al_3Sc 粒子的钉扎效应强于热激活效应, 并且位错在低应变振幅下很难开始运动。因此, Al-Ce-Sc-Y 合金具有优异的高温阻尼性能及高温阻尼稳定性, 对铝合金导体材料具有重要的工程应用价值。

7.2.5　Al-RE 合金的耐热机制

在本研究中, 阻尼温度测试、阻尼应变振幅测试和等温退火被视为高温过程来探究合金的耐热性能, 主要通过研究合金经过高温暴露后的硬度、电导率和拉伸性能变化来表征合金的耐热性能。综合再结晶峰温度、性能测试和微观组织观察可知, 本研究中合金的耐热性能顺序为 Al-Ce-Sc-Y 合金>Al-Ce-Sc 合金>Al-Ce-Zr 合金>Al-Ce-Y 合金>Al-Ce 合金或工业纯铝。Al-Ce-Sc-Y 合金在高温暴露后可以保持最高的强度及硬度的主要原因是其纳米级 Al_3Sc 粒子具有更强的抗粗化能力, 在经过高温暴露后可以维持较低的粗化程度, 保持与铝基体的共格关系, 从而可以有效地钉扎位错、亚晶界和晶界, 提供更强的 Orowan 强化机制。国内外许多研究人员已经研究了 Al-Sc 合金的耐热性能, 证明纳米级 Al_3Sc 粒子在400 ℃ 以上会明显粗化, 从而失去与铝基体的共格关系, 削弱合金的力学性能[12, 39, 50]。在本研究中, 经过高温处理后, Al-Ce-Sc 合金中 Al_3Sc 粒子的直径从 10 nm 左右逐渐增长到几十甚至 100 纳米, 大量 Al_3Sc 粒子在明场像下出现 Ashby and Brown 衬度, 表明其与铝基体已不完全共格。在 500 ℃/0.5 h 等温退火后硬度从 59.5 HV 降至 42.6 HV, 抗拉强度从 193 MPa 降低到 120 MPa, 这主要就是由于 Al_3Sc 粒子的粗化程度更高而不是发生了再结晶。根据 7.1 节的相关研究, Al-Ce-Sc-Y 合金中少量 Y 原子富集在 Al_3Sc 粒子周围, 这可以提升粒子的热稳定性。因此, 经 500 ℃/0.5 h 等温退火后, Al-Ce-Sc-Y 合金的硬度可以保持在 50 HV 以上, 抗拉强度为 132 MPa, 两者均高于 Al-Ce-Sc 合金。对于 Al-Ce-Zr 合金, 虽然在高温下析出了大量细小、弥散分布的 Al_3Zr 粒子, 且与铝基体共格, 但由于位错密度和亚晶界数量的大幅减少, 合金位错强化和晶界强化作用在再结晶后被削弱, 因此经过高温暴露后的合金的硬度和强度远低于拉拔态。在500 ℃/0.5 h 等温退火后硬度从 42 HV 降至 24.8 HV, 抗拉强度从 155 MPa 降低到 77 MPa。另外, 经过高温暴露后, Al_3Zr 粒子的直径要小于 Al_3Sc 粒子, 具体原因分析如下。首先,只有部分 Al_3Zr 粒子在高温均匀化和热挤压过程中析出,而绝大多数 Al_3Sc 粒子在此过程中已经析出完成。其次, Al_3Zr 粒子的热稳定性强于 Al_3Sc 粒子,因此在经过高温暴露后, Al_3Zr 粒子的粗化速率要低于同等条件下的 Al_3Sc 粒子[39, 50]。最后,本研究中合金 Zr 含量低于 Sc,这也会减小 Al_3Zr 粒子的平均直径。而对于没有纳米级析出相的工业纯铝、Al-Ce 合金和 Al-Ce-Y 合金,其耐热性能更差。

本研究中 Al-RE 合金的主要应用领域是架空输电线路。因此,探索经过高温暴露后合金电导率的变化,揭示合金经过高温暴露后微观组织演变对电导率的影响机制也具有重要意义。换句话说,电导率也应作为评估合金耐热性能的标准之一。根据第 7.1 节的研究结果,影响本研究中 Al-RE 合金电导率的主要因素总结如下[21, 22, 70, 78]:①铝基体中固溶原子,如 Fe、Si 等的浓度;②晶界和亚晶界的数量和形貌;③缺陷,如位错、层错和空位的数量;④纳米级第二相的尺寸和数量。对于第一个因素,由于第二相如 $Al_{13}Fe_3Ce$ 粒子和 AlCeFeSi 粒子的化学成分在 500 ℃ 以下是稳定的,因此不会造成固溶 Fe、Si 原子浓度的明显变化,不是电导率变化的主要原因。对于第二个因素,与自由电子传输方向呈一定角度的晶界和亚晶界可以提高电子散射的程度,并降低合金的电导率[21, 70]。当温度超过再结晶温度时,合金纤维状晶粒发生再结晶变为等轴晶粒,与电子传输方向互成角度的再结晶晶界数量大大增加,提高了电子散射的程度。因此,工业纯铝、Al-Ce 合金、Al-Ce-Y 合金经过高温暴露后电导率会略有下降。对于第三个因素,合金发生再结晶后,工业纯铝、Al-Ce 合金、Al-Ce-Y 合金中位错密度和亚晶界的数量大大减少,这削弱了其对自由电子散射的程度。然而位错密度和亚晶界的影响对电导率提升的贡献要弱于再结晶晶界对电导率损失的影响。对于第四个因素,纳米级 Al_3Sc 粒子在高温下发生粗化(>400 ℃)。根据 7.1 节的研究结果, Al_3Sc 粒子直径的增加可以降低其对电子散射引起的电导率损失[36, 78]。同时,粗化的 Al_3Sc 粒子意味着更多固溶 Sc 原子形成了第二相,降低了固溶 Sc 原子浓度。因此,Al-Ce-Sc 合金和 Al-Sc-Ce-Y 合金的电导率提高了。同时由于合金的抗再结晶能力更强,与电子传输方向互成角度的晶界数目变化不大,主要仍由细长的纤维状晶粒组成。对于 Al-Ce-Zr 合金,以上所有因素都会影响合金的电导率。新析出的纳米级 Al_3Zr 粒子降低了固溶 Zr 原子的浓度,削弱了 Zr 原子对电子的散射程度。同时,所形成的细小、弥散 Al_3Zr 粒子会轻微地提高其对电子的散射程度。与工业纯铝、Al-Ce 合金、Al-Ce-Y 合金类似,再结晶晶界大大增加了阻碍电子传输晶界的数量,同时位错密度和亚晶界数目减少。在这四个因素的综合作用下,Al-Ce-Zr 合金的电导率在经过高温暴露后(>400 ℃)后呈现略有下降的趋势。最后,值得注意的是,<111>取向织构可以在提高合金硬度和强度的基础上不损失电导率,这可以使未发生再结晶的 Al-Ce-Sc 合金和 Al-Ce-Sc-Y 合金在高温处理后仍然保持较高的电导率[21, 70]。

7.3　本章研究结论

(1) 微量 Ce 元素的添加略微提高了工业纯铝的强度和电导率，微量 Y 元素的添加可以进一步提高 Al-Ce 合金的电导率。从铸态、挤压态、拉拔态到退火态，Al-Ce-Y 合金都具有最高的电导率，退火态达到 62.47%IACS。微量 Sc 元素的添加大幅提升了 Al-Ce 合金的硬度和拉伸性能，退火态硬度、抗拉强度和断后伸长率分别达到 58.6 HV、188 MPa 和 7.2%。微量 Zr 元素的作用远不如 Sc 元素，退火态 Al-Ce-Zr 合金的电导率、抗拉强度和断后伸长率分别为 58.51%IACS、157 MPa 和 5.1%。微量 Sc 元素和 Y 元素的复合添加使 Al-Ce 合金具有最优异的综合性能，有效改善了强度和导电率相互制约的关系，退火态合金的电导率、抗拉强度和断后伸长率分别达到 61.77%IACS、198 MPa 和 8.5%。

(2) 对于铸态合金，工业纯铝、Al-Ce 合金和 Al-Ce-Y 合金以柱状晶为主。Al-Ce 合金具有枝晶偏析，因此铸态电导率较低，但经高温均匀化后可有效消除。合金中主要的第二相为 $Al_{13}Fe_3Ce$ 相并伴随少量 AlCeFeSi 相，Al-Ce-Y 合金在晶界处具有少量微米级第二相，并且相中富集更多 Si 元素。Al-Ce-Zr 合金、Al-Ce-Sc 合金和 Al-Ce-Sc-Y 合金以等轴晶为主，其平均晶粒尺寸分别为 169.3 μm、123.5 μm 和 142.5 μm。铸态下，这三种合金晶界数量和晶界处微米级第二相数量更多，因此具有较低的电导率。

(3) 经过热挤压和拉拔，铸态合金晶界处的微米级第二相数目大大减少。对于 Al-Ce-Y 合金和 Al-Ce-Sc-Y 合金，合金的 $Al_{13}Fe_3Ce$ 相和 AlCeFeSi 相可以富集更多固溶在铝基体中的杂质 Si 原子，降低固溶 Si 原子对自由电子的散射程度。除此以外，与其他合金相比，Al-Ce-Sc-Y 合金微米级第二相的平均尺寸和面积分数最高，这说明更多的 Fe、Si 原子形成第二相，有效地降低了 Fe、Si 固溶原子的浓度，增强了导电性。

(4) 对于 Al-Ce-Sc 合金和 Al-Ce-Zr 合金，通过热挤压和拉拔会产生更多的位错、层错、位错胞和亚晶界。由拉拔产生的空位可以通过低温退火基本消除，而位错、层错、位错胞和亚晶界则不受影响。微量 Y 元素的添加可以减少位错、层错和亚晶界的数量，以降低此类因素对自由电子的散射程度。因此，Al-Ce-Sc-Y 合金具有较细的纤维状晶粒。同时，与 Al-Ce-Sc 合金相比，其位错密度更低，位错胞和亚晶界的数量也较少。

(5) 纳米级析出相的 Orowan 绕过机制是 Al-Ce-Zr 合金、Al-Ce-Sc 合金和 Al-Ce-Sc-Y 合金的主要强化机制，这三种合金纳米级第二相的平均尺寸分别为 7.1 nm、9.9 nm 和 13.5 nm，且含微量 Sc 元素的合金中 Al_3Sc 粒子的数量远多于

Al_3Zr 粒子。平均尺寸较大、数目较多的 Al_3Sc 粒子使 Al-Ce-Sc-Y 合金在具有最高强度的同时降低了纳米级第二相对自由电子的散射程度。

(6)工业纯铝和 Al-Ce 合金的耐热性能最差。当温度高于 320 ℃ 时，工业纯铝和 Al-Ce 合金会发生再结晶，纤维状晶粒转变为等轴晶粒，平均晶粒尺寸为 33 μm 和 32.5 μm。经过阻尼温度测试后，工业纯铝和 Al-Ce 合金的硬度从 40.3 HV、41.1 HV 下降到 22.2 HV、23.3 HV，电导率从 61.58% IACS、61.83%IACS 略微降至 60.87%IACS、61.02%IACS，电导率的下降主要归因于大量再结晶晶界增强了电子散射。程度 500 ℃/0.5 h 等温退火后，位错强化和亚结构强化效果大幅度减弱，工业纯铝和 Al-Ce 合金的抗拉强度分别降至 67 MPa 和 70 MPa。

(7)复合添加微量 Sc 元素和 Y 元素可以使合金获得最优的耐热性能。纳米级 Al_3Sc 粒子可以有效地钉扎位错、亚晶界和晶界，从而抑制再结晶。Al-Ce-Sc-Y 合金经过 400～500 ℃ 的高温后，大部分纳米级 Al_3Sc 粒子的直径小于 40 nm；而 Al-Ce-Sc 合金中 Al_3Sc 粒子尺寸经过高温暴露后最大可粗化至 100 nm 左右，强化效果降低。500 ℃/0.5 h 等温退火后，Al-Ce-Sc-Y 合金的硬度可以保持在 50 HV 以上，抗拉强度为 132 MPa，电导率为 61.71%IACS，均高于 Al-Ce-Sc 合金。

(8)温度低于再结晶峰温度时，工业纯铝、Al-Ce 合金和 Al-Ce-Y 合金的内耗值主要来源于位错运动。当温度高于再结晶峰时，内耗值主要来源于再结晶晶粒的形核和长大过程。再结晶晶粒长大过程对 Al-Ce-Y 合金内耗值的贡献最小，因为再结晶温度较高且再结晶晶粒尺寸较小。

(9)由于纳米级 Al_3Sc 粒子对位错、亚晶界和晶界有强烈的钉扎作用，Al-Ce-Sc 合金和 Al-Ce-Y 合金的内耗值随温度升高在均匀而缓慢地增加。高温下，内耗值主要由位错运动、晶界和亚晶界弛豫构成。Al-Ce-Sc 合金由于其稳定的微观结构和较高的位错密度，具有优异的高温阻尼性能及高温阻尼稳定性。Al-Ce-Sc-Y 合金的纳米级 Al_3Sc 粒子的热稳定性更好，高温下钉扎能力更强，具有更优的高温阻尼稳定性，两者的再结晶温度均高于 500 ℃。

(10)拉拔态 Al-Ce-Zr 合金的纳米级 Al_3Zr 粒子数量较少，再结晶温度在 385 ℃ 左右。经过阻尼温度测试，大量 Al_3Zr 粒子在高温下析出，直径小于 15 nm 且与铝基体共格。高温下，Al-Ce-Zr 合金的内耗值组成较为复杂，受到了 Al_3Zr 粒子析出行为、位错运动及位错与 Al_3Zr 粒子相互作用、再结晶晶粒形核及长大过程多重因素的影响。

参考文献

［1］于群. 中低压电缆用 Al-Fe-Cu-RE-Zr 合金导线的制备与性能研究［D］. 郑州：郑州大学，2019.

［2］刘莉. 铝合金 Sc、Zr 微合金化效应与微观机理［D］. 哈尔滨：哈尔滨工业大学，2020.

［3］樊祥泽. 电线电缆用 8030 铝合金导电材料组织与性能的研究［D］. 重庆：重庆大学，2019.

［4］GB/T 4909. 3—2009. 裸电线试验方法 第 3 部分：拉力试验［S］. 2009.

［5］ASTM E112-13. Standard test methods for determining average grain size［S］. 2013.

［6］Li Y, Wang Y, Lu B, et al. Effect of Cu content and Zn/Mg ratio on microstructure and mechanical properties of Al – Zn – Mg – Cu alloys［J］. Journal of Materials Research and Technology, 2022, 19：3451-3460.

［7］Dong H, Guo F, Huang W, et al. Shear banding behavior of AA2099 Al-Li alloy in asymmetrical rolling and its effect on recrystallization in subsequent annealing［J］. Materials Characterization, 2021, 177：111155.

［8］Liu H, Zhang Z, Zhang D, et al. The effect of Ag on the tensile strength and fracture toughness of novel Al-Mg-Zn alloys［J］. Journal of Alloys and Compounds, 2022, 908：164640.

［9］Shi Z M, Gao K, Shi Y T, et al. Microstructure and mechanical properties of rare-earth-modified Al-1Fe binary alloys［J］. Materials Science and Engineering A, 2015, 632：62-71.

［10］Ayer R, Angers L M, Mueller R R, et al. Microstructural characterization of the dispersed phases in Al-Ce-Fe system［J］. Metallurgical Transactions A, 1988, 19：1645-1656.

［11］Ovecoglu M L, Suryanarayana C, Nix W D. Identification of precipitate phases in a mechanically alloyed rapidly solidified Al – Fe – Ce alloy［J］. Metallurgical and Materials Transactions A, 1996, 27(4)：1033-1041.

［12］Luo Y, Pan Q, Sun Y, et al. Hardening behavior of Al-0. 25Sc and Al-0. 25Sc-0. 12Zr alloys during isothermal annealing［J］. Journal of Alloys and Compounds, 2020, 818：152922.

［13］Farkoosh A R, Dunand D C, Seidman D N. Tungsten solubility in Ll$_2$-ordered Al$_3$Er and Al$_3$Zr nanoprecipitates formed by aging in an aluminum matrix［J］. Journal of Alloys and Compounds, 2020, 820：153383.

［14］Yang Y, Licavoli J J, Sanders P G. Improved strengthening in supersaturated Al-Sc-Zr alloy via melt-spinning and extrusion［J］. Journal of Alloys and Compounds, 2020, 826：154185.

［15］Pozdniakov A V, Barkov R Y. Microstructure and mechanical properties of novel Al-Y-Sc alloys with high thermal stability and electrical conductivity［J］. Journal of Materials Science & Technology, 2020, 36：1-6.

［16］Gao H, Feng W, Wang Y, et al. Structural and compositional evolution of Al$_3$(Zr, Y) precipitates in Al-Zr-Y alloy［J］. Materials Characterization, 2016, 121：195-198.

［17］Gao H, Feng W, Gu J, et al. Aging and recrystallization behavior of precipitation strengthened Al-0. 25Zr-0. 03Y alloy［J］. Journal of Alloys and Compounds, 2017, 696：1039-1045.

［18］Yan Z, Lin Y. Faulted dipoles in a nanostructured 7075 Al alloy produced via high-pressure torsion[J]. Materials Science and Engineering A, 2019, 754: 232-237.

［19］Yan Z, Lin Y. On the widths of stacking faults formed by dissociation of different types of full dislocations in a nanostructured Al alloy [J]. Materials Science and Engineering A, 2020, 770: 138532.

［20］Xu Z, Li N, Jiang H, et al. Deformation nanotwins in coarse-grained aluminum alloy at ambient temperature and low strain rate[J]. Materials Science and Engineering A, 2015, 621: 272-276.

［21］Hou J P, Li R, Wang Q, et al. Breaking the trade-off relation of strength and electrical conductivity in pure Al wire by controlling texture and grain boundary[J]. Journal of Alloys and Compounds, 2018, 769: 96-109.

［22］Guan R, Shen Y, Zhao Z, et al. A high-strength, ductile Al-0. 35Sc-0. 2Zr alloy with good electrical conductivity strengthened by coherent nanosized-precipitates[J]. Journal of Materials Science & Technology, 2017, 33(3): 215-223.

［23］Yan Z, Lin Y. Lomer-Cottrell locks with multiple stair-rod dislocations in a nanostructured Al alloy processed by severe plastic deformation[J]. Materials Science and Engineering A, 2019, 747: 177-184.

［24］Mohammadi A, Enikeev N A, Murashkin M Y, et al. Developing age-hardenable Al-Zr alloy by ultra-severe plastic deformation: Significance of supersaturation, segregation and precipitation on hardening and electrical conductivity[J]. Acta Materialia, 2021, 203: 116503.

［25］Jia H, Bjørge R, Cao L, et al. Quantifying the grain boundary segregation strengthening induced by post-ECAP aging in an Al-5Cu alloy[J]. Acta Materialia, 2018, 155: 199-213.

［26］Khangholi S N, Javidani M, Maltais A, et al. Effect of Ag and Cu addition on the strength and electrical conductivity of Al-Mg-Si alloys using conventional and modified thermomechanical treatments[J]. Journal of Alloys and Compounds, 2022, 914: 165242.

［27］Wang M, Zhou Y, Lv H, et al. Mechanical properties and electrical conductivity of cold rolled Al-7. 5%Y alloy with heterogeneous lamella structure and stacking faults[J]. Journal of Alloys and Compounds, 2021, 882: 160692.

［28］Liu L, Jiang J, Zhang B, et al. Enhancement of strength and electrical conductivity for a dilute Al-Sc-Zr alloy via heat treatments and cold drawing[J]. Journal of Materials Science & Technology, 2019, 35(6): 962-971.

［29］Fadayomi O, Clark R, Thole V, et al. Investigation of Al-Zn-Zr and Al-Zn-Ni alloys for high electrical conductivity and strength application[J]. Materials Science and Engineering A, 2019, 743: 785-797.

［30］Hatch J E. Aluminum: Properties and Physical Metallurgy [M]. American Society for Metals, 1984.

［31］Guan R, Jin H, Jiang W, et al. Quantitative contributions of solution atoms, precipitates and deformation to microstructures and properties of Al-Sc-Zr alloys[J]. Transactions of Nonferrous Metals Society of China, 2019, 29(5): 907-918.

[32] Speight J G. Lange's Handbook of Chemistry (Sixteenth edition)[M]. McGrawHill, 2005.

[33] Hou J, Li R, Wang Q, et al. Origin of abnormal strength-electrical conductivity relation for an Al-Fe alloy wire[J]. Materialia, 2019, 7: 100403.

[34] Sauvage X, Bobruk E V, Murashkin M Y, et al. Optimization of electrical conductivity and strength combination by structure design at the nanoscale in Al – Mg – Si alloys [J]. Acta Materialia, 2015, 98: 355-366.

[35] Miyajima Y, Komatsu S Y, Mitsuhara M, et al. Change in electrical resistivity of commercial purity aluminium severely plastic deformed[J]. Philosophical Magazine, 2010, 90(34): 4475-4488.

[36] Hou J, Wang Q, Zhang Z, et al. Nano-scale precipitates: The key to high strength and high conductivity in Al alloy wire[J]. Materials & Design, 2017, 132: 148-157.

[37] Orlova T S, Latynina T A, Mavlyutov A M, et al. Effect of annealing on microstructure, strength and electrical conductivity of the pre-aged and HPT-processed Al-0.4Zr alloy[J]. Journal of Alloys and Compounds, 2019, 784: 41-48.

[38] Zhang Y, Zhou W, Gao H, et al. Precipitation evolution of Al-Zr-Yb alloys during isochronal aging[J]. Scripta Materialia, 2013, 69(6): 477-480.

[39] Knipling K E, Seidman D N, Dunand D C. Ambient – and high – temperature mechanical properties of isochronally aged Al-0.06Sc, Al-0.06Zr and Al-0.06Sc-0.06Zr (at.%) alloys [J]. Acta Materialia, 2011, 59(3): 943-954.

[40] Chen Y, Liu C, Zhang B, et al. Effects of friction stir processing and minor Sc addition on the microstructure, mechanical properties, and damping capacity of 7055 Al alloy[J]. Materials Characterization, 2018, 135: 25-31.

[41] Azarniya A, Taheri A K, Taheri K K. Recent advances in ageing of 7××× series aluminum alloys: A physical metallurgy perspective[J]. Journal of Alloys and Compounds, 2019, 781: 945-983.

[42] Wang Z, Lin X, Kang N, et al. Strength-ductility synergy of selective laser melted Al-Mg-Sc-Zr alloy with a heterogeneous grain structure[J]. Additive Manufacturing, 2020, 34: 101260.

[43] Ma K, Wen H, Hu T, et al. Mechanical behavior and strengthening mechanisms in ultrafine grain precipitation-strengthened aluminum alloy[J]. Acta Materialia, 2014, 62: 141-155.

[44] Ma K, Hu T, Yang H, et al. Coupling of dislocations and precipitates: Impact on the mechanical behavior of ultrafine grained Al-Zn-Mg alloys[J]. Acta Materialia, 2016, 103: 153-164.

[45] Jiang S, Wang R. Grain size – dependent Mg/Si ratio effect on the microstructure and mechanical/electrical properties of Al – Mg – Si – Sc alloys[J]. Journal of Materials Science & Technology, 2019, 35(7): 1354-1363.

[46] Zhang J, Ma M, Shen F, et al. Influence of deformation and annealing on electrical conductivity, mechanical properties and texture of Al-Mg-Si alloy cables[J]. Materials Science and Engineering A, 2018, 710: 27-37.

[47] Booth-Morrison C, Dunand D C, Seidman D N. Coarsening resistance at 400 ℃ of precipitation-strengthened Al-Zr-Sc-Er alloys[J]. Acta Materialia, 2011, 59(18): 7029-7042.

[48] Seidman D N, Marquis E A, Dunand D C. Precipitation strengthening at ambient and elevated temperatures of heat-treatable Al(Sc) alloys[J]. Acta Materialia, 2002, 50(16): 4021-4035.

[49] Dorin T, Babaniaris S, Jiang L, et al. Stability and stoichiometry of Ll_2 Al_3(Sc, Zr) dispersoids in Al-(Si)-Sc-Zr alloys[J]. Acta Materialia, 2021, 216: 117117.

[50] Knipling K E, Karnesky R A, Lee C P, et al. Precipitation evolution in Al-0.1Sc, Al-0.1Zr and Al-0.1Sc-0.1Zr (at.%) alloys during isochronal aging[J]. Acta Materialia, 2010, 58(15): 5184-5195.

[51] Knipling K. Precipitation evolution in Al-Zr and Al-Zr-Ti alloys during aging at 450~600 ℃ [J]. Acta Materialia, 2008, 56(6): 1182-1195.

[52] Golovin I S, Mikhaylovskaya A V, Sinning H R. Role of the β-phase in grain boundary and dislocation anelasticity in binary Al-Mg alloys[J]. Journal of Alloys and Compounds, 2013, 577: 622-632.

[53] Mikhaylovskaya A V, Portnoy V K, Mochugovskiy A G, et al. Effect of homogenisation treatment on precipitation, recrystallisation and properties of Al-3% Mg-TM alloys (TM=Mn, Cr, Zr) [J]. Materials & Design, 2016, 109: 197-208.

[54] Pozdniakov A V, Barkov R Y, Prosviryakov A S, et al. Effect of Zr on the microstructure, recrystallization behavior, mechanical properties and electrical conductivity of the novel Al-Er-Y alloy[J]. Journal of Alloys and Compounds, 2018, 765: 1-6.

[55] Niu R, Yan F, Wang Y, et al. Effect of Zr content on damping property of Mg-Zr binary alloys [J]. Materials Science and Engineering A, 2018, 718: 418-426.

[56] Liu G, Tang S W, Hu J, et al. Damping behavior of SnO_2 Bi_2O_3-coated $Al_{18}B_4O_{33}$ whisker-reinforced pure Al composite undergone thermal cycling during internal friction measurement [J]. Materials Science and Engineering A, 2015, 624: 118-123.

[57] Chen Y, Liu C, Ma Z, et al. Effect of Sc addition on the microstructure, mechanical properties, and damping capacity of Al-20Zn alloy[J]. Materials Characterization, 2019, 157: 109892.

[58] Li B, Luo B, He K, et al. Effect of Mg on nucleation process of recrystallization in Al-Mg-Si/SiC_p composite[J]. Transactions of Nonferrous Metals Society of China, 2016, 26(10): 2561-2566.

[59] Liu C, Jiang H, Zhang B, et al. High damping capacity of Al alloys produced by friction stir processing[J]. Materials Characterization, 2018, 136: 382-387.

[60] Liu C, Zhang B, Ma Z, et al. Effect of Sc addition, friction stir processing, and T6 treatment on the damping and mechanical properties of 7055 Al alloy[J]. Journal of Alloys and Compounds, 2019, 772: 775-781.

[61] Iwamura S, Miura Y. Loss in coherency and coarsening behavior of Al_3Sc precipitates[J]. Acta Materialia, 2004, 52(3): 591-600.

[62] Zhong Z, Liu W, Li N, et al. Mn segregation dependence of damping capacity of as-cast M2052 alloy[J]. Materials Science and Engineering A, 2016, 660: 97-101.

[63] Andre R. High temperature damping[J]. Materials Science Forum, 2001, 366-368: 268-275.

[64] Atodiresei M, Gremaud G, Schaller R. Study of solute atom-dislocation interactions in Al-Mg alloys by mechanical spectroscopy[J]. Materials Science and Engineering A, 2006, 442: 160-164.

[65] Rojas J I, Nicolás J, Crespo D. Study on mechanical relaxations of 7075 (Al-Zn-Mg) and 2024 (Al-Cu-Mg) alloys by application of the time-temperature superposition principle[J]. Advances in Materials Science and Engineering, 2017: 1-12.

[66] Benyahia N, Gerland M, Belamri C, et al. Low frequency relaxation effect observed in Al-Mg alloy[J]. Solid State Phenomena, 2012, 184: 149-154.

[67] Golovin I S, Bychkov A S, Medvedeva S V, et al. Mechanical spectroscopy of Al-Mg alloys [J]. The Physics of Metals and Metallography, 2013, 114(4): 327-338.

[68] Sutou Y, Omori T, Koeda N, et al. Effects of grain size and texture on damping properties of Cu-Al-Mn-based shape memory alloys[J]. Materials Science and Engineering A, 2006, 438-440: 743-746.

[69] Wang J, Li S, Wu Z, et al. Microstructure evolution, damping capacities and mechanical properties of novel Mg-xAl-0.5Ce (wt%) damping alloys[J]. Journal of Alloys and Compounds, 2017, 729: 545-555.

[70] Hou J, Li R, Wang Q, et al. Three principles for preparing Al wire with high strength and high electrical conductivity[J]. Journal of Materials Science & Technology, 2019, 35(5): 742-751.

[71] Marlaud T, Deschamps A, Bley F, et al. Evolution of precipitate microstructures during the retrogression and re-ageing heat treatment of an Al-Zn-Mg-Cu alloy[J]. Acta Materialia, 2010, 58(14): 4814-4826.

[72] Yang Z, Jiang X, Zhang X, et al. Natural ageing clustering under different quenching conditions in an Al-Mg-Si alloy[J]. Scripta Materialia, 2021, 190: 179-182.

[73] Xu P, Jiang F, Tang Z, et al. Coarsening of Al$_3$Sc precipitates in Al-Mg-Sc alloys[J]. Journal of Alloys and Compounds, 2019, 781: 209-215.

[74] Pineda E, Bruna P, Ruta B, et al. Relaxation of rapidly quenched metallic glasses: Effect of the relaxation state on the slow low temperature dynamics[J]. Acta Materialia, 2013, 61(8): 3002-3011.

[75] Rivière A, Gerland M, Pelosin V. Influence of dislocation networks on the relaxation peaks at intermediate temperature in pure metals and metallic alloys[J]. Materials Science and Engineering A, 2009, 521-522: 94-97.

[76] Gremaud G. Dislocation-point defect interactions[J]. Materials Science Forum, 2001, 366-368: 178-246.

[77] Nó M L. Dislocation damping at medium temperature[J]. Materials Science Forum, 2001, 366-368: 247-267.

[78] Wang W, Pan Q, Lin G, et al. Microstructure and properties of novel Al-Ce-Sc, Al-Ce-Y, Al-Ce-Zr and Al-Ce-Sc-Y alloy conductors processed by die casting, hot extrusion and cold drawing[J]. Journal of Materials Science & Technology, 2020, 58: 155-170.

第8章　铝钪合金的特性、应用与发展前景

8.1　铝钪合金的研究概况

　　铝钪合金的研究最早始于 1965 年[1]。苏联及现在的俄罗斯所进行的研究最早、最深入，以俄罗斯全俄轻合金研究院、俄罗斯科学院巴伊科夫冶金研究所和航空材料研究院为首，对铝钪合金进行了大量的研究与开发[2-5]。至今，研制开发出了五大系列 20 多个牌号的铝钪合金（见表 8-1），主要包括 Al-Mg-Sc 系（01570、01571、01545、01545K、01535、01523 和 01515）、Al-Zn-Mg-Sc 系（01970、01975）、Al-Zn-Mg-Cu-Sc 系（01981）、Al-Mg-Li-Sc 系（01421、01423、01424）、Al-Cu-Li-Sc 系（01460、01464）。

表 8-1　苏联/俄罗斯的铝钪合金

合金系	合金牌号	质量分数/%				
		Mg	Mn	Sc	Zr	Ti
Al-Mg-Sc	01570	5.3~6.3	0.2~0.6	0.17~0.35	0.05~0.15	0.01~0.05
	01571	5.5~6.5		0.30~0.40	0.1~0.2	0.02~0.05
	01545	4.0~4.5		微量	微量	
	01545K	4.2~4.8		微量	微量	
	01535	3.5~4.5		微量	微量	
	01523	约2		微量	微量	
	01515	约1		微量	微量	
Al-Zn-Mg-Sc	01970、01975	此两种合金的名义成分：5.0%Zn，2.0%Mg，0.3%Cu，0.3%Mn，0.20%~0.35%（Sc+Zr）				
Al-Zn-Mg-Cu-Sc	01981	合金的名义成分：6.8%Zn，1.9%Mg，1.0%Cu，0.3%Mn，0.30%~0.35%（Sc+Zr）				

续表8-1

合金系	合金牌号	质量分数/%				
		Mg	Mn	Sc	Zr	Ti
Al-Mg-Li-Sc	01421、01423、01424	此三种合金是在 1420 铝合金(Al-5. 5Mg-2. 0Li-0. 15Zr) 基础上添加微量 Sc 元素形成的				
Al-Cu-Li-Sc	01460、01464	此两种合金是在 1450 合金(Al-3. 0Cu-2. 0Li-0. 15Zr) 基础上添加微量 Sc 元素形成的				

　　到目前为止，他们已经形成了从 Sc 的提炼、铝钪中间合金制备和铝钪合金材料生产等一系列比较完整的工业体系，卡门斯克-乌拉尔冶金工厂是现今俄罗斯最大的铝钪合金生产企业，其生产的半成品有 0.8~5 mm 厚的冷轧板、6~32 mm 厚的热轧板、直径为 55~180 mm 的挤压棒以及重量达 100 kg 的模锻件。这些合金的含 Sc 量在 0.1%~0.3%，强度、韧性及焊接性能均比未加 Sc 的合金有明显提高，已在航天、航空、舰船和核能等领域获得应用。但是，苏联解体后，随着市场经济的建立，铝钪合金由于 Sc 的价格问题，其进一步推广应用受到阻碍。为此，俄罗斯正在通过改进 Sc 的生产工艺以降低其成本，研究用非高纯 Sc 制取 Al-Sc 中间合金的技术，以及开拓铝钪合金的军转民应用等途径来积极促进该类合金的研究、开发及工业化生产[6]。

　　除俄罗斯外，美国[7-8]、日本[10-11] 和其他国家[12-13] 及西欧[9] 对铝钪合金也进行了不少研究工作，并不断取得新进展。

　　美国铝业公司的 L. A. Willey 于 1971 年取得首个有关铝钪合金的专利(US 专利 3619181)[14]，合金中含 5% 的 Sc，声称合金在 100~425 ℃ 有好的力学性能。美国 IBC 先进合金公司(IBC Advanced Alloys) 与尼奥集团发展有限公司(Nio Corp Developments Ltd.) 成功地制备出几种铝钪合金铸锭[14]，伊斯顿(Easton) 公司用其制造棒球棒，成品的重量适中，极为结实[14]。美国航空航天局(NASA) 研发出几种含 Sc 与 Zr 的 Al-Mg 合金，用于制造 NASA Hypersonic-X (Hyper-X) 的过氧化氢燃料槽及其他零部件，这些过去是用 5254-H112 铝合金焊接的，新的含 Sc 铝合金的屈服强度不但比 5254-H112 铝合金的高，而且对储存的 H_2O_2 品质没有任何不良影响，仍保持原有的优异性能，与 5254 合金储存的品质完全等同[14]。

　　2002 年，乌克兰材料科学研究所与美国赖特-帕特森空军基地的空军研发实验室合作通过添加 0.49%Sc 对 Al-Zn-Mg-Cu 合金进行改性研究[15]，认为合金成分和热处理条件是提升合金性能的决定性因素，在 T6 处理条件下，含 Sc 的 Al- (10%~12%)Zn-3%Mg-(1%~2%)Cu 合金内形成了细小而均匀的晶粒组织。

欧盟委员会发布的欧洲冶金路线图[16]中,生产商与终端用户展望,共涉及9种金属元素,其中在交通行业提出研究"铝镁钪合金的焊接性"。欧洲空中客车飞机公司研发出一种牌号为 Scalmalloy 的新一代 Al-Mg-Sc 合金[14],其成分为4.5% Mg、0.7% Sc、0.35% Zr、0.5% Mn,有极为优秀的激光熔焊性能,由于合金中存在大量细小的 Al_3Sc 质点,所以熔焊区即使在极高的冷却速度下也不会产生裂纹,新合金的抗拉强度与屈服强度比 AlSi10Mg 合金的约高 70%。

英国梅塔利西斯公司(Metalysis)的低成本提取 Sc 工艺已投产,采用电化学法提取纯 Sc。该公司位于英国南约克郡开发区先进制造工艺园(South Yorkshirds Advanced Manufacturing Park Innovation District)的材料研究中心,生产出的钪粉提供给制备用途广泛的铝钪合金[14]。

2018 年在美国铝业协会注册的变形铝合金有 706 个,其中常用的有 550 个,而在常用的合金中仅有 4 个含 Sc 铝合金[16]。美国的 7042 铝合金含(0.18%~0.50%)Sc;法国的 2023 铝合金含(0.01%~0.06%)Sc;德国的 5024 铝合金含(0.10%~0.40%)Sc,5028 铝合金含(0.02%~0.40%)Sc。截至 2016 年,已注册的国际牌号铝钪合金的成分如表 8-2 所示。

表 8-2　主要铝钪合金的国际牌号及其化学成分(质量分数)　　　　%

合金牌号	Si	Fe	Cu	Mn	Mg	Cr	Zn	Ti	Zr	Sc	Al
2023	0.10	0.15	3.6~4.5	0.30	1.0~1.6	0.10	—	0.05	0.05~0.15	0.01~0.06	余量
5024	0.25	0.40	0.20	0.20	3.9~5.1		0.25	0.20	0.05~0.20	0.10~0.40	余量
5025	0.25	0.25	0.10	0.20	4.5~6.0		0.20	0.25	0.05~0.20	0.10~0.25	0.05~0.55	余量
5028	0.30	0.40	0.20	0.30~1.0	3.2~4.8	0.05~0.15	0.05~0.50	0.05~0.15	0.05~0.15	0.02~0.40	余量
7042	0.20	0.20	1.3~1.9	0.20~0.40	2.0~2.8	0.05	6.5~7.9	—	0.11~0.20	0.18~0.50	余量

20 世纪末,我国中南大学[17-18]、东北大学[19]、中国科学院沈阳金属所[20]和东北轻合金有限责任公司[14]等单位相继在铝钪合金的研发和生产方面做过大量的工作,积累了丰富的经验和技术优势,并注册了 5B70、5A70、5A71、5B71、7A48、6E05 和 5A25 合金牌号。但由于存在基础研究与工业化生产融合不到位,

研究得还不够系统和深入，合金和产品的种类少，待进一步开展系统性研究。东北轻合金有限责任公司于 2019 年 5 月完成了对小规格高 Mg 可焊 Al-Mg-Sc 合金的熔铸、均匀化退火、轧制的试验研究，顺利完成成分设计优化全流程研制工作[14]。该合金成分的优化可大幅度缩短研制周期和减少 Al-Sc 中间合金的投料量，为后续合金板材综合性能的对比评价提供了强有力的技术支撑。东北轻合金有限责任公司和中南大学等单位合作研制的"大尺寸 5B70Al-Mg-Sc 合金板材"是一种有良好综合性能的材料，可用于制造航天器的一些零部件，荣获 2017 年度中国有色金属工业科学技术一等奖；研制的"Al-Zn-Mg-Sc 合金"获 2017 年度中国有色金属工业科学技术二等奖。郑州轻研合金科技有限公司于 2019 年 6 月采用半连续铸造法成功铸出 800 mm×20 mm 的含 Sc 的 7××× 系高强高韧铝合金扁锭，热轧出 50~100 mm 的板材，随后冷轧成 2~10 mm 的带卷，冷轧带卷的抗拉强度为 530~730 MPa，伸长率为 12%~16%，可焊性能优异，比传统铝合金的强得多[14]。该公司还在研发其他高性能铝钪合金，如 Al-Mg-Sc 系的 5B70 合金，有优异的抗蚀性和可焊性，其抗拉强度比 5083 合金高 30% 以上；Al-Cu-Li-Sc 系的 1460 铝合金，密度为 2500 kg/m^3，抗拉强度为 550 MPa，屈服强度为 490 MPa，在高强度铝合金中密度是最低的。2018 年 2 月中铝材料研究院与澳大利亚格林蒂公司(Gleen TeQ)、重庆大学合金研究院签署了铝钪合金研发协议，开展"产学研用"系统合作，通过一系列加工测试分析，研究钪的添加对铝合金组织、室温及高温力学性能、可焊性和抗蚀性的影响，中国工信部发布的《重点新材料首批次应用示范指导目录(2018 年版)》共 166 种材料，其中有关钪及其产品的新材料有3 种。此外，为保障我国重要战略储备资源安全，促进中国含钪材料产业化发展，中冶新能源公司联合中国恩菲工程技术有限公司、中国航发北京航空材料研究院、北京工业大学和河北工业大学，组建了河北钪系材料工程研究中心，重点研发高纯氧化钪制备技术、铝-钪中间合金及纯钪制备技术、铝合金钪微合金化技术及新型高性能铝钪合金等，建设产业化示范生产线，以形成系统的钪系材料研究体系并建立国家级研发中心。

8.2　铝钪合金的特性

8.2.1　Al-Mg-Sc 系合金

俄罗斯的该系合金有 8 个牌号：01570、01570c、01571、01545、01545K、01535、01523 和 01515。这些合金除 Mg 含量不同外，都是用 Sc 和 Zr 微合金化的铝镁系合金。此外，合金中还添加有少量的 Mn 和 Ti 等。表 8-3 列出了 Al-Mg-Sc 合金的成分和拉伸力学性能。

表 8-3　Al-Mg-Sc 合金的成分与拉伸力学性能

合金系	合金牌号	合金元素成分/%	R_m/MPa	$R_{p0.2}$/MPa	A/%
Al-Mg	AMg1	Al-1.15Mg	120	50	28
Al-Mg-Sc	01515	Al-1.15Mg-0.4Mn-0.4(Sc+Zr)	250	160	16
Al-Mg	AMg2	Al-2.2Mg-0.4Mn	190	90	23
Al-Mg-Sc	01523	Al-2.1Mg-0.4Mn-0.45(Sc+Zr)	270	200	16
Al-Mg	AMg4	Al-4.2Mg-0.65Mn-0.06Ti	270	140	23
Al-Mg-Sc	01535	Al-4.2Mg-0.4Mn-0.4(Sc+Zr)	360	280	20
Al-Mg	AMg5	Al-5.3Mg-0.55Mn-0.06Ti	300	170	20
Al-Mg-Sc	01545	Al-5.2Mg-0.4Mn-0.4(Sc+Zr)	380	290	16
Al-Mg	AMg6	Al-6.3Mg-0.65Mn-0.06Ti	340	180	20
Al-Mg-Sc	01570	Al-5.8Mg-0.55(Sc+Cr+Zr)	400	300	15

01570 合金：这种合金含 5.3%~6.3%Mg、0.2%~0.6%Mn、0.17%~0.35% Sc、0.05%~0.15%Zr、0.01%~0.05%Ti。为了改善合金熔体的特性，还加入了微量的 Be。

采用 300 mm×1600 mm 的扁锭和直径达 800 mm 的圆锭来生产变形 01570 合金半成品。表 8-4 列出了 01570 合金半成品的拉伸力学性能。可以看出，01570 合金半成品的强度取决于其产品类型，更确切地说，是取决于塑性加工的变形程度。变形程度越大，半成品强度越高。压下量大的板材、挤压比高的棒材强度高，用来生产形变小、用于热塑性加工的尺寸较大热加工半成品的强度最低。

表 8-4　01570 合金半成品的拉伸力学性能

半成品类型	热处理工艺	方向	R_m/MPa	$R_{p0.2}$/MPa	A/%
热轧板：32 mm 厚	—	L T	410~420、 390~420	265~270、 250~265	18~21、 19~23
热轧板：6~10 mm 厚	—	T	390~420	270~300	15~20
冷轧薄板：8~2.3 mm 厚； 2.5~5.0 mm 厚	350 ℃退火	T T	410~450、 390~420	280~330、 260~290	11~16、 15~20
挤压棒直径：55 mm； 120 mm； 180 mm	— — —	L L L	430~445、 420~425、 380~390	305~345、 290~300、 230~240	15~18、 16~19、 20~22

续表8-4

半成品类型	热处理工艺	方向	R_m/MPa	$R_{p0.2}$/MPa	A/%
模锻件：100 kg 重	350 ℃退火	L、T、ST	350~380	230~260	13~21
轧环：外径 3600 mm、壁厚 120 mm、高 300 mm	无	CH、A、R	395~410、365~395、345~360	250~265、240~260、225~240	20~25、18~22、8~13

注：CH—弦向；A—轴向；R—径向。

01570 合金冷轧板在 350 ℃退火后具有很高的伸长率。提高退火温度会导致强度降低，但使塑性增强。即使在 475 ℃退火开始出现再结晶时，该合金冷轧板的强度依然很高，但是伸长率具有明显的各向异性。表 8-5 列出了不同温度下退火 1 h 1.5 mm 厚 01570 合金冷轧板的拉伸力学性能，可以看出提高退火温度可以降低合金的各向异性，但并不能完全消除。

表 8-5　退火温度对 01570 合金冷轧板拉伸力学性能的影响

（铸锭尺寸 165 mm×550 mm，板厚 1.5 mm）

退火温度/℃	方向	R_m/MPa	$R_{p0.2}$/MPa	A/%
325	L	445	330	13
	T	450	355	20
375	L	435	325	15
	T	440	330	20
425	L	415	275	16
	T	420	290	22
475	L	400	250	17
	T	400	255	21
525	L	385	210	17
	T	400	220	22

01570 合金很容易进行热加工，但是这种材料的屈服强度较高，冷加工时会存在一些问题。01570 合金不是一种高温合金，测试温度提高，则强度迅速下降。表 8-6 列出了 2 mm 厚冷轧退火态 01570 合金薄板在不同测试温度下的拉伸力学性能。

表 8-6   2 mm 厚冷轧退火态 01570 合金薄板在不同测试温度下的拉伸力学性能

测试温度/℃	方向	R_m/MPa	$R_{p0.2}$/MPa	A/%
20	L	450	310	12
	T	450	310	18
100	L	410	310	19
	T	410	310	26
200	L	220	190	25
	T	220	170	30
300	L	50	30	90
	T	60	50	62

　　与传统的 Al-6Mg 类合金相似，01570 合金的抗蚀性也很好。150 ℃或更高温度下长时间加热(大于 50 h)后，其对剥落腐蚀和应力腐蚀开裂表现出一定程度的敏感。选择合适的退火条件，特别是某一退火温度下的冷却速率，可适当降低这种敏感性。01570 合金具有天然的超塑性，也就是说不需要预先进行组织结构调整，由这种合金生产的半成品就具有超塑性。在 475 ℃、变形速率 6×10^{-3} s^{-1}时，1 mm 厚 01570 合金薄板试样测得的超塑值：流变应力 11 MPa，伸长率 600%。这些数值比大多数超塑性铝合金的都要高。表 8-7 和表 8-8 分别列出了 01570 合金在不同试验温度下的超塑性指标和焊接接头的力学性能。01570 合金的焊接性能非常好，可以用氩弧焊焊接，也可以用电子束进行熔焊。用 01571 焊丝焊接01570 合金薄板时，所得的焊接接头在有余高时，试验温度为-196~250 ℃，焊接接头强度与基体金属相同；无余高时，焊接接头的强度由焊缝铸造金属的强度决定，约为基体金属强度的 85%，在热处理不可强化的铝合金中焊接系数是最高的，航天工业中已将这种合金作为焊接承力结构件。01570 合金最适宜的应用场合是工作温度在-196~+70 ℃时，形状简单的载荷焊接构架，这些构架包括太空飞行器焊接机体、水翼船和气垫船船身等。

表 8-7   01570 合金板材(厚 0.8 mm)的超塑性指标

试验温度/℃	应变速率为 7.2×10^{-3} s^{-1}时的超塑性指标		
	A/%	R_m/MPa	应变速率敏感指数 m
400	320	21	0.33
425	380	17.5	0.38
450	480	12.5	0.47

续表8-7

试验温度/℃	应变速率为 $7.2×10^{-3}$ s^{-1} 时的超塑性指标		
	A/%	R_m/MPa	应变速率敏感指数 m
475	730	10	0.6
500	850	8	0.53
525	670	6	—

表8-8　不同试验温度下01570合金焊接接头的力学性能

试验温度/℃	焊接接头的拉伸强度		焊接接头的强度系数		冷弯角 α/(°)
	R_{m1}/MPa	R_{m2}/MPa	R_{m1}/R_m	R_{m2}/R_m	
−253	458	458	0.72	0.72	—
−196	492	479	0.95	0.93	66
20	402	334	1.0	0.83	180
150	319	271	1.0	0.85	180
250	146	144	1.0	0.99	180

注：R_{m1}—带余高；R_{m2}—不带余高。

01570c 合金：随着现代航空业的发展，飞机上将出现更多的焊接结构件。俄罗斯在01570合金的基础上，成功研制了一种称之为01570c的合金，该合金已申请专利，具体成分和性能尚未公开。其可用于大型客机的下机身，也可用于高级轿车及船舶制造业。

01571 合金：该合金的成分为 5.5%～6.5%Mg、0.30%～0.40%Sc、0.1%～0.2%Zr、0.02%～0.05%Ti 以及微量的稀土元素和 B。这种合金可以以板材、型材和锻件的形式使用，强度比01570合金稍低，但塑性比01570合金要高。此外，01571合金还可以焊丝形式供应用户，用于氩弧焊焊接 Al-Mg-Sc 和 Al-Zn-Mg-Sc 系合金。合金中加入的 Sc、Zr、Ti 等微量元素能显著细化焊缝的铸态组织，减少焊缝的热裂纹形成倾向。同时，由于焊缝结晶速度很快，微量 Sc、Zr 最大程度地溶入 Al-Mg 合金固溶体中，随后在冷却过程中，Sc 和 Zr 以纳米级的 $Al_3(Sc, Zr)$ 粒子析出，显著提高了 Al-Mg-Sc 和 Al-Zn-Mg-Sc 合金焊接接头的强度。用01571焊丝，氩弧焊焊接 2～6 mm 厚板退火或热轧01570合金薄板，接头强度不低于基体强度的80%。

01545 合金：该合金含有 4.0%～4.5%Mg 以及微量 Sc 和 Zr。由于 Mg 含量较01570合金的低，加工成型性能比01570合金好。在此基础上，俄罗斯又研制出了 01545K 合金，合金中的 Mg 含量为 4.2%~4.8%。这种合金在液氢温度下(20 K)有很高的强度和塑性，拉伸力学性能为 $R_m \geq 380$ MPa、$R_{p0.2} \geq 290$ MPa、$A_{50} \geq 16\%$，可用于液氢-液氧燃料航天器贮箱和相应介质条件下的焊接构件。

01535 合金：该合金含有 3.5%~4.5% Mg 以及微量的 Sc、Zr。与 01570 合金和 01545 合金比，Mg 含量低，合金的强度也要低一些，但合金的塑性好，有利于半成品的后续加工，也减少了分层脱落腐蚀和应力腐蚀的倾向，拉伸力学性能为 $R_m \geq 360$ MPa、$R_{p0.2} \geq 280$ MPa、$A_{50} \geq 20\%$。这种合金主要应用于低温条件下的焊接构件，如液化气罐等。

01523 合金：这种合金含 2% 左右的 Mg 和少量的 Sc、Zr。由于 Mg 含量低，合金有很好的抗蚀性、成型性和抗中子辐照性。但强度比不含 Sc 的 $AlMg_2$ 合金高得多。表 8-9 列出了 01523 合金板材及焊接接头的拉伸力学性能，其低温拉伸力学性能如表 8-10 所示。

表 8-9　$AlMg_2$、退火态 01523 合金板材和焊接接头的拉伸力学性能

合金牌号	板材			焊接接头		
	R_m/MPa	$R_{p0.2}$/MPa	A/%	R_m/MPa	$R_{p0.2}$/MPa	A/%
$AlMg_2$	190	80	23	180	120	0.94
01523	310	250	13	270	120	0.87

表 8-10　退火态 01523 合金薄板的低温拉伸力学性能

测试温度/℃	R_m/MPa	$R_{p0.2}$/MPa	A/%
-196	470	340	37
-253	620	360	39

01515 合金：这种合金含 1% 左右的 Mg 和少量的 Sc、Zr，具有较高的热导率和较高的屈服强度，可用于航天和航空工业生产焊接或钎焊的散热器及各种导电和导热元件。表 8-11 列出了该合金退火态下的拉伸力学性能。

表 8-11　退火态 01515 合金的拉伸力学性能

半成品	R_m/MPa	$R_{p0.2}$/MPa	A/%
板材（2 mm 厚）	280	230	12
型材	260	230	15

5024 合金：爱励铝业公司（Aleris）旗下的德国科布伦茨轧制厂（Koblenz）是世界五大航空级铝板带生产企业之一，从 2010 年开始生产 Al-Mg-Sc 合金板材，截止到 2012 年，在美国铝业协会注册了 5024 和 2025 两个含 Sc 的铝合金[21]。5024 合金的密度为 2650 kg/m³，压缩弹性模量为 74 GPa，拉伸弹性模量为 72 GPa。具有密度低、可焊性好、损伤容限优秀、抗腐蚀性强、可蠕变成形、耐热强等优点。5024-H116 合金板材的典型力学性能如表 8-12 所示。合金的抗腐蚀试验结果：硝酸质量损失试验，按 ASTM G67-04 要求小于 15 g/cm³，实测值小于 6；按 ASTM G44-99 试验做 SCC 试验时，在应力 250 MPa 作用下 30 d 未见裂纹；成层腐蚀试验按 ASTM G66-99 要求等级优于或等于 PC，实测典型值为 PA。5024-H116 合金板材已通过美国 AMS 和 MMPDS 以及空客公司 AIMS 03-04-053 的认证。

表 8-12　AA5024 合金的典型力学性能

板材厚度 /mm	R_m/MPa		$R_{p0.2}$/MPa		A/%		抗压屈服强度/MPa	
	L 向	LT 向	L 向	LT 向	L 向	LT 向	L 向	LT 向
1.6	395	380	315	310	15	19	325	315
3	380	375	305	305	15	18	305	305
7	380	375	305	305	15	17	295	300

5B70 合金：在第 3.9 节中已提及此合金，该合金是我国在 5A06 合金基础上复合添加微量 Sc 和 Zr 发展而来的典型 Al-Mg-Sc 系合金。其化学成分如下：Si 0.10，Fe 0.20，Cu 0.05，Mn 0.15~0.40，Mg 5.5~6.5，Zr 10.05，Sc 0.20~0.40，Be 0.0005~0.005，Ti 0.02~0.05，Zr 0.10~0.20，其他杂质单个 0.05、合计 0.15，其余为 Al。

5B70 合金不但继承了 5A06 合金的所有优点，而且具有更好的力学性能（见表 8-13）和更高的应用性能（见表 8-13 和表 8-14）[22]，是铝镁系航天金属材料升级换代的重要备选材料。通过控制制备工艺，5B70 合金板材在不同方向上的性能差异不明显，合金性能各向异性得到了很好控制（见图 8-1），为其作为航天大型主结构材料奠定了很好的基础。5B70 和 5A06 两种铝合金的强化效果对比如表 8-15 所示。

表 8-13　5B70 合金的力学性能

规格/（mm×mm×mm）	状态	R_m/MPa	$R_{p0.2}$/MPa	A/%	MIG 焊接头系数	剥落腐蚀
60×2000×2000 厚板	H112 LT 向	366~367	266~267	25.8~29.3	0.86	PA
12×1200×2000 中厚板	H112 LT 向	409~410	290~291	18.6~22.0	0.86	PA

续表8-13

规格/(mm×mm×mm)	状态	R_m/MPa	$R_{p0.2}$/MPa	A/%	MIG 焊接头系数	剥落腐蚀
6×1200×2000 薄板	H32 横向	408~416	285~296	13.2~19.0	0.85	PA
φ3320×φ3000×150 大锻环	H112 纵向	367~375	250~288	20.0~21.6	—	PA
	H112 横向	374~378	295~301	16.0~19.6	—	PA
	H112 高向	370~376	285~294	13.2~17.2	—	PA
管材	H32 纵向	315~325	198~202	14.5~15.5	—	PA

表 8-14　5A06 和 5B70 两种合金性能的对比

合金牌号	R_m/MPa	$R_{p0.2}$/MPa	A/%	K_{IC}/(MPa·m$^{-1/2}$)	MIG 焊接接头强度/MPa
5A06	314	157	—	105	328
5B70	390	280	18	115	375

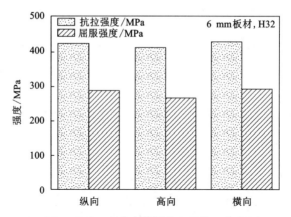

图 8-1　5B70 合金板材各向异性示意图

表 8-15　5A06 和 5B70 两种合金强化效果的对比

强化方式	强化效果	
	5A06 合金	5B70 合金
固溶强化	显著	显著
细晶强化	不明显	显著
亚结构强化	明显	显著
弥散析出强化	无	显著

8.2.2　Al-Zn-Mg-Sc 系合金

俄罗斯的该系合金有 01970 和 01975 两个牌号。其中 Zn 含量为 4.5%~5.5%，含 Mg 约为 2%。此外，还有 0.3%Cu 以及总量为 0.20%~0.35% 的 Sc 和 Zr 等。

01970 合金：该合金有很高的抗再结晶能力。即使进行很强的冷变形，合金的起始再结晶温度仍比淬火加热温度高。01970 合金的所有半成品(包括冷轧薄板)，淬火后仍具有完全的非再结晶结构。在这种情况下，尽管是纤维状的非再结晶结构，01970 合金力学性能的各向异性也很低(见表 8-16)。01970 合金的这种独特之处可能是由于弥散 $Al_3(Sc, Zr)$ 细小亚晶结构的不均匀分布。01970 合金的结构强化应归结于亚晶尺寸，亚晶尺寸越小，半成品加工所允许的程度越高。01970 合金有很好的综合力学性能(见表 8-17)和抗再结晶能力(见图 8-2)。

表 8-16　淬火及人工时效后的 2.5 mm 厚 01970 合金薄板在不同取向上的拉伸力学性能

试样取向	R_m/MPa	$R_{p0.2}$/MPa	A/%
L	501	446	13
T	486	440	15.7
相对 L 方向 45°	449	402	16.7

表 8-17　淬火及人工时效后不同厚度下 01970 合金板材的拉伸力学性能

半成品	纵向(纤维方向)			横向(垂直纤维方向)		
	R_m/MPa	$R_{p0.2}$/MPa	A/%	R_m/MPa	$R_{p0.2}$/MPa	A/%
32 mm 厚板	490	440	15	480	430	13
2 mm 薄板	520	490	11	520	490	11
挤压薄壁型材	490	460	12			
挤压厚壁型材	480	460	11	450	430	12
锻件	490	440	15	490	430	14

淬火及人工时效后的 01970 合金薄板对腐蚀断裂和剥落腐蚀性几乎不敏感。该合金的氩弧焊接性能与最好的可焊铝合金相当，用"鱼骨"法测定的开裂系数不大于 26%。焊接区是细小的晶粒与基体金属的变形结构(多边形化结构)直接接触，不存在过渡带。2.5 mm 厚合金薄板的焊接区热处理(淬火及时效)后性能比焊接区性能更好，焊接后未经热处理的焊接区在焊接一个月后的性能如表 8-18 所示。

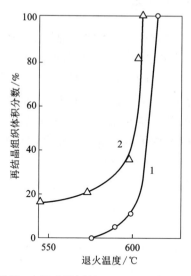

图 8-2 01970 合金带材(1)及冷轧板材(2)再结晶体积分数与退火温度的关系

表 8-18 01970 合金板材焊接接头力学性能

合金牌号	R_m/MPa	冷弯角 α/(°)	断裂韧性 K_{CT}/(MPa·m$^{1/2}$)	腐蚀应力 σ_{cr}^{W}/MPa
01970	440	150	30	200
1911	360	143	28	175
1903	420	93	26	100

与其他结构的铝合金相比,01970 合金的一个重要特征是具有天然的超塑性,在进行超塑形变时不需要特殊的预处理。超塑成形后的工件可在空气中冷却,而不必淬火,工件只需时效处理。经时效处理的合金性能与按常规热处理制度处理的材料性能几乎没有什么不同(见表 8-19)。

表 8-19 01970 合金薄板在 475 ℃、6×10^{-3} s^{-1} 变形速率时的超塑性

板厚/mm	试样取向	流变应力/MPa	伸长率/%
2	纵向	13.9	635
2	横向	14.9	576
1	纵向	—	762

　　01970 合金的加工性能很好,利用现有设备可以生产几乎所有的变形半成品。半成品性能的综合研究表明,01970 合金可以和已经用于航空工业的最好合金相媲美,该合金不仅可以用作航空工业中常用的焊接结构,也可用作舰船、地翼船等的装甲板。表 8-20 列出了时效态 01970 合金板材的力学性能,表 8-21 和表 8-22 分别列出了这种合金的锻件和挤压件的力学性能。

表 8-20　01970、1911 和 1903 三种合金薄板淬火和人工时效态的力学性能

合金牌号	R_m/MPa	$R_{p0.2}$/MPa	A/%	K_{IC}/(MPa·m$^{1/2}$)
01970	520	490	12	97
1911	416	356	11	77
1903	475	430	11	89

表 8-21　01970 合金模锻件淬火和人工时效后的力学性能

样品取向	R_m/MPa	$R_{p0.2}$/MPa	A/%	K_{IC}/(MPa·m$^{1/2}$)
径向	490	440	14	51
纵向	490	440	14	38
短纵向	480	430	10	—

表 8-22　01970 合金挤压材淬火和人工时效后的力学性能

半成品	样品取向	R_m/MPa	$R_{p0.2}$/MPa	A/%	K_{IC}/(MPa·m$^{1/2}$)
大型挤压材	纵向	480	440	11	70
	径向	450	420	12	39
型材	纵向	500	450	10	—

　　01975 合金:在开发 01970 合金的过程中,其改进型即 01975 合金也被开发出来了。它的 Sc 含量较低,约为 0.07%,因此不具有超塑性,但这两种合金的其他性能基本相同。01975 合金的塑性好,挤压后空冷就可以进行淬火处理。时效后的合金有高的强度、高的抗分层腐蚀能力和抗应力腐蚀能力以及优异的可焊性。表 8-23、表 8-24 和表 8-25 分别列出了该合金薄板、中厚板和挤压型材时效态的力学性能。

表 8-23 01975 合金薄板时效态的力学性能

板厚/mm	R_m/MPa	$R_{p0.2}$/MPa	A/%
3	505	455	11.0
2	515	455	11.8
1	535	500	11.7

表 8-24 01975 合金中厚板(32 mm)时效态的力学性能

样品取向	R_m/MPa	$R_{p0.2}$/MPa	A/%	ψ/%	K_{IC}/(MPa·m$^{1/2}$)
纵向	440	395	17	52	67.5
横向	450	390	15	44	51.5
短横向	460	395	11	28	—

表 8-25 01975 合金挤压型材时效态的力学性能

厚度/mm	R_m/MPa	$R_{p0.2}$/MPa	A/%	K_{IC}/(MPa·m$^{1/2}$)
30	550	510	13	77
3	530	490	10	—

7X0X 合金[23]: 该合金是美国海军开发出的高强度耐腐蚀铝锌镁钪合金(Al-5Zn-2Mg-Sc), 具有较高强度、抑制热加工时的再结晶、形成增强合金强度的弥散物、改善挤压性、有较好的焊接性能(高度流动性、较少的焊接材料、减少开裂倾向和细化焊缝区的晶粒)、减少热影响区的应力腐蚀开裂的优点。7X0X 合金腐蚀试验结果如表 8-26 所示。在 NaCl 溶液中的浸泡试验所获得的长期失重数据表明, T7 退火状态下, 7X0X 合金板材有和工业用 5456-H116 板材一样的耐蚀性, 其耐蚀性比 7075-T7 合金的高 2 个数量级, 7X0X 合金的耐蚀性接近 5456 合金, 而强度与 7075-T7 合金相当。不含 Sc 的常规 Al-Zn-Mg 合金对应力腐蚀是很敏感的, 而对于含 Sc 的 7X0X 合金板材试样在纵向加载时却未观察到应力腐蚀开裂现象。此外, 对合金试样进行力学性能测试的结果表明, 外加应力的浸泡试验不会影响 7X0X 合金试样的性能, 然而工业用 7075 合金试样进行应力腐蚀试验时, 所施加应力却会降低力学性能, 表明 7X0X 合金在纵向对应力腐蚀是不敏感的。表面处理技术公司曾经对 7X0X 合金挤压棒材进行 FSW 试验, 当基体抗拉强度为 489 MPa、屈服强度为 455 MPa、伸长率为 19% 时, 焊缝的横向抗拉强度为 441 MPa, 接头强度系数高达 90%。

表 8-26　7X0X 合金与 5456 合金的腐蚀性能对比

性能	5456 合金	7X0X 合金
强度($R_{p0.2}/R_m$)/MPa	262/372	455/489
腐蚀速率(按照 ASTM G31)	42.86	+0.33
NAWLT(按照 ASTM G67)/(g·cm^{-2})	4	没有分析
剥落腐蚀(按照 ASTM G34)	—	无
SCC	无	无

7A48 合金：该合金是湖南东方钪业股份有限公司自主研发的新型含微量 Sc 和其他稀土元素的 Al-Zn-Mg 系铝合金，具有高强度、高延展性、优良焊接性和可挤压成型等特点，其抗拉强度、屈服强度和伸长率分别为 550~700 MPa、480~680 MPa、10%~16%。已注册合金牌号并收录于新国标 GB/T 3190。

8.2.3　Al-Zn-Mg-Cu-Sc 系合金

01981 合金：该合金为俄罗斯研制的一种新型含 Cu 的 Al-Zn-Mg-Cu-Sc 合金。该合金有高的强度、高的弹性模量、低的各向异性和高的抗断裂抗力，具体数据还未公开。

美国空军研究实验室与乌克兰材料科学研究所开展了用钪改性 Al-Zn-Mg-Cu 合金低温力学性能的研究，表明添加 0.49%Sc 后在 T6 处理制度下形成了含 Al$_3$(Sc, Zr)颗粒的细小、均匀的组织。合金经热挤压和固溶时效处理即形成了抗拉强度和屈服强度分别高达 820 MPa 和 790 MPa、伸长率为 5%~8%的强度与塑性都大幅度提高的新型超高强度铝合金。

戴晓元等[24]对 Al-9.0Zn-2.5Mg-1.2Cu-0.12Sc-0.15Zr 合金的组织与性能做了研究。该合金材料的制备工艺如下：铸锭(直径 50 mm，铁模铸造)经 450 ℃/24 h 均匀化退火，在 350~420 ℃ 保温 2 h 后挤压成 10 mm 厚的棒材，再经固溶处理(455 ℃/2 h)、水淬或强化固溶处理(455 ℃/1 h+465 ℃/1 h)、水淬，然后进行时效处理。时效处理规范：T6(120 ℃/22 h)；T76(120 ℃/8 h+160 ℃/16 h)；RRA(120 ℃/22 h+180 ℃/30 min+120 ℃/22 h)。将时效处理后的棒材加工成拉伸试样，拉伸试验在室温下进行。该合金在不同热处理状态下的力学性能列于表 8-27 中。由表可知，T6 状态下合金材料的抗拉强度为 764 MPa、伸长率为 5.7%，其强化相为 η′、η 和 Al$_3$(Sc, Zr)；RRA 处理后合金的抗拉强度为 733 MPa、伸长率为 5.4%、电导率为 37.6%IACS，具有更好的综合性能，因为微量 Sc 在合金中产生了细晶强化、亚结构强化以及沉淀强化。合金经强化固溶与 T6 处理制度后，抗拉强度高达 829 MPa、伸长率为 5.7%，这说明采用强化固溶处理可提高该合金的强度,而伸长率仍与 T6 状态下的相当。

表 8-27　不同热处理状态下合金的力学性能

状态	挤压态	固溶态	回归再时效	过时效	峰时效	强化固溶+T6
抗拉强度/MPa	446	631	733	536	764	829
伸长率/%	9.5	13.8	5.4	10.2	5.7	5.7

8.2.4　Al-Cu-Li-Sc 系合金

01460 合金:苏联于 1986 年研制出了高强的 1450 铝铜锂合金并用于 AH-70 运输机的机身,但因为 1450 合金不可焊,而 1420 铝镁锂合金的强度和疲劳性能都不够高,不能满足现代飞机的需求。因此,苏联于 1986 年又研制了高强可焊的 01460 铝铜锂合金,1996 年开始投入生产。01460 合金成分如表 8-28 所示,力学性能如表 8-29 所示。1450 合金和 01460 合金都含有少量的稀土元素 Ce,Ce 的加入可提高合金的热强性和耐热性。在 Cu 含量为 2%~5% 的铝锂合金中,$T_1(Al_2CuLi)$ 相为主要强化相,有很好的强化效果。在 Al-Cu-Li-Sc-Zr 系的 01460 合金中,Al_3Sc 和 Al_3Zr 质点能够增加 T_1 相形核位置,影响 T_1 相的长大速度,使 T_1 相细小、均匀地分布,从而提高合金的强韧性。01460 合金比 1450 合金的强度提高了 30~50 MPa,焊接性能也得到了显著改善。01460 合金的低温力学性能如表 8-30 所示。这种合金的一个显著特点是低温强度和断裂韧性比常温的高,已用在航天飞机的液氢、液氧低温贮箱上。

表 8-28　1450 合金和 01460 合金的化学成分(质量分数)　　%

合金牌号	Cu	Li	Ce	Sc	Mg	Zr	Al
1450	2.7~3.3	1.8~2.3	0.005~0.15	—	≤0.20	0.08~0.14	余量
01460	2.7~3.3	1.8~2.3	0.005~0.15	0.05~0.14	0.20	0.08~0.14	余量

表 8-29　01460 合金和 1450 合金的典型性能

合金牌号	热处理状态或试样取向	R_m/MPa	$R_{p0.2}$/MPa	A/%	E/GPa	ρ/(g·cm^{-3})	备注
01460	纵向	530/540	500/485	2.5/6.0	80	2.59~2.6	分子是传统工艺,分母是采用大变形(<50%)冷轧薄板的新工艺
	横向	570/560	500/495	9.0/8.0	80	2.59~2.6	
	45°	530/530	460/470	12.0/11.0	80	2.59~2.6	

续表8-29

合金牌号	热处理状态或试样取向	R_m/MPa	$R_{p0.2}$/MPa	A/%	E/GPa	ρ /(g·cm⁻³)	备注
01460	T_1	540	470	7.5	80	2.59~2.6	热轧 6 mm 厚板
	T_1	570	490	8.0	80	2.59~2.6	20 mm 厚板
	T_1	490	390	9.0	80	2.59~2.6	圆环锻件
	T_1	620	530	8.0	80	2.59~2.6	挤压型材
1450	纵向	580	490	9.0	80	2.6	<30 mm 厚挤压件

注：T_1 为淬火+冷变形+人工时效处理。

表 8-30　01460 合金在常温和低温下的拉伸力学性能

加工状态	测试温度/℃	R_m/MPa	$R_{p0.2}$/MPa	A/%
2 mm 热轧薄板	20	540	470	7.5
	−253	760	560	12.0
20 mm 厚板	20	570	490	8.0
	−253	800	570	14.0
锻件，轧制环	20	490	390	9.0
	−253	700	480	16.0
挤压型材	20	620	530	8.0
	−253	860	620	15.0

　　01464 合金：该合金是在 01460 合金的基础上开发出的，其密度为 2.65 g/cm³、弹性模量为 70~80 MPa，经形变热处理后具有高的强度、塑性、耐蚀性、可焊性、抗冲击性和抗裂性。这种合金还有高的热稳定性，可用于 120 ℃下长期工作的航天航空构件。表 8-31 列出了 01464 合金的力学性能。

表 8-31　01464 合金的力学性能

加工状态	取向	R_m/MPa	$R_{p0.2}$/MPa	A/%	K_{IC}/(MPa·m$^{1/2}$)
厚板	纵向	560	520	9	18
	横向	540	480	10	20

续表8-31

加工状态	取向	R_m/MPa	$R_{p0.2}/MPa$	$A/\%$	$K_{IC}/(MPa \cdot m^{1/2})$
薄板	纵向	530	470	10	—
	横向	520	470	13	—
异型材	纵向	580	540	6	20

2195+Sc 合金：我国的一些科研工作者对添加微量 Sc 的美国 Al-Cu-Li 系铝锂合金(2195、2197)进行了研究，发现在 2195 合金中加入 0.15%Sc 能提高合金塑性(见表 8-32)[25]，然而在 2197 铝锂合金中添加微量 Sc 并没有明显改善其强度和塑性[26]。另外，有研究表明，在 Al-Cu-Li-Sc 系合金中，当 $w(Cu)>1.5\%$、$w(Sc)>0.2\%$ 时，合金熔体结晶时会形成粗大难熔的 W 相，该相在随后的加工热处理中不溶解，增加了合金组织内过剩相的体积分数，从而导致了合金强度、塑性、冲击韧性和断裂韧性的降低。因此，在 Cu 含量多的 Al-Cu-Li 系合金中 Sc 的加入量不宜过多。

表 8-32　T8 条件下 2195 合金与 2195+Sc 合金的峰值强度及相应的伸长率

合金牌号	热处理制度	R_m/MPa	$R_{p0.2}/MPa$	$A/\%$
2195	6%预变形+160 ℃时效 16 h	570	530	8.8
2195+Sc	6%预变形+160 ℃时效 50 h	565	534	11.2

8.2.5　Al-Mg-Li-Sc 系合金

01421 合金：Al-Mg-Li 系合金是苏联于 1960—1965 年期间研制而成的，该系合金具有较低的密度、高弹性模量、良好的耐蚀性和焊接性，有很大的实用价值。其典型代表是 1967 年生产的 1420 铝锂合金，这是目前应用最成熟的铝锂合金。该合金是中等强度铝锂合金，除具有上述优点外，还具有极佳的强度塑性匹配，良好的锻造性能和超塑成形性。为了提高该合金的强度、可焊性，特别是屈服强度和热循环载荷，苏联于 20 世纪 70 年代，在 1420 合金中加入了 0.1%～0.2%Sc，研制出了 1421、1423 和 1424 含 Sc 铝镁锂合金，其成分如表 8-33 所示。这些合金的密度为 2.45～2.50 g/cm³，其抗拉强度和屈服强度均优于 1420 合金，并且在超塑成形性与低周疲劳极限方面体现出了明显的优势。该合金的典型性能如表 8-34 和表 8-35 所示。

表 8-33　Al-Mg-Li-Sc 系合金的化学成分　　　　%

合金牌号	Li	Mg	Zn	Zr	Sc	Fe	Si
1420	1.8~2.1	4.9~5.5	—	0.08~0.15	—	<0.20	<0.25
1421	1.8~2.1	4.9~5.5	—	0.08~0.15	0.10~0.20	<0.20	<0.25
1423	1.8~2.1	3.2~4.2	—	0.06~0.10	0.10~0.20	<0.15	<0.20
1424	1.5~1.9	4.1~4.6	0.1~1.5	微量	微量	—	—

表 8-34　1420 和 01421 两种合金板材和棒材的典型性能

合金牌号	加工状态	取向	R_m/MPa	$R_{p0.2}$/MPa	A/%
1420	薄板(2.4 mm 厚)	L	492	314	—
		L-T	503	318	11
	厚板(12 mm 厚)	L	432	274	—
		L-T	426	241	18
	棒材	L	500	380	8
01421	薄板(2.4 mm 厚)	L	480	362	—
		L-T	508	355	14
	棒材	L	530	380	6

表 8-35　1420 和 01421 两种合金锻件的典型性能

合金牌号	加工状态	R_m/MPa	$R_{p0.2}$/MPa	A/%
1420	锻件(L)	430	290	11
	锻件(T)	440	290	11
	锻件(S-T)	380	270	4
01421	锻件(L)	490	330	10
	锻件(T)	440	320	7
	锻件(S-T)	390	310	5

注：低周疲劳试验条件为 σ_{max} = 160 MPa、K_t = 2.6、V = 3 Hz。

01424 合金：可焊的 1424 合金(成分见表 8-33)是用来代替不可焊的 2024-T351 合金用作大型客机焊接机身的材料。为了满足飞机机身外壳板材对耐蚀性、断裂强度和热稳定性的需要，对 1424 合金采用了低温三级时效处理，大大提高了合金板材的热稳定性。该合金在 85 ℃ 空气中暴露 3000 h 以上仍具有较高的断裂强度和较低的疲劳裂纹扩展速率；但在 4000 h 后，断裂强度降低 17%，疲劳裂纹扩展速率增加 2 倍，耐蚀性仍保持较高水平。此外，该合金还具有优良的抗应力腐蚀性，在 300 MPa 应力下不产生晶间腐蚀、分层腐蚀以及腐蚀断裂。01424 合金板材经 0.8%~1.2% 预拉伸，三级时效处理后，形成了具有部分再结晶的纤维状组织。这种组织中存在两种尺寸的再结晶晶粒，即 75~150 μm 长、15~20 μm 厚的晶粒以及 50~100 μm 长、15~25 μm 厚的晶粒，未再结晶的晶粒有 5~20 μm 厚。

Al-Mg-Li 系合金中，$\delta'(Al_3Li)$ 相是主要强化相，添加微量 Sc 能延缓 δ' 相的粗化，使其更加均匀、弥散地分布。含 Sc 的 Al-Mg-Li 合金在均匀化和热加工过程中析出了次生的 Al_3Sc 粒子或 $Al_3(Sc, Zr)$ 粒子，这种细小、弥散分布的球状粒子与 δ' 相的结构相似，时效过程中可作为 δ' 相非均匀形核的核心。为降低界面能，δ' 相包覆在 Al_3Sc 相或 $Al_3(Sc, Zr)$ 相上析出，形成 δ'/Al_3Sc 或 $\delta'/Al_3(Sc, Zr)$ 复合相，这些复合相中心硬度高，位错不易切过，可有效抑制局部平面滑移，提高合金的强韧性。

Al-Mg-Li-Sc 系合金中，Mg、Sc 能够促进 $T'(Al_2MgLi)$ 相的析出，抑制平衡相 $\delta(AlLi)$ 的析出。T' 相多存在于 Mg 含量大于 4% 以及过时效的合金中。T' 相在晶界上的析出特征和数量决定着 Al-Mg-Li 系合金的耐蚀性。与以 $T_1(Al_2CuLi)$ 相为主要强化相的 Al-Cu-Li 系合金相比，Al-Mg-Li 系合金具有较好的耐蚀性，是因为在酸性环境中 T_1 相比 T' 相更容易被分解。此外，Sc 能提高 Al-Mg-Li 系合金的稳定性及淬透性。Sc 加入 Al-Mg-Li 系合金中，能使 $\beta(Mg_2Al_3)$ 相及 $\gamma(Mg_{13}Al_{12})$ 相的稳定性降低，促进 β 相及 γ 相的析出；β 相及 γ 相的析出降低了固溶体中的 Mg/Li 比和 T' 相的稳定性，从而使 1421 和 1423 铝锂合金的淬透性高于 1420 铝锂合金。

含 Sc 的 Al-Mg-Li 系合金存在一定的各向异性，这主要与以密集变形带形式存在的形变非均匀性有关。所谓密集变形带是指对含 Li 或 Sc 的铝合金铸锭进行压力加工时，由于它们具有较高的对形变局部化的倾向性，会导致其形变范围大大超过平均值的微观体积。合金中被位错切割的二次颗粒 Al_3Li 的存在是密集变形带形成的原因。如果在热处理加热（退火或淬火）时不产生再结晶并保留非再结晶结构，这些密集变形带会保留在制备好的半成品中。Li 和 Sc 能提高铝合金的再结晶温度，在含 Sc 的半成品中总是存在热处理后的非再结晶组织。这是含 Sc 铝锂合金中存在的普遍现象。1424 合金的各向异性是反常的，即横向强度超过纵向强度时，其纵向强度会受到形变非均匀性的削弱。01424 合金板材的各向异性值如表 8-36 所示。

表 8-36 01424 合金板材的各向异性值

形变形式	板材厚度/mm	各向异性值/%	
		抗拉强度	屈服强度
热轧	8	9.4	21.2
冷轧	4	9.8	21.8
冷轧	1.6	16.1	21.4

注:各向异性值为取 45°方向和纵向性能的差值,以百分比表示,例如抗拉强度的各向异性为(σ_B^A - σ_B^{45})×100%/σ_B^A。

Al-Cu-Mg-Li-Sc 系合金:美国一些学者研究了微量 Sc 对 Al-Cu-Mg-Li 系铝锂合金性能的影响,发现 Sc 的加入提高了该系合金的综合性能,从而扩大了这些合金的用途,使其广泛应用于航天飞机结构件[27]。

中国科学院金属研究所对添加 Sc 的 Al-Cu-Mg-Li 系 8090 合金进行了研究[20, 28],他们在原有 8090 铝锂合金的基础上添加了 0.13%Sc,发现 Sc 可以促进强化相 δ′ 的析出,抑制其长大,提高合金强度;同时,Sc 与 Al、Li 结合形成 Al_3Li/Al_3Sc 复合沉淀相,增加了 δ′ 相与基体的错配度及 δ′ 相与基体的界面能,使位错平面滑移变得困难。另外,Sc 明显地细化了合金的晶粒,促进 S′ 的析出和均匀弥散分布,从而缩短合金在各个时效温度下的峰时效时间,提高合金的峰值硬度及强度;Sc 在合金中还起到了固溶强化的作用,微量 Sc 对 8090 合金拉伸性能的影响如表 8-37 所示。从表中可以看出,含 Sc 的 8090 合金不需形变时效处理,其强度比 8090 合金提高很多,Sc 的加入明显改善了 8090 合金的室温性能。

2090 是具有较高强度、中等塑性的 Al-Cu-Mg-Li 系铝锂合金,主要用于形变时效(T8E41)状态。该合金的强化作用主要来自于 δ′ 相和 T_1 相的沉淀强化。谭澄宇等[29]在 2090 合金中加入 0.16%Sc 后,发现 Sc 的加入能使 2090 合金析出的 T_1 相更加细小、均匀地分布,促进复合相 δ′/β′、δ′/T_1 的形成,延缓 δ′ 相和 T_1 相的生长,从而使 2090 合金具有较好的塑性。

表 8-37 微量 Sc 对 Al-Cu-Mg-Li 系合金拉伸性能的影响

合金牌号	热处理制度	R_m/MPa	$R_{p0.2}$/MPa	A/%
8090	190 ℃时效 16 h	425	304	9.4
8090+0.13Sc	190 ℃时效 16 h	491	401	8.4
2090	T8(预变形+人工时效)	563	512	5.2
2090+0.16Sc	7%预变形+163 ℃时效 32 h	541	507	6.1

8.3 铝钪合金的应用

铝钪合金是新一代轻质高强铝合金结构材料，在航天、航空、舰船和核能等工业领域具有广阔的应用前景。目前国内外铝钪合金的使用情况表明，俄罗斯应用 Al-Sc 合金的数量最多，已居世界之冠；其他如乌克兰、美国和英国等西方国家也使用这类合金，但用量不大；我国还处于 Al-Sc 合金应用的初始阶段，但应用进程较快。

8.3.1 在航天和航空工业的应用

俄罗斯已将铝钪合金用于宇宙飞行器的热调控系统，还用作大型负载焊制的优良结构材料和其他结构件[30-32]；所采用的合金类型有 Al-Mg-Sc、Al-Zn-Mg-Sc 和 Al-Cu-Li-Sc 合金等。俄罗斯航天飞行器"火星一号"的仪表盘全部由 01570 铝钪合金制作，共减重 20%；航天飞行器"火星-96"仪表舱的承力件（梁、支架）由 01970 铝钪合金制作，仪表舱减重 10%。美国麦道公司在 X-33 型运载火箭上采用了俄制 01464 合金液氧贮箱（ϕ6.5 m×26 m），并成功地进行了第四次飞行试验。我国长征七号运载火箭搭载了采用 5B70 铝钪合金制作的多用途飞船缩比返回舱。Al-Li-Sc 合金在航空工业中可作为飞机的结构材料，如俄罗斯多用于米格-20、米格-29、图-204 客机和雅克-36 直升机以及贝里耶夫公司（Beriev）水上飞机的油箱与结构件；还将挤压异型材用作安东诺夫（Antonov）运输机的机身纵梁材料[14, 33]。向 1460、1461、1430、1469 铝合金中添加 Sc 可改善它们的强度、抗蚀性和可焊性，这些合金取代 Al-Cu-Mg 合金后可使结构质量减轻 10%~35%，已被用于制造航空航天器的液氢贮箱。

美国航天局兰利研究中心开发的牌号为 C557 的 Al-Mg-Sc 合金[17, 33]，利用 Sc 和 Zr 的协同强化作用，通过 Al_3Sc 和 Al_3Zr 共格弥散相的形成及晶粒细化导致的额外强化作用，提高了强度的热稳定性，同时还把该合金的使用温度扩展到可在深冷的温度（甚至液氢）下工作，从而拓宽了这种与俄罗斯 1535 合金相当的铝钪合金在机身结构与飞船结构上的应用范围。

5024 铝钪合金是一种机身零部件合金，用于轧制厚 1.6~8.0 mm 的板材，也可以生产退火状态材料[21]。合金板材已被用于制造飞机机身与航天器结构件，所有零件可用激光焊或搅拌摩擦焊与加强桁条连接，焊缝组织致密，接头强度几乎与基体材料的相等，机身零部件可在较高的温度下蠕变成形，加工成单曲面或双曲面形的机身壁板。采用此工艺加工成形时，材料不会扭曲变形，也没有回弹，而且加工费用低，极具成本竞争优势。用此法加工的 5024 合金钣金件在以传统的铆接法制造的机身上也具有极佳的相配性，可替代传统的 2×××合金板材制造中等强度的机身钣金件。

"十一五"期间,我国航天 703 所开始进行 5B70 铝钪合金的应用研究工作,突破了变壁厚构件强力旋压、耐蚀与强度匹配性控制、焊接残余应力控制技术,制备出了铝钪合金适配焊丝,合金中厚板搅拌摩擦焊的接头强度系数可达到 0.92,变极性钨极氩弧焊和熔化极气保护焊焊接接头的力学性能相当,接头强度系数大于 0.77。中国空间技术研究院和中南大学等针对 5B70 材料进行了大量的力学性能测试和工艺性试验,目前已开始将 5B70 铝合金用于密封舱主结构上[22]。将 Al-Sc 合金用作机身及机翼的蒙皮材料可减轻飞机重量,提高强度,从而提高了飞机运载能力和飞行速度。

8.3.2　在舰船和海洋工程结构中的应用

美国海军开发的高强耐蚀 7X0X 铝钪合金(强度与 7075 合金相当,耐蚀性相当于 5456 合金)[23],可用于新型航母、水面战舰和快速船等结构上。在新型航空母舰上,该合金将代替目前使用的较低强度的船用铝合金,例如 6061 合金、5154 合金和 5456 合金。目前美国准备建造的新型航空母舰(CVN-21)需要大幅度减轻重量的高强度耐腐蚀铝合金来恢复其重量的裕量和解决重量合理分布的问题。本计划与 NGNNS 正在进行的几项减轻结构计划不谋而合。这些减轻重量的结构包括机库舱室甲板边缘升降机门、机库舱室隔离门、武器升降机门、上层建筑(岛)、桅杆、舷侧凸出结构、飞机升降机和其他结构件等。在水面战斗舰船上,诸如目前生产的 CG-47 导弹巡洋舰和 LHD/LHA 级登陆舰的双层建筑可以利用铝钪合金材料技术来提高疲劳强度和减轻重量。在早期设计阶段设计出的新型舰艇,诸如 DDX 和 LHR 舰正在考虑采用这种铝合金以达到减轻重量和减少全寿命维修成本的目的。LCS(濒海浅海舰)和双体船是下一代的海军用船,如果采用这种铝合金将会受益匪浅。

图 8-3 为 $Al_3(Sc, Zr)$ 相体积分数对 5083 铝合金板材屈服强度的影响[14];板材单位屈服强度的价格如图 8-4 所示[14]。前者的厚度为 2 mm,后者的为 4.5 mm,都是 O 态,对比合金为 5083。所研究合金分为两类:一类是含 Sc 量低的,为 0.05%~0.10%Sc;另一类是含 Sc 量中等的,为 0.22%~0.27%Sc。研究者为俄罗斯联合铝业公司的曼(V. Mann)、克罗克希姆(A. Krokhim)等人。他们的分析结果如下:在这种情况下,含 0.05%~0.10% Sc 的铝合金每 1 MPa 的价格至少比 5083 铝合金的低 10%,用含 Sc 的铝合金制造的船体结构质量比 5083 铝合金的轻 30%。如果考虑到含 0.05%~0.10% Sc 合金的屈服强度比 5083 铝合金高 80%,含 Sc 的铝合金船体还可以有更好的减重效果,制造成本还可以进一步减少。向现有 5083 铝合金中添加 0.25% Sc,其材料成本与船体制造成本并没有减少。另外,低含量 Sc(0.05%~0.10% Sc)的 5083 铝合金还具有疲劳强度高、

抗腐蚀性与可焊性好等优点，是一类难得的优良造船材料和岸基设施结构材料[34]。此外，Al-Mg-Sc 合金具有优异的综合低温力学性能，被认为非常适合应用于液化天然气(LNG)船体材料[35]。

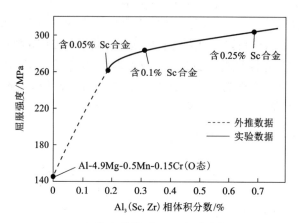

图 8-3　$Al_3(Sc, Zr)$ 相体积分数对 5083 铝合金板材屈服强度的影响

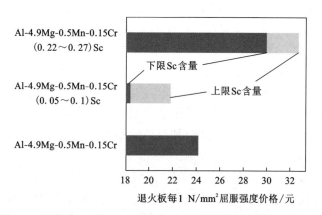

图 8-4　不同含 Sc 量 5083 铝合金板材单位屈服强度价格的比较

8.3.3　在兵器和核能工业的应用

在导弹制造中，可将 Al-Sc 合金用作导弹的导向尾翼材料[30]，效果较好。Al-Sc 合金还可用于制作最新式的防身用的左轮手枪，除应用于主枪管外，还可应用于枪身的结构件材料等[32]。因 Al-Sc 合金可抗防中子辐射，故在核反应堆的结构件材料中也获得了应用，如用作核工业焊接热交换器及需抗中子辐照的多种导电、传热部件、压缩气体储罐及高腐蚀性液体的输送管等[30]。

8.3.4　在民用工业的应用

目前 Al-Sc 合金在运动器件、高端自行车和汽车等民用工业中的应用已在不断发展之中。20 世纪末,美国阿什赫斯特工艺公司通过与乌克兰某单位合作率先开发出用于运动器械和曲棍球的球杆柄、棒球棒和垒球棒的高强轻质铝钪合金[30]。铝钪合金球棒重量轻、刚度高,颇受美国球具市场和运动员的欢迎,1 只球棒售价高达 300 美元以上[33]。高的附加值已吸引包括耐克公司在内的运动用品公司涉足铝钪合金球棒市场,迄今美国已有十余家公司生产铝钪合金球棒。美国伊斯顿自行车产品集团成为在轻量化自行车(山地车、公路自行车等)上使用铝钪合金的先行者。他们在自行车车架、前叉及轮圈上使用了铝钪合金,减轻了结构重量。与最热销的铝合金自行车相比,车架重量减轻了 12%,屈服强度提高了50%,疲劳寿命延长了 24%。一家叫伊斯顿(Easton)自行车产品集团的美国公司已将这种新材料用于车架、轮圈、前叉用铝合金管的制造中,使车架的重量减轻到只有 1 kg 左右[33]。此外,我国台湾的穗高工业公司也开发了铝钪合金车架,并获得欧洲市场 10 万辆的订单,每辆车高达 10000 元新台币。用铝钪合金已开发出车架仅重 1 kg 多的高速跑车,这种车能吸收一定量的震动并显示出足够的刚度,使扭力从开车人身上转移到地面。利用铝钪合金焊料解决汽车中铝合金结构件焊接的技术问题,实用效果好,Al-Mg-Zn-Sc 等合金焊料在运输车业制造中很有潜力。另外,铝钪合金在摩托车的减速器、上链板、启动杆等的应用,在印刷机械、电力和电气设备、离心机和铁路机器等的应用,在火车和船舶零部件等的应用,在野外露营支持帐篷的支架,笔记本电脑机壳和手机等的应用,均具有发展潜力。此外,为了满足民用产品的轻量化和小型化的要求,在家用电器、电子产品等中使用 Al-Sc 合金作为结构件,具有较好的潜力和广阔的市场。

8.3.5　在增材制造/3D 打印中的应用

新型高强度铝镁钪合金材料在当下时髦的 3D 打印技术中大显身手,它比大多数 3D 打印用的铝硅粉材料都更加坚固。2015 年,空客公司的子公司 APWorks用此材料打印出世界上第一款 3D 打印摩托车,命名为光明骑士,其重量仅35 kg,比一般电动摩托车轻 30%[36]。

2021 年 Rio Tinto 公司与 Amaero 公司签订合同,从其北美公司向 Amaero 公司(金属增材制造的领导者)提供首个商业批量生产的高性能铝钪合金。作为既是 Al 又是 Sc 的制造商,Rio Tinto 公司的地位独特,拥有开发专门合金的技术能力。该合同中 Rio Tinto 公司将交付合金坯体,由专门生产低碳铝和高纯氧化钪的在加拿大的水力发电冶炼厂制成,后者由魁北克 Sorel-Tracy 市的 Rio Tinto Fer et Titane(RTFT)冶金厂制造。该坯体由 Amaero 公司处理成粉末,以用于 3D 打印,并提供给高温应用市场。Rio Tinto 公司在魁北克 Sorel-Tracy 市的新厂将提供氧化钪,这成为世界首个北美供应源。该厂将用新型回收工艺,由 Rio Tinto 公司的科学家们开发,从废钛二氧化物中提取高纯钪氧化物,无需另外采矿。Rio Tinto 公司还将为 Amaero 公司的高性能铝合金合作开发供应链"Amaero Hot Al",把该轻质材料商业化,用于航空、国防和其他工业。

英国金属粉末制造商 LPW 已经与空客子公司 AIRBUS APWORKS 签署战略合作协议,内容是将后者研发的 Al-Mg-Sc 合金 Scalmalloy 纳入自己的产品系列中[14]。也就是说,他们很快就将生产这种合金的粉末,为 3D 打印行业再添一种优质材料。Scalmalloy 是世界上第一种专为 3D 打印开发的铝钪合金材料[36],具有很高的冷却速率和独特的微观结构,可以在高温下保持稳定,无论是抗疲劳性、可焊接性、强度/重量比,还是延展性,都比普通铝合金更好,非常适合航空航天、防务和运输领域,而这正是 LPW 希望能生产并将它带入 3D 打印世界的原因。

蒙纳士大学的 Shi 等[37]采用选区激光熔化(SLM)技术制备了 Al-3.40Mg-1.08Sc-0.23Zr 合金,发现在高激光能量密度下获得的样品的成形性较好,而在低激光能量密度下获得的样品的力学性能较优,因此在应用 SLM 技术制备铝合金的过程中要综合考量样品的成形性和力学性能。Spierings 等[38-40]应用 SLM 技术制备了 Al-Mg-0.66Sc-0.42Zr-0.49Mn 合金,研究结果表明,SLM 成形态样品主要由熔池边界的细小等轴晶和熔池内部的粗大柱状晶构成,Al_3(Sc, Zr)纳米级颗粒作为等轴晶的异质形核点,主要分布于熔池边界;而熔池内部 Al_3(Sc, Zr)粒子较少,经时效处理后,柱状晶内部开始有大量 Al_3Sc 粒子析出,大幅度提升了 Al-Mg-Sc-Zr 合金的力学性能。Croteau 等[41]研究了 SLM 成形 Al-3.66Mg-(1.18~1.57)Zr 合金的力学性能,表明 Zr 含量的增加可有效提高合金的强度,同时保持较高的伸长率(约 25%),时效处理后,由于熔池内部 Al_3Zr 粒子的析出使得样品的力学性能进一步提升;然而该合金缺乏 Sc 元素,虽然合金中 Zr 的浓度较高,但其强度明显低于 SLM 成形含 Sc 铝合金。蒙纳士增材制造中心的 Jia 等[42]研究 Al-4.52Mn-1.32Mg-0.79Sc-0.74Zr 合金的 SLM 成形性和力学性能,结果表明,合金中 Mn 含量的提升可有效提高合金的成形性和力学性能,所获得的合金经适当时效处理后,其拉伸屈服强可达 560 MPa,为现有 SLM 成形铝合金的最高值。

陈金汉等[43]通过 SLM 技术制备 Al-Mg-Sc-Zr 合金,系统研究了不同工艺参数对合金粉末成形性以及不同时效处理条件对 SLM 成形样品组织和力学性能的影响,结果表明,在高激光功率和低激光扫描速度下,SLM 成形样品的致密度较高。沿样品沉积方向可观察到熔池层层堆叠的显微组织,熔池边界和熔池内部均存在细小的纳米级颗粒。经不同温度时效处理后,样品的硬度和压缩屈服强度先

提高后降低。SLM 成形样品经 400 ℃时效处理 3 h 后屈服强度达到最大值
（469±4）MPa。

8.4　铝钪合金的发展前景

　　Sc 是铝合金中"神奇"的微合金化元素，能明显改善铝合金的综合性能，是发
展新一代高性能铝合金时非常有前景的合金元素。鉴于 Sc 对铝合金组织性能的
突出作用，通过对 Sc 与过渡金属的复合微合金化和热处理制度的优化，在开发以
下几种新型铝合金方面有可能取得重大的进展。

　　（1）新一代高耐损伤铝合金

　　目前，飞机机身和下机翼蒙皮普遍采用的是 2524、2324 等 Al-Cu-Mg 系热处
理可强化铝合金。该合金密度大、不可焊（常用铆接），存在晶间腐蚀等问题。鉴
于 Al-Mg-Sc 系合金具有低密度（2.65 kg/m³）、低疲劳裂纹扩展速率（$1.46×10^{-3}$
mm/周）、耐蚀可焊等优异性能，采用适当的塑性变形和退火处理相结合得到抗
拉强度大于 430 MPa，伸长率大于 12%，疲劳强度和 K_{IC} 高、SCR 优良的热处理不
可强化的新一代高耐损伤铝钪合金替代现用的热处理可强化的 2 系铝合金是完全
有可能的。

　　（2）新型高强可焊铝合金

　　Al-Zn-Mg 系 [w（Zn+Mg）=7.0%~9.0%] 合金存在焊接裂纹倾向性大，接头
强度低，SCC 敏感性高的问题。鉴于 Sc 能强烈提高铝合金的可焊性和耐蚀性，在
这种合金中复合添加 Sc、Mn、Zr 等元素，得到抗拉强度大于 550 MPa，伸长率大
于 10% 的高强可焊耐蚀铝合金，并有足够高的氩弧焊接接头强度系数（≥0.75）和
SCR 是完全有可能的。

　　（3）超高强耐蚀铝合金

　　航空航天等工业应用的综合性能最好的高强韧铝合金是 7050、7B50 等，它
用 Zr 代替了 Cr 和部分 Mn，显著提高了合金的强韧性和淬透性。但这类铝合金的
耐蚀性较差，厚向强韧性还不够高。若加入 0.07%~0.15% Sc 与 Zr 形成共格
Al_3（Sc，Zr）相，除了提高强度，还能提高再结晶温度，得到未再结晶组织，能改
善合金的耐蚀性和强韧性。经过充分时效，得到抗拉强度大于 750 MPa，伸长率
大于 8%，疲劳强度、K_{IC} 和 SCR 都得到明显提高的材料，可为航空航天等领域开
发出新一代超高强韧耐蚀铝钪合金。

　　（4）高强高耐热铝合金

　　Al-Cu-Mg-Fe-Ni 系耐热铝合金的工作温度不能超过 270 ℃，Al-Cu-Mn 系
的工作温度不能超过 250 ℃，除喷射沉积耐热铝合金外，还没有可在 350~400 ℃
工作的铝合金。鉴于 Sc 能将铝合金的再结晶温度提高到 450~550 ℃，共格沉淀

相 Al_3Sc，特别是与 Zr 复合形成的 $Al_3(Sc，Zr)$ 相的热稳定性极高，在 350 ℃ 长时间加热时质点尺寸长大速度极慢，而且能长期保持共格性不被破坏，是开发出工作温度高于 350 ℃ 的高强高耐热铝合金最有希望的微合金化元素。

(5)耐辐照损伤铝合金

核能发电和热核装置用铝合金考虑到中子吸收截面和抗蚀、导热、辐照损伤等问题，现采用低强高韧的 Al-Mg 合金和中强 Al-Mg-Si 合金。用 Sc 和 Zr 来提高这两类合金的强度、工作温度、寿命、抗蚀性和辐照稳定性，对发展我国核能用高性能铝合金具有重要意义。我国自建的第一个实验用反应堆的一些容器和构件是用苏联的 AB 合金制造的，一直存在着抗蚀性和辐照损伤问题。Al-Sc 合金抗中子辐照损伤能力强，是最有前途的高强抗中子辐照用铝合金。

我国钪资源丰富，原料来源多样，具有较好的保供性。目前，我国在铝钪合金系列方面有较好的研究基础，但没有形成有特色的中国铝钪合金体系，这与未来发展需求相比还有很大差距。今后铝钪合金材料的发展需要在以下几个方面加强研发。①尽管目前 Sc 不存在资源问题，但存在状态和分布情况会导致提取 Sc 的成本高，致使 Al-Sc 合金的价格高。要解决该问题，就要改进 Sc 提取工艺，更重要的是开发工艺合理、成本低廉的铝钪中间合金工业生产技术，使产品成本下降。②要进一步深入研究 Sc 在铝合金中与其他合金元素的交互作用及物理冶金行为，要在 Sc 与 Mn、Cr、Zr、Ti 等过渡族元素的复合微合金化、时效制度、铝钪合金的抗蚀性、焊接性、耐热性等应用性能方面进行深入研究，探索其机理，为进一步开发新型高性能铝钪合金奠定理论基础。③在添加量优化及复合添加尤其是低 Sc/超低 Sc 铝合金方面有待加强，这样不仅能够实现减少 Sc 的使用量，而且能够弥补 Sc 元素的某些不足，扩大铝钪合金的应用领域。Sc 含量低的铝合金是当前全球的研究重点之一，在 2016 年 11 月举行的德国杜塞尔多夫铝工业展览会上俄罗斯联合铝业公司展出了低于 0.14%Sc 的 Al-Mg 合金圆锭及扁锭，Sc 含量这么低的 Al-Mg-Sc 合金在世界上是首创，低 Sc 铝合金的主要优点是成本减少，因为 Sc 是一种价格贵的稀土金属，合金中的 Sc 含量低，有利于减少材料的生产成本。④铝钪合金具有优异的综合性能，应进一步深入开展应用性能分析和扩大应用研究范围，特别是部分具有特殊应用需求的使用环境或领域。用铝钪合金取代现有的 5×××系 或 6×××系铝合金制造航空航天器、船舶舰艇、海洋设施等的零部件和结构，可取得显著的减重效果和经济效益，同时也是制造汽车与轨道车辆的难得材料，中国工信部已将含 Sc 的铝合金作为优先发展的材料之一。可以预料，在国家的重视和支持下，以轻量化、节能、降耗、环保为主要特点的铝钪合金的研发对发展我国的航空航天业(如神舟系列飞船的升空、实施登月计划)以及陆运、海运交通工具将大有裨益，我国的铝钪合金工业将会更加有序、快速地发展，在世界之林中起到更大的作用。

参考文献

［1］林肇琦, 马宏声, 赵刚. 铝-钪合金的发展概况(一)[J]. 轻金属, 1992(1): 54-58.

［2］Filatov Y A, Yelagin V I, Zakharo V V. New Al-Mg-Sc alloys[J]. Materials Science and Engineering A, 2000, 280(1): 97-101.

［3］Filatov Y A. Deformable Al-Mg-Sc alloys and possible regions of their application[J]. Journal of Advanced Materials, 1995, 2(5): 386-390.

［4］Kaygoradova L I, Komashnikov V P. Investigation of the influence of scandium on the structure and properties of an aluminum-magnesium alloy during natural ageing[J]. Physics of Metals and Metallography, 1989, 68(4): 160-166.

［5］Berezina A L, Chuistor R V, Kolobnev N I, et al. Sc in aluminum alloys[J]. Materials Science Forum, 2002, 396-402: 741-746.

［6］李汉广, 尹志民, 刘静安. 含钪铝合金的开发应用前景[J]. 铝加工, 1996, 19(1): 45-48.

［7］Domack M S, Dicus D L. Evaluation of Sc-bearing aluminum alloy C557 for aerospace applications[J]. Materials Science Forum, 2002, 396-402: 839-844.

［8］Senkov O N, Miracle D B, Milman Y V, et al. Low temperature mechanical properties of scandium-modified Al-Zn-Mg-Cu alloys[J]. Materials Science Forum, 2002, 396-402: 1127-1132.

［9］Costello F A, Robson J D, Pnanguekk P B. The effect of small additions to AA7075 on the as-cast and homogenized microstructure[J]. Materials Science Forum, 2002, 369-402: 757-762.

［10］Kentaro I, Yasuhiro M. High temperature deformation of Al-Mg alloys and Al-Mg-Sc alloys [J]. Materials Science Forum, 2002, 396-402: 1377-1382.

［11］Fujii H, Sugamata M, Kaneko J, et al. Effect of Sc addition on rapidly solidified Al-transition metal alloys[J]. Materials Science Forum, 2002, 396-402: 245-250.

［12］Roger Lumley. Fundamentals of Aluminium Metallurgy[M]. Woodhead Publishing Series in Metals and Surface Engineering. 2018.

［13］Parker B A, Zhou Z F, Nolle P. The effect of small additions of scandium on the properties of aluminum alloys[J]. Journal of Materials Science, 1995, 30(2): 452-458.

［14］熊慧, 王祝堂. 世界铝-钪合金产业的进展[J]. 轻合金加工技术, 2021, 49(6): 1-17.

［15］张雪飞, 温景林, 周天国. Al-Sc 合金的现状与开发前景[J]. 轻合金加工技术, 2005, 33(8): 7-9.

［16］朱凯, 王祝堂. 钪的研究进展及其在铝合金中的应用[J]. 轻合金加工技术, 2021, 49(2): 1-10.

［17］尹志民, 潘清林, 姜锋, 等. 钪和含钪合金[M]. 长沙: 中南大学出版社, 2007.

［18］潘青林, 尹志民, 邹景霞, 等. 微量 Sc 在 Al-Mg 合金中的作用[J]. 金属学报, 2001, 37(7): 749-753.

［19］张迎晖, 马宏声, 孝云祯. 温轧态 Al-Sc 二元合金的再结晶[J]. 东北工学院学报, 1993,

14(6)：576-579.

[20] Jiang X, Gui Q, Li Y, et al. Effects of minor addition on precipitation and properties of Al-Li-Cu-Mg-Zr alloy[J]. Scripta Metallurgica Materiala, 1993, 29(2)：211-216.

[21] 王祝堂.航空航天铝-钪合金新进展[N].中国有色金属报, 2017 年 2 月 25 日.

[22] 孟松, 刘刚, 方杰, 等.铝合金新材料在载人密封舱主结构中的应用研究进展[J].航天器环境工程, 2015, 32(6)：571-576.

[23] 吴始栋.美海军开发舰船用高强度耐腐蚀铝合金[J].鱼雷技术, 2005, 13(3)：49-52.

[24] 戴晓元, 夏长青, 孙振起, 等.Al-9.0Zn-2.5Mg-1.2Cu-0.12Sc-0.15Zr 合金的组织和性能[J].中国有色金属学报, 2007, 17(3)：396-401.

[25] 尹登峰, 郑子樵, 等.微量 Sc 对 2195 铝锂合金应变时效态的显微组织和力学性能的影响[J].中国有色金属学报, 2003, 13(3)：611-615.

[26] 黄兰萍, 郑子樵, 等.微量 Sc 对 2197 铝锂合金组织和力学性能的影响[J].中南大学学报, 2005, 36(1)：20-24.

[27] Singh V, Prasad K S, Gokhale A A. Effect of minor Sc additions on structure, age hardening and tensile properties of aluminium alloy AA8090 plate[J]. Scripta Materialia, 2004, 50(6)：903-908.

[28] 蒋晓军, 李依依, 桂全红, 等.Sc 对 Al-Li-Cu-Mg-Zr 合金组织与性能的影响[J].金属学报, 1994, 30(8)：A355-A361.

[29] 谭澄宇, 梁叔全, 郑子樵.预变形对含 Sc 铝锂合金拉伸性能和显微组织的影响[J].中南矿冶学院学报, 1993, 5(24)：653-656.

[30] 王祝堂.铝-钪合金的性能与应用[J].铝加工, 2012(3)：4-14.

[31] 杜传慧, 苑飞, 王祝堂.Al-Sc 合金[J].轻合金加工技术, 2013, 41(8)：11-21, 40.

[32] 林河成.铝钪合金材料的生产、应用及市场[J].世界有色金属, 2011, 396(12)：68-71.

[33] 杨遇春.大有作为的含钪铝合金[J].金属世界, 2004(1)：34-35.

[34] Mann V. New Al-Mg-Sc alloys for shipbuilding and marine applications[J]. Light Metal Age, 2019(6)：29-30.

[35] 周民, 甘培原, 邓鸿华, 等.含钪微合金化铝合金研究现状及发展趋势[J].中国材料进展, 2018, 37(2)：154-160.

[36] 赵芝, 王登红, 张国华, 等.钪—稀散家族中的稀土, 稀土家族中的贵族[J].国土资源科普与文化, 2019(3)：15-17.

[37] Shi Y, Rometsch P, Yang K, et al. Characterisation of a novel Sc and Zr modified Al-Mg alloy fabricated by selective laser melting[J]. Materials Letters, 2017, 196：347-350.

[38] Spierings A B, Dawson K, Kern K, et al. SLM-processed Sc- and Zr- modified Al-Mg alloy：Mechanical properties and microstructural effects of heat treatment[J]. Materials Science and Engineering A, 2017, 701：264-273.

[39] Spierings A B, Dawson K, Voegtlin M, et al. Microstructure and mechanical properties of as-processed scandium-modified aluminium using selective laser melting[J]. CIRP Annals-Manufacturing Technology, 2016, 65(1)：213-216.

［40］Spierings A B, Dawson K, Heeling T, et al. Microstructural features of Sc and Zr modified Al-Mg alloys processed by selective laser melting[J]. Materials & Design, 2017, 115: 52-63.

［41］Croteau J R, Griffiths S, Rossell M D, et al. Microstructure and mechanical properties of Al-Mg-Zr alloys processed by selective laser melting[J]. Acta Materialia, 2018, 153: 35 -44.

［42］Jia Q, Rometsch P, Kurnsteiner P, et al. Selective laser melting of a high strength AlMnSc alloy: Alloy design and strengthening mechanisms[J]. Acta Materialia, 2019, 171: 108-118.

［43］陈金汉, 耿遥祥, 侯裕, 等. 选区激光熔化 Al-Mg-Sc-Zr 合金成形性及力学性能[J]. 稀有金属材料与工程, 2020, 49(11): 3882-3889.

图书在版编目(CIP)数据

高性能铝钪合金 / 潘清林等著. —长沙:中南大学
出版社,2024.3

ISBN 978-7-5487-5620-0

Ⅰ.①高… Ⅱ.①潘… Ⅲ.①铝合金②钪合金 Ⅳ.
①TG146.21②TG146.4

中国国家版本馆 CIP 数据核字(2023)第 217627 号

高性能铝钪合金
GAOXINGNENG LUKANG HEJIN

潘清林　尹志民　聂东红　刘　竝　邓　英　著

□出 版 人	林绵优
□责任编辑	史海燕　陈　澍
□责任印制	唐　曦
□出版发行	中南大学出版社
	社址:长沙市麓山南路　　邮编:410083
	发行科电话:0731-88876770　传真:0731-88710482
□印　　装	湖南省众鑫印务有限公司

□开　　本	710 mm×1000 mm 1/16　□印张 30.25　□字数 610 千字
□互联网+图书	二维码内容　图片 24 张
□版　　次	2024 年 3 月第 1 版　□印次 2024 年 3 月第 1 次印刷
□书　　号	ISBN 978-7-5487-5620-0
□定　　价	198.00 元